Vahlens Handelsbücher
der Wirtschaft- und Sozialwissenschaften

Unternehmensbewertung

von

Dr. Dr. h.c. Jochen Drukarczyk

Professor für Betriebswirtschaftslehre
an der Universität Regensburg

und

Dr. Andreas Schüler

Professor für Betriebswirtschaftslehre
an der Universität der Bundeswehr München

5., überarbeitete und erweiterte Auflage

Verlag Franz Vahlen München

ISBN 978 3 8006 3270 1

Satz: Druckerei C. H. Beck
(Adresse wie Verlag)
Druck und Bindung: Druckhaus „Thomas Müntzer“, Neustädter Str. 1–4, 99947 Bad Langesalza
Gedruckt auf säurefreiem, alterungsbeständigem Papier
(hergestellt aus chlorfrei gebleichtem Zellstoff)

Für Ursula und Maja, Laura und Katharina,
Oliver und Johannes

J. D. und A. S.

Vorwort zur fünften Auflage

Dieses Buch wendet sich an Studierende der Betriebs- und Volkswirtschaftslehre, des Rechts und an Wirtschaftsprüfer, Investmentbanker, Unternehmensberater, Steuerberater und andere mit Kauf und Verkauf von Unternehmen und Beteiligungen beschäftigte Praktiker.

Der Text der vierten Auflage wurde vollständig überarbeitet und insbesondere erweitert. Alle Überlegungen zur Bewertung unsicherer Erfolgsströme wurden im 4. Kapitel konzentriert. Das umfangreiche 5. Kapitel mit dem Titel „Unternehmensbewertung" wurde zerlegt in ein einführendes Kapitel, das den Titel „Grundlagen der Unternehmensbewertung" trägt. Es folgt das 6. Kapitel, das „DCF-Methode" heißt und im Detail über APV-, WACC- und Equity-Ansatz bzw. Ertragswert-Methode berichtet.

Erweiterungen sind in den Kapiteln 7 bis 11 untergebracht. Kapitel 7 berichtet über Leasingverträge und Unternehmensbewertung. Kapitel 8 greift das in der Literatur fast vernachlässigte Problem von Rückstellungen und Unternehmensbewertung auf. Wir zeigen, daß die Vernachlässigung durch die Literatur ganz unberechtigt ist, weil die Wertrelevanz von Rückstellungen hoch ist. Kapitel 9 befaßt sich mit Bewertungsansätzen bei schwacher Performance und somit nicht erwartungskonformer Bedienung von Festbetragsansprüchen. Die Bewertungsergebnisse hängen ab von den Antizipationen und Reaktionen der Gläubiger und institutionellen Rahmenbedingungen, die wir aber nur am Rand streifen. Es läßt sich schon an ganz einfachen Sachverhalten die Anreizproblematik im Vorfeld einer u. U. drohenden Insolvenz zeigen.

Kapitel 10 wendet sich dem Problemfeld „Wertorientierte Steuerung" zu. Dieses Kontrollinstrumentarium macht Methoden der Unternehmensbewertung zur Voraussetzung, wenn Barwertkompatibilität bzw. Barwertidentität verlangt ist.

Kapitel 11 wirft einen kurzen Blick auf die Bewertung mittels Multiplikatoren, die in der Praxis verbreitet sind. Wir zeigen die Bezüge zu einem DCF-Kalkül auf, das die Impulse der hauptsächlichen Werttreiber einfängt und zeigen damit, was Multiplikatoren leisten müssten.

In Kapitel 12 haben wir die Übungsaufgaben einschließlich Kurzlösungen platziert.

Wir danken unseren Mitarbeiterinnen und Mitarbeitern an der Universität Regensburg – Ingrid Gassner, Simon Krotter, Stefanie Schöntag, Holger Seidenschwarz – und an der Universität der Bundeswehr München – Karin Kellner, Niklas Lampenius, Matthias Schmautz, Patrick

Siklóssy, Hans-Jürgen Straßer – die den Werdungsprozess mit Rat, aufmerksamer Kontrolle und technischer Unterstützung begleitet haben. Alle verbliebenen Fehler gehen natürlich zu unseren Lasten.

Schließlich gilt unser Dank Herrn Dieter Sobotka vom Vahlen Verlag, der das Projekt kompetent begleitet hat.

Regensburg und München, im November 2006

Jochen Drukarczyk Andreas Schüler

Vorwort zur ersten Auflage

Dieses Buch ist konzipiert für Studierende der Betriebs- und Volkswirtschaftslehre, für Studierende der Rechtswissenschaften, die die ökonomischen Grundlagen für Unternehmensbewertungen erarbeiten wollen, und für Wirtschaftsprüfer, Steuerberater, Unternehmensberater, Investmentbanker und andere mit dem Kauf bzw. Verkauf von Unternehmen (Unternehmensteilen) betraute Praktiker. Es behandelt die Grundlagen des Bewertungsproblems in den einführenden Kapiteln 2, 3 und 4 und die Discounted Cashflow-Methoden sowie die Ertragswertmethode in Kapitel 5, das den Kern des Buches darstellt. Die Bewertung von Verlustvorträgen und die Bewertung in einer Welt mit Geldentwertung werden in Kapitel 6 diskutiert.

Bücher kommen nie ohne Unterstützung Dritter zustande. Zu diesen zählen einmal die Autoren, die durch ihre Arbeiten den Boden für das eigene Produkt bereitet haben. Zu ihnen gehören dann die Personen, die an der Entstehung des Buches aktiv mitwirkten: An erster Stelle nenne ich hier meinen langjährigen Mitarbeiter Bernhard Schwetzler, der – heute selbst Lehrstuhlinhaber – insbesondere an der Entwicklung von Kapitel 4, der Darstellung der Ertragswert-Methode sowie der Behandlung des Zusammenhangs zwischen Preissteigerungen und Bewertung intensiv gearbeitet hat. Dann möchte ich meine Mitarbeiter Ron Davidson, Dirk Honold und Andreas Schüler nennen, die die umfangreichen Korrekturarbeiten unter Zeitdruck übernahmen. Ihnen allen danke ich sehr. Verbleibende Fehler gehen natürlich allein zu meinen Lasten.

Besonders bedanken möchte ich mich bei Ulrike Zimmer. Sie hat – zunächst als studentische Hilfskraft – mehrere Fassungen von großformatigen und dennoch schwer lesbaren Manuskripten in Texte mit makelloser Formatierung übertragen. Und sie hat – dann bereits mit Diplom versehen – die vorliegende Endfassung erstellt.

Schließlich danke ich meiner Familie, die die Opportunitätskosten zu tragen hatte. Ihr ist deshalb dieses Buch gewidmet.

Regensburg, im August 1996 Jochen Drukarczyk

Inhaltsverzeichnis

Verzeichnis der Tabellen

Verzeichnis der Abbildungen

Verzeichnis häufig benutzter Symbole

Ab_t	Abschreibung der Periode t
AR_t	Auflösung von Rückstellungen in Periode t bei Wegfall des Rückstellungsgrundes
α	durch Fremdkapital bedingter Steuervorteil
BA_t	Betriebliche Aufwendungen der Periode t
BKW	Bruttokapitalwert
β^F	Beta-Wert eines auch fremdfinanzierten Unternehmens
β^E	Beta-Wert eines nur eigenfinanzierten Unternehmens
CF_t	Cashflow der Periode t
Div_t	Dividende der Periode t
E, E^F	Eigenkapital, Wert
EA_t	Erhaltene Anzahlungen der Periode t
EBK_t	Erforderliches Betriebskapital der Periode t
EK	Eigenkapital, Betrag (Buchwert)
EKR	Eigenkapitalrendite (auf Basis Buchwert)
$E\left[\widetilde{NE}\right]$	Erwartungswert der Nettoeinzahlungen $\left(=\overline{NE}\right)$
$E\left[\widetilde{r_M}\right]$	erwartete Rendite des Marktportefeuilles $\left(=\overline{r_M}\right)$
$E\left[u\left(\widetilde{NE}_j\right)\right]$	Erwartungsnutzen unsicherer Nettoeinzahlungen
$E\left[\widetilde{X}\right]$	Erwartungswert von Überschüssen $\left(=\overline{X}\right)$
F	Fremdkapital, Wert
FK	Fremdkapital, Betrag (Buchwert)
F^{LEI_t}	Forderungen aus Lieferungen und Leistungen der Periode t
GKR	Gesamtkapitalrendite (auf Basis Buchwert)
GvS	Gewinn vor Steuern
g	Wachstumsrate
IR_t	Inanspruchnahme des Unternehmens aus Rückstellungsgrund in Periode t
I_t	Investitionsauszahlungen der Periode t
i	Fremdkapitalzinssatz bzw. risikoloser Anlagezinssatz
i_S	Fremdkapitalzinssatz nach Steuern
i_V	Verschuldungszinssatz bzw. geforderte Rendite der Gläubiger
i_V^*	risikokompensierender Verschuldungszinssatz

JÜ	Jahresüberschuß
k	geforderte Rendite der Eigentümer bei ausschließlicher Eigenfinanzierung
k^F	geforderte Rendite der Eigentümer bei Mischfinanzierung
k_S	Eigenkapitalkostensatz nach Einkommensteuer bei Eigenfinanzierung
k_S^F	Eigenkapitalkostensatz nach Einkommensteuer bei Mischfinanzierung
$KöSt^A$	Körperschaftsteuerzahlung für Ausschüttung
$KöSt^T$	Körperschaftsteuerzahlung für Thesaurierung
L^*	(geplanter) Verschuldungsgrad
LB_t	Lagerbestand der Periode t
LR_t	Leasingrate der Periode t
n	Nutzungsdauer
NE_t	Nettoeinzahlung der Periode t
NKW	Nettokapitalwert
p_j	Eintrittswahrscheinlichkeit für den Zustand j
P_t	Barwert der Pensionsansprüche in Periode t
PR_t	Pensionsrückstellung der Periode t (Buchwert)
r	Rendite
R_t	Rentenzahlung der Periode t
RA_t	Risikoabschlag der Periode t
RBW	Restbuchwert
RBV	Rohbetriebsvermögen
Rl_t	Rücklagen der Periode t
r_M	Marktrendite
RS_t	Rückstellungen der Periode t
RVE	Restverkaufserlös
S_t	Sicherheitsäquivalent der Periode t
S_{GE}	Gewerbeertragsteuerzahlung
S_{GK}	Gewerbekapitalsteuerzahlung
S_K	Körperschaftsteuerzahlung
S_V	Vermögensteuerzahlung
s_I	Einkommensteuersatz
s_K	Körperschaftsteuersatz
s^0	Kombinierter Ertragsteuersatz
s_K^A	Körperschaftsteuersatz für Ausschüttung
s_K^T	Körperschaftsteuersatz für Thesaurierung

s_{GE}	Gewerbeertragsteuersatz
s_{GK}	Gewerbekapitalsteuersatz
S_K^T	Körperschaftsteuerzahlung auf Thesaurierung
S_K^A	Körperschaftsteuerzahlung auf Ausschüttung
IK_t	investiertes Kapital am Ende der Periode t
s_V	Vermögensteuersatz
t	Periode t
T_t	Tilgung der Periode t
UE_t	Umsatzerlöse der Periode t
V^E	Unternehmenswert bei reiner Eigenfinanzierung
V^{ESt}	Wert der Einkommensteuereffekte
V^F	Unternehmenswert bei anteiliger Fremdfinanzierung
V^{St}	Wert der Steuereffekte
V^{USt}	Wert der Unternehmensteuereffekte
V_t^{Lei}	Verbindlichkeiten aus Lieferungen und Leistungen der Periode t
WACC	durchschnittlicher gewogener Kapitalkostensatz (= weighted average cost of capital)
z^*	Risikozuschlag im einperiodigen Fall
ZPR_t	Zuführung zu Pensionsrückstellungen

1. Kapitel: Einführung

Es fehlt nicht an Aufsätzen und Büchern zu Problemen der Bewertung von Unternehmen und Beteiligungen. Dieser Problembereich zählt zu den Dauerbrennern der Betriebswirtschaftslehre. In den letzten Jahren hat dieses Gebiet – zum wiederholten Male – eine überraschende Aktualität erfahren. Hierfür lassen sich mehrere Gründe nennen. Die Diskussion um eine verstärkt an Eigentümerinteressen zu orientierende Investitions-, Finanzierungs- und Ausschüttungspolitik von Aktiengesellschaften hat der Diskussion um die Bestimmungsfaktoren von Unternehmenswerten und um die Umsetzung von Strategien zur Steigerung von Unternehmenswerten neue, starke Impulse gegeben. Dies wird unterstrichen durch zahlreiche Dissertationen, Aufsätze sowie von Hochschullehrern bzw. Unternehmensberatungsgesellschaften herausgegebene Bücher, die die Ausrichtung von unternehmerischen Strategien an der Maximierung des Unternehmenswertes unter den Stichworten Value-Based-Management oder wertorientierte Steuerung sehr nachdrücklich empfehlen. Man kann feststellen, daß sich die Ansätze der wertorientierten Steuerung und der Performance-Messung, also der Erfolgsdefinition und Kontrolle der Periodenleistung von Unternehmen, verstärkt den theoretischen Konzeptionen zuwenden, die auch für die Bewertung von Unternehmen benötigt werden. Diese Entwicklungen sorgen dafür, daß die Diskussion um leistungsfähige Methoden zur Bewertung von Unternehmen ihre Aktualität behält.

An zweiter Stelle ist auf die hohe Zahl an Transaktionen zu verweisen, bei denen der Übergang von Eigentumsrechten an Unternehmen Verhandlungs- und Vertragsgegenstand ist und auf die empirischen Untersuchungen, die belegen, daß der Anteil der Transaktionen, in denen für die Übernahme der Eigentumsrechte zu hohe Preise gezahlt werden, erheblich ist. Die Suche nach den Ursachen von Fehlentscheidungen bzw. überzogenen Preiszugeständnissen ist wichtig. Mögliche Antworten sind: Synergien werden überschätzt, das Management der erwerbenden Gesellschaft überschätzt die Möglichkeiten, in noch unbekannten Geschäftsfeldern erfolgreich zu sein, es werden fehlerhafte Annahmen gesetzt bzw. Bewertungsmethoden fehlerhaft angewendet. Die beiden letztgenannten Aspekte beleben das Interesse an methodischen Fragen der Unternehmensbewertung: Was sind leistungsfähige und was sind weniger gute Ansätze zur Bewertung von Unternehmen?

Die beiden angesprochenen Bewertungsanlässe sind zwei aus einer Vielzahl von Anlässen, die im Verlauf des idealtypischen Lebenszyklus eines Unternehmens auftauchen bzw. auftauchen können. Abbildung 1-1 ist ein Versuch, typischen Phasen dieses Lebenszyklusses Maßnahmen bzw.

Strategien zuzuordnen, die Unternehmensbewertungskalküle erforderlich machen.

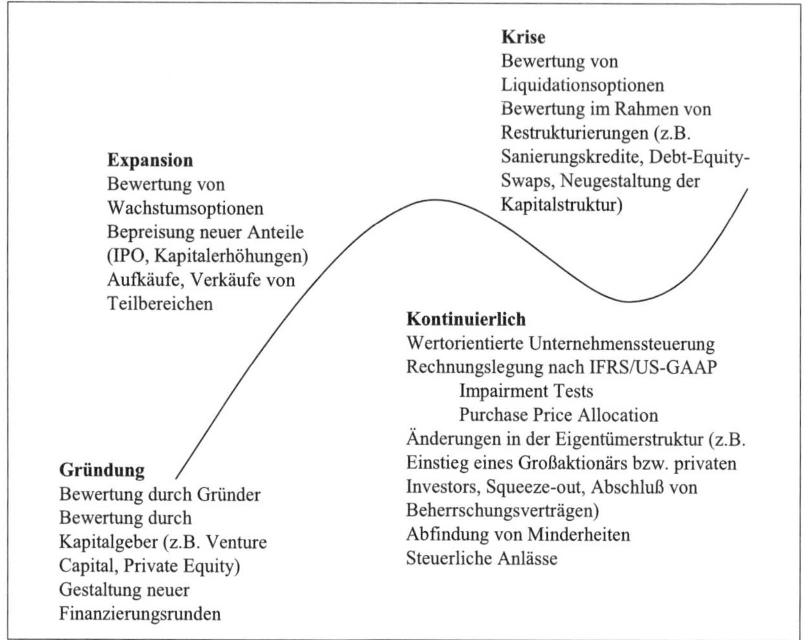

Abbildung 1-1: Idealtypischer Lebenszyklus eines Unternehmens und Bewertungsanlässe

Im deutschen Sprachraum ist die Diskussion um Fragen der Unternehmensbewertung durch besondere Umstände belebt. Die Bewertungsmethode, die man in Deutschland als noch vorherrschend bezeichnen kann, die Ertragswert-Methode, stößt auf die im angelsächsischen Raum entwickelten, dort dominierenden und von Investmentbankern, Unternehmensberatern, Spezialisten für Mergers and Acquisitions auf den Kontinent übertragenen Discounted-Cashflow-Methoden. Es scheint gelegentlich noch so, als gäbe es Zweifel an einer Kompatibilität beider Ansätze. Auf jeden Fall gibt es Verständigungsschwierigkeiten zwischen denjenigen, die die Ertragswert-Methode einerseits bzw. DCF-Ansätze andererseits praktizieren.

Dieses Buch behandelt die Methoden der Unternehmensbewertung, die Anspruch auf theoretische Fundierung erheben. Es stellt die wichtigsten Spielarten der DCF-Methode in allen Details vor: die Entity-Ansätze in den Ausprägungen WACC-Ansatz und APV-Ansatz sowie den Equity-Ansatz. Die Ertragswert-Methode wird als Sonderform des Equity-Ansatzes behandelt.

Die Methoden werden an wichtigen Stellen um Aspekte erweitert, die in der Lehrbuchliteratur bislang nicht behandelt werden: die Wertbeiträge von Rückstellungen, die Behandlung von Leasing-Kontrakten im Rahmen der Unternehmensbewertung, die spezifischen Probleme bei der Bewertung performanceschwacher Unternehmen, die auf Beiträge durch Außenfinanzierung angewiesen sind. Unverändert enthält das Buch zahlreiche Übungs- und Fallbeispiele, die in Kapitel 12 angesiedelt sind.

Das Buch wendet sich an Studierende der Betriebs- und Volkswirtschaftslehre sowie des Rechts, an Wirtschaftsprüfer, Steuerberater, Unternehmensberater, Investmentbanker, Juristen, mit Bewertungsfragen befaßte Richter und andere mit dem Erwerb und Verkauf von Unternehmen (Geschäftsbereichen) betraute Praktiker. Für den so definierten Adressatenkreis muß der Text theoretisch fundiert und anwendbar sein. Dieser Spagat ist nicht einfach zu vollziehen. Wir haben einen behutsamen Einstieg in das Problem gewählt. Unternehmensbewertung ist zunächst Anwendung der Prinzipien der Investitions- und Finanzierungstheorie. Das Buch beginnt deshalb mit einer Einführung in die Kernsätze der Investitionsrechnung. Die zentralen steuerlichen Regelungen und ihre Berücksichtigung im Kalkül werden erläutert. Kapitel 4 behandelt die wichtigen Aspekte der Bewertung von Zahlungsströmen bei Unsicherheit und verdeutlicht die im Rahmen von Bewertungskalkülen erforderlichen bzw. verbreiteten Vereinfachungen.

Dieser bedächtige Einstieg in das Problem bedarf einer Begründung. Wären ausschließlich Studenten der Betriebswirtschaftslehre im Hauptstudium oder Teilnehmer von Master-Studiengängen die Adressaten des Buches, hätte man ein wesentlich kompakteres Vorgehen wählen können und sich auf die zentralen Teile der Kapitel 3 und 4, also die Erläuterung der einschlägigen Steuersysteme und verschiedene Vorgehensweisen zur Bewertung mehrperiodiger unsicherer Erfolgsströme beschränken können. Bei vielen Lesern liegt die fachliche Ausbildung geraume Zeit zurück. Wer nicht regelmäßig mit Bewertungsproblemen zu tun hat, dem ist z. B. die praktische Umsetzung von steuerlichen Vorschriften in ein nachvollziehbares Kalkül nicht mehr geläufig. Aus diesem Grund werden in den einführenden Kapiteln grundlegende Konzepte erläutert. Zugleich sollen die am Ende des Buches plazierten Übungsaufgaben zur eigenen Anwendung einladen. Den idealen Leser stellen wir uns so vor, daß er spätestens dann, wenn ihm nicht vertraute Prinzipien und Lösungsmöglichkeiten präsentiert werden, zu Bleistift und Rechner greift, um die Beispiele im Text nachzurechnen bzw. die nicht immer einfachen Übungsaufgaben zu lösen. Der Nutzen des Buches erschließt sich demjenigen am schnellsten, der intensiv (nach)rechnet.

Der Leser, der die Grundlagen beherrscht, kann die Lektüre unmittelbar mit Kapitel 5 beginnen. Es macht zusammen mit den Kapiteln 6 bis 9 den Kern der Botschaften zur Unternehmensbewertung aus. Kapitel 5 stellt einleitend Bewertungsanlässe und Wertkonzeptionen vor. Abschnitt III. des 5. Kapitels behandelt die wichtige Frage, wie entziehbare Überschüsse im Rahmen der Unternehmensbewertung unter Beachtung steuerlicher Regelungen, der Reinvestitionserfordernisse und gesellschaftsrechtlicher Entzugssperren zu definieren sind. Abschnitt IV. erläutert den Einfluß der Kapitalstruktur des Unternehmens auf Kapitalkosten und Bewertungsergebnis. Dieser Abschnitt dient zusammen mit Abschnitt V. der Vorbereitung für die in Kapitel 6 folgende detaillierte Darstellung der Discounted-Cashflow-(DCF)-Methode. Drei Unterarten werden unterschieden: Equity-, WACC- und APV-Ansatz. Ein vierter Ansatz, in der Literatur als Capital Cashflow-Ansatz bezeichnet, wird nur gestreift. In Deutschland scheint der WACC-Ansatz, also das Arbeiten mit durchschnittlichen gewogenen Kapitalkosten, auf dem Vormarsch zu sein. Dies ist wohl auf den angelsächsischen Einfluß und die Präferenz der US-amerikanischen Literatur, Investmentbanken und Unternehmensberater für diesen Ansatz zurückzuführen. Dessen Anwendungsvoraussetzungen sind jedoch eng: sie werden im Abschnitt IV. des 6. Kapitels diskutiert.

Abschnitt V. geht auf den Equity-Ansatz und die Ertragswert-Methode ein. Grundlage der Diskussion ist der IDW Standard „Grundsätze zur Durchführung von Unternehmensbewertungen" aus dem Jahre 2005. Bei richtiger Handhabung kann diese Methode mit Erfolg genutzt werden.

Die folgenden Kapitel greifen Sachverhalte auf, die zumindest in der Lehrbuchliteratur vernachlässigt werden. Kapitel 7 diskutiert den Kontext Leasingverträge und Bewertung. Kapitel 8 untersucht die deutlichen Wertbeiträge, die Rückstellungen auslösen. Weil die Höhe dieser Wertbeiträge davon abhängt, wie durch Rückstellungen gebundene Mittel verwendet werden und mindestens drei Verwendungsannahmen praktische Bedeutung haben, bietet dieses Kapitel zahlreiche Rechenwege an. Kapitel 9 greift die Fragen auf, die zu beantworten sind, wenn eine Performanceschwäche des Unternehmens die punktgenaue Erfüllung von Finanzierungsverträgen nicht mehr gestattet. Zunächst mangelt es i. d. R. an ausreichenden Ertragsüberschüssen, die Vereinnahmung von steuerlichen Vorteilen aus dem Einsatz von Fremdkapital und der Bildung von Rückstellungen stockt; Verlustvorträge laufen auf. Dann werden Gläubigerpositionen riskanter, als sie bei Abschluß des Kreditvertrages eingeschätzt wurden. Bewertungsergebnisse hängen damit auch von den Reaktionsweisen von Gläubigern ab.

Kapitel 10 ist überschrieben mit „Wertorientierte Steuerung". Steuerungssysteme können so konzipiert werden, daß eine periodische Kontrollgröße über die Entwicklung des periodischen Unternehmenswertes informiert. Methoden der Unternehmensbewertung sind eine Basis dieser Ansätze. Wie man Barwertkompatibilität bzw. die schärfere Anforderung von Barwertidentität herstellen kann, ist Gegenstand dieses Kapitels.

Kapitel 11 wirft einen kurzen Blick auf Multiplikatoren. Wir interpretieren deren Einsatz zur Preisabschätzung von Aktien und Unternehmen als Versuch, über eine Abkürzung zum Ergebnis zu kommen. Abkürzungen sind gelegentlich möglich; wir zeigen, welche Qualitäten die Abkürzung haben muß, damit sie nicht nur kürzer, sondern auch gut ist.

Kapitel 12 enthält Übungsaufgaben, Fallbeispiele und Lösungshinweise.

2. Kapitel: Investitionsentscheidung bei Sicherheit

I. Vielfalt an Methoden

Empirische Untersuchungen über die von Unternehmen in Deutschland, England, den USA, Österreich und der Schweiz benutzten Methoden zur Berechnung der Vorteilhaftigkeit von Investitionsprojekten belegen eine auf den ersten Blick erstaunliche Methodenvielfalt, die über lange Zeiträume hinweg eine nicht zu übersehende Beharrlichkeit an den Tag legt.[1]

Bröer/Däumler legen 1986 die Ergebnisse einer Befragung von 203 Unternehmen vor, die erkennen lassen, daß Unternehmen erstens Präferenzen für bestimmte Methoden haben: die Methode des internen Zinsfußes rangiert vor der Kapitelwert-Methode und diese vor der Kostenvergleichsmethode. Zweitens setzen die befragten Unternehmen mehrere Methoden parallel ein. Drittens haben Methoden, bei denen alternative erzielbare Renditen, also Opportunitätskosten, keine explizite Rolle spielen, eine gewichtige Anhängerschaft.

Folgt man der Untersuchung von Arnold/Hatzopoulos aus dem Jahre 2000, die englische Unternehmen nach den von ihnen benutzten Kriterien zur Beurteilung von Investitionsprojekten befragten, ergibt sich ein ähnliches Bild: 70 % der 96 befragten Unternehmen nutzen die Payback-Methode, 81 bzw. 84 % berechnen den internen Zinsfuß und den Nettokapitalwert.[2] Graham/Harvey befragen 4.400 amerikanische Unternehmen und erhalten 392 auswertbare Fragebögen.[3] Auch sie berichten die bereits angesprochene Methodenvielfalt und den häufigen Rückgriff auf Kalkülformen, die Alternativrenditen nicht oder nicht in theoretisch angemessener Form berücksichtigen. Abbildung 2-1 zeigt eine Auswahl der Ergebnisse.

Die Frage, warum Praktiker verbreitet die Pay-back-Methode benutzen, obwohl in Lehr- und Fortbildungsveranstaltungen und Literatur seit Jahrzehnten auf die potentiellen Mängel dieses Kriteriums hingewiesen wird, beschäftigt die Literatur.

---

1 Vgl. etwa Grabbe, H.-W. (1976); Schall, L. D./Sundem, G. L./Geijsbeek, W. R. (1978); Gitman, L. J./Mercurio, V. A. (1982); Moore, J. S./Reichert, A. K. (1983); Bröer, N./Däumler, K. D. (1986); Trahan, E. A./Gitman, L. J. (1995); Bruner, R. F./Eades, K. M./Harris, R. S./Higgins, R. C. (1998); Arnold, G. C./Hatzopoulos, P. D. (2000); Graham, J. R./Harvey, C. R. (2001).

2 Vgl. Arnold, G. C./Hatzopoulos, P. D. (2000), S. 605.

3 Graham, J. R./Harvey, C. R. (2001).

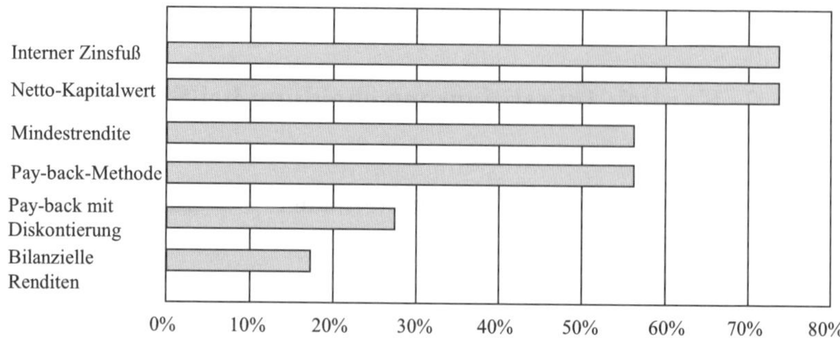

Abbildung 2-1: Prozentsatz der Unternehmen, die immer oder meistens das genannte Kriterium benutzen

Graham und Harvey sind geneigt, dies auf „CEO characteristics“[4] zurückzuführen, weil der Einsatz dieses Kriteriums insbesondere in kleineren Unternehmen stattfände, deren Finanzmanager schon lange im Amt seien und keine MBA-Ausbildung genossen hätten. Arnold/Hatzopoulos sind viel nachsichtiger: Was der wahre Wertbeitrag i. S. d. Beitrages eines Investitionsprojektes zum Unternehmensgesamtwert sei, sei ein sehr kompliziertes Problem. Der Manager suche daher nach Hinweisen, ob eine Berechnung des Nettokapitalwertes durch andere Aspekte des zu beurteilenden Projektes gestützt werde,[5] und berechne daher zusätzliche als potentielle Entscheidungskriterien benutzte Maßgrößen. Diese Diskussion ist interessant, soll aber nicht weitergeführt werden. Vielmehr soll hier beantwortet werden, warum es sinnvoll ist, beim Einsatz von Kapital für Investitionsprojekte die erreichbaren Alternativrenditen zu beachten. Dies soll an zwei Fragestellungen erläutert werden:

- Lohnt die Durchführung eines bestimmten Investitionsprojektes?
- Welches von zwei sich gegenseitig ausschließenden Investitionsprojekten ist das bessere?

II. Vorläufige Definition der bewertungsrelevanten Zahlungen

Wenn in diesem Buch von Investitionsprojekten die Rede ist, sind Projekte von auf Einkommenserzielung ausgerichteten Unternehmen gemeint. Eine Investition wird dargestellt durch eine Auszahlung, für die das Unternehmen (bzw. die Eigentümer) einen körperlichen Vermögensgegenstand (z. B. Grundstück, Gebäude, maschinelle Anlage, Nutzfahrzeug etc.), einen immateriellen Vermögenswert (z. B. Patente, Organisations-Know-how, Aufbau von Humankapital durch Mitarbeiterentwicklungsprogramme) oder Finanzanlagen (langfristige Forderungstitel,

[4] Vgl. dies., S. 194.
[5] Vgl. Arnold, G. C./Hatzopoulos, P. D. (2000), S. 609 – 611.

Beteiligungen u. ä.) erhält (erhalten). Man kann unterscheiden, ob diese Vermögenswerte ggf. bilanziert werden oder ob sie bilanziell nicht erfaßt werden. Dieser Aspekt ist z. B. wegen steuerlicher Wirkungen von Bedeutung, wird im Folgenden aber ausgeklammert.

Auszahlungen für Investitionen werden geleistet, um durch den Einsatz der Vermögensgegenstände und -werte Einzahlungen zu erzielen. Diese Einzahlungen sind in erster Linie Umsatzerlöse für verkaufte Produkte und/oder Dienstleistungen des Unternehmens. Vermindert man diese um die periodengleichen Auszahlungen für Rohstoffeinsatz, Energie, Arbeitslöhne etc., erhält man die auf die Abrechnungsperiode (1 Woche, 1 Monat, 1 Jahr) bezogenen Nettoeinzahlungen. Üblich ist es, die Abrechnungsperiode für langlebige Investitionsprojekte mit dem Kalenderjahr gleichzusetzen und vereinfachend zu unterstellen, daß die Nettoeinzahlungen eines Jahres ohne allzu große Auswirkung auf das Ergebnis am Jahresende anfallen. Bei Ausblendung von Steuerzahlungen und der Unsicherheit über die Ergebnisse künftiger Perioden läßt sich ein Investitionsprojekt dann durch eine Zahlungsreihe abbilden, die mit einer Auszahlung für die Beschaffung des Investitionsprojektes im Entscheidungszeitpunkt 0 beginnt. Für die geplante Nutzungsdauer des Projektes werden diesem die zurechenbaren Nettoeinzahlungen bzw. -auszahlungen, die annahmegemäß am Ende der jeweiligen Periode anfallen, zugeordnet. Nach diesen wichtigen Vorarbeiten stellt sich die Frage, ob sich das Investitionsprojekt „rechnet". Allein über diese Frage wird im folgenden diskutiert.

III. Einstieg in das Bewertungsproblem: Von der Pay-back-Methode zum Nettokapitalwert

Wir beginnen mit der bei Praktikern beliebten Pay-back-Methode. Sie fragt, wie schnell ein Investitionsprojekt den im Entscheidungszeitpunkt 0 erforderlichen Kapitaleinsatz einspielt und weist das Projekt mit der kürzeren „Einspieldauer" als das bessere aus.

Beispiel:

Zeitpunkte	0	1	2	3	4
Projekt A	– 900	450	450	100	50
Projekt B	– 900	300	300	300	300

Tabelle 2-1: Zahlungsreihen der Projekte A und B

Projekt A gewinnt das eingesetzte Kapital in zwei Perioden wieder; bei Projekt B beträgt die Amortisationsdauer drei Perioden. Gemäß der Pay-back-Methode gilt Projekt A wegen der schnelleren Wiedergewinnung als das bessere.

Diese Methode scheint bemerkenswert einfach. Die Begründung des Vorgehens könnte lauten, daß bei Projekten mit kürzerer Amortisationszeit das „Verdienen" eher beginnt und daß diese Projekte deshalb vorzuziehen sind.

Die statische Pay-back-Methode, die ohne Diskontierung auszukommen sucht, hat, solange man Unsicherheitsprobleme ausklammert, zwei schnell erkennbare Mängel:

1. Sie beachtet nicht, was *nach* der projektindividuellen Amortisationszeit passiert.
2. Sie beachtet nicht, daß „Wiedergewinnung" i. S. v. „Summe der Nettoeinzahlungen entspricht eingesetztem Kapital" ökonomisch keine Wiedergewinnung ist, weil der Einsatz von Kapital immer Opportunitätskosten auslöst. Ökonomische Wiedergewinnung liegt erst vor, wenn auch diese Kosten des eingesetzten Kapitals gedeckt sind.

Angenommen, ein Investor dürfte zwischen den folgenden Alternativen C und D wählen:

	2.11.06	2.11.07
C	300	-
D	-	300

Er wählt C! Warum?

Angenommen, man kann zu einem Zinssatz i = 10 % Geld *leihen*. Was ist D im Zeitpunkt 2.11.06 wert? Offensichtlich den mit dem Zinssatz i um ein Jahr *abgezinsten* Betrag, also:

$$300 \cdot \frac{1}{1+i} = 300 \cdot \frac{1}{1{,}1} = 300 \cdot 0{,}9091 = 272{,}73.$$

Jetzt ist klar, daß C im Zeitpunkt 2.11.06 mehr wert ist als D. Und es ist auch klar, wieviel C mehr wert ist als D, nämlich 300 – 272,73 = 27,27.

Angenommen, man kann Geld zu einem Zinssatz von i = 10 % *anlegen*. Was ist C im Zeitpunkt 2.11.07 wert? Offensichtlich 300 plus Zinsen; die Zinsen betragen 30. Anders ausgedrückt: C wächst im Verlauf eines Jahres auf den Betrag $C \cdot (1+i) = 330$ an. Um C mit D zu vergleichen, kann man C auch *aufzinsen.*

Es folgt somit:

1. Wenn der Investor Geld leiht, fallen Kapitalkosten (Zinsen) an, welche künftige Einzahlungen, die zeitlich vorgezogen werden sollen, abwerten.

2. Wenn man Geld anlegt, kann man am Kapitalmarkt Zinsen oder Alternativverträge erzielen. Wer stattdessen Geld in Investitionsprojekte steckt, verzichtet auf diese Zinsen (Alternativverträge). Es fallen also Opportunitätskosten an. Diese Opportunitätskosten muß das Investitionsprojekt mindestens erwirtschaften, wenn es nicht nachteilig sein soll.

3. Es ist folglich nicht korrekt, Zahlungen, die zu verschiedenen Zeitpunkten anfallen, einfach zu addieren, weil sie nicht vergleichbar sind.

Wenn wir diese Erkenntnisse auf unser obiges Beispiel anwenden, könnten wir wie folgt rechnen: Wir beziehen alle Zahlungen des Projektes A bzw. B auf den Zeitpunkt 0; dieser Zeitpunkt ist der Startpunkt des Projektes. Wir diskontieren alle nicht in 0 anfallenden Zahlungen mit dem Zinssatz i auf den Zeitpunkt 0. Erst dann können diese Zahlungen addiert werden.

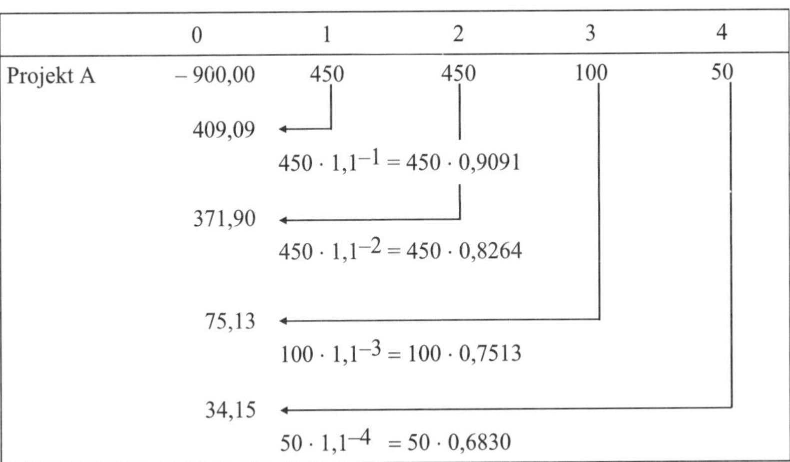

	0	1	2	3	4
Projekt A	– 900,00	450	450	100	50
	409,09	←			
		$450 \cdot 1{,}1^{-1} = 450 \cdot 0{,}9091$			
	371,90	←	←		
		$450 \cdot 1{,}1^{-2} = 450 \cdot 0{,}8264$			
	75,13	←	←	←	
		$100 \cdot 1{,}1^{-3} = 100 \cdot 0{,}7513$			
	34,15	←	←	←	←
		$50 \cdot 1{,}1^{-4} = 50 \cdot 0{,}6830$			

Tabelle 2-1: Bewertung Projekt A

Die Summe der diskontierten Nettoeinzahlungen von Projekt A beträgt 890,27. Wir nennen diesen Betrag *Bruttokapitalwert (BKW)* im Zeitpunkt 0. Die Summe der diskontierten Vorteile ist kleiner als der Preis des Projektes (900): Folglich lohnt Projekt A nicht. Die Aussage der statischen Pay-back-Methode, das Projekt sei vorteilhaft, ist somit falsch.

Betrachten wir Projekt B.

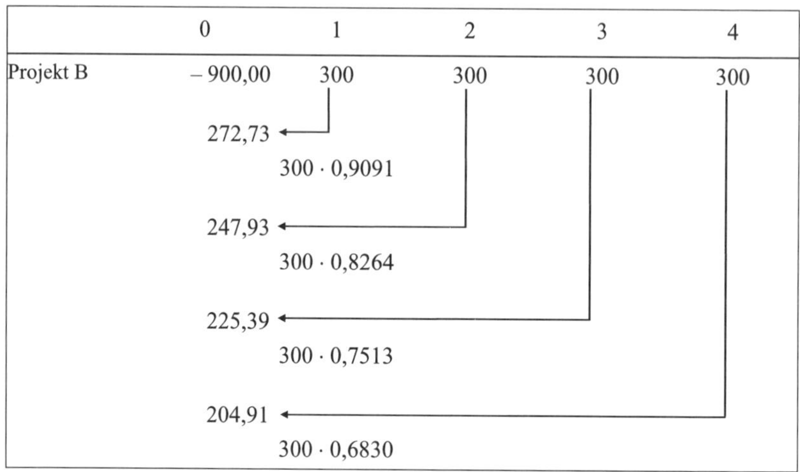

	0	1	2	3	4
Projekt B	– 900,00	300	300	300	300
	272,73	300 · 0,9091			
	247,93	300 · 0,8264			
	225,39	300 · 0,7513			
	204,91	300 · 0,6830			

Tabelle 2-2: Bewertung Projekt B

Die Summe der diskontierten Nettoeinzahlungen, der Bruttokapitalwert, beträgt 950,96. Die Summe der mit dem Zinssatz i, also der Alternativrendite, abgezinsten Vorteile (950,96) übersteigt die Anschaffungsauszahlung (den Preis) von Projekt B (900). Das Projekt ist somit vorteilhaft.

Daraus folgt, daß

- das Signal der statischen Pay-back-Methode falsch ist: B ist das bessere Projekt. Projekt A verdient noch nicht einmal den Zinssatz i, den der Investor am Kapitalmarkt bei Anlage eines Betrages in Höhe von 900 erzielen könnte, also die Opportunitätskosten;
- die Diskontierung von Nettoeinzahlungen die Kosten des Kapitaleinsatzes berücksichtigt;
- die Summe der diskontierten Nettoeinzahlungen, die Bruttokapitalwert genannt wird, den ökonomischen Wert des Projektes repräsentiert. Übersteigt der Bruttokapitalwert die Anschaffungskosten (Errichtungskosten) des Projektes, liegt ein vorteilhaftes Projekt vor.

Die ökonomische Begründung hierfür lautet: Der BKW bezeichnet den Betrag, den man im Zeitpunkt 0 auf dem Kapitalmarkt zum Zinssatz i = 10 % anlegen müßte, um exakt die Einzahlungen zu erzielen, die das Investitionsprojekt liefert. Die folgende Tabelle belegt diese Idee anhand des BKW des Projektes B:

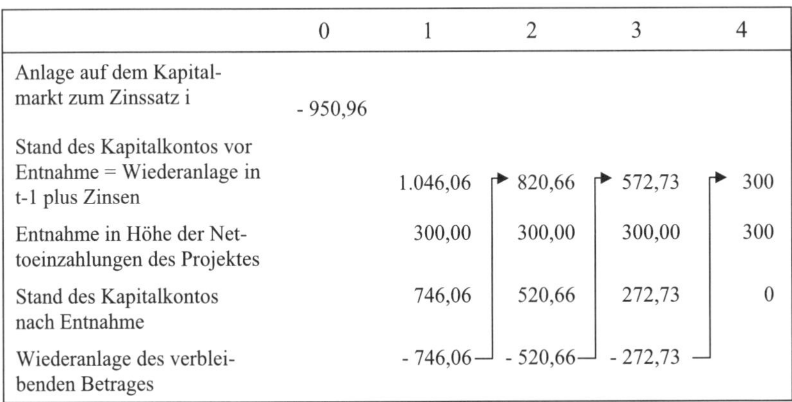

	0	1	2	3	4
Anlage auf dem Kapitalmarkt zum Zinssatz i	- 950,96				
Stand des Kapitalkontos vor Entnahme = Wiederanlage in t-1 plus Zinsen		1.046,06	820,66	572,73	300
Entnahme in Höhe der Nettoeinzahlungen des Projektes		300,00	300,00	300,00	300
Stand des Kapitalkontos nach Entnahme		746,06	520,66	272,73	0
Wiederanlage des verbleibenden Betrages		- 746,06	- 520,66	- 272,73	

Tabelle 2-3: Plausibilisierung der Bewertung des Projekts B

Dies ist der Grund, warum die Aussage, der BKW zeige den *Wert* des Projektes an, korrekt ist: Für die *gleiche* Reihe an Nettoeinzahlungen muß man alternativ 950,96 anlegen. Wenn der Wert der gleichen Zahlungsreihe (950,96) größer als der Beschaffungspreis des Projektes (900) ist, liegt ein vorteilhaftes Projekt vor. Die Bewertung eines Projektes besteht somit darin, den Anschaffungspreis des Projektes (900) mit dem Geldbetrag zu vergleichen, den man für die beste *vorteilsgleiche* Handlungsalternative aufzuwenden hätte. Der Kern der Bewertung besteht somit darin, den Preis der vorteilsgleichen Alternative zu ermitteln. Deren Preis ist der Bruttokapitalwert.

Die Differenz zwischen BKW und Preis bzw. Anschaffungsauszahlung des Projektes heißt Nettokapitalwert (NKW). Dieser NKW ist der in Geldeinheiten gemessene Vermögenszuwachs, den die Durchführung des Projektes im Vergleich zur vorteilsidentischen Alternative verspricht.

Brutto- und Nettokapitalwert sind einfach zu interpretierende Kriterien, die die Vorteilhaftigkeit eines Projektes eindeutig anzeigen. Bedingung ist, daß keine Rechenfehler unterlaufen. Die folgenden Kapitel werden u. a. verdeutlichen, wie schnell Rechenfehler gemacht werden können.

Die Aussage, der Wert eines Projektes ließe sich an der Summe der mit dem Kapitalmarktzinssatz i diskontierten, dem Projekt zurechenbaren Nettoeinzahlungen ablesen oder die gleichwertige Aussage, der positive Nettokapitalwert zeige die Reichtumsänderung an, die der Investor bei Realisierung des Projektes im Zeitpunkt 0 erfahre, gilt nur unter zu beachtenden Nebenbedingungen. Dieser Kalkül unterstellt einen vollkommenen und unbeschränkten Kapitalmarkt. Vollkommenheit heißt insbesondere, daß Kapitalmarktanlagen und Mittelaufnahmen (Kredite) identische Renditen bzw. Kosten auslösen. Unbeschränktheit darf zwar nicht als beliebige Verschuldungsmöglichkeit interpretiert werden, heißt aber, daß sich der Investor im Rahmen seines Vermögens, also seines gesamten Konsumpotentials verschulden kann. Nur Überschuldung ist ausgeschlossen. Es ist die Vollkommenheitsannahme, die den Bewertungskalkül löst von den Einzahlungsstrukturen bereits realisierter Investitions- und Finanzierungsprojekte, von den finanziellen Zielvorstellungen oder Konsumpräferenzen des Investors und von den Realinvestitionen und Finanzierungsmöglichkeiten, die künftige Perioden des Planungszeitraums bereithalten. Gäbe man also die Vollkommenheitsannahme auf, hätte man sich mit den soeben genannten Sachverhalten und deren Einfluß auf Vorteilhaftigkeitskalküle auseinanderzusetzen. Die Folge wären Kalküle in Form vollständiger Finanzpläne, die Konsumziele beachten und Neuprojekte in bereits realisierte (Alt)Projekte und deren Finanzierungsmodalitäten einbetten, aber schnell mit überbordender Komplexität zu kämpfen hätten.

Wir belassen es deshalb an dieser Stelle bei dem Verweis auf die in Anspruch genommenen Vereinfachungen. Wir werden später die Annahme identischer Renditen bzw. Kosten von Kapitalmarktanlagen und Renditen sowie die Annahme der flachen Zinsstruktur aufgeben, Verschuldungsgrenzen einführen und die strenge Isolierung des zu bewertenden Projektes von anderen Projekten lockern.

IV. Literaturhinweise

Arnold, G. C./Hatzopoulos, P. D. (2000): The Theory-Practice Gap in Capital Budgeting: Evidence from the United Kingdom. In: Journal of Business Finance and Accounting, Vol. 27, S. 603-626.

Blohm, H./Lüder, K. (1995): Investition. 8. A., München.

Bröer, N./Däumler, K.-D. (1986): Investitionsrechnungsmethoden in der Praxis. In: Buchführung, Bilanz, Kostenrechnung, Herne, Heft 13, S. 709-720.

Bruner, R. F./Eades, K. M./Harris, R. S./Higgins, R. C. (1998): Best Practices in Estimating the Cost of Capital: Survey and Synthesis. In: Financial Practice and Education, Vol. 8, S. 13-28.

Drukarczyk, J. (1970): Investitionstheorie und Konsumpräferenz, Berlin.

Fisher, I. (1930): The Theory of Interest. As Determined by Impatience to spend Income and Opportunity to Invest it, New York. Deutsche Übersetzung von Hans Schulz, Die Zinstheorie, Jena 1932.

Gitman, L. J./Mercurio, V. A. (1982): Cost of Capital Techniques Used by Major U. S. Firms. In: Financial Management, Vol. 11, S. 21-29.

Grabbe, H.-W. (1976): Investitionsrechnung in der Praxis, Köln.

Graham, J. R./Harvey, C. R. (2001): The Theory and Practice of Corporate Finance: Evidence from the Field. In: Journal of Financial Economics, Vol. 60, S. 187-243.

Kruschwitz, L. (2005): Investitionsrechnung. 10. A., München, Wien.

Moore, J. S./Reichert, A. K. (1983): An Analysis of the Financial Management Techniques Currently Employed by Large U. S. Companies. In: Journal of Business Finance and Accounting, Vol. 10, S. 623-645.

Schall, L. D./Sundem, G. L./Geijsbeck, W. R. (1978): Survey and Analysis of Capital Budgeting Methods. In: Journal of Finance, Vol. 33, S. 281-287.

Trahan, E. A./Gitman, L. J. (1995): Bridging the Theory-Practice Gap in Corporate Finance: A Survey of Chief Financial Officers. In: Quarterly Review of Economics and Finance, Vol. 35, S. 73-87.

Wehrle-Streif, U. (1989): Empirische Untersuchung zur Investitionsrechnung, Köln.

3. Kapitel: Investitionsentscheidung bei Sicherheit und steuerliche Normen

I. Einführung: Eine einfache Gewinnsteuer

Unter idealen Bedingungen können Steuernormen entscheidungsneutral wirken: Rechnungen vor bzw. nach Steuern haben dann *gleiche* Ergebnisse in Form von Brutto- oder Nettokapitalwerten und Nutzungsdauern zur Folge. Empirische Steuersysteme sind oft nicht entscheidungsneutral. Folglich sind steuerliche Normen von Bedeutung.

Wir betrachten zunächst ein sehr einfaches Steuersystem, in dem steuerliche Überschüsse mit einem von der Höhe und der Verwendung des Überschusses unabhängigen konstanten Steuersatz s belegt werden. Wir prüfen, welche Größen des Entscheidungskalküls durch die Einführung dieser Steuer berührt werden und welche Auswirkungen auf das Ergebnis der Rechnung zu erwarten sind. In späteren Abschnitten werden komplexere steuerliche Regelungen betrachtet und ihre Zahlungswirkungen untersucht.

Die Annahme, daß Unternehmen bzw. Eigentümer am Kapitalmarkt finanzielle Mittel zu einem zeitkonstanten Zinssatz i anlegen und ggf. auch aufnehmen können, wird beibehalten.

1. Annahmen

1. Überschüsse aus allen Real- und Finanzinvestitionen werden besteuert. Es findet keine doppelte Besteuerung statt: Die steuerliche Belastung erfolgt entweder auf Unternehmens- *oder* auf Eigentümerebene.
2. Abnutzbare Realinvestitionen sind steuerlich abschreibungsfähig.
3. Aus Vereinfachungsgründen soll die steuerliche Bemessungsgrundlage (SBG) der Nettoeinzahlung des Projektes in Periode t abzüglich der steuerlichen Abschreibung (Ab_t) und ggf. der Zinszahlung für Fremdkapital entsprechen.
4. Die Steuerzahlung erfolgt am Ende der Periode, für die eine positive steuerliche Bemessungsgrundlage vorliegt.
5. Bei negativer steuerlicher Bemessungsgrundlage (SBG) erfolgt eine Rückerstattung in Höhe von $s \cdot |SBG|$ an das Unternehmen bzw. den Investor. Es liegt eine sog. Negativsteuer vor.
6. Anlagen von finanziellen Mitteln erzielen den Zinssatz i vor Steuern. Kredite kosten vor Steuern ebenfalls den Zinssatz i.

2. Gewinnsteuer und Eigenfinanzierung

Unter diesen Annahmen ergibt sich der NKW eines Projektes, dessen Anschaffungsauszahlung (Errichtungskosten) mit Eigenkapital finanziert wird (werden), aus (3-1):

$$NKW_0^E = \sum_{t=1}^{n} \left[NE_t - s\left(NE_t - Ab_t \right) \right] \left(1 + i_S\right)^{-t} - I_0 \qquad (3\text{-}1)$$

NKW^E	Nettokapitalwert bei Eigenfinanzierung;
I_0	Anschaffungs- bzw. Investitionsauszahlung im Zeitpunkt 0;
NE_t	Nettoeinzahlung in t; ein möglicher Restverkaufserlös ist in NE_n eingeschlossen;
s	Steuersatz;
Ab_t	steuerliche Abschreibung;
$i_S = i\,(1 - s)$	Alternativrendite nach Steuern;
n	Nutzungsdauer des Projektes.

Welche Informationen liefert (3-1)?

- Ob ein Projekt lohnt oder nicht, hängt von den Nettoeinzahlungen nach Steuern ab. Diese stellen die konsumierbaren Einzahlungen des Projektes für die Eigentümer dar.
- Ob ein Projekt lohnt oder nicht, wird an der alternativ erzielbaren Rendite nach Steuern gemessen. Diese beträgt unter den gesetzten Annahmen i (1 – s), weil gemäß Annahme 1 auch die Überschüsse aus Finanzanlagen mit dem Satz s besteuert werden.
- Steuerliche Regeln treffen Investitionsprojekte an drei Stellen, wie eine Umformulierung von (3-1) zeigt:

$$NKW_0^E = \sum_{t=1}^{n} \left[NE_t \left(1 - s\right) + s \cdot Ab_t \right] \left(1 + i_S\right)^{-t} - I_0$$

  - Die Nettoeinzahlungen sinken von NE_t auf $NE_t\,(1 - s)$,
  - die Steuerzahlungen verkürzen sich um $s \cdot Ab_t$,
  - die Alternativrendite sinkt von i auf i (1 – s).

- Die Verteilung der steuerlichen Abschreibung über die Zeit beeinflußt den NKW von Projekten. Die „beste“ Abschreibung wäre unter den gesetzten Annahmen die Sofortabschreibung. Diese ist gemäß deutschen Normen – geringwertige Wirtschaftsgüter ausgenommen (§ 6 Abs. 2 EStG) – steuerlich nicht zulässig. Die Sofortabschreibung im Zeitpunkt 0 (oder alternativ am Ende der Periode 1) wäre die den

NKW eines Projektes am meisten steigernde Form der steuerlichen Abschreibung, weil sie einen Steuervorteil in Höhe von $s \cdot I_0$ im Zeitpunkt 0 (oder am Ende der Periode 1) bewirkt. Zeitlich frühere Steuervorteile sind gleich hohen, aber zeitlich späteren Steuervorteilen vorzuziehen.

3. Gewinnsteuer und Fremdfinanzierung

Der NKW eines Projektes bei vollständiger Fremdfinanzierung ($F_0 = I_0$) ergibt sich aus:

$$NKW_0^F = \sum_{t=1}^{n} \left[NE_t - s\,\left(NE_t - Ab_t - iF_{t-1} \right) - iF_{t-1} - T_t \right] \left(1 + i_S \right)^{-t} \qquad (3\text{-}2)$$

NKW^F Nettokapitalwert bei vollständiger Fremdfinanzierung;

iF_{t-1} Zinszahlung auf den Kreditbestand zu Beginn der Periode;

T_t vertraglich vereinbarte Tilgung.

In Formel (3-2) taucht I_0 nicht auf. Ursache ist, daß die Anschaffungsauszahlung *vollständig* durch Fremdkapital (F_0) finanziert wird. Die Ansprüche der Fremdkapitalgeber in Höhe von iF_{t-1} (Zinsen) und T_t (Tilgungen) sind in (3-2) als Auszahlungen berücksichtigt. Es gilt:

$$\sum_{t=1}^{n} \left[iF_{t-1} \left(1 - s \right) + T_t \right] \left(1 + i_S \right)^{-t} = F_0 \qquad (3\text{-}3)$$

In Formel (3-2) taucht der Term iF_{t-1} zweimal auf: einmal in der Definition der steuerlichen Bemessungsgrundlage, einmal als explizite Zinszahlung an die den Kredit F_0 gewährenden Gläubiger.

Formel (3-2) repräsentiert die sog. Nettomethode: Bewertet (diskontiert) werden die den *Eigentümern* zuzurechnenden Residualzahlungen nach Zinsen, Tilgungen und Steuern. Ganz folgerichtig ist der in (3-2) benutzte Diskontierungssatz die Alternativrendite, die Eigentümer nach Steuern auf dem Kapitalmarkt erzielen könnten oder der Zinssatz, den Eigentümer nach Steuern für Kredite zu zahlen hätten. Im ersten Fall entspricht der Bruttokapitalwert der residualen Überschüsse dem Betrag, den Eigentümer zur Erlangung identischer Überschüsse am Kapitalmarkt anzulegen hätten. Im zweiten Fall entspricht der Bruttokapitalwert dem Betrag, den Eigentümer im Zeitpunkt 0 als Kredit gerade aufnehmen könnten, wenn der Kreditbetrag ausschließlich aus den residualen Projektüberschüssen zu verzinsen und zu tilgen wäre.

Wenn, wie bislang angenommen, die Anlagerendite vor bzw. nach Steuern den Kreditkosten vor bzw. nach Steuern entspricht, folgt $NKW_0^E = NKW_0^F$. Unterstellen wir Eigenfinanzierung, lineare Abschreibung über die gegebene Nutzungsdauer, einen Steuersatz von 50 % und eine Alternativrendite von 10 % vor Steuern, folgt:

	0	1	2	3
I_0, NE_t	– 3.000	2.000	2.000	2.000
Ab_t		(1.000)	(1.000)	(1.000)
$s\,(NE_t - Ab_t) = S_t$		– 500	– 500	– 500
I_0; $NE_t - S_t$	– 3.000	1.500	1.500	1.500

Tabelle 3-1: Finanzplan bei Eigenfinanzierung

$$NKW_0^E = 4.084{,}87 - 3.000 = 1.084{,}87.$$

Unterstellen wir *vollständige* Fremdfinanzierung, also $F_0 = I_0$, und periodische Tilgungen in Höhe von $T_t = 1.000$, folgt:

	0	1	2	3
I_0, NE_t	– 3.000	2.000	2.000	2.000
Ab_t		(1.000)	(1.000)	(1.000)
F_t	3.000	(2.000)	(1.000)	(0)
$i\,F_{t-1}$		– 300	– 200	– 100
$s\,(NE_t - Ab_t - i\,F_{t-1}) = S_t$		– 350	– 400	– 450
T_t		– 1.000	– 1.000	– 1.000
$I_0 - F_0$; $NE_t - S_t - T_t - i\,F_{t-1}$	0	350	400	450

Tabelle 3-2: Finanzplan bei vollständiger Fremdfinanzierung

$$NKW_0^F = 1.084{,}87.$$

Die Finanzierung des Projektes hat somit unter den gesetzten Annahmen keinen Einfluß auf seinen Wert bzw. seine Vorteilhaftigkeit. Die Projektfinanzierung ist ohne Einfluß auf den NKW, und damit entscheidungsneutral, weil die Kosten der Eigenfinanzierung nach Steuern, in Höhe von $i(1-s)$, den Kosten der Fremdfinanzierung nach Steuern, also $i(1-s)$, genau entsprechen. Folglich kann durch eine Änderung der Projektfinanzierung weder ein Vorteil (ein höherer NKW) noch ein Nachteil bewirkt werden. Für reale Steuersysteme gilt diese Eigenschaft in aller Regel nicht.

4. Nettokapitalwert und Mischfinanzierung

Investitionsprojekte werden häufig weder vollständig eigenfinanziert noch vollständig fremdfinanziert. Mischfinanzierung ist die Regel. In diesen Fällen kann der Nettokapitalwert auf zwei Wegen berechnet werden.

a. Nettomethode

Der erste Weg ermittelt die den Eigenkapitalgebern verbleibenden Residualzahlungen nach Steuern und nach Abzug von Zinsen und Tilgungen, die an Fremdkapitalgeber zu leisten sind. Diese werden mit der Rendite diskontiert, die Eigentümer alternativ nach Steuern erzielen könnten. Wir bezeichnen diese Methode als *Nettomethode* oder auch als eigentümerbezogenes Residualkalkül. Ein Projekt ist vorteilhaft, wenn der errechnete Barwert der an die Eigentümer fließenden Zahlungen ihren Eigenkapitaleinsatz übersteigt. Behalten wir die Annahme bei, daß Eigentümer sich zum Zinssatz i verschulden können und zum gleichen Zinssatz i Mittel außerhalb des Unternehmens am Kapitalmarkt anlegen können, so berechnet sich der Nettokapitalwert bei Mischfinanzierung (NKW^M) gemäß (3-4):

$$NKW_0^M = \sum_{t=1}^{n} \left[NE_t - s\left(NE_t - Ab_t - iF_{t-1}\right) - iF_{t-1} - T_t \right] \left(1 + i_S\right)^{-t} - \left(I_0 - F_0\right) \quad (3\text{-}4)$$

Der Unterschied zu (3-2) ergibt sich daraus, daß bei nicht vollständiger Fremdfinanzierung $F_0 < I_0$ gilt. Die Differenz $I_0 - F_0$ entspricht dem Eigenkapitaleinsatz der Eigentümer. Unter den gesetzten Annahmen hat die Finanzierung des Projektes, also der Anteil von Eigen- bzw. Fremdkapital an der Gesamtfinanzierung in Höhe von I_0, keinen Einfluß auf die Vorteilhaftigkeit des Projektes.

b. Bruttomethode

Bei Erfüllung von noch zu definierenden Bedingungen bietet sich das Rechnen mit einem *durchschnittlichen* Kapitalkostensatz $k^{\varnothing}$ an, wenn die Kapitalkosten von Eigen- und Fremdkapital divergieren.[6] Der in (3-5) benutzte durchschnittliche Kapitalkostensatz ist auf die Nettoeinzahlung nach Steuern, aber *vor* Abzug von Zins- und Tilgungszahlungen anzuwenden. Deshalb wird der Ansatz auch als Bruttomethode bezeichnet. Der NKW eines Projektes errechnet sich gemäß (3-5):

$$NKW_0^M = \sum_{t=1}^{n} \left[NE_t - s\left(NE_t - Ab_t\right) \right] \left(1 + k^{\varnothing}\right)^{-t} - I_0 \quad (3\text{-}5)$$

mit $k^{\varnothing} = i(1-s) \cdot a + k_S^{EK}(1-a)$;

i	Kosten des Fremdkapitals;
k_S^{EK}	Kosten des Eigenkapitals nach Steuern;
a	Quotient Wert des Fremdkapitals zu Gesamtwert des Projektes;

[6] Der durchschnittliche Kapitalkostensatz spielt in der amerikanischen Standardliteratur zur Unternehmensbewertung eine wichtige Rolle. Aus diesem Grund wird bereits an dieser Stelle auf dieses Konzept hingewiesen.

$(1-a)$ Quotient Wert des Eigenkapitals zu Gesamtwert des Projektes;

$k^{\varnothing}$ gewogener durchschnittlicher Kapitalkostensatz.

Beispiel:

Die Kosten des Fremdkapitals vor Steuern i seien 10 %; die Kosten des Eigenkapitals nach Steuern seien 12 %; die Parameter a bzw. (1 – a) mit 70 % bzw. mit 30 % sollen über die Nutzungsdauer des Projektes konstant bleiben.[7] Für $k^{\varnothing}$ folgt somit für s = 0,5:

$$k^{\varnothing}=0{,}10\cdot(1-0{,}5)\cdot 0{,}7+0{,}12\cdot 0{,}3=0{,}071$$

	0	1	2
I_0, NE_t	– 1.000	700	700
Ab_t		(500)	(500)
$S_t = s\ (NE_t - Ab_t)$		– 100	– 100
I_0; $NE_t - S_t$	– 1.000	600	600

Tabelle 3-3: Bewertungsrelevante Überschüsse bei Anwendung der Bruttomethode

$$NKW_0^M=-1.000+600\,(1{,}071)^{-1}+600\,(1{,}071)^{-2}=83{,}31.$$

Nun müssen Nettomethode und Bruttomethode bei richtiger Anwendung zum gleichen Ergebnis führen. Wie sieht eine dem obigen Bewertungsresultat entsprechende Rechnung gemäß Nettomethode aus?

Hier ist zu beachten:

- Die Parameter a bzw. (1 – a) sind definiert als Quotienten aus F/V bzw. E/V, wobei F, E und V die ökonomischen Werte (Bruttokapitalwerte) des Fremdkapitals, des Eigenkapitals und des Projektes bezeichnen.
- Die Parameter a und a und (1 – a) müssen über die Laufzeit des Projektes konstant sein.

Nun ist der Wert des Projektes im Zeitpunkt 0 $V_0 = BKW_0 = I_0 + NKW_0^M$. V_0 ist also 1.083,31. Wenn a = 0,7 ist, muß der Fremdkapitaleinsatz im Zeitpunkt 0, F_0, 0,7 · 1.083,31 = 758,32 betragen. Die Eigenkapitalgeber müssen im Zeitpunkt 0 somit den Betrag 1.000 – 758,32 = 241,68 aufbringen. Der ökonomische *Wert* ihrer Position ist dagegen 1.083,31 – 758,32 = 324,99. Die Differenz zwischen ökonomischem

[7] Obwohl wir im vorliegenden Kapitel überwiegend unter der Annahme der Sicherheit argumentieren, lassen wir Zinssätze in der genannten Höhe zu, um die Anwendung der Bruttomethode zu illustrieren. Diese Vereinfachungen heben wir in den folgenden Kapiteln auf.

Wert und aufzubringendem Betrag ist der Vermögenszuwachs, den die Eigentümer durch die Realisierung des Projektes erzielen. Er entspricht dem NKW in Höhe von 83,31.

Gemäß der Nettomethode berechnen wir den NKW mittels Formel (3-4):

$$NKW_0^M = \sum_{t=1}^{n}\left[NE_t - s\left(NE_t - Ab_t - iF_{t-1}\right) - iF_{t-1} - T_t\right]\left(1 + k_s^{EK}\right)^{-t} - EK_0$$

EK_0 bezeichnet den Betrag, den die Eigentümer im Zeitpunkt 0 in das Projekt investieren.

Wie sieht nun die zeitliche Entwicklung der Zahlungen aus? Hier ist insbesondere zu beachten, daß a und (1 – a) konstant bleiben müssen. Dies bedeutet, daß die Tilgung im Zeitpunkt 1 so festgelegt werden muß, daß a den Wert 0,7 beibehält. Der Wert des Projektes im Zeitpunkt 1, V_1, berechnet sich gemäß (3-5) in Höhe von:

$$\begin{aligned} V_1 &= \left[NE_2 - s\left(NE_2 - Ab_2\right)\right]\left(1 + k^{\varnothing}\right)^{-1} \\ &= [700 - 0{,}5\,(700 - 500)]\;1{,}071^{-1} \\ &= 560{,}22 \end{aligned}$$

Folglich muß das im Zeitpunkt 1 verbleibende Fremdfinanzierungsvolumen $F_1 = a \cdot V_1$ betragen: F_1 ist somit 392,15. Da F_0 = 758,32 betrug, muß die Tilgung im Zeitpunkt 1 758,32 – 392,15 = 366,17 betragen. Der Finanzplan zeigt in der letzten Zeile den Eigenkapitaleinsatz und die Residualzahlungen, die unter diesen Bedingungen an die Eigentümer fließen:

	0	1	2
I_0, NE_t	– 1.000	700	700
Ab_t		(500)	(500)
F_t	758,32	(392,15)	(0)
$i\,F_{t-1}$		– 75,83	– 39,21
$S_t = s\,(NE_t - Ab_t - i\,F_{t-1})$		– 62,09	– 80,39
T_t		– 366,17	– 392,15
$I_0 - F_0$; $NE_t - S_t - i\,F_{t-1} - T_t$	– 241,68	195,91	188,25

Tabelle 3-4: Bewertungsrelevante Überschüsse bei Anwendung der Nettomethode

Die Tilgung in Periode 2 muß dann F_1 = 758,32 – 336,17 = 392,15 betragen. Der gesamte Fremdkapitalbetrag ist damit zurückgeführt. Berechnet man den Barwert der Residualzahlungen mit $k_S^{EK} = 0{,}12$, erhält man

$195{,}91 \cdot 1{,}12^{-1} + 188{,}25 \cdot 1{,}12^{-2} = 324{,}99$. Vermindert man diesen Barwert um $EK_0 = 241{,}68$, erhält man mit 83,31 den gleichen NKW, den die Bruttomethode auswies.

Die Ergebnisse der Bruttomethode unter Benutzung des durchschnittlichen Kapitalkostensatzes ($k^{\varnothing} = 0{,}071$) und der Nettomethode unter Benutzung der Kosten des Eigenkapitals ($k_S^{EK} = 0{,}12$) decken sich unter den gesetzten Annahmen.

II. Eine Einführung in deutsche Steuersysteme

1. Vorbemerkung

Die in Deutschland geltenden steuerlichen Regelungen sind ungleich komplexer als die oben dargestellte einfache Gewinnsteuer. Hier sind lediglich Grundzüge der relevanten Regelungen zu erläutern. Auf steuerrechtliche Details wird verzichtet. Das Literaturverzeichnis enthält eine Reihe von Quellen, in denen der Leser Details nachschlagen kann. Da sich die Charakteristika des jeweils geltenden Steuerregimes ggf. sehr schnell ändern, steht man als Autor vor der Frage, wie man verfahren soll. Wir wählen folgende Vorgehensweise: Da Substanzsteuern allenfalls für die Aufbereitung von Jahresabschlußdaten, die vor dem 1.1.1997 bzw. vor dem 1.1.1998 liegen, noch Bedeutung haben, werden die Grundzüge dieser Regeln in einen Anhang ausgelagert. Die Bundesregierung hat das von Ökonomen verteidigte Anrechnungsverfahren über Bord geworfen und durch das Halbeinkünfteverfahren ersetzt, das seit dem 1.1.2001 gilt. Aus diesem Grund steht das jetzt relevante Halbeinkünfteverfahren, das zudem für einige Besonderheiten im Rahmen der Unternehmensbewertung verantwortlich ist, im Vordergrund. Das Anrechnungsverfahren wird auf den zweiten Platz verwiesen. Bei der historischen Aufbereitung von Unternehmensdaten, die im Vorfeld einer Unternehmensbewertung immer stattfindet, stoßen Bewerter aus heutiger Sicht so gut wie immer auf Perioden, in denen das Anrechnungsverfahren galt. Zudem erfordern empirische Untersuchungen, die einen langen Untersuchungszeitraum abdecken sollen, ggf. Kenntnisse dieses Steuersystems. Eine Skizze der Grundzüge schadet also nicht.

2. Gewerbeertragsteuer

Für die Gewerbeertragsteuer ist der Unternehmer (Einzelunternehmen, Personen- oder Kapitalgesellschaft), für dessen (deren) Rechnung das Gewerbe betrieben wird, Steuerschuldner. Bemessungsgrundlage ist der „Gewerbeertrag". Ausgangspunkt für die Ermittlung dieser Größe ist der nach den Vorschriften des Einkommen- bzw. Körperschaftsteuergesetzes ermittelte Erfolg aus Gewerbebetrieb (Gewinn aus dem Gewerbebetrieb bzw. körperschaftsteuerliches Einkommen). Durch „Hinzurechnungen" (§ 8 GewStG) und „Kürzungen" (§ 9 GewStG) erhält man den Gewerbeertrag. Eine wichtige Hinzurechnung besteht in 50 % der Zinsen auf Dauerschulden (§ 8 Ziff. 1 GewStG), die zuvor bei der Ermittlung des Gewinns aus Gewerbebetrieb abgezogen wurden. Im Ergebnis sind damit Zinsen auf Dauerschulden nur zur Hälfte von der Bemessungsgrundlage der Gewerbeertragsteuer abzugsfähig.

Bei der Ermittlung des effektiven Gewerbeertragsteuersatzes ist zu berücksichtigen, daß die Gewerbeertragsteuer als Betriebsausgabe ihre *eigene* Bemessungsgrundlage kürzt, also von sich selbst abzugsfähig ist. Der transformierte Steuersatz der Gewerbeertragsteuer s_{GE} beträgt deshalb

$$s_{GE} = \frac{0{,}05H}{100+0{,}05H} = \frac{H}{2.000+H}.$$ [8]

Für einen Hebesatz H von 400 folgt s_{GE} mit 16,67 %.

Bei vollständiger Eigenfinanzierung eines Projektes beträgt die Gewerbeertragsteuerzahlung S_{GE}

$$S_{GE,t} = s_{GE}\left(NE_t - Ab_t\right). \qquad (3\text{-}6)$$

Wird das Projekt teilweise fremdfinanziert und liegen Dauerschulden vor, ist die Gewerbeertragsteuerzahlung wie folgt definiert:

$$S_{GE,t} = s_{GE}\left(NE_t - 0{,}5iF_{t-1} - Ab_t\right) \qquad (3\text{-}7)$$

3. Einkommensteuer

Natürliche Personen sind einkommensteuerpflichtig. Ihr Einkommen wird für steuerliche Zwecke in sieben Einkunftsarten unterschieden. Ist der Investor Gesellschafter einer *Personengesellschaft*, dann erzielt er Einkünfte aus Gewerbebetrieb. Hält der Investor dagegen Anteile an einer *Kapitalgesellschaft,* erzielt er Einkünfte aus Kapitalvermögen. Auf eine Darstellung der Einkunftsarten und der Ermittlung des zu versteuernden Einkommens wird hier verzichtet. Die Höhe der Einkommensteuer hängt von der Höhe des zu versteuernden Einkommens ab. Seit dem Systemwechsel zum 1.1.2001 hängt die Höhe der Einkommensteuer auch von der Einkunftsart ab. Steuerrechts- und Steuertarifänderungen gehören zur bevorzugten Spielwiese der Regierenden. Diesbezügliche Aussagen haben deshalb nur stark verkürzte Lebenszeiten.

---

[8] Rundungen werden nicht berücksichtigt. Von Freibeträgen und den gestaffelten Steuermeßzahlen für natürliche Personen und Personengesellschaften wird abgesehen (§ 11 GewStG).

Im Steuersenkungsergänzungsgesetz (StSenkErgG) ist folgende Regelung für Veranlagungszeiträume ab 2005 (in €) enthalten:

- für Einkommen < 7.665 gilt $s_I = 0$;
- erste Progressionszone von 7.665 bis 12.739 mit einem (marginalen) Eingangsteuersatz von 0,15;
- zweite Progressionszone von 12.740 bis 52.151;
- in der oberen Proportionalzone ab 52.152 wird das zu versteuernde Einkommen mit dem Höchstsatz von 0,42 belastet.

4. Körperschaftsteuer und Halbeinkünfteverfahren

Die Grundzüge im aktuell relevanten Steuerregime für Kapitalgesellschaften wie Aktiengesellschaften, Gesellschaften mit beschränkter Haftung und Kommanditgesellschaften auf Aktien sehen so aus:

- Das körperschaftsteuerlich zu versteuernde Einkommen wird unabhängig von Ausschüttung oder Thesaurierung auf Unternehmensebene mit dem Körperschaftsteuersatz in Höhe von $s_K = 0{,}25$ belegt.
- Wird eine Dividende ausgeschüttet, so wird diese zusätzlich auf Anteilseignerebene mit Einkommensteuer (s_I) belastet. Eine Anrechnung der Körperschaftsteuer findet nicht mehr statt. Jedoch wird – wie der Name des Verfahrens schon vermuten läßt – nur die Hälfte der Dividende in der einkommensteuerlichen Bemessungsgrundlage erfaßt (§ 20 Abs. 1 Nr. 1 EStG). Die andere Hälfte ist von der Einkommensteuer befreit (§ 3 Nr. 40d EStG). Werbungskosten, die im wirtschaftlichen Zusammenhang mit den Ausschüttungen stehen, sind gemäß dem Halbabzugsverfahren (§ 3c Abs. 2 EStG) ebenfalls nur zur Hälfte abziehbar. Wird eine Dividende an eine Kapitalgesellschaft ausgeschüttet, bleibt sie steuerfrei (§ 8b Abs. 1 KStG).[9]
- Durch die hälftige Erfassung der Dividende auf der Ebene des (natürlichen) Anteilseigners resultiert im Gegensatz zum bisherigen Anrechnungsverfahren eine partielle Doppelbesteuerung.[10] Dies ist steuersystematisch als Rückschritt gegenüber dem Anrechnungsverfahren zu werten.

Um bei Kurssteigerungen (Kapitalgewinnen) eine Doppelbesteuerung zu vermeiden, finden folgende Regelungen Anwendung:

- Nur realisierte Kursgewinne sind zu versteuern, soweit diese ein „privates Veräußerungsgeschäft" gem. § 23 Abs. 1 S. 1 Ziff. 2 EStG darstellen. Jedoch werden diese nach dem Halbeinkünfteverfahren nur

[9] 5 % der entsprechenden Dividende führen aber zu einer nicht abzugsfähigen Betriebsausgabe gleicher Höhe (vgl. § 8b Abs. 5 KStG).

[10] Dabei ist zu beachten, daß der Ausdruck „Doppelbesteuerung" eine steuersystematische Kategorisierung ist, die noch keine Aussage über die ökonomische Steuerlast des Anteilseigners erlaubt.

zur Hälfte der einkommensteuerlichen Bemessungsgrundlage hinzugezählt.

- Wird der Kursgewinn außerhalb einer bestimmten Zeitspanne (derzeit von einem Jahr zwischen Anschaffung und Veräußerung) erzielt, gilt er als steuerfrei.[11]

5. Körperschaftsteuer und Anrechnungsverfahren

Sind die Eigentümer der Anteile an einer juristischen Person natürliche Personen, entsteht das Problem der Doppelbesteuerung, wenn die Kapitalgesellschaft mit Körperschaftsteuer und die Eigentümer auf erzieltes Einkommen mit Einkommensteuer belegt würden. Der Gesetzgeber versuchte dieses Problem auf eine allerdings etwas umständliche Art zu umgehen.[12] Sehr verkürzt, aber den Kern der Lösung treffend, bewirkte die Regelung folgendes:

- In der Kapitalgesellschaft einbehaltene, also nicht ausgeschüttete Gewinne, wurden mit dem Körperschaftsteuersatz s_K^T von 0,40 besteuert;
- ausgeschüttete Gewinne wurden auf der Ebene der Ausschüttungsempfänger (Investoren) der Einkommensbesteuerung unterworfen;
- in Kapitalgesellschaften einbehaltene (thesaurierte) Gewinne sollten – bei vorteilhafter Reinvestition der Mittel – Kurssteigerungen bzw. Wertsteigerungen der Anteile bewirken. Zählten diese Kurssteigerungen zum „zu versteuernden Einkommen" der Eigentümer der Anteile, läge eine Doppelbesteuerung vor: Auf der Ebene der Kapitalgesellschaft würden thesaurierte Überschüsse mit dem Satz s_K^T belastet; u. U. sich ergebende Kursgewinne wären auf Eigentümerebene mit s_I zu versteuern.

Das Anrechnungsverfahren enthält zwei Regelungen, die die Doppelbesteuerung vermeiden helfen. Die erste Regelung unterwirft nur *realisierte* Kursgewinne der Einkommensbesteuerung; Einnahmen müssen „zufließen" (§ 8 Abs. 1 EStG). Verkauft der Investor die Anteile nicht, entfällt die Doppelbesteuerung zunächst. Verkauft der Anleger die im Kurs gestiegenen Anteile und beträgt der Zeitraum zwischen Kauf und Veräußerung mehr als 12 Monate (§ 23 Abs. 1 Ziff. 2 EStG), ist der realisierte Kursgewinn steuerfrei. Damit unterbleibt eine Doppelbesteuerung.[13] Mit dem Begriff Anrechnungsverfahren wird die vom

---

[11] Eine wichtige Ausnahme besteht bei Vorliegen einer wesentlichen Beteiligung (1 %). In diesem Fall gilt dann das Halbeinkünfte- (§ 3 Ziff. 40 c EStG) bzw. Halbabzugsverfahren (§ 3c Abs. 2 EStG).

[12] Die von Engels und Stützel bereits 1968 vorgeschlagene Teilhabersteuer wäre eine elegantere Lösung.

[13] Diese Regelung hatte auch eine wichtige Ausnahme: Sie gilt nur, solange keine wesentliche Beteiligung i. S. d. § 17 EStG vorliegt. Liegen wesentliche Beteiligungen vor – das sind solche, die 1 % des Eigenkapitals erreichen – sind Veräußerungsgewinne gemäß § 34 EStG gesondert zu versteuern.

Gesetzgeber gewählte Regelung belegt, die dazu führen soll, daß von Kapitalgesellschaften erzielte und an Anteilseigner ausgeschüttete Gewinne nur einmal steuerlich belastet werden: Die Kapitalgesellschaft leistet Körperschaftsteuer in Höhe der Ausschüttungsbelastung $s_K^A = 0{,}30$ auf den ausschüttbaren Betrag; die Ausschüttungen unterliegen bei den Ausschüttungsempfängern der Einkommensteuer. Die von der Kapitalgesellschaft geleistete Steuerzahlung wird als Vorauszahlung auf die Einkommensteuerschuld des Anteilseigners behandelt.

Im Ergebnis werden die erzielten Überschüsse der Kapitalgesellschaft nur einmal besteuert, soweit der Anleger die Aktien einer thesaurierenden Aktiengesellschaft länger als 12 Monate hält: Einbehaltene Überschüsse unterliegen der Körperschaftsteuer mit dem Satz s_K^T; ausgeschüttete Gewinne (Dividenden, Entnahmen) unterliegen der Einkommensteuer in Höhe von s_I.

III. Eigenfinanzierung und Halbeinkünfteverfahren

Die Ausführungen in den folgenden Abschnitten III. bis VI. sind wie folgt aufgebaut: Wir betrachten zunächst das Halbeinkünfteverfahren, dann das Anrechnungsverfahren. Innerhalb jedes Verfahrens wird unterschieden, ob die durch ein Projekt generierten finanziellen Mittel einbehalten (thesauriert) oder ausgeschüttet werden. Zudem wird unterschieden, ob die Investitionsauszahlung des Projektes eigen- oder fremdfinanziert wird.

Wenn durch ein Projekt generierte Mittel einbehalten werden, sind verschiedene Verwendungen dieser Mittel denkbar. Diese Verwendungsentscheidungen determinieren die Alternativrendite und damit den Wert (BKW) des Projektes. Als alternative Verwendungen der Mittel werden die Anlage in Finanzanlagen auf Unternehmensebene und die Ablösung von Fremdkapital betrachtet.

Wenn Mittel ausgeschüttet werden, ist eine risikoäquivalente – hier also eine risikolose – Anlagealternative auf der Ebene der Ausschüttungsempfänger zu definieren. Abbildung 3-1 enthält einige Verwendungsalternativen.

Angenommen, ein Investitionsprojekt wird von einer Kapitalgesellschaft durchgeführt und vollständig eigenfinanziert. Wir nehmen an, daß die Eigentümer entsprechende Mittel in die Gesellschaft einbringen. Bewertungsrelevant sind die Nettoeinzahlungen des Projektes sowie mögliche Liquidationserlöse nach Steuern. Die explizite Beachtung der steuerlichen Normen verlangt in aller Regel eine Entscheidung über die Verwendung der Nettoeinzahlungen. Werden diese an die Eigentümer der Kapitalgesellschaft ausgeschüttet? Werden sie in der Kapitalgesellschaft in Realinvestitionen oder Finanzanlagen reinvestiert? Werden sie verwendet, um (Alt)Verbindlichkeiten der Kapitalgesellschaft, die steuerlich als Dauerschulden gelten, zu tilgen? Werden sie verwendet, um Fremdkapital, das keine Dauerschulden darstellt, abzubauen?

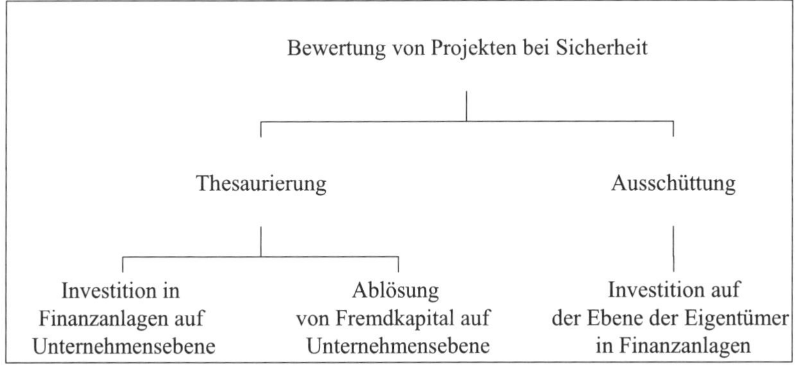

Abbildung 3-1: Verwendungsalternativen bei der Projektbewertung

Die Daten für das hier benutzte Beispiel sind:

$I_0 = 100.000$

$NE_t = 40.000$ für $t = 1, 2, \ldots, 5$

Steuersätze: $s_{GE} = 0{,}1667$; $s_K = 0{,}25$; $s_I = 0{,}40$

Restverkaufserlös im Zeitpunkt $t = 5$: 0

Die steuerlich zulässige Abschreibung sei 30 % vom Restbuchwert mit Übergang zur linearen Abschreibung, wenn diese erstmals größer ist als die degressive Abschreibung.

Die Nettoeinzahlungen nach Steuern werden so berechnet:

$$NE_{t,S} = \left[NE_t - s_{GE}\left(NE_t - Ab_t\right) - Ab_t \right]\left(1 - s_K\right) + Ab_t \qquad (3\text{-}8)$$

Zu erklären ist die Addition des Terms Ab_t. Die steuerliche Abschreibung verkürzt die steuerliche Bemessungsgrundlage der Gewerbeertragsteuer und der Körperschaftsteuer. Die das Projekt realisierende Gesellschaft ist eine Kapitalgesellschaft, z. B. eine GmbH, deren Ausschüttungen nach deutschem Gesellschaftsrecht zunächst auf den Jahresüberschuß der Periode begrenzt sind. Im Fall des obigen Beispiels spielen ausschüttungsfähige Beträge, also Ausschüttungssperren keine Rolle, da es ausschließlich um die finanziellen Wertbeiträge *eines* Projektes geht, die zudem nicht ausgeschüttet werden sollen. Folglich ist die Verkürzung der periodischen Nettoeinzahlung durch den Term Ab_t in der eckigen Klammer wieder aufzuheben.

Die Überschüsse nach Unternehmenssteuern, die auf Unternehmensebene verfügbar sind, ergeben sich aus Tabelle 3-5:

	0	1	2	3	4	5
(1) Anschaffungsauszahlung (I_0)	-100.000					
(2) Nettoeinzahlung vor Steuern (NE_t)		40.000	40.000	40.000	40.000	40.000
(3) Abschreibung (Ab_t)		30.000	21.000	16.333	16.333	16.334
(4) Gewerbeertragsteuer [$S_{GE,t} = 0{,}1667 \cdot (NE_t - Ab_t)$]		1.667	3.167	3.945	3.945	3.945
(5) Körperschaftsteuer [$S_{K,t} = 0{,}25 \cdot (NE_t - S_{GE,t} - Ab_t)$]		2.083	3.958	4.931	4.931	4.931
(6) Bewertungsrelevante Überschüsse ($NE_{t,S}$)		36.250	32.875	31.124	31.124	31.124

Tabelle 3-5: Bewertungsrelevante Überschüsse bei vollständiger Eigenfinanzierung und Thesaurierung im HEV

Angenommen, die alternative Verwendung auf Unternehmensebene bestünde in einer festverzinslichen Finanzanlage mit der Bruttorendite von $i_{FA} = 0{,}10$. Unterstellt man, daß auch deren Erträge thesauriert werden, beträgt die Rendite nach Steuern:

$$i_{FA}(1 - s_{GE})(1 - s_K) = 0{,}10(1 - 0{,}1667)(1 - 0{,}25) = 0{,}0625$$

Der Bruttokapitalwert des Projektes ist dann 136.594; das Projekt dominiert somit die Finanzanlage, weil es die gleiche Zahlungsreihe mit einem Kapitaleinsatz von 100.000 generiert.

Angenommen, die Innenalternative bestünde in der Ablösung von Fremdmitteln, die steuerlich Dauerschulden darstellen, und vor Steuern 10 % kosten. Nach Steuern belaufen sich die Kosten bei Thesaurierung auf

$$i_{V,S} = i_V(1 - 0{,}5 s_{GE})(1 - s_K).$$

$i_{V,S}$ beträgt 0,06875. Der Bruttokapitalwert des Projektes beträgt unter dieser Annahme 134.372. Auch jetzt ist das Projekt vorteilhaft.

Welche Auswirkungen sind bei voller Ausschüttung der Überschüsse zu erwarten, wenn $s_I = 0{,}40$ beträgt? Die Nettoeinzahlungen nach Einkommensteuer auf Eigentümerebene werden durch (3-9) definiert:

$$NE_{t,S} = \left[NE_t - s_{GE}(NE_t - Ab_t) - Ab_t\right](1 - s_K)(1 - 0{,}5 s_I) + Ab_t \qquad (3\text{-}9)$$

Zu klären ist die einkommensteuerliche Behandlung einer Ausschüttung in Höhe von Ab_t, die (3-9) unterstellt. Das das Projekt realisierende Unternehmen ist eine Kapitalgesellschaft, die prinzipiell die finanzielle Entsprechung von steuerlichen bzw. handelsbilanziellen Abschreibungen wegen der gesellschaftsrechtlichen Ausschüttungssperre nicht ausschütten darf. Um den finanziellen Wertbeitrag des Projektes bei unterstellter Vollausschüttung vollständig abzubilden, muß ein der Abschreibung entsprechender Betrag als ausschüttungsfähig behandelt werden. Im Kontext einer Kapitalgesellschaft ist dies praktisch umsetzbar durch eine gleich hohe Rückzahlung des von Eigentümern eingelegten Kapitals. Diese Kapitalrückzahlung in Höhe von Ab_t unterliegt auf der Ebene der Eigentümer nicht der Einkommensteuer. Hinter Formel (3-9) und der nicht besteuerten Ausschüttung in Höhe von Ab_t steht also diese Konstruktion.

Damit ergeben sich die in Tabelle 3-6 enthaltenen bewertungsrelevanten Zahlungen.

	0	1	2	3	4	5
(1) Anschaffungsauszahlung (I_0)	-100.000					
(2) Nettoeinzahlung vor Steuern (NE_t)		40.000	40.000	40.000	40.000	40.000
(3) Abschreibung (Ab_t)		30.000	21.000	16.333	16.333	16.333
(4) Gewerbeertragsteuer [$S_{GE,t} = 16{,}67\ \% \cdot (NE_t - Ab_t)$]		1.667	3.167	3.945	3.945	3.945
(5) Körperschaftsteuer [$S_{K,t} = 25\ \% \cdot (NE_t - S_{GE} - Ab_t)$]		2.083	3.958	4.931	4.931	4.931
(6) Einkommensteuer auf Ausschüttung [$S_{I,t}=0{,}4 \cdot 0{,}5 \cdot (NE_t - Ab_t - S_{GE,t} - S_{K,t})$]		1.250	2.375	2.958	2.958	2.958
(7) Bewertungsrelevante Überschüsse nach Steuern ($NE_{t,S}$)		35.000	30.500	28.166	28.166	28.166

Tabelle 3-6: Bewertungsrelevante Überschüsse bei vollständiger Eigenfinanzierung und Ausschüttung der finanziellen Überschüsse

Die Nettoeinzahlung nach Steuern in Periode 1 gemäß (3-9) ist:

$$NE_{1,S} = (40.000 - 1.667 - 30.000)(1 - 0{,}25)(1 - 0{,}5 \cdot 0{,}4) + 30.000 = 35.000$$

Die Alternativrendite ist aus Sicht der Eigentümer zu formulieren. Angenommen, die Eigentümer könnten finanzielle Mittel privat zur Rendite $i_{FA} = 0{,}10$ anlegen. Im Halbeinkünfteverfahren werden Zinserträge vollständig besteuert; die Rendite nach Einkommensteuer beträgt i_{FA} $(1-s_I)$

und für $s_I = 0{,}40$ somit 0,06. Der Bruttokapitalwert des Projektes berechnet sich mit 127.170.

Der Bruttokapitalwert ist jetzt kleiner als im Fall der unterstellten Thesaurierung der Projektüberschüsse. Die Ursache liegt – abgesehen von den unterschiedlichen Diskontierungssätzen – in der zusätzlichen Steuerbelastung, die die Ausschüttung der Überschüsse auslöst. Die Folgerung, daß Thesaurierung die bessere Lösung ist, wäre vordergründig, es sei denn, man zeigte den Eigentümern einen Weg, wie sie in den Genuß von zur Finanzierung von Konsumausgaben geeigneten Überschüssen kommen, ohne der Einkommensbesteuerung zu unterliegen. Im Beispielfall realisiert eine GmbH das Projekt; die Einkommenbesteuerung vermeidende Wege sind dann kaum auffindbar.[14]

IV. Fremdfinanzierung und Halbeinkünfteverfahren

Wir unterstellen nun den Fall der vollständigen Fremdfinanzierung von I_0. Der Fremdkapitalzinssatz ist $i_V = 0{,}10$. Steuerlich liegen Dauerschulden vor. Die Rückzahlung der Fremdmittel erfolgt in gleichen Raten. Alle anderen Daten bleiben unverändert. Tabelle 3-7 zeigt die Berechnung der bewertungsrelevanten Überschüsse unter der Annahme der Thesaurierung.

	0	1	2	3	4	5
(1) Anschaffungsauszahlung (I_0)	-100.000					
(2) Nettoeinzahlungen (NE_t)		40.000	40.000	40.000	40.000	40.000
(3) Abschreibungen (Ab_t)		30.000	21.000	16.333	16.333	16.333
(4) Fremdkapital (F_t)	100.000	80.000	60.000	40.000	20.000	0
(5) Tilgungen (T_t)		20.000	20.000	20.000	20.000	20.000
(6) Zinsen ($i_V\ F_{t-1}$)		10.000	8.000	6.000	4.000	2.000
(7) Gewerbeertragsteuer ($S_{GE,t}$)		834	2.501	3.445	3.612	3.779
(8) Körperschaftsteuer ($S_{K,t}$)		-208	2.125	3.556	4.014	4.472
(9) Bewertungsrelevante Überschüsse ($NE_{t,S}$)		9.374	7.374	6.999	8.374	9.749

Tabelle 3-7: Bewertungsrelevante Überschüsse bei vollständiger Fremdfinanzierung und Thesaurierung im HEV

In Periode 1 ergibt sich ein Jahresüberschuß vor Steuern i. H. v. Null ($NE_t - Ab_t - i_V F_{t-1} = 40.000 - 30.000 - 10.000 = 0$). Aufgrund der hälftigen Hinzurechnung der Dauerschuldzinsen zur gewerbeertragsteuerlichen Bemessungsgrundlage erhalten wir eine Gewerbeertragssteuerlast

[14] Ein Gesellschafter könnte nicht wesentliche Beteiligungen i. S. v. § 17 EStG verkaufen. Das sind Beteiligungen, die 1 % des Eigenkapitals unterschreiten.

i. H. v. $0{,}5 \cdot 10.000 \cdot 0{,}1667 = 834$. Es folgt eine negative Körperschaftsteuerzahlung. Denn nach Abzug von Abschreibung, Zinszahlung und Gewerbeertragsteuer ist die steuerliche Bemessungsgrundlage negativ. Nach unterstellter Verrechnung mit positiven steuerlichen Bemessungsgrundlagen anderer Projekte der Gesellschaft (oder bei Annahme der Negativsteuer) ergibt sich eine dem Projekt gutzuschreibende Körperschaftsteuerminderung (-erstattung).

Die Projektbewertung könnte erfolgen durch Vergleich mit der Nachsteuer-Rendite einer risikolosen Finanzanlage auf Unternehmensebene. Wenn die Bruttorendite mit $i_{FA} = 0{,}10$ angenommen wird, ist die Rendite nach Unternehmenssteuern $0{,}10 \cdot (1-0{,}1667) \cdot (1-0{,}25) = 0{,}0625$. Der Barwert der Nettoeinzahlungen, definiert in Zeile (9) der Tabelle 3-7, ist 34.960. Es handelt sich somit – was Zeile (9) ja bereits ohne Kalkül ausweist – um ein eindeutig vorteilhaftes Projekt.

Die Projektbewertung könnte auch mit den Fremdkapitalkosten nach Unternehmenssteuern erfolgen. Dieser Kostensatz ist im Beispielfall $0{,}10\ (1-0{,}5\ s_{GE})\ (1-s_K) = 0{,}06875$, wenn die Fremdmittel steuerlich als Dauerschulden zu qualifizieren sind. Berechnet man den Barwert der Nettoeinzahlungen in Zeile (9) mit 0,06875, erhält man 34.370. Dieser Betrag entspricht dem zusätzlichen Verschuldungspotential, das das Projekt – neben $F_0 = 100.000$ – zu bedienen erlaubte. Der Bruttokapitalwert des Projektes vor dem Hintergrund dieser Alternative ist somit 134.370.

Nun soll der Fall der Ausschüttung betrachtet werden. Alle anderen Annahmen bleiben unverändert. Tabelle 3-8 weist die bewertungsrelevanten Überschüsse nach Einkommensteuer aus. Die bewertungsrelevanten Überschüsse definieren wir wie folgt:

$$NE_{t,S} = \begin{cases} \left(NE_t - S_{GE,t} - S_{K,t} - i_V F_{t-1} - T_t\right)\left(1 - 0{,}5 s_I\right) \\ \text{für}(\ldots) \geq 0 \\ \left(NE_t - S_{GE,t} - S_{K,t} - i_V F_{t-1} - T_t\right) \\ \text{für}(\ldots) < 0 \end{cases} \tag{3-10}$$

Mit $S_{GE,t} = s_{GE}\left(NE_t - Ab_t - 0{,}5 i_V F_{t-1}\right)$

$$S_{K,t} = s_K\left(NE_t - Ab_t - i_V F_{t-1} - S_{GE,t}\right)$$

Formulierung (3-10) definiert eine Ausschüttung als Differenz von Ein- und Auszahlungen, ohne zu beachten, wie der zugehörige Jahresüberschuß aussieht. Aus diesem Grund ist Formulierung (3-10) nicht völlig problemfrei, was anhand der Daten zu Periode 1 begründet werden soll.

Zunächst ist die körperschaftsteuerliche Bemessungsgrundlage in Periode 1 negativ: 40.000 – 30.000 – 10.000 – 834 = –834. Man könnte einen körperschaftsteuerlichen Verlustvortrag schaffen und diesen mit der positiven körperschaftsteuerlichen Bemessungsgrundlage in Periode 2 verrechnen. Man kann auch unterstellen, daß das Unternehmen weitere Investitionsprojekte realisiert hat, die positive körperschaftsteuerliche Bemessungsgrundlagen aufweisen. In diesem Fall kann dem Projekt eine Ersparnis an Körperschaftsteuer von 0,25 · 834 = 208 gutgeschrieben werden. Diese Form wurde in Tabelle 3-8 gewählt.

Betrachten wir den Jahresüberschuß der Periode 1 in Höhe von –834 + 208 = –626, ist eine durch das Projekt generierte Ausschüttung unter Beachtung der üblichen Ausschüttungssperr-Regeln nicht möglich. Zulässig ist hingegen die Verwendung der durch die Abschreibungsverrechnung (30.000) gebundenen Mittel für die vertragskonforme Tilgung (20.000). Um die verbleibenden Mittel in Höhe von 10.000 ausschütten zu können, ist eine Auflösung von Gewinnrücklagen oder eine Kapitalherabsetzung innerhalb des Gesamtunternehmens notwendig. Würden Gewinnrücklagen aufgelöst, unterläge die Ausschüttung der Einkommensbesteuerung. Erfolgte eine Kapitalherabsetzung, um von den Eigentümern eingezahltes Kapital zurückzuzahlen, unterbleibt eine Einkommensbesteuerung. Tabelle 3-8 unterstellt eine Auflösung von Gewinnrücklagen in Höhe von 10.000. Nach Auffüllung des Defizits von 626 wird der Rest ausgeschüttet und unterliegt dann der Einkommensbesteuerung.

Können die Eigentümer bei zeitäquivalenter und risikoloser Investition in Finanzanlagen die Bruttorendite i_{FA} = 0,10 und nach Einkommensteuer die Rendite i_{FA} $(1-s_I)$ = 0,06 erzielen, ist der Barwert der bewertungsrelevanten Überschüsse in Zeile (10) der Tabelle 3-8 28.160. Der niedrigere Reichtumszuwachs im Vergleich zum Thesaurierungsfall ist insbesondere auf die zusätzliche Einkommensteuerbelastung zurückzuführen.

	0	1	2	3	4	5
(1) Anschaffungsauszahlung (I_0)	-100.000					
(2) Nettoeinzahlungen (NE_t)		40.000	40.000	40.000	40.000	40.000
(3) Abschreibungen (Ab_t)		30.000	21.000	16.333	16.333	16.333
(4) Tilgungen (T_t)		20.000	20.000	20.000	20.000	20.000
(5) Zinsen $\left(i_V F_{t-1}\right)$		10.000	8.000	6.000	4.000	2.000
(6) Gewerbeertragsteuer ($S_{GE,t}$)		834	2.501	3.445	3.612	3.779
(7) Körperschaftsteuer ($S_{K,t}$)		-208	2.125	3.556	4.014	4.472
(8) Ausschüttung i. S. v. (3-10) [(2) – (4) – (5) – (6) – (7)]		9.374	7.374	6.999	8.374	9.749
(9) Einkommensteuer [0,5 s_I · (8)]		1.875	1.475	1.400	1.675	1.950
(10) Bewertungsrelevante Überschüsse [(8) – (9)]		7.499	5.899	5.599	6.699	7.799

Tabelle 3-8: Bewertungsrelevante Überschüsse bei vollständiger Fremdfinanzierung und Ausschüttung im HEV

V. Exkurs: Eigenfinanzierung und Anrechnungsverfahren

Oben wurde begründet, warum es Sinn macht, einen Blick auf das Anrechnungsverfahren zu werfen. Der eilige Leser kann die Abschnitte V. und VI. aber überspringen.

Wir setzen die Steuersätze $s_K^A = 0{,}30$ und $s_K^T = 0{,}40$; alle anderen Daten bleiben unverändert. Unterstellen wir Thesaurierung, sind die bewertungsrelevanten Überschüsse durch (3-11) definiert:

$$NE_{t,S} = \left[NE_t - s_{GE}\left(NE_t - Ab_t\right) - Ab_t\right]\left(1 - s_K^T\right) + Ab_t \qquad (3\text{-}11)$$

	0	1	2	3	4	5
(1) Anschaffungsauszahlung (I_0)	-100.000					
(2) Nettoeinzahlungen vor Steuern (NE_t)		40.000	40.000	40.000	40.000	40.000
(3) Abschreibungen (Ab_t)		30.000	21.000	16.333	16.333	16.334
(4) Gewerbeertragsteuer [$S_{GE,t}$=0,1667·(NE_t – Ab_t)]		1.667	3.167	3.945	3.945	3.945
(5) Körperschaftsteuer [$S_{K,t}$=0,40·(NE_t–Ab_t – S_{GE})]		3.333	6.333	7.889	7.889	7.889
(6) Summe Steuern		5.000	9.500	11.834	11.834	11.834
(7) Bewertungsrelevante Überschüsse ($NE_{t,S}$)		35.000	30.500	28.166	28.166	28.166

Tabelle 3-9: Bewertungsrelevante Überschüsse bei vollständiger Eigenfinanzierung und Thesaurierung im ARV

Wählt man als Bezugspunkt die Rendite einer Finanzanlage mit gleicher Laufzeit, die auf Unternehmensebene gehalten wird, beträgt deren Nachsteuer-Rendite $i_{FA}\left(1 - s_{GE}\right)\left(1 - s_K^T\right) = 0{,}10\left(1 - 0{,}1667\right)\left(1 - 0{,}40\right) = 0{,}05$.

Der Bruttokapitalwert des Projektes ist 130.570.

Wählt man als Bezugspunkt die Kosten von Fremdmitteln, die vor Steuern den Satz i_V = 0,10 kosten und steuerlich Dauerschulden darstellen, ermittelt man Kosten nach Unternehmenssteuern in Höhe von $i_{V,S} = i_V\left(1 - 0{,}5 s_{GE}\right)\left(1 - s_K^T\right) = 0{,}055$. Der Bruttokapitalwert des Projektes, der das Tilgungspotential des Projektes anzeigt, beträgt 128.852.

Jetzt schütte die GmbH die Überschüsse des eigenfinanzierten Projektes vollständig aus. Die bewertungsrelevanten Überschüsse sind definiert durch (3-12):

$$NE_{t,S} = \left[NE_t - s_{GE}\left(NE_t - Ab_t\right) - Ab_t\right]\left(1 - s_I\right) + Ab_t \qquad (3\text{-}12)$$

Formel (3-12) unterstellt, daß die Abschreibung die Bemessungsgrundlagen der Gewerbeertragsteuer und der Einkommensteuer verkürzt, und daß ein der Abschreibungsverrechnung entsprechender Betrag in den Verfügungsbereich der Eigentümer gelangt, ohne dort eine Einkommensteuerbelastung auszulösen. Dies kann durch eine steuerfreie Rückzahlung von Eigenkapital realisiert werden. Tabelle 3-10 zeigt die Ergebnisse.

	0	1	2	3	4	5
(1) Anschaffungsauszahlung (I_0)	-100.000					
(2) Nettoeinzahlungen vor Steuern (NE_t)		40.000	40.000	40.000	40.000	40.000
(3) Abschreibungen (Ab_t)		30.000	21.000	16.333	16.333	16.333
(4) Gewerbeertragsteuer ($S_{GE,t}$)		1.667	3.167	3.945	3.945	3.945
(5a) Bardividende		5.833	11.083	13.805	13.805	13.805
(5b) Körperschaftsteuergutschrift		2.500	4.750	5.917	5.917	5.917
(6) Steuerfreie Rückzahlung von Eigenkapital in Höhe der Abschreibung		30.000	21.000	16.333	16.333	16.333
(7) Einkommensteuer ($S_{I,t}$)		3.333	6.333	7.889	7.889	7.889
(8) Bewertungsrelevante Überschüsse ($NE_{t,S}$) [= (5a) + (5b) - (7) + (6)]		35.000	30.500	28.166	28.166	28.166

Tabelle 3-10: Bewertungsrelevante Überschüsse bei vollständiger Eigenfinanzierung und Ausschüttung der finanziellen Überschüsse im ARV

Der zu versteuernde Zufluß in Periode 1 auf Eigentümerebene setzt sich zusammen aus Bardividende (5.833) und körperschaftsteuerlicher Gutschrift (2.500). Die Summe beider Beträge unterliegt dem Einkommensteuersatz $s_I = 0{,}4$. Zusätzlich schüttet die Gesellschaft annahmegemäß einen Betrag in Höhe der verrechneten Abschreibung (30.000) frei von Einkommensteuerbelastung an die Eigentümer aus.

Könnten Eigentümer der GmbH alternativ, risikolos und zeitraumäquivalent Mittel z. B. in Finanzanlagen mit einer Bruttorendite von i_{FA} =

0,10 anlegen, beträgt die Rendite nach Einkommensteuer i_{FA} $(1-s_I)$ = 0,06. Der Bruttokapitalwert des Projektes ist dann 127.170.

Das ist genau der Wert, der auch im Rahmen des Halbeinkünfteverfahrens bei Eigenfinanzierung und Ausschüttung berechnet wurde. Diese Gleichheit der Ergebnisse gilt nur für s_I = 0,40; das Nachsteuer-Ergebnis (ohne Ausschüttung eines Betrages in Höhe von Ab_t) im Halbeinkünfteverfahren ist dann $(NE_t - Ab_t)(1-0{,}1667)(1-0{,}25)$ $(1-0{,}5s_I)$; im Anrechnungsverfahren gilt $(NE_t - Ab_t)(1-0{,}1667)$ $(1-s_I)$, wenn Vollausschüttung unterstellt wird. Für von s_I = 0,40 abweichende Einkommensteuersätze gilt etwas anderes, wie Abbildung 3–2 zeigt.

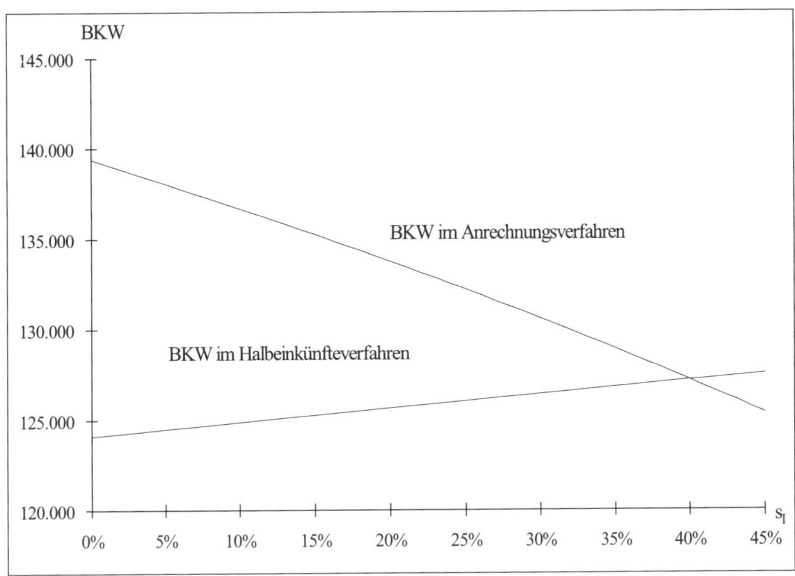

Abbildung 3-2: Vorteilhaftigkeit des Projektes im ARV bzw. HEV bei Eigenfinanzierung und Ausschüttung

Abbildung 3–2 zeigt etwas Bemerkenswertes: Im Halbeinkünfteverfahren steigt mit steigenden Einkommensteuersätzen die Vorteilhaftigkeit des Investitionsprojektes, wobei die Alternativrendite gemäß i_{FA} $(1 - s_I)$ definiert ist: Diese sinkt mit steigendem Einkommensteuersatz. Das Bemerkenswerte am Verlauf des unteren Graphen in Abbildung 3–2 liegt darin, daß das Resultat „steigende Barwerte als Folge steigender (Einkommen-) Steuersätze" als sog. Steuerparadoxon[15] gekennzeichnet wurde, hier aber unter unseren einfachen Bedingungen systematisch auftritt. Ursache ist, daß die Alternativrendite in der Formu-

15 Vgl. etwa Schneider, D. (1997), S. 624-625.

lierung $i_{FA}(1-s_I)$ von Erhöhungen des Steuersatzes „härter" getroffen wird als das zu bewertende Projekt, dessen finanzielle Überschüsse auf Eigentümerebene nur mit $0{,}5s_I$ besteuert werden. Als Folge steigt der Wert des Projektes.

VI. Exkurs: Fremdfinanzierung und Anrechnungsverfahren

Die Überschüsse nach Steuern und Kapitaldienst sollen zunächst thesauriert werden. Folglich sind die körperschaftsteuerlichen Thesaurierungsregeln relevant. Wenn die Fremdmittel steuerlich Dauerschulden darstellen, gilt:

$$NE_{t,s} = \left[NE_t - s_{GE}\left(NE_t - Ab_t - 0{,}5 i_V F_{t-1}\right) - Ab_t - i_v F_{t-1} \right] \cdot \left(1 - s_K^T\right) + Ab_t - T_t \tag{3-13}$$

Tabelle 3-11 zeigt die Berechnung der bewertungsrelevanten Überschüsse.

		0	1	2	3	4	5
(1)	Anschaffungsauszahlung (I_0)	-100.000					
(2)	Nettoeinzahlung vor Steuern (NE_t)		40.000	40.000	40.000	40.000	40.000
(3)	Abschreibungen (Ab_t)		30.000	21.000	16.333	16.333	16.334
(4)	Fremdkapital (F_t)	100.000	80.000	60.000	40.000	20.000	0
(5)	Tilgungen (T_t)		20.000	20.000	20.000	20.000	20.000
(6)	Zinsen ($i_V F_{t-1}$)		10.000	8.000	6.000	4.000	2.000
(7)	Gewerbeertragsteuer ($S_{GE,t}$)		834	2.501	3.445	3.612	3.779
(8)	Körperschaftsteuer ($S_{K,t}^T$)		-334[16]	3.400	5.689	6.422	7.155
(9)	Bewertungsrelevante Überschüsse ($NE_{t,S}$)		9.500	6.099	4.866	5.966	7.066

Tabelle 3-11: Bewertungsrelevante Überschüsse bei vollständiger Fremdfinanzierung und Thesaurierung im ARV

[16] –334 stellt eine Körperschaftsteuerminderzahlung dar. Die steuerliche Bemessungsgrundlage ist mit 40.000 – 30.000 – 10.000 – 834 negativ. Unterstellt man andere Projekte mit positiven Bemessungsgrundlagen, resultiert eine reduzierte Zahlung an Körperschaftsteuer.

Ist Bezugspunkt der Bewertung eine unternehmensinterne Finanzanlage mit der Rendite $i_{FA}(1-s_{GE})(1-s_K^T)=0{,}05$, berechnet man den Wertbeitrag des Projektes mit 29.228.

Wählte man als Bezugspunkt $i_{V,S}=0{,}10(1-0{,}5s_{GE})(1-s_K^T)=0{,}055$, berechnet man den Barwert der Überschüsse in Zeile (9) mit 28.850. Das gesamte Tilgungspotential des Projektes ist somit 128.850.

Wird die Ausschüttung der verfügbaren Überschüsse geplant, hängen die bewertungsrelevanten Einzahlungen davon ab, ob eine Ausschüttung finanzierbar ist oder ob eine Einlage der Eigentümer erforderlich ist. Letztere löst keine Einkommensteuerwirkungen aus.

Gilt $NE_t - S_{GE,t} - i_V F_{t-1} - T_t > 0$, ist die Einkommensteuerbelastung zu beachten. Ist die genannte Differenz negativ, müssen die Eigner annahmegemäß Mittel einschießen, was keine Einkommensteuerwirkungen auslöst.

Ein weiteres zu diskutierendes Detail stellt die steuerliche Behandlung der Tilgung dar. Verkürzt die Tilgung die im Prinzip der Einkommensbesteuerung unterliegende Ausschüttung oder erfolgt die Tilgung zu Lasten der Ausschüttung aus der Kapitalherabsetzung? In letzterem Fall löste die Tilgung keine Einkommensteuerwirkung aus.

Wir nehmen im folgenden an:

- Um einen Betrag in Höhe der Abschreibung einkommensteuerfrei auszuschütten, erfolgt eine Kapitalherabsetzung. Werden Mittel zur Finanzierung der vertragskonformen Tilgungen benötigt, erfolgt die Bereitstellung nicht durch Teilthesaurierungen, die Steuerbelastungen auslösten, sondern durch Verkürzungen der Ausschüttungen aus herabgesetztem Eigenkapital.
- Der Überschuß nach Gewerbeertragsteuer und nach Zinsen wird vollständig ausgeschüttet in Form einer Bardividende und der für das Anrechnungsverfahren typischen Körperschaftsteuergutschrift.
- Positive Bardividenden und Körperschaftsteuergutschriften sind auf der Ebene des Eigentümers zu versteuern.

Damit gilt für die Definition des bewertungsrelevanten Überschusses:

$$NE_{t,S} = \begin{cases} (NE_t - S_{GE,t} - Ab_t - i_V F_{t-1})(1-s_I) + Ab_t - T_t \\ \text{für } (...) \geq 0 \\ (NE_{t,s} - S_{GE,t} - Ab_t - i_V F_{t-1}) + Ab_t - T_t \\ \text{für } (...) < 0 \end{cases} \tag{3-14}$$

Tabelle 3-12 zeigt die Berechnung für den Beispielfall.

	0	1	2	3	4	5
(1) Anschaffungsauszahlung (I_0)	-100.000					
(2) Nettoeinzahlungen vor Steuern (NE_t)		40.000	40.000	40.000	40.000	40.000
(3) Abschreibungen (Ab_t)		30.000	21.000	16.333	16.333	16.333
(4) Fremdkapital (F_t)	100.000	80.000	60.000	40.000	20.000	0
(5) Tilgungen (T_t)		20.000	20.000	20.000	20.000	20.000
(6) Zinsen ($i_V F_{t-1}$)		10.000	8.000	6.000	4.000	2.000
(7) Gewerbeertragsteuer ($S_{GE,t}$)		834	2.501	3.445	3.612	3.779
(8) Zur Ausschüttung verfügbarer bilanzieller Erfolg nach $S_{GE,t}$		-834	8.499	14.222	16.055	17.888
(9a) Bardividende ((8)-(9b))		-834	5.949	9.955	11.239	12.522
(9b) Körperschaftsteuergutschrift (0,3 · (8))		-	2.550	4.267	4.817	5.366
(10) Einkommensteuer [s_I · ((9a)+(9b))]		-	3.400	5.689	6.422	7.155
(11) Rückzahlung von Eigenkapital in Höhe von $Ab_t - T_t$ bzw. Einlage		10.000	1.000	-3.667	-3.667	-3.667
(12) Bewertungsrelevante Überschüsse [(9a) + (9b) – (10) + (11)]		9.166	6.099	4.866	5.966	7.066

Tabelle 3-12: Bewertungsrelevante Überschüsse nach Steuern bei vollständiger Fremdfinanzierung und Ausschüttung im ARV

Ist die risikolose Alternativrendite der Eigentümer $i_{FA}(1-s_I) = 0{,}06$, berechnet sich der Wertbeitrag des Projektes als Barwert der bewertungsrelevanten Überschüsse in Zeile (12). Der Barwert ist 28.166.

VII. Zusammenfassung

Steuerliche Regelungen sind für die Beurteilung von Investitionsprojekten von Bedeutung. Auf den ersten Blick scheint die Bedeutung darin zu liegen, daß steuerliche Normen die zur Konsumfinanzierung verwendbaren Überschüsse von Projekten verkürzen. Dies ist jedoch nur ein Teil der Antwort. Entscheidender ist, daß steuerliche Regelungen in aller Regel die Antworten auf die Standardfragen nach der Vorteilhaftigkeit von Projekten, deren Grenzpreis oder Marktwert, deren Nutzungsdauer, die man in einer Welt ohne Steuern ermittelt hat, *verändern.* Es gibt keinen generell verläßlichen Transfer von Ergebnissen aus Vor-Steuer-Kalkülen in Ergebnisse von Nach-Steuer-Kalkülen. Vielmehr müssen diese Nach-Steuer-Kalküle explizit aufgemacht werden. Unser kurzer Gang durch verschiedene Steuersysteme unter alternativen Annahmen über Projektfinanzierung und Verwendung der Überschüsse sollte verdeutlichen, daß es zahlreiche zu beachtende Regeln und Gestaltungsmöglichkeiten gibt.

VIII. Literaturhinweise

Bareis, P. (2000): Das Halbeinkünfteverfahren im Systemvergleich. In: Steuer und Wirtschaft, 77. Jg., S. 133-143.

Engels, W./Stützel, W. (1968): Teilhabersteuer. Ein Beitrag zur Vermögenspolitik, zur Verbesserung der Kapitalstruktur und zur Vereinfachung des Steuerrechts, 2.A., Frankfurt a. M.

Georgi, A. (1994): Steuern in der Investitionsplanung, 2. A., Hamburg.

Husmann, S./Kruschwitz, L./Löffler, A. (2002): Unternehmensbewertung unter deutschen Steuern. In: Die Betriebswirtschaft, 62. Jg., S. 24-43.

Husmann, S./Kruschwitz, L. (2001): Ein Standardmodell der Investitionsrechnung für deutsche Kapitalgesellschaften. In: FinanzBetrieb, 3. Jg., S. 641-644.

Kruschwitz, L. (2005): Investitionsrechnung, 10. A., München, Wien.

Mellwig, W. (1989): Der Einfluß der Steuern in der Investitionsrechnung – Grundprobleme und Modellvarianten. In: Das Wirtschaftsstudium, 18. Jg., S. 35-41.

Mellwig, W. (1985): Investition und Besteuerung, Wiesbaden.

Rose, G. (2004): Die Ertragsteuern, 18. A., Berlin, Bielefeld, München.

Schneider, D. (1992): Investition, Finanzierung und Besteuerung, 7. A., Wiesbaden.

Schneider, D. (1997): Betriebswirtschaftslehre, Bd. 3.: Theorie der Unternehmung, München, Wien.

Siegel, Th. (1982): Steuerwirkungen und Steuerpolitik in der Unternehmung, Würzburg, Wien.

Siegel, Th./Bareis, P./Herzig, N./Schneider, D./Wagner, F. W./Wenger, E. (2000): Verteidigt das Anrechnungsverfahren gegen unbedachte Reformen! In: Betriebs-Berater, 55. Jg., S. 1269-1270.

Sigloch, J. (2000): Unternehmenssteuerreform 2001 – Darstellung und ökonomische Analyse. In: Steuer und Wirtschaft, 77. Jg., S. 160-176.

Swoboda, P. (1970): Die Wirkungen von steuerlichen Abschreibungen auf den Kapitalwert von Investitionsprojekten bei unterschiedlichen Finanzierungsformen. In: Zeitschrift für betriebswirtschaftliche Forschung, 22. Jg., S. 77-86.

Wagner, F. W. (1981): Der Steuereinfluß in der Investitionsplanung: eine quantité négligeable? In: Zeitschrift für betriebswirtschaftliche Forschung, 33. Jg., S. 47-52.

Wagner, F. W. (1999): Betriebswirtschaftslehre und Besteuerung. In: Vahlens Kompendium der Betriebswirtschaftslehre, Bd. 2, 4. A., München, S. 439-504.

Wagner, F. W./Baur, T. B./Wader, D. (1999): Was ist von den „Brühler Empfehlungen“ für die Investitionspolitik, die Finanzierungsstrukturen und die Neugestaltung von Gesellschaftsverträgen der Unternehmen zu erwarten? In: Betriebs-Berater, 54 Jg., S. 1296-1300.

Wagner, F. W./Dirrigl, H. (1980): Die Steuerplanung des Unternehmens, Stuttgart, S. 1-114.

Wöhe, G./Bieg, H. (1995): Grundzüge der betriebswirtschaftlichen Steuerlehre, 4. A., München.

IX. Anhang

Bemessungsgrundlagen der Substanzsteuern sind Bestände, die über Steuerbilanzen ermittelt wurden. Zu den Substanzsteuern zählen die

Vermögen- und die Gewerbekapitalsteuer. Beide Steuern gehören seit dem 1.1.1997 bzw. dem 1.1.1998 der Vergangenheit an.

Die wichtigsten Regelungen waren:

		Substanzsteuern
Prinzipielle Bemessungsgrundlage	(1)	Betriebsvermögen (§ BewG), auch Rohbetriebsvermögen; Symbol: RBV
	(2)	Schulden, soweit sie mit der Gesamtheit des Betriebsvermögens in wirtschaftlichem Zusammenhang stehen; § 130 BewG; i. d. R. Ansatz zum Nennwert; § 12 Abs. 1 BewG; Symbol: F
	(3)	Einheitswert des Betriebsvermögens (§ 98a BewG); Symbol: RBV – F
Vermögensteuer[17]	(1)	Freibetrag 500.000 DM (§ 117a Abs. 1 BewG)
	(2)	Bemessungsgrundlage 0,75 (RBV – F)
	(3)	Steuersatz für Kapitalgesellschaften $s_V = 0{,}6\ \%$ (§ 10 Ziff. 2 VStG)
	(4)	Nicht abzugsfähig bei anderen Steuerbemessungsgrundlagen

Gewerbekapitalsteuer[18]	(1)	Freibetrag 120.000 DM (§ 13 Abs. 1 Satz 3 GewStG
	(2)	Bemessungsgrundlage „Gewerbekapital" (§ 12 GewStG) = RBV – F + Hinzurechnungen – Kürzungen)
	(3)	Wichtige Hinzurechnung: die Hälfte der Schulden, die bei Ermittlung des Einheitswertes abgezogen wurden und 50.000 DM übersteigen (§ 12 Abs. 2 Ziff. 1 GewStG)
	(4)	Bemessungsgrundlage ist somit: $RBV - F + 0{,}5\,F = RBV - 0{,}5\,F$
	(5)	Steuersatz: Steuermeßzahl (0,2 %) · Hebesatz H/100 Für $H = 400 \Rightarrow s_{GK} = 0{,}002 \cdot \frac{H}{100} = 0{,}008$
	(6)	abzugsfähig bei der Bemessungsgrundlage der Gewerbeertragsteuer und Körperschaftsteuer

---

[17] Wird gemäß Urteil des BVerfG vom 22.06.1995 seit 1.1.1997 nicht mehr erhoben.

[18] Die Gewerbekapitalsteuer ist seit dem 1.1.1998 abgeschafft.

Die Vermögensteuerzahlung $S_{v,t}$ für ein eigenfinanziertes Projekt ist definiert durch $S_{V,t} = 0{,}75\, s_V\, RBV_{t-1}$.

Ist das Projekt z. T. fremdfinanziert, gilt $S_{V,t} = 0{,}75\, s_V \left(RBV_{t-1} - F_{t-1}\right)$.

Die für ein eigenfinanziertes Projekt zu entrichtende Gewerbekapitalsteuer, $S_{GK,t}$, ergibt sich aus $S_{GK,t} = s_{GK} \cdot RBV_{t-1}$.

Für ein mischfinanziertes Projekt gilt $S_{GK,t} = s_{GK} \left(RBV_{t-1} - F_{t-1}\right)$.

Die entrichtete Vermögensteuer ist bei keiner anderen steuerlichen Bemessungsgrundlage abzugsfähig. Die Gewerbekapitalsteuer ist abzugsfähig von der Bemessungsgrundlage der Gewerbeertragsteuer und der Körperschaftsteuer.

4. Kapitel: Investitionsentscheidung bei Unsicherheit

I. Der einperiodige Fall

1. Problembeschreibung

a. Risiko als Eigenschaft des Projektes

In den Kapiteln 2 und 3 wurde angenommen, daß die einem Investitionsprojekt zurechenbaren Nettoeinzahlungen so genau antizipierbar sind, daß man sie als sicher ansehen kann. Diese didaktisch nützliche Annahme wird nun aufgegeben. Nützlich war diese Annahme, weil sie erlaubte, unter Ausklammerung der Unsicherheit Bewertungskalkül und Einfluß von steuerlichen Regelungen zu erläutern.

Was bedeutet Unsicherheit? Mit Unsicherheit kann man einen Zustand nicht vollkommenen Wissens bezeichnen, der es nicht erlaubt, die Konsequenz einer Handlung mit so großer Präzision vorherzusagen, daß ein und nur ein Ergebnis ihre Folge ist.

Als Beispiel betrachten wir die Entscheidung über die Fertigung eines neuen Produktes: Die Nettoeinzahlung in Periode 1 hängt von der Zahl der verkauften Produkte ab. Die Anzahl der verkauften Produkte und damit die Umsatzerlöse hängen von der Gesamtnachfrage nach dem Produkt ab; diese wiederum ist abhängig von der Konjunkturentwicklung. Weist der Einflußfaktor „Konjunkturlage“ die Ausprägung „gute Konjunktur“ auf, werden die Nettoeinzahlungen höher sein als bei Eintritt der Ausprägung „schlechte Konjunktur“. Ein weiterer Einflußfaktor könnte die Reaktion der Wettbewerber auf die Einführung des neuen Produktes sein: Falls diese mit einer Senkung der Preise reagieren, gehen die Zahl der verkauften Produkte und damit die Umsatzerlöse zurück. Bleiben die Preise der konkurrierenden Produkte dagegen unverändert, liegen die Umsatzerlöse des eigenen Produktes höher. Der Investor kann den künftigen Konjunkturverlauf nicht und die Reaktion der Konkurrenten kaum beeinflussen und deshalb auch nicht genau vorhersagen. Durch die Kombination der Ausprägungen der beiden Einflußfaktoren „Konjunkturentwicklung“ (gute bzw. schlechte Konjunkturlage) und „Konkurrenzreaktion“ (Preissenkung; keine Preissenkung) erhält man im Beispiel vier relevante Umweltzustände. Ein Umweltzustand ist definiert als eine Kombination der Ausprägungen der Einflußfaktoren, die der Entscheidende bei der Folgenabschätzung als bedeutend ansieht. Sind die Einflußfaktoren und die Zahl der Umweltzustände ermittelt, sind noch zwei weitere Aufgaben zu lösen: den Umweltzuständen sind subjektive Wahrscheinlichkeiten zuzuordnen und es sind die finanziellen Folgen für jeden der aus Sicht des Entscheidungszeitpunktes möglichen Umweltzustände abzuschätzen. Subjektive Wahrscheinlichkeiten sind Maße für die Überzeugtheitsgrade des Entscheidenden, daß ein bestimmter Umweltzustand aus der Menge der möglichen Zustände eintritt. Sie sind von der dem Entscheidenden verfügbaren Informationsmenge und von seinen Verarbeitungskapazitäten abhängig. Nachvollziehbare formale Wege der Herleitung subjektiver Wahrscheinlichkeiten aus gegebenen Informationsmengen sind nicht bekannt. Wir wissen jedoch aus eigener Erfahrung, daß wir solche Glaubwürdigkeitsmaße produzieren können. Eine Richtigkeitsgewähr gibt es nicht. Wir unterstellen im folgenden, daß Investoren subjektive Wahrscheinlichkeiten bilden und diese den Umweltzuständen zuordnen. Im Einklang mit der Mehrheit der Autoren in der einschlägigen Literatur wird eine so formulierte Entscheidungssituation auch als Entscheidung unter Risiko bezeichnet; wir behandeln Risiko und Unsicherheit insoweit als synonym.

Unterstellen wir vereinfachend ein Investitionsprojekt mit einer Lebensdauer von einer Periode: Die Anschaffungsauszahlung I_0 erfolgt im Zeitpunkt 0, die unsichere Nettoeinzahlung $\left(\widetilde{NE}_1\right)$ im Zeitpunkt 1. Die Zahlungsstruktur des Projektes sieht so aus:

0	1
$-I_0$	$\widetilde{NE}_1$

Hinter dem Symbol $\widetilde{NE}$ steht die Wahrscheinlichkeitsverteilung über die zustandsabhängigen Nettoeinzahlungen:

	Zustand 1	Zustand 2	Zustand 3	Zustand 4
Konjunktur	schlecht	gut	schlecht	gut
Konkurrenz	senkt Preise nicht	senkt Preise nicht	senkt Preise	senkt Preise
subjektive Wahrscheinlichkeit	0,3	0,2	0,1	0,4
Nettoeinzahlung	500	700	250	450

Tabelle 4-1: Zustandsabhängige Nettoeinzahlungen

Die Anschaffungsauszahlung betrage 450.

Diese Zahlungsstruktur kann auch in Renditen transformiert werden, wobei die zustandsabhängige Rendite r_j definiert ist durch:

$$r_j = \frac{NE_j - I_0}{I_0} = \frac{NE_j}{I_0} - 1 \qquad (4\text{-}1)$$

Man erhält:

	z_1	z_2	z_3	z_4
subjektive Wahrscheinlichkeit p_j	0,3	0,2	0,1	0,4
zustandsabhängige Rendite r_j	$\frac{500-450}{450}=0{,}111$	$\frac{700-450}{450}=0{,}555$	$\frac{250-450}{450}=-0{,}444$	$\frac{450-450}{450}=0$

Tabelle 4-2: Zustandsabhängige Renditen

Wie ist nun das Risiko eines Investitionsprojektes zu definieren? Aus der Sicht eines Investors könnte man als Risiko die finanziellen Ereignisse definieren, die sein Vermögensniveau unter dasjenige des Ausgangszeitpunktes befördern und folglich als Chancen diejenigen finanziellen Ereignisse, die sein Vermögensniveau über das des Ausgangszeitpunktes hinaus steigern. Bezugspunkt für Risiko und Chance wäre das im Zeitpunkt 0 vorhandene Vermögensniveau. Die Literatur geht mehrheitlich nicht diesen Weg: Sie mißt Risiko durch Streuungsmaße (Varianz, Standardabweichung), welche die Verteilung der zustandsabhängigen Nettoeinzahlungen bzw. Renditen um deren Erwartungswert kennzeichnen. Die Varianz der Verteilung der Nettoeinzahlungen ist definiert durch:[19]

$$\sigma^2_{\widetilde{NE}} = \sum_{j=1}^{n} p_j \left[NE_j - E\left[\widetilde{NE}\right]\right]^2 \tag{4-2}$$

bzw.

$$\sigma^2_{\widetilde{NE}} = \sum_{j=1}^{n} p_j \cdot NE_j^2 - \left[E\left[\widetilde{NE}\right]\right]^2$$

$E\left[\widetilde{NE}\right]$ bezeichnet den Erwartungswert der zustandsabhängigen Nettoeinzahlungen im Zeitpunkt 1; p_j ist die subjektive Eintrittswahrscheinlichkeit für den Umweltzustand j.

Analog läßt sich die Varianz der Renditen berechnen:[20]

$$\sigma_{\tilde{r}}^2 = \sum_{j=1}^{n} p_j \left[r_j - E\left[\tilde{r}\right]\right]^2 \tag{4-3}$$

bzw.

$$\sigma_{\tilde{r}}^2 = \sum_{j=1}^{n} p_j \cdot r_j^2 - \left[E\left[\tilde{r}\right]\right]^2$$

---

[19] Die zeitliche Indizierung der Zahlungen unterbleibt.

[20] $E\left[\tilde{r}\right]$ bezeichnet den Erwartungswert der Renditen.

Die Standardabweichungen sind definiert als Quadratwurzel der jeweiligen Varianzen:

$$\sigma_{\widetilde{NE}} = \sqrt{\sigma_{\widetilde{NE}}^{\ 2}} \quad \text{und} \quad \sigma_{\tilde{r}} = \sqrt{\sigma_{\tilde{r}}^{\ 2}} \tag{4-4}$$

Unterstellt man vollständige Eigenfinanzierung, erhält man für das obige Beispiel

$$\begin{aligned}
E\left[\widetilde{NE}\right] &= 0{,}3 \cdot 500 + 0{,}2 \cdot 700 + 0{,}1 \cdot 250 + 0{,}4 \cdot 450 = 495;\\
E[\tilde{r}] &= 0{,}3 \cdot 0{,}1111 + 0{,}2 \cdot 0{,}5555 + 0{,}1 \cdot (-0{,}4444) + 0{,}4 \cdot 0\\
&= 0{,}1;\\
\sigma_{\widetilde{NE}}^2 &= 0{,}3 \cdot 500^2 + 0{,}2 \cdot 700^2 + 0{,}1 \cdot 250^2 + 0{,}4 \cdot 450^2 - 495^2\\
&= 15.225;\\
\sigma_{\widetilde{NE}} &= 123{,}39;\\
\sigma_{\tilde{r}}^{\ 2} &= 0{,}3 \cdot 0{,}1111^2 + 0{,}2 \cdot 0{,}5555^2 + 0{,}1 \cdot (-0{,}4444)^2 + 0{,}4 \cdot 0^2 - 0{,}1^2\\
&= 0{,}075197;\\
\sigma_{\tilde{r}} &= 0{,}27420.
\end{aligned}$$

b. Risikobeitrag im Rahmen des Entscheidungsfeldes

Sehr häufig verfügt der Investor bereits über einen Bestand an realisierten Investitionsprojekten und/oder Finanzanlagen. Eine Entscheidung über ein neues Projekt findet somit nicht vor leerem Hintergrund statt. Das Projekt ist vielmehr in ein bestehendes Entscheidungsfeld einzupassen. Damit entsteht die Frage, ob das Risiko eines neuen Projektes *isoliert*, d. h. losgelöst von den bereits realisierten Projekten bewertet werden kann, oder ob der mögliche Verbund des Projektes mit den bereits realisierten Projekten für seine Bewertung von Bedeutung ist. Hier soll das Beispiel so weiterentwickelt werden, daß diese mögliche Verbundwirkung sehr augenfällig wird.

Angenommen, der Investor verfügte bereits über ein Investitionsprojekt, das im Zeitpunkt 1 die folgende Verteilung von Nettoeinzahlungen zu liefern verspricht:

	z_1	z_2	z_3	z_4
subjektive W'keit	0,3	0,2	0,1	0,4
Nettoeinzahlung	300	100	550	350

Tabelle 4-3: Zustandsabhängige Nettoeinzahlungen

Realisiert der Investor zusätzlich das Projekt des Beispiels, sieht die gesamte Zahlungsverteilung so aus:

	z_1	z_2	z_3	z_4
subjektive W'keit	0,3	0,2	0,1	0,4
Nettoeinzahlung altes Projekt	300	100	550	350
Nettoeinzahlung neues Projekt	500	700	250	450
Nettoeinzahlung insgesamt	800	800	800	800

Tabelle 4-4: Gesamte zustandsabhängige Nettoeinzahlungen

Die zustandsabhängigen Nettoeinzahlungen weisen nun keinerlei Risiko mehr auf. Unabhängig vom eintretenden Umweltzustand erhält der Investor Zahlungen in Höhe von 800. Das Beispiel legt den Schluß nahe, daß es nicht auf das isolierte Risiko des Investitionsprojektes, sondern auf den Beitrag des Projektes zum gesamten Risiko im Rahmen des Entscheidungsfeldes ankommt. Im Beispiel führt die Durchführung des neuen Projektes zu einer Vernichtung des Risikos des schon vorhandenen Projektes. Das Risiko aus der Kombination der beiden Projekte hängt offensichtlich vom Ausmaß des Gleichlaufes der Zahlungen von vorhandenem und neuem Investitionsprojekt über die verschiedenen Umweltzustände ab: Im Beispiel verlaufen die beiden Zahlungen genau entgegengesetzt; ein Anstieg der Nettoeinzahlungen des neuen Projektes wird durch einen Rückgang der Zahlungen aus dem vorhandenen Projekt genau ausgeglichen. Das Ausmaß des Gleichlaufes und damit der Risikobeitrag des neuen Investitionsprojektes kann über die Kovarianz bzw. den Korrelationskoeffizienten der beiden Zahlungsverteilungen gemessen werden. Im Beispiel sind die Verteilungen vollständig negativ korreliert; daraus resultiert der risikovernichtende Effekt des neuen Investitionsprojektes. Der mögliche Risikoabbau durch die Kombination von Projekten, deren Nettoeinzahlungen (Renditen) nicht vollständig positiv korreliert sind, ist der Startpunkt der Überlegungen zur Portefeuillebildung. Er spielt im Rahmen der Unternehmensbewertung eine noch zu erläuternde Rolle.

2. Individuelle Risikoneigung, Erwartungswert und Sicherheitsäquivalent

Neben der Frage nach der Messung und der Definition des Risikos ist die Frage seiner Bewertung durch den Investor wichtig. Die Bewertung des Risikos könnte von der subjektiven Einstellung des Investors zur Übernahme von Risiko bestimmt werden; sie ist dann abhängig von seinen

Risikopräferenzen oder – da Investoren überwiegend als risikoscheu angesehen werden – vom Grad seiner Risikoaversion. Eine Möglichkeit zur Verdeutlichung des Grades der Risikoaversion ist die Ermittlung von Sicherheitsäquivalenten (S). Das Sicherheitsäquivalent positiver unsicherer Zahlungen ist definiert als der sichere Betrag, für den der Investor eine Verteilung von Nettoeinzahlungen abgibt, also verkauft. Das Sicherheitsäquivalent negativer unsicherer Zahlungen ist definiert als der sichere negative Betrag, den der Investor zu zahlen bereit ist, damit ein Dritter die Verteilung unsicherer negativer Zahlungen übernimmt. Durch die Ermittlung des Betrages S und Vergleich mit dem Erwartungswert der Zahlungen können wir erkennen, ob der Investor risikoscheu, risikoneutral oder risikofreudig ist. Weil verschiedene Investoren unterschiedliche Risikopräferenzen haben, werden sie für eine gegebene Verteilung von Nettoeinzahlungen unterschiedliche Sicherheitsäquivalente verlangen (bieten).
Aussagen über die Risikoeinstellung des Investors lassen sich durch den Vergleich zwischen Sicherheitsäquivalent und Erwartungswert der Zahlungsverteilung gewinnen:

- Ist das Sicherheitsäquivalent gleich dem Erwartungswert der Zahlungsverteilung, wird der Investor als risikoneutral bezeichnet.
- Ist das Sicherheitsäquivalent größer als der Erwartungswert unsicherer Einzahlungen, gilt der Investor als risikofreudig.
- Ist das Sicherheitsäquivalent kleiner als der Erwartungswert unsicherer Einzahlungen, wird der Investor als risikoscheu angesehen.

Im Folgenden wird Risikoscheu als dominierende Eigenschaft unterstellt. Diese wird üblicherweise durch Verweis auf Portefeuillebildung, Versicherungsnahme und die Inanspruchnahme anderer das Risiko senkender Mechanismen und Institutionen belegt.

Besteht die Zahlungsverteilung aus Auszahlungen, also Zahlungsbelastungen des Investors, ist das Sicherheitsäquivalent als der Betrag zu definieren, zu dem der Investor die unsichere Zahlungsbelastung abgibt. Das Sicherheitsäquivalent ist jetzt negativ und bei Risikoscheu ist S betragsmäßig größer als der Erwartungswert der Auszahlungen. Hierauf ist unten in Abschnitt IV. zurückzukommen.

3. Bewertung und Unsicherheit

In Kapitel 2 wurde begründet, warum der Nettokapitalwert ein gutes Entscheidungskriterium ist. Dieses Ergebnis gilt auch für den Fall unsicherer finanzieller Konsequenzen von Investitionsentscheidungen. Zu zeigen ist, wie Brutto- und Nettokapitalwerte bei Unsicherheit bestimmt werden können. Wir behalten die Annahme, daß Projekte nur eine Lebensdauer von einer Periode haben, zunächst bei.

Wir unterscheiden zwei Vorgehensweisen, die zum *gleichen* Ergebnis führen müssen. Die erste Vorgehensweise besteht darin, daß die Verteilung von möglichen Nettoeinzahlungen im Zeitpunkt 1 auf das Sicherheitsäquivalent S_1 verdichtet wird.[21] Das Sicherheitsäquivalent ist definiert als der sichere Betrag, dessen Erhalt der Investor der Verteilung der Nettoeinzahlungen gleichschätzt. Dieser sichere Betrag S_1 ist mit dem *risikolosen (sicheren)* Zinssatz i auf den Zeitpunkt 0 zu diskontieren. Wir erhalten den Bruttokapitalwert BKW_0. Die Botschaft, daß Sicherheitsäquivalente (S) mit dem risikolosen Zinssatz i zu diskontieren sind, ist wichtig: Die Transformation der Verteilung der Nettoeinzahlungen in die Größe S bedeutet deren Umbewertung in eine äquivalente sichere Zahlung. Sichere Zahlungen sind mit dem risikolosen Zinssatz i zu diskontieren. Es folgt:

$$BKW_0 = S_1 (1 + i)^{-1} \tag{4-5}$$

Der Nettokapitalwert ergibt sich aus: $NKW_0 = BKW_0 - I_0$.

Die Beschreibung der Vorgehensweise verdeutlicht, daß der entscheidende Schritt die Herleitung von S_1 ist. Man darf die positive Differenz $E\left[\widetilde{NE}_1\right] - S_1$ als Ausdruck des Grades der Risikoaversion von Investoren ansehen: Mit zunehmender Risikoaversion steigt der Risikoabschlag, den der Investor hinzunehmen bereit ist, um die unsichere Verteilung der Nettoeinzahlungen $\widetilde{NE}_1$ loszuwerden (zu verkaufen).

Die zweite Vorgehensweise verzichtet auf die Transformation der unsicheren Zahlungsverteilung in Zeitpunkt 1, $\widetilde{NE}_1$, in ein Sicherheits-äquivalent S_1. Sie verdichtet die Zahlungsverteilung auf den Erwartungswert $E\left[\widetilde{NE}_1\right]$. Damit wird zunächst so gerechnet, als sei der Investor risikoneutral, was er annahmegemäß nicht ist. Seine Risikoaversion wird im Diskontierungssatz berücksichtigt, der um eine Risikoprämie (z*) erhöht wird. Man kann diese Vorgehensweise vorläufig so interpretieren, daß der risikoscheue Investor für die Übernahme des mit $\widetilde{NE}_1$ verbundenen Risikos eine höhere Rendite, die eine Risikoprämie (z*) einschließt, fordert. Der BKW_0 ergibt sich somit gemäß (4-6):

$$BKW_0 = E\left[\widetilde{NE}_1\right]\left(1 + i + z^*\right)^{-1} \tag{4-6}$$

Die Höhe von z* hängt vom Risiko des einperiodigen Projektes und dem Grad der Risikoaversion des Investors ab.

---

[21] Wie man Zahlungsverteilungen in Sicherheitsäquivalente überführen kann, wird z. B. anschaulich beschrieben bei Magee, J. F. (1964) und Hammond, J. S. (1967). Auf die Probleme, die mit der Reduzierung einer Zahlungsverteilung auf einen sicheren Betrag S verbunden sind, hat Allais bereits 1953 eindringlich hingewiesen.

Wie schon gesagt, müssen beide Vorgehensweisen zum gleichen Ergebnis führen: Risikoabschlag in Höhe $E\left[\widetilde{NE}_1\right]-S_1$ und Risikozuschlag in Höhe von z* „verpacken" die Berücksichtigung von Risiko und Risikoaversion lediglich unterschiedlich. Wir wollen beide Vorgehensweisen auf unser Beispiel anwenden. Das Sicherheitsäquivalent S_1 sei 480; der Erwartungswert $E\left[\widetilde{NE}_1\right]$ ist 495; der sichere (risikolose) alternative Anlagesatz i sei 6 %. Diskontiert man das Sicherheitsäquivalent S_1, folgt $BKW_0 = 480\,(1{,}06)^{-1} = 452{,}83$. Es muß gelten:

$$BKW_0 = E\left[\widetilde{NE}_1\right]\left(1+i+z^*\right)^{-1} = S_1\left(1+i\right)^{-1}$$

Für den Risikozuschlag z* zum Diskontierungssatz i folgt somit:

$$z^* = \frac{E\left[\widetilde{NE}_1\right](1+i)}{S_1} - (1+i) = \left[\frac{E\left[\widetilde{NE}_1\right]}{S_1} - 1\right](1+i) \qquad (4\text{-}7)$$

$$z^* = \frac{495\,(1{,}06)}{480} - 1{,}06 = 0{,}03313\,.$$

II. Der mehrperiodige Fall

1. Einführung

Nun sollen Projekte mit längerer Lebensdauer betrachtet werden. Wir setzen die vereinfachende Annahme sog. einstufiger Entscheidungen: Der Investor entscheidet im Zeitpunkt 0 über ein Investitionsprojekt mit einer Nutzungsdauer von z. B. n Jahren; korrigierende Entscheidungen beim Zugang neuer Informationen über Preisreaktionen von Konkurrenten, Technologieänderungen etc. werden ausgeblendet.

Zur Abbildung des Entscheidungsproblems werden *Zustandsbäume* verwendet. Die *Knoten* eines Zustandsbaums repräsentieren die möglichen Umweltzustände in den verschiedenen Perioden. Abhängigkeiten zwischen den Umweltzuständen verschiedener Perioden werden durch *Pfeile* (Kanten) abgebildet: Sie verbinden einen Umweltzustand mit den möglichen Umweltzuständen in der Folgeperiode. Abbildung 4-1 zeigt einen Zustandsbaum für ein Projekt mit einer Nutzungsdauer von zwei Perioden.

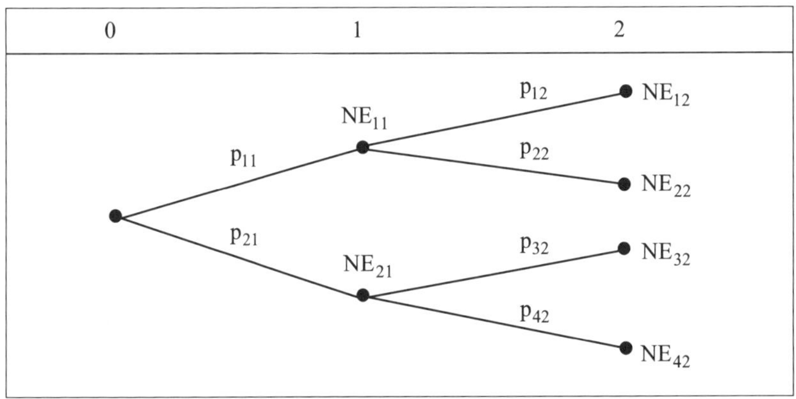

Abbildung 4-1: Zustandsbaum für ein Projekt mit einer Nutzungsdauer von zwei Perioden

Dabei bezeichnet:

p_{jt} die subjektive Wahrscheinlichkeit für den Eintritt des Umweltzustandes j in Periode t;

NE_{jt} die Nettoeinzahlung des Investitionsprojektes bei Eintritt des Umweltzustandes j in Periode t.

Gemäß diesem Zustandsbaum können in Periode 1 zwei, in Periode 2 vier verschiedene Umweltzustände eintreten. Man erkennt eine Periodenverknüpfung: Zustand z_{12} kann nur eintreten, wenn zuvor Zustand z_{11} eingetreten war. Die Verteilung der Einzahlungen in Periode 2 hängt von dem eingetretenen Ereignis in Periode 1 ab.

Zur Lösung des Entscheidungsproblems wird der Zustandsbaum von den hinteren Knoten bis zum Wurzelknoten „aufgerollt". Die Rechnung beginnt in den beiden möglichen Umweltzuständen im Zeitpunkt 1, z_{11} und z_{21}: Jedem der beiden Umweltzustände z_{11} und z_{21} folgt eine bedingte einperiodige Zahlungsverteilung. An dieser Stelle ist das Problem identisch mit dem der Bewertung eines einperiodigen Investitionsprojektes. Deshalb ermitteln wir für die bedingte Zahlungsverteilung $\{NE_{12}(p_{12});\ NE_{22}(p_{22})\}$ das Sicherheitsäquivalent im Zeitpunkt 2 und diskontieren es auf den Zeitpunkt 1. Das Resultat, den BKW_{11}, addieren wir zu der im Zustand z_{11} eintretenden Nettoeinzahlung NE_{11}. Analog gehen wir für die bedingte Zahlungsverteilung $\{NE_{32}(p_{32});\ NE_{42}(p_{42})\}$ vor. Nach diesen Berechnungen hat der Zustandsbaum folgendes Aussehen:

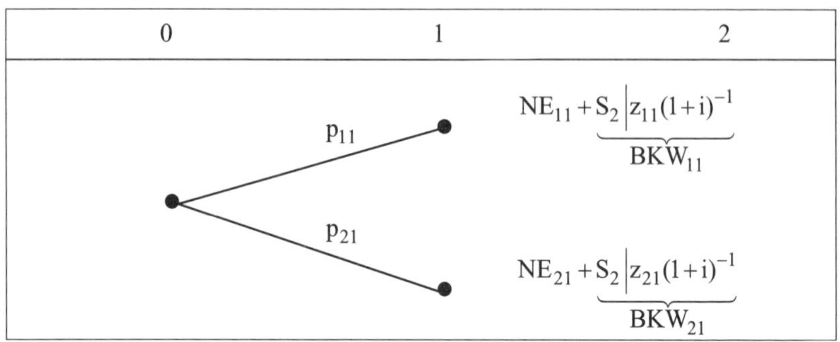

Abbildung 4-2: Reduzierter Zustandsbaum

Das Symbol $S_2|z_{11}$ steht dabei für das Sicherheitsäquivalent der Zahlungsverteilung im Zeitpunkt 2, die auf den Eintritt des Zustands 1 im Zeitpunkt 1 folgt.

Das verbleibende Bewertungsproblem entspricht dem schon besprochenen einperiodigen Fall: Wir suchen das Sicherheitsäquivalent im Zeitpunkt 1 für die in Abbildung 4-2 gezeigte Zahlungsverteilung und diskontieren dieses mit dem sicheren Zinssatz i auf den Zeitpunkt 0.

Betrachten wir ein Beispiel. Abbildung 4-3 zeigt den Zustandsbaum für ein Projekt mit einer Lebensdauer von zwei Perioden.

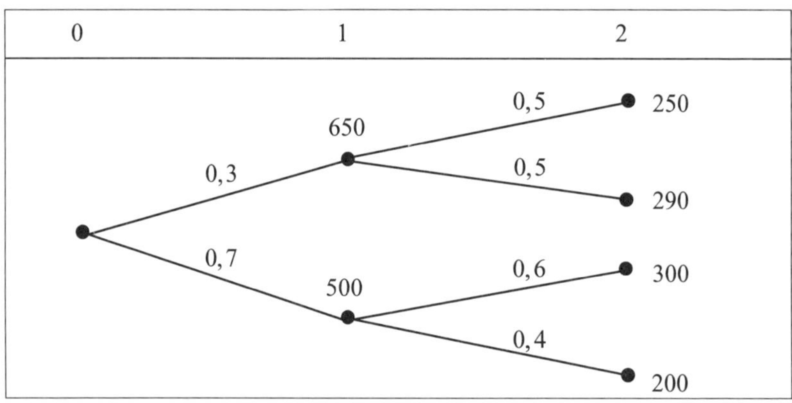

Abbildung 4-3: Zustandsbaum des Beispiels

Der risikolose Zinssatz i beträgt 6 %. Wir bewerten im ersten Schritt die beiden bedingten Zahlungsverteilungen im Zeitpunkt 2.

Aus der Sicht des Zustandes z_{11} gilt: Der Erwartungswert der Nettoeinzahlungen im Zeitpunkt 2 beträgt $0{,}5 \cdot 250 + 0{,}5 \cdot 290 = 270$. Der Investor gibt ein Sicherheitsäquivalent von 268 an $(S_2|z_{11})$. Im Zustand z_{11} beträgt die relevante Nettoeinzahlung somit $650 + 268\,(1{,}06)^{-1} = 902{,}83$.

Aus der Sicht des Zustandes z_{21} gilt: Der Erwartungswert der Nettoeinzahlungen im Zeitpunkt 2 beträgt $0{,}6 \cdot 300 + 0{,}4 \cdot 200 = 260$. Das vom Investor angegebene Sicherheitsäquivalent $S_2|z_{21}$ sei 255.[22] Im Zustand z_{21} beträgt die bewertungsrelevante Nettoeinzahlung somit $500 + 255\,(1{,}06)^{-1} = 740{,}57$.

Der reduzierte Zustandsbaum sieht so aus:

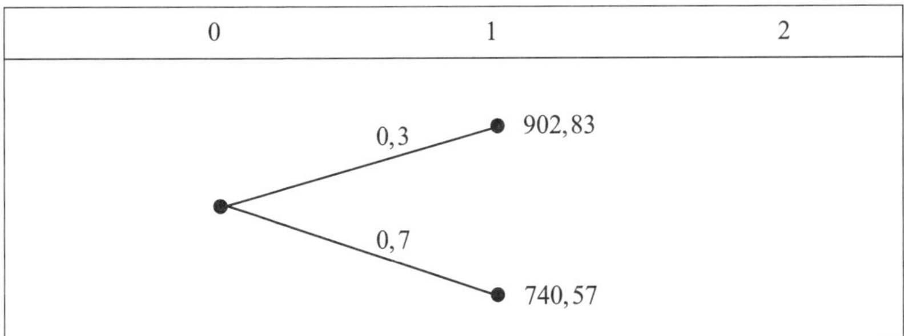

Abbildung 4-4: Reduzierter Zustandsbaum für das Beispiel

Aus der Sicht des Zeitpunktes 0 liegt nun ein einperiodiges Problem vor. Der Erwartungswert der Einzahlungen ist 789,25. Das Sicherheitsäquivalent S_1 betrage 777. Der Bruttokapitalwert des Projektes errechnet sich dann in Höhe von $777 \cdot (1{,}06)^{-1} = 733{,}02$. Ob das Projekt vorteilhaft ist, hängt von der Höhe der Investitionsauszahlung I_0 ab.

Bei der hier illustrierten Vorgehensweise wird das Risiko eines Projektes durch die in *jeder* Periode erforderliche Berechnung der Sicherheitsäquivalente von (bedingten) Verteilungen von Nettoeinzahlungen berücksichtigt. Die Herleitung der Sicherheitsäquivalente, die hier nicht diskutiert wurde, beachtet erstens die Verteilung der für möglich gehaltenen Nettoeinzahlungen und zweitens den Grad der Risikoaversion des Investors.

Werfen wir einen Blick auf die zweite Vorgehensweise, die mit Risikozuschlägen zum sicheren Diskontierungssatz i arbeitet. Beim jetzigen Stand der Überlegungen hat diese Vorgehensweise keine Eigenständigkeit: Um z* abzuleiten ist die Kenntnis der Sicherheitsäquivalente $S_2|z_{11}$, $S_2|z_{21}$ und S_1 Voraussetzung. Nur mit Hilfe dieser Informationen kann z* abgeleitet werden. In Abschnitt III und in Kapitel 6 werden wir einen Ansatz vorstellen, mit dessen Hilfe risikoangepaßte Diskontierungssätze abgeleitet werden können, ohne daß die Kenntnis von subjektiven Sicherheitsäquivalenten Voraussetzung ist.

Da beide Vorgehensweisen zum gleichen Bruttokapitalwert führen müssen, lassen sich die in den Sicherheitsäquivalenten implizierten Risikozu-

22 Es wird hier nicht überprüft, ob der befragte Investor konsistente Antworten gibt.

schläge z* zum sicheren Zinssatz i ermitteln. Für die bedingte, vom Zustand z_{11} ausgehende Zahlungsverteilung folgt gemäß (4-7):

$$z^* = \frac{270 \cdot 1{,}06}{268} - 1{,}06 = 0{,}00791$$

Für die bedingte vom Zustand z_{21} ausgehende Zahlungsverteilung folgt:

$$z^* = \frac{260 \cdot 1{,}06}{255} - 1{,}06 = 0{,}02078$$

Für die vom Zeitpunkt 0 ausgehende Zahlungsverteilung ergibt sich z* mit:

$$z^* = \frac{789{,}25 \cdot 1{,}06}{777} - 1{,}06 = 0{,}01671$$

Angewendet auf das Beispiel folgt der gleiche Bruttokapitalwert, der oben mit Hilfe der Sicherheitsäquivalente berechnet wurde:

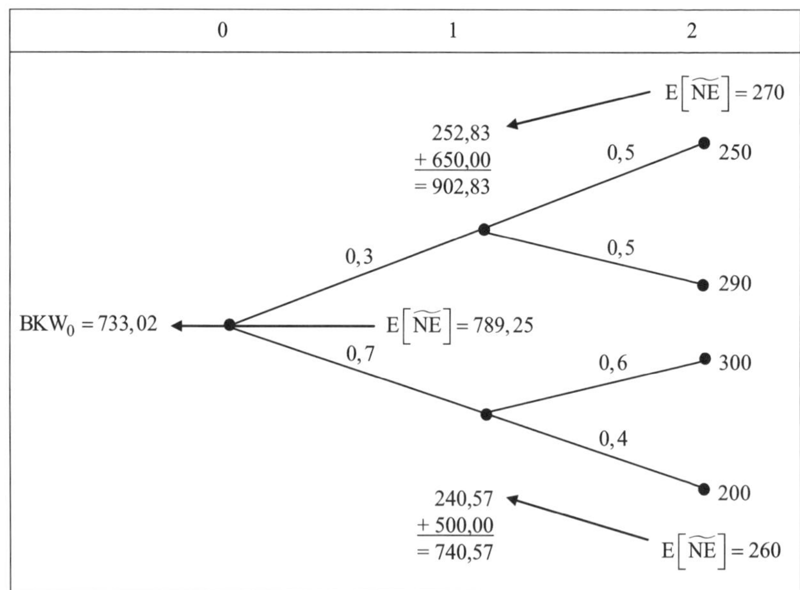

Abbildung 4-5: Ermittlung des BKW_0 mit Hilfe risikoangepaßter Diskontierungssätze

2. Annahmen über die Verknüpfung der bewertungsrelevanten Zahlungen benachbarter Perioden

Wichtige Ergebnisse der bisherigen Überlegungen sind, daß das Konzept von Brutto- bzw. Nettokapitalwert auch bei Unsicherheit über die bewertungsrelevanten Zahlungen anwendbar bleibt, und daß Zustandsbäume eine didaktisch brauchbare Form der Darstellung des Bewertungsproblems sind. Von Bedeutung ist der Grad der Risikoabneigung des Investors. Er bestimmt neben den Eigenschaften des Investitionsprojektes und dem Niveau der risikolosen Alternativrendite über die Höhe des Bruttokapitalwertes und damit über die Höhe des subjektiven Wertes des Projektes. An der Differenz zwischen Erwartungswert und Sicherheitsäquivalent, also dem in Geld bemessenen Risikoabschlag, kann der Einfluß der Risikoeinstellung des Investors auf Brutto- und Nettokapitalwert eines Projektes abgelesen werden. Wir haben nicht gezeigt, wie Sicherheitsäquivalente in der Realität gewonnen werden können. Wir haben aber unterstellt, daß jeder Investor nach gründlichem Nachdenken und genauer Aufklärung über die Fragestellung für eine definierte Verteilung von Einzahlungen und ggf. Hilfestellung ein (und nur ein) Sicherheitsäquivalent beziffern kann.

Wir haben auf zwei formale Wege zur Bewertung unsicherer Einzahlungen hingewiesen.

Es kann mit Sicherheitsäquivalenten gearbeitet werden, die dann mit dem risikolosen Zinssatz zu diskontieren sind. Der Bewertungsprozeß wird damit in zwei Schritte zerlegt: im ersten Schritt beziffert der Investor, ausgehend vom Erwartungswert, das Risiko einer Verteilung in einem Zeitpunkt t; im zweiten Schritt wird die Zeitdifferenz zwischen Zeitpunkt t und Bewertungszeitpunkt durch Diskontierung von S_t mit dem risikolosen Zinssatz überwunden. Diese Vorgehensweise hat den Vorteil hoher Transparenz.

Man kann auch die Erwartungswerte der Einzahlungen mit risikoangepaßten Diskontierungssätzen abzinsen. Wenn die in S_t enthaltene Information mittels Formel (4-7) entsprechend umgesetzt wird, folgen risikoangepaßte Diskontierungssätze in Höhe von $i + z^*$, die eine korrekte Wertermittlung erlauben. Eigenständig ist dieser zweite Weg indessen hier nicht: ohne die Kenntnis von S_t kann z^* nicht bestimmt werden.

Ein wichtiger jetzt zu diskutierender Sachverhalt ist die intertemporale Verknüpfung der Einzahlungen, die benachbarten Perioden zugerechnet werden können. Es macht Sinn, zwei Fälle gegenüberzustellen. Im ersten Fall besteht kein Periodenverbund, die Verteilungen der Einzahlungen benachbarter Perioden sind unabhängig voneinander. Im zweiten Fall hängt die bewertungsrelevante Verteilung von Einzahlungen davon ab, welcher Umweltzustand sich in der vorhergehenden Periode – und ggf. in den noch früheren Perioden – realisiert hatte. Es besteht ein Periodenverbund, wie er beispielhaft oben in Abschnitt 1 unterstellt wurde. Wir starten mit dem Fall der Unabhängigkeit.

(1) Unabhängigkeit

Wir definieren Unabhängigkeit der bewertungsrelevanten, einer Periode t zugeordneten Verteilung von Zahlungen so, daß diese Verteilung nicht davon beeinflußt wird, welche Zustände sich in den Perioden vor t, also in t – 1, t – 2, etc. realisiert haben. Es besteht eben kein Periodenverbund. Was in früheren Perioden passiert ist, die „Vorgeschichte", hat keinen Einfluß auf die Einzahlungsverteilung in Periode t.

Abbildung 4-6 verdeutlicht die Unabhängigkeit der Einzahlungsverteilungen einer Periode an einem Beispiel: was immer in den Perioden t = 1 bzw. t = 2 passiert sein mag, die bewertungsrelevante Verteilung in Periode 3 ist {120 (0,4); 200 (0,6)}. Die in Abbildung 4-6 aus didaktischen Gründen enthaltenen Verästelungen könnten eigentlich entfallen.

Das Projekt habe eine Lebensdauer von vier Perioden. Der Investor ist risikoscheu; der Grad der Risikoaversion ist im Zeitablauf konstant. Wir wollen vereinfachend annehmen, daß der Investor das Sicherheitsäquivalent S gewinnt, indem er den Erwartungswert der Einzahlungen mit dem Faktor α = 0,9705 multipliziert. Der risikolose Zins sei weiterhin 6 %.

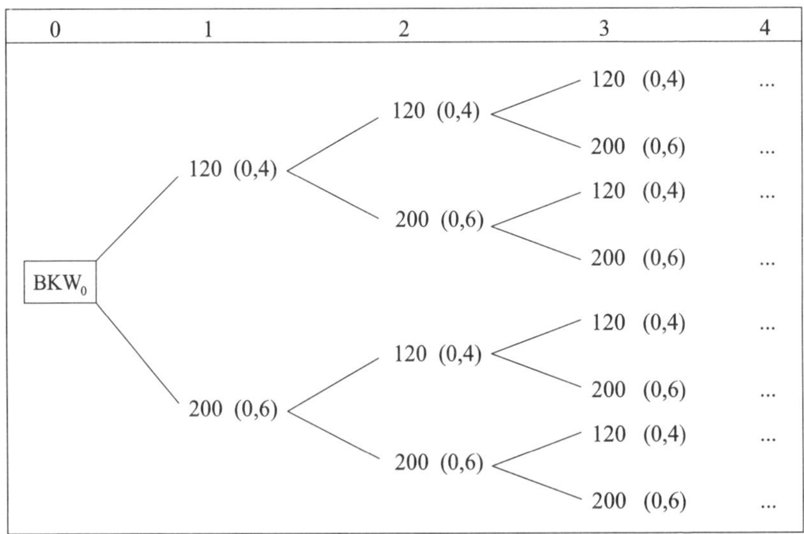

Abbildung 4-6: Verteilung von Einzahlungen bei Unabhängigkeit

Aus der Sicht vom Ende der Periode 1 ist das Sicherheitsäquivalent in Periode 2, also S_2, immer gleich 168 · 0,9705 = 163,04, gleichgültig ob in Periode 1 sich Zustand z_1 oder Zustand z_2 realisiert. Das Sicherheitsäquivalent der Periode 2 ist zustandsunabhängig. Folglich kann S_2 mit dem risikolosen Zinssatz i auf den Zeitpunkt 0 diskontiert werden. Wollte man mit der Risikoprämie z* arbeiten, um den Erwartungswert der Einzahlung in t = 2, also $\overline{NE_2}$ zu diskontieren[23], hätte man zu rechnen $\overline{NE_2}(1+i+z^*)^{-1}$, um den Barwert des Sicherheitsäquivalentes in t = 1 zu erhalten. Dieser Betrag S_1 muß, da er in Periode 1 zustandsunabhängig ist, mit dem risikolosen Zinssatz i auf den Zeitpunkt 0 diskontiert werden. Der individuelle Wert des Projektes für den Investor zum Zeitpunkt 0, der Grenzpreis GP_0, berechnet sich somit gemäß (4-8) oder (4-9):

$$GP_0 = \sum_{t=1}^{4} S_t (1+i)^{-t} \tag{4-8}$$

$$GP_0 = \sum_{t=1}^{4} \overline{NE_t} (1+i+z^*)^{-1} (1+i)^{-t+1} \tag{4-9}$$

Der Risikozuschlag z* zum risikolosen Zinssatz darf also nur eingesetzt werden, um den Erwartungswert der Einzahlungsverteilung in t + 1 in den Barwert des Sicherheitsäquivalentes in t umzurechnen. Die Diskontierung von t auf den Bewertungszeitpunkt 0 muß mit dem risikolosen Zinssatz i erfolgen. Abbildung 4-7 verdeutlicht den Bewertungsprozeß.

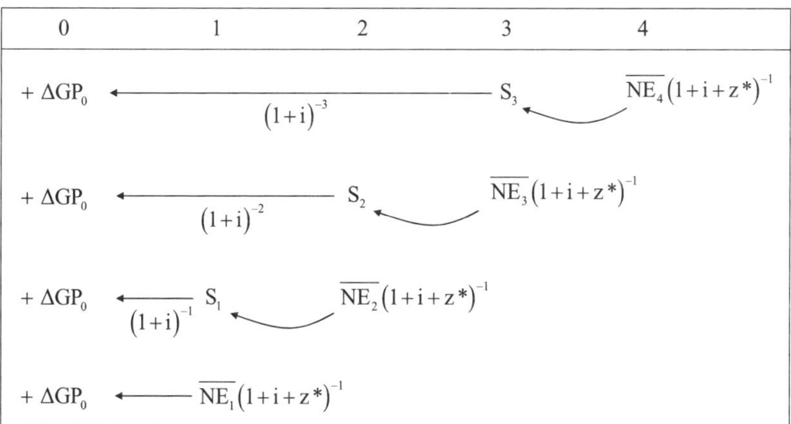

Abbildung 4-7: Bewertungsprozeß bei Einsatz der Risikoprämie z im Fall unabhängiger Einzahlungsverteilungen*

[23] Im Folgenden entfällt die aufwendige Schreibweise $E\left[\widetilde{NE_t}\right]$ für die kürzere Schreibweise $\overline{NE_t}$.

(2) Abhängigkeit

Aus der Abhängigkeit der Zahlungsverteilungen einer Periode t folgt, daß die „Vorgeschichte" in den Perioden t – 1, t – 2 etc. von Bedeutung für den Bruttokapitalwert (Grenzpreis) eines Projektes ist. Abbildung 4-8 verdeutlicht die Struktur des Bewertungsproblems. Was dem Investor im Zeitpunkt 2 „passieren" kann, ist offenbar davon abhängig, welcher Zustand sich zuvor im Zeitpunkt 1 eingestellt hat. Und was sich im Zeitpunkt 3 ereignet, hängt offenbar von den Zuständen der Welt ab, die sich zuvor im Zeitpunkt 2 realisiert haben. Es besteht somit ein Periodenverbund. Was läßt sich über das Bewertungsproblem sagen? Im Vergleich zum zuvor betrachteten Fall der Unabhängigkeit besteht ein deutlicher Unterschied: Wenn ein Investor für die bedingten (vier) Zahlungsverteilungen in Periode 3 Sicherheitsäquivalente $S_3|z_{j2}$ berechnet und diese mit dem risikolosen Zinssatz i auf den Zeitpunkt 2 bezieht, erhält er eine Verteilung von *unterschiedlichen* bedingten Sicherheitsäquivalenten. Das aber bedeutet, daß die Berechnung der Sicherheitsäquivalente und deren Bezug auf den Zeitpunkt 2 die Unsicherheit noch nicht endgültig aufgelöst hat.

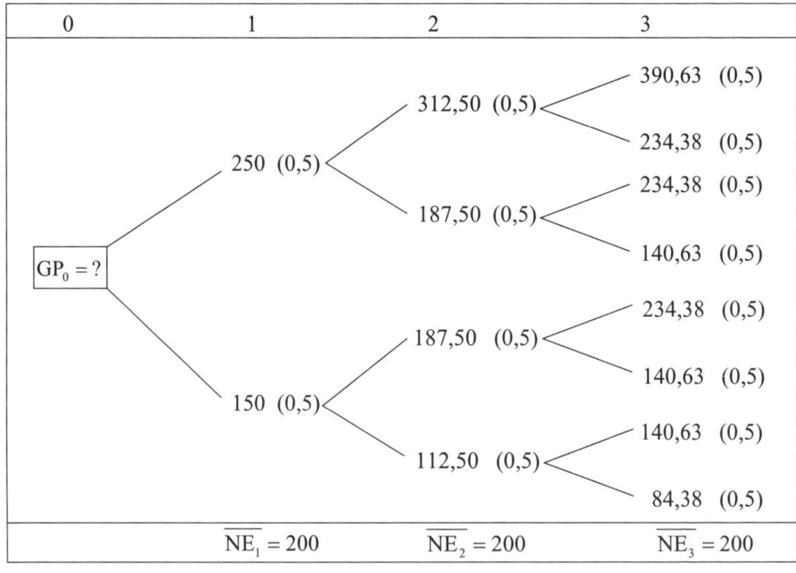

Abbildung 4-8: Periodenverbund von Einzahlungsverteilungen

Die Berechnung eines einmaligen Risikoabschlages vom Erwartungswert einer bedingten Verteilung ist nicht mehr ausreichend, um die Bewertung durch Diskontierung des resultierenden Sicherheitsäquivalentes auf den Zeitpunkt 0 abzuschließen. Ursache ist, daß die Sicherheitsäquivalente der bedingten Verteilungen, bezogen auf Periode 2, sich unterscheiden.

Die Unsicherheit besteht in Periode 2 fort, weil die Ausprägung dieser Sicherheitsäquivalente nicht zustandsunabhängig ist. Es resultiert ein erneuter Risikoabschlag in Periode 2: das Sicherheitsäquivalent der bedingten ungleichen Sicherheitsäquivalente ist kleiner als deren Erwartungswert. Diese schrittweise Bewertung der Unsicherheit im Roll-back-Verfahren meinen Robichek/Myers (1966), wenn sie von der „resolution of uncertainty" in der Zeit sprechen.

Angenommen, der Investor, der das in Abbildung 4-8 dargestellte Projekt bewerten soll, habe eine Risikonutzenfunktion u(NE) = ln(NE); der risikolose Zinssatz sei i = 0,06. Abbildung 4-9 verdeutlicht den Ablauf des Bewertungskalküls.

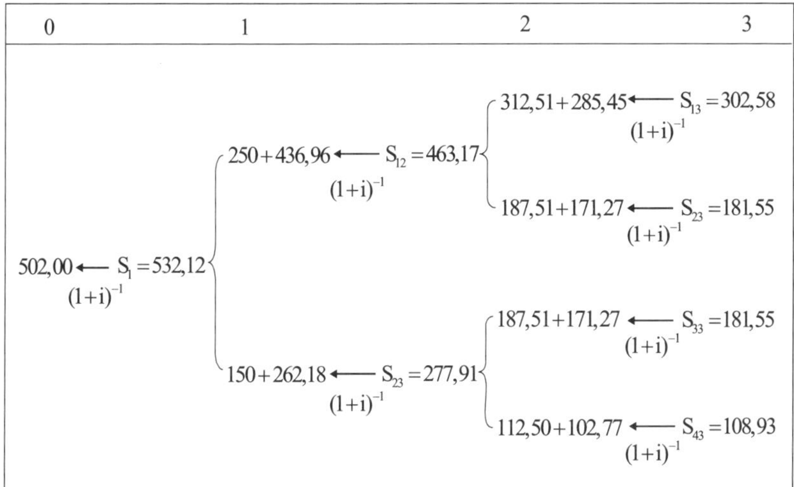

Abbildung 4-9: Bewertungskalkül auf Basis von Sicherheitsäquivalenten

Die Barwerte der Sicherheitsäquivalente S_{13} = 302,58 bzw. S_{23} = 181,55 in Periode 2 sind 285,45 bzw. 171,27. Deren Erwartungswert in Periode 2 ist 228,36. Das Sicherheitsäquivalent der Verteilung {285,45(0,5); 171,27(0,5)} ist kleiner als 228,36; es beträgt 221,11. Die stufenweise Abwertung des Erwartungswertes einer Zahlungsverteilung bzw. eines Sicherheitsäquivalentes des Zeitpunktes t auf seinem Weg zum Bewertungszeitpunkt 0 könnte im Prinzip auch durch die Diskontierung von erwarteten Einzahlungen unter Beachtung von Risikozuschlägen zum risikolosen Zinssatz bewerkstelligt werden. Hierbei stellt sich zum einen die Frage nach der Höhe des Risikozuschlages z* zum risikolosen Zinssatz und zum zweiten die Frage, ob und unter welchen Umständen dieser Risikoabschlag im Zeitablauf konstant ist, also für jede Periode und jeden Ast des Bewertungskalküls gilt.

Betrachten wir die Berechnung der Sicherheitsäquivalente bzw. deren Barwerte in t = 2 für die Einzahlungen NE_{13} und NE_{23}. Der Erwartungswert beträgt 312,51; das Sicherheitsäquivalent gemäß der unterstellten Risikonutzenfunktion S_{13} ist 302,58. Diskontiert man S_{13} auf den Zeitpunkt 2, erhält man den Barwert in Höhe von 285,45. Wendet man Formel (4-7) an, erhält man

$$z^* = \frac{312{,}51 \cdot 1{,}06}{302{,}58} - 1{,}06 = 0{,}0348.$$

z* ist der Risikozuschlag für den einperiodigen Fall. Das oben berechnete Sicherheitsäquivalent im Zeitpunkt 2 kann also durch Diskontierung des Erwartungswertes der zugehörigen Zahlungsverteilung (312,51) mit dem risikoangepaßten Diskontierungssatz i + z* = 0,0948 berechnet werden.

Die gleiche Überlegung kann für alle bedingten Zahlungsverteilungen der Periode 3 vorgetragen werden. Alle bedingten Zahlungsverteilungen der Periode 3 lassen sich mit i + z* = 0,0948 in bedingte Sicherheitsäquivalente der Periode 2 umrechnen.

Wie sieht nun der Bewertungskalkül von Periode 2 nach Periode 1 aus? Die bedingten Sicherheitsäquivalente treten zu den zustandsabhängigen Einzahlungen hinzu; es ist das Sicherheitsäquivalent S_{12} bzw. S_{22} zu bestimmen. Diskontiert auf t = 1 wird mit dem risikolosen Zinssatz i. Auf diese Weise lassen sich die in Abbildung 4-9 ausgewiesenen bedingten Sicherheitsäquivalente S_{11} = 436,96 bzw. S_{21} = 262,18 berechnen. Die Höhe der Risikoprämie z*, die die gleichen Ergebnisse abzuleiten erlaubte, hängt – neben dem Satz i – offenbar von der Relation $\overline{NE}_t$ zu S_t ab, was (4-7) verdeutlicht. Bleibt diese Relation für alle bedingten Zahlungsverteilungen über die Lebensdauer des Projektes – neben dem risikolosen Zinssatz – konstant, dann folgt eine im Zeitablauf konstante Risikoprämie z*. Diese Bedingung ist in unserem Beispiel erfüllt: Das Sicherheitsäquivalent in Höhe von 436,96 läßt sich auch über

$$\left[0{,}5(312{,}51 + 285{,}45) + 0{,}5(187{,}50 + 171{,}27)\right]1{,}0948^{-1} = 436{,}96$$

berechnen. Das Sicherheitsäquivalent S_0, das ist der Grenzpreis im Zeitpunkt 0, läßt sich – neben dem in Abbildung 4-9 abgebildeten Kalkül – auch berechnen über

$$S_0 = \left[0{,}5(250 + 436{,}96) + 0{,}5(150 + 262{,}18)\right]1{,}0948^{-1} = 502{,}00.$$

Die zunächst für den einperiodigen Kalkül berechnete Prämie z* = 0,0348 erweist sich damit als im Zeitablauf konstant. Diese Konstellation erlaubt es, den Kalkül zu vereinfachen. Wenn nämlich für alle bedingten Verteilungen die Relation $\overline{NE}_t$ zu S_t konstant ist – und i zeitunabhängig ist – , können die unbedingten Erwartungswerte der Einzahlungen der einzelnen Perioden mit dem Diskontierungssatz i + z* diskontiert werden. Es kann dann so gerechnet werden:

$$GP_0 = \sum_{t=1}^{n} \overline{NE_t}(1+i+z^*)^{-t} \qquad (4\text{-}10)$$

Für das Beispiel aus Abbildung 4-8 folgt:

$$GP_0 = \sum_{t=1}^{3} 200 \cdot 1{,}0948^{-t} = 502{,}00$$

Die Bedingung für die Anwendung konstanter Risikozuschläge z* ist, daß das Risiko aller bedingten Verteilungen, die aus den Zuständen z_j der jeweiligen Vorperiode hervorgehen, genau so groß ist wie das der „Ursprungsverteilung", in der die bedingten Verteilungen ihren Startpunkt haben. Risiko wird durch die Relation Erwartungswert der bedingten Einzahlungen zu Sicherheitsäquivalent dieser Einzahlungsverteilung repräsentiert. Die Konstanz dieses Quotienten in der Zeit bedeutet indessen nicht, daß der absolute Risikoabschlag, verstanden als Differenz zwischen bedingtem Erwartungswert und Sicherheitsäquivalent für alle bedingten Verteilungen konstant wäre.

	„Ursprungsverteilung" im Zeitpunkt 1	„resultierende" Verteilungen im Zeitpunkt 2 Zustand 1	Zustand 2
Zahlungs-verteilungen	250 (0,5) 150 (0,5)	312,51 (0,5) 187,50 (0,5)	187,50 (0,5) 112,50 (0,5)
Risiko definiert als Differenz zwischen $E[\widetilde{NE}_t] - S_t$	$E[\widetilde{NE}_1] = 200$ $S_1 = 193{,}65$	$E[\widetilde{NE}_{12}] = 250$ $S_{12} = 242{,}06$ Risikoabschlag = 7,94	$E[\widetilde{NE}_{22}] = 150$ $S_{22} = 145{,}24$ Risikoabschlag = 4,76
	Risikoabschlag = 6,35	erwarteter Risikoabschlag = 6,35	

Abbildung 4-10: Risikoindikatoren im Beispielfall

3. Zur Aggregation von unsicheren Einzahlungen zum Grenzpreis

Wie sollen zustandsabhängige Einzahlungen von Projekten mit mehrperiodiger Laufzeit zu einem Grenzpreis verdichtet werden? In der Literatur werden vier Aggregationsmethoden vorgeschlagen:

(1) Ausgehend vom letzten Zeitpunkt des Planungszeitraumes werden Sicherheitsäquivalente für die zustandsabhängigen Zahlungsverteilungen ermittelt. Diese Sicherheitsäquivalente werden um eine

Periode diskontiert und zu den Nettoeinzahlungen der unmittelbaren Vorgängerknoten addiert. Anschließend wird das Sicherheitsäquivalent der Sicherheitsäquivalente der Folgeperiode zuzüglich der Zahlungen dieser Periode ermittelt. Auf diese Weise von hinten nach vorne durch den Zustandsbaum schreitend ist der Grenzpreis das diskontierte Sicherheitsäquivalent der gesamten Zahlungsverteilung des Zeitpunktes 1. Dies ist somit das Verfahren, das oben angewendet wurde.

(2) Man ermittelt unter Berücksichtigung der entsprechenden Eintrittswahrscheinlichkeiten die Sicherheitsäquivalente für die unbedingten Zahlungsverteilungen der einzelnen Perioden. Der Grenzpreis ist der Barwert der periodenbezogenen Sicherheitsäquivalente.

(3) Die möglichen zeitlichen Abfolgen von Nettoeinzahlungen werden mit dem risikolosen Zinssatz in Barwerte transformiert. Der Grenzpreis ergibt sich als Sicherheitsäquivalent der Barwertverteilung.[24]

(4) Siegel empfiehlt die „Risikoprofilmethode“.[25] Zustandsabhängige Nettoeinzahlungen werden mit dem relevanten Anlagesatz auf einen zu wählenden Zeitpunkt T aufgezinst. Aus der Verteilung der Vermögensendwerte ist dann der Grenzpreis durch Abwägen von Risiko und Chance abzuleiten.

In grafischer Darstellung sehen die Rechenvorschläge der Literatur wie folgt aus. Wir beginnen mit Vorschlag (1), der oben bereits zum Einsatz kam.

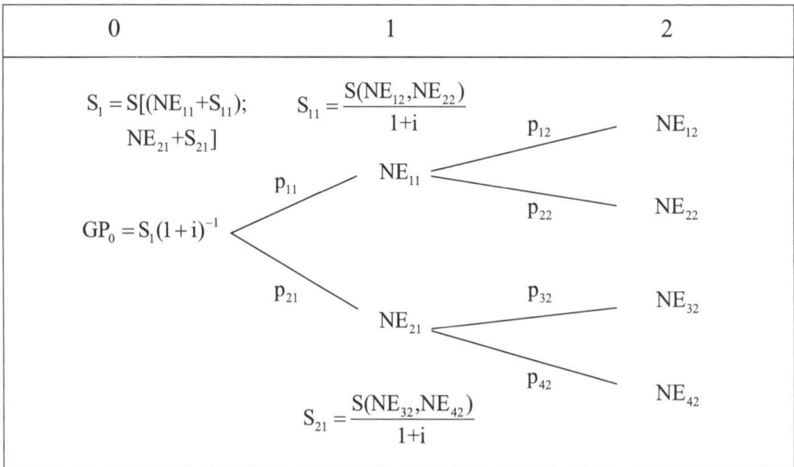

Abbildung 4-11: Grenzpreisermittlung gemäß Vorschlag (1)

[24] So der Vorschlag von Bretzke; vgl. Bretzke, W. (1976).

[25] Vgl. Siegel, Th. (1991), (1992).

Vorschlag (2) sieht in grafischer Darstellung so aus:

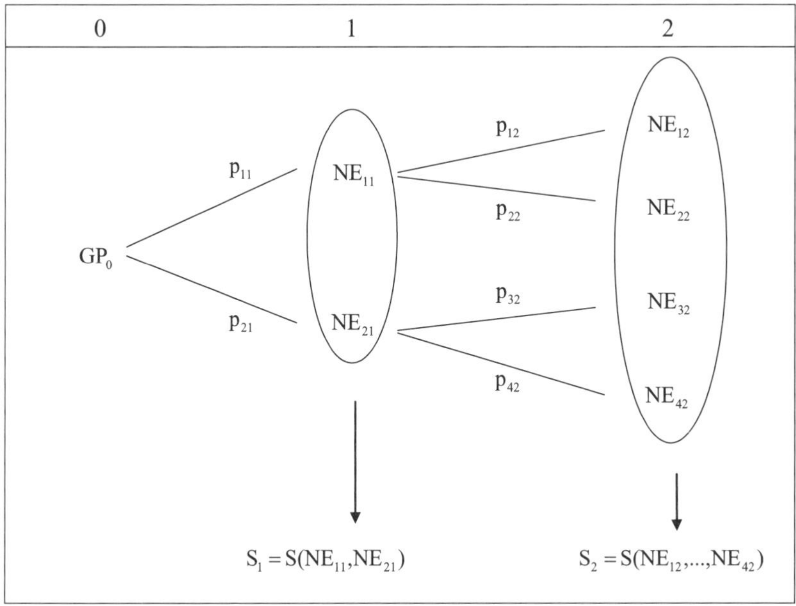

Abbildung 4-12: Grenzpreisermittlung gemäß Vorschlag (2)

Vorschlag (1) ist der Bewertungsablauf, der die vielfältigen Variationen von Bewertungsproblemen wie beliebige Einzahlungsstrukturen, zustandsabhängige Risikonutzenfunktionen, zeitabhängige Diskontierungssätze, am besten bewältigt. Er kann deshalb als Bezugspunkt dienen.

Vorschlag (2) resultiert aus dem Versuch, die Komplexität der Bewertung zu reduzieren, indem man die Erwartungswerte unbedingter Verteilungen in periodenbezogene Sicherheitsäquivalente S_t umwandelt, die dann mit dem risikolosen Zinssatz zu diskontieren sind.

Interessant sind die Bedingungen, unter denen Vorschlag (2) die gleichen Grenzpreise GP_0 bewirkt wie der als leistungsfähig eingestufte Vorschlag (1). Schließt man zeit- bzw. zustandsabhängige Risikonutzenfunktionen ebenso aus wie zeitabhängige risikolose Zinssätze, führt Vorschlag (2) nur dann zu gleichen Ergebnissen wie Vorschlag (1), wenn die Relation von bedingten Erwartungswerten von Einzahlungen zu den zugehörigen bedingten Sicherheitsäquivalenten für den gesamten Zustandsbaum identisch ist. Wenn der Ausgangszustand mit $z_{j,t-1}$ bezeichnet wird, muß der Quotient aus dem Erwartungswert der auf $z_{j,t-1}$ folgenden Zahlungen, $\overline{NE_t}|z_{j,t-1}$ und dem zugehörigen Sicherheitsäquivalent, $S_t|z_{j,t-1}$ für alle Knoten des Zustandsbaumes konstant sein. Das Beispiel aus Abbildung 4-8 erfüllt diese Bedingung. Folglich darf man rechnen

$$GP_0 = \sum_{t=1}^{3} S_t (1+i)^{-t} = 502{,}00.$$[26]

Betrachten wir Methode (3). Hier wird jeder denkbare Pfad des Zustandsbaumes in einen Bruttokapitalwert im Zeitpunkt 0 verdichtet. Diskontierungssatz soll der risikolose Zins sein.[27] Folglich erhält man bezogen auf das obige Beispiel eine Verteilung über acht Bruttokapitalwerte aus Tabelle 4-5. Das Sicherheitsäquivalent S_0 ist mittels der Verteilung der Bruttokapitalwerte zu bestimmen.

Für das Beispiel in Abbildung 4-8 errechnet man $S_0 = GP_0 = 509{,}27$ und somit nicht das Ergebnis, das gemäß Vorschlag (1) folgt. Die Ursache liegt, vereinfacht formuliert, darin, daß dem Risiko des Projektes nur *einmal,* nämlich bei der Ermittlung von S_0 Rechnung getragen wird. Die Periodenverknüpfung der Einzahlungen erfordert aber gerade eine mehrfache Bewertung des Risikos.

Pfad Nr.	Barwert in t = 0	Wahrscheinlichkeit
1	841,95	0,125
2	710,76	0,125
3	599,51	0,125
4	520,80	0,125
5	505,17	0,125
6	426,46	0,125
7	359,71	0,125
8	312,48	0,125

Tabelle 4-5: Konsumpotentiale in t=0

Der Bewertungsvorschlag (3) hat zudem einen konzeptionellen Mangel. Bretzke, einer der Verfechter des Vorgehens gemäß Vorschlag (3), argumentiert, das vom Investor übernommene Risiko ließe sich nur vor dem Hintergrund des gezahlten Kaufpreises einschätzen. Folglich benötige man eine Vorstellung über potentielle Kaufpreise, die Bretzke mit der Verteilung der mit dem risikolosen Zinssatz i = 0,06 ermittelten Bruttokapitalwerte 1 bis 8 gewinnt. Zahlte der Investor für das in Abbildung 4-8 abgebildete Projekt z. B. 312,48, ginge er überhaupt kein Risiko ein.[28] Zahlte er hingegen 841,95, handelte er sich ausschließlich Risiken ein.[29] Folglich sei Risiko gegen Chance abzuwägen; und das will Bretzke über die Berechnung von S_0 erreichen. Nun ist es sinnvoll, Risikonutzenfunktionen als Instrument zur Bewertung unsicherer, für die Finanzie-

[26] $S_1 = 193{,}65$; $S_2 = 187{,}50$; $S_3 = 181{,}55$. Die S_t sind die Sicherheitsäquivalente der unbedingten periodischen Zahlungsverteilungen.

[27] So z. B. Bretzke, W. (1976).

[28] $312{,}48 = 150\,(1{,}06)^{-1} + 112{,}50\,(1{,}06)^{-2} + 84{,}38\,(1{,}06)^{-3}$.

[29] $841{,}95 = 250\,(1{,}06)^{-1} + 312{,}50\,(1{,}06)^{-2} + 390{,}63\,(1{,}06)^{-3}$.

rung von Konsumausgaben verwendbarer Mittel anzusehen. Risikonutzenfunktionen sind deshalb auf die *periodischen* Verteilungen von zu Konsumzwecken verwendbaren Einzahlungen anzuwenden. Wendet man Risikonutzenfunktionen auf Barwerte von Zahlungsreihen an, deren Elemente selbst konsumierbar wären, arbeitet man mit einer als–ob–Interpretation, als ob nämlich *Barwerte* von konsumtiv verwendbaren Mitteln einer Bewertung zu unterziehen wären. Das aber sind sie nicht. Niemand käme auf die Idee, den Preis einer unendlich uniformen Zahlungsreihe von 60 pro Periode in Höhe von 1.000 als ein dieser Zahlungsreihe äquivalentes Konsumpotential zu betrachten, wenn man den Betrag nicht anlegen, sondern im Zeitpunkt 0 zu konsumieren hätte. Zu bewerten sind folglich Zahlungen zu dem Zeitpunkt, zu dem sie zufließen und konsumtiv verwendet werden können.

Vorschlag (4) wird von Siegel empfohlen. Siegels Anliegen ist zum einen didaktischer Natur: Es geht ihm darum, dem Investor die Problemstruktur möglichst transparent zu machen. Siegel glaubt, daß die Verteilung der im Zeitpunkt T erreichbaren Endwerte hier besonders einprägsam wirkt. Zugleich steht er der Methode der Sicherheitsäquivalente skeptisch gegenüber[30] und glaubt, daß die Ermittlung periodenspezifischer Sicherheitsäquivalente Informationen unterdrücken könne. Auf jeden Fall verlange sein Vorschlag nur einmal die Ermittlung eines Sicherheitsäquivalentes,[31] nämlich im Zeitpunkt T, für den die Endwerte ermittelt werden.

Wendet man seinen Vorschlag auf das obige Beispiel an, erhält man folgende Endwertverteilung in T = 3.

Pfad Nr.	Endwert in T = 3	Wahrscheinlichkeit
1	1.019,73	0,125
2	863,48	0,125
3	728,48	0,125
4	634,73	0,125
5	611,84	0,125
6	518,75	0,125
7	437,09	0,125
8	380,84	0,125

Tabelle 4-6: Konsumpotentiale in T = 3

S_3 beträgt 606,55. Der Barwert S_0 ist 509,27 und ist im Vergleich zum richtigen Bewertungsergebnis gemäß (1) zu hoch. Die Begründung für die Abweichung ist die gleiche, die bereits zum Vorschlag (3) vorgebracht wurde.

---

[30] Siegel, Th. (1991), S. 626.
[31] Siegel, Th. (1991), S. 633.

III. Marktorientierter Bewertungsansatz

1. Einleitung

In den Abschnitten I. und II. wurde gezeigt, wie Projekte, deren zurechenbaren Erfolge unsicher sind, bewertet werden können. Die investorspezifische Risikoneigung wurde durch Risikonutzenfunktionen abgebildet, die es gestatteten, Sicherheitsäquivalente für Zahlungsverteilungen abzuleiten. Diesen Bewertungsansatz bezeichnen wir als den individualistischen Ansatz, weil er auf einen wichtigen Aspekt der individuellen Präferenzen des betrachteten Investors, nämlich den Grad seiner Risikoabneigung zurückgreift. Wir haben das Ergebnis der Rechenbemühungen deshalb auch als Grenzpreis bezeichnet und damit als den Geldbetrag, den der Investor gemäß seinen Erwartungen, seiner Risikopräferenz und seiner Alternativrendite höchstens zu zahlen bereit wäre.

Diesem individualistischen Bewertungsansatz ist nun der marktorientierte Ansatz gegenüberzustellen. Dessen Kernbotschaften bestehen in dem Hinweis, daß die Beurteilung von Projekten mit unsicheren Erfolgen vor dem Hintergrund bereits realisierter Anlageentscheidungen bzw. Projekten erfolgen sollte. Deshalb sei nur das Risiko bewertungsrelevant, das die Anlage bzw. das Projekt im Rahmen des vorhandenen Bestandes an Anlagen bzw. Projekten auslöst. Risikoabschläge bzw. Risikoprämien weisen dann, wenn die Menge der bereits realisierten Geldanlagen bzw. Projekte von Investoren Merkmale der Ähnlichkeit erfüllt und Projekte generell handelbar sind, nicht die individuelle Vielfalt auf, die man bei alleiniger Betrachtung des individualistischen Ansatzes auf den ersten Blick vermuten könnte. Unter idealen Bedingungen können Risikoabschläge bzw. Risikoprämien marktmäßig objektiviert sein.

Die Literatur greift zur Unterfütterung des marktorientierten Ansatzes regelmäßig auf das Capital Asset Pricing Model (CAPM) zurück. Dieser Vorgehensweise folgen wir mit einigen Einschränkungen:

- Das CAPM in der Grundversion wird als mögliche Erklärung dafür genutzt, wie unsichere Zahlungsströme bewertet werden könnten. Diese Botschaft des Modells wird auf die Bewertung von Investitionsprojekten bzw. Unternehmen angewendet. Man befindet sich hier in guter Gesellschaft.[32]
- Auf eine Darstellung der Grundlagen des Modells und seiner Herleitung wird verzichtet.[33]

---

[32] Vgl. etwa Myers, St. C. (1974); Göppl, H. (1980); Taggart, R. A. (1991); Copeland, T./Koller, J./Murrin, J. (2000); Koller, T./Goedhart, M./Wessels, D. (2001); Damodaran, A. (2002); Ross, St. A./Westerfield, R. W./Jaffe, J. F. (2005); Brealey, R. A./Myers, St. C./Allen, F. (2006); Richter, F. (2006).

[33] Vgl. z. B. Haugen, R. A. (2001); Kruschwitz, L. (2005), S. 377-388.

- Auf die Darstellung empirischer Tests des Modells, die z. T. widersprüchliche Ergebnisse hervorbrachten, wird ebenfalls verzichtet.[34]

Das CAPM definiert die risikoäquivalenten Renditeforderungen von Investoren in einer Welt ohne Steuern unter der Annahme, daß Investoren ihr Vermögen bestmöglich diversifiziert haben und daß die Renditeerwartungen dieses Vermögens durch die ex ante-Sicht der Renditeverteilung des sog. Marktportefeuilles $\widetilde{r_M}$ gekennzeichnet werden können. Die geforderte Rendite für ein Projekt j hängt unter den Annahmen des Modells ab vom Basiszinsfuß bzw. risikolosen Zinssatz i, dem sog. Marktpreis des Risikos λ und dem Kovarianzrisiko der Rendite des Projektes j mit der Rendite $\widetilde{r_M}$:

$$\overline{r_j} = i + \lambda \operatorname{cov}\left(\tilde{r}_j, \widetilde{r_M}\right) \text{ mit } \lambda = \frac{\overline{r_M} - i}{\sigma_M^2} \tag{4-11}$$

λ ist für alle riskanten Wertpapiere (Projekte) gleich groß. Das Symbol $\operatorname{cov}\left(\tilde{r}_j, \widetilde{r_M}\right)$ bezeichnet die Kovarianz der Rendite des Wertpapiers (Projektes) j mit der Rendite des Marktportefeuilles und damit die Risikomenge, die ein voll diversifizierter Investor übernehmen muß, wenn er das Wertpapier (das Projekt) erwirbt. Definiert man den Beta-Wert des Wertpapiers j (des Projektes j) mit

$$\beta_j = \frac{\operatorname{cov}\left(\tilde{r}_j, \widetilde{r_M}\right)}{\sigma_M^2}, \tag{4-12}$$

erhält man die Renditeforderung in Beta-Schreibweise:

$$\overline{r_j} = i + \underbrace{\left(\overline{r_M} - i\right)}_{\substack{\text{Marktrisiko-} \\ \text{prämie}}} \cdot \beta_j \tag{4-13}$$

Das Produkt aus Marktrisikoprämie und β_j bestimmt die Risikoprämie, die Investoren für die Übernahme des mit dem Projekt j verbundenen Kovarianzrisikos fordern. Der ß-Wert zeigt das relative Risiko des Wertpapiers (Projektes) j an. Für den gesamten Wertpapiermarkt, das Marktportefeuille M, gilt

$$\beta_M = \frac{\operatorname{cov}\left(\widetilde{r_M}, \widetilde{r_M}\right)}{\sigma_M^2} = \frac{\sigma_M^2}{\sigma_M^2} = 1.$$

34 Vgl. etwa Black, F./Jensen, M./Scholes, M. (1972); Fama, E./MacBeth, J. (1973); Banz, R. (1981); Lakonishok, J./Shapiro, A. (1986); Bhandari, L. (1988); Fama, E./French, K. (1992); Black, F. (1993); Fama, E./French, K. (1996); Haugen, R. A. (1995), (2004).

Ein Beta-Wert von z. B. 0,8 bringt also ein das Marktrisiko unterschreitendes Risiko zum Ausdruck. Dieses ist gemäß (4-13) mit einer niedrigeren geforderten Rendite verbunden.

2. Marktorientierter Ansatz – der einperiodige Fall

Wie ist ein Projekt mit einer Lebensdauer von einer Periode im Rahmen des marktorientierten Ansatzes zu bewerten? Steuerliche Regelungen bleiben unbeachtet.

Der erwartete Erfolg des mit Eigenkapital finanzierten Projektes in Periode 1, $\overline{NE_1}$, ist zu diskontieren mit einem Diskontierungssatz, der sich zusammensetzt aus der risikolosen Rendite i und der dem Risiko des Projektes entsprechenden Risikoprämie:

$$V_{j,0} = \overline{NE_1}\left[1 + i + \lambda \cdot \mathrm{cov}\left(\tilde{r}_j, \widetilde{r_M}\right)\right]^{-1} \quad (4\text{-}14)$$

Für die praktische Anwendung liegt das größte Problem in der Ermittlung der relevanten Risikomenge, also von $\mathrm{cov}\left(\tilde{r}_j, \widetilde{r_M}\right)$. Hier stellen sich ein konzeptionelles und ein empirisches Problem. Betrachten wir zunächst das konzeptionelle Problem. Das Symbol $\tilde{r}_j$ steht für die Verteilung der möglichen Renditen des Projektes j (im Zeitpunkt 1), $\widetilde{r_M}$ für die Verteilung der möglichen Renditen des Marktportefeuilles M. Die Berechnung der Rendite r_j muß auf der Basis des Marktpreises $V_{j,0}$, also nicht des regelmäßig abweichenden Kapitaleinsatzes $I_{j,0}$, erfolgen. Ist z. B. eine Aktie zu bewerten, ist der für die Renditeberechnung benötigte Bezugspunkt im Zeitpunkt 0 eben der Marktpreis dieser Aktie. Ist Projekt j kein an einer Börse gehandelter Finanztitel, sondern z. B. ein GmbH-Anteil, eine Erweiterungsinvestition oder eine neue Lackieranlage in einem Automobilwerk, dann sind zwar die vom Verkäufer benannten Preise bzw. Errichtungskosten (I_0) bekannt, nicht aber der Wert des Investitionsprojektes, also V_0. Dieser soll mit Hilfe von (4-14) ja gerade bestimmt werden. Um eine diesen Zirkel vermeidende Bewertungsgleichung zu gewinnen, formulieren wir das Problem um. Wir definieren das Kovarianzrisiko des Projektes j nicht mit Hilfe der Rendite $\tilde{r}_j$, sondern mittels der Nettoeinzahlung des Projektes, also $\widetilde{NE_t}$.[35] Die zustandsabhängige Rendite eines einperiodigen Projektes ist

$$\tilde{r} = \frac{\widetilde{NE_1}}{V_0} - 1.$$

[35] Der Index j entfällt in der Folge vereinfachend.

Die Kovarianz $\operatorname{cov}\left(\tilde{r}_j, \widetilde{r_M}\right)$ ist somit:

$$\begin{aligned}
\operatorname{cov}(\tilde{r}_j, \widetilde{r_M}) &= E\left[\left(\frac{\widetilde{NE_1}}{V_0} - 1 - \frac{\overline{NE_1}}{V_0} + 1\right)\left(\widetilde{r_M} - \overline{r_M}\right)\right] \\
&= E\left[\left(\frac{\widetilde{NE_1}}{V_0} - \frac{\overline{NE_1}}{V_0}\right)\left(\widetilde{r_M} - \overline{r_M}\right)\right] \\
&= \frac{1}{V_0} E\left[\left(\widetilde{NE_1} - \overline{NE_1}\right)\left(\widetilde{r_M} - \overline{r_M}\right)\right] \\
&= \frac{1}{V_0} \operatorname{cov}\left(\widetilde{NE_1}, \widetilde{r_M}\right)
\end{aligned} \tag{4-15}$$

Schreibt man

$$\frac{\overline{NE_1}}{V_0} - 1 = i + \lambda \frac{1}{V_0} \operatorname{cov}\left(\widetilde{NE_1}, \widetilde{r_M}\right)$$

und multipliziert den Ausdruck mit V_0, erhält man nach Umformung mit (4-16) eine Bewertungsgleichung, die das oben angetroffene Problem umgeht:

$$V_0 = \left[\overline{NE_1} - \lambda \operatorname{cov}\left(\widetilde{NE_1}, \widetilde{r_M}\right)\right] (1+i)^{-1} \tag{4-16}$$

Der Ausdruck in der eckigen Klammer ist ein marktdeterminiertes Sicherheitsäquivalent der unsicheren Nettoeinzahlung des Projektes in Periode 1. Dieses Sicherheitsäquivalent wurde nicht durch Rückgriff auf eine individuelle Risikonutzenfunktion gewonnen. Zu seiner Bestimmung werden nur Marktparameter, nämlich der Marktpreis des Risikos (λ) und die Risikomenge, nun definiert über die Kovarianz $\operatorname{cov}\left(\widetilde{NE_1}, \widetilde{r_M}\right)$ benötigt. Ganz folgerichtig ist dieses Sicherheitsäquivalent, die Differenz aus erwarteter Nettoeinzahlung und Risikoabschlag $\left[RA = \lambda \cdot \operatorname{cov}\left(\widetilde{NE}, \widetilde{r_M}\right)\right]$, mit dem risikolosen Satz i vom Zeitpunkt 1 auf den Zeitpunkt 0 zu diskontieren.

Das gewichtigste *empirische* Problem der Umsetzung von (4-16) besteht in der Gewinnung von Informationen über die Größe $\operatorname{cov}\left(\widetilde{NE_1}, \widetilde{r_M}\right)$, wenn die zu bewertenden Projekte nicht in jederzeit handelbaren und gehandelten Finanztiteln bestehen, für die i. d. R. historische Kovarianzrisiken (Beta-Werte) berechnet werden können, die als Schätzer benutzt werden könnten.

Der Ausweg, der in der Praxis häufig eingeschlagen wird, besteht darin, daß man auf die Formulierung (4-13) zurückgreift, indem man für das zu bewertende Projekt ein branchengleiches, risikoäquivalentes Unternehmen sucht, dessen Anteile gehandelt werden und für das somit historische Beta-Werte vorliegen. Der ß-Wert der Aktie der (des) im Risiko vergleichbaren Unternehmen(s) gilt dann als Bezugspunkt für die Bestimmung einer brauchbaren Risikoprämie.[36] Nun reflektieren die empirischen Beta-Werte von branchengleichen Unternehmen deren Investitions- und Kapitalstrukturrisiko. Benötigt man lediglich die dem Investitionsrisiko entsprechende Risikoprämie, ist der Beta-Wert der (des) bezüglich des Investitionsrisikos vergleichbaren Unternehmen(s) um den Einfluß der Kapitalstrukturrisiken zu bereinigen. Hierauf ist zurückzukommen.

Auch im marktorientierten Bewertungsansatz sind ein Bewertungsweg, der über ein – allerdings marktdeterminiertes – Sicherheitsäquivalent führt, und ein Bewertungsweg, der über eine Risikoprämie in Höhe von $\lambda \cdot \text{cov}(\tilde{r}_j, \tilde{r}_M)$ führt, zu unterscheiden. Somit treffen wir im individualistischen und im marktorientierten Bewertungskalkül auf jeweils zwei rechentechnische Vorgehensweisen, die wenigstens sprachlich (Sicherheitsäquivalent, Risikoprämie oder Risikozuschlag) große Nähe zeigen. Abbildung 4-13 stellt die Bewertungskalküle und die rechentechnischen Unterschiede zusammen: Gezeigt werden die Formeln für den Grenzpreis GP_0 bzw. den Marktwert V_0 für ein Projekt mit einperiodiger Lebensdauer.

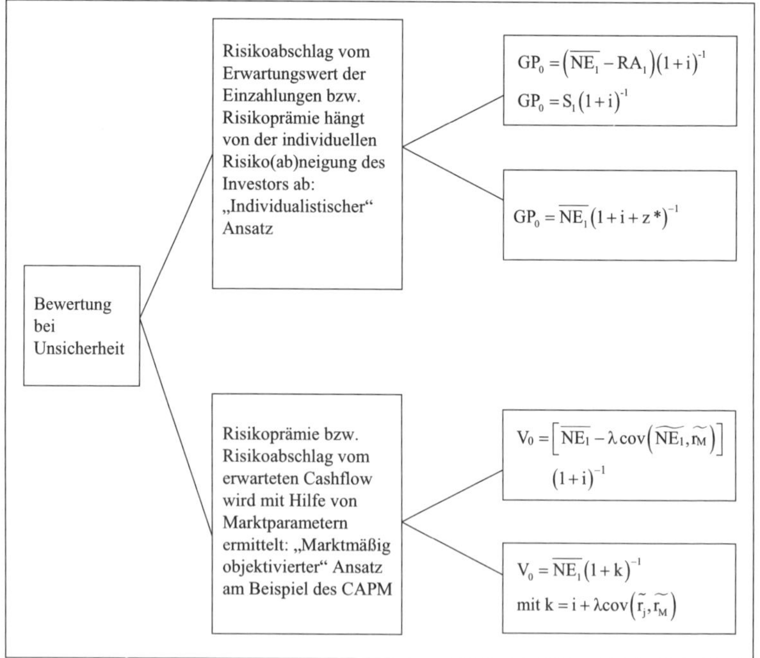

Abbildung 4-13: Bewertungskalküle im individualistischen bzw. marktorientierten Ansatz

[36] Vgl. zu diesem Ansatz der sog. pure play technique die interessanten Studien von Fuller, R. F./Kerr, H. S. (1981) und Mohr, R. M. (1985).

3. Marktorientierter Ansatz – der mehrperiodige Fall

Nicht nur aus didaktischen Gründen haben wir mit dem einperiodigen Fall begonnen: das CAPM ist ein einperiodiges Modell, das unter bestimmten Bedingungen auf den Mehrperioden-Fall übertragen werden kann.

Das Bewertungsproblem für Projekte mit mehrperiodiger Lebensdauer wird anhand eines Projektes mit einer Nutzungsdauer von zwei Perioden erklärt. Alle Aspekte können an diesem Fall erläutert werden. Abbildung 4-14 zeigt das zu bewertende Projekt:

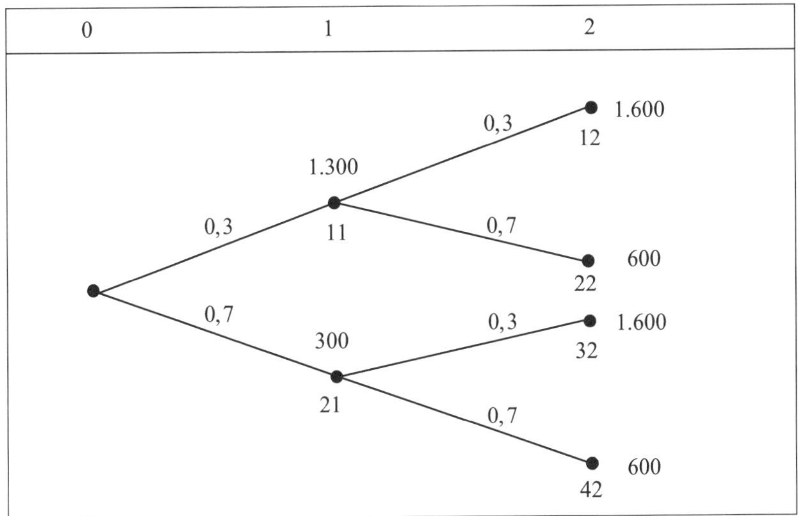

Abbildung 4-14: Zu bewertendes Projekt (A)

Man erkennt, daß die prognostizierten Einzahlungen im Zeitpunkt 2 unabhängig davon sind, welcher Zustand im Zeitpunkt 1 eintritt. Folglich sind die marktdeterminierten Sicherheitsäquivalente der beiden bedingten Zahlungsverteilungen im Zeitpunkt 2 gleich groß, wenn diese auf die gleichen Marktparameter treffen. Dies soll angenommen werden.

Wir verwenden folgende Marktparameter:

$$i_1 = i_2 = 0,06; \ \sigma^2_{M1} = \sigma^2_{M2} = 0,003024; \ \lambda_1 = \lambda_2 = 1,9841; \ \overline{r_{M1}} = \overline{r_{M2}} = 0,066.$$

Wir bezeichnen den Barwert im Zustand 1 der Periode 1 mit V_{11}, den Barwert im Zustand 2 der Periode 1 mit V_{21}. Tabelle 4-7 weist die Berechnung der Kovarianz $cov\left(\widetilde{NE}_{j2}, \widetilde{r_{M2}}\right)$ aus.[37]

[37] Die zustandsunabhängigen Marktrenditen sind r_{M1}=0,15 und r_{M2}=0,03. Prinzipiell könnten sich die Marktparameter i, r_M, λ im Zeitablauf ändern.

Gemäß (4-16) folgt:

$$V_{11} = V_{21} = \left(900 - 1{,}9841 \cdot 25{,}20\right) \cdot 1{,}06^{-1} = 801{,}89$$

(1)	(2)	(3)	(4)	(5)	(6)	(7)=(2)·(5)·(6)
z_{j2}	p_{j2}	$\widetilde{r}_{M2}$	$\widetilde{NE}_{j2}$	$\widetilde{r}_{M2} - \overline{r}_{M2}$	$\widetilde{NE}_{j2} - \overline{NE}_2$	
1	0,3	0,15	1.600	0,084	700	17,64
2	0,7	0,03	600	-0,036	-300	7,56
					$\text{cov}\left(\widetilde{NE}_{j2}, \widetilde{r}_{M2}\right)$	25,20

Tabelle 4-7: Kovarianz im Zeitpunkt 2

Man könnte die Werte V_{11}, V_{21} auch mittels geforderter Renditen berechnen. Dazu benötigt man die Information über $\text{cov}\left(\widetilde{r}_j, \widetilde{r}_M\right)$. Liegt diese Information vor – z. B. weil man Informationen über Beta-Werte risikoäquivalenter Projekte besitzt – ist wie folgt zu rechnen:

$$V_{11} = V_{21} = \overline{NE}_2 \left(1 + k\right)^{-1} = 900\left(1 + 0{,}1224\right)^{-1} = 801{,}89$$

k ergibt sich aus

$$k = i + \lambda \text{cov}\left(\widetilde{r}_j, \widetilde{r}_M\right) = i + \lambda \cdot \frac{\text{cov}\left(\widetilde{NE}_{j2}, \widetilde{r}_{M2}\right)}{V_1} = 0{,}06 + 1{,}9841 \cdot 0{,}03143 = 0{,}1224.$$ [38]

Betrachten wir nun den Zeitpunkt 1. Die Werte V_{11} bzw. V_{21} treten zu den prognostizierten Nettoeinzahlungen von 1.300 bzw. 300 hinzu. Man könnte V_0 folglich analog zu obigem Vorgehen berechnen. Das Bewertungsproblem liegt jetzt in einperiodiger Form vor. Die Tabelle verdeutlicht die Berechnung der Kovarianz $\text{cov}\left(\widetilde{NE}_{j1} + \widetilde{V}_{j1}, \widetilde{r}_{M1}\right)$.

(1)	(2)	(3)	(4)	(5)	(6)	(7)=(2)·(5)·(6)
z_{j1}	p_{j1}	$\widetilde{r}_{M1}$	$\widetilde{NE}_{j1} + \widetilde{V}_{j1}$	$\widetilde{r}_{M1} - \overline{r}_{M1}$	$\widetilde{NE}_{j1} + \widetilde{V}_{j1} - \left(\overline{NE}_1 + \overline{V}_1\right)$	
1	0,3	0,15	2.101,89	0,084	700	17,64
2	0,7	0,03	1.101,89	-0,036	-300	7,56
					$\text{cov}\left(\widetilde{NE}_{j1} + \widetilde{V}_{j1}, \widetilde{r}_{M1}\right)$	25,20

Tabelle 4-8: Kovarianz im Zeitpunkt 1

[38] Die Daten des Beispiels implizieren einen extrem hohen ß-Wert:

$$\beta = \frac{0{,}03143}{0{,}003024} = 10{,}39.$$

Dies schadet der didaktischen Botschaft des Beispiels aber nicht.

V_0 ergibt sich aus: $V_0 = \left(1.401{,}89 - 1{,}9841 \cdot 25{,}20\right) \cdot 1{,}06^{-1} = 1.275{,}36.$

Nun besteht wegen der Unabhängigkeit der (bedingten) Zahlungsverteilungen in Periode 2 von den Zuständen, die in Periode 1 eintreten, kein Zwang, die Werte V_{11} und V_{21} explizit in die Berechnung der Kovarianz einzubeziehen: Sie beeinflussen die Höhe der Kovarianz nicht, weil die Werte V_{11} und V_{21} zustandsunabhängig sind. Folglich kann man auch so rechnen:

$$\begin{aligned} V_0 &= \left[\overline{NE_1} - \lambda \operatorname{cov}\left(\widetilde{NE}_{j1}, \tilde{r}_{M1}\right)\right](1+i)^{-1} + V_1(1+i)^{-1} \\ &= \left(600 - 1{,}9841 \cdot 25{,}20\right) \cdot 1{,}06^{-1} + 801{,}89 \cdot 1{,}06^{-1} \\ &= 518{,}87 + 756{,}49 = 1.275{,}36 \end{aligned}$$

Liegen also von den Zuständen der Vorperiode unabhängige Zahlungsverteilungen vor und arbeitet man mit einem risikoangepaßten Diskontierungssatz, benötigt man diesen genau einmal, um dem Risiko beim Bewertungstransfer des Erwartungswertes einer Zahlungsverteilung von Periode t auf Periode t – 1 Rechnung zu tragen. Alle weiteren Bewertungstransfers in Richtung auf den Bewertungszeitpunkt t = 0 erfolgen mit dem risikolosen Zinssatz.

Betrachten wir nun den Fall der Abhängigkeit. Eine kleine Modifikation des obigen Beispiels erlaubt eine Erörterung der Problemstruktur. Die Nettoeinzahlungen in Periode 2 hängen nun von den Zuständen ab, die sich in Periode 1 realisieren.

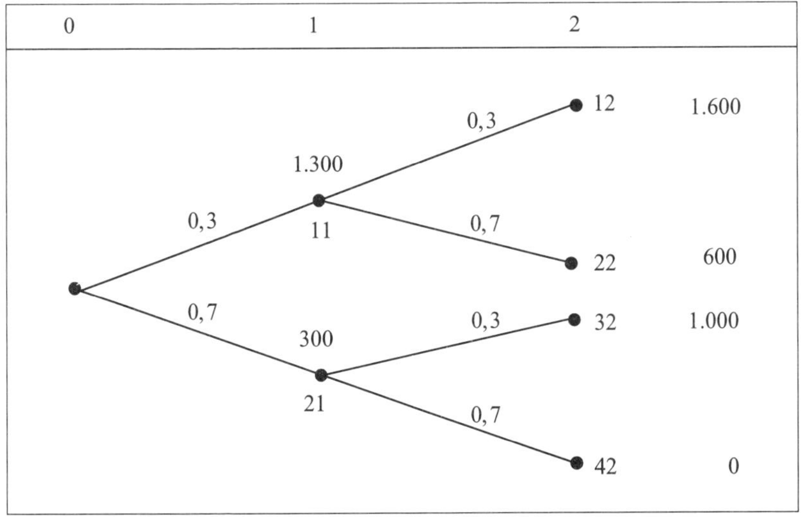

Abbildung 4-15: Zu bewertendes Projekt (B)

Die Folge ist, daß es nun in Periode 1 keine zustandsunabhängigen Barwerte der Sicherheitsäquivalente aus Periode 2 gibt, weshalb eine Diskontierung der Sicherheitsäquivalente mit dem risikolosen Zinssatz auf den Zeitpunkt 0 nicht mehr in Frage kommt. Die Diskontierungssätze enthalten nunmehr generell Risikoprämien, die zudem nur unter besonderen Bedingungen zustands- und zeitunabhängig sind.

Die Bewertung startet mit der Berechnung der Werte der bedingten Verteilungen, die ihre Startpunkte in den beiden Zuständen des Zeitpunktes 1 haben. Man erhält vor dem Hintergrund der oben angegebenen Marktparameter

$$V_{11} = (900 - 1{,}9841 \cdot 25{,}20) \cdot 1{,}06^{-1} = 801{,}89 \text{ und}$$

$$V_{21} = (300 - 1{,}9841 \cdot 25{,}20) \cdot 1{,}06^{-1} = 235{,}85.$$[39]

Arbeitet man mit risikoangepaßten Diskontierungssätzen, erhält man unterschiedliche Sätze. Es gilt $\text{cov}(\tilde{r}_j, \tilde{r}_M) = \text{cov}(\widetilde{NE}_j, \tilde{r}_M)/V$, weshalb die geforderte Rendite für die obere bedingte Verteilung in Abbildung 4-15 0,06 + 1,9841 · 0,03143 = 0,1224 beträgt. Für die untere Verteilung folgt 0,06 + 1,9841 · 0,10685 = 0,2720.[40]

Jetzt ist das Kovarianzrisiko im Zeitpunkt 1 zu berechnen und in einen Risikoabschlag zu transformieren. Die folgende Tabelle zeigt die Berechnung der Kovarianz der zustandsabhängigen Kombination aus $\widetilde{NE}_{j1} + \tilde{V}_{j1}$ mit $\tilde{r}_{M1}$.

(1)	(2)	(3)	(4)	(5)	(6)	(7)=(2)·(5)·(6)
z_{j1}	p_{j1}	$\tilde{r}_{M1}$	$\widetilde{NE}_{j1} + \tilde{V}_{j1}$	$\tilde{r}_{M1} - \overline{r}_{M1}$	$\widetilde{NE}_{j1} + \tilde{V}_{j1} - (\overline{NE}_1 + \overline{V}_1)$	
1	0,3	0,15	2.101,89	0,084	1.096,23	27,62
2	0,7	0,03	535,85	-0,036	-469,81	11,84
					$\text{cov}(\widetilde{NE}_{j1} + \tilde{V}_{j1}, \tilde{r}_{M1})$	39,46

Tabelle 4-9: Kovarianz im Zeitpunkt 1

Für V_0 folgt:

$$V_0 = (1.005{,}66 - 1{,}9841 \cdot 39{,}46) \cdot 1{,}06^{-1} = 874{,}87$$

[39] Die Kovarianz für die bedingte Verteilung ausgehend von z_{21} ist ebenfalls 25,20.
[40] Es folgt $V_{11} = 900 \cdot 1{,}1224^{-1} = 801{,}89$ und $V_{21} = 300 \cdot 1{,}2720^{-1} = 235{,}85$.

Wollte man die Verteilung im Zeitpunkt 1 mit einem risikoäquivalenten Diskontierungssatz auf den Zeitpunkt 0 beziehen, hätte man wie folgt zu rechnen: $V_0 = 1.005,66(1+0,06+0,0895)^{-1} = 874,87$.[41] Eine Rechnung mittels risikoäquivalenter Diskontierungssätze erfordert in diesem Beispiel somit drei unterschiedliche Risikoprämien.

Die bisherige Handhabung des Bewertungsproblems sieht aufwendig und aus praktischem Blickwinkel unhandlich aus. Läßt sie sich vereinfachen? Drei Aspekte erscheinen von Belang:

1. Man kann den retrograden Bewertungsprozeß für bedingte Werte V_{jt} von der Bewertung der zustandsabhängigen Nettoeinzahlungen der Perioden vor t trennen, falls man die getrennte Rechnung für transparenter hält. Bezogen auf das obige Beispiel könnte in einem separaten Schritt zunächst der Wert von V_{j1} zum Zeitpunkt 0 berechnet werden. Es folgte $V_0 = (405,66 - 1,9841 \cdot 14,26) \cdot 1,06^{-1} = 356,00$.[42] Im zweiten Schritt ist der Wertbeitrag der erwarteten Nettoeinzahlung im Zeitpunkt 1 zu berechnen. Es folgt: $V_0 = (600 - 1,9841 \cdot 25,20) \cdot 1,06^{-1} = 518,87$. Die Summe der Teilwerte ist 874,87. Die Zerlegung der bewertungsrelevanten Parameter und damit die Aufspaltung in Teilkalküle ist somit möglich. Dies ist ein erheblicher Vorteil, weil die Additivität der Teilwerte gilt. Im individualistischen Ansatz gilt dies nicht generell. Je nach unterstellter Risikonutzenfunktion kann Additivität gelten oder nicht. Additivität ist eine wichtige Eigenschaft, auf die man ohne Not nicht verzichten sollte.

2. Der retrograde Bewertungsprozeß läßt sich rechnerisch vereinfachen.

3. Schließlich ist von Interesse, wie Situationen beschaffen sein müssen, damit Kalküle mit im Zeitablauf konstanten Risikozuschlägen zu brauchbaren Bewertungsergebnissen führen.

Zunächst sei der zweite Aspekt betrachtet.

4. Vereinfachung der Rechenregeln

Für Projekte mit längerer Lebensdauer und entsprechend mächtigeren Zustandsbäumen sind schnellere Berechnungsmethoden notwendig. Ein deutlich schnellerer Weg besteht in der Verwendung risikoangepaßter Barwertfaktoren (RABF).[43]

---

41 Die Kovarianz $\operatorname{cov}\left(\widetilde{NE}_{j1} + \widetilde{V}_{j1}, r_{M1}\right) \cdot \frac{1}{V_0}$ beträgt 0,04511; 1,9841·0,04511= 0,0895.

42 $0,3 \cdot 801,89 + 0,7 \cdot 235,85 = 405,66;\ 39,46 - 25,20 = 14,26.$

43 Vgl. z. B. Bierman, H. Jr./Smidt, D. (1984), S. 443-448; Drukarczyk, J. (1993), S. 280-287.

Angenommen, die Nettoeinzahlung eines Projektes im Zeitpunkt 1 beträgt 1 mit der Wahrscheinlichkeit p_1 und Null mit der Wahrscheinlichkeit $(1-p_1)$.

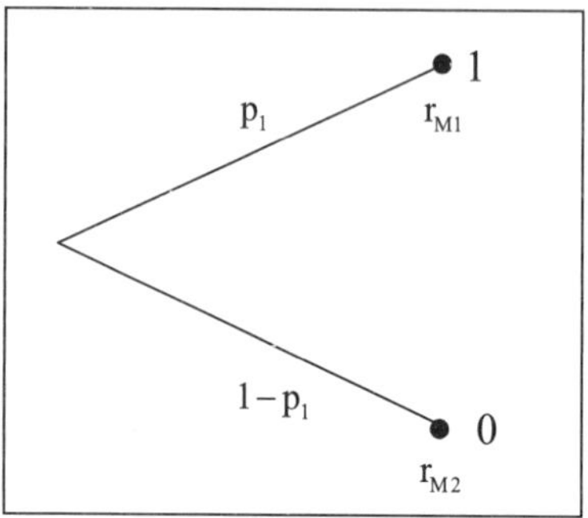

Der Erwartungswert der Nettoeinzahlung ist p_1. Allgemein beträgt der Erwartungswert für den Zustand n p_n.

Die Kovarianz dieses Projektes ist definiert durch:

$$\operatorname{cov}\left(\widetilde{NE_n}, \widetilde{r_M}\right) = p_n\left(r_{Mn} - \overline{r_M}\right)$$ [44]

Die Kovarianz ergibt sich aus dem Produkt der Eintrittswahrscheinlichkeit p_n und der Differenz zwischen der Marktrendite im Zustand n und der erwarteten Marktrendite.

Unter Benutzung dieser Formel lassen sich RABF ermitteln, mit denen zustandsabhängige Zahlungen sofort in den risiko- und zeitangepaßten Marktwertbeitrag umgerechnet werden können. Der Marktwertbeitrag einer mit p_1 erwarteten Nettoeinzahlung in Höhe von 1 im Zustand z_{11} bezogen auf den Bewertungszeitpunkt 0 ergibt sich aus

$$\begin{aligned}
RABF_{11} &= \left[p_1 - \lambda p_1\left(r_{M1} - \overline{r_M}\right)\right](1+i)^{-1} \\
&= p_1\left[1 - \lambda\left(r_{M1} - \overline{r_M}\right)\right](1+i)^{-1} \\
&= \frac{p_1}{1+i}\left[1 - \lambda\left(r_{M1} - \overline{r_M}\right)\right].
\end{aligned}$$

Man hat also lediglich die zustandsabhängige Nettoeinzahlung NE_{11} mit dem Multiplikator $RABF_{11}$ zu multiplizieren. Betrachten wir einen Ausschnitt des zuvor betrachteten Projektes:

Die relevanten Marktparameter sind:

$$i_2 = 0{,}06; \quad \sigma^2_{M2} = 0{,}003024; \quad \overline{r_{M2}} = 0{,}066 \text{ und } \lambda_2 = 1{,}9841$$

[44] Vgl. den Anhang zu diesem Kapitel.

Die risikoangepaßten Barwertfaktoren nehmen folgende Werte an:

$$\text{RABF}_{12} = \frac{0,3}{1,06}\left[1 - 1,9841 \cdot \left(0,15 - 0,066\right)\right] = 0,23585$$

$$\text{RABF}_{22} = \frac{0,7}{1,06}\left[1 - 1,9841 \cdot \left(0,03 - 0,066\right)\right] = 0,70755$$

Für V_{11} erhalten wir dann

$$V_{11} = 1.600 \cdot 0,23585 + 600 \cdot 0,70755 = 801,89,$$

und damit den Wert, der oben berechnet wurde.

Das Rechnen mit RABF erleichtert das Leben: Die bislang unbeachteten Steuerwirkungen können problemlos in den Kalkül eingepaßt werden. Restverkaufserlöse und Ausstiegsopportunitäten sind prinzipiell einbaubar. Darüber hinaus hat die Vorgehensweise den Vorteil einer hohen Transparenz, die der verbreiteten Vorgehensweise bei Bewertungsentscheidungen meistens fehlt: Die Risikostruktur des Bewertungsprojektes wird nur z. T. aufgedeckt; die Bezüge zwischen Risikostruktur und Risikozuschlag werden nicht erkannt und nicht berücksichtigt. Dieser Umstand erklärt auch die verbreitete Benutzung von im Zeitablauf konstanten Risikozuschlägen. Dies führt uns zum dritten Aspekt: Unter welchen Bedingungen kann mit konstanten Risikozuschlägen gearbeitet werden?

5. Konstante Risikozuschläge im Zeitablauf

Teile der Literatur und insbesondere die Praxis arbeiten mit Diskontierungssätzen, die für die gesamte Nutzungsdauer des Projektes (Unternehmens) konstant sind. Dies mag eine Maßnahme der Komplexitätsreduktion sein. Problemangemessen ist diese Vorgehensweise nur, wenn eine Periodenverknüpfung der unsicheren Nettoeinzahlungen besteht, die die Anwendung konstanter Risikozuschläge gestattet.[45] Unter welchen Bedingungen ist es korrekt, den Erwartungswert einer Zahlungsverteilung im Zeitpunkt t mit einer konstanten Risikoprämie der Form von $\lambda \cdot \text{cov}\left(\tilde{r}_j, \tilde{r}_M\right)$ auf den Zeitpunkt 0 zu diskontieren? Wenn man vereinfachend $\lambda_1 = \lambda_2 = \lambda_t$ setzt, kommt es entscheidend auf die Entwicklung der Kovarianzen im Zeitablauf an.

Wir betrachten ein Beispiel: Das Projekt hat eine Lebensdauer von zwei Perioden.

45 Vgl. z. B. Fama, E. F. (1977); Hachmeister, D. (2006).

Abbildung 4-16 zeigt die Zahlungsstruktur. Reichte die Lebensdauer nur bis t = 1 und gelten die Marktparameter i = 0,06, λ = 21,399 und $r_M = 0{,}0925$, berechnet man V_0 mit 88,79:

$$V_0 = \left[\overline{NE_1} - \lambda \operatorname{cov}\left(\widetilde{NE_1}, \widetilde{r_M}\right)\right](1+i)^{-1}$$

$$V_0 = (100 - 21{,}399 \cdot 0{,}275)1{,}06^{-1} = 88{,}79$$

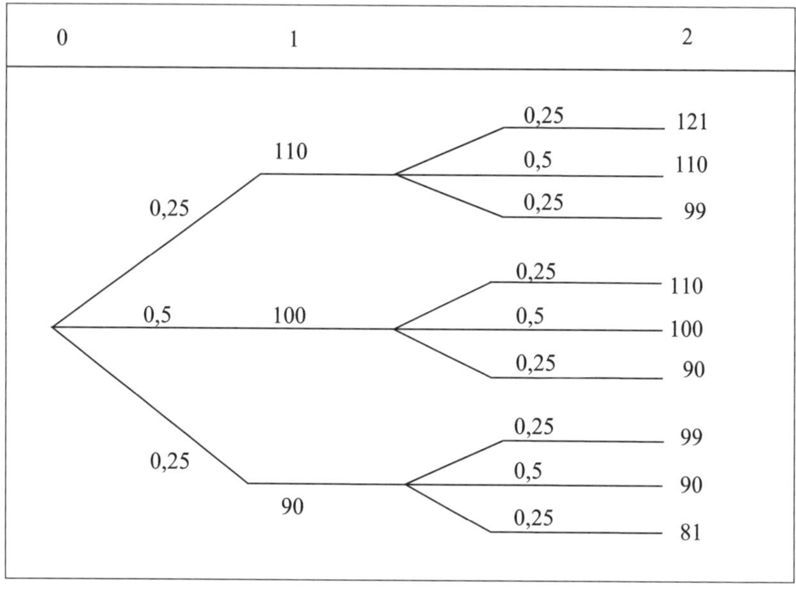

Abbildung 4-16: Zu bewertendes Projekt

(1)	(2)	(3)	(4)	(5)	(6)	(7)=(2)·(5)·(6)
z_{j1}	p_{j1}	$\widetilde{r_{M1}}$	$\widetilde{NE_{j1}}$	$\widetilde{r_{M1}} - \overline{r_{M1}}$	$\widetilde{NE_{j1}} - \overline{NE_1}$	
1	0,25	0,15	110	0,0575	10	0,14375
2	0,5	0,09	100	-0,0025	0	0
3	0,25	0,04	90	-0,0525	-10	0,13125
					$\operatorname{cov}\left(\widetilde{NE_{j1}}, \widetilde{r_{M1}}\right) =$	0,275

Tabelle 4-10: Kovarianz im Zeitpunkt 1

Der risikoäquivalente Diskontierungssatz, der das gleiche Bewertungsergebnis produziert, ist

$$r_1^* = i + \lambda \operatorname{cov}\left(\widetilde{NE_1}, \widetilde{r_M}\right)\frac{1}{V_0}$$

und somit $r_1^* = 0{,}1263$. Die Risikoprämie beträgt somit 6,63%.

Unter der Annahme, daß die Verteilung der Marktrendite aus Periode 1 auch für die bedingten Verteilungen in Periode 2 gilt, berechnet man für Zeitpunkt 2 Kovarianzen $\text{cov}\left(\widetilde{NE}_2 | z_{j1}, \widetilde{r_{M2}}\right)$ in Höhe von 0,30250, 0,2750 und 0,24750. Der erstgenannte Wert ergibt sich beispielsweise aus folgender Berechnung:

$z_{j2} \| z_{11}$	p_j	$\widetilde{NE}_{j2} - \overline{NE}_2$	$\widetilde{r_M} - \overline{r_M}$	$\text{cov}\left(\widetilde{NE}_{j2} \| z_{j1}, \widetilde{r_M}\right)$
1	0,25	11	0,0575	0,1583
2	0,5	0	-0,0025	0
3	0,25	-11	-0,0525	0,14438
			$\text{cov}\left(\widetilde{NE}_{j2} \| z_{j1}, \widetilde{r_M}\right) =$	0,30250

Tabelle 4-11: Kovarianz im Zeitpunkt 2 nach Zustand z_{11}

Der bedingte Wert $V_1|z_{11}$ beträgt dann

$$V_1 | z_{11} = (110 - 21{,}399 \cdot 0{,}30250)1{,}06^{-1} = 97{,}67.$$

Als zugehörige Risikoprämie erhält man

$$\lambda \cdot \text{cov}\left(\widetilde{NE}_2 \mid z_{11}, \widetilde{r_{M2}}\right) \cdot \frac{1}{V_1 | z_{11}} = 21{,}399 \cdot 0{,}00310 = 0{,}0663.$$

Die bedingten Marktwerte $V_1|z_{21}$ sowie $V_1|z_{31}$ können ebenfalls mittels einer Risikoprämie von 0,0663 berechnet werden, weil der Kovarianzterm in Renditedefinition jeweils 0,00310 beträgt. Die letzte Stufe des Kalküls besteht in der Barwertermittlung der bedingten Marktwerte V_{j1}.

z_{j1}	p_j	$\widetilde{V}_{j1}$	$\widetilde{r_M}$	$\text{cov}\left(\widetilde{V}_{j1}, \widetilde{r_M}\right)$
1	0,25	97,67	0,15	0,12763
2	0,5	88,79	0,09	0
3	0,25	79,91	0,04	0,11653
			$\text{cov}\left(\widetilde{V}_{j1}, \widetilde{r_M}\right) =$	0,24417

Tabelle 4-12: Kovarianz der Marktwerte im Zeitpunkt 1

$$V_0 = (88{,}79 - 5{,}2250)1{,}06^{-1} = 78{,}83.$$

Die Kovarianz $\operatorname{cov}\left(\tilde{r}_1, \widetilde{r_{M1}}\right)$ beträgt auch hier 0,00310, woraus eine Risikoprämie von 0,0663 folgt:

$$V_0 = 88{,}79\left(1+0{,}06+21{,}339 \cdot 0{,}00310\right)^{-1} = 78{,}83$$

Der Wert des gesamten Projektes ist somit 88,79 + 78,83 = 167,62. Da der Wertbeitrag jeder bedingten Verteilung des Projektes zum Ende der Vorperiode durch Diskontierung des Erwartungswertes mit dem um die konstante Risikoprämie erhöhten risikolosen Zinssatz berechnet werden kann, kann der Projektwert auch ermittelt werden, indem die unbedingten periodischen Erwartungswerte mit dem Diskontierungssatz in Höhe von 12,63 % berechnet werden:

$$V_0 = \sum_{t=1}^{2} \overline{NE_t}\left(1+i+z^*\right)^{-t} = \sum_{t=1}^{2} 100\left(1+0{,}06+0{,}0663\right)^{-t}$$
$$= 167{,}62$$

Bedingung für eine zeit- und zustandsunabhängige Risikoprämie ist, daß die in Renditeform definierten Kovarianzen mit $r_{M,t}$, also

$$\operatorname{cov}\left(\widetilde{NE_t} \middle| z_{j,t-1}, \widetilde{r_{Mt}}\right)\frac{1}{V_{t-1}},$$

für alle bedingten Zahlungsverteilungen des zu bewertenden Projektes die gleichen sind. Unter dieser Bedingung vereinfacht sich der Kalkül deutlich, da die Erwartungswerte der unbedingten Zahlungsverteilungen mit dem Diskontierungssatz i plus Risikoprämie diskontiert werden können.

Dieses Ergebnis setzt die gleiche Struktur zwischen Erwartungswert der Einzahlungen und marktorientiertem Sicherheitsäquivalent voraus, die im individualistischen Ansatz galt. Im einperiodigen Fall gilt

$$V_0 = \left[\overline{NE_1} - \lambda \operatorname{cov}\left(\widetilde{NE_1}, \widetilde{r_M}\right)\right](1+i)^{-1} = \overline{NE_1}\left(1+i+z^*\right)^{-1}.$$

$$\frac{\overline{NE_1}(1+i)}{\overline{NE_1} - \lambda \operatorname{cov}\left(\widetilde{NE_1}, \widetilde{r_M}\right)} = 1+i+z^*$$

$$z^* = \frac{\overline{NE_1}}{\overline{NE_1} - \lambda \operatorname{cov}\left(\widetilde{NE_1}, \widetilde{r_M}\right)}(1+i) - (1+i) \qquad (4\text{-}17)$$

$$z^* = \frac{\overline{NE_1}}{S_1^M}(1+i) - (1+i).$$

S_1^M bezeichnet das marktdeterminierte Sicherheitsäquivalent im Zeitpunkt 1. Formel (4-17) weist die gleiche Struktur auf wie Formel (4-7) im individualistischen Ansatz. Das Implikat der Formel (4-17) ist natürlich ein ganz anderes, da S_1^M auf andere Weise hergeleitet wurde.

IV. Zur Bewertung von unsicheren Auszahlungen

1. Im individualistischen Ansatz

Ist eine Verteilung von Auszahlungen zu bewerten, von denen sich eine im Zeitpunkt 1 realisieren wird, kann deren Wert zum Zeitpunkt 0 ganz analog zu einer Verteilung von Nettoeinzahlungen sowohl über ein Sicherheitsäquivalent also auch über einen risikoangepaßten Diskontierungssatz berechnet werden. Ein entscheidender Unterschied ist zu beachten: Das Sicherheitsäquivalent S_1, das einer Verteilung von Auszahlungen, denen subjektive Wahrscheinlichkeiten zugeordnet sind, äquivalent ist, muß natürlich ebenfalls eine Auszahlung sein. Dieses negative Sicherheitsäquivalent ist der Preis, den ein Investor demjenigen zu zahlen bereit ist, der ihn von der unsicheren Belastung durch Auszahlungen befreit. Es ist insoweit analog zur Verteilung von Nettoeinzahlungen ein „Verkaufspreis“, der allerdings ein negatives Vorzeichen hat: Der Investor bezahlt S_1, um die Verteilung von Auszahlungen loszuwerden. S_1 hat den Charakter einer Befreiungsprämie. Diese Befreiungsprämie muß bei unterstellter Risikoabneigung des Investors betragsmäßig größer sein als der Erwartungswert der Auszahlungen $\overline{A}_1$. Die Risikoabneigung führt zu einem in Geld bemessenen Risikozuschlag zum Erwartungswert der Auszahlung: Betragsmäßig, also unter Ausblendung des Vorzeichens gilt $|S_1| > |\overline{A}_1|$. Die Differenz ist ein Indikator für die Intensität der Risikoaversion des Investors. Um den negativen Wertbeitrag der Auszahlungsverteilung im Zeitpunkt 0 zu berechnen, ist S_1 mit dem risikolosen Zinssatz i zu diskontieren. Es folgt ein negativer Grenzpreis.

Will man den Grenzpreis über die Diskontierung der erwarteten Auszahlung mit einem dem Risiko angepaßten Diskontierungssatz berechnen, gelten die Überlegungen zu (4-7): Der Risikozuschlag z*, der bei der Bewertung von erwarteten Einzahlungen zum Einsatz kommt, ist definiert durch:

$$z^* = \left(\frac{\overline{NE}_1}{S_1} - 1 \right)(1+i)$$

Im Fall erwarteter Auszahlungen ist zu formulieren

$$z^* = \left(\frac{\overline{A}_1}{S_1} - 1 \right)(1+i). \qquad (4\text{-}18)$$

Da $S_1 > \overline{A_1}$ ist, ist die „Risikoprämie“ z* negativ. D. h., daß der risikolose Zinssatz bei der Bewertung unsicherer Auszahlungen um einen Risikoabschlag verkürzt werden muß.[46]

Angenommen, die Verteilung der zu bewertenden Auszahlungen in t = 1 sei $\{-20(0{,}33);\ -40(0{,}33);\ -60(0{,}33)\}$. Die Risikonutzenfunktion des Investors ist u(NE) = ln(NE). Der risikolose Zinssatz sei i = 0,06. Aus anderen Einkommensquellen erziele der Investor ein sicheres Einkommen von 100 in t = 1. Wie hoch ist die Befreiungsprämie, die der Investor im Zeitpunkt 0 zu zahlen bereit ist, wenn er im Gegenzug von der unsicheren Auszahlungslast befreit wird?

Wir berechnen das Sicherheitsäquivalent der dem Investor verbleibenden Nettoeinzahlungen, wenn der Verkauf der Auszahlungsverteilung $\overline{A_1}$ nicht stattfände. $S_1\{80(0{,}33);\ 60(0{,}33);\ 40(0{,}33)\}$ ist 57,69. Das Sicherheitsäquivalent des risikolosen Einkommens ist 100. Folglich ist die Befreiungsprämie, die der Investor in t = 1 zu zahlen gewillt ist, 100 – 57,69 = 42,31. Sie übersteigt den Erwartungswert der Auszahlung, der 40 beträgt. In t = 0 beträgt die Befreiungsprämie 39,92.

z* berechnet sich so:

$$z^* = \left(\frac{-40}{-42{,}31} - 1\right)(1{,}06) = -0{,}05787$$

Man hat also den Auszahlungsbarwert von –40 mit dem risikoangepaßten Zinssatz i – z* = 0,06 – 0,05787 zu diskontieren, um den Barwert der Befreiungsprämie zum Entscheidungszeitpunkt 0 zu berechnen: $-40(1+0{,}06-0{,}05787)^{-1} = -39{,}92$. Für die Grenzpreisermittlung im individualistischen Kalkül folgt, daß das Vorzeichen des „Risikozuschlages“ zum risikolosen Zinssatz vom Vorzeichen des Erwartungswertes der Zahlungsverteilung der Periode abhängt: Aus einem negativen Erwartungswert resultiert ein Risikoabschlag, ansonsten ein Risikozuschlag.

2. Im marktorientierten Ansatz

Im marktorientierten Ansatz hängt die risikobedingte Korrektur einer erwarteten Einzahlung im Zeitpunkt 1 von $\lambda \cdot \mathrm{cov}(\widetilde{NE}_1, \widetilde{r}_M)$ ab. Dies gilt ebenso für die Risikokorrektur für eine im Zeitpunkt 1 erwartete Auszahlung: Sie beträgt $\lambda \cdot \mathrm{cov}(\widetilde{A}_1, \widetilde{r}_M)$. Ihr Werteinfluß hängt neben dem Wert von λ von Höhe und Vorzeichen des Kovarianzterms ab. Hätte der Kovarianzterm ein negatives Vorzeichen, resultierte ein Ergebnis, das bei unterstellter Risikoaversion im individualistischen Ansatz nicht vor-

[46] Seicht, G. (2001), (2004) berichtet anschaulich, welche Schwierigkeiten diese logische Folgerung Gutachtern und Richtern bereiten kann.

kommen kann: Der Absolutwert des marktdeterminierten Sicherheitsäquivalents wäre kleiner als der des Erwartungswerts der Auszahlung:

$$-S_1^M = -\overline{A}_1 - \lambda \cdot \underbrace{\text{cov}\left(\widetilde{A}_1, \widetilde{r}_M\right)}_{<0}$$

Man kann somit nicht immer eine Parallelität der Ergebnisse aus individualistischem Ansatz einerseits und marktorientiertem Ansatz andererseits erwarten.

Betrachten wir ein Beispiel: Zu bewerten sei Projekt C.

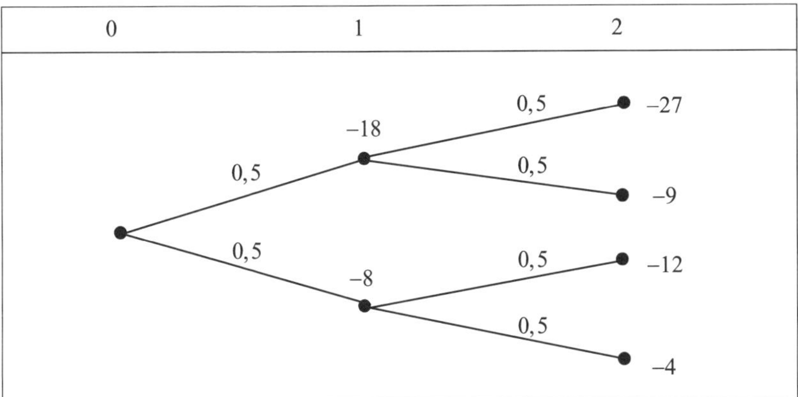

Abbildung 4-17: Projekt C

Die Ausprägungen der Marktrendite in Periode 1 und 2 seien $r_{M1} = 0{,}15$ mit Wahrscheinlichkeit 0,5 und $r_{M2} = 0{,}02$ mit Wahrscheinlichkeit 0,5. Der risikolose Zinssatz i ist 0,06. Daraus folgt $\lambda = 5{,}9172$.

Berechnet man die Kovarianzen, erhält man $\text{cov}\left(\widetilde{A}_2 \mid z_{11}, \widetilde{r}_M\right) = -0{,}5850$ und $\text{cov}\left(\widetilde{A}_2 \mid z_{21}, \widetilde{r}_M\right) = -0{,}2600$. Die bedingten Marktwerte V_{11} und V_{21} sind somit:

$$V_{11} = \left[-18 - 5{,}917(-0{,}585)\right]1{,}06^{-1} = -13{,}72 \text{ und}$$

$$V_{21} = \left[-8 - 5{,}917(-0{,}26)\right]1{,}06^{-1} = -6{,}10$$

Zu berechnen ist V_0 gemäß

$$V_0 = \left[-22{,}91 - 5{,}917(-0{,}57265)\right]1{,}06^{-1} = -18{,}42.$$

Die risikoäquivalenten Diskontierungssätze zur Ermittlung der bedingten Marktwerte V_{11} und V_{21} sowie zur Ermittlung von V_0 enthalten deutlich positive Risikoprämien, weil die jeweiligen Kovarianzen, definiert in

Renditeform, positiv sind.[47] Dieses Resultat ist im individualistischen Ansatz nicht möglich.

Wenn Projekt C im Rahmen des individualistischen Ansatzes zu bewerten ist und u(NE) = ln(NE) sowie i = 0,06 gilt und der Investor neben den Belastungen aus Projekt C risikolose Einzahlungen in Periode 1 und 2 von jeweils 100 erwartet, sieht der Bewertungskalkül so aus:

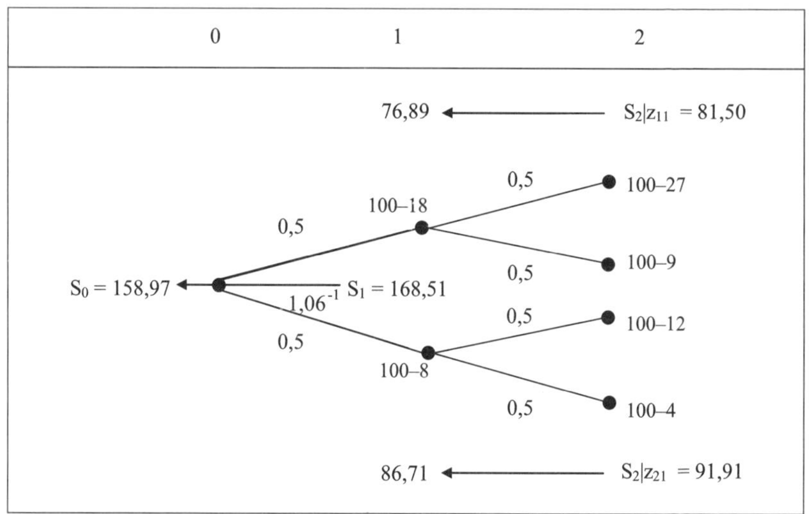

Abbildung 4-18: Projekt C und individualistischer Kalkül

Der Barwert der Sicherheitsäquivalente S_0 beträgt 158,97. Der Grenzpreis der risikolosen Einzahlungen von jeweils 100 im Zeitpunkt 0 ist 183,34. Die Differenz von 24,37 entspricht der Befreiungsprämie, die der Investor im Zeitpunkt 0 zu entrichten bereit ist, um von der Auszahlungsbelastung, die das Projekt C verkörpert, befreit zu werden. Dieser Preis ist deutlich höher als der im marktorientierten Ansatz berechnete. Alle implizierten Risikokorrekturen des risikolosen Zinssatzes i sind negativ. $S_2 \mid z_{11}$ ist 81,50. Da das sichere Einkommen in t = 2 100 beträgt, ist die Befreiungsprämie mit 18,50 deutlich höher als der Erwartungswert der Auszahlung (18). Der Risikozuschlag z* ergibt sich aus

$$z^* = \left(\frac{\overline{A_2 \mid z_{11}}}{S_2 \mid z_{11}} - 1 \right)(1+i) = \left(\frac{-18}{-18{,}50} - 1 \right) 1{,}06 = -0{,}0286.$$

Das Ergebnis $-18(1+0{,}06-0{,}0286)^{-1} = -17{,}45$ zeigt den Betrag der Belästigungsprämie in t = 1 an.[48]

[47] $k_2 \mid z_{11} = 0{,}31248;\quad k_2 \mid z_{21} = 0{,}31261;\quad k_1 = 0{,}24415.$

[48] $100 \cdot 1{,}06^{-1} = 94{,}34;\ S_2 \mid z_{11} = 81{,}50;\quad 81{,}50 \cdot 1{,}06^{-1} = 76{,}89;\quad 94{,}34 - 76{,}89 = 17{,}45.$

Es ist möglich, daß die negative Risikoprämie den risikolosen Zinssatz i übersteigt. Wenn die Befreiungsprämie im Zeitpunkt t – 1 höher ist als die erwartete Zahlungsbelastung im Zeitpunkt t, dann muß der Diskontierungssatz, definiert als i + z*, negativ sein.

Eine ganz andere Frage ist, ob negative Risikozuschläge zum Diskontierungssatz bzw. hohe Befreiungsprämien für die Übernahme von Auszahlungsverteilungen im Kontext des Kapitalmarktes lange Bestand haben. Investoren könnten für die Entgegennahme der Prämie die Auszahlungsverteilung übernehmen und mit den Mitteln in Höhe der Prämie ein Wertpapier-Portefeuille konstruieren, dessen zustandsabhängige Einzahlungen die übernommenen Zahlungspflichten exakt ausgleichen und einen Arbitragegewinn erzielen, wenn der Preis des Hedge-Portefeuilles die Prämie unterschreitet. Wenn dies gelingt, werden die gebotenen Befreiungsprämien sinken. Diese Überlegung bedeutet aber, daß der individualistische Ansatz in Reinform verlassen wird.

V. Zusammenfassung

Bei der Bewertung unsicherer Nettoeinzahlungen ist zu unterscheiden, ob der einperiodige oder der mehrperiodige Fall vorliegt, ob man sich im individualistischen Bewertungsrahmen oder im marktorientierten Ansatz bewegt und danach, wie der Periodenverbund der zu bewertenden Nettoeinzahlungen beschaffen ist. Sowohl im individualistischen als auch im marktorientierten Ansatz kann die Verpackung des Werteinflusses der Unsicherheit in Geldgrößen definierten Risikoabschlägen vom Erwartungswert der Einzahlungen erfolgen, also über Sicherheitsäquivalente laufen oder über Risikozuschläge oder Risikoprämien zum risikolosen Zinsfuß.

Ob Risikozuschläge zum risikolosen Zinssatz in der Zeit konstant sein dürfen, ist eine interessante Frage. Wovon die Berechtigung dieser in praktischen Bewertungen oft anzutreffenden Annahme abhängt, wurde für den individualistischen und den marktorientierten Ansatz erläutert.

Von Interesse ist auch die Bewertung von erwarteten Auszahlungen. Im individualistischen Ansatz sind – Risikoscheu unterstellt – die Sicherheitsäquivalente betragsmäßig größer als die erwarteten Auszahlungen. Daraus folgt, daß die Risikoprämien, die den risikolosen Zinssatz ergänzen, negativ sein müssen. Sie können sogar den risikolosen Zinssatz überkompensieren, so daß negative Diskontierungssätze resultieren. Im marktorientierten Ansatz erfolgt die Bewertung erwarteter Auszahlungen unter der Fiktion der intensiven Diversifikation des sonstigen Vermögens des Investors. Es kommt folglich auf das Kovarianzrisiko an. Das marktorientierte Sicherheitsäquivalent der erwarteten Auszahlung ist betragsmäßig nicht generell größer als die erwartete Auszahlung, weil das Kovarianzrisiko negativ sein kann. Auch die Diskontierungssätze, mit denen erwartete Auszahlungen im marktorientierten Ansatz zu bewerten sind, unterscheiden sich regelmäßig von denen im individualistischen Ansatz: Dort sind die Diskontierungssätze immer kleiner als i; im marktorientierten Ansatz hängt die Frage, ob Risikozuschlag oder Risikoabschlag zum risikolosen Zinssatz angebracht ist, von dem Vorzeichen der Kovarianz der zustandsabhängigen Auszahlungen zur Marktrendite ab.

VI. Literaturhinweise

Allais, M. (1953): Le Comportement de l` Homme Rationnel devant le Risque; Critique des Postulats et Axiomes de l`Ecole Américaine. In: Econometrica, Vol. 21, S. 503-546.

Ballwieser, W. (1980): Möglichkeiten der Komplexitätsreduktion bei einer prognoseorientierten Unternehmensbewertung. In: Zeitschrift für betriebswirtschaftliche Forschung, 32. Jg., S. 50-73.

Ballwieser, W. (1981): Die Wahl des Kalkulationszinsfußes bei der Unternehmensbewertung unter Berücksichtigung von Risiko und Geldentwertung. In: Betriebswirtschaftliche Forschung und Praxis, 33. Jg., S. 97-114.

Ballwieser, W. (1990): Unternehmensbewertung und Komplexitätsreduktion, 3. A., Wiesbaden.

Ballwieser, W./Leuthier, R. (1986): Grundprinzipien, Verfahren und Probleme der Unternehmensbewertung. In: Deutsches Steuerrecht, 24. Jg., S. 545-551 und S. 604–610.

Banz, R. (1981): The Relationship between Return and Market Value of Common Stock. In: Journal of Financial Economics, Vol. 9, S. 3-18.

Bhandari, L. (1988): Debt/Equity Ratio and Expected Common Returns. Empirical Evidence. In: Journal of Finance, Vol. 43, S. 507-525.

Bierman, H. Jr./Smidt, D. (1993): The Capital Budgeting Decision, 8. ed., New York, London.

Black, F./Jensen, M./Scholes, M. (1972): The Capital Asset Pricing Model: Some Empirical Tests. In: Studies in the Theory of Capital Markets: M. Jensen (ed.), S. 79-124.

Black, F. (1993): Beta and Return. In: Journal of Portfolio Management, Vol. 8, S. 5–20.

Brealey, R. A./Myers, St. C./Allen, F. (2006): Corporate Finance, 8. ed., New York.

Bretzke, W. (1975): Das Prognoseproblem bei der Unternehmensbewertung: Ansätze zu einer risikoorientierten Bewertung ganzer Unternehmen auf der Grundlage modellgestützter Erfolgsprognosen, Düsseldorf.

Bretzke, W. (1976): Zur Berücksichtigung des Risikos bei der Unternehmensbewertung. In: Zeitschrift für betriebswirtschaftliche Forschung, 28. Jg., S. 153-165.

Coenenberg, A. (1970): Unternehmensbewertung mit Hilfe der Monte-Carlo-Simulation. In: Zeitschrift für Betriebswirtschaft, 40. Jg., S. 793-804.

Copeland, Th. E./Koller, T./Murrin, J. (2000): Valuation. Measuring and Managing the Value of Companies, 3. ed., New York.

Copeland, Th. E./Weston, J. F./Shastri, K. (2005): Financial Theory and Corporate Policy, 4. ed., Boston, New York.

Damodaran, A. (2002): Investment Valuation, 2. ed., New York.

Drukarczyk, J. (1993): Theorie und Politik der Finanzierung, 2. A., München.

Eisenführ, F./Weber, M (2003): Rationales Entscheiden, 4. A., Berlin.

Fama, E. F. (1977): Risk-adjusted Discount Rates and Capital Budgeting under Uncertainty. In: Journal of Financial Economics, Vol. 5, S. 3-24.

Fama, E. F. (1996): Discounting under Uncertainty. In: Journal of Business, Vol. 69, S. 415-428.

Fama, E./MacBeth, J. (1973): Risk, Return and Equilibrium: Empirical Tests. In: Journal of Political Economy, Vol. 81, S. 607-636.

Fama, E. F./French, K.R. (1992): The Cross-Section of Expected Stock Returns. In: Journal of Finance, Vol. 47, S. 427-465.

Fama, E. F./French, K.R. (1996): The CAPM is wanted, dead or alive. In: Journal of Finance, Vol. 51, S. 1947-1958.

Fuller, R. F./Kerr, H. S. (1981): Estimating the Divisional Cost of Capital: An Analysis of the Pure-Play-Techniques. In: Journal of Finance, Vol. 36, S. 987-1009.

Göppl, H. (1980): Unternehmensbewertung und Capital-Asset-Pricing-Theory. In: Die Wirtschaftsprüfung, 33. Jg., S. 237-245.

Goetze, U./Bloech, J. (1992): Investitionsrechnung. Modelle und Analysen zur Beurteilung von Investitionsvorhaben, Berlin.

Hachmeister, D. (2006): Diskontierung unsicherer Zahlungsströme: Methodische Anmerkungen zur Bestimmung risikoangepaßter Kapitalkosten. In: Zeitschrift für Controlling & Management, 50. Jg., S. 143-149.

Hammond, J. S. (1967): Better Decisions with Preference Theory. In: Harvard Business Review, Vol. 45, S. 123-141.

Haugen, R. A. (1995): The New Finance, Englewood Cliffs.

Haugen, R. A. (2001): Modern Investment Theory, 5. ed., Upper-Saddle-River.

Haugen, R. A. (2004): The New Finance, 3. ed., Englewood Cliffs.

Koller, T./Goedhart, M./Wessels, D. (2005): Valuation, Measuring and Managing the Value of Companies, 4. ed., Hoboken.

Krag, J. (1978): Die Berücksichtigung der Ungewißheit in der Unternehmensbewertung mit Hilfe eines modifizierten Ertragswertkalküls. In: Zeitschrift für Betriebswirtschaft, 48. Jg., S. 439-451.

Kromschröder, B. (1979): Unternehmensbewertung und Risiko, Berlin.

Kruschwitz, L. (2001): Risikoabschläge, Risikozuschläge und Risikoprämien in der Unternehmensbewertung. In: Der Betrieb, 54. Jg., S. 2409-2413.

Kruschwitz, L. (2005): Investitionsrechnung, 10. A., München, Wien.

Kürsten, W. (2002): Unternehmensbewertung unter Unsicherheit oder Theoriedefizit einer künstlichen Diskussion über Sicherheitsäquivalent- und Risikozuschlagsmethode. In: Zeitschrift für betriebswirtschaftliche Forschung, 54. Jg., S. 128-144.

Lakonishok, J./Shapiro, A. C.(1986): Systematic risk, total risk and size as determinants of stock market returns. In: Journal of Banking & Finance, S. 115-132.

Laux, H. (1971): Unternehmensbewertung bei Unsicherheit. In: Zeitschrift für Betriebswirtschaft, 41. Jg., S. 525-540.

Magee, J. F. (1964): How to use Decision Trees in Capital Investment. In: Harvard Business Review, Vol. 42, S. 79-96.

Maul, K.-H. (1979): Probleme prognoseorientierter Unternehmensbewertung. In: Zeitschrift für Betriebswirtschaft, 49. Jg., S. 107-117.

Mohr, R. M. (1985): The Operating Beta of a U.S. Multi-Activity Firm: An Empirical Investigation. In: Journal of Business Finance and Accounting, Vol. 12, S. 575-593.

Moxter, A. (1966): Die Grundsätze ordnungsmäßiger Bilanzierung und der Stand der Bilanztheorie. In: Zeitschrift für betriebswirtschaftliche Forschung, 18. Jg., S. 28-59.

Moxter, A. (1983): Grundsätze ordnungsmäßiger Unternehmensbewertung, 2. A., Wiesbaden.

Myers, St. C. (1974): Interactions of Corporate Financing and Investment Decisions: Implications for Capital Budgeting. In: Journal of Finance, Vol. 32, S. 1-25.

Obermaier, R. (2004a): Bewertung, Zins und Risiko. In: Regensburger Beiträge zur betriebswirtschaftlichen Forschung, Bd. 39; Frankfurt a. M., Berlin, New York.

Obermaier, R. (2004b): Unternehmensbewertung bei Auszahlungsüberschüssen – Risikozu- oder -abschlag? In: Der Betrieb, 57. Jg., S. 2761-2766.

Richter, F. (2006): Merger & Acquisitations, Investmentanalyse, Finanzierung und Prozessmanagement, München.

Robichek, A./Myers, St. (1966): Conceptual Problems in the use of Risk-adjusted Discount Rates. In: Journal of Finance, Vol. 21, S. 727-730.

Ross, St. A./Westerfield, R. W./Jaffe, J. (2005): Corporate Finance, 7. ed., New York.

Schildbach, Th. (2004): Risikoberücksichtigung bei Ein- und Auszahlungsüberschüssen im Rahmen der Unternehmensbewertung. In: Unternehmensbewertung & Management, S. 165-171.

Schneider, D. (1995): Informations- und Entscheidungstheorie, München, Wien.

Schwetzler, B. (2000): Unternehmensbewertung unter Unsicherheit – Sicherheitsäquivalent - oder Risikozuschlagsmethode? In: Zeitschrift für betriebswirtschaftliche Forschung, 52. Jg., S. 469-486.

Seicht, G. (2001): Missverständnisse und Methodenfehler in der österreichischen Praxis der Unternehmensbewertung. In: Jahrbuch für Controlling und Rechnungswesen 2001, Seicht, G. (Hrsg.), Wien, S. 1-52.

Seicht, G. (2004): Risikoabschlag und Mehrphasenmethode bei der Unternehmensbewertung. In: Jahrbuch für Controlling und Rechnungswesen 2004, Seicht, G. (Hrsg.), Wien, S. 267-272.

Seicht, G. (2006): Aspekte des Risikokalküls in Unternehmensbewertungen. In: Unternehmungen, Versicherungen und Rechnungswesen, Festschrift für Rückle, D., Siegel, Th. u. a. (Hrsg.), Berlin, S. 97-128.

Siegel, Th. (1991): Das Risikoprofil als Alternative zur Berücksichtigung der Unsicherheit in der Unternehmensbewertung. In: Aktuelle Fragen der Finanzwirtschaft und der Unternehmensbesteuerung; Festschrift für Erich Loitlsberger zum 70. Geburtstag; Rückle, D. (Hrsg.), Wien, S. 619-638.

Siegel, Th. (1992): Methoden der Unsicherheitsberücksichtigung in der Unternehmensbewertung. In: Wirtschaftswissenschaftliches Studium, 21. Jg., S. 21-26.

Siegel, Th. (1994): Unternehmensbewertung, Unsicherheit und Komplexitätsreduktion. In: Betriebswirtschaftliche Forschung und Praxis, 46. Jg., S. 25-38.

Taggart, R. A. (1991): Consistent Valuation and Cost of Capital Expressions with Corporate and Personal Taxes. In: Financial Management, Vol. 20, S. 8-20.

VII. Anhang

Zu begründen ist die Formel: $\operatorname{cov}\left(\widetilde{NE},\widetilde{r_M}\right) = p_n\left(r_{Mn} - \overline{r_M}\right)$

Die Berechnung der Kovarianz soll für den Zwei-Zustands-Fall bewiesen werden. Die Berechnung für mehr als zwei Umweltzustände ist analog, da die Einzahlungen in einem Zustand 1, in allen anderen Zuständen Null betragen. Das einfache Investitionsprojekt sieht so aus:

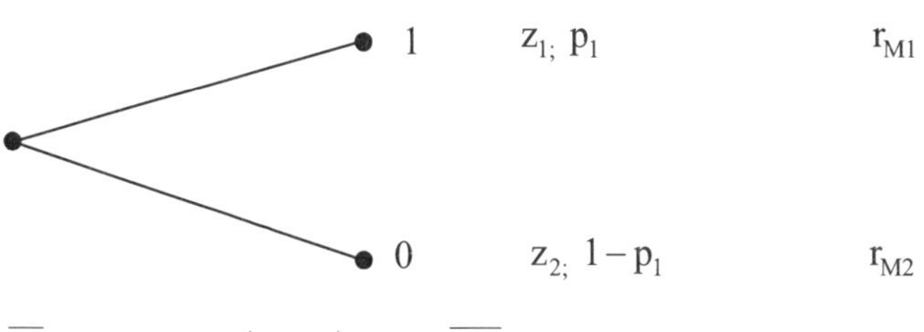

$$\overline{r_M} = p_1 \cdot r_{M1} + (1-p_1) r_{M2}; \quad \overline{NE} = p_1$$

$$\begin{aligned} \operatorname{cov}\left(\widetilde{NE}, \widetilde{r_M}\right) &= E\left[\left(\widetilde{NE} - \overline{NE}\right)\left(\widetilde{r_M} - \overline{r_M}\right)\right] \\ &= (1-p_1)\left(r_{M1} - \overline{r_M}\right) p_1 + (0-p_1)\left(r_{M2} - \overline{r_M}\right)(1-p_1) \\ &= (1-p_1)\, p_1\left[\left(r_{M1} - \overline{r_M}\right) - \left(r_{M2} - \overline{r_M}\right)\right] \\ &= (1-p_1) p_1 \, (r_{M1} - r_{M2}) \ . \end{aligned}$$

Wegen $r_{M2} = \dfrac{\overline{r_M} - r_{M1} p_1}{1-p_1}$ folgt

$$\begin{aligned} \operatorname{cov}\left(\widetilde{NE}, \widetilde{r_M}\right) &= (1-p_1) p_1 \left[r_{M1} - \frac{\overline{r_M} - r_{M1} \cdot p_1}{1-p_1} \right] \\ &= (1-p_1)\ p_1\ r_{M1} - p_1\left(\overline{r_M} - r_{M1} \cdot p_1\right) \\ &= p_1 \cdot r_{M1} - p_1 \cdot p_1 \cdot r_{M1} - p_1 \overline{r_M} + p_1 \cdot p_1 \cdot r_{M1} \\ &= p_1\left(r_{M1} - \overline{r_M}\right). \end{aligned}$$

5. Kapitel: Grundlagen der Unternehmensbewertung

I. Einleitung

Wir kommen nun zum Kern dieses Buches. Alle Problemkreise, die in den Kapiteln 2, 3 und 4 angesprochen wurden, werden hier und im 6. Kapitel erneut angetroffen. Die dort vermittelten Botschaften und Sichtweisen sind somit unverändert von Bedeutung.

Das 5. Kapitel ist wie folgt aufgebaut: Abschnitt II gibt einen Überblick über Fragestellungen, die den Anstoß zur Bewertung eines Unternehmens bzw. einer Beteiligung geben. Diese Fragestellungen sind deshalb wichtig, weil sie die Zielrichtung des Kalküls zur Ermittlung des Wertes eines Unternehmens bestimmen. Es kommt z. B. darauf an, ob der maximale Kaufpreis ermittelt werden soll, den ein Erwerber bezahlen könnte, der das Unternehmen erwerben will, weil es in das Netz seiner bereits bestehenden wirtschaftlichen Aktivitäten paßt oder ob Minderheitsaktionäre, die von dem Großaktionär aus dem Unternehmen gedrängt werden sollen, angemessen abzufinden sind.

Ein Ergebnis der Fallunterscheidungen wird sein, daß Unternehmensbewertungen zum einen die Frage beantworten sollen, welchen Preis der Käufer maximal bezahlen soll, bzw. der Verkäufer mindestens verlangen muß, wenn sie als rational handelnd angesehen werden wollen.

Gutachter sollen zum anderen die Frage beantworten, wie eine Grenzpreisdifferenz angemessen unter den Parteien aufgeteilt werden könnte. Für diese Fragestellung werden in Deutschland i. d. R. Wirtschaftsprüfer, aber auch Unternehmensberater oder Hochschullehrer berufen. Hier geht die Aufgabenstellung über die Ermittlung des Grenzpreises für Käufer oder Verkäufer hinaus. Es müssen die Grenzpreise *beider* Parteien ermittelt werden, bevor ökonomische Überlegungen für eine begründete Aufteilung der Differenz zwischen dem (höheren) Grenzpreis des Käufers und dem Grenzpreis des Verkäufers angestellt werden.

Abschnitt III diskutiert Definitionen für entziehbare, bewertungsrelevante Überschüsse unter Beachtung von steuerlichen Regelungen, Rechnungslegungsnormen und den relevanten Ausschüttungssperren.

Abschnitt IV stellt den Einfluß der Kapitalstruktur des Unternehmens auf den Bewertungskalkül unter vereinfachten Bedingungen dar.

Abschnitt V gibt einen Überblick über die Spielarten der DCF-Verfahren und leitet damit über zum 6. Kapitel.

II. Fragestellungen und Wertkonzeptionen

1. Anlässe zur Bewertung von Unternehmen oder Unternehmensanteilen

Wir betrachten zunächst die Anlässe, die den Anstoß zu einer Bewertung von Unternehmen oder von Unternehmensanteilen geben. I. d. R. ist die freiwillig geplante oder erzwungene Veränderung in der Zusammensetzung der Eigentümerstruktur Anlaß für eine Unternehmensbewertung. Zahlreich sind auch die Fälle, in denen eine Veränderung der Eigentumsverhältnisse nicht oder nicht explizit geplant ist, und dennoch eine Bewertung des Unternehmens erfolgen muß. Zu diesen Fällen zählt die Bewertung für steuerliche Zwecke (z. B. Erbschaftbesteuerung), die Bewertung im Rahmen von Sanierungsverhandlungen, Werthaltigkeitsprüfungen (Impairment Tests) für die Erstellung von Jahresabschlüssen gemäß US-GAAP oder IFRS, einer Aufteilung des Preises für ein erworbenes Unternehmen auf einzelne Assets (Purchase Price Allocation), Kreditwürdigkeitsprüfungen und für die Erstellung von Workout- und Insolvenzplänen. Zudem werden für die wertorientierte Unternehmenssteuerung Informationen über die Entwicklung des Unternehmenswertes benötigt. Darauf kommen wir in Kapitel 10 zurück. Tabelle 5-1 gibt einen Überblick über die Vielfalt der Fälle und untergliedert, soweit sinnvoll, in nicht dominierte und dominierte Situationen.

Eine *nicht dominierte Verhandlungssituation* liegt vor, wenn jede Partei die Option hat, die Vertragsverhandlungen abzubrechen und den Status quo beizubehalten. In diese Kategorie fällt der klassische Anlaß für eine Unternehmensbewertung: der Kauf oder Verkauf eines Unternehmens bzw. von Unternehmensanteilen. Der potentielle Käufer oder Verkäufer wird der Transaktion nur zustimmen, wenn sich seine ökonomische Situation verbessern kann. Ist dies nicht zu erwarten, bricht er die Verhandlungen ab und verzichtet auf die Transaktion. Andere nicht dominierte Bewertungsanlässe führen zu einer Änderung der Eigentümerstruktur, ohne daß es zu einer vollständigen Auswechslung von Unternehmenseigentümern kommt: Tritt z. B. ein neuer Gesellschafter in ein bestehendes Unternehmen gegen Einlage ein, so ist wegen dessen Teilhabe an den künftigen Überschüssen ein „fairer Eintrittspreis“ zu bestimmen, der weder ihn noch die Altgesellschafter benachteiligt. Für die Bestimmung des Eintrittspreises ist eine Unternehmensbewertung notwendig. Im Falle einer *Verschmelzung* von zwei oder mehreren Aktiengesellschaften (§§ 60-77 UmwG) erhalten die Aktionäre der aufgenommenen Unternehmen für ihre Anteile Aktien an der neuen, durch die Fusion entstandenen Gesellschaft.

Anlässe	dominierte Situation	nicht dominierte Situation
A. Neustrukturierung der Eigentumsrechte		
• Kauf/Verkauf eines Unternehmens oder von Unternehmensanteilen		x
• Börseneinführung		x
• Ausscheiden eines Gesellschafters aus einer Personengesellschaft		
- durch Kündigung		x
- durch Ausschluß des „lästigen" Gesellschafters	x	
- durch Eröffnung des Insolvenzverfahrens über das Vermögen eines Gesellschafters	x	
• Barabfindung oder Abfindung in Aktien für Minderheitsaktionäre		x
- bei Abschluß von Gewinnabführungs- oder Beherrschungsverträgen (§ 305 Abs. 2 Nr. 2 und 3 AktG)	x	
- bei Eingliederung durch Mehrheitsbeschluß (§ 320 AktG)	x	
- bei Umwandlung durch Übertragung des Vermögens (§ 174 UmwG)	x	
- bei formwechselnder Umwandlung (§ 190, § 207 UmwG)	x	
- im sog. Squeeze-out-Verfahren (§§ 327 a-f AktG)	x	
- bei Verschmelzung (§§ 5,9,29 UmwG)	x	
B. keine Neustrukturierung der Eigentumsrechte		
• Zugewinnausgleich bei Ehescheidung	x	
• Impairments Tests		x
• Purchase Price Allocation		x
• Erbauseinandersetzung		x
• Enteignung/Vergesellschaftung nach Art. 14, 15 GG	x	
• Sanierungsprüfung, Ermittlung von Positionswerten für Insolvenzpläne		x
• Wertorientierte Unternehmenssteuerung		x

Tabelle 5-1: Anlässe für eine Unternehmensbewertung

Das Umtauschverhältnis von Alt- zu Neuaktien bemißt sich nach dem Verhältnis der Werte der in der neuen Gesellschaft aufgegangenen Unternehmen. Auch für andere Rechtsformen ist eine Unternehmensbewertung erforderlich, wenn durch Zusammenlegung mehrerer Altgesellschaften eine neue Gesellschaft entsteht: Gründen z. B. zwei Konzerne für ein Joint-Venture eine Gesellschaft in Form einer GmbH und bringen eigene Tochterunternehmen im Rechtskleid der GmbH oder einer GmbH u. Co. KG oder Anteile als Einlage ein, so ist für die Ermittlung der jeweiligen Anteilsquoten an der neuen Gesellschaft der Wert der Einlagen zu bestimmen.

Dominierte Verhandlungssituationen sind dadurch gekennzeichnet, daß eine Partei die Option des Abbruchs der Verhandlungen und der Rückkehr zum Status quo nicht mehr besitzt. Die andere Partei kann die Änderung der Eigentümerstruktur durchsetzen. Eine solche erzwungene Veränderung der Eigentumsverhältnisse ist nur unter bestimmten Bedingungen möglich. I. d. R. hat die dominierte Partei die Möglichkeit, die Bedingungen, zu denen die Veränderung der Struktur der Eigentumsverhältnisse stattfindet, durch ein Gericht überprüfen zu lassen. Beispiele für dominierte Verhandlungssituationen sind:

- Ein herrschendes Unternehmen schließt mit einer Aktiengesellschaft einen Gewinnabführungs- und Beherrschungsvertrag ab. Dies stellt für die Minderheitsaktionäre einen gravierenden Eingriff in ihre Rechte und Vermögensposition dar: Ein Beherrschungsvertrag erlaubt der herrschenden Gesellschaft Weisungen, die für die beherrschte Gesellschaft nachteilig sind, ohne daß die Minderheitsgesellschafter dies verhindern könnten. Außenstehende Aktionäre haben deshalb Anspruch auf angemessenen Ausgleich der durch den Abschluß solcher Verträge entstehenden Nachteile, wenn sie entscheiden, Aktionär der beherrschten Gesellschaft zu bleiben (§ 304 AktG): Dieser erfolgt durch eine regelmäßig an den Aktionär zu leistende Ausgleichszahlung. Bei deren Ermittlung ist von der Annahme der Vollausschüttung der Überschüsse nach Maßgabe der bisherigen Ertragslage und der künftigen Ertragsaussichten unter Berücksichtigung angemessener Abschreibungen und Wertberichtigungen auszugehen. Nach § 305 Abs. 2 Nr. 1 und Nr. 2 AktG können die Aktionäre der beherrschten Gesellschaft eine Abfindung in Form von Aktien der herrschenden Gesellschaft verlangen, wenn diese eine nicht abhängige inländische Aktiengesellschaft oder Kommanditgesellschaft auf Aktien ist. Für die Bestimmung des Wertes der Anteile der ausscheidenden Minderheitsgesellschafter und damit die Zahl der im Gegenzug zu gewährenden Aktien der herrschenden AG ist eine Bewertung beider Aktiengesellschaften durchzuführen. In anderen Fällen ist den Minderheitsaktionären eine Barabfindung anzubieten. Auch hier ist eine Bewertung des abhängigen Unternehmens erforderlich. Der Erste Senat des Bundesverfassungsgerichtes hat mit Urteil vom 27. April 1999 entschieden, daß es mit der Eigentumsgarantie des Grundgesetzes (Art. 14) unvereinbar ist, wenn bei der Bestimmung der Abfindung oder des Ausgleiches für außenstehende (oder ausgeschiedene) Aktionäre der Börsenkurs der Aktie außer Betracht bleibt. Damit wird der fast für vier Jahrzehnte vorherrschenden falschen Meinung in Rechtsprechung und weiten Teilen der Literatur, der Börsenkurs sei irrelevant für die Bestimmung der angemessenen Abfindung[49], der Boden entzogen.

[49] Vgl. zur Kritik dieser Auffassung Rieger, W. (1928); Busse von Colbe, W. (1964); Drukarczyk, J. (1973).

- Nach § 320 Abs. 1 AktG kann eine Aktiengesellschaft durch Mehrheitsbeschluß in eine andere Aktiengesellschaft eingegliedert werden, wenn die Obergesellschaft mindestens 95 % der Anteile der betreffenden AG hält (Eingliederung durch Mehrheitsbeschluß). Den Minderheitsgesellschaftern ist für die Einziehung ihrer Aktien eine angemessene Abfindung zu gewähren (§ 320b AktG). Die Abfindung kann als Barzahlung oder in Form von Aktien der Hauptgesellschaft geleistet werden. Für die Ermittlung der Höhe der Abfindung sind auch hier Unternehmensbewertungen erforderlich.

- Wird eine Aktiengesellschaft durch Mehrheitsbeschluß nach § 240 UmwG in eine andere Rechtsform umgewandelt, hat ein Minderheitsaktionär, der gegen den Umwandlungsbeschluß Widerspruch erklärt, Anspruch darauf, daß der formwechselnde Rechtsträger die umgewandelten Anteile gegen angemessene Barabfindung erwirbt.

- Das Gesetz zur Regelung von öffentlichen Angeboten zum Erwerb von Wertpapieren und Unternehmensübernahmen (WpÜG) führte zum 1.1.2002 mit den Regelungen der §§ 327a-f AktG ein Ausschlußrecht von Minderheitsaktionären in das Aktiengesetz ein. Diese auch als Squeeze-out bezeichnete Regelung erlaubt es einem Mehrheitsaktionär, dem Aktien „in Höhe von 95 % des Grundkapitals gehören" (§ 327a AktG), die Übertragung der Aktien der übrigen Aktionäre (Minderheitsaktionäre) über einen entsprechenden Beschluß der Hauptversammlung der Gesellschaft herbeizuführen. Die Minderheitsaktionäre haben Anspruch auf eine angemessene Barabfindung. Die Höhe der Barabfindung pro Aktie wird zunächst vom Hauptaktionär festgelegt, wobei die Verhältnisse der Gesellschaft zum Zeitpunkt der Beschlußfassung der Hauptversammlung zu berücksichtigen sind (§ 327b AktG). Die Angemessenheit der Barabfindung ist durch einen oder mehrere sachverständige Prüfer, die auf Antrag des Hauptaktionärs vom Gericht ausgewählt und bestellt werden, zu prüfen (§ 327c Abs. 2 AktG). Ist die Barabfindung nicht angemessen, hat das in § 2 des Spruchverfahrensgesetzes bestimmte Gericht auf Antrag von Minderheitsaktionären die angemessene Barabfindung zu bestimmen (§ 327f AktG). Zuständig sind die jeweiligen Landgerichte.

Das *Ausscheiden eines Gesellschafters aus einer Personengesellschaft* ist ebenfalls Anlaß für eine Unternehmensbewertung. Ursachen für das Ausscheiden sind:

- Der Gesellschafter kündigt und die Gesellschaft wird von den verbleibenden Gesellschaftern fortgeführt.

- Der Gesellschafter wird, weil „lästig", von den anderen Gesellschaftern ausgeschlossen.

- Über das Vermögen des Gesellschafters ist ein Insolvenzverfahren eröffnet worden.
- Ein Privatgläubiger eines Gesellschafters kündigt die Gesellschaft nach § 135 HGB; die verbleibenden Gesellschafter führen die Gesellschaft fort.

Weil die Veränderung der Eigentumsverhältnisse vom ausscheidenden Gesellschafter (Kündigung), durch die in der Gesellschaft verbleibenden Gesellschafter (Ausschluß des Gesellschafters) oder durch einen Dritten (Kündigung durch einen Gläubiger des Gesellschafters) gegen den Willen der anderen Partei durchgesetzt werden kann, handelt es sich um *dominierte Bewertungsanlässe*. Der ausscheidende Gesellschafter hat, sofern im Gesellschaftsvertrag nichts anderes bestimmt ist, nach § 738 Abs. 1 Satz 2 BGB Anspruch auf die Zahlung des Betrages, den er im Fall einer Auflösung der Gesellschaft erhalten würde. Wird die Gesellschaft nicht aufgelöst, sondern von den verbleibenden Gesellschaftern fortgeführt, ist für die Ermittlung des zu zahlenden Betrages eine Bewertung des Anteils notwendig. Im Regelfall enthalten Gesellschaftsverträge Bestimmungen, nach denen sich die Ermittlung der Abfindungszahlung an ausscheidende Gesellschafter richten soll. Das Ausscheiden ist Anlaß für eine Unternehmensbewertung, wenn sich die Abfindungszahlung am Wert der Gesellschaft im Zeitpunkt des Ausscheidens orientiert.

Auch bei Ehescheidungen kann die Bewertung von Unternehmen oder Unternehmensanteilen erforderlich werden, wenn der gesetzliche Güterstand der Zugewinngemeinschaft vereinbart wurde und zum Vermögen der Ehegatten ein Unternehmen oder nicht notierte Gesellschaftsanteile gehören. Erbauseinandersetzungen oder Erbteilungen zählen zu den dominierten Bewertungsanlässen.

Schließlich sind Enteignungen nach Art. 14 GG und Vergesellschaftungen nach Art. 15 GG anzuführen. Die Entschädigung für den Enteigneten ist nach Art. 14 Abs. 3 GG „unter gerechter Abwägung der Interessen der Allgemeinheit und der Beteiligten zu bestimmen".

Wie angedeutet, sind Unternehmensbewertungen auch notwendig, ohne daß eine Änderung der Eigentumsverhältnisse explizit geplant ist. Relevant sind hier z. B. steuerliche Anlässe. Während die Bewertung von „Beständen" für Zwecke der Berechnung von Vermögen- und Gewerbekapitalsteuer an Bedeutung stark eingebüßt hat, sind „Bestände" für die Berechnung von Erbschaft- bzw. Schenkungsteuer unverändert relevant. Die Finanzverwaltung wendet z. B. für die Bewertung nicht notierter Anteile (z. B. an einer GmbH) das sog. Stuttgarter Verfahren an.

Bei diesem Verfahren wird der Unternehmenswert als Summe eines „Vermögenswertes" V und eines die „Ertragsaussichten" berücksichtigenden Korrekturbetrages definiert. Der Vermögenswert V basiert dabei auf dem steuerlichen Einheitswert des Betriebsvermögens. Die Feststellung der „Ertragskomponente“ baut auf folgenden Überlegungen auf: Ausgangspunkt ist die Vorstellung, daß eine über die „marktübliche“ Verzinsung des eingesetzten Kapitals hinausgehende Rendite in einer durch Wettbewerb geprägten Wirtschaft nur vorübergehend erzielt werden könne. „Überrenditen“ locken neue Anbieter an; die verstärkte Konkurrenz läßt die erzielbare Rendite wieder auf die „normale“ Marktverzinsung zurückfallen. Die Finanzverwaltung setzt an die Stelle von „Überrenditen“ nun „Übergewinne“: Der „Übergewinn“ einer Periode entspricht der Differenz zwischen den erzielbaren Überschüssen der Eigentümer NE und der marktüblichen Verzinsung auf das eingesetzte Eigenkapital. Dabei werden die anzusetzenden Überschüsse als Durchschnitt der letzten drei Jahre ermittelt. Das Stuttgarter Verfahren verwendet als eingesetztes Eigenkapital den Kaufpreis für die Eigentumsrechte des Unternehmens und damit den gesuchten Unternehmenswert W. Der erzielbare Übergewinn pro Jahr ist definiert durch $NE - r{\cdot}W$. Dabei bezeichnet r die marktübliche Verzinsung. Die Erbschaftsteuerrichtlinien normieren den Zeitraum, für den das Unternehmen Übergewinne erzielen kann, auf fünf Jahre. Die Formel für den gesuchten Unternehmenswert lautet dann $W = V + 5 \cdot (NE - r{\cdot}W)$. Auf eine Diskontierung der Übergewinne wird somit verzichtet. Durch Umformen erhält man

$$W = \frac{V + 5 \cdot NE}{1 + 5 \cdot r}.$$

Setzt man, wie in den Erbschaftsteuerrichtlinien derzeit vorgesehen, die marktübliche Verzinsung r mit 9 % an, dann vereinfacht sich die Formel für den Unternehmenswert W zu

$$W = 0{,}68966 \cdot (\, V + 5 \cdot NE \,)\,.$$

Beträgt der Vermögenswert V 100.000 und erzielt das Unternehmen Überschüsse in Höhe von 12.000 pro Jahr, dann errechnet sich der Unternehmenswert nach dem Stuttgarter Verfahren mit

$$W = 0{,}68966 \cdot (\, 100.000 + 5 \cdot 12.000 \,) \;=\; 110.345.$$ [50]

Der periodische Übergewinn des betrachteten Unternehmen beträgt $12.000 - 0{,}09{\cdot}110.345 = 2.069$. Den gleichen Unternehmenswert erhält man über

$$W = 100.000 + 5 \cdot 2.069 = 110.345.$$

---

[50] In den Richtlinien wird zur Vereinfachung auf 0,68 abgerundet (R 100 Abs. 2 Satz 5 ErbStR). Dann ergibt sich ein UW von 108.800.

Bewertungsanlässe liefern schließlich Situationen, in denen ein Übergang der Eigentumsrechte möglichst vermieden werden soll: die Insolvenz des Unternehmens. Im Insolvenzverfahren entscheiden Gläubiger über die Verwertung des Vermögens. Als Alternativen bieten sich prinzipiell die Liquidation, die Veräußerung des von den Schulden befreiten Unternehmens als Ganzes und die modifizierte Fortführung des Unternehmens im Wege eines Insolvenzplanverfahrens nach §§ 217 ff. InsO an. Ausgangspunkt für die Verwertungsentscheidung ist der Vergleich zwischen Liquidations- und Fortführungswert des Unternehmens: Der bei Liquidation erzielbare Liquidationswert entspricht häufig der Summe der erzielbaren Einzelveräußerungserlöse der Vermögensgegenstände abzüglich Stillegungskosten (sowie Kosten für Sozialpläne und Altlastenbereinigung). Viel komplexer ist die Ermittlung des Fortführungswertes des Unternehmens. Versucht das Unternehmen einen Neustart aus dem Insolvenzverfahren heraus, hat es i. d. R. qualifizierte Mitarbeiter und Kunden verloren, die sich nach standfesteren Lieferanten umorientieren. Ein wichtiger Bewertungseinfluß geht von der Kapitalstruktur aus, mit der das Unternehmen das Insolvenzverfahren verläßt. Sie bestimmt mit über die Wahrscheinlichkeit einer erneuten Insolvenz. Der Verschuldungsgrad sollte deshalb niedriger liegen als bei branchengleichen, nicht insolventen Unternehmen. Die Realisierung dieses Zustandes setzt voraus, daß ein Teil der Altgläubiger im Austausch für Fremdkapitalansprüche Eigenkapitalanteile übernimmt. Die zugehörigen Bewertungsprobleme werden in Kapitel 9 aufgezeigt.

2. Bewertungszwecke und Auffassungen über die werterzeugenden Faktoren

Der Wert eines Unternehmens kann nicht losgelöst vom Zweck der Wertermittlung bestimmt werden. „Es gibt nicht den schlechthin richtigen Unternehmenswert: Da Unternehmenswertermittlungen sehr unterschiedlichen Zwecken dienen können, ist der richtige Unternehmenswert jeweils der zweckadäquate.“[51]

Versucht man sich einen Überblick über die sich ändernden Sichtweisen der Begründung und Quantifizierung von Unternehmenswerten im Zeitablauf zu verschaffen, erhält man etwa folgendes Bild:

[51] Moxter, A. (1983), S. 6.

Kennzeichnung / Phase	Phase 1	Phase 2	Phase 3	Phase 4
Zeitraum	bis ca. 1959	ca. 1960 – 1970	ca. 1971 – 1985	ab 1985
Konzeption des Unternehmenswertes (V)	V ist objektiv bestimmbar und damit unabhängig vom Entscheidungsfeld des Investors und Zweck der Bestimmung; Vermögensgegenstände erzeugen Wert	V wird als abhängig von den Strategien und von dem Entscheidungsfeld des Investors erkannt, weil „Erträge" Wert erzeugen	V ist ein subjektiver Grenzpreis des Investors, der die Grenze der Konzessionsbereitschaft der Eigentumsrechte markiert	DCF-Methoden: Unternehmenswert entspricht der Schätzung eines potentiellen Marktpreises unter der Prämisse, daß der Markt über die Überschuß-erwartungen des Investors verfügt
Wertkategorie	Substanzwert	Ertragswert; Substanzwert dient nur als Korrekturgröße	Ertragswert	Unternehmensgesamtwert gemäß Entity-Ansätzen; Wert des Eigenkapitals gemäß Equity-Ansatz
Berechnungsmodus	Auszahlungen für die zur Rekonstruktion benötigten einzelnen Vermögensgegenstände zu Wiederbeschaffungspreisen	Ertragswert als Barwert künftiger, den Eigentümern zurechenbaren Überschüsse des Unternehmens; ggf. Korrektureffekt durch niedrigeren Substanzwert	Ertragswert als Barwert des aus dem Unternehmen „Herausholbaren"	Diskontierung unterschiedlich definierter entziehbarer Überschüsse mit Diskontierungssätzen, die marktdeterminierte Risikoprämien enthalten
Bewertung und Bewertungszweck	Keine erkennbare Differenzierung nach Zwecken	Grenzpreise von Investoren können divergieren; Problem des Arbitriumwertes wird erkannt	Ertragswerte sind subjektive Grenzpreise für Eigentumsrechte; klare Zweckorientierung	Unternehmenswerte bzw. Werte des Eigenkapitals sind strategieabhängig; klare Zweckorientierung

Tabelle 5-2: Auffassungen über Werterzeugung und Bewertungszwecke im Zeitablauf (in Deutschland)

Stellt man die im Zeitablauf entwickelten Bewertungsverfahren zusammen, erhält man die Übersicht in Tabelle 5-3. Wir betrachten in diesem Buch die unter III. und IV. aufgeführten Verfahren. Den Schwerpunkt bilden Gesamtbewertungsverfahren (Entity-Ansätze).

Ein wichtiger Zweck einer Unternehmensbewertung ist die Ermittlung von *Grenzpreisen* bzw. *Marktwerten* für potentielle Käufer bzw. Verkäufer von Unternehmen. Der Grenzpreis gibt an, welchen Preis die betreffende Partei gerade noch bezahlen kann bzw. mindestens verlangen muß, damit die Transaktion nicht zu einer Verschlechterung ihrer Vermögensposition führt. Grenzpreise geben die Grenze der Konzessionsbereitschaft für die anstehenden Verhandlungen an. Weil der Grenzpreis die Grundlage für die Entscheidung über den Kauf/Verkauf des Unternehmens bildet, wird er auch als *Entscheidungswert* des Unternehmens bezeichnet. Investoren haben unterschiedliche Möglichkeiten der Anlage oder der Beschaffung finanzieller Mittel, unterschiedliche Möglichkeiten der Steuerung der Unternehmenserfolge, unterschiedliche Zielsetzungen, Risikoneigungen etc. Die Grenzen der Konzessionsbereitschaft sind damit intersubjektiv verschieden. Die Grenzpreise bzw. Entscheidungswerte sind in diesem Sinn *subjektive* Unternehmenswerte.

Marktwerte sind i. d. R. nicht identisch mit subjektiven Grenzpreisen. Bei der Ermittlung subjektiver Grenzpreise kann prinzipiell jeder Ausprägung des individuellen Entscheidungsfeldes Rechnung getragen werden. Individuelle, ggf. nur dem Investor zugängliche Finanzierungsmöglichkeiten, seine individuellen Diversifikationsmöglichkeiten, seine Risikoaversion können in beliebigem Detaillierungsgrad Eingang in die Rechnung finden, soweit die Rücksichtnahme auf Komplexitätsreduktion dem nicht Grenzen setzt. Ein Rekurs auf am Marktwert orientierte Ansätze kann mit der prinzipiellen Individualität des Grenzpreiskalküls nicht mithalten. Am Marktwert orientierte Kalküle vereinfachen, wobei die Vereinfachung insbesondere bei der Begründung der alternativen erwarteten Renditen auffällt. Wenn es gelingt, in einem marktwertorientierten Kalkül den Betrag auszuweisen, den ein durchschnittlicher Investor, der über die gleichen Informationen bezüglich der entziehbaren Überschüsse verfügt wie der potentielle Käufer oder Verkäufer, bezahlen bzw. fordern würde, wäre den Investoren geholfen.

I	II	III	IV
Methoden, die auf der Einzelbewertung von Vermögensgegenständen beruhen (Einzelbewertungsverfahren)	Mischverfahren, die die Wertermittlung auf Ertragswert und Substanzwert aufbauen	Verfahren, die auf einer Bewertung des gesamten Unternehmens (Gesamtbewertungsverfahren) bzw. einer Bewertung der Eigentumsrechte (des Eigenkapitals) durch Diskontierung künftiger Überschüsse aufbauen	Verfahren, die eine Bewertung des gesamten Unternehmens bzw. eine Bewertung der Eigentumsrechte (des Eigenkapitals) auf dem Vergleich mit Marktwerten von oder gezahlten Preisen für vergleichbare Unternehmen vornehmen
• Substanzwert • Liquidationswert	• Mittelwertverfahren • Übergewinnverfahren	• Entity-Ansätze - WACC-Ansatz - APV-Ansatz - Capital Cashflow-Ansatz • Ertragswert-Methode bzw. Equity-Ansatz	• Multiplikator-Ansätze

Tabelle 5-3: Überblick über Bewertungsverfahren

Der Vergleich von „Marktwert“ mit dem von ihnen berechneten Grenzpreis kann zu Korrekturen bei Verhandlungsstrategie und Preissetzung führen.

Vor der Durchführung der Transaktion stehen regelmäßig intensive Verhandlungen über Vertragsinhalte und Kaufpreis für das Unternehmen. Käufer und Verkäufer haben bezüglich des Preises entgegengesetzte Interessen. Ein weiterer Bewertungszweck kann nun darin liegen, einen Preis zu bestimmen, der einen „möglichst guten“ Interessensausgleich herstellen kann. Dieser wird als *Schiedsspruchwert oder Arbitriumwert* des Unternehmens bezeichnet. Ein Schiedsgutachter muß in einem ersten Schritt Vorstellungen über die Grenzpreise der Parteien gewinnen. In nicht dominierten Verhandlungssituationen muß der Grenzpreis des Käufers über dem Grenzpreis des Verkäufers liegen, damit eine Einigung der Parteien über die Höhe des Kaufpreises möglich ist. Nur wenn ein positiver „Einigungsbereich“ existiert, ist die Ermittlung eines Arbitriumwertes möglich. Gibt es diesen Einigungsbereich, dann ist seine „Aufteilung“ auf die beiden Parteien in Form eines Arbitriumwertes ein schwieriges theoretisches Problem.[52] Hier ist z. B. die Frage zu klären, ob der Verkäufer des Unternehmens an Synergieeffekten, die der Käufer zu realisieren plant, partizipieren soll. Solche Synergieeffekte sind ein wichtiger Grund für höhere Grenzpreise des Käufers und damit für positive Einigungsbereiche. Ein Arbitriumwert, der oberhalb des Grenzpreises des Verkäufers liegt, ließe diesen an den künftigen Synergieeffekten teilhaben. Auch die Frage, ob andere Eigenschaften der Parteien bei der Aufteilung des Einigungsbereiches, z. B. die Einbeziehung der erzielbaren Alternativrenditen oder die individuelle Steuerbelastung, zu berücksichtigen sind, ist zu klären. Aus Gründen der Praktikabilität und unter Verweis auf Gerechtigkeitsüberlegungen wird häufig die Mittelung des Einigungsbereichs vorgeschlagen.[53]

Schwierig ist die Ermittlung des Schiedsspruchwertes in *dominierten* Verhandlungssituationen: Weil hier eine Partei die Änderung der Eigentumsverhältnisse gegen den Willen der anderen erzwingt, besteht keine Notwendigkeit, daß ein positiver Einigungsbereich vorliegt. Wir betrachten zur Verdeutlichung den Fall einer in einem Squeeze-out-Verfahren ausscheidenden Minderheit. Bei einem Verbleib im Unternehmen würden pro Jahr Nettoeinzahlungen in Höhe von 10 GE auf sie entfallen. Zur Vereinfachung unterstellen wir einen unendlichen uniformen Zahlungsstrom und schließen nichtfinanzielle Konsequenzen aus. Der Grenzpreis der Minderheit beträgt bei einer alternativ erzielbaren risikoäquivalenten Rendite von 8 % 125 GE. Bei Erhalt dieses Betrages und Anlage zu 8 % kann sie einen unendlichen Zahlungsstrom von 125 · 0,08 = 10 GE erzielen. Sie ist damit indifferent zum Verbleib im Unternehmen. Scheidet sie aus, fallen die Nettoeinzahlungen in Höhe von 10

52 Vgl. die ausführliche Diskussion bei Matschke, J. (1979), S. 126-308.

53 Z.B. Sieben, G./Schildbach, T. (1979), S. 457; Moxter, A. (1983), S. 18.

GE dem Hauptaktionär zu. Kann dieser alternativ Mittel zu 10 % anlegen, beträgt sein Grenzpreis für diesen Zahlungsstrom 100 GE. Weil der Grenzpreis der ausscheidenden Minderheit als „Verkäufer" über dem Grenzpreis des Hauptaktionärs liegt, existiert kein Einigungsbereich. Dennoch kann der Hauptaktionär die Minderheit gemäß §§ 327a - f AktG ausschließen, die Veränderung der Eigentümerstruktur also erzwingen. Wegen der besonderen Schutzbedürftigkeit der „schwächeren" Partei wird in diesem Fall deren Grenzpreis als Arbitriumwert vorgeschlagen. Im Beispiel entspräche der Schiedsspruchwert also dem Grenzpreis der ausscheidenden Minderheit in Höhe von 125 GE. Weil diese den Eigentumsübergang nicht verhindern kann, ist sie – dieser Ansicht nach – wenigstens so zu stellen, als ob der Eigentumsübergang unterblieben wäre.

Im Rahmen nicht dominierter Verhandlungssituationen sucht jede der beiden Parteien nach Argumenten, die geeignet sind, die eigene Verhandlungsposition zu stärken und das Verhandlungsziel schneller zu erreichen. Zu solchen Argumenten zählen auch Gutachten Dritter über Unternehmenswerte. Die Unternehmensbewertung erfüllt in diesem Fall den Zweck der Unterstützung der *Argumentation* einer Partei. Natürlich wäre es taktisch unklug, den wahren individuellen Grenzpreis als Argumentationswert in die Kaufpreisverhandlungen einzuführen. Beide Parteien werden vielmehr versuchen, die andere Seite über ihren wahren Grenzpreis im Unklaren zu lassen, um einen möglichst großen Anteil des positiven Einigungsbereiches zu gewinnen. Die Schwierigkeit besteht also darin, einen Argumentationswert zu begründen, der einerseits einen großen Abstand zum eigenen tatsächlichen Grenzpreis aufweist, um den möglichen Vorteil aus der Transaktion zu maximieren. Andererseits darf die Differenz zum wahren Grenzpreis nicht zu hoch ausfallen, wenn die angeblichen Verwendungsmöglichkeiten des Unternehmens und alternativen Anlagemöglichkeiten etc. von der anderen Partei als glaubhaft empfunden werden sollen. Die Ermittlung solcher „Argumentationswerte" erscheint, im Gegensatz zur Bestimmung von Grenzpreisen und Schiedswerten, einer rationalen, über die angeführten allgemeinen Überlegungen hinausgehenden Analyse kaum zugänglich. Argumentationswerte werden im folgenden deshalb nicht beachtet.

III. Welche Überschüsse sind entziehbar und bewertungsrelevant?

1. Das Prinzip

Das Prinzip ist einfach: Basis der Unternehmensbewertung sind entziehbare Überschüsse, die auf der Ebene der Empfänger konsumtiv verwendbar sind. Es gibt auf den ersten Blick keine prinzipiellen Unterschiede zu den in Kapitel 3 angestellten Überlegungen. Bewertungsgrundlage sind an die Investoren fließende *Zahlungen*. Überschüsse im Sinne einer Aufwands- und Ertragsrechnung sind nur dann geeignet zur fehlerfreien Herleitung von Unternehmenswerten, wenn diese Überschüsse Zahlungsüberschüssen äquivalent sind. „Earnings are only a means to an end, and the means should not be mistaken for the end. Therefore we must say that a stock derives its value from its dividends, not its earnings. In short, a stock is worth only what you can get out of it."[54] Nur das, was bei den Kapitalgebern als „Zufluß" auftritt, ist bewertungsrelevanter Überschuß.[55]

Klarheit über das Prinzip erleichtert die Durchsetzung bei der praktischen Bewertungsarbeit. Nun ist die Durchsetzung des Prinzips nicht ganz einfach. Dies hat verschiedene Ursachen: Die Ermittlung entziehbarer Überschüsse berührt die Zahlungsebene und wegen der Bedeutung steuerlicher Regelungen und gesellschaftsrechtlicher Vorschriften die Aufwands- und Ertragsebene. Unterschiedliche Bewertungsmethoden (z. B. der später vorzustellende Equity-Ansatz oder die Varianten des Entity-Ansatzes) verlangen zudem unterschiedliche Definitionen der entziehbaren Überschüsse.

2. Eine einfache Definition für entziehbare Überschüsse (Free Cashflows)

Die Überlegungen in Kapitel 3 zur Berechnung der Nettoeinzahlungen von Investitionsprojekten nach Steuern blendeten Rechnungslegungsnormen und damit verbundene Ausschüttungssperren und von der Zahlungsebene abweichende Steuerbemessungsgrundlagen weitgehend aus. Dies war aus didaktischen Gründen sinnvoll. Für die Herleitung von Unternehmens(gesamt)werten sind Modifikationen notwendig, um die Finanzierbarkeit, die Ausschüttungsfähigkeit von Überschüssen und die steuerliche Optimierung unter realistischen Bedingungen zu gewährleisten.

Unter finanziellem Aspekt sollten die Mittel dem Unternehmen entzogen werden, deren Anlage im Unternehmen keine positiven Wertzuwächse auslösen, weil die projektspezifischen Renditen die erzielbaren risikoäquivalenten Renditen außerhalb des Unternehmens nicht erreichen. Wenn der Mittelbedarf für vorteilhafte Investitionsprojekte mit dem Symbol I_t belegt wird, dann lautet eine stark vereinfachte Ausschüttungsregel, die positive Differenz zwischen dem verfügbaren Cashflow und I_t auszuschütten. Diese Größe bezeichnen wir als „Jensen-Cashflow" oder auch als zahlungsorientierte residuale Ausschüttung.[56] Übersteigt I_t den auf Unternehmensebene verfügbaren Betrag, sind Mittel am Kapitalmarkt in Form von Eigen- oder Fremdkapital aufzunehmen.

---

[54] Williams, J. B. (1938), S. 57-58.

[55] Moxter, A. (1983), S. 79.

[56] Jensen ist einer der Autoren, die besonders eindringlich argumentieren, daß Unternehmen die Mittel, die sie nicht besser einsetzen können als Eigentümer, den Eigentümern zur Verfügung stellen sollen. Jensen, M. C. (1986). Vgl. auch Easterbrook, F. H. (1984); Jensen, M. C. (1993).

Diese auf den ersten Blick plausibel erscheinende Regel zur Bemessung von Ausschüttungen ist aus mehreren Gründen zu modifizieren:

Die Absicht, die Differenz zwischen verfügbarem Cashflow und dem Mittelbedarf I_t auszuschütten, setzt eine klare Definition darüber voraus, was der verfügbare Cashflow nach (nicht vermeidbaren) Unternehmensteuern ist. Wenn der verfügbare Cashflow durch Maßnahmen der Außenfinanzierung (Aufnahme von Fremd- und/oder Eigenkapital, Aussetzung von Tilgungen) steuerbar ist, ist der verfügbare Cashflow erst dann eingrenzbar, wenn Restriktionen für die Nutzung der Außenfinanzierungsmöglichkeiten gezogen sind.

Neben der Gewerbeertragsteuer sind Belastungen durch Körperschaftsteuer sowie die auf der Ebene der Eigentümer zu leistende Einkommensteuer zu beachten. Im Halbeinkünfteverfahren tritt im Falle der Ausschüttung die Einkommensteuer zur definitiven, d. h. nicht vermeidbaren Körperschaftsteuer hinzu. Es kann also überlegt werden, ob den Eigentümern mit einkommensteuerneutralen Zuflüssen in Form von Kursgewinnen oder Aktienrückkäufen besser gedient ist. Im Anrechnungsverfahren konnte die Belastung durch Körperschaftsteuer gesteuert werden über die Aufteilung des prinzipiell ausschüttungsfähigen Betrages auf Thesaurierung bzw. Ausschüttung.

Bei der Entscheidung über die Ausschüttung ist nicht nur die Finanzierbarkeit der Ausschüttung, sondern auch die *Ausschüttungsfähigkeit* des in Frage stehenden Betrages zu prüfen. Bei Kapitalgesellschaften, die wir durchweg unterstellen, sind Ausschüttungsrestriktionen des HGB bzw. AktG zu beachten. Als Ausschüttungsobergrenze fungiert der Jahresüberschuß bzw. der um Auflösungen von Gewinnrücklagen bzw. Entnahmen aus der Kapitalrücklage erhöhte oder um Einstellungen in Gewinnrücklagen verminderte Bilanzgewinn (§ 158 AktG). Aktienrückkäufe und ordentliche Kapitalherabsetzungen können die Obergrenze modifizieren. Prinzipiell gilt, daß finanzierbare residuale Ausschüttungen bei entsprechenden Beständen von Eigenkapital *ausschüttungsfähig* gemacht werden können.

3. Einflüsse von Ausschüttungssperren und steuerlichen Regelungen im Halbeinkünfteverfahren

Der Regel, den „Jensen-Cashflow“ oder den Free Cashflow auszuschütten, kann man also folgen, wenn

- brauchbare Restriktionen für die Nutzung der Möglichkeiten der Außenfinanzierung gezogen sind,
- das Steuerregime keine von der Regel abweichende Handlungsmaxime nahelegt und
- Ausschüttungssperren die Realisierung der Regel nicht behindern.

Wir bezeichnen den Jahresüberschuß der Periode mit $JÜ_t$ und betrachten diesen als Obergrenze der zulässigen Ausschüttung, es sei denn, es könnten bestehende Gewinnrücklagen aufgelöst, Aktien zurückgekauft bzw. das Eigenkapital herabgesetzt und ausgeschüttet werden. FCF_t bezeichnet den finanziellen Überschuß nach Gewerbeertrag- und Körperschaftsteuer, nach den Auszahlungen für werterhöhende Investitionen und nach Nutzung der als zulässig definierten Quellen der Außenfinanzierung.

Wir differenzieren danach, ob Ausschüttungssperren wirksam oder ob sie überwindbar sind. Außerdem fragen wir, ob die Steuerlast von der Verwendung der Mittel abhängt und deshalb die genannte einfache Ausschüttungsregel modifiziert.

Im Halbeinkünfteverfahren ist die Welt, gleichgültig ob Ausschüttungssperren wirksam sind oder nicht, einfacher (aber nicht besser) als im später zu besprechenden Anrechnungsverfahren. Der Erfolg nach Gewerbeertragsteuer wird unabhängig von seiner Verwendung der Körperschaftsteuer unterworfen. Der Körperschaftsteuersatz beträgt $s_K = 0{,}25$. Ausschüttungen in Form von Dividenden werden zusätzlich mit dem halben Einkommensteuersatz besteuert. Eine Anrechnung der von der Gesellschaft entrichteten Körperschaftsteuer existiert nicht. Die zusätzliche Belastung der Ausschüttung mit $0{,}5s_I$ wirkt wie eine Strafsteuer. Die Frage reduziert sich darauf, ob ausgeschüttet und damit eine zusätzliche Steuerbelastung in Kauf genommen werden soll oder ob thesauriert werden soll, wenn einkommensteuerneutrale Aktienrückkäufe oder Kapitalherabsetzungen nicht möglich sind. Aus Thesaurierungen resultierende Kursgewinne können ggf. nach Ablauf der einjährigen Haltefrist einkommensteuerfrei vereinnahmt werden.[57]

Tabelle 5-4 stellt mögliche Konstellationen differenziert danach, ob Ausschüttungssperren greifen oder nicht, dar.

Wir sehen im ersten Schritt von bindenden Ausschüttungssperren ab: Die Gesellschaft könne Eigenkapital in einkommensteuerunschädlicher Weise an die Eigentümer ausschütten. Das geht unter realistischen Bedingungen nur, wenn Eigenkapital herabgesetzt und ausgeschüttet wird. Eine Ausschüttung in Form einer Dividende oder eine Auflösung von Gewinnrücklagen und deren Ausschüttung würde dagegen eine Belastung durch hälftige Einkommensteuer auslösen. Wir setzen den Einkommensteuersatz in Höhe von 35 % fest. Mit CF bezeichnen wir den finanziellen Zufluß auf Eigentümerebene nach allen Steuern.

Tabelle 5-4 unterscheidet danach, ob der FCF_t größer oder kleiner ist als der Jahresüberschuß $JÜ_t$. Sie differenziert für den Fall nicht bindender Ausschüttungssperren danach, ob der FCF_t einkommensteuerfrei, nach

[57] Während der einjährigen Haltefrist realisierte Kursgewinne werden im Halbeinkünfteverfahren mit $0{,}5s_I$ besteuert.

Besteuerung des $JÜ_t$ mit hälftiger Einkommensteuer oder nach Besteuerung des FCF_t mit hälftiger Einkommensteuer den Eigentümern zufließt.

	$FCF_t > JÜ_t$ $140 > 100$		$FCF_t < JÜ_t$ $140 < 200$	
Ausschüttungssperren binden nicht				
• ESt-neutraler Zufluß	FCF_t	140	FCF_t	140
• ESt-pflichtiger Zufluß	$FCF_t - 0{,}5s_I\ JÜ_t$	122,5	$FCF_t(1 - 0{,}5s_I)$	115,5
	$FCF_t(1 - 0{,}5s_I)$	115,5		
Ausschüttungssperren binden				
• ESt-neutraler Zufluß	$JÜ_t$	100	FCF_t	140
• ESt-pflichtiger Zufluß	$JÜ_t(1 - 0{,}5s_I)$	82,5	$FCF_t(1 - 0{,}5s_I)$	115,5

Tabelle 5-4: Bewertungsrelevante Nach-Steuer-Zuflüsse im HEV

Sind die Ausschüttungssperren *bindend*, ist für den Fall $FCF_t > JÜ_t$ maximal ein Betrag in Höhe von $JÜ_t$ ausschüttungsfähig. Dieser ist ggf. auf Eigentümerebene zu versteuern. Auf Unternehmensebene müssen Mittel in Höhe von $FCF_t - JÜ_t = 40$ eine sinnvolle Verwendung finden. Das dürfte i. d. R. schwer fallen, da FCF_t definiert ist als finanzieller Überschuß *nach* Vornahme aller vorteilhaften Real- und Finanzinvestitionen. Ausschüttungssperren wirken hier als „Allokationsbremse“.[58]

Für den Fall $FCF_t < JÜ_t$ gilt, daß die Ausschüttungssperre keine Bedeutung hat: Sie behindert die rationale Allokation der Mittel nicht.

4. Exkurs: Einflüsse von Ausschüttungssperren und steuerlichen Regelungen im Anrechnungsverfahren

Sind Ausschüttungssperren nicht existent oder überwindbar und ist die Steuerlast von der Verwendung der Mittel unabhängig, ist der Jahresüberschuß $JÜ_t^*$, definiert als Jahresüberschuß nach Gewerbesteuer aber vor Körperschaftsteuer, auch im Anrechnungsverfahren keine die Verwendung der Mittel beeinflussende Größe: Auszuschütten ist der FCF_t und folglich ist der FCF_t nach Einkommensteuer auch die bewertungsrelevante Größe. Dies ändert sich, wenn der Jahresüberschuß als Allokationsbremse wirkt und wenn die gesamte Steuerlast von der Verwendung von $JÜ_t^*$ abhängt. Das ist im Anrechnungsverfahren der Fall, weil hier thesaurierte Überschüsse mit Körperschaftsteuer für Thesaurierung in Höhe von $s_K^T = 0{,}40$ belegt werden; ausgeschüttete Beträge werden mit s_I besteuert. Wenn die Steuersätze s_K^T und s_I differieren, folgt eine verwendungsabhängige Steuerbelastung.

58 Vgl. zu diesem Begriff Drukarczyk, J. (1978).

Sind Ausschüttungssperren nicht überwindbar, ist ein $FCF_t > JÜ_t^*$ nicht vollständig ausschüttungsfähig. Das Unternehmen kann eine Jahresüberschuß-bezogene Vollausschüttung realisieren, aber den finanziellen Überschuß nicht vollständig an die Anteilseigner auszahlen. Auf den ersten Blick entsteht ein Zwang zur Reinvestition in Finanzanlagen bzw. zum Abbau von Fremdkapital.[59] Unterstellt man die Möglichkeit der Auflösung von Gewinnrücklagen, der Kapitalherabsetzung oder des Rückkaufs eigener Aktien, wird die allokationssteuernde Wirkung von den FCF_t unterschreitenden Jahresüberschüssen beseitigt bzw. gemildert.

Wir unterstellen zuerst, daß Ausschüttungssperren überwindbar sind. Wie hoch ist der entziehbare Überschuß einer Periode vor dem Hintergrund unterschiedlicher Steuersätze s_I bzw. s_K^T und unterschiedlichen Konstellationen von FCF_t und $JÜ_t^*$?

Wir unterscheiden in Anlehnung an Schwetzler[60] vier Fälle:

	$FCF_t > JÜ_t^*$	$FCF_t < JÜ_t^*$
$s_I < s_K^T$	Fall 1 Vollausschüttung von $JÜ_t^*$, Belastung mit s_I; steuerneutrale Kapitalherabsetzung in Höhe der Differenz $FCF_t - JÜ_t^*$ $CF_t = FCF_t - s_I \cdot JÜ_t^*$	Fall 2 Vollausschüttung von $JÜ_t^*$, Belastung mit s_I (SAHZ); Wiedereinlage in Höhe der Differenz $JÜ_t^* - FCF_t$ $CF_t = FCF_t - s_I \cdot JÜ_t^*$
$s_I > s_K^T$	Fall 3 Volle Thesaurierung von $JÜ_t^*$, Belastung mit s_K^T; steuerneutrale Kapitalherabsetzung in Höhe der Summe FCF_t minus Steuern auf Thesaurierung $CF_t = FCF_t - s_K^T \cdot JÜ_t^*$	Fall 4 Volle Thesaurierung von $JÜ_t^*$, Belastung mit s_K^T; steuerneutrale Kapitalherabsetzung in Höhe des Überschusses FCF_t minus Steuern auf Thesaurierung $CF_t = FCF_t - s_K^T \cdot JÜ_t^*$

Tabelle 5-5: Bewertungsrelevante Nach-Steuer-Zuflüsse im ARV

Die in den Fällen 1 und 3 wirkende Begrenzung der Ausschüttung werde dadurch aufgehoben, daß die Gesellschaft die Ausschüttung von zusätzlichen Mitteln durch eine steuerunschädliche Kapitalherabsetzung bewirke.[61]

[59] Der FCF_t ist definiert als finanziell verfügbarer Betrag nach Vornahme aller vorteilhaften Real- und Finanzinvestitionen. Vorteilhafte Investitionen existieren somit annahmegemäß nicht mehr.

[60] Vgl. Schwetzler, B. (1998).

[61] Die Gesellschaft schüttet Bestandteile von EK 0 aus.

In den Fällen 1, 3 und 4 verläßt ein Betrag in Höhe des FCF_t das Unternehmen. Im Fall 2 ist die Ausschüttung zunächst höher; da die Eigentümer die Differenz $\left(JÜ_t - FCF_t\right)$ per Einlage in das Unternehmen zurückfließen lassen, gibt das Unternehmen im Ergebnis auch hier den FCF_t ab.

Allerdings ist der FCF_t nicht der Betrag, der den Eigentümern vor Einkommensteuer zufließt. Es ist die Relation der Steuersätze s_K^T und s_I, die entscheidet, *wo* der zu versteuernde Überschuß – das ist die Größe $JÜ_t^*$ – versteuert wird. Gilt $s_I < s_K^T$ (Fall 1 und Fall 2), erfolgt die Besteuerung der Größe $JÜ_t^*$ auf der Ebene der Anteilseigner. Gilt $s_I > s_K^T$ (Fall 3 und 4) wird auf der Ebene des Unternehmens besteuert. Ein dem Wunsch, den FCF_t auszuschütten, zunächst widersprechendes Thesaurierungsverhalten wird durch eine steuerunschädliche Kapitalherabsetzung wettgemacht. Schwetzler belegt diese Vorgehensweise mit dem passenden Begriff „inverse Schütt-aus-hol-zurück-Politik".[62] Im Ergebnis fließt den Eigentümern nach Steuern und nach Reinvestition der Betrag CF_t zu, der gemäß (5-1) definiert ist:

$$CF_t = FCF_t - \min\left(s_I,\ s_K^T\right) JÜ_t^* \tag{5-1}$$

Bei überwindbaren Ausschüttungssperren gelingt es also, den FCF_t auszuschütten.

Nun sei die Ausschüttungssperre *bindend*: sie wirkt als Allokationsbremse; die inverse Schütt-aus-hol-zurück-Politik ist nicht mehr möglich. Von den obigen vier Fällen bleibt nur Fall 2 unverändert. Die Fälle 1, 3 und 4 sind an die Restriktion anzupassen.

Im Fall 1 ist der bewertungsrelevante Cashflow $JÜ_t^*(1 - s_I)$. Das ist eine Jahresüberschuß-bezogene Vollausschüttung. In Höhe der Differenz $FCF_t - JÜ_t^*$ erfolgt eine steuerfreie Thesaurierung auf Unternehmensebene. Der Betrag kann in Finanzanlagen geparkt werden oder zur Tilgung von Fremdmitteln eingesetzt werden. Diese Maßnahmen beeinflussen künftige entziehbare Überschüsse.

Im Fall 3 ist die Differenz $FCF_t - JÜ_t^*$ nicht ausschüttungsfähig. Hier gilt das gleiche wie in Fall 1: Ein Betrag in Höhe von $JÜ_t^*$ könnte ausgeschüttet werden und ist dann mit $s_I > s_K^T$ zu besteuern. Alternativ könne $JÜ_t^*$ thesauriert und mit s_K^T besteuert werden. Der verbleibende Betrag kann in Finanzanlagen investiert oder zum Abbau von Fremdkapital verwendet werden.[63] Im Fall der Ausschüttung ist auch hier $CF_t = JÜ_t^*\left(1 - s_I\right)$.

---

[62] Schwetzler, B. (1998), S. 701.

[63] Würde man thesaurieren, in Finanzanlagen investieren und die Zinserträge ausschütten, erzielte man $JÜ_t^*\left(1-s_K^T\right)i\left(1-s_{GE}\right)\left(1-s_I\right)$. Schüttete man aus und investierten die Anleger in Finanzanlagen mit der Bruttorendite i, erzielten diese $JÜ_t^*\left(1-s_I\right)i\left(1-s_I\right)$. Die Entscheidung hängt somit von s_I und $s_{GE}\left(1-s_K^T\right)+s_K^T$ ab.

Im Fall 4 ist ein Betrag in Höhe von $JÜ_t^* - FCF_t$ einzubehalten. Es entsteht eine Thesaurierungsbelastung, die den ausschüttbaren Betrag kürzt.

Ausschüttbar ist somit der Betrag

$$FCF_t - \left(JÜ_t^* - FCF_t\right)\frac{s_K^T}{1-s_K^T};$$

der zweite Term stellt die Thesaurierungsbelastung dar. Dieser Betrag unterliegt bei Ausschüttung der Einkommensteuer. Bewertungsrelevant ist somit (5-2):

$$CF_t = \left(FCF_t - s_K^T \frac{JÜ_t^* - FCF_t}{1-s_K^T}\right)\left(1-s_I\right) \tag{5-2}$$

Zwischenergebnisse sind: Sind Ausschüttungssperren nicht bindend, ist der bewertungsrelevante Cashflow CF_t im Anrechnungsverfahren gemäß (5-1) zu definieren. Sind Ausschüttungssperren bindend, können Jahresüberschuß-bezogene Voll- oder Teilausschüttungen die Folge sein. Bindende Ausschüttungssperren können suboptimale Investitionsentscheidungen auf Unternehmensebene erzwingen (z. B. in Finanzanlagen).

5. Entziehbare Überschüsse, Steuern und Rechnungslegungsnormen

a. Grundlagen

Wir benutzen stark vereinfachte Bilanzen und Gewinn- und Verlustrechnungen, um die bewertungsrelevanten Überschüsse auf Basis von Jahresabschlußpositionen zu definieren. So sind wir in der Lage, die in den vorangegangenen Abschnitten diskutierten Abweichungen zwischen Jahresüberschuß und Free Cashflow zu begründen. Wir unterstellen das Halbeinkünfteverfahren.

Aktiva	Symbole	Passiva	Symbole
Sachanlagevermögen	SAV	Eigenkapital	EK
Finanzanlagen	FA	Rückstellungen	RS
Nettoumlaufvermögen	NUV	Zu verzinsendes Fremdkapital	F
Investiertes Kapital	IK	Investiertes Kapital	IK

Tabelle 5-6: Vereinfachte Bilanz

Positionen	Symbole
(Netto)Umsatzerlöse	NU
– Betriebliche Aufwendungen ohne Abschreibungen, Rückstellungszuführungen, Zinsen	BA
Ergebnis vor Abschreibungen, Rückstellungszuführungen, Zinsen und Steuern	EBITDA[64]
– Abschreibungen	Ab
– Zuführungen zu Rückstellungen	ZR
+ Auflösungen von Rückstellungen	AR
Ergebnis vor Zinsen und Steuern	EBIT [65]
– Zinsaufwand	Zi
+ Zinsertrag	ZE
Ergebnis vor Steuern	EBT
– Gewerbeertragsteuer	S_{GE}
– Körperschaftsteuer	S_K
Jahresüberschuß	JÜ
Dividende	Div
Thesaurierung	ΔRl

Tabelle 5-7: Vereinfachte Gewinn- und Verlustrechnung

In jeder Periode t muß gelten:

$$SAV_t + FA_t + NUV_t = EK_t + RS_t + F_t \tag{5-3}$$

Das Sachanlagevermögen in t ergibt sich aus dem Startwert SAV_{t-1} zuzüglich Investitionen in Sachanlagen abzüglich der Abschreibung Ab_t:

$$SAV_t = SAV_{t-1} - Ab_t + I_t^{SAV} \tag{5-4}$$

Ob das Finanzanlagevermögen Veränderungen erfährt, hängt auch davon ab, ob Finanzanlagen unter Beachtung von Steuern auf Unternehmensebene lohnen. Relevant ist weiterhin, ob Ausschüttungssperren bindend sind und welche Verwendungsmöglichkeiten für ausschüttungsgesperrte Mittel auf Unternehmensebene bestehen. Sie könnten zur Tilgung von verzinslichem Fremdkapital oder eben zum Aufbau von Finanzanlagen verwendet werden.

NUV steht für die Netto-Bestände im Umlaufvermögen:

$$NUV_t = EBK_t + LM_t \tag{5-5}$$

---

[64] EBITDA: Earnings before Interest, Taxes, Depreciation and Amortization.
[65] EBIT: Earnings before Interest and Taxes.

mit EBK_t Erforderliches Betriebskapital

LM_t Liquide Mittel

EBK könnte im Gesamtkostenverfahren definiert werden durch:

$$EBK_t = LB_t + F_t^{Lei} + GA_t - V_t^{Lei} - EA_t \tag{5-6}$$

mit LB_t Lagerbestände an RHB-Stoffen,

F_t^{Lei} Forderungen aus Lieferungen und Leistungen,

GA_t Geleistete Anzahlungen,

V_t^{Lei} Verbindlichkeiten aus Lieferungen und Leistungen,

EA_t Erhaltene Anzahlungen.

Die Veränderungen des Eigenkapitals hängen von den Jahresüberschüssen, von der Ausschüttungspolitik bzw. den sonstigen die Kapitalstruktur bestimmenden Finanzierungsprämissen ab. Wird eine Jahresüberschuß-bezogene Vollausschüttung betrieben, bleibt der Bestand des Eigenkapitals konstant, soweit Verluste ausbleiben oder durch Einlagen der Eigentümer gedeckt werden. Wird diese Politik von Kapitalerhöhungen (KE) begleitet, wächst der Eigenkapitalbestand trotz Jahresüberschuß-bezogener Vollausschüttung. Bei Jahresüberschuß-bezogener Teilausschüttung finden Thesaurierungen statt: der Eigenkapitalbestand steigt um ΔRl. Dieser Zusammenhang ist als Kongruenzprinzip bzw. als Clean Surplus Relation bekannt.[66] Die Veränderung des Eigenkapitals entspricht Jahresüberschuß zuzüglich Kapitalerhöhungen abzüglich Dividenden, Aktienrückkäufen und Kapitalherabsetzungen:

$$EK_t = EK_{t-1} + JÜ_t + KE_t - KH_t - Div_t \tag{5-7}$$

Der Rückstellungsbestand einer Periode folgt aus:[67]

$$RS_t = RS_{t-1} + ZR_t - AR_t - IR_t \tag{5-8}$$

Die Veränderungen des Fremdkapitals hängen bei gegebenen (geplanten) Investitionsauszahlungen und gegebenen (geplanten) operativen Überschüssen von der Ausschüttungspolitik und der verfolgten Strategie der Kapitalerhöhungen und den daraus resultierenden Tilgungen ab.

Schließlich können wir den Cashflow berechnen.

---

66 Verletzungen dieses Prinzips (Dirty Surplus Accounting) diskutieren wir hier nicht; vgl. dazu Krotter, S. (2006).

67 IR: Inanspruchnahme bei Eintritt des Rückstellungsgrundes.

Positionen	Symbole
(Netto)Umsatzerlöse	NU
– Betriebliche Aufwendungen	BA
– Steuern	S
– Veränderung des erforderlichen Betriebskapitals	ΔEBK
+ Veränderung Rückstellungen	ΔRS
Net Operating Cashflow	NOCF
+ Zinsertrag	ZE
– Investitionen in Sachanlagen	I^{SAV}
– Investitionen in Finanzanlagen	ΔFA
Cashflow aus Investitionstätigkeit	
– Zinsaufwand	Zi
– Tilgung/+ Kreditaufnahme	ΔF
+ Kapitalerhöhungen	KE
– Kapitalherabsetzungen/Aktienrückkäufe	KH
– Dividende	Div
Cashflow aus Finanzierungstätigkeit	
Veränderung liquide Mittel	ΔLM

Tabelle 5-8: Cashflow-Statement

Ein Beispiel soll die Funktion des erforderlichen Betriebskapitals erläutern. Die folgende Tabelle zeigt GuV-Daten für die Perioden t-1 und t. Personalaufwand und sonstige betriebliche Aufwendungen seien auszahlungsgleich; Steuern und Rückstellungen werden ausgeblendet. Gemäß GuV für die Periode t ergibt sich ein Ertragsüberschuß in Höhe von 69.266. Der Einzahlungsüberschuß in Periode t ist jedoch um die Differenz ΔEBK in Höhe von 7.344 kleiner, weil Umsatzerlöse nicht zu gleich hohen Einzahlungen, weil Materialaufwendungen nicht zu gleich hohen Auszahlungen führten und weil die Bestände an Roh-, Hilfs- und Betriebsstoffen aufgestockt wurden.

Eine die zeitliche Entwicklung von ΔEBK beachtende Rechnung kann also auf den Ertrags- und Aufwandsschätzungen der Plan-GuV-Rechnungen aufbauen. Die Größe ΔEBK korrigiert das partielle Auseinanderfallen von Aufwendungen und Erträgen und den Aufbau von Lagerbeständen bei Roh-, Hilfs- und Betriebsstoffen. Der Aufbau von Lagerbeständen bei Halb- und Fertigfabrikaten bedarf im Rahmen des Gesamtkostenverfahrens keiner Korrektur, da die zugehörigen Aufwendungen (Auszahlungen) im Gegensatz zum Umsatzkostenverfahren bereits in der GuV erfaßt sind.

	t - 1	t
Nettoumsatzerlöse	270.000	331.200
Materialaufwand	72.000	88.290
Personalaufwand	73.828	81.949
Sonstige betriebliche Aufwendungen	83.359	91.695
Jahresüberschuß	40.813	69.266
Lagerbestände an RHB-Stoffen	24.300	29.808
Forderungen aus Lieferungen und Leistungen	35.100	43.056
Verbindlichkeiten aus Lieferungen und Leistungen	27.000	33.120
EBK	32.400	39.744
$\Delta EBK = EBK_t - EBK_{t-1}$	-	7.344
NOCF		61.922

Tabelle 5-9: Beispiel zum erforderlichen Betriebskapital

Unterstellt man eine residuale Dividende ($\Delta LM = 0$) und blendet man Kapitalherabsetzungen bzw. Aktienrückkäufe aus, kann die Dividende (Div) grundsätzlich wie folgt definiert werden:[68]

$$\begin{aligned} Div_t &= EBT_t - S_{GE,t} - S_{K,t} - \Delta EBK_t + \Delta RS_t - \left(I_t^{SAV} - Ab_t\right) - \Delta FA_t \\ &\quad + \Delta F_t + KE_t \end{aligned} \tag{5-9}$$

$S_{GE,t}$ ist abhängig von der zugehörigen steuerlichen Bemessungsgrundlage und dem Satz s_{GE}; $S_{K,t}$ hängt ab von der Höhe des Jahresüberschusses vor Körperschaftsteuer. Es gilt:[69]

$$\begin{aligned} S_{GE,t} &= s_{GE}\left[NU_t - BA_t - Ab_t - \left(ZR_t - AR_t\right) - Zi_t + ZE_t\right] \\ &= s_{GE}EBT_t \end{aligned} \tag{5-10}$$

$$S_{K,t} = s_K\left(EBT_t - S_{GE,t}\right) \tag{5-11}$$

Bei gegebener Investitionsstrategie und gegebenen Startbeständen F_{t-1} und FA_{t-1} bestimmen insbesondere die Parameter KE_t, ΔRl_t und die Veränderungen von F_t und FA_t die Höhe der Ausschüttung. Legte man Div_t über eine an $JÜ_t$ andockende Ausschüttungsquote c fest, ist KE_t bzw. ΔF_t bzw. ΔFA_t entsprechend einzustellen, um Div_t zu finanzieren. Legte man

[68] Wir unterstellen für den Rest des Kapitels positive Jahresüberschüsse. Kapitel 9 diskutiert die Bewertung bei (temporär) negativen Jahresüberschüssen.

[69] Unter der Annahme gewerbesteuerlicher Nicht-Dauerschulden.

die Finanzierungspolitik fest, indem man z. B. F_t an das (bilanziell definierte) investierte Kapital IK_t knüpfte, ist Div_t u. a. abhängig von dieser Finanzierungsprämisse und damit vom zulässigen Fremdkapitalvolumen. Positive Bestände an FA_t, die aufgelöst werden könnten, und die Option, Kapitalerhöhungen zu arrangieren, erhöhen die Gestaltbarkeit der Ausschüttung Div_t.

Setzt man vereinfachend $FA_{t-1} = 0$, $\Delta FA_t = 0$ und $KE_t = 0$, hängt Div_t ab von der Thesaurierungsstrategie und einer ergänzenden Finanzierungsprämisse, die die Entwicklung von F_t steuert. Thesaurierung in Höhe von ΔRl_t und die Veränderung des Fremdkapitals ΔF_t müssen positive Differenzen zwischen I_t und dem durch Ab_t und ΔRS_t dargestellten Volumen an Innenfinanzierung ausgleichen.

Die Zahl der die Ausschüttung Div_t gestaltenden Parameter ist somit groß. Wir engen sie vorläufig ein, indem wir eine vollständige Eigenfinanzierung und bindende Ausschüttungssperren unterstellen.[70]

Wir definieren bindende Ausschüttungssperren so, als dürfe höchstens ein Betrag in Höhe des Jahresüberschusses ausgeschüttet werden. Das ist eine vereinfachende Annahme, weil die Ausschüttungsfähigkeit durch Auflösung von Gewinnrücklagen, Aktienrückkäufe und ordentliche Kapitalherabsetzungen erhöht werden kann. Wir können dann zwischen Jahresüberschuß-bezogener Vollausschüttung und Teilausschüttung differenzieren.

b. Jahresüberschuß-bezogene Vollausschüttung

Eine Jahresüberschuß-bezogene Vollausschüttung beachtet den Mittelbedarf für neue, werterhöhende Investitionsprojekte I_t im ersten Schritt nicht. Durch Ausschüttung ausgelöste Finanzierungslücken müssen - bei unterstellter Eigenfinanzierung - folglich durch Wiedereinlagen (Kapitalerhöhungen) geschlossen werden, soweit die benötigten Mittel nicht durch Innenfinanzierung oder durch die Auflösung von Finanzanlagen bereitgestellt werden. Die Innenfinanzierung wird vorrangig durch Abschreibungen und Veränderungen der Rückstellungsbestände alimentiert.

Wird Eigenfinanzierung unterstellt, ist die Dividende bei Jahresüberschuß-bezogener Vollausschüttung wie folgt definiert:

$$Div_t = EBT_t \left(1 - s_{GE}\right)\left(1 - s_K\right) \tag{5-12}$$

Im Halbeinkünfteverfahren wird Div_t hälftig besteuert. Der bewertungsrelevante Cashflow bei Vollausschüttung ist somit

$$CF_t^V = EBT_t \left(1 - s_{GE}\right)\left(1 - s_K\right)\left(1 - 0{,}5 s_I\right). \tag{5-13}$$

---

70 Wir wählen vollständige Eigenfinanzierung, weil zwei der Spielarten der im 6. Kapitel zu besprechenden DCF-Methode erwartete entziehbare Überschüsse bei (fingierter) vollständiger Eigenfinanzierung des Unternehmens bewerten.

Die Formulierung (5-12) bzw. (5-13) berücksichtigt noch nicht den Mittelbedarf für die in Periode t geplanten Investitionen. Setzt man die Veränderung des erforderlichen Betriebskapitals, die Finanzanlagen und ΔF_t vereinfachend gleich Null, steht lediglich das Innenfinanzierungsvolumen in Höhe von

$$Ab_t + ZR_t - AR_t - IR_t = Ab_t + \Delta RS_t$$

zur Finanzierung zur Verfügung. Wenn I^{SAV} das Innenfinanzierungsvolumen übersteigt, ist der fehlende Betrag im Wege der Eigenfinanzierung (Kapitalerhöhung KE) zu beschaffen. Sollte $I_t^{SAV} < Ab_t + \Delta RS_t$ gelten, ist die Differenz in Finanzanlagen zu parken. Wir können also schreiben:

$$CF_t^V = EBT(1 - s_{GE})(1 - s_K)(1 - 0{,}5s_I) - \max\left(I_t^{SAV} - Ab_t - \Delta RS_t; 0\right) \quad (5\text{-}14)$$

Die Ausschüttung des Unternehmens bei unterstellter Jahresüberschuß-bezogener Vollausschüttung ist vor Körperschaft- bzw. Einkommensteuer definiert durch:

$$Div_t = EBT_t(1 - s_{GE}) \quad (5\text{-}15)$$

Die Ausschüttung wird auf Anteilseignerebene mit s_I besteuert. Der bewertungsrelevante Cashflow ist dann

$$CF_t^V = EBT_t(1 - s_{GE})(1 - s_I) \quad (5\text{-}16)$$

bzw.

$$CF_t^V = EBT_t(1 - s_{GE})(1 - s_I) - \max\left(I_t^{SAV} - Ab_t - \Delta RS_t; 0\right), \quad (5\text{-}17)$$

wenn das Innenfinanzierungsvolumen zur Finanzierung von I_t nicht ausreicht.

c. Jahresüberschuß-bezogene Teilausschüttung

Planen Manager bzw. Eigentümer Teilausschüttungen, folgt im Halbeinkünfteverfahren bei Eigenfinanzierung:

$$Div_t = EBT_t(1 - s_{GE})(1 - s_K) - \Delta Rl_t \quad (5\text{-}18)$$

Dimensioniert man die Thesaurierung (ΔRl_t) so, daß das Innenfinanzierungsvolumen bestehend aus Ab_t, ΔRS_t und ΔRl_t genau ausreicht, um I_t^{SAV} zu finanzieren, sind Wiedereinlagen von Mitteln durch Eigentümer nicht erforderlich. Nach Einkommensteuer verfügen die Eigentümer somit über:

$$CF_t^T = \left[EBT_t\left(1-s_{GE}\right)\left(1-s_K\right)-\Delta Rl_t\right]\left(1-0{,}5s_I\right) \tag{5-19}$$

Übersteigt das wertschaffende Investitionsvolumen die Summe von $JÜ_t + Ab_t + \Delta RS_t$ müssen Eigentümer die Differenzbeträge in das Unternehmen einbringen. Der bewertungsrelevante Cashflow ist in dieser Periode dann negativ.

Im Anrechnungsverfahren ist die Ausschüttung bei Jahresüberschuß-bezogener Teilausschüttung wie folgt zu formulieren:

$$Div_t = EBT_t\left(1-s_{GE}\right)-\Delta Rl_t-\Delta Rl_t\frac{s_K^T}{1-s_K^T}-Div_t\frac{s_K^A}{1-s_K^A} \tag{5-20}$$

ΔRl_t ist so einzustellen, daß gilt $I_t^{SAV} = Ab_t + \Delta RS_t + \Delta Rl_t$.

$\Delta Rl_t \cdot s_K^T/\left(1-s_K^T\right)$ kennzeichnet die Belastung mit Körperschaftsteuer für Thesaurierung. Der letzte Term steht für die Körperschaftsteuerbelastung der Ausschüttung, für die die Ausschüttungsempfänger die Körperschaftsteuergutschrift erhalten. Zu versteuern auf Eigentümerebene ist die Barausschüttung in Form von (5-20) und die Körperschaftsteuergutschrift. Der bewertungsrelevante Cashflow nach Einkommensteuer ist:

$$CF_t^T = \left[EBT_t\left(1-s_{GE}\right)-\Delta Rl_t\left(1+\frac{s_K^T}{1-s_K^T}\right)\right]\left(1-s_I\right) \tag{5-21}$$

6. Kapitalstruktur und entziehbare Überschüsse – ein Beispiel

Was im konkreten Fall entziehbarer Überschuß ist, ist keine Frage, auf die eine völlig eindeutige Antwort gegeben werden kann, bevor nicht eine Reihe von Annahmen gesetzt ist. Warum dies so ist, wurde soeben erläutert.

Die Entziehbarkeit von Überschüssen hängt ab

- von den Investitionsstrategien und damit von den erwarteten Renditen der Reinvestitionen im Zeitablauf,
- von der Gestaltung der Kapitalstruktur, also der Zusammensetzung der Passivseite des Unternehmens und den Finanzierungsprämissen,
- von den gesellschaftsrechtlichen Ausschüttungssperren und
- von den geltenden steuerlichen Regelungen.

Aus diesen Einflußgrößen, die die Höhe und zeitliche Struktur der entziehbaren Überschüsse bestimmen, wählen wir die Gestaltung der Kapitalstruktur aus. Wir stellen die Gesellschaft, die Value AG, mit gegebener Kapitalstruktur, gegebenem Investitionsprogramm und gegebener Ausschüttungspolitik vor und fragen, wie eine radikale Änderung der Kapitalstruktur der Gesellschaft auf die entziehbaren Überschüsse wirkt. Die Frage, wie diese Änderung auf den *Wert* der Gesellschaft, den Unternehmens(gesamt)wert, wirkt, wird im 6. Kapitel aufgegriffen.

Tabelle 5-10 und Tabelle 5-11 stellen die Planbilanzen und Plan-Gewinn- und Verlustrechnungen der Value AG dar. Es gilt das Halbeinkünfteverfahren mit folgenden Steuersätzen: $s_{GE} = 0{,}1667$, $s_K = 0{,}25$; Zinsaufwendungen seien zur Vereinfachung vollständig von der Bemessungsgrundlage der Gewerbeertragsteuer abzugsfähig. Alle Zahlenangaben sind gerundet.

	0	1	2	3	4	5	6	7	8ff.
Sachanlagen	10.000,0	10.200,0	10.710,0	11.459,7	11.688,9	11.922,7	12.161,1	12.769,2	12.769,2
Netto-Umlaufvermögen[71]	9.900,0	9.960,0	10.159,2	10.057,6	10.359,3	10.773,7	11.096,9	11.318,9	11.318,9
Bilanzsumme	19.900,0	20.160,0	20.869,2	21.517,3	22.048,2	22.696,4	23.258,0	24.088,0	24.088,0
Eigenkapital	11.000,0	11.707,4	12.457,6	13.145,8	13.854,4	14.644,9	15.493,2	16.379,6	16.379,6
Pensionsrückstellungen	3.000,0	3.024,0	3.048,5	3.073,6	3.099,2	3.125,4	3.152,1	3.179,5	3.179,5
Fremdkapital	5.900,0	5.428,6	5.363,1	5.297,9	5.094,6	4.926,1	4.612,8	4.528,9	4.528,9
Bilanzsumme	19.900,0	20.160,0	20.869,2	21.517,3	22.048,2	22.696,4	23.258,0	24.088,0	24.088,0

Tabelle 5-10: Planbilanzen der Value AG (in Tsd. €)

		1	2	3	4	5	6	7	8ff.
(1)	Umsatzerlöse	12.000,0	12.240,0	12.117,6	12.481,1	12.980,4	13.369,8	13.637,2	13.637,2
(2)	Betriebliche Aufwendungen	6.840,0	6.976,8	6.907,0	7.114,2	7.398,8	7.620,8	7.773,2	7.773,2
(3)	Abschreibungen	1.250,0	1.275,0	1.338,8	1.432,5	1.461,1	1.490,3	1.520,1	1.596.1
(4)	Zuführung zu Pensionsrückstellungen[72]	480,0	490,4	501,2	512,2	523,6	535,3	547,3	558,1
(5)	Zinsaufwendungen	413,0	380,0	375,4	370,9	356,6	344,8	322,9	317,0
(6)	Gewerbeertragsteuer (0,1667)	502,9	519,7	499,3	508,7	540,2	563,2	579,1	565,6
(7)	Körperschaftsteuer (0,25)	628,5	649,5	624,0	635,7	675,1	703,9	723,7	706,8
(8)	Summe Steuern	1.131,4	1.169,2	1.123,3	1.144,4	1.215,3	1.267,1	1.302,8	1.272,4
(9)	Jahresüberschuß	1.885,6	1948,6	1.871,2	1.906,9	2.025,0	2.111,5	2.171,1	2.120,4
(10)	Thesaurierung	707,4	750,2	688,2	708,6	790,5	848,2	886,5	0
(11)	Ausschüttung	1.178,2	1.198,4	1.183,0	1.198,3	1.234,5	1.263,3	1.284,6	2.120,4

Tabelle 5-11: Plan-GuV-Rechnungen der Value AG (in Tsd. €)

[71] Die liquiden Mittel betragen in jeder Periode Null.

[72] Die Zuführung zur Rückstellung entspricht der Summe aus „gleichbleibenden Jahresbeträgen" und den Zinsen (6%) auf den Teilwert zu Beginn der Periode. Die Auflösung der Pensionsrückstellung erfolgt in Höhe der Rentenzahlung der Periode. Die Rentenzahlung ergibt sich aus $R_t = PR_{t-1} + ZPR_t - PR_t$.

Wie sieht die zu diesen Plandaten passende Finanzplanung aus? Tabelle 5-12 enthält die Antwort. Diese ist zu erläutern.

Tabelle 5-12 zeigt zunächst, daß der gesamte Cashflow auf Unternehmensebene Null ist. Finanzplanung und die geplanten Jahresabschlußdaten sind somit konsistent. Betrachten wir die Berechnung der Steuerzahlungen.

	1	2	3	4	5	6	7	8 ff.
(1) Umsatzerlöse	12.000,0	12.240,0	12.117,6	12.481,1	12.980,4	13.369,8	13.637,2	13.637,2
(2) Betriebliche Aufwendungen	6.840,0	6.976,8	6.907,0	7.114,2	7.398,8	7.620,8	7.773,2	7.773,2
(3) Abschreibungen	1.250,0	1.275,0	1.338,8	1.432,5	1.461,1	1.490,3	1.520,1	1,596.1
(4) Zuführung zu Pensionsrückstellungen	480,0	490,4	501,2	512,2	523,6	535,3	547,3	558,1
(5) Zinsaufwendungen	413,0	380,0	375,4	370,9	356,6	344,8	322,9	317,0
(6) Erfolg vor Steuern	3.017,0	3.117,8	2.995,2	3.051,3	3.240,3	3.378,6	3.473.7	3.392,8
(7) Gewerbeertragsteuer	502,9	519,7	499,3	508,7	540,2	563,2	579,1	565,6
(8) Körperschaftsteuer	628,5	649,5	624,0	635,7	675,1	703,9	723,7	706,8
(9) Investitionen[73]	1.510,0	1.984,2	1.986,9	1.963,4	2.109,3	2.051,9	2.350,1	1.596,1
(10) Tilgungen	471,4	65,5	65,2	203,3	168,5	313,3	83,9	0,0
(11) Rentenzahlungen	456,0	465,9	476,1	486,6	497,4	508,6	519,9	558,1
(12) Ausschüttungen	1.178,2	1.188,4	1.183,0	1.198,3	1.234,5	1.263,3	1.284,6	2.120,4
(13) Gesamter Cashflow a. Unternehmensebene[74]	0,0	0,0	0,0	0,0	0,0	0,0	0,0	0,0

Tabelle 5-12: Finanzplan der Value AG

Die Bemessungsgrundlage der Gewerbeertragsteuer ist definiert durch

$$UE_t - BA_t - Ab_t - iF_{t-1} - ZR_t$$

mit iF_{t-1}: Zinsen

ZR_t: Zuführung zur Pensionsrückstellung

Für Periode 1 folgt: $0{,}1667(12.000-6.840-1.250-480-413)=502{,}9$. Die Bemessungsgrundlage der Körperschaftsteuer verkürzt sich zusätzlich um die Gewerbeertragsteuerzahlung. Mit $s_K = 0{,}25$ beträgt die Körperschaftsteuerzahlung in dieser Periode 628,5.

---

73 Die Eintragungen in Zeile (9) zeigen die Bruttoinvestitionen, also $I_t = Ab_t + BS_t - BS_{t-1}$. Diese und die Tilgungen werden finanziert durch Einbehaltung von ausschüttungsfähigen Überschüssen (ΔRl_t) und nicht ausschüttungsfähigen Überschüssen in Höhe von $Ab_t + (ZR_t - IR_t)$. In Periode 1 gilt: 1.510 + 471,4 = 1.250 + (480 – 456) + 707,4.

74 (13) = (1) - (2) - (5) - (7) - (8) - (9) - (10) - (11) - (12). Zeile (13) entspricht ΔLM_t.

Die Value AG betreibt eine residuale Ausschüttungspolitik: Nicht für (Real)Investitionen und Tilgungen benötigte Mittel werden ausgeschüttet. In Periode 1 werden Mittel in Höhe von 1.510 + 471,4 = 1.981,4 auf Unternehmensebene benötigt. Durch Innenfinanzierung werden bereitgestellt $Ab_t + (ZR_t - IR_t) = 1.250 + (480 - 456) = 1.274$. Folglich sind Mittel in Höhe von 707,4 zu thesaurieren.

Nun soll die oben angesprochene radikale Änderung der Kapitalstruktur umgesetzt werden. Wir unterstellen, das Unternehmen schwenke zu einer nur aus Eigenkapital bestehenden Kapitalstruktur über und fragen, welche Überschüsse nach dieser Änderung entnehmbar (ausschüttbar) sind, wenn die geplante Investitionsstrategie unverändert bleibt. Die Value AG weist auf der Passivseite dann weder Verbindlichkeiten noch Pensionsrückstellungen auf.

Aus einer Reihe von Gründen ist die Annahme einer reinen Eigenkapitalfinanzierung nicht realistisch. Gezeigt werden soll aber, daß neben der geplanten Investitionsstrategie und den steuerlichen Regelungen insbesondere die Kapitalstruktur bzw. die Finanzierungsprämissen einer Gesellschaft darüber bestimmen, was entziehbar (ausschüttbar) ist. Das läßt sich am besten zeigen, wenn man Extrempositionen betrachtet.

Überlegen wir zunächst, wie sich die Bilanzen und Gewinn- und Verlust-Rechnungen im Vergleich zur ursprünglichen Kapitalstruktur in Tabelle 5-10 und Tabelle 5-11 ändern. In den Bilanzen bleiben die Aktivseiten unverändert, da die Investitionsstrategie nicht modifiziert wird. Auf der Passivseite finden wir nur noch eine Position vor: Eigenkapital. In den Gewinn- und Verlustrechnungen bleiben Umsatzerlöse, betriebliche Aufwendungen und Abschreibungen wegen der unveränderten Investitionsstrategie gleich. Zinsaufwendungen und Zuführungen zu Pensionsrückstellungen entfallen mit der Folge, daß das Ergebnis vor Steuern steigt. Wie ist dieses Ergebnis vor Steuern auf Steuerzahlungen, Einbehaltung und Ausschüttung zu verteilen? Wie verändern sich die entziehbaren Überschüsse der Value AG im Vergleich zum Ausgangszustand?

Da Zinszahlungen, Tilgungen und Rentenzahlungen entfallen, müssen die Ausschüttungen der Value AG höher ausfallen. Höhere Thesaurierungen erscheinen nicht sinnvoll. Diese nämlich könnten verwendet werden für

- Realinvestitionen,
- Aufbau von Finanzanlagen und/oder
- Tilgung von Fremdkapital.

Über Fremdkapital verfügt die Gesellschaft annahmegemäß nicht mehr. Werterhöhende Realinvestitionen und Finanzanlagen sind in der ursprünglichen Investitionsplanung bereits enthalten gewesen. Folglich ist der Mittelbedarf für vorteilhafte Investitionen mit den ursprünglichen Thesaurierungen erfüllt. Höhere Thesaurierungen sind keinesfalls erforderlich. Somit folgen höhere Ausschüttungen. Tabelle 5-13 belegt dies.

	1	2	3	4	5	6	7	8 ff.
(1) Umsatzerlöse	12.000,0	12.240,0	12.117,6	12.481,1	12.980,4	13.369,8	13.637,2	13.637,2
(2) Betriebliche Aufwendungen	6.840,0	6.976,8	6.907,0	7.114,2	7.398,8	7.620,8	7.773,2	7.773,2
(3) Abschreibungen	1.250,0	1.275,0	1.338,8	1.432,5	1.461,1	1.490,3	1.520,1	1.596,1
(4) Gewerbeertragsteuer	651,8	664,8	645,4	655,9	686,9	709,9	724,1	711,5
(5) Körperschaftsteuer	814,6	830,9	806,6	819,6	858,4	887,2	905,0	889,1
(6) Jahresüberschuß	2.443,7	2.492,6	2.419,8	2.458,9	2.575,7	2.661,6	2.714,9	2.667,3
(7) Thesaurierung	260,0	709,2	648,1	530,9	648,2	561,7	830,0	0,00
(8) Ausschüttung	2.183,7	1.783,3	1.771,7	1.928,0	1.927,5	2.099,9	1.884,9	2.667,3

Tabelle 5-13: Ausschüttungen der Value AG bei ausschließlicher Eigenfinanzierung im HEV

Die Gewerbeertragsteuer in Periode 1 berechnet sich gemäß $0{,}1667(12.000-6.840-1.250)=651{,}8$. Die Körperschaftsteuer in Periode 1 beträgt $0{,}25(12.000-6.840-1.250-651.8)=814{,}6$. Die Thesaurierung in Periode 1 hat die Lücke zwischen I_1 und Ab_1 zu füllen: $I_1 = Ab_1 + BS_1 - BS_0 = 1.250+20.160-19.900=1.510$. Die Differenz ist durch die Bildung von Gewinnrücklagen auszugleichen. Der Rest wird ausgeschüttet; wir gehen hier davon aus, daß der Zufluß an die Eigentümer in Form von Dividenden erfolgt und mit $0{,}5 \cdot s_I$ zu versteuern ist.

Um suboptimale Mittelverwendungen (Überinvestitionen) zu vermeiden, muß die Value AG also deutlich mehr ausschütten als zuvor. Die Ausschüttung wird so gestaltet, daß die Auszahlungen für vorteilhafte Investitionen unter Beachtung aller Steuerzahlungen gerade finanziert werden können. Es werden residuale Ausschüttungen geleistet. Für jede Periode muß gelten:[75]

$$J\ddot{U}_t - Div_t = I_t - Ab_t \qquad (5\text{-}22)$$

7. Zwischenergebnisse

Ausgangspunkt war die Frage, welche Überschüsse pro Periode entziehbar (ausschüttbar) sind; nur entziehbare Überschüsse bilden die Basis einer rationalen Bewertung von Unternehmen. Dabei zeigte sich, daß den Besteuerungsnormen, der realitätsnahen Definition von steuerlichen

[75] Aufgabe 1 zu Kapitel 5 (am Ende des Buches) behandelt die Frage, wie die Ausschüttungen der Value AG bei reiner Eigenfinanzierung im Anrechnungsverfahren aussähen.

Bemessungsgrundlagen, den geplanten Investitionsauszahlungen, Annahmen über die Gestaltung der Kapitalstruktur und ausschüttungsbegrenzenden Regelungen besondere Bedeutung zukommen. Entziehbare (ausschüttbare) Überschüsse sind nur präzise ermittelbar in einer Rechnung, die Investitions-, Finanz- und Steuerplanung mit Planbilanzen und Plan-GuV-Rechnungen verknüpft.

Das was ausschüttbar ist, ist somit keine naturgegebene Größe. Es kann in vielfältiger Weise gesteuert werden. Die wesentlichen Einflußgrößen bei gegebenen steuerlichen Rahmenbedingungen sind

- die Investitionsstrategie und damit die Höhe und zeitliche Struktur der Investitionsauszahlungen (I_t),
- die Finanzierungsprämissen, die die Gestaltung der Kapitalstruktur steuern,
- die Frage, ob vor dem Hintergrund gesetzter Finanzierungsprämissen erforderliches Eigenkapital auf dem Wege der Thesaurierung oder durch Kapitalerhöhungen aufgebracht werden soll sowie
- die Frage nach der Überwindbarkeit von Ausschüttungssperren.

Die Bedeutung der Kapitalstrukturplanung oder der Finanzierungsprämissen wurde an einem Beispiel erläutert. Es verdeutlicht, daß die Finanzierungsprämissen, also die Überlegungen, die die Kapitalstruktur steuern, entscheidenden Einfluß auf die den Eigentümern zufließenden Beträge haben. Wichtig ist auch, ob Ausschüttungssperren die Ausschüttungen begrenzen oder nicht. Ihr Einfluß wirkt auf den Unternehmenswert mindernd, wenn die Ausschüttungssperre zu Maßnahmen zwingt (z. B. Aufbau von Finanzanlagen, Abbau von Fremdmitteln), die nachteilig sind und ansonsten nicht vorgenommen würden. Es ist häufig sinnvoll, Ausschüttungssperren als nicht bindend zu betrachten, weil Jahresüberschüsse z. T. thesauriert werden, Gewinnrücklagen aufgelöst werden oder Kapitalherabsetzungen erfolgen könnten. Jedenfalls sollte die Überwindbarkeit geprüft werden.

IV. Unternehmensgesamtwert und Kapitalstruktur - Einführung

1. Problemstellung und Annahmen

Hat die Kapitalstruktur eines Unternehmens Einfluß auf den Unternehmensgesamtwert, auf den Wert des Eigenkapitals, auf die geforderte Rendite der Eigentümer, auf die Kosten des Fremdkapitals? Wie läßt sich der Einfluß, falls er sich belegen läßt, jeweils begründen? Wie gewichtig ist der Einfluß? Welche Folgerungen lassen sich ggf. für die Gestaltung der Kapitalstruktur ziehen?

Wir gehen so vor: Als erstes fragen wir, ob und warum eine Veränderung der Finanzierungsseite des Unternehmens den Unternehmensgesamtwert beeinflußt. Von diesem Ergebnis ausgehend lassen sich dann der Wert des Eigenkapitals, die geforderten Renditen der Eigentümer und andere Parameter ableiten.

Wir starten mit einem Fall, in dem die Kapitalstruktur keinen Einfluß auf den Unternehmensgesamtwert nimmt. Dieser Grenzfall ist ein guter Referenzpunkt, an dem sich festmachen läßt, warum unter anderen Konstellationen andere Folgerungen zu ziehen sind.

Wir nehmen dabei an, daß die Diskontierung erwarteter entziehbarer Überschüsse bei Eigenfinanzierung des Unternehmens mit einem im Zeitablauf konstanten Diskontierungssatz k möglich ist. Die Bedingungen, die diese Vorgehensweise rechtfertigen, wurden im 4. Kapitel diskutiert. Als Bedingung galt bei Anwendung des CAPM neben der Annahme, daß $\lambda_1 = \lambda_2 = \lambda_t$ gilt, insbesondere, daß die Kovarianzen in Renditedefinition für alle bedingten Verteilungen $\widetilde{NE}_t | z_{j,t-1}$ gleich groß sind. Weil der Wertbeitrag jeder bedingten Verteilung zum Ende der Vorperiode durch Diskontierung des (bedingten) Erwartungswertes mit dem um die konstante Risikoprämie erhöhten Zinssatz berechnet werden kann, kann der Projektwert (Unternehmenswert) auch ermittelt werden, indem die *unbedingten* periodischen Erwartungswerte mit dem konstanten Diskontierungssatz k diskontiert werden.[76]

Neben der Annahme, daß die Bedingungen für einen konstanten Diskontierungssatz k für ein eigenfinanziertes Projekt (Unternehmen) erfüllt sind, sei angenommen, daß Fremdfinanzierung auf Ebene des Unternehmens und des Investors zu gleichen Kosten möglich ist. Steuerzahlungen auf Unternehmensebene und Ebene der Kapitalgeber werden ebenso wenig beachtet wie Transaktionskosten. Das Insolvenzrisiko für Unternehmen (Projekte) sei Null. Fremdkapitalbestände werden vom Management des Unternehmens (der Projekte) autonom vorgegeben.

2. Eine Welt ohne Steuern – das Grundmodell von Modigliani/ Miller

Wir betrachten ein Beispiel: Die erwarteten entziehbaren Überschüsse des Unternehmens (Projektes) betragen 100 pro Periode. Die Errichtungskosten im Zeitpunkt 0 sind 700. Die geforderte Rendite der Eigentümer bei Eigenfinanzierung des Unternehmens (Projektes) sei k = 0,12. Sie setzt sich zusammen aus einem risikolosen Zinssatz von i = 0,05 und – wie gleich zu zeigen ist – einem Risikozuschlag für das mit dem Projekt (Unternehmen) verbundene Investitionsrisiko von 0,07. Die Verteilung der Renditen des Marktportfolios sehe in jeder künftigen Periode so aus: 0,18 im Zustand 1 und 0,02 im Zustand 2. Die erwartete Rendite $\overline{r_M}$ ist somit 0,10; σ_M^2 beträgt 0,0064 und $\lambda = 7{,}8125$.

[76] Vgl. für eine alternative Begründung den 1. Anhang zu diesem Kapitel.

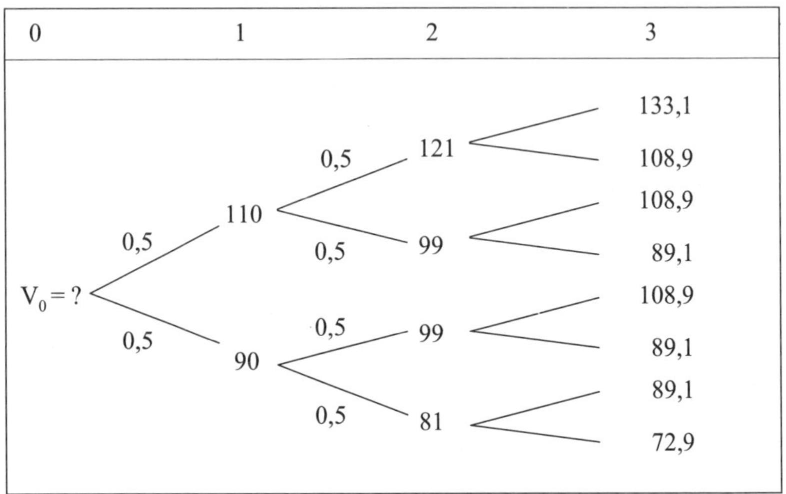

Abbildung 5-1: Entziehbare Überschüsse des Projektes (Unternehmens)

Betrachtet man ausschließlich die Überschußverteilung in t = 1, berechnet sich $\operatorname{cov}\left(\widetilde{NE}_1, \tilde{r}_M\right) = 0{,}8$. Der Wert des Projektes in t = 0 beträgt insoweit $V_0 = (100 - 7{,}8125 \cdot 0{,}8)\, 1{,}05^{-1} = 89{,}29$.

Die geforderte Rendite k ergibt sich aus

$$k = i + \lambda \operatorname{cov}\left(\tilde{r}_P, \tilde{r}_M\right) = 0{,}05 + 7{,}8125 \cdot \frac{0{,}8}{89{,}29} = 0{,}05 + 0{,}07 = 0{,}12.$$

Hat das Projekt (Unternehmen) eine unendliche Lebensdauer, folgt

$$V_0 = 100 \cdot \frac{1}{0{,}12} = 833{,}33.$$

Ändert man die Finanzierung des Projektes (Unternehmens) ohne die Investitionsseite zu verändern, treten die folgenden Änderungen ein:

- Der Eigenkapitaleinsatz der Eigentümer sinkt um den Fremdkapitaleinsatz F_0.
- Die entziehbaren Überschüsse der Eigentümer verkürzen sich um Zins- und Tilgungszahlungen.
- Die erwartete Rendite der Eigentümer steigt. Wir erläutern diesen Effekt vorläufig anhand der Buchrenditen, wählen also als Bezugsgröße den Buchwert des Eigenkapitals: Bei reiner Eigenfinanzierung ist die erwartete Gesamtkapitalrendite 0,14286.[77] Finanzieren Gläubiger

77 $\frac{110}{700} \cdot 0{,}5 + \frac{90}{700} \cdot 0{,}5 = 0{,}15714 \cdot 0{,}5 + 0{,}12857 \cdot 0{,}5 = 0{,}14286.$

F_0 = 300 zu Fremdkapitalkosten von i = 0,05, steigt die erwartete Buchrendite des Eigenkapitals auf 0,2125.[78]

- Das Risiko der Eigentümer steigt. Wenn wir unterstellen, daß Fremdkapitalgeber keinen Anteil am Investitionsrisiko des Projektes (Unternehmens) übernehmen, dann verbleibt das gesamte Investitionsrisiko bei den Eigentümern und lastet auf deren nunmehr um F_0 verkürzten Kapitaleinsatz. Folglich steigt die Risikomenge pro Einheit eingesetztes Eigenkapital. Um dies darzustellen, vergleichen wir die Streuung der Buchrenditen im Fall F = 0 mit dem Fall F = 300. Bei ausschließlicher Eigenfinanzierung ist die Streuung der Buchrenditen $\sigma_{GKR} = 0,01429$. Ist F = 300, ist die Streuung der Eigenkapitalrendite (gemessen am Buchwert des Eigenkapitals) $\sigma_{EKR} = 0,025$ also deutlich höher.

Wir haben also Anlaß zu vermuten, daß die Veränderung der Finanzierung des Projektes (Unternehmens) das Risiko der Eigentümer und deren erwartete Rendite erhöht. Wenn wir das rein eigenfinanzierte Projekt durch Punkt A kennzeichnen, die mit F = 300 mischfinanzierte Position durch Punkt B, erhalten wir eine Darstellung wie in Abbildung 5-2.

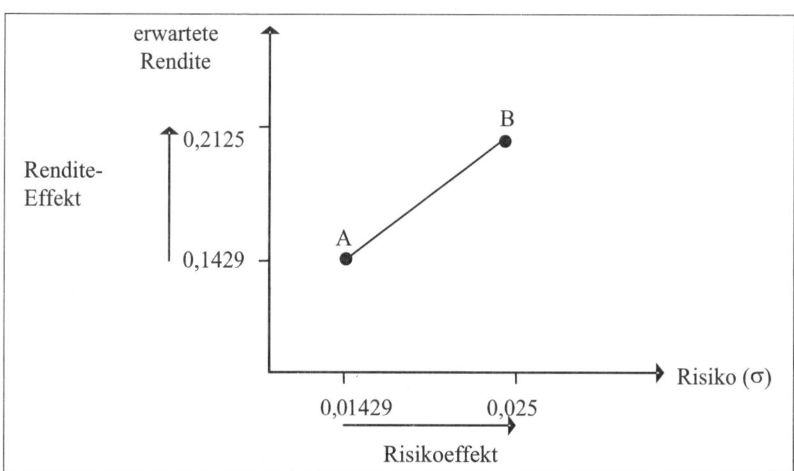

Abbildung 5-2: Rendite- und Risikoeffekt bei einperiodiger Betrachung

Was ist der Nettoeffekt der Bewegung von A nach B? Eine berühmte Antwort auf diese Frage ist, daß der Nettoeffekt auf einem funktionierenden Kredit- und Kapitalmarkt Null ist: Rendite- und Risikoeffekt heben

---

78 $\frac{110-0,05\cdot 300}{700-300}\cdot 0,5+\frac{90-0,05\cdot 300}{700-300}\cdot 0,5 = 0,2375 \cdot 0,5 + 0,1875 \cdot 0,5 = 0,2125.$

Bei Anwendung der Leverageformel erhalten wir ebenfalls:

$$EKR = GKR + (GKR - i)\frac{FK}{EK} = 0,1429 + (0,1429 - 0,05)\frac{300}{400} = 0,2125.$$

sich auf. Wenn dies zutrifft, kann die Bewegung von A nach B auch keine Wertsteigerung bewirken. Es müßte unverändert $V_0 = 833{,}33$ gelten!

Betrachten wir die Begründung für die Aussage, daß der Nettoeffekt Null sei. Hierzu werden einige Annahmen benötigt:[79]

- Steuern und Transaktionskosten bestehen nicht.
- Illiquiditäts- bzw. Insolvenzrisiken bestehen nicht.
- Unternehmen und Investoren können sich zum risikolosen Zinssatz i verschulden, da die Kreditgeber keine Ausfallrisiken übernehmen.
- Die Investitionsprogramme der Unternehmen werden durch die Veränderungen der Finanzierungsstruktur nicht berührt.
- Es gebe zwei Unternehmen mit identischem Investitionsrisiko und damit identischen erwarteten entziehbaren Überschüssen vor Bedienung der Fremdkapitalgeber, aber mit unterschiedlichen Kapitalstrukturen.

Wir bezeichnen den Wert des nur eigenfinanzierten Unternehmens mit V^E, den des mischfinanzierten Unternehmens mit V^F. V^F setzt sich zusammen aus dem Wert des Eigenkapitals (E^F) und dem Wert des Fremdkapitals (F), also $V^F = E^F + F$. Die Ansprüche der Kapitalgeber der Unternehmen sind in Form von Aktien und Obligationen (Bonds) verbrieft und werden auf liquiden Märkten gehandelt. Wir betrachten zur Vereinfachung den Fall der unendlichen Rente: Die erwarteten entziehbaren Überschüsse sind mit $\overline{X}$ gekennzeichnet.

Angenommen, es gälte $V^F > V^E$. Ein am Aktienkapital des fremdfinanzierten Unternehmens beteiligter Investor, der eine Anteilsquote a hält, könnte nun „umsteigen". Er verkauft seine Anteile zum Preis $a\left(V^F - F\right)$ und verzichtet damit auf erwartete Überschüsse in Höhe von $a\left(\overline{X} - iF\right)$ pro Periode.

Identische risikoäquivalente Überschüsse kann der Investor erzielen, wenn er folgende Maßnahmen ergreift:

Maßnahmen des Investors	Investition	erwarteter entziehbarer Überschuß
1. Kauf eines Anteils a am Aktienkapital des eigenfinanzierten Unternehmens	$a\,V^E$	$a\,\overline{X}$
2. private Verschuldung in Höhe von aF	$-a\,F$	$-a\,i\,F$
	$a\,(V^E - F)$	$a\,(\overline{X} - iF)$

Tabelle 5-14: Duplizierung des Einkommens mittels privater Verschuldung

79 Die z. T. sehr einschränkend erscheinenden Annahmen werden in späteren Kapiteln aufgehoben.

Mit $a\left(\overline{X}-iF\right)$ erzielt der Investor ein identisches, risikogleiches Einkommen pro Periode wie in der Ausgangsposition mit dem Unterschied, daß er nun *privat* das Cashflow-Potential seines Aktienvermögens aV^E beleiht, während im Ausgangszustand das Unternehmen das Potential in gleichem Maße beliehen hatte: Das Unternehmen belastet die Bruttoüberschüsse $\overline{X}$ mit iF; der sich privat zum Satz i verschuldende Investor belastet „seine" entziehbaren Überschüsse $a\overline{X}$ mit aiF: Er ersetzt „firm leverage" durch „home-made leverage". Sind Ausgangsposition und Endposition identisch, kann man Verkaufserlös und Einstiegspreis vergleichen. Es gilt: $a\ (V^F - F) > a\ (V^E - F)$, da annahmegemäß $V^F > V^E$ gilt. Also lohnt das „Umsteigen"; der umsteigende Investor erzielt einen Arbitragegewinn, ohne seine Risikoposition zu verändern. Investoren, die die Wertrelation $V^F > V^E$ erkennen, steigen solange um, bis die Chance für Arbitragegewinne nicht mehr besteht, bis also $V^F = V^E$ gilt.

Nehmen wir nun an, daß $V^E > V^F$ gilt:

Erwartete Überschüsse des Investors: $a\overline{X}$

Verkaufserlös bei Ausstieg: aV^E

Maßnahmen des Investors	Investition	erwarteter entziehbarer Überschuß
1. Kauf eines Anteils a am Aktienkapital des mischfinanzierten Unternehmens	$a\ (V^F - F)$	$a\ (\overline{X} - iF)$
2. Anlage von Mitteln in Höhe von a F zu i	a F	a i F
	aV^F	$a\overline{X}$

Tabelle 5-15: Duplizierung des Einkommens mittels risikoloser Geldanlage

Die erwarteten Überschüsse im Endzustand, also nach den Maßnahmen des Investors, sind identisch mit denen des Ausgangszustands: Der Investor kauft die Quote a an Aktien *und* Obligationen des verschuldeten Unternehmens und hebt damit die Zerlegung des erwarteten Zahlungsstroms $\overline{X}$, die das Management des Unternehmens durch die Wahl der Kapitalstruktur bewirkt hat, wieder auf. Da $\overline{X}$ für beide Unternehmen annahmegemäß identisch ist, muß die Endposition gleich der Anfangsposition sein. Vergleicht man Verkaufserlös und Einstiegspreis, folgt $aV^E > aV^F$: Der Investor erzielt einen risikolosen Arbitragegewinn. Folglich kann ein Wertverhältnis $V^E > V^F$ auf Dauer nicht bestehen bleiben: Der wertmäßige Nettoeffekt der Bewegung von A nach B in Abbildung 5-2 ist Null.

Dies ist der Kern des berühmten Aufsatzes von Modigliani und Miller aus dem Jahr 1958.[80] Deren Aussage lautet, daß der durch die Investi-

[80] Modigliani, F./Miller, M. H. (1958).

tionsstrategie generierte erwartete Strom an Überschüssen durch die Wahl der Kapitalstruktur in Teilströme zerlegt wird und daß unter den oben genannten Bedingungen bei dieser Zerlegung nichts verloren geht, aber auch nichts gewonnen wird. Die Eigentümer eines Unternehmens könnten diese Zerlegung, wäre sie erwünscht, immer auch selbst vornehmen, indem sie den Kauf der Anteile eines z. B. voll eigenfinanzierten Unternehmens teilweise privat durch Aufnahme von Fremdkapital finanzieren. Hat das Management des Unternehmens über die Wahl der Kapitalstruktur eine bestimmte Zerlegung der erwarteten Überschüsse vorgenommen, können die Eigentümer diese Zerlegung ganz oder teilweise rückgängig machen, indem sie Aktien und Obligationen in ihrem privaten Portefeuille mischen. Unter den genannten Bedingungen leistet das Management mit der Wahl einer bestimmten Kapitalstruktur nichts, was die Anteilseigner nicht ebenso könnten. Folglich schaffen Kapitalstrukturänderungen unter den gesetzten Bedingungen keinen zusätzlichen Wert. Die kürzeste Formulierung der Botschaft des Modells liefert Miller selbst. Auf die Frage, wie man Radiohörern oder Fernsehzuschauern die Botschaft des Modells prägnant nahebringen könne, sagt Miller nach einigen weniger erfolgreichen Versuchen, daß die Bewegung in Richtung komplexerer Kapitalstrukturen „more pieces, but not more pizza" schaffe: Der Unternehmensgesamtwert – die Pizza – bleibt unverändert. Für das Beispiel folgt:

$$V_0 = \overline{X}\frac{1}{k} = E_0^F + F_0 \tag{5-23}$$

Akzeptiert man dieses Ergebnis, sind Folgerungen für die Kosten der Überlassung von Kapital zu ziehen. Betrachten wir zunächst die Kosten des Eigenkapitals, also die von den Eigentümern geforderte Rendite. Im Fall der unendlichen Rente ist die Rendite der Eigentümer definiert durch $\left(\overline{X} - iF_0\right)/E_0^F$. Wegen (5-23) gilt $\overline{X} = k\left(E_0 + F_0\right)$. Eingesetzt in die Renditedefinition folgt:

$$k^F = \frac{k\left(E_0^F + F_0\right) - iF_0}{E_0^F} = k + \left(k - i\right)\frac{F_0}{E_0^F} \tag{5-24}$$

Die von den Eigentümern geforderte Rendite im Fall der Mischfinanzierung des Unternehmens (k^F) übersteigt die im Fall der reinen Eigenfinanzierung geforderte Rendite (k) um eine Risikoprämie in Höhe von $\left(k - i\right)F_0/E_0^F$, wobei F_0 bzw. E_0^F *Marktwerte* des Fremd- bzw. Eigenkapitals bezeichnen. Wir bezeichnen diese Risikoprämie als Risikoprämie 2, um sie von der Risikoprämie für das Investitionsrisiko (Risikoprämie 1) abzuheben. Formel (5-24) ähnelt der Leverage-Formel, in der *Beträge* (Buchwerte) für Fremd- und Eigenkapital (FK, EK), nicht

Marktwerte, und bilanzielle Rentabilitäten (EKR, GKR), nicht risikoäquivalente geforderte Renditen (k, k^F) definiert werden:

$$EKR = GKR + (GKR - i)\frac{FK}{EK} \tag{5-25}$$

Die Botschaft von (5-24) ist, daß eine Verschiebung der Kapitalstruktur von A nach B in Abbildung 5-2 von den Anteilseignern auch privat bewerkstelligt werden könnte, nämlich durch private Verschuldung. In diesem Fall können die Eigentümer eine zusätzliche (private) Leverage-Rendite erwarten. Wenn das Management des Unternehmens die Kapitalstruktur nach B verschiebt, verlangen die Anteilseigner folglich genau diese risikoäquivalente Rendite.

Modigliani und Miller betrachten neben den Eigenkapitalkosten k bzw. k^F und den Kosten des Fremdkapitals i eine weitere Kapitalkostenkategorie: die Weighted Average Cost of Capital (WACC). Dieser Kapitalkostensatz ist ein arithmetisches Mittel aus i und k^F, dessen Gewichte die Kapitalanteile, bewertet zu Marktwerten, am Unternehmensgesamtwert sind. In einer Welt ohne Steuern gilt:

$$WACC = i\,\frac{F}{V} + k^F\,\frac{E^F}{V}$$

Setzt man für k^F die rechte Seite von (5-24) ein, folgt

$$\begin{aligned} WACC &= i\,\frac{F}{V} + \left[k + (k-i)\frac{F}{E^F}\right]\cdot\frac{E^F}{V} \\ WACC &= k \end{aligned} \tag{5-26}$$

Der gewogene durchschnittliche Kapitalkostensatz (WACC) ist in einer Welt ohne Steuern und unter den sonstigen oben genannten Bedingungen unabhängig von der Kapitalstruktur und entspricht der geforderten Rendite der Eigentümer für den Fall der vollständigen Eigenfinanzierung. Es gelingt somit nicht, die durchschnittlichen Kapitalkosten durch eine Änderung der Kapitalstruktur zu beeinflussen.

3. Eine Welt mit einer einfachen Gewinnbesteuerung

Wir führen nun eine Gewinnsteuer (Körperschaftsteuer) ein und bezeichnen den Steuersatz mit s_K. Die Gewinnsteuer werde unabhängig von der Verwendung des Überschusses auf Unternehmensebene erhoben. Zinszahlungen des Unternehmens verkürzen die steuerliche Bemessungsgrundlage. Anteilseigner und Gläubiger werden *nicht* besteuert: Dividenden, Zinserträge und Kapitalgewinne sind steuerfrei. Jetzt schafft die Verschiebung der Kapitalstruktur von A nach B zusätzlichen Wert. Wir behalten den Fall der unendlichen Rente bei. Zinszahlungen an Gläubiger werden mit Modigliani/Miller als risikolos angenommen.[81] Tilgungszahlungen erfolgen nicht oder werden – sollten sie erfolgen – sofort durch Aufnahme neuen Fremdkapitals zum gleichen Zinssatz i ausgeglichen. Bei Mischfinanzierung erzielt ein Anteilseigner, der eine Quote a am Aktienkapital hält, einen erwarteten Überschuß in Höhe von

$$a\left(\overline{X}-iF\right)\left(1-s_K\right) \tag{I}$$

pro Periode.

Beteiligt sich der Anteilseigner an einem ansonsten identischen, aber vollständig eigenfinanzierten Unternehmen und verschuldet er sich privat in Höhe von aF kann er einen Überschuß in Höhe von

$$a\,\overline{X}\left(1-s_K\right)-aiF \tag{II}$$

pro Periode erwarten. Der erwartete Überschuß gemäß (I) ist größer als der gemäß (II): Die Abzugsfähigkeit der Zinsen von der steuerlichen Bemessungsgrundlage auf Unternehmensebene erhöht den Überschuß um $s_K iF$ pro Periode. Deshalb muß $V^F > V^E$ gelten; es gibt jetzt „more pizza". Wie groß ist die Differenz? Zu bewerten ist der Mehrerfolg des verschuldeten Unternehmens in Höhe von $s_K iF$ pro Periode. Wir behalten die gesetzte Annahme des Ausschlusses von Illiquiditätsrisiken bei. Unter dieser Bedingung können wir die Zinszahlung als risikolos einstufen. Werden die Zinszahlungen in jeder Periode geleistet, wird auch der Steuervorteil erzielt; er ist somit auch risikolos, soweit die steuerliche Bemessungsgrundlage in jeder Periode die Zinsabzugsfähigkeit erlaubt. Auch das wollen wir zunächst annehmen. Folglich ist die risikolose Rendite i der adäquate Diskontierungssatz. Es folgt

$$V^{USt} = s_K\, iF\,\frac{1}{i} = s_K\, F \tag{5-27}$$

und

$$V^F = V^E + s_K\, F\,. \tag{5-28}$$

Im Fall der unendlichen Rente übersteigt der Unternehmensgesamtwert eines mischfinanzierten Unternehmens den eines eigenfinanzierten Unternehmens um den Term $s_K\, F$. Wegen der Höhe von s_K in der Realität

[81] Hier schlummert ein Problem: Wenn die Zahlungsstruktur der Überschüsse so aussieht wie in Abbildung 5-1, können Zinszahlungen auf einen im Zeitpunkt 0 festgelegten Verschuldungsumfang nicht zeitlich unbegrenzt ohne jedes Ausfallrisiko an Gläubiger geleistet werden. Darauf kommen wir in den Kapiteln 6 und 9 zurück.

und des nicht unerheblichen Rückgriffs von Unternehmen auf Fremdkapital ist der hinter Formel (5-28) schlummernde Sachverhalt vermutlich von praktischer Relevanz.

Im Nicht-Rentenfall gilt unter Beachtung der gesetzten Annahmen (5-29):[82]

$$V^F = V^E + \sum_{t=1}^{T} s_K \, i \, F_{t-1} (1+i)^{-t} \tag{5-29}$$

Diese Formulierung unterstellt, daß die Zinszahlungen mit Sicherheit geleistet werden, die steuerlichen Bemessungsgrundlagen hinreichend dimensioniert sind, und die zu verzinsenden Kreditbeträge in den Zeitpunkten t bekannt sind.

Wie reagieren die Kosten des Eigenkapitals $\left(k^F\right)$ unter diesen steuerlichen Bedingungen? Die geforderte Rendite der Anteilseigner steigt mit zunehmender Verschuldung des Unternehmens, wobei wir zur Vereinfachung wieder zum Fall der unendlichen Rente zurückkehren:

$$k^F = k + (k - i)(1 - s_K) \frac{F}{E^F} \tag{5-30}$$

Diese Formel ist zu erläutern. Bei reiner Eigenfinanzierung gilt

$$V^E = \bar{X}(1 - s_K) \frac{1}{k}.$$

Werden die Investitionen des Unternehmens, die den erwarteten Cashflow in Höhe von $\bar{X}$ vor Steuern generieren, teilweise fremdfinanziert, ist die von Eigentümern erwartete Zahlung durch $\left(\bar{X} - iF\right)(1 - s_K)$ definiert. Die Rendite der Eigentümer beträgt folglich im Fall der unendlichen Rente

$$\left[X(1 - s_K) - iF(1 - s_K)\right] \frac{1}{E^F}.$$

Ersetzen wir $\bar{X}(1 - s_K)$ durch kV^E bzw. $k(V^F - s_K F) = k(E^F + F - s_K F)$, erhalten wir die Formel (5-30):

$$k^F = \left\{k\left[E^F + F(1 - s_K)\right] - iF(1 - s_K)\right\} \frac{1}{E^F}$$

$$k^F = k + (k - i) \frac{F(1 - s_K)}{E^F}$$

[82] T bezeichnet das Ende der Laufzeit des Kreditvertrages.

Die Höhe der geforderten Rendite hängt somit erstens von dem risikolosen Zinssatz i und der Risikoprämie in Höhe von $k-i$ ab. Zweitens bestimmt die Prämie für das Finanzierungsrisiko, also die Differenz k^F-k, die Höhe der geforderten Rendite. Zu beachten ist, daß der Barwert der als risikolos eingestuften steuerlichen Vorteile, $s_K F$, die Höhe dieser Risikoprämie dämpft.

Die durchschnittlichen Kapitalkosten (WACC) werden häufig gemäß der amerikanischen Text-Book-Formula definiert:

$$WACC = i(1-s_K)\frac{F}{V^F} + k^F\frac{E^F}{V^F} \tag{5-31}$$

Setzt man (5-30) in (5-31) ein, erhält man:

$$\begin{aligned} WACC &= i(1-s_K)\frac{F}{V^F} + \left[k + (k-i)(1-s_K)\frac{F}{E^F}\right]\frac{E^F}{V^F} \\ &= i(1-s_K)\frac{F}{V^F} + k\frac{E^F}{V^F} + k(1-s_K)\frac{F}{V^F} - i(1-s_K)\frac{F}{V^F} \\ &= k\left(\frac{E^F}{V^F} + \frac{F}{V^F}\right) - ks_K\frac{F}{V^F} \\ &= k\left(1 - s_K\frac{F}{V^F}\right) \end{aligned} \tag{5-32}$$

Dies ist die zweite, in amerikanischen Lehrbüchern anzutreffende Formel für WACC. Man erkennt an ihr besonders deutlich, daß die durchschnittlichen Kapitalkosten mit steigendem Verschuldungsgrad des Unternehmens bei Ausschluß von Illiquiditätsrisiken und bei Risikolosigkeit der steuerlichen Vorteile fallen. Jetzt ist WACC steuerbar durch die Wahl der Kapitalstruktur.

Eine dritte Version der Definition von WACC folgt aus (5-32):

$$WACC = \frac{kV^F - k\ s_K F}{V^F}$$

Da $V^F - s_K F = V^E$ und $kV^E = \overline{X}(1-s_K)$ ist, folgt:

$$WACC = \frac{\overline{X}(1-s_K)}{V^F} \tag{5-33}$$

Diese Formulierung macht klar, welche Erfolgsgröße mit WACC zu diskontieren ist: Es ist der entziehbare Überschuß bei unterstellter *reiner Eigenfinanzierung* des Unternehmens. Benutzt man WACC als Diskontierungssatz, sind die Zahlungswirkungen der Positionen der Kapitalstruktur, die nicht Eigenkapital darstellen, bei der Definition der entziehbaren Überschüsse nicht zu beachten. Das bedeutet auch, daß die Besteuerung der Prämisse der vollständigen Eigenfinanzierung zu entsprechen hat: Diskontiert werden *eigenfinanzierte* entziehbare Überschüsse nach Steuern. Die mit einer anteiligen Fremdfinanzierung verbundenen *steuerlichen* Vorteile schlagen sich in WACC nieder, wie die Definition (5-32) zeigt. Sie dürfen deshalb in der Definition der entziehbaren Überschüsse nicht nochmals berücksichtigt werden.

4. Eine Welt mit Doppelbesteuerung

Nun nehmen wir an, erwartete Überschüsse würden auf Unternehmensebene mit Körperschaftsteuer (s_K) und Ausschüttungen auf Anteilseignerebene mit Einkommensteuer (s_I) belegt. Es liegt eine Doppelbesteuerung vor. Doppelbesteuerungssysteme sind relativ häufig. In den USA werden Gewinne auf Ebene der Kapitalgesellschaft mit Körperschaftsteuer unabhängig von der Höhe der geplanten Ausschüttung belegt; Ausschüttungen sind auf Anteilseignerebene der Einkommensbesteuerung unterworfen. Im deutschen Halbeinkünfteverfahren stoßen wir auf das Nebeneinander von Gewerbeertrag-, Körperschaft- und Einkommensteuer. Folglich ist es sinnvoll, sich mit Doppelbesteuerungsregimen zu befassen. Der Marktwertvorsprung mischfinanzierter Unternehmen verschwindet nicht, wenn eine Besteuerung der Anteilseigner zu einer Besteuerung auf Unternehmensebene hinzutritt. Das erkennt man, wenn man die Modigliani-Miller-Technik benutzt. Ein Anteilseigner, der eine Quote a am Aktienkapital eines mischfinanzierten Unternehmens besitzt, erwartet pro Periode

$$a\left(\bar{X}-iF\right)\left(1-s_K\right)\left(1-s_I\right). \tag{I}$$

Ein Anteilseigner, der eine Quote a an einem ansonsten identischen, aber eigenfinanzierten Unternehmen besitzt und seinen Anteilsbesitz z. T. fremdfinanziert, erwartet pro Periode

$$a\left[\bar{X}\left(1-s_K\right)-iF\right]\left(1-s_I\right). \tag{II}$$

Diese Schreibweise unterstellt, daß private Zinszahlungen in Höhe von aiF von der privaten steuerlichen Bemessungsgrundlage des Anteilseigners abzugsfähig sind. Die erwarteten Überschüsse gemäß (I) übersteigen die aus (II) um den Term $ai(1 - s_I)s_KF$. Unverändert lohnt Unternehmensverschuldung unter steuerlichem Aspekt; es muß folglich gelten $V^F > V^E$. Wie groß ist diese Wertdifferenz im Fall der unendlichen Rente?

Für alle Anteilseigner zusammen gilt $a = 1$. Die Annahmen, daß Zinszahlungen in jedem Zustand geleistet werden, die steuerlichen Bemessungsgrundlagen hinreichend hoch sind und der Fremdfinanzierungsumfang F bekannt und konstant ist, werden unverändert beibehalten. Folglich ist der Term $i(1-s_I)s_K F$, der den Steuervorteil im Vergleich zur Beteiligung an einem eigenfinanzierten Unternehmen beschreibt, sicher. Diskontierungssatz ist der risikolose Zinssatz i nach Einkommensteuer. Die risikolose Rendite nach Steuern ist folglich $i(1-s_I)$. Der Wertvorsprung eines verschuldeten Unternehmens im Fall der unendlichen Rente im hier betrachteten Steuersystem ergibt sich somit gemäß

$$V^{USt} = \frac{i(1-s_I)s_K F}{i(1-s_I)} = s_K F \tag{5-34}$$

und ist ebenso groß wie in einem System mit einfacher Gewinnbesteuerung.

Betrachten wir die geforderte Rendite der Eigentümer (k_S^F) und die durchschnittlichen Kapitalkosten (WACC).

Die geforderte Rendite der Eigentümer ist definiert durch:

$$k_S^F = \frac{\overline{CF^F}}{E^F},$$

wobei $\overline{CF^F}$ die erwarteten Überschüsse der Eigentümer bei Mischfinanzierung nach allen Steuern bezeichnet:

$$CF^F = \bar{X}(1-s_K)(1-s_I) - iF(1-s_K)(1-s_I)$$

$\bar{X}(1-s_K)(1-s_I)$ kann ersetzt werden durch $k_S V^E = k_S\left(V^F - s_K F\right) = k_S\left(E^F + F - s_K F\right)$. Die von den Anteilseignern eines verschuldeten Unternehmens geforderte Rendite ist somit definiert durch:

$$k_S^F = k_S \frac{E^F}{E^F} + k_S \frac{F}{E^F} - k_S s_K \frac{F}{E^F} - i(1-s_K)(1-s_I)\frac{F}{E^F}$$

$$k_S^F = k_S + \left[k_S - i(1-s_I)\right](1-s_K)\frac{F}{E^F} \tag{5-35}$$

Die durchschnittlichen Kapitalkosten (WACC) sind definiert durch

$$WACC = k_S\left(1 - s_K \frac{F}{V^F}\right). \tag{5-36}$$

Wir sehen somit, daß die *Einkommen*besteuerung unter den hier angenommenen Bedingungen wertneutral wirkt.

5. Halbeinkünfteverfahren

Die Grundzüge des Verfahrens wurden im 3. Kapitel dargestellt. Die Annahmen über Verschuldungsumfänge, zustandsunabhängige Zinszahlungen und hinreichend dimensionierte steuerliche Bemessungsgrundlagen werden unverändert beibehalten.

Wir wenden erneut die Modigliani-Miller-Technik an. Ein Anleger 1, der mit einer Quote a am Eigenkapital einer ausschließlich eigenfinanzierten Gesellschaft beteiligt ist, erwartet im Fall der unendlichen Rente pro Periode Überschüsse in Höhe von

$$a\overline{X}(1-s_{GE})(1-s_K)(1-0{,}5\,s_I). \tag{I}$$

Anleger 2, der an einer im Umfang von F verschuldeten Gesellschaft mit einer Quote a beteiligt ist, erwartet Überschüsse pro Periode in Höhe von[83]

$$a\left(\overline{X}-iF\right)(1-s_{GE})(1-s_K)(1-0{,}5\,s_I). \tag{II}$$

Verschuldete sich Anleger 1 privat, um den Kauf der Anteile am ausschließlich eigenfinanzierten Unternehmen zu finanzieren, erwartete er Überschüsse pro Periode von

$$a\left[\overline{X}(1-s_{GE})(1-s_K)-iF\right](1-0{,}5\,s_I). \tag{III}$$

Der Term iF in (III) unterstellt betragsäquivalente private Zinszahlungen des Anlegers 1, die dieser zur Finanzierung seines Anteilsbesitzes aufwendet. Er kann diese Zinszahlungen – analog zur Einkommensbesteuerung der Dividenden – ebenfalls nur hälftig steuerlich geltend machen.

Vergleicht man (II) mit (III), erhält man für alle Anteilseigner ($a = 1$) einen periodischen Vorteil in Höhe von $-iF(1-s_{GE})(1-s_K)(1-0{,}5s_I)$ $+iF(1-0{,}5s_I)=iF\left[s_{GE}(1-s_K)+s_K\right](1-0{,}5s_I)$.

Neben den bestehenden steuerlichen Vorteil bei der Gewerbeertragsteuer, der durch die Abzugsfähigkeit bei der Körperschaftsteuer abgeschwächt wird, tritt ein weiterer Vorteil, bedingt durch die definitive Körperschaftsteuer. Beide Vorteile werden gemindert durch die Einkommensteuerbelastung mit $0{,}5s_I$. Der durch den Einsatz von Fremdkapital auf Unternehmensebene ausgelöste steuerliche Vorteil pro Periode erscheint somit auf den ersten Blick größer als im Anrechnungsverfahren[84], weil die Körperschaftsteuer den steuerlichen Vorteil zu vergrößern

---

[83] Volle Abzugsfähigkeit der Zinszahlung von der steuerlichen Bemessungsgrundlage der Gewerbeertragsteuer wird weiterhin unterstellt.

[84] Der zu erwartende Steuervorteil im Anrechnungsverfahren wird im Anhang 2 zu diesem Kapitel dargestellt.

scheint. Wir werden in Kapitel 6 sehen, daß dies erst der *Startpunkt* weiterer Überlegungen ist. Im Ergebnis wird der Wert steuerlicher Vorteile deutlich kleiner sein, als er nach den vorstehenden Überlegungen zu sein scheint.

Wir brechen die Überlegungen zum Wert steuerlicher Vorteile im Halbeinkünfteverfahren an dieser Stelle ab. Der Grund ist, daß die Annahme einer betragsmäßig äquivalenten privaten Verschuldung – die oben zunächst getroffen wurde – keine geeignete Annahme ist, um den Barwert steuerlicher Vorteile in Analogie zu den zuvor behandelten Steuersystemen (einfache Gewinnsteuer, Doppelbesteuerung etc.) zu bestimmen. Aus dem gleichen Grund verzichten wir hier auch darauf, die von Eigentümern geforderte Rendite bzw. den durchschnittlichen Kapitalkostensatz WACC im Halbeinkünfteverfahren abzuleiten.

6. Zwischenergebnisse

Unter idealen Bedingungen ist die Kapitalstruktur ohne Einfluß auf den Unternehmensgesamtwert V^F. Auch wenn diese Bedingungen nicht realistisch sind, ist von Bedeutung, wie das Ergebnis begründet wird: Nur Maßnahmen auf Unternehmensebene, die auf Eigentümerebene nicht dupliziert werden können, schaffen Wert. Das gilt auch für Finanzentscheidungen. Ganz folgerichtig werden steuerliche Regelungen als eine Quelle von relativen Vorteilen aufgedeckt. Daß diese Vorteile von den Details des realisierten Steuerregimes abhängen, wurde gezeigt.

Die Bewertung der durch die Wahl der Kapitalstruktur ausgelösten steuerlichen Vorteile erfolgte unter sehr vereinfachten und – wie noch zu zeigen sein wird – nicht ganz realistischen Bedingungen. Insbesondere die Annahmen, daß die in jeder Periode ausstehenden Fremdkapitalbestände bekannt sind und daß Zinszahlungen in vertraglicher Höhe in jeder Periode und jedem Zustand geleistet werden und steuerlich abzugsfähig sind, sind zu hinterfragen. Eine Konsequenz wird sein, daß der Wert steuerlicher Vorteile unter realistischen Bedingungen kleiner ist als oben ausgewiesen.

Eine zweite Botschaft des Abschnittes ist, daß der Unternehmensgesamtwert bzw. der Wert des Eigenkapitals auf verschiedene Weise berechnet werden kann. Darauf ist in Abschnitt V. und in Kapitel 6 zurückzukommen.

V. Discounted Cashflow-Methode – Überblick

1. Überblick und Beispiel

Unter dem Oberbegriff DCF-Methode sind vier verschiedene Ansätze zu unterscheiden. Sie werden unterteilt in Entity-Ansätze und Equity-Ansätze. Diese Unterschiede in der Bezeichnung bedeuten nicht zwangsläufig, daß diese Ansätze, angewandt auf das gleiche Bewertungsproblem, zu unterschiedlichen Ergebnissen führen. Wir werden sehen, daß die Ansätze bei konsistenter Handhabung zu übereinstimmenden Ergebnissen führen. Allerdings wird sich auch zeigen, daß eine konsistente Handhabung der Ansätze z. T. erhebliche Anstrengungen des Bewerters voraussetzt.

Dieser Abschnitt ist wie folgt aufgebaut. Wir geben einen Überblick über die Unterarten der DCF-Methode und ihre Arbeitsweise. Dann sprechen wir das Problem der sog. Zirkularität an. Dahinter verbirgt sich die Frage, ob bestimmte Ansätze Informationen voraussetzen, die sie gerade erst liefern sollen.

Die Unterschiede in der Arbeitsweise der Ansätze erschließen sich i. d. R. nicht auf den ersten Blick. Weil es sich keinesfalls empfiehlt, Bestandteile verschiedener Ansätze zu mischen, wenn man Chaos vermeiden will, soll die Arbeitsweise der Ansätze an einem Beispiel erläutert werden.

Wir beginnen mit dem APV-Ansatz in einem einfachen Gewinnsteuersystem. Die relevanten Daten sind: $\overline{X} = 21.818{,}18$; $s_K = 0{,}45$; $F = 90.000$; $i_V = i = 0{,}10$; $k = 0{,}12$.[85] Es gilt der Fall der unendlichen Rente.

[85] k bezeichnet die geforderte Rendite der Eigentümer bei ausschließlicher Eigenfinanzierung des Unternehmens; k enthält somit nur eine Prämie für die Übernahme des Investitionsrisikos.

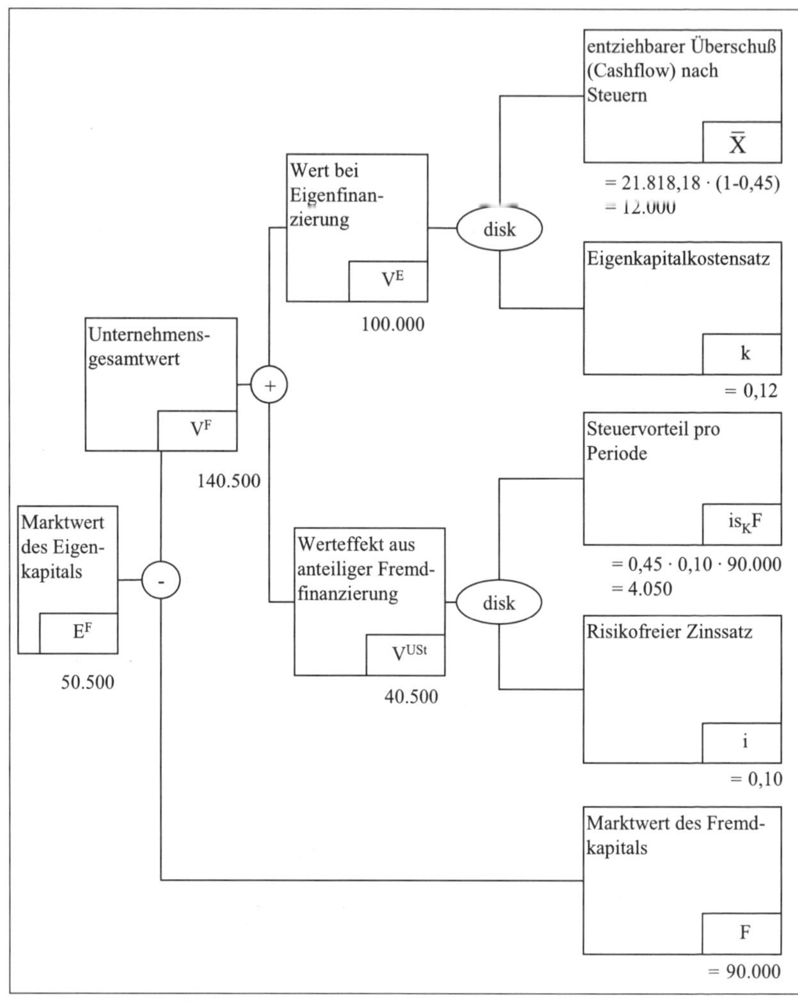

Abbildung 5-3: APV-Ansatz

Diese Darstellung verdeutlicht die additive Zusammenführung der Bestandteile V^E und V^{USt} zu V^F. Diese Zusammenführung setzt voraus, daß k bekannt ist und die Bewertung steuerlicher Vorteile in der hier unterstellten einfachen Weise erfolgen kann. Diese Form der Bewertung unterstellt, daß das Fremdkapitalvolumen F unabhängig von der zeitlichen Entwicklung von V^F geplant werden kann – wir nennen dies eine autonome Finanzierungspolitik – und daß Zinszahlungen generell gezahlt werden und steuerlich abzugsfähig sind.

Betrachten wir die Arbeitsweise des WACC-Ansatzes.

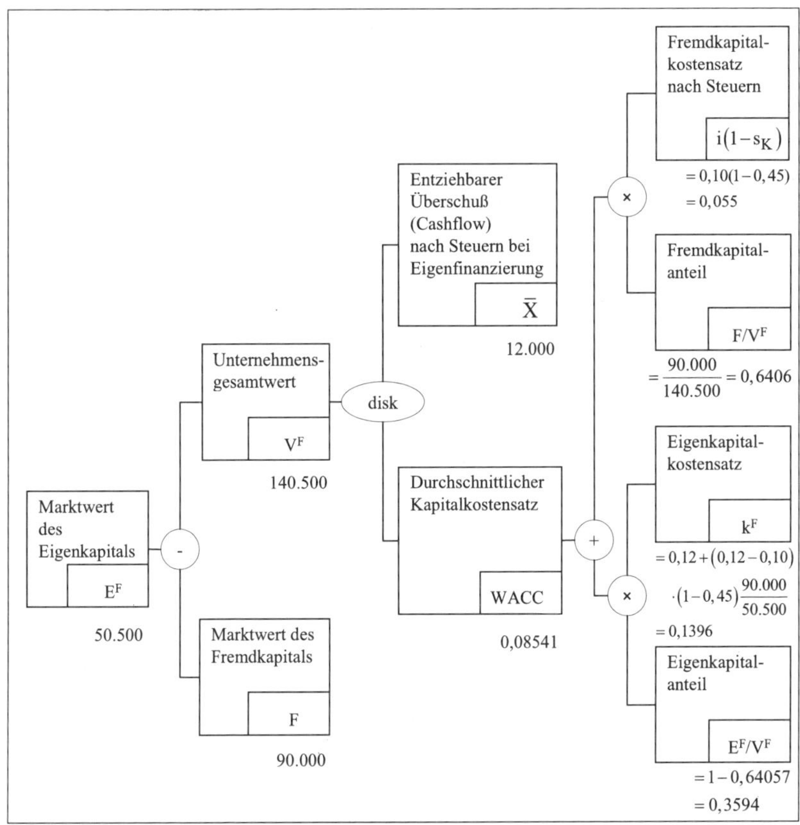

Abbildung 5-4: WACC-Ansatz[86]

Eine wichtige Frage ist, woher die Informationen über die Quotienten F/V^F bzw. F/E^F kommen, die man zur Bestimmung von k^F bzw. WACC benötigt. Müßte man hierzu auf das Ergebnis zurückgreifen, das der APV-Ansatz liefert, böte der WACC-Ansatz keine eigenständige Lösung. Es gibt drei Auswege. Der erste besteht im Rückgriff auf eine Iterationslösung: Man erreicht nach einigen Schleifcn das Ziel. Unter Benutzung der Formel für WACC gilt:

$$V^F = \bar{X}(1-s_K)\frac{1}{k\left(1-s_K\dfrac{F}{V^F}\right)}$$

---

[86] Mit dem durchschnittlichen Kapitalkostensatz $WACC = k\left(1-s_K\dfrac{F}{V^F}\right)$;

$WACC = i(1-s_K)\dfrac{F}{V^F} + k^F\dfrac{E^F}{V^F}$ und dem Eigenkapitalkostensatz

$k^F = k + (k-i)(1-s_K)\dfrac{F}{E^F}$.

Setzt man für V^F einen geschätzten Wert ein, läßt sich WACC berechnen und dann der bei Einsatz von WACC resultierende Wert V^F.

V^F geschätzt	WACC geschätzt	V^F gerechnet
130.000	0,08262	145.251
135.000	0,084	142.857
140.000	0,08529	140.703
140.400	0,08538	140.548
140.500	0,08541	140.499

Tabelle 5-16: Iterative Berechnung von WACC

Der zweite Weg besteht darin, die obige Formel umzuformulieren.

$$V^F\left[k(1-s_K\frac{F}{V^F})\right]=\bar{X}(1-s_K)$$

$$V^F=\frac{\bar{X}(1-s_K)+s_K kF}{k}=V^E+s_K F$$

Man landet bei der Formel für V^F gemäß APV-Ansatz.

Der dritte Weg besteht in der Vorgabe einer Zielkapitalstruktur $L^*=F/V^F$. Der Quotient wird durch Vorab-Entscheidung vorgegeben. Setzte man z. B. $L^*=0{,}55$, folgte $k^F = 0{,}13344$ und WACC = 0,0903.[87] Die Vorgabe von L^* und die gleichzeitige Benutzung der bisher benutzten Formeln für k^F und WACC setzt voraus, daß diese Vorgehensweise konsistent ist. Das ist sie nicht, wie noch zu zeigen ist.

---

[87] $k^F=0{,}12+(0{,}12-0{,}10)(1-0{,}45)\frac{0{,}55}{0{,}45}=0{,}13344$;

$\mathrm{WACC}=0{,}12(1-0{,}45\cdot 0{,}55)=0{,}0903$.

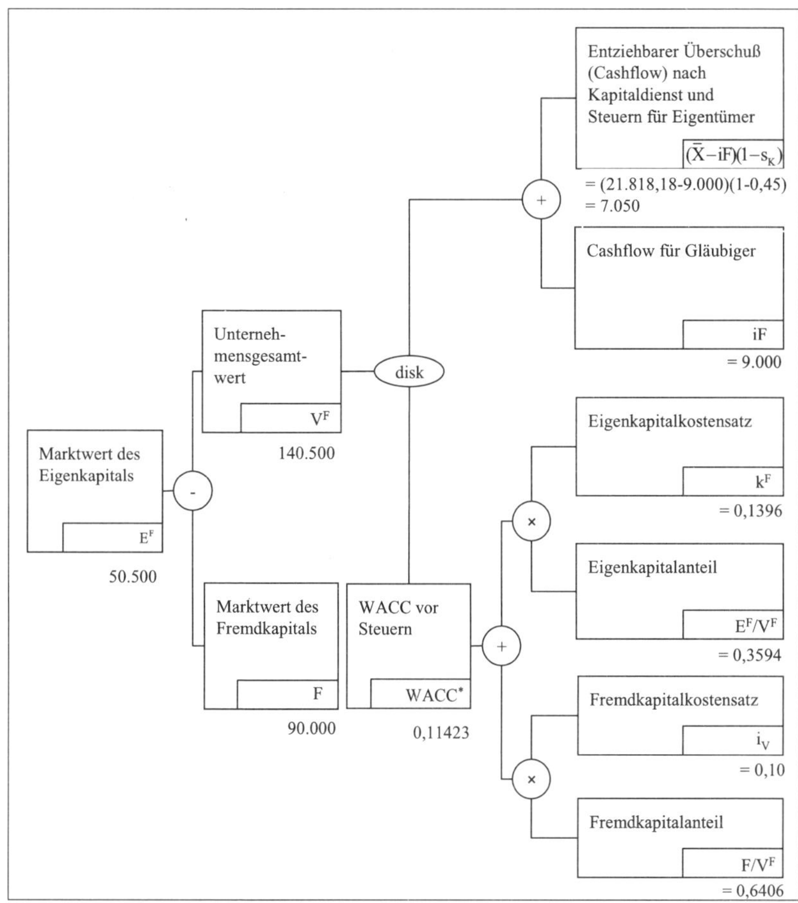

Abbildung 5-5: Capital Cashflow-Ansatz

Betrachten wir den Capital Cashflow-Ansatz. Zu bewerten ist hier der Eigentümern und Gläubigern zufließende erwartete Cashflow nach Steuern. Somit sind steuerliche Vorteile auf der Cashflow-Ebene bereits erfaßt. Folglich dürfen sie im Diskontierungssatz WACC* nicht mehr auftreten.[88] Auch hier stellt sich die Frage, wo die Informationen über die Quotienten F/V^F bzw. F/E^F herkommen. Mögliche Lösungswege wurden oben angedeutet.

Betrachten wir schließlich den Equity-Ansatz. Abbildung 5-6 wirkt vor dem Hintergrund der Abbildungen zu den übrigen Ansätzen vermutlich eher einladend. Liegt hier nicht ein wegen seiner scheinbaren Einfachheit robuster Ansatz vor?

---

88 $WACC^* = i\frac{F}{V^F} + k^F\frac{E^F}{V^F}$.

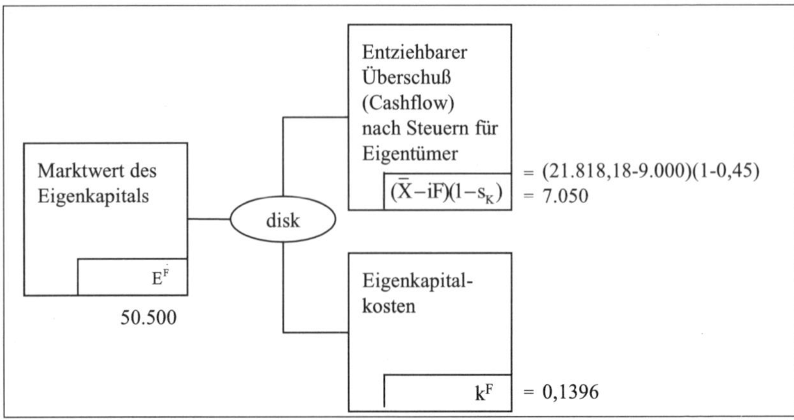

Abbildung 5-6: Equity-Ansatz

Zu beachten ist, daß die Berechnung von k^F die Zutaten der Formel (5-30) voraussetzt; d. h. daß F/E^F bekannt sein muß. E^F, also der Wert des Eigenkapitals, ist aber die Lösung des Problems. Man kann sich der Lösung z. B. durch Iterationen nähern. Nach einigen Schleifen erhält man den Wert E^F von 50.500.

Tabelle 5-17 faßt die besprochenen DCF-Varianten zusammen.

Form des Kalküls	Equity-Ansatz	Entity-Ansätze		
Unterarten		II. APV-Ansatz	III. WACC-Ansatz	IV. Capital Cashflow-Ansatz
1. Zu diskontierende Erfolgsgröße	an die Eigentümer fließende Zahlungen unter Beachtung der realisierten Kapitalstruktur	a) an die Eigentümer fließende Zahlungen unter der Fiktion reiner Eigenfinanzierung bei steuerlich optimierter Ausschüttungsstruktur b) steuerliche Vorteile ausgelöst durch Kapitalstruktur	an die Eigentümer fließende Zahlungen unter der Fiktion reiner Eigenfinanzierung	an die Eigentümer und andere Kapitalgeber fließende Zahlungen
2. Diskontierungssatz	k^F k^F enthält Prämie für (1) Investitionsrisiko und (2) Finanzierungsrisiko	a) k; enthält nur Prämie für Investitionsrisiko b) i, wenn der Verschuldungsumfang nicht an V^F gebunden ist; sonst k	$WACC = i(1-s)\frac{F}{V^F} + k^F\frac{E^F}{V^F}$	$WACC^* = i\frac{F}{V^F} + k^F\frac{E^F}{V^F}$
3. Notwendige Annahmen für einen im Zeitablauf konstanten Diskontierungssatz	• konstantes Investitionsrisiko • konstanter Verschuldungsgrad • keine Insolvenzrisiken	• konstantes Investitionsrisiko • autonom vorgegebener Verschuldungsumfang	• konstantes Investitionsrisiko • konstanter Verschuldungsgrad • keine Insolvenzrisiken	• konstantes Investitionsrisiko • konstanter Verschuldungsgrad • keine Insolvenzrisiken

Form des Kalküls	Equity-Ansatz	Entity-Ansätze		
Unterarten		II. APV-Ansatz	III. WACC-Ansatz	IV. Capital Cash-flow-Ansatz
	• steuerliche, durch F ausgelöste Vorteile werden in jeder Periode erzielt	• keine Insolvenzrisiken • steuerliche, durch F ausgelöste Vorteile werden in jeder Periode erzielt	• steuerliche, durch F ausgelöste Vorteile werden in jeder Periode erzielt	• steuerliche, durch F ausgelöste Vorteile werden in jeder Periode erzielt

Tabelle 5-17: Überblick über DCF-Methoden

2. Ausgangswissen und Arbeitsweise der Ansätze

Wir haben den Fall der unendlichen Rente, in dem der Unternehmenswert nach Ausschüttung bzw. Zinszahlung auf dem Niveau der Vorperiode erhalten bleibt, so interpretiert, daß Zinszahlungen auf das konstante Fremdkapitalvolumen F in jeder Periode zustandsunabhängig geleistet werden und vollständig steuerlich abzugsfähig sind. Unter diesen Bedingungen werden mit allen betrachteten Ansätzen ausgehend von *gleichem* Ausgangswissen identische Werte V^F bzw. E^F ermittelt.[89] Nehmen wir an, im Bewertungszeitpunkt liegen Informationen über $\overline{X}$, F, s_K und die von den Eigentümern geforderte Rendite bei ausschließlicher Eigenfinanzierung, also k, vor. Tabelle 5-18 erläutert, wie V^F bzw. E^F mittels APV-, WACC- und Equity-Ansatz zu ermitteln sind.

Ausgangswissen / Bewertung gemäß	Neben F, s_K, $\overline{X}$ ist die geforderte Rendite k bekannt.	
APV-Ansatz	(1) $V^F = \frac{\overline{X}(1-s_K)}{k} + s_K F$ $E^F = V^F - F$	⇒ Arbitragebeweise von Modigliani/Miller (MM);[90] steuerliche Vorteile sind annahmegemäß risikolos

[89] Vgl. hierzu z.B. Schwetzler, B./Darijtschuk, N. (1999); Drukarczyk, J./Honold, D. (1999).

[90] Vgl. Modigliani, F./Miller, M. H. (1958), (1963).

Ausgangswissen / Bewertung gemäß	Neben F, s_K, $\bar{X}$ ist die geforderte Rendite k bekannt.	
Equity-Ansatz	(2) $E^F = \dfrac{\bar{X}(1-s_K) - iF(1-s_K)}{k + (k-i)(1-s_K)\dfrac{F}{E^F}}$	$\Rightarrow$ Eigenkapitalkosten gemäß MM $k^F = k + (k-i)(1-s_K)\dfrac{F}{E^F}$
	(2') $E^F = \dfrac{\bar{X}(1-s_K) - k(1-s_K)F}{k}$	Umformulierung
	$E^F = V^E - F + s_K F$	$\Rightarrow$ siehe APV-Ergebnis
WACC-Ansatz	(3) $V^F = \dfrac{\bar{X}(1-s_K)}{k\left(1-s_K\dfrac{F}{V^F}\right)} = \dfrac{\bar{X}(1-s_K)}{WACC}$	$\Rightarrow$ WACC gemäß MM $WACC = k\left(1-s_K\dfrac{F}{V^F}\right)$
	(3') $V^F = \dfrac{\bar{X}(1-s_K) + s_K kF}{k}$	Umformulierung
	$V^F = V^E + s_K F$	$\Rightarrow$ siehe APV-Ergebnis

Tabelle 5-18: Bewertung bei bekannter geforderter Rendite k

Der Wert gemäß APV-Ansatz ist unmittelbar berechenbar, da k bekannt ist. Um E^F gemäß Equity-Ansatz bzw. WACC-Ansatz zu berechnen, ist Formel (5-30) bzw. (5-32) einzusetzen. Die dort enthaltenen (nicht bekannten) Quotienten F/E^F bzw. F/V^F werden durch die Umformulierungen (2') bzw. (3') ersetzt. In beiden Fällen wird die ökonomische Botschaft gespiegelt, daß der Wert der steuerlichen Vorteile im vorliegenden Fall $s_K F$ beträgt.

Ist im Bewertungszeitpunkt neben F, $\bar{X}$ und s_K die geforderte Rendite der Eigentümer k^F bekannt, ist E^F unmittelbar berechenbar. Die Berechnung von V^F bzw. E^F mittels des WACC- bzw. APV-Ansatzes zeigt Tabelle 5-19.

Die betrachteten Umformungen schieben somit immer die gleichen Botschaften hin und her. Der Kern der Botschaft ist, daß die steuerlichen Vorteile den Wert $s_K F$ haben. Daraus folgen (5-30) und (5-31) bzw. (5-32). Mit Hilfe dieser Formeln findet man auch dann, wenn ein Ansatz unmittelbar nicht einsetzbar ist, *immer* zu einer korrekten Bewertungsformel. Iterationen oder die Vorgabe von Zielkapitalstrukturen sind nicht notwendig.

Bewertung gemäß \ Ausgangswissen	neben F, s_K, $\bar{X}$ ist k^F bekannt	
Equity-Ansatz	(4) $E_0^F = \frac{(\bar{X} - iF)(1 - s_K)}{k^F}$	iF ist bekannt und konstant
WACC-Ansatz	(5) $V^F = \frac{\bar{X}(1 - s_K)}{i(1 - s_K)\frac{F}{V^F} + k^F \frac{V^F - F}{V^F}}$	$WACC = i(1 - s_K)\frac{F}{V^F} + k^F \frac{E^F}{V^F}$ $k^F = k + (k - i)(1 - s_K)\frac{F}{E^F}$
	(6) $V^F = \frac{(\bar{X} - iF)(1 - s_K) + k^F F}{k^F}$	⇒ Umformulierung
	$V^F = E^F + F$	WACC-Ansatz bringt bei bekanntem k^F bzw. E^F nichts Neues
APV-Ansatz	(7) $V^F = V^E + s_K F$; $V^E = \frac{\bar{X}(1 - s_K)}{k}$	k ist in Ausgangslage nicht bekannt
	$k^F = k + (k - i)(1 - s_K)\frac{F}{E^F}$	
	(8) $k = \frac{E^F k^F + i(1 - s_K)F}{E^F + (1 - s_K)F}$	
	$V^E = \frac{\bar{X}(1 - s_K)\left[E_0^F + (1 - s_K)F\right]}{E_0^F k^F + i(1 - s_K)F}$ mit $E^F = V^E - F(1 - s_K)$	
	(9) $V^E = \frac{(\bar{X} - iF)(1 - s_K) + k^F F(1 - s_K)}{k^F}$	$\Rightarrow V^E = E^F + F - s_K F$

Tabelle 5-19: Bewertung bei bekannter geforderter Rendite k^F

VI. Literaturhinweise

Busse von Colbe, W. (1964): Zur Maßgeblichkeit des Börsenkurses für die Abfindung der bei einer Umwandlung ausscheidenden Aktionäre. In: Die Aktiengesellschaft, 9. Jg., S. 263-267.

Drukarczyk, J. (1973): Zur Brauchbarkeit der Konzeption des „ökonomischen Gewinns". In: Die Wirtschaftsprüfung, 26. Jg., S. 183-188.

Drukarczyk, J. (1978): Ausschüttungssperre, Ausschüttungsregel und Kapital- bzw. Substanzerhaltung. In: Wirtschaftswissenschaftliches Studium, 7. Jg., S. 97-103.

Drukarczyk, J./Honold, D. (1999): Unternehmensbewertung, DCF-Methoden und der Wert steuerlicher Finanzierungsvorteile. In: Zeitschrift für Bankrecht und Bankwirtschaft, 11. Jg., S. 333-349.

Easterbrook, F. H. (1984): Two Agency Cost Explanations of Dividends. In: American Economic Review, Vol. 74, S. 650-659.

Ernst, D./Schneider, S./Thielen, B. (2006): Unternehmensbewertungen erstellen und verstehen, 2. A., München.

Jensen, M. C. (1986): Agency Costs of Free Cash Flow, Corporate Finance and Takeover. In: American Economic Review, Vol. 76, S. 323-329.

Jensen, M. C. (1993): The Modern Industrial Revolution, Exit, and the Failure of Internal Control Systems. In: Journal of Finance, Vol. 48, S. 831-880.

Krotter, S. (2006): Durchbrechungen des Kongruenzprinzips und Residualgewinne – Broken Link between Accounting and Finance?, Regensburger Diskussionsbeitrag Nr. 411, Universität Regensburg.

Luehrmann, T. A. (1997): Using APV – A better tool for valuing operations. In: Harvard Business Review, Vol. 75, S. 145-154.

Matschke, M. (1979): Funktionale Unternehmensbewertung: Der Arbitriumwert der Unternehmung, Wiesbaden.

Modigliani, F./Miller, M. H. (1958): The Cost of Capital, Corporation Finance and the Theory of Investment. In: American Economic Review, Vol. 48, S. 261-297.

Modigliani, F./Miller, M. H. (1963): Corporate Income Taxes and the Cost of Capital – A Correction. In: American Economic Review, Vol. 53, S. 433-443.

Moxter, A. (1983): Grundsätze ordnungsmäßiger Unternehmensbewertung, 2. A., Wiesbaden.

Myers, St. C. (1974): Interactions of Corporate Financing and Investment Decisions: Implications for Capital Budgeting. In: Journal of Finance, Vol. 32, S. 1-25.

Rieger, W. (1928): Einführung in die Privatwirtschaftslehre, Erlangen.

Rieger, W. (1938): Zur Frage der angemessenen Abfindung der bei der Umwandlung ausscheidenden Minderheitsaktionäre. In: Der Wirtschaftstreuhänder, 7. Jg., S. 256-258.

Ruback, R. S. (2002): Capital Cash Flows: A Simple Approach to Valuing Risky Cash Flow. In: Financial Management, Vol. 32, S. 85-103.

Schwetzler, B. (1998): Gespaltene Besteuerung, Ausschüttungsvorschriften und bewertungsrelevante Überschüsse. In: Die Wirtschaftsprüfung, 51. Jg., S. 695-704.

Schwetzler, B./Darijtschuk, N. (1999): Unternehmensbewertung mit Hilfe der DCF-Methode. In: Zeitschrift für Betriebswirtschaft, 69. Jg., S. 295-318.

Sieben, G./Schildbach, T. (1979): Zum Stand der Lehre der Bewertung ganzer Unternehmen. In: Deutsches Steurrecht, 17. Jg., S. 455-461.

Williams, J. B. (1938): The Theory of Investment Value, Cambridge (Mass.).

VII. Anhänge

1. Bedingung für konstante Risikozuschläge

Die erforderliche Bedingung kann auch so begründet werden: Im einperiodigen Fall gilt

$$\left[\overline{NE_1} - \lambda \operatorname{cov}\left(\widetilde{NE}_1, \tilde{r}_M\right)\right]\left(1+i\right)^{-1} = \overline{NE_1}\left(1+k\right)^{-1}.$$

Daraus folgt

$$1+k=\frac{\overline{NE_1}(1+i)}{\overline{NE_1}-\lambda\,cov\left(\widetilde{NE_1},\widetilde{r_M}\right)} \quad \text{und}$$

$$k=\frac{i+\dfrac{\lambda\,cov\left(\widetilde{NE_1},\widetilde{r_M}\right)}{\overline{NE_1}}}{1-\dfrac{\lambda\,cov\left(\widetilde{NE_1},\widetilde{r_M}\right)}{\overline{NE_1}}}.$$

Nun gilt $cov\left(\widetilde{NE_1},\widetilde{r_M}\right)=\rho\,\sigma_M\,\sigma_{NE_1}$, wobei ρ die Korrelation zwischen $\widetilde{NE_1}$ und $\tilde{r}_M$ bezeichnet. Der in Geldeinheiten bemessene Risikoabschlag ist folglich definiert durch

$$\lambda\,cov\left(\widetilde{NE_1},\widetilde{r_M}\right)=\frac{\overline{r_M}-i}{\sigma_M}\rho\sigma_{NE_1} \tag{5-37}$$

und über $\lambda^*=\dfrac{\overline{r_M}-i}{\sigma_M}$ durch

$$\lambda\,cov\left(\widetilde{NE_1},\widetilde{r_M}\right)=\lambda^*\rho\sigma_{NE_1}. \tag{5-38}$$

Der Diskontierungssatz k ist folglich bestimmt durch

$$k=\frac{i+\lambda^*\rho\dfrac{\sigma_{NE_1}}{\overline{NE_1}}}{1-\lambda^*\rho\dfrac{\sigma_{NE_1}}{\overline{NE_1}}}. \tag{5-39}$$

Sind i, λ^* und ρ im Zeitablauf konstant und $\sigma_{NE_1}/\overline{NE_1}$ für alle bedingten Verteilungen gleich, ist der Diskontierungssatz k zeitunabhängig. Für das im 4. Kapitel benutzte zweiperiodige Beispiel[91] folgt:

		Gabel 1	Gabel 2	Gabel 3
(1)	$\dfrac{\sigma_{NE}}{\overline{NE}}$	0,07071	0,07071	0,07071
(2)	ρ	0,9929	0,9929	0,9929
(3)	λ*	0,32075	0,32075	0,32075

[91] Vgl. Projekt (A) in Abbildung 4-14.

2. Bewertung und Kapitalkosten im Anrechnungsverfahren

Die Grundzüge des Anrechnungsverfahrens wurden im 3. Kapitel dargestellt. Die Anteilseigner erhalten eine Ausschüttung (Bardividende) und eine Körperschaftsteuergutschrift. Beide unterliegen der Einkommensbesteuerung. Es muß insoweit nicht zwischen beiden Bestandteilen des Zuflusses differenziert werden. Private Kredite, die nachweislich zum Erwerb von Geldanlagen verwendet werden, führen zu steuerlich abzugsfähigen Zinszahlungen.

Wir wenden die Modigliani-Miller-Technik an. Ein Anleger 1, der eine Quote a am Eigenkapital eines nicht verschuldeten Unternehmens hält, erzielt (I)

$$a\overline{X}(1-s_{GE})(1-s_I). \tag{I}$$

Anleger 2, der am mischfinanzierten Unternehmen beteiligt ist, erwartet ein periodisches Einkommen von

$$a(\overline{X}-iF)(1-s_{GE})(1-s_I), \tag{II}$$

wenn die vollständige Abzugsfähigkeit der Zinszahlungen von der Steuerbemessungsgrundlage der Gewerbeertragsteuer angenommen wird.

Verschuldete sich Anleger 1 privat in Höhe von aF zum Zinssatz i, erzielt er ein erwartetes Einkommen von

$$a\left[\overline{X}(1-s_{GE})-iF\right](1-s_I), \tag{III}$$

wenn private Zinszahlungen die Steuerbemessungsgrundlage der Einkommensteuer kürzen.

Der steuerliche Vorteil der Realisierung der Verschuldung auf Unternehmensebene besteht pro Periode in $ais_{GE}F(1-s_I)$. Wenn diese steuerlichen Vorteile als risikolos eingestuft werden können und der Fall der unendlichen Rente vorliegt, beträgt der Barwert der steuerlichen Vorteile für alle Anteilseigner

$$V^{USt}=\frac{is_{GE}F(1-s_I)}{i(1-s_I)}=s_{GE}F. \tag{5-40}$$

Liegen steuerliche Dauerschulden vor, deren Zinszahlungen die steuerlichen Bemessungsgrundlagen nur hälftig kürzen, ist der Barwert der (risikolosen) steuerlichen Vorteile definiert durch

$$V^{USt}=\frac{i0{,}5s_{GE}F(1-s_I)}{i(1-s_I)}=0{,}5s_{GE}F. \tag{5-41}$$

Die geforderte Rendite der Eigentümer ergibt sich aus folgenden Überlegungen: Die erwarteten Überschüsse der Eigentümer im Fall der unendlichen Rente betragen, wenn volle Abzugsfähigkeit der Zinszahlungen angenommen wird

$$\overline{X}(1-s_{GE})(1-s_I)-iF(1-s_{GE})(1-s_I).$$

Ersetzt man $\overline{X}(1-s_{GE})(1-s_I)$ durch $k_S V^E$ bzw. durch $k_S\left(E^F+F-s_{GE}F\right)$ folgt:

$$k_S^F=k_S+\left[k_S-i(1-s_I)\right](1-s_{GE})\frac{F}{E^F} \qquad (5\text{-}42)$$

Die durchschnittlichen Kapitalkosten WACC sind definiert durch (5-43)

$$WACC=k_S\left(1-s_{GE}\frac{F}{V^F}\right), \qquad (5\text{-}43)$$

wenn steuerliche Nicht-Dauerschulden vorliegen, und durch (5-44), wenn steuerliche Dauerschulden vorliegen:

$$WACC=k_S\left(1-0{,}5s_{GE}\frac{F}{V^F}\right) \qquad (5\text{-}44)$$

6. Kapitel: DCF-Methode

I. Einführung

Das 5. Kapitel hat den Titel „Grundlagen der Unternehmensbewertung“. Es trägt diesen Namen zu Recht. Wir klären, was bewertungsrelevante Überschüsse sind, wie Ausschüttungssperren wirken, präsentieren grundlegende Definitionen von Kapitalkosten für verschiedene Steuerregime. Zugleich lässt das 5. Kapitel viele Problemaspekte unbeachtet: es wird durchgehend mit der Annahme des Rentenfalls gearbeitet, ein Fall, der viele relevante Bewertungsaspekte nicht zum Vorschein bringt, wir beachten Pensionszusagen nicht, wir brechen die Behandlung des Bewertungsproblems im Halbeinkünfteverfahren an interessanter Stelle ab. Die Kenntnis der Grundlagen ist zwar notwendig, aber noch nicht ausreichend für eine realitätsnahe und widerspruchsfeste Bewertung.

Hier liegt der Startpunkt für das 6. Kapitel. Wir beginnen in Abschnitt II mit der Vorstellung von zwei Finanzierungsstrategien, auf die in der neueren Literatur des öfteren Bezug genommen wird: die autonome bzw. die atmende, sich am Unternehmenswert orientierende Finanzierungsstrategie. Diese Unterscheidung ist wichtig, weil die eingeschlagene Finanzierungsstrategie die Höhe der finanzierungsbedingten Steuereffekte, die Kapitalkosten und den Unternehmenswert beeinflußt. Außerdem beeinflußt die Wahl der Finanzierungsstategie die Wahl des dem Problem angemessenen Bewertungsansatzes.

In den Abschnitten III, IV und V diskutieren wir vertieft die Leistungsfähigkeit von APV-, WACC- und Equity-Ansatz bzw. Ertragswert-Methode unter realitätsnahen Rahmenbedingungen. Zu diesem Zweck wird die Annahme des Rentenfalls (natürlich) aufgegeben, das Halbeinkünfteverfahren und seine Bewertungseinflüsse werden im Detail entfaltet, Pensionszusagen und zugehörige Rückstellungen werden in den Bewertungskalkül integriert.

Die Ertragswert-Methode ist durch die Neufassung der Bewertungsgrundsätze durch das IDW in 2004/2005 u. a. von Altlasten befreit worden. Eine Neuerung, die auf dem Konzept des objektivierten Unternehmenswertes aufbaut – ein Konzept, das das IDW schätzt – bringt den Bewertungseinfluß der Ausschüttungspolitik ins Spiel. Daß Ausschüttungspolitik bewertungsrelevant ist, ist klar und wird im 6. Kapitel an vielen Stellen deutlich herausgehoben. Die angesprochene Neuerung will über die Ausschüttungspolitik den Bewertungseinfluß der Einkommensteuer dämpfen. Auf diese Neuerung werfen wir einen kritischen Blick.

Durchgängig greifen wir auf zwei Beispiele zurück: Die KF AG dient der schnörkellosen Illustration zentraler Zusammenhänge; die Value AG steht für eine vergleichsweise realistische Bewertungssituation, in der die Anwendung der u. U. komplex anmutenden Technik erforderlich ist.

Schließlich beschäftigen wir uns in Abschnitt VI mit dem Diskontierungssatz und zerlegen ihn in risikolosen Basiszins, Marktrisikoprämie und Beta-Wert und diskutieren den Einfluß der Einkommensteuer. Abschnitt VII enthält eine Zusammenfassung.

II. Autonome versus atmende Finanzierungsstrategie

1. Grundlagen

Wir wollen zwei Strategien unterscheiden, gemäß denen ein Verschuldungsumfang F_t definiert werden könnte: eine autonome und eine atmende oder auch wertorientierte Finanzierungspolitik.

Eine atmende oder wertorientierte Politik bindet das Volumen an verzinslichem Fremdkapital, gemessen mittels des Marktwertes F_t, an den Unternehmensgesamtwert V_t^F oder auch an den Wert des Unternehmens bei ausschließlicher Eigenfinanzierung V_t^E. Der Zielverschuldungsgrad wird durch das Management ggf. unter Mitwirkung der Fremdkapitalgeber festgelegt. Steigt oder schrumpft V_t^F, folgt F_t, um den Zielverschuldungsgrad einzuhalten. F_t atmet mit V_t^F. Eine solche am Marktwert orientierte Politik ist zumindest vorstellbar. Sie ordnet bei gegebenem Investitionsrisiko den Kreditgebern im Zeitablauf genau das Risiko zu, das diese im Zeitpunkt des Vertragsabschlusses übernehmen wollten und für das sie in Form des Kreditzinssatzes entlohnt werden. Eine am Marktwert V_t^F orientierte und in diesem Sinn atmende Finanzierungspolitik wäre jedenfalls im Interesse der Gläubiger, da bei gegebenem Investitionsrisiko das von ihnen zu tragende Risiko gleich bliebe. Empirisch stellen sich bei nachlassender Performance von Unternehmen steigende Verschuldungsgrade ein. Die Unternehmen können eine im Gleichschritt mit V_t^F fallende Verschuldung nicht realisieren oder wollen dies nicht. Insoweit ist die Vorstellung einer mit V_t^F atmenden Finanzierungspolitik theoretisch interessant; empirisch zutreffend ist sie im Fall sinkender Unternehmensgesamtwerte jedenfalls nicht. Wäre sie zutreffend, hätte man kaum Anlaß, über die Eignung von gesetzlichen Insolvenzauslösern, über hohe insolvenzbedingte Verluste von Gläubigern oder über Insolvenzverschleppung nachzudenken.

Eine autonome Finanzierungsstrategie bindet das Fremdkapitalvolumen nicht an V_t^F oder V_t^E, sondern legt F_t unabhängig von der Bewegung von V_t^F, eben „autonom“, fest. An was sich die Finanzierungsstrategie des Managements orientiert – z. B. an der Bilanzsumme oder an den Marktwerten einzeln veräußerbarer Vermögensgegenstände – soll hier offen bleiben. Es wird unterstellt, daß der Verschuldungsumfang deterministisch für jede Periode t festgelegt werden kann. Zugleich soll vorläufig gelten, daß Zinszahlungen zustandsunabhängig geleistet werden und steuerlich vollständig abzugsfähig sind. Ob diese Annahmenkonstellation realistisch ist, wird hier noch nicht hinterfragt.

2. Autonome Finanzierungsstrategie – ein Beispiel

Ein Beispiel soll das Konzept einer autonomen Finanzierungsstrategie verdeutlichen:

Die KF-AG, deren Aktien gehandelt werden, hat keine nennenswerten Verbindlichkeiten. Die von Eigentümern geforderte Rendite, die Eigenkapitalkosten k, betragen 0,16. Zehn Millionen Aktien zum Nennwert von 50 DM sind ausgegeben. Der Börsenkurs dümpelt bei 78 DM/Aktie. Ein Übernahmeangebot der Mesa Petroleum AG, veröffentlicht gegen Ende des Jahres 1988, zwingt das Management, über Abwehrstrategien nachzudenken. Hierbei überdenkt das Management auch die bisherige Finanzierungsstrategie.

Angaben in Mio. DM	1989	1990	1991	1992	1993 ff.
Nettoumsatzerlöse[92]	500	550	605	666	733
Herstellungskosten der erbrachten Leistungen	250	275	303	333	366
Abschreibungen	40	45	50	55	60
Vertriebs- und Verwaltungsaufwendungen[93]	50	55	60	65	70
Operativer Erfolg	160	175	192	213	237
Steuern $(s_K = 0,34)$	– 54	– 59	– 65	–72	–81
Abschreibungen	40	45	50	55	60
Cashflow vor Reinvestitionen	146	161	177	196	216
Reinvestitionen	40	45	50	55	60
Bewertungsrelevante Überschüsse (Free Cashflows)	106	116	127	141	156

Tabelle 6-1: Bewertungsrelevante Überschüsse der KF-AG

Die vom Management erwarteten Überschüsse (Free Cashflows) vor einer möglichen Veränderung der Kapitalstruktur für die Jahre 1989 bis 1993, sind in Tabelle 6-1 angegeben. Für die Jahre 1994 ff. soll mit einem erwarteten entziehbaren Überschuß von 156 Millionen DM pro Jahr gerechnet werden.

---

92 einzahlungsgleich
93 auszahlungsgleich

Der Wert der Cashflows ab 1994 beträgt zum Ende von 1993:

$$V_T^E = 156 \frac{1}{0{,}16} = 975$$

Der Marktwert des Unternehmens zu Beginn der Periode 1989 beträgt somit

$$V^E = 106 \cdot 1{,}16^{-1} + 116 \cdot 1{,}16^{-2} + 127 \cdot 1{,}16^{-3} + 141 \cdot 1{,}16^{-4} + (156 + 975) \cdot 1{,}16^{-5} = 875{,}31$$

Dies entspricht einem rechnerischen Wert pro Aktie von 87,53 DM. Gemessen an den Erwartungen des Managements ist die Aktie am Markt unterbewertet.

Das Management der KF-AG plane nun ein Management Buy-Out und biete 90 DM pro Aktie. Es hat von Buy-Out-Fonds eine Finanzierungszusage in Höhe von 725 Mio. DM Fremdkapital zu $i^* = 14\,\%$ erhalten. Die Manager planen, 175 Mio. DM Eigenkapital aufzubringen. Die Tilgungsgeschwindigkeit wird – wie in MBO-Transaktionen üblich – vertraglich festgezurrt und ist in Tabelle 6-2 festgehalten.

Dieses Angebot in Höhe von 90 DM/Aktie soll das Angebot des feindlichen Bieters aus dem Feld schlagen. Ende 1994 soll das Unternehmen erneut an die Börse gebracht werden. Die Manager planen einen Verkaufserlös für alle Wertpapiere in Höhe von rund 1.111 Mio. DM. Dieser Betrag errechnet sich vor dem Hintergrund der Cashflow-Erwartungen in Tabelle 6-1 und einem Ende 1994 herzustellenden und dann konstant zu haltenden Fremdkapitalvolumen von 400 Mio. DM.

Lohnt es sich, einen Preis von 90 DM/Aktie, also 900 Mio. DM zu bieten?

Jahr	Bestand an Fremdmitteln	Zinsen	Tilgung
0 (01.01.1989)	725	-	-
1 (31.12.1989)	688	102	37
2 (31.12.1990)	645	96	43
3 (31.12.1991)	596	90	49
4 (31.12.1992)	540	83	56
5 (31.12.1993)	477	76	63
6 (31.12.1994)	405	67	72
7	323	57	82
8	229	45	94
9	122	32	107
10	0	17	122

Tabelle 6-2: Tilgungsstruktur KF-AG

Tabelle 6-2 läßt erkennen, daß sich die Kapitalstruktur, ausgelöst durch die Tilgungen des Fremdkapitals, deutlich verschiebt.

Hier liegt eine durch die Tilgungsbedingungen der Financiers des MBO definierte *autonome* Finanzierungsstrategie vor. Der Unternehmensgesamtwert steigt im Zeitablauf – wir blenden Insolvenzereignisse mutig aus – und der Verschuldungsumfang fällt. Hier ist der APV-Ansatz einsetzbar. Unter der Prämisse, daß das Investitionsrisiko und damit der Satz k konstant bleibt, wird im ersten Schritt V^E ermittelt und im zweiten Schritt der Wert der durch die Kapitalstruktur ausgelösten steuerlichen Vorteile. Wenn Einkommensteuern beachtet würden, kämen weitere Anpassungen hinzu. Die folgende Tabelle 6-3 zeigt den Lösungsweg.

		1.1.1989	1989	1990	1991	1992	1993	1994
(1)	Verkaufserlös bei geplanter Zielkapitalstruktur							1.111
(2)	Verkaufserlös bei ausschließlicher Eigenfinanzierung							975
(3)	Kapitalstrukturbedingte Differenz							136
(4)	Zinszahlungen		102	96	90	83	76	67
(5)	Steuervorteile (0,34 · (4))		34,7	32,6	30,6	28,2	25,8	22,8
(6)	Barwert der erzielbaren Steuervorteile							
	1989 - 1994[94]	116,7						
	ab 1995 ff.[95]	62,0						
(7)	Marktwert bei ausschließlicher Eigenfinanzierung zum 1.1.1989	875,3						
(8)	Summe (6) + (7)	1.054,0						

Tabelle 6-3: Bewertung der KF-AG

[94] Angenommener Diskontierungssatz ist 0,14. Er entspricht dem Fremdkapitalzinssatz, der eine Risikoprämie von 4 % enthält.

[95] Diskontierungssatz ist 0,10, da ab Ende 1994 ein moderater Verschuldungsumfang besteht, der Ausfallsrisiken für Gläubiger ausschließt. Nach 1994 wird (sollte) der Zinssatz für Fremdkapital somit wieder auf 10 % sinken. Wir benutzen deshalb 10 % als Diskontierungssatz für die Bewertung künftiger Steuervorteile ab 1994 ff. Um auf den Bewertungsstichtag abzuzinsen, wird als Diskontierungssatz für den Zeitraum 1989 – 1994 14 % angenommen.

Die Manager bringen das Unternehmen annahmegemäß Ende 1994 an die Börse und erzielen bei Plazierung aller Wertpapiere (Aktien und Fremdkapitaltitel) einen Erlös von rund 1.111 Mio. DM. Das sind 136 Mio. DM mehr, als sie Ende 1994 für das ausschließlich eigenfinanzierte Unternehmen beim Gang an die Börse erzielen könnten. Dieser Mehrerlös, diskontiert auf den 1.1.1989, beträgt 62,0 Mio. DM. Zwischen 1989 und 1994 sollen vom Unternehmen die in Zeile (4) angegebenen Zinszahlungen geleistet werden. Der Barwert der daraus folgenden Steuerersparnisse, die in Zeile (5) ausgewiesen werden, zum 1.1.1989 beträgt 116,7 Mio. DM. Zusammen mit dem Wert der Eigentumsrechte bei ausschließlicher Eigenfinanzierung ergibt sich ein Wert von 1.054,0 Mio. DM.

Der in Tabelle 6-3 dokumentierte Lösungsweg folgt dem Lösungsmuster des APV-Ansatzes. Dieser wird in Abschnitt III ausführlich dargestellt.

3. Atmende Finanzierungsstrategie – ein Beispiel

Jetzt betrachten wir die atmende Finanzierungsstrategie. Wir benutzen ein einfaches Beispiel: das Unternehmen habe eine Lebensdauer von zwei Jahren. Als Bewertungsmodell benutzen wir das mehrperiodige CAPM. Für diese Wahl entscheidend ist nicht ein Glaube an die theoretische Überlegenheit oder Erklärungskraft dieses Bewertungsmodells. Es wird vielmehr herangezogen wegen seiner theoretischen Geschlossenheit, vor dessen Hintergrund sich die gängigen Bewertungsformeln bewähren oder nicht bewähren können.

Den Anfang macht der Fall der reinen Eigenfinanzierung. Abbildung 6-1 bildet die zustandsabhängigen Nettoeinzahlungen des Projektes nach Steuern ab. Es gelten folgende Daten: der risikolose Zins i beträgt 0,06; der Gewinnsteuersatz ist $s_K = 0,25$; die erwartete Rendite des Marktportefeuilles im Startpunkt des Projektes $\bar{r}_M$ ist 0,10; die Marktrisikoprämie ist somit 0,10 – 0,06 = 0,04. Die Marktrendite wächst oder schrumpft mit jeweils gleicher Wahrscheinlichkeit (0,5) um $\Delta r_M = 0,2$; damit ist die Varianz der Marktrendite $\sigma_M^2 = 0,04$; der Risikopreis λ beträgt 1.[96] Die im Zeitpunkt 0 bereits vereinnahmte Zahlung aus dem Projekt sei 800. Es wird erwartet, daß sich mit jeweils gleichen Eintrittswahrscheinlichkeiten (0,5) die Überschüsse der Folgeperiode ergeben aus $NE_{t-1}(1+u)$ bzw. $NE_{t-1} \cdot (1+u)^{-1}$. u sei im Zeitablauf konstant und habe den Wert 0,25. Diese Daten sind bereits ausreichend, um den β^U-Wert des Projektes zukunftsbezogen zu schätzen: Wir kennen die zustandsabhängigen Bewegungen der Marktrenditen sowie die zustandsab-

---

96 $\lambda = \frac{\bar{r}_M - i}{\sigma_M^2} = \frac{0,10 - 0,06}{0,04} = 1.$

hängigen Ausprägungen der projektindividuellen Nettoeinzahlungen und die zugehörigen Wahrscheinlichkeiten. Es besteht also keine Notwendigkeit, historische β^F-Werte unter Beachtung der steuerlichen Rahmenbedingungen und unter Berücksichtigung i. d. R. nicht exakt bekannten Finanzierungsstrategie in einen β^E-Wert umzurechnen.[97] Zur Berechnung der zustandsabhängigen Werte bei Eigenfinanzierung bzw. des Wertes der steuerlichen Vorteile benutzen wir den im 4. Kapitel beschriebenen Weg über marktdeterminierte Sicherheitsäquivalente.

Der Wert des Projektes zum Zeitpunkt 0 berechnet sich wie folgt:

$$V_{11}^E = \left[\left(1.250+800\right)\cdot 0{,}5-(1)\cdot 45\right]\cdot 1{,}06^{-1} = 924{,}53,$$

$$V_{21}^E = \left[\left(800+512\right)\cdot 0{,}5-(1)\cdot 28{,}8\right]\cdot 1{,}06^{-1} = 591{,}70,$$

$$V_0^E = \left[\left(1.000+924{,}53+640+591{,}70\right)\cdot 0{,}5-(1)\ 69{,}28\right]\cdot 1{,}06^{-1} = \\ = 1.423{,}43$$

Arbeitete man mit risikoangepaßten Diskontierungssätzen k,[98] folgt $k = 0{,}10867$ für die Bewertung der erwarteten Nettoeinzahlung in Periode 1 und 2. V_0^E beträgt somit 1.423,43.

---

[97] Vgl. hierzu Richter, F./Drukarczyk, J. (2000), S. 7-9. Zur Umrechnung von Beta-Werten vgl. unten Abschnitt VI.3.

[98] $k = i + (\bar{r}_M - i)\dfrac{cov(\tilde{r}_P, \tilde{r}_M)}{\sigma_M^2}$. Der letzte Term bezeichnet den projektspezifischen Beta-Wert. Die $cov(\tilde{r}_P, \tilde{r}_M)$ beträgt für alle „Bewertungsäste" 0,04867. Es liegt also ein Projekt vor, das mittels eines im Zeitablauf konstanten Risikozuschlages zum risikolosen Zinssatz i bewertet werden kann. Der β^E-Wert des Projektes beträgt 1,21683.

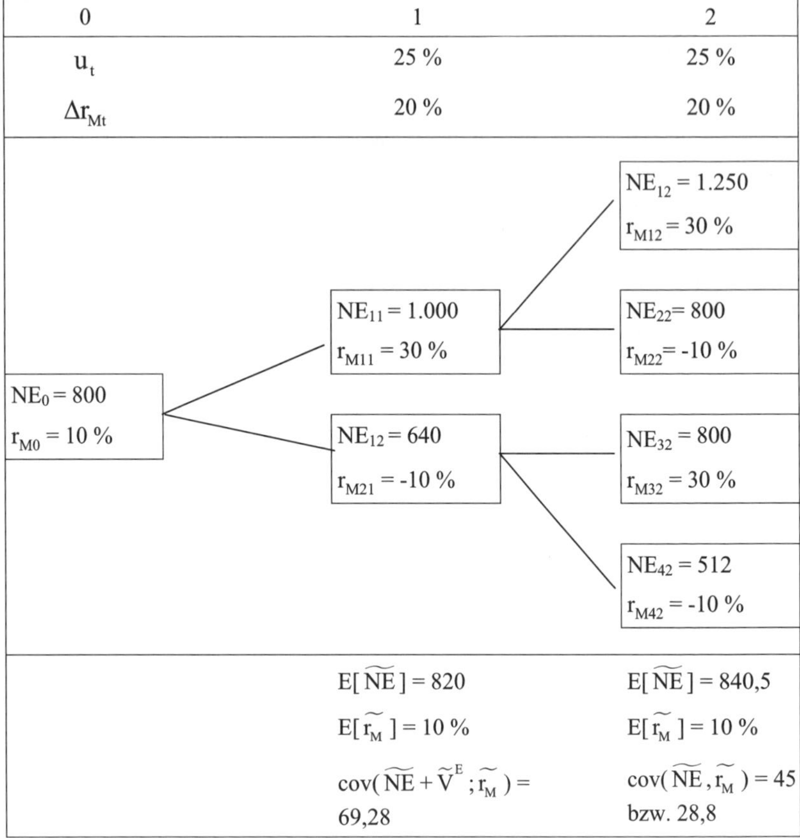

Abbildung 6-1: Unternehmen bei Eigenfinanzierung

Das Unternehmen wird nun zunächst mit einer autonom vorgegebenen Finanzierungsstrategie kombiniert; die atmende Strategie folgt dann. Die Fremdkapitalbestände seien F_0 = 430; F_1 = 460 und F_2 = 0. Der Verschuldungszinssatz entspreche dem risikolosen Zinssatz i. Abbildung 6-2 bildet die resultierenden steuerlichen Vorteile ab. Die Abbildung unterstellt, daß die steuerlichen Bemessungsgrundlagen in jedem Zustand so dimensioniert sind, daß der steuerliche Vorteil aus der Zinsabzugsfähigkeit in Periode t vereinnahmt werden kann. Daß die Eigentümer die Zinszahlungen und die Tilgung in jedem Zustand entrichten können, zeigt die Höhe der Cashflows im Beispiel.

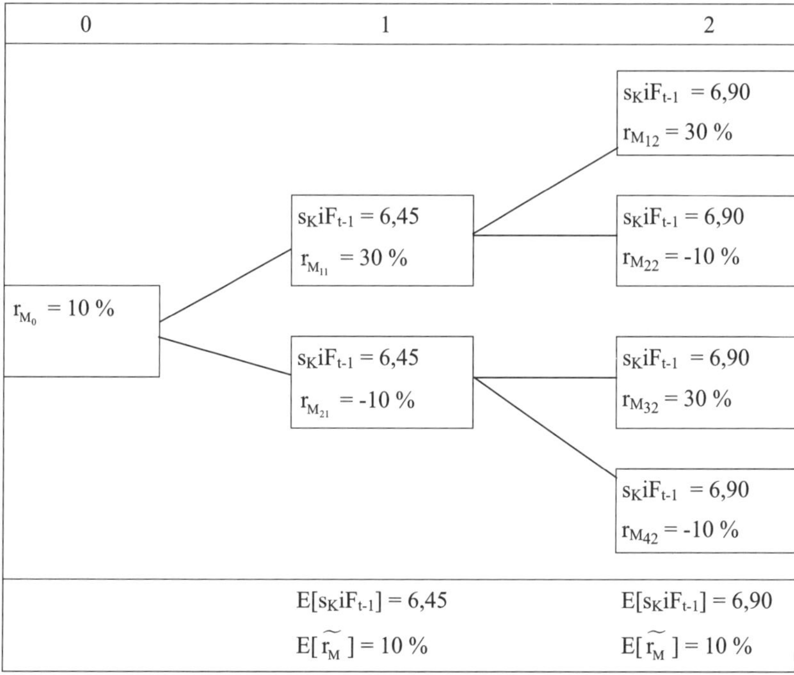

Abbildung 6-2: Steuerliche Vorteile bei autonomer Finanzierung

Die steuerlichen Vorteile sind in den Perioden 1 und 2 jeweils zustandsunabhängig. Die Kovarianzen der steuerlichen Vorteile mit der Marktrendite sind somit Null. Folglich sind die steuerlichen Vorteile risikolos und mit dem Satz i zu bewerten. V^{USt} beträgt somit :

$$V^{USt} = 6,90 \cdot 1,06^{-2} + 6,45 \cdot 1,06^{-1} = 12,23$$

Der Unternehmensgesamtwert beträgt $V^F = V^E + V^{USt}$, also 1.423,43 + 12,23 = 1.435,66. Ein Problem der Bewertung für steuerliche Vorteile entsteht erst, wenn der Bewertungszeitraum, wie bei Unternehmensbewertungen üblich, zeitlich ausgedehnt wird. Wird die Annahme über die Entwicklung bei Eigenfinanzierung, die in Abbildung 6-1 deutlich wird, beibehalten, können steuerliche Vorteile über die gesamte Lebensdauer des Unternehmens nicht risikolos sein. Im Beispiel könnte ab Periode 17 die Zinszahlung auf den im Zeitpunkt 0 vorgegebenen Fremdkapitalbestand (F_0 = 430) nicht mehr zustandsunabhängig geleistet werden.[99] Die Zinszahlungen und damit der steuerliche Vorteil wären ab Periode 17 mit einem zunächst kaum spürbaren Risiko behaftet, das theoretisch die Bewertung mit dem risikolosen Zinssatz angreifbar machte.

[99] In Periode 17 beträgt, die Fortschreibung der in Abbildung 6-1 angenommenen Entwicklung der Nettoeinzahlungen (nach Steuern) unterstellt, die Mindesteinzahlung 18,01 nach Steuern und 24,01 vor Steuern: $800 \cdot 1,25^{-17} = 18,01$.

Verschiedene Folgerungen sind möglich: Man könnte die in Abbildung 6-1 unterstellte Zahlungs- und Risikostruktur für wenig realitätsnah halten, weil sie – jedenfalls für spätere Perioden – korrigierende Handlungsoptionen des Managements ausschließt. Korrigierende Handlungsoptionen des Managements würden das downside risk begrenzen und damit die Risikolosigkeit von steuerlichen Vorteilen für längere Zeiträume bewirken. Allerdings hätte eine solche Korrektur der Zahlungsstrukturen aus der Sicht des Zeitpunktes 0 auch Rückwirkungen auf die im Satz k enthaltene Risikoprämie.[100] Reduziertes operatives Risiko erlaubte höhere risikolose Verschuldungsumfänge oder bei gegebenem Bestand F zeitlich längere Ströme an risikolosen steuerlichen Vorteilen.

Auch wenn man die Annahme über die in Abbildung 6-1 entworfene Risikostruktur beibehielte, gibt es noch keinen Grund, das Konzept der autonomen Finanzierungsstrategie über Bord zu werfen. Zunächst hat man in 17 Jahren etwa 63 % der im Rentenfall erzielbaren steuerlichen Vorteile risikolos erzielt.[101] Der Rest wird mit zunehmender zeitlicher Entfernung von t = 0 unsicherer, aber es dauert sehr lange, bis er den Unsicherheitsgrad annimmt, den eine atmende Finanzierungspolitik dem steuerlichen Vorteil ab Periode 2 *generell* zuschreibt, was gleich zu zeigen sein wird. Man kann also sagen, daß die Berechnung von V^{USt} als Barwert risikoloser steuerlicher Vorteile diese leicht überbewertet. Wie hoch diese Überbewertung ausfällt, kann durch Simulationen ausgetestet werden. Auch dann wird der Wert steuerlicher Vorteile unter sonst gleichen Bedingungen immer größer sein, als er im Rahmen einer atmenden Finanzierungspolitik ausgewiesen wird.

Die atmende Finanzierungsstrategie bindet F_t üblicherweise an V_t^F. Es entspräche dem Konzept auch, wenn F_t an den Marktwert des eigenfinanzierten Unternehmens V_t^E gekoppelt würde. Abbildung 6-3 wendet diese Idee auf unser Beispiel an. Die Verschuldungsgrade wurden so gewählt, daß die resultierenden erwarteten Fremdkapitalbestände den bei autonomer Politik vorgegebenen Beständen (F_0 = 430; F_1= 460) entsprechen.

---

[100] Im Beispiel wurde die Zahlungsstruktur so angelegt, daß die Risikoprämie im Diskontierungssatz konstant ist: k beträgt 0,06 + 0,04867 = 0,10867.

[101] $67{,}58 : 107{,}5 = 0{,}6287;\ 107{,}5 = 430 \cdot 0{,}25 \cdot 0{,}06 \cdot \frac{1}{0{,}06}$.

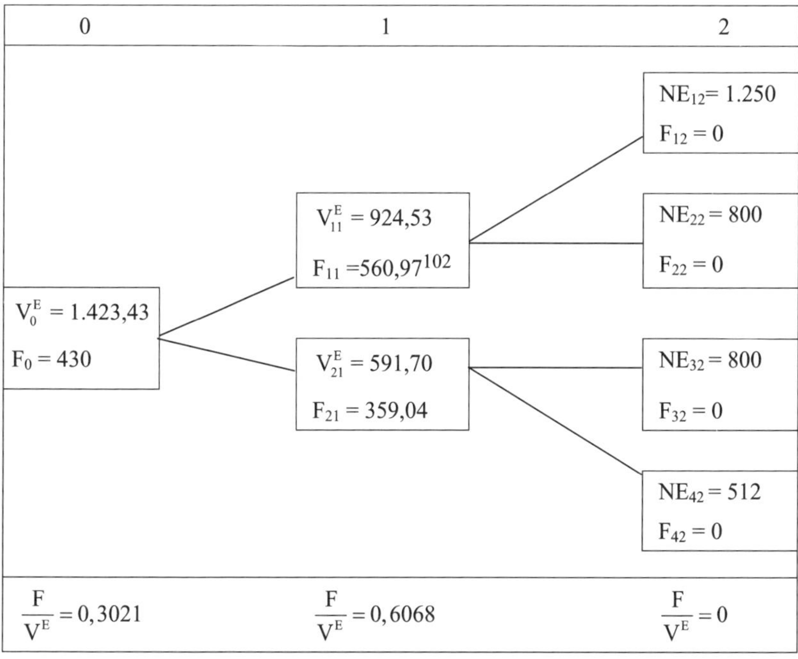

Abbildung 6-3: Herstellung gleicher erwarteter Fremdkapitalbestände bei atmender Finanzierungsstrategie

Jetzt sind die Zinszahlungen und damit die steuerlichen Vorteile in Periode 1 sicher, in allen Folgeperioden aber unsicher, da F_t sich an den zustandsabhängigen Werten von V_t^E orientiert. Die steuerlichen Vorteile sind insoweit mit k zu diskontieren. Abbildung 6-4 stellt die zustandsabhängigen steuerlichen Vorteile dar.

---

102 $\frac{460}{0,5 \cdot 924,53 + 0,5 \cdot 591,70} = \frac{460}{758,1} = 0,6068; \; F_{11} = 924,53 \cdot 0,6068 = 560,97.$

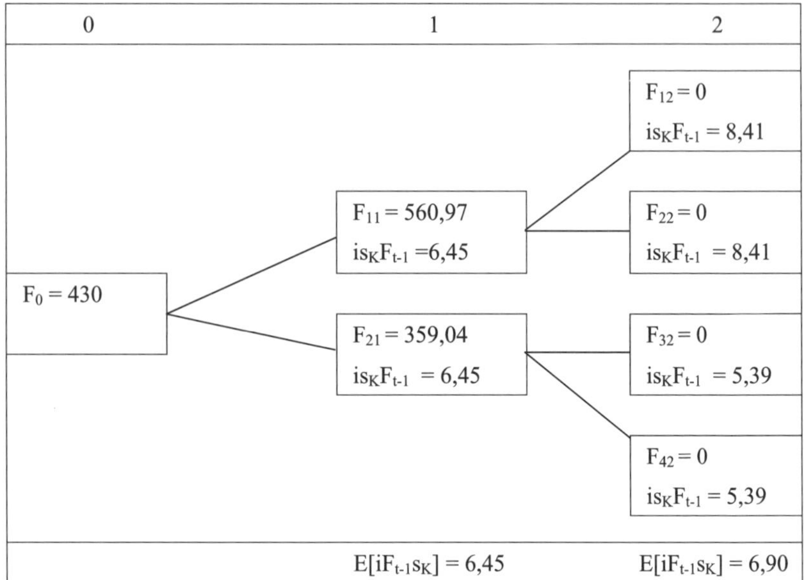

Abbildung 6-4: Steuerliche Vorteile bei atmender Finanzierungsstrategie

Bewertet man die steuerlichen Vorteile im Rahmen des mehrperiodigen CAPM, erhält man einen Barwert in Höhe von 11,95.[103] Dieser Barwert ist natürlich kleiner als der, der bei gleichen deterministischen Fremdkapitalbeständen für den Fall autonomer Finanzierungsstrategie berechnet wurde. Die im zweiperiodigen Beispiel noch kleine Differenz kann bei längerem Planungszeitraum und unter Beachtung empirischer Verschuldungsumfänge zu erheblichen Beträgen anwachsen. Wichtig ist nun, (1) ob die Annahme einer atmenden Finanzierungsstrategie eine realistische Beschreibung des empirischen Finanzierungsverhaltens von Unternehmen ist und (2) ob das *bewußte* Herbeiführen unsicherer steuerlicher Vorteile, das mit einer atmenden Finanzierungspolitik verbunden ist, Ausfluß rationaler Politik ist.

Unsere Ansicht ist, daß die Annahme vorgegebener Verschuldungsgrade F_t / V_t^F oder F_t / V_t^E keine realitätsnahe Beschreibung empirischen Finanzierungsverhaltens von Unternehmen ist. Die Hypothese kann insbesondere für längere Performance-Abschwünge als widerlegt gelten, weil die Verschuldungsvolumen in diesem Fall stark steigen, obwohl V_t^F bzw. V_t^E spürbar sinkt. Sie dürfte auch für den Performance-Aufschwung falsch sein, weil die Verschuldungsgrade dann häufig sinken und erst mit

[103] Den gleichen Barwert erhält man, wenn man i. S. v. Miles/Ezzell (1980) rechnet, die vorschlagen, den steuerlichen Vorteil in Periode 1 mit dem risikolosen Zinssatz, die steuerlichen Vorteile aller folgenden Perioden aber mit k zu diskontieren: $V^{USt} = \left[6,90(1,10867)^{-1} + 6,45\right](1,06)^{-1}$; vgl. dazu den Abschnitt IV.3.b.

zeitlicher Verzögerung angepaßt werden, nämlich dann, wenn interne Mittel nicht mehr ausreichen, die geplanten Investitionsauszahlungen zu finanzieren. Eine Annahme über eine Finanzierungspolitik, die – wie die einer atmenden Politik – die i. d. R. schwankenden Kapitalbedarfe der Unternehmen explizit nicht zur Kenntnis nimmt, hat u. E. erheblichen Begründungsbedarf. Man wird folglich nach anderen Finanzierungshypothesen Ausschau halten.

Auch die *Rationalität* der Annahme der Konstanz von F_t / V_t^F bzw. F_t / V_t^E darf hinterfragt werden. Eine solche Strategie wäre im Interesse der Gläubiger: Bei konstantem Investitionsrisiko wäre ihre Risikoposition im Zeitablauf konstant. Lohnt es sich aus der Sicht der Eigentümer, hierfür die durch die Unsicherheit der steuerlichen Vorteile resultierenden Wertverluste in Kauf zu nehmen? Diese Frage wird in der Literatur nicht explizit gestellt und somit auch nicht beantwortet.

Vertragsgläubiger versuchen durch Sicherungsabreden und insbesondere Covenants ihre bei Vertragsabschluß eingenommene Risikoposition gegen spätere Verschlechterungen zu verteidigen. Während Gläubiger mit vollständig gesicherten Ansprüchen gegen Veränderungen des Verschuldungsgrades wenig einzuwenden haben, könnte man die Zielrichtung von Covenants wohlwollend so beschreiben, als sollten diese den im Zeitpunkt des Vertragsabschlusses bestehenden Verschuldungsgrad gegen spätere Verschlechterungen absichern. Covenants sind nun vorrangig an bilanziellen Größen ausgerichtet: bilanziell definierte Verschuldungsrelationen, Dividendenrestriktionen, NWC-Erfordernisse, Deckungsraten für Zinsverpflichtungen etc.[104] Das bedeutet bei genauerem Hinsehen, daß die obige Interpretation zu wohlwollend ist. Es gelingt nicht, gestützt auf Covenants einen an Marktwerten orientierten Verschuldungsgrad festzunageln.

III. APV-Ansatz

1. Konzeption des APV-Ansatzes: Zerlege und bewerte!

Der Unternehmensgesamtwert wird komponentenweise ermittelt:

- Im ersten Schritt wird die vom Unternehmen realisierte Kapitalstruktur ausgeblendet und eine ausschließliche Eigenfinanzierung aller operativen Tätigkeiten unterstellt. Der Wert bei reiner Eigenfinanzierung, V^E, stellt den Wert der operativen Tätigkeiten unter Beachtung der vom Management geplanten Ausschüttungspolitik dar. Das durch V^E vermittelte Signal ist wichtig: Es zeigt den Wert der Investitionsstrategien losgelöst von den Einflüssen der die Kapitalstruktur steuernden Finanzierungsprämissen.

---

104 Smith, C. W. (1979); Malitz, J. (1986); Brunner, R. F./Eades, K. M./Harris, R. S./Higgins, R. C. (1998), S. 16 – 18.

- Im zweiten Schritt werden die Wertbeiträge der Finanzierungsseite, also der vom Unternehmen gewählten Kapitalstruktur ermittelt. Hier ist es didaktisch nützlich, unter steuerlichem Aspekt ggf. einen „Unternehmensteuereffekt“ und einen „Einkommensteuereffekt“ zu unterscheiden.
- Die Summe aus V^E und den im zweiten Schritt ermittelten Wertbeiträgen ergibt den vorläufigen[105] Unternehmensgesamtwert V^F.
- Der Wert des Eigenkapitals ergibt sich, indem V^F vermindert wird um den Wert der Ansprüche von Nicht-Eigenkapitalgebern, also insbesondere von Fremdkapitalgebern und Arbeitnehmern, die Pensionsansprüche haben.

Der Vorteil der Methode besteht in der Möglichkeit, wertbeeinflussende Merkmale von Unternehmen in Form von Zahlungen zu separieren und *getrennt* zu bewerten und damit einen hohen Grad von Genauigkeit und Transparenz zu erreichen.

2. Unternehmenswert bei Eigenfinanzierung

Im 5. Kapitel wurde die Value AG vorgestellt. Auf die Bilanz- und GuV-Daten dieses Unternehmens wird jetzt zurückgegriffen. Tabelle 6-4 und Tabelle 6-5 enthalten die verfügbaren Daten.

in Mio. Euro	0	1	2	3	4	5	6	7	8ff.
Sachanlagen	10.000,0	10.200,0	10.710,0	11.459,7	11.688,9	11.922,7	12.161,1	12.769,2	12.769,2
Netto-Umlaufvermögen[106]	9.900,0	9.960,0	10.159,2	10.057,6	10.359,3	10.773,7	11.096,9	11.318,9	11.318,9
Bilanzsumme	19.900,0	20.160,0	20.869,2	21.517,3	22.048,2	22.696,4	23.258,0	24.088,0	24.088,0
Eigenkapital	11.000,0	11.707,4	12.457,6	13.145,8	13.854,4	14.644,9	15.493,2	16.379,6	16.379,6
Pensionsrückstellungen	3.000,0	3.024,0	3.048,5	3.073,6	3.099,2	3.125,4	3.152,1	3.179,5	3.179,5
Fremdkapital	5.900,0	5.428,6	5.363,1	5.297,9	5.094,6	4.926,1	4.612,8	4.528,9	4.528,9
Bilanzsumme	19.900,0	20.160,0	20.869,2	21.517,3	22.048,2	22.696,4	23.258,0	24.088,0	24.088,0

Tabelle 6-4: Plan-Bilanzen der Value AG

[105] Der Wert ist vorläufig, weil hier die Bewertung der operativen Tätigkeiten des Unternehmens im Vordergrund steht. In separaten Berechnungen ist der Wert der Finanzanlagen und anderer nicht betriebsnotwendiger Vermögensteile zu ermitteln.

[106] Netto-Umlaufvermögen: Vorräte + Forderungen aus Lieferungen und Leistungen + liquide Mittel – Verbindlichkeiten aus Lieferungen und Leistungen. Der Einfluß von sonstigen Rückstellungen wird im Folgenden – im Gegensatz zu Pensionsrückstellungen – nicht thematisiert; vgl. dazu aber Kapitel 8.

	1	2	3	4	5	6	7	8ff.
(1) Umsatzerlöse	12.000,0	12.240,0	12.117,6	12.481,1	12.980,4	13.369,8	13.637,2	13.637,2
(2) Betriebliche Aufwendungen	6.840,0	6.976,8	6.907,0	7.114,2	7.398,8	7.620,8	7.773,2	7.773,2
(3) Abschreibungen	1.250,0	1.275,0	1.338,8	1.432,5	1.461,1	1.490,3	1.520,1	1,596.1
(4) Zuführung zu Pensionsrückstellungen	480,0	490,4	501,2	512,2	523,6	535,3	547,3	558,1
(5) Zinsaufwendungen	413,0	380,0	375,4	370,9	356,6	344,8	322,9	317,0
(6) Ergebnis vor Steuern	3.017,0	3.117,8	2.995,2	3.051,9	3.240,3	3.378,6	3.473,7	3.392,8
(7) Gewerbeertragsteuer	502,9	519,7	499,3	508,7	540,2	563,2	579,1	565,6
(8) Körperschaftsteuer	628,5	649,5	624,0	635,8	675,0	703,9	723,7	706,8
(9) Jahresüberschuß	1.885,6	1.948,6	1.871,9	1.907,4	2.025,1	2.111,6	2.171,0	2.120,4
(10) Thesaurierung	707,4	750,2	688,2	708,6	790,5	848,2	886,5	0,0
(11) Ausschüttung	1.178,2	1.198,4	1.183,7	1.198,8	1.234,6	1.263,4	1.284,5	2.120,4

Tabelle 6-5: Plan-GuV-Berechnungen und Ausschüttungen der Value AG

Im ersten Schritt ist der Wert des Unternehmens zu berechnen unter der Fiktion einer ausschließlichen Eigenfinanzierung. Wir setzen dieses Prinzip ganz puristisch um und befreien die Value AG von allen Ansprüchen Dritter, seien es Gläubiger oder Inhaber von Pensionsansprüchen. Die Kapitalstruktur besteht nur aus Eigenkapital. Zugleich bleiben die Annahmen des Managements über die Investitionsentscheidungen unverändert. Das bedeutet indessen nicht, daß die Thesaurierungsentscheidungen bei Eigenfinanzierung unverändert die sind, die in Tabelle 6-5 in Zeile (10) ausgewiesen sind. Das Unternehmen wird vielmehr bei vollständiger Eigenfinanzierung weniger thesaurieren, u. a. deshalb, weil jetzt keine Tilgungsleistungen zu erbringen sind. An der residualen Ausschüttungspolitik wird festgehalten: Es werden nur Mittel einbehalten, die zur Finanzierung der geplanten und als werterhöhend eingestuften Realinvestitionen benötigt werden. Die Finanzierung von Finanzanlagen auf Unternehmensebene lohnt nicht, wenn die Nach-Steuer-Erträge die bei alternativer Investition auf privater Ebene erzielbaren unterschreiten.

Tabelle 6-6 zeigt die Berechnung der möglichen Ausschüttungen der Gesellschaft bei unterstellter Eigenfinanzierung.

	1	2	3	4	5	6	7	8 ff.
(1) Umsatzerlöse	12.000,0	12.240,0	12.117,6	12.481,1	12.980,4	13.369,8	13.637,2	13.637,2
(2) Betriebliche Aufwendungen	6.840,0	6.976,8	6.907,0	7.114,2	7.398,8	7.620,8	7.773,2	7.773,2
(3) Abschreibungen	1.250,0	1.275,0	1.338,8	1.432,5	1.461,1	1.490,3	1.520,1	1.596,1
(4) Gewerbe-ertragsteuer	651,8	664,8	645,4	655,9	686,9	709,9	724,1	711,5
(5) Körperschaft-steuer	814,6	830,9	806,6	819,6	858,4	887,2	905,0	889,1
(6) Erfolg nach Steuern	2.443,7	2.492,6	2.419,8	2.458,9	2.575,7	2.661,6	2.714,9	2.667,3
(7) Thesaurierung	260,0	709,2	648,1	530,9	648,2	561,7	830,0	0,0
(8) Ausschüttung	2.183,6	1.783,4	1.771,7	1.928,0	1.927,5	2.099,9	1.884,9	2.667,3
(9) Hälftige Ein-kommensteuer	382,1	312,1	310,0	337,4	337,2	367,5	329,8	466,8
(10) Bewertungs-relevanter Über-schuß	1.801,5	1.471,2	1.461,6	1.590,6	1.589,8	1.732,5	1.555,0	2.200,5

Tabelle 6-6: Ausschüttungen der Value AG bei ausschließlicher Eigenfinanzierung und residualer Ausschüttungspolitik im Halbeinkünfteverfahren

Auf der Ebene der Ausschüttungsempfänger sind diese Zuflüsse im Halbeinkünfteverfahren mit dem halben Einkommensteuersatz zu besteuern. Wir setzen $s_I = 0,35$. Ab Periode 8 wird der Rentenfall ohne Wachstum unterstellt.

Die Rolle risikoäquivalenter Diskontierungssätze wurde im 4. Kapitel erläutert. Um das Beispiel fortzuführen, benötigen wir Informationen über den risikolosen Basiszins, die Marktrisikoprämie, den Beta-Wert für eine Gesellschaft mit dem Geschäftsrisiko der Value AG (also bereinigt von jeglichem Einfluß durch Finanzierungsrisiko) und eine relativ genaue Vorstellung davon, wie die Einkommensbesteuerung auf die aus dem CAPM abgeleiteten Renditeforderungen wirkt. Wir setzen an dieser Stelle einige Annahmen, um das Beispiel nicht mit Nebenproblemen (von Gewicht) zu belasten.[107] Der risikolose Zinsfuß sei i = 0,07. Er entspreche dem von der Value AG zu entrichtenden Kreditzinssatz. Die Marktrisikoprämie sei 0,05; der Beta-Wert eines eigenfinanzierten Unternehmens mit dem Investitionsrisiko der Value AG sei $\beta^E = 0,7$. Vor Einkommensteuer ist die geforderte Rendite der Eigentümer somit $0,07 + 0,05 \cdot 0,7 = 0,105$. Die Wirkung der Einkommensteuer hängt u. a. davon ab, in welcher Form die erwartete Rendite $\bar{r}_M$ den Anteilseignern zufließt. Wie ist $\bar{r}_M$ aufzuteilen auf eine erwartete Dividendenrendite $\bar{r}_D$ und eine Kapitalgewinnrendite $\bar{r}_{KG}$? Diese Aufteilung ist von Bedeutung, weil der Zufluß einer Dividendenrendite im Halbeinkünfteverfahren eine Einkommensbesteuerung von $0,5 \cdot s_I$ auslöst, während eine Kapitalge-

[107] Die Diskussion wird später aufgenommen.

winnrendite von der Einkommensteuer verschont bleibt, wenn u. a. die Realisierung des Kapitalgewinns nach der kritischen Halteperiode von (derzeit) einem Jahr erfolgt. Man muß deshalb eine nicht zu ungenaue Vorstellung davon haben, wie sich die erwartete Rendite aufteilt. Wir setzen hier die erwartete Kapitalgewinnrendite mit 0,08 und die erwartete Dividendenrendite mit 0,04 an. Die geforderte Rendite der Eigentümer nach Einkommensteuer ist dann definiert durch[108]

$$k_S = i(1-s_I) + \left[\bar{r}_{KG} + \bar{r}_D(1-0{,}5s_I) - i(1-s_I)\right]\beta^E \quad (6\text{-}1)$$

$$= 0{,}07(1-0{,}35) + \left[0{,}08 + 0{,}04(1-0{,}5\cdot 0{,}35) - 0{,}07(1-0{,}35)\right]0{,}7$$

$$= 0{,}0928.$$

Vermindert man die Ausschüttungen in Zeile (8) von Tabelle 6-6 um die Einkommensteuer in Höhe von $0{,}5 \cdot s_I = 0{,}175$ und diskontiert mit $k_S = 0{,}0928$, erhält man den Wert des Eigenkapitals V^E mit 20.729,6.

3. Ausschüttungsstrategie und Unternehmenswert bei Eigenfinanzierung

a. Prinzip

Im vorangegangenen Abschnitt haben wir unterstellt, daß die Value AG bei Eigenfinanzierung Nettoinvestitionen durch Thesaurierung finanziert. Diese Annahme führte im Falle von negativen Nettoinvestitionen konsequenterweise dazu, daß Gewinnrücklagen aufgelöst werden und so neben der Ausschüttung des Jahresüberschusses ein weiterer einkommensteuerlich relevanter Zufluß bei den Eigentümern erfolgt. Wir wollen nun alternativ annehmen, die Value AG greife im Falle positiver Nettoinvestitionen auf Kapitalerhöhungen zurück, folge damit einer Jahresüberschuß-bezogenen Ausschüttungspolitik, und zahle den Eigentümern im Fall negativer Nettoinvestitionen einkommensteuerneutral Eigenkapital zurück.

Startpunkt unserer Überlegungen ist ein einperiodiges Projekt, das in $t = 0$ zu finanzieren ist und in $t = 1$ einen Zahlungsüberschuß generiert, der in der gleichen Periode an die Anteilseigner ausgekehrt wird. Bei der extern eigenfinanzierten Investition erfolgt eine Kapitalerhöhung i. H. d. Anschaffungsauszahlung (I_0), die in der Folgeperiode abgeschrieben wird.[109] Die EBIT der Periode 1, die auch den Restverkaufserlös enthalten, sind bis auf die Abschreibung zahlungsgleich und positiv. Die Abschreibung (Ab) senkt die unternehmen- und einkommensteuerliche Bemessungsgrundlage und wirkt – interpretierte man zunächst nur den Jah-

---

108 Vgl. die Diskussion in Abschnitt VI in diesem Kapitel.

109 Vereinfachend erfolgt keine anteilige Abschreibung in $t = 0$.

resüberschuß als ausschüttbar – dividendenverkürzend. Nimmt man an, daß I_0 durch Kapitalerhöhung finanziert wird, ist es konsequent anzunehmen, daß die Mittel in Höhe der Abschreibung in t = 1 zurückgeführt werden. Dies kann technisch realisiert werden durch einen Rückkauf eigener Aktien (nach § 71 Abs. 1 AktG) oder eine ordentliche Kapitalherabsetzung (gemäß §§ 227 – 228 AktG). Führt der Aktienrückkauf zu einem Kursgewinn, bleibt dieser für den Anteilseigner einkommensteuerfrei, wenn er außerhalb der Mindesthaltefrist realisiert wird (§ 23 Abs. 1 S. 1 Nr. 2 EStG) und der Anteilseigner innerhalb der letzten fünf Jahre weniger als 1 % der Anteile gehalten hat (§ 17 Abs. 1 EStG). Eine ordentliche Kapitalherabsetzung ermöglicht ebenfalls die Rückzahlung von Einlagen. Im Zuge einer ordentlichen Kapitalherabsetzung fällt bei Zahlungen aus dem Nennkapital (ohne Sonderausweis) und dem Einlagekonto keine Einkommensteuer auf Anteilseignerebene an.[110] Wir nehmen also an, daß I_0 durch eine Kapitalerhöhung finanziert wird.

In t = 1 wird das Eigenkapital der Abschreibung folgend einkommensteuerneutral durch Aktienrückkauf oder ordentliche Kapitalherabsetzungen ausgekehrt. Die Abschreibung übersteigende Überschüsse, die EBIT, werden in Form einkommensteuerlich belasteter Dividenden ausgekehrt.

Wir wollen nun die Finanzierung durch Kapitalerhöhung mit einer Finanzierung durch Thesaurierung von Jahresüberschüssen vergleichen. Dabei setzen wir voraus, daß in t = 0 auf Unternehmensebene ein entsprechend hoher Ertrags- und Zahlungsüberschuß vor Realisation des Projekts vorliegt. In t = 0 fällt der um die ersparte Einkommensteuer reduzierte Ausschüttungsverzicht an und es werden Gewinnrücklagen aufgebaut. In der Folge wird abgeschrieben. Anders als bei externer Eigenfinanzierung ist konsequenterweise anzunehmen, daß die Auskehrung des die EBIT übersteigenden Zahlungsüberschusses i. H. d. Abschreibung durch Auflösung von Gewinnrücklagen geschieht. Diese Zuordnung ist sinnvoll, da die zur Finanzierung der Investition gebildete Gewinnrücklage im Fall einer den Jahresüberschuß übersteigenden Dividende als vorrangig verwendet gilt.

Tabelle 6-7 stellt das projektspezifische Einkommen der Eigentümer bei externer Eigenfinanzierung bzw. Thesaurierung gegenüber. Der Ertragsüberschuß (EBIT) unterliegt dem kombinierten Ertragsteuersatz auf Unternehmensebene (s^0), der sich aus Gewerbeertragsteuersatz (s_{GE}) und Körperschaftsteuersatz (s_K) zusammensetzt.[111] Dividenden der Investoren werden mit dem jeweiligen Einkommensteuersatz (s_I) hälftig belastet. Die Thesaurierung führt zu einer hälftigen Einkommensteuerersparnis auf die Investitionssumme. Diesem Vorteil in t = 0 steht ein Nachteil in gleicher Höhe in Periode 1 gegenüber, da dann eine einkommensteuerlich relevante Auflösung von Gewinnrücklagen erfolgt.

---

[110] Vgl. A83 Abs. 4 KStR; BMF (1998), S. 2568.

[111] Es gilt: $s^0 = s_{GE} + s_K - s_{GE}\, s_K$.

		t_0	t_1
I	Thesaurierung	$-I_0(1-0{,}5s_I)$	$EBIT_1(1-s^0)(1-0{,}5s_I)$ $+Ab_1(1-0{,}5s_I)$
II	Kapitalerhöhung	$-I_0$	$EBIT_1(1-s^0)(1-0{,}5s_I)+Ab_1$
III = I-II	Einkommensdifferenz	$0{,}5s_I I_0$	$-0{,}5s_I I_0$

Tabelle 6-7: Einkommensvergleich zwischen Thesaurierung und Kapitalerhöhung

Nimmt man an, daß das Innenfinanzierungsvolumen in Höhe der Abschreibung sicher ausgekehrt wird, ist auch die Einkommensdifferenz in $t = 1$ sicher und mit dem risikolosen Zins nach Einkommensteuer $i_S = i\,(1-s_I)$ zu bewerten. Im Vergleich zur Eigenfinanzierung durch Thesaurierung ist es nachteilig, das Projekt durch eine Kapitalerhöhung zu finanzieren. Der Nettokapitalwert der thesaurierungsbedingten Einkommensdifferenz (NKW_{Thes}) ist positiv:

$$NKW_{0,Thes} = 0{,}5s_I I_0\left[1-(1+i_S)^{-1}\right] = 0{,}5s_I I_0 i_S (1+i_S)^{-1} > 0 \qquad (6\text{-}2)$$

Ein Vorteil der Thesaurierung im Vergleich zur Kapitalerhöhung tritt für alle positiven Einkommensteuersätze auf. Nehmen wir an, Unternehmen A und B seien bis auf die Finanzierung des Projektes identisch. Unternehmen A finanziert das Projekt durch Kapitalerhöhung, Unternehmen B durch Thesaurierung. Für die Vorteilhaftigkeit des durch Thesaurierung finanzierten Projekts (NKW_B) folgt:

$$NKW_{0,B} = NKW_{0,A} + NKW_{0,Thes} \qquad (6\text{-}3)$$

Übertragen auf Unternehmenswerte ergibt sich für B ein Barwertnachteil (V_{Thes}), da der Einkommensteuervorteil der Thesaurierung in $t = 0$ nicht in die Bewertung künftiger Überschüsse einfließt:[112]

$$V_{0,Thes} = -0{,}5s_I I_0 (1+i_S)^{-1} \qquad (6\text{-}4)$$

Der Barwertnachteil tritt für alle positiven Einkommensteuersätze auf. Für den Unternehmenswert von Unternehmen B folgt:

$$V_{0,B} = V_{0,A} + V_{0,Thes} \qquad (6\text{-}5)$$

[112] Die entsprechend höhere Ausschüttung von Unternehmen A in t= 0 ist den Eigentümern bereits zugeflossen.

b. Anwendung auf die Value AG

Tabelle 6-8 zeigt die Berechnung der möglichen Ausschüttungen der Gesellschaft bei unterstellter Eigenfinanzierung und der Annahme von Eigenkapitalerhöhungen i. H. d. Nettoinvestitionen und stellen diese den in Abschnitt 2 ermittelten bewertungsrelevanten Überschüssen gegenüber.

	1	2	3	4	5	6	7	8 ff.
(1) Jahresüberschuß = Dividende	2.443,7	2.492,6	2.419,8	2.458,9	2.575,7	2.661,6	2.714,9	2.667,3
(2) Hälftige Einkommensteuer	427,6	436,2	423,5	430,3	450,7	465,8	475,1	466,8
(3) Dividende nach Einkommensteuer	2.016,0	2.056,3	1.996,3	2.028,6	2.124,5	2.195,8	2.239,7	2.200,5
(4) Kapitalerhöhung	260,0	709,2	648,1	530,9	648,2	561,7	830,0	0,0
(5) Bewertungsrelevanter Überschuß bei externer Eigenfinanzierung	1.756,0	1.347,1	1.348,2	1.497,7	1.476,3	1.634,2	1.409,7	2.200,5
(6) Bewertungsrelevanter Überschuß bei Thesaurierung	1.801,5	1.471,2	1.461,6	1.590,6	1.589,8	1.732,5	1.555,0	2.200,5
(7) Differenz	-45,5	-124,1	-113,4	-92,9	-113,4	-98,3	-145,3	0,0

Tabelle 6-8: Gegenüberstellung externe Eigenfinanzierung und Thesaurierung

Wenn man vereinfachend davon ausgeht, daß die durch die Nettoinvestitionen ausgelösten steuerlichen Nachteile bei externer Eigenfinanzierung mit $k_S = 0{,}0928$ diskontiert werden können, folgt ein Vorteil der Thesaurierung i. H. v. 506,1. Der Unternehmenswert bei externer Eigenfinanzierung, den wir mit V^{E^*} bezeichnen wollen, folgt also analog zu (6-5) aus:

$$V^{E^*} = V^E - V_{Thes} = 20.729{,}6 - 506{,}1 = 20.223{,}5 \qquad (6\text{-}6)$$

Abbildung 6-5 stellt den Zusammenhang grafisch dar.

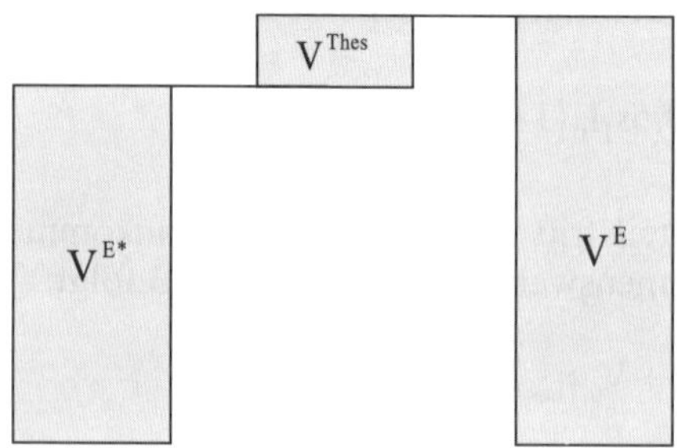

Abbildung 6-5: Wertdifferenz der Unternehmenswerte bei externer Eigenfinanzierung bzw. Thesaurierung

4. Werteinfluß der Fremdfinanzierung

a. Herleitung durch Einkommensvergleich

Wir erweitern unsere Überlegungen nun um Fremdfinanzierung und vergleichen das Einkommen der Kapitalgeber bei Eigenfinanzierung, also ohne Fremdkapital und Pensionsrückstellungen, mit dem Einkommen bei realisierter Kapitalstruktur. Die Ausblendung von Pensionsrückstellungen impliziert auch das Ausblenden von Inanspruchnahmen (Rentenzahlungen).[113] Relevantes Steuerregime ist das Halbeinkünfteverfahren. Tabelle 6-9 enthält den entsprechenden Vergleich, wobei wir unterstellen, daß bei Verzicht auf Fremdfinanzierung eine Thesaurierung bzw. einkommensteuerpflichtige Ausschüttung stattfindet und eine autonome Finanzierungsstrategie verfolgt wird. Wir gehen von einem einperiodigen Beispiel aus. I_0 wird zunächst durch Thesaurierung finanziert. In t = 1 wird ausgeschüttet EBIT nach Steuern und ein Betrag in Höhe der Abschreibung mit $Ab_1 = I_0$. Dies wird durch Auflösung der in t = 0 gebildeten Rücklage ermöglicht. Die Ausschüttung in Höhe von Ab_1 unterliegt damit der Einkommensbesteuerung. Tabelle 6-9 weist unter I die finanziellen Folgen aus der Sicht der Eigentümer aus.

Im Fall der Fremdfinanzierung von I_0 unterbleibt die Thesaurierung in $t = 0$ und die Ausschüttung von Ab_1 in $t = 1$. Mittel in Höhe von Ab_1 werden durch die Tilgung von F_0 absorbiert. In Tabelle 6-9 werden unter II die Einzahlungen nach allen Steuern für Eigentümer und Gläubiger ausgewiesen. Zinserträge sind auf Ebene der Gläubiger im HEV vollständig zu versteuern.

		t = 0	t = 1
I	Thesaurierung	$-I_0(1-0,5s_I)$	$EBIT_1(1-s^0)(1-0,5s_I)+Ab_1(1-0,5s_I)$
II	Fremdfinanzierung (verzinsliches Fremdkapital)	$\underbrace{-I_0+F_0}_{\text{Eigentümer}}$ $-\underbrace{F_0}_{\text{Gläubiger}}$	$\underbrace{(EBIT_1-iF_0)(1-s^0)(1-0,5s_I)+Ab_1-F_0}_{\text{Eigentümer}}$ $\underbrace{+iF_0(1-s_I)+F_0}_{\text{Gläubiger}}$
III = II-I	Einkommensdifferenz	$-0,5s_I I_0 =$ $-0,5s_I F_0$	$-iF_0(1-s^0)(1-0,5s_I)+0,5s_I F_0+iF_0(1-s_I)$ $= iF_0 s^0(1-0,5s_I)-0,5s_I iF_0+0,5s_I F_0$

Tabelle 6-9: Steuereffekte der Finanzierung durch verzinsliches Fremdkapital

[113] Würden Direktzusagen Gehaltsbestandteile substituieren, könnten bei Verzicht auf Direktzusagen höhere Gehaltszahlungen anfallen. Wir blenden diese Lohnsubstitution aus; vgl. dazu Drukarczyk, J./Ebinger, G./Schüler, A. (2004).

Die in Zeile III ausgewiesene Einkommensdifferenz besteht aus den finanzierungsbedingten Steuereffekten. Wir können drei Effekte unterscheiden:

- $iF_0 s^0(1-0{,}5s_I)$ stellt den Unternehmensteuereffekt, verursacht durch Gewerbeertrag- und Körperschaftsteuer, nach hälftiger Einkommensteuer dar. Wir unterstellen, daß er risikolos vereinnahmt und mit einer risikolosen Finanzanlage verglichen wird.[114] Damit erhalten wir den Barwert der fremdfinanzierungsbedingten Steuereffekte mit:

$$V_0^{USt,F} = \sum_{t=1}^{n} iF_{t-1} s^0 (1-0{,}5s_I)\left[1+i(1-s_I)\right]^{-t} \tag{6-7}$$

- $-0{,}5s_I iF_0$ ist ein Einkommensteuereffekt, der aus dem asymmetrischen Design des Halbeinkünfteverfahrens resultiert, da Erträge aus Finanzanlagen (bzw. Zinserträge der Gläubiger) voll der Einkommensteuer unterliegen, der Zinsaufwand aber die Einkommensteuerlast der Eigentümer nur hälftig reduziert. Dieser Effekt mindert den gerade formulierten Unternehmensteuereffekt erheblich und macht so deutlich, daß ein Kalkül, das Einkommensteuern vernachlässigt, zu nicht vertretbaren Bewertungsfehlern führt. Wir wollen diesen Einkommensteuereffekt mit ESt I kennzeichnen. Analog zu (6-7) beträgt dessen Barwert:

$$V_0^{ESt\,I,F} = \sum_{t=1}^{n} -0{,}5s_I iF_{t-1}\left[1+i(1-s_I)\right]^{-t} \tag{6-8}$$

- Schließlich lösen Veränderungen im Bestand des Fremdkapitals (ΔF), d. h. Kreditaufnahmen und Tilgungen (T), einen zweiten Einkommensteuereffekt aus: Bei gegebener Investitionsplanung und feststehenden Auszahlungen für Investitionen (I_t) werden diese – ausreichend hohe Jahresüberschüsse vorausgesetzt – durch Thesaurierung finanziert. Eine Kreditaufnahme bewirkt eine höhere Ausschüttung mit nachfolgender Belastung mit Einkommensteuer. Eine Tilgung bewirkt das Gegenteil: Sie verkürzt die Ausschüttung. Der Barwert beträgt:

$$V_0^{ESt\,II,F} = \sum_{t=1}^{n} -0{,}5s_I \Delta F_t\left[1+i(1-s_I)\right]^{-t} \tag{6-9}$$

---

[114] Daß der Vergleich mit einer Finanzanlage nicht selbstverständlich ist, sondern durch die hier angestellte Gegenüberstellung mit dem Einkommen bei Eigenfinanzierung bedingt ist, zeigen wir in späteren Abschnitten.

Betrachtet man eine einperiodige Fremdfinanzierung, so läßt sich Zeile III nach Umformung schreiben als Nettokapitalwert der Fremdfinanzierung im Vergleich zur Thesaurierung:

$$\begin{aligned} NKW_0 &= -0,5s_I F_0 + iF_0\left[s^0(1-0,5s_I)-0,5s_I\right](1+i_s)^{-1} \\ &\quad + 0,5s_I F_0 (1+i_s)^{-1} \\ &= iF_0\left[s^0(1-0,5s_I)-0,5s_I\right](1+i_s)^{-1} - 0,5s_I F_0 i_s (1+i_s)^{-1} \\ &= iF_0(1+i_s)^{-1}(1-0,5s_I)(s^0-s_I) \end{aligned} \tag{6-10}$$

Diese Gleichung zeigt, daß Fremdfinanzierung dann nur für Einkommensteuersätze unterhalb von s^0, den wir regelmäßig auf 37,5 % setzen, lohnt.

Nun stellen wir der Thesaurierung die Finanzierung durch Pensionsrückstellungen gegenüber. Da eine einperiodige Betrachtung wenig sinnvoll ist, gehen wir allgemein von einer Periode t aus.

I	Thesaurierung	$EBIT_t(1-s^0)(1-0,5s_I)-(I_t-Ab_t)(1-0,5s_I)$
II	Fremdfinanzierung (Pensionsrückstellungen)	$\underbrace{(EBIT_t-ZPR_t)(1-s^0)(1-0,5s_I) -(I_t-Ab_t+R_t-ZPR_t)(1-0,5s_I)}_{\text{Eigentümer}}$ $\underbrace{+R_t(1-s_I)}_{\text{Pensionsberechtigte}}$
III = II-I	Einkommensdifferenz	$s^0 ZPR_t(1-0,5s_I)-0,5s_I R_t$

Tabelle 6-10: Steuereffekte der Finanzierung durch Pensionsrückstellungen

Die rückstellungsbedingte Einkommensdifferenz besteht aus zwei Teilen:

- $s^0 ZPR_t(1-0,5s_I)$ ist der Unternehmensteuereffekt auf die Zuführung zur Pensionsrückstellung. Anzumerken ist, daß im Falle einer erfolgswirksamen Auflösung von Rückstellungen (Wegfall des Rückstellungsgrundes) ein entsprechend gegenläufiger Effekt zu verzeichnen ist. Unterstellt man sichere Steuereffekte, folgt der Barwert:

$$V_0^{USt,P} = \sum_{t=1}^{n} s^0 ZPR_t(1-0,5s_I)\left[1+i(1-s_I)\right]^{-t} \tag{6-11}$$

- $-0,5s_I R_t$ ist ein Einkommensteuereffekt, der dem Einkommensteuereffekt I des verzinslichen Fremdkapitals ähnelt. Daß dies so ist, wird im folgenden Abschnitt 4.b. verdeutlicht, in dem wir anstelle der Thesaurierung die Finanzierung durch Kapitalerhöhung als Referenzpunkt nehmen. Der Barwert dieser Effekte beträgt:

$$V_0^{ESt,P} = \sum_{t=1}^{n} -0,5 s_I R_t \left[1 + i(1 - s_I)\right]^{-t} \tag{6-12}$$

Übertragen auf die Periode 1 der Fallstudie Value AG erhalten wir die in Tabelle 6-11 ausgeführten Effekte:

<table>
<tr><td>I</td><td>Thesaurierung</td><td>$EBIT_1(1-s^0)(1-0,5s_I)-(I_1-Ab_1)(1-0,5s_I)$
2.443,7(1 – 0,175) – (1.510 – 1.250)(1 – 0,175) = 1.801,6</td></tr>
<tr><td>II</td><td>Fremdfinanzierung
(Pensionsrückstellungen und verzinsliches Fremdkapital)</td><td>$\underbrace{(EBIT_1 - ZPR_1 - iF_0)(1-s^0)(1-0,5s_I) - (I_1 - Ab_1 + T_1 + R_1 - ZPR_1)(1-0,5s_I)}_{\text{Eigentümer}}$
$\underbrace{+R_1(1-s_I)}_{\text{Pensionsberechtigte}}$
$\underbrace{+iF_0(1-s_I)+T_1}_{\text{Gläubiger}}$

(12.000 – 6.840 – 1.250 – 480 – 413)(1 – 0,375)(1 – 0,175)
– (1.510 – 1.250 + 471,4 + 456 – 480)(1 – 0,175) = 972

+ 296,4

+ 413(1 – 0,35) + 471,4 = 739,9
=
2.008,3</td></tr>
<tr><td>III = II-I</td><td>Steuereffekte</td><td>$s^0 ZPR_1(1-0,5s_I) - 0,5s_I R_1 +$
$iF_0 s^0(1-0,5s_I) - 0,5s_I iF_0 + 0,5s_I T_1$

0,375 · 480(1 – 0,175) – 0,175 · 456 +
413 · 0,375(1 – 0,175) – 0,175 · 413 + 0,175 · 471,4

68,7 + 138
=
206,7</td></tr>
</table>

Tabelle 6-11: Steuereffekte der Finanzierung gemäß realisierter Kapitalstruktur

In den folgenden Abschnitten wollen wir die finanzierungsbedingten Steuereffekte vertieft diskutieren, indem wir die Relevanz von Annahmen über das unterstellte Risikoniveau verdeutlichen, die Bewertung der Value AG vervollständigen und demonstrieren, wie die finanzierungsbedingten Steuereffekte definiert sind, wenn wir nicht mit der Thesaurierung, sondern mit der Finanzierung durch externes Eigenkapital vergleichen.

b. Risikoniveau-abhängige Steuereffekte

Startpunkt ist ein Positionsvergleich i. S. v. Modigliani/Miller.[115] Die Positionen I, II und III bezeichnen die erwarteten periodischen Einkommen bei ausschließlicher Eigenfinanzierung, Mischfinanzierung auf Unternehmensebene und im Vergleich zu II *risikoäquivalenter* Fremdfinanzierung auf privater Ebene. Wir benutzen die Daten der Value AG für Periode 1 und beschränken den Unterschied zwischen eigen- und fremdfinanziertem Unternehmen auf den Einsatz von Fremdkapital in Höhe von 5.900, das gewerbesteuerlich als Nicht-Dauerschuld zu klassifizieren ist. Eine Tilgung erfolge in Periode 1 nicht, und die Zuführung zur Pensionsrückstellung entspreche der Rentenzahlung.

$$\overline{CF}^{E} = \left[(12.000 - 6.840 - 1.250 - 456)\left(1 - s^{0}\right) - (1.510 - 1.250)\right] \left(1 - 0{,}5s_{I}\right) = 1.566{,}40 \tag{I}$$

$$\overline{CF}^{F} = \left[(12.000 - 6.840 - 1.250 - 456 - 413)\left(1 - s^{0}\right) - (1.510 -- 1.250)\right] \left(1 - 0{,}5s_{I}\right) = 1.353{,}45 \tag{II}$$

$$\overline{CF}^{F^{P}} = \left[(12.000 - 6.840 - 1.250 - 456)\left(1 - s^{0}\right) - (1.510 - 1.250) - 413\left(1 - s^{0}\right)\right] \left(1 - 0{,}5s_{I}\right) = 1.353{,}45 \tag{III}$$

Die Differenz zwischen (I) und (II) entspricht $iF\left(1-s^{0}\right)\left(1-0{,}5s_{I}\right)$ = 413(1 – 0,375)(1 – 0,175) = 212,95.[116] Die Differenz zwischen (II) und (III) ist Null, da die private Verschuldung so eingestellt wird, daß die Wirkung der privaten Verschuldung F^{P} nach Steuern der Nettowirkung bei Unternehmensverschuldung entspricht. Es gilt also $F_{0}\left(1-s^{0}\right) = F_{0}^{P}$. Die private Verschuldung F_{0}^{P} muß folglich $F_{0}\left(1-s^{0}\right) = 5.900\left(1-0{,}375\right)$ = 3.687,5 betragen, da dann gilt: $iF\left(1-s^{0}\right) = iF^{P} = 413\left(1-s^{0}\right)$.

Überführt man das Beispiel vereinfachend mit $k_{S} = 0{,}10$ in den Fall der unendlichen Rente, folgt $V^{E} = 15.664$. Wie hoch ist der Unternehmensgesamtwert V^{F}? Da der risikoäquivalente Einsatz von Fremd-

115 Vgl. hierzu Kapitel 5 Abschnitt IV.

116 $s^{0} = s_{GE}\left(1-s_{K}\right) + s_{K} = 0{,}1667\left(1-0{,}25\right) + 0{,}25 = 0{,}375.$

kapital auf Unternehmensebene den auf Eigentümerebene übersteigt, was den steuerlichen Vorteil des Einsatzes auf Unternehmensebene reflektiert, sollte V^F den Wert V^E übersteigen. Wir wählen das Risikoniveau des Einkommensstroms I des ausschließlich eigenfinanzierten Unternehmens als Bezugspunkt, und fragen, mit welchem Einsatz an risikolosen Finanzanlagen der Einkommensstrom gemäß II bzw. III kombiniert werden muß, damit ein Strom gleicher Breite und gleichen Risikos wie Strom I entsteht. Der Einsatz dieser Finanzanlagen verdrängt somit aus Sicht der Eigentümer die jeweiligen Zahlungs- und Risikowirkungen der in II bzw. III realisierten Verschuldung. Diese risikokompensierende Finanzanlage beträgt für Strom II und III jeweils 4.680. Denn die Zinserträge aus dieser Anlage nach Einkommensbesteuerung mit dem Satz s_I kompensieren exakt die Verschuldungswirkungen des Fremdkapitals auf Unternehmensebene (5.900) bzw. die der risikoäquivalenten Verschuldung F_0^P in Höhe von 3.687,5 auf privater Ebene: 5.900 · 0,07 (1 – 0,375) (1 – 0,175) = 3.687,5 · 0,07 · (1-0,175) = 4.680 · 0,07 (1 – 0,35) = 212,9. Da der Preis von Strom I 15.664 ist und dieser Strom durch Kauf des Stromes II und Aufbau einer Finanzanlage in Höhe von 4.680 reproduziert werden kann, ist der maximale Preis für Strom II (und Strom III) und damit der Wert des Eigenkapitals E^F 15.664 – 4.680 = 10.984.

Um Position II herzustellen, nimmt das Unternehmen Fremdkapital in Höhe von 5.900 auf. Die Gläubigerposition ist risikolos und bei unveränderlichem Zinsniveau zu eben diesem Betrag verkäuflich. Der Wert von F ist somit 5.900. Die Summe der Werte ist somit $V^F = E^F + F$ = 10.984 + 5.900 = 16.884. Der Wertvorsprung von V^F vor V^E ist somit 16.884 – 15.664 = 1.220; er entspricht der Differenz zwischen dem Betrag, den Gläubiger bereitstellen (5.900) und dem Volumen an Finanzanlagen, das aus Sicht der Eigentümer die Risikowirkungen der Unternehmensverschuldung exakt kompensiert: 5.900 – 4.680 = 1.220.

Der Wert V^F ergibt sich somit aus der Differenz der Werte folgender Einkommen:

$\underbrace{\bar{X}(1-s^0)(1-0{,}5s_I)}$;	$\underbrace{iF(1-s_I)}$;	$\underbrace{iF(1-s^0)(1-0{,}5s_I)}$;
Einkommenstrom aus dem eigenfinanzierten Unternehmen	Einkommenstrom aus Sicht der Gläubiger	Einkommenstrom aus der Finanzanlage der Eigentümer (gehalten auf privater Ebene), die die aus F resultierende Zahlungsbelastung auf Unternehmensebene genau kompensiert
Wert: 15.664	Wert: 5.900	Wert: 4.680

V^F = 15.664 + 5.900 – 4.680 = 16.884. Der Wert des Eigenkapitals (E^F) ist folglich 10.984. Der Wertvorsprung reflektiert somit nicht den risikolosen Unternehmensteuereffekt, den man auf den ersten Blick in Höhe von

$$V^{USt} = \frac{is^0F(1-0,5s_I)}{i(1-s_I)} = \frac{127,77}{0,0455} = 2.808,2$$

veranschlagen könnte, sondern einen um

$$\frac{0,5s_IiF}{i(1-s_I)} = \frac{72,28}{0,0455} = 1.588,5$$

niedrigeren Wert. Diese Wertreduktion hat ihre Ursache in der Form, in der die Risikoangleichung an Strom I stattfindet: Jede Einheit Verschuldung auf Unternehmensebene löst Zinsbelastungen nach Steuern in Höhe von $i(1-s^0)(1-0,5s_I)$ aus und erfordert eine das Risiko kompensierende private Finanzanlage, die nach Einkommensteuer eine Rendite von $i(1-s_I)$ bringt. Der gesamte Effekt ist somit:

$$-i\left(1-s^0\right)\left(1-0,5s_I\right)+i\left(1-s_I\right)=is^0\left(1-0,5s_I\right)-0,5is_I$$

Es ist also die relativ höhere steuerliche Belastung der Finanzanlage auf Investorenebene, die den negativen Einkommensteuereffekt auslöst. Es gilt – wie auch (6-7) und (6-8) zeigen:[117]

$$V^{St} = \frac{iF\left[s^0(1-0,5s_I)-0,5s_I\right]}{i(1-s_I)} \qquad (6\text{-}13)$$

Die Entscheidung, das Risikoniveau I herzustellen, entspricht der Situation des Investors, der Anteile an V^E oder die Position V^E insgesamt verkauft und den identischen Einkommensstrom durch Kauf von E^F (bzw. Anteilen an E^F) und Bündelung mit privater risikoloser Finanzanlage dupliziert.

Maßnahmen des Investors	Mitteleinsatz	Erwartete bzw. aufgegebene Überschüsse
1. Verkauf V^E		$\bar{X}\left(1-s^0\right)\left(1-0,5s_I\right)$
2. Kauf E^F	E^F	$\left(\bar{X}-iF\right)\left(1-s^0\right)\left(1-0,5s_I\right)$
3. Kauf Finanzanlage	$\frac{F\left(1-s^0\right)\left(1-0,5s_I\right)}{1-s_I}$ $= FA$	$i\frac{F\left(1-s^0\right)\left(1-0,5s_I\right)}{1-s_I}\left(1-s_I\right)$
4. Summe 2. + 3.	$E^F + FA$	$\bar{X}\left(1-s^0\right)\left(1-0,5s_I\right)$

Tabelle 6-12: Duplizierung des Überschusses bei Eigenfinanzierung

[117] Damit wird deutlich, daß wir in Abschnitt 4.a. implizit Risikoniveau I unterstellen.

Die unter 3. ausgewiesene Maßnahme entspricht im Beispiel dem Erwerb von Finanzanlagen im Volumen von 4.680.[118]

Nun könnte man als Bezugspunkt auch das Risikoniveau des Einkommenstroms II wählen, also des Stroms, der nach einer Verschuldung auf Unternehmensebene in Höhe von 5.900 resultiert. Wie hoch ist der Wert des Eigenkapitals E^F jetzt? Diese Bewertungssituation entspricht der Lage des Investors, der E^F bzw. Anteile an E^F verkauft und Wege der Duplikation für diesen (durch Verkauf der Eigentumsrechte aufgegebenen) Einkommenstrom sucht.

Maßnahmen des Investors	Mitteleinsatz	Erwartete bzw. aufgegebene Überschüsse
1. Verkauf E^F		$(\bar{X}-iF)(1-s^0)(1-0,5s_I)$
2. Kauf V^E	V^E	$\bar{X}(1-s^0)(1-0,5s_I)$
3. Private Verschuldung in Höhe von $F^P = F(1-s^0)$	$-F(1-s^0)$	$-iF(1-s^0)(1-0,5s_I)$ [119]
4. Summe 2. + 3.	$V^E - F + s^0F$	$(\bar{X}-iF)(1-s^0)(1-0,5s_I)$

Tabelle 6-13: Duplizierung des Überschusses bei Fremdfinanzierung

Die Preise der identischen Einkommenströme müssen gleich sein. Es muß gelten $V^E - F(1-s^0) = E^F$. Wegen $V^E = 15.664$ und $F = 5.900$ folgt $E^F = 15.664 - 5.900 + 2.212,5 = 11.976,5$. Der Wert des Eigenkapitals bei Wahl des Bezugspunktes Einkommensstrom II ist somit 11.967,5. Er ist *höher* als der Wert bei Entscheidung für das Risikoniveau I, der in Höhe von 10.984 berechnet wurde. Das bedeutet, daß das Bewertungsergebnis für E^F präferenzabhängig ist: Wird Risikoniveau I als Bezugspunkt gewählt, folgt $E^F = 10.984$; wird für Risikoniveau II entschieden, folgt $E^F = 11.976,5$. Dieses Ergebnis ist eng verbunden mit den Eigenschaften des Halbeinkünfteverfahrens. Bei Entscheidung für das Risikoniveau des Stroms I sind die Konsequenzen der Unternehmensverschuldung durch private risikolose Finanzanlagen zu kompensieren. Deren Erträge werden mit s_I, also dem vollen Einkommensteuersatz, belegt. Damit wird ein (von s_I abhängiger) Teil der auf Unternehmensebene erzielten steuerlichen Vorteile, also der Unternehmensteuervorteile is^0F, aufgezehrt.

---

118 $\frac{5.900(1-0,375)(1-0,5\cdot 0,35)}{1-0,35} = 4.680.$

119 Private Zinszahlungen, die im Zusammenhang mit dem Halbeinkünfteverfahren stehen, sind nur hälftig abzugsfähig.

Wird das Risikoniveau des Stroms II als Bezugspunkt gewählt, unterbleiben Versuche, die durch F ausgelösten Zahlungswirkungen durch *Finanzanlagen* auf Investorenebene aufzufangen. Der Investor prüft statt dessen, wieviel Fremdkapital er unter der Prämisse der Risikoäquivalenz von Strom II und III auf privater Ebene einsetzen muß. Die Differenz F – F^P bewirkt den Marktwertvorsprung von V^F vor V^E. Im Beispiel folgt 5.900 – 3.687,5 = 2.212,5. Die folgende Tabelle faßt die Ergebnisse zusammen:

Entscheidung für Risikoniveau I	Entscheidung für Risikoniveau II
Bezugsgröße $\bar{X}(1-s^0)(1-0,5s_I)$	Bezugsgröße $(\bar{X}-iF)(1-s^0)(1-0,5s_I)$
Unternehmensverschuldung F	Unternehmensverschuldung F
Anteile an E^F haltende Investoren verdrängen durch F bewirktes Finanzierungsrisiko durch private Finanzanlagen (FA)	Anteile an V^E haltende Investoren stellen risikoäquivalentes Fremdkapitalvolumen auf privater Ebene her (F^P)
Finanzanlagevolumen: $\frac{F(1-s^0)(1-0,5s_I)}{1-s_I}=FA$	Privates F-Volumen: $F(1-s_0)=F^P$
$V^{St}=V^F-V^E$	$V^{St}=V^F-V^E$
$V^{St}=F-\frac{F(1-s^0)(1-0,5s_I)}{1-s_I}=F-FA$	$V^{St}=F-F(1-s^0)=s^0F=F-F^P$
Im Beispiel: 5.900 – 4.680	Im Beispiel: 5.900 – 3.687,5
$V^{St}=1.220$	$V^{St}=2.212,5$
$E^F=15.664+1.220-5.900$ $=10.984$	$E^F=15.664+2.212,5-5.900$ $=11.976,5$

Tabelle 6-14: Ermittlung des Barwertes der steuerlichen Vorteile für Risikoniveau I und II

Diese Ergebnisse sind interessant:

- Der Marktwertvorsprung V^{St} und damit der Wert der Eigentumsrechte E^F hängt davon ab, welches Risikoniveau als Bezugspunkt gewählt wird. Der Wert E^F erscheint insoweit als präferenzabhängig.
- Gestaltungen, die das aus der Unternehmensverschuldung resultierende Risiko durch risikolose Finanzanlage abbauen, reduzieren V^{St}, da die höhere Besteuerung der Zinserträge die steuerlichen Vorteile der Unternehmensverschuldung mindert und bei hohen Steuersätzen s_I überkompensieren kann.

c. Arbitrageüberlegungen

In Abbildung 6-6 entspricht Punkt A der Rendite-Risiko-Position des Unternehmens bei Eigenfinanzierung. Im Punkt B ist das Unternehmen mischfinanziert. Angenommen, wir befinden uns zunächst im Doppelbesteuerungssystem $(s_K > 0;\ s_I > 0)$ und im Rentenfall; das Unternehmen hat die Position B eingenommen. Wie gelangt der Investor zu einer A äquivalenten Position, wenn wir zur Vereinfachung annehmen, daß er alle Anteile am Unternehmen hält? Der Investor muß die Risikowirkungen, die der Einsatz von F auf Unternehmensebene auslöst, durch risikolose Zinserträge kompensieren. Diese Finanzanlage FA in Höhe von $F(1-s_K)$ kompensiert durch Zinserträge nach Einkommensteuer, also durch $F(1-s_K)i(1-s_I)$, genau die finanziellen Belastungen, die F auf Unternehmensebene auslöst.

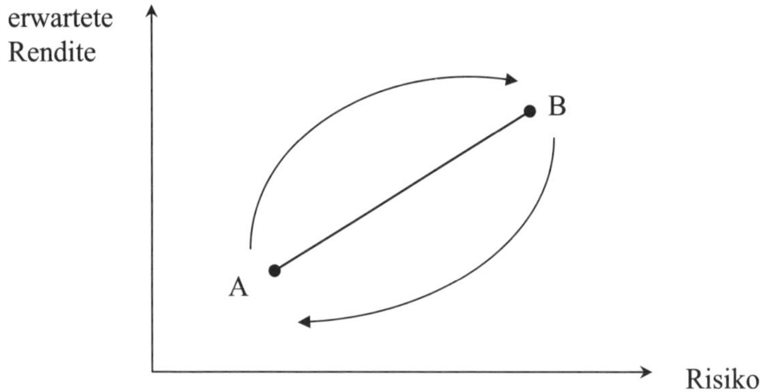

Abbildung 6-6: Unternehmenspositionen und risikodämpfende bzw. -erhöhende Maßnahmen des Investors

Nun nehme das Unternehmen die Position A ein. Wie gelangt ein Investor, der alle Aktien hält, zu einer B äquivalenten Position? Er muß eine risikoäquivalente *private* Verschuldung in Höhe von $F^P = F(1-s_K)$ herstellen. Diese belastet den Einkommensstrom aus dem Unternehmen in Höhe von $\overline{X}(1-s_K)(1-s_I)$ mit $iF(1-s_K)(1-s_I)$ und stellt somit den Einkommensstrom her, der aus Position B zu erwarten ist.

Entscheidend ist nun, daß $FA = F^P$ gilt. Die Finanzanlage FA und der Betrag der privaten Verschuldung F^P sind gleich groß. Die Arbitrageschritte sind m. a. W. symmetrisch. Dieses Ergebnis ist wichtig: Nur wenn die Beträge F^P und FA gleich groß sind, kann unabhängig davon, ob die Investoren Risikoniveau I oder II präferieren, der *gleiche* Wert für E^F abgeleitet werden.

An dieser Symmetrie fehlt es im Regime des Halbeinkünfteverfahrens. Der Investor, der von Position A nach B will, hat nach den bisherigen

Überlegungen eine private Verschuldung in Höhe von $F^P = F(1-s^0)$ – im Beispiel ist $F^P = 3.687{,}5$ – zu realisieren. Der Investor, der von B nach A will, muß in Finanzanlagen in Höhe von $FA = F(1-s^0)(1-0{,}5s_I)/(1-s_I)$ – im Beispiel ist $FA = 4.680$ – investieren. F^P und FA sind ungleich. Daraus folgen unterschiedliche Werte für V^F und damit E^F.

- Für die Unternehmensbewertung ist eine Vorentscheidung über das der Bewertung zugrundeliegende Risikoniveau zu treffen. Ohne diese Festlegung ist der steuerlich bedingte Marktwertvorsprung (V^{St}) und damit V^F bzw. E^F nicht quantifizierbar.
- In der Literatur zu findende Thesen zur Höhe von V^{St} im Halbeinkünfteverfahren sind z. T. reparaturbedürftig.[120]

Nun ist die Präferenzabhängigkeit der Werte für V^{St}, V^F und E^F ein potentieller Nachteil. Präferenzabhängigkeiten erschweren Kalküle, machen z. B. Abfindungen für Personengesamtheiten zum Problem und lassen die Antwort auf die Frage nach einem Marktwert offen. Welche Überlegungen sind hilfreich, um den Bereich möglicher Werte einzuengen?

Ursache der präferenzabhängigen Werte für E^F ist, daß die Duplizierungsmaßnahmen auf dem Weg von A nach B bzw. von B nach A unterschiedlich besteuerte Instrumente benutzen. Eine Lösung könnte somit darin bestehen, nur *eine* Duplizierungsmaßnahme zuzulassen, also entweder private Kredite F^P *oder* private Finanzanlagen FA.

Ließe man lediglich private Kredite zu, gilt im Rentenfall:

Ausgangspunkt	Duplizierungsmaßnahmen	Folgen für V^{St}
Position B	(1) Erwerb von A (2) Private Verschuldung in Höhe von $F^P = F(1-s^0)$	$F^P = F(1-s^0)$ $V^{St} = F - F^P = s^0F$
Position A	(1) Erwerb von B (2) Abbau einer im Zusammenhang mit Halbeinkünften bestehenden privaten Verschuldung in Höhe von $F^P = F(1-s^0)$	$F^P = F(1-s^0)$ $V^{St} = F - F^P = s^0F$

Tabelle 6-15: Duplizierung mittels Aufnahme bzw. Abbau von privaten Krediten

[120] Das gilt auch für die Auffassung, V^{St} sei zu definieren über $V^{St} = Fs^0(1-0{,}5s_I)/(1-s_I)$. Für das obige Beispiel folgte V^{St} = 2.808,2. Dieses Ergebnis setzt voraus: Die Eigentümer akzeptieren Risikoniveau II als präferenzkonform. Sie stellen eine *betragsäquivalente* private Verschuldung her und kompensieren die Differenz der Zahlungswirkungen aus F und privater Verschuldung F^P durch private Finanzanlagen (FA). Dann folgt für das obige Beispiel: $iF(1 - s^0)(1 - 0{,}5s_I) = iF(1 - 0{,}5s_I) - iFA(1 - s_I)$. FA muß 2.808,2 betragen. Strom II hätte einen um diesen Betrag höheren Wert als Strom III. Die Argumentation hat den Schönheitsfehler, daß sie ein zu teueres Risikokompensationsinstrument in Form der Finanzanlage wählt: Deren Erträge werden mit s_I besteuert. Folglich ist auf die *betragsäquivalente* Verschuldung zu verzichten; auf privater Ebene ist die *risikoäquivalente* Verschuldung herzustellen.

In beiden Fällen folgt der gleiche Wert V^{St}. Bedingung ist, daß beim Erwerb von Position B tilgbare, im Zusammenhang mit Halbeinkünfteverfahren stehende private Kredite bestehen.

Ließe man lediglich private Finanzanlagen FA zu, folgte:

Ausgangspunkt	Duplizierungsmaßnahmen	Folgen für V^{St}
Position A	(1) Erwerb von B (2) Kauf einer Finanzanlage $FA = F\frac{(1-s^0)(1-0{,}5s_I)}{1-s_I}$	$V^{St} = F - FA$ $V^{St} = F - F\frac{(1-s^0)(1-0{,}5s_I)}{1-s_I}$ $V^{St} = F\frac{s^0(1-0{,}5s_I)-0{,}5s_I}{1-s_I}$
Position B	(1) Erwerb von A (2) Verkauf einer Finanzanlage im Volumen von $FA = F\frac{(1-s^0)(1-0{,}5s_I)}{1-s_I}$	$V^{St} = F - FA$ $V^{St} = F\frac{s^0(1-0{,}5s_I)-0{,}5s_I}{1-s_I}$

Tabelle 6-16: Duplizierung mittels Erwerb bzw. Verkauf einer Finanzanlage

In beiden Fällen folgt der gleiche Wert für V^{St}. Bedingung ist für den Fall des Erwerbs von Position A, daß der Investor über Mindestbeträge an verkäuflichen und voll besteuerten Finanzanlagen verfügt.

Nun scheint empirisches Wissen über die Portfoliozusammensetzungen der Investoren wichtig: Halten diese risikolose Finanzanlagen und/ oder im Zusammenhang mit Halbeinkünften stehende private Kredite? Investoren, die Duplizierungsmaßnahmen über den Aufbau bzw. Abbau privater Verschuldung durchführen, berechnen über das höhere V^{St} höhere Grenzpreise für E^F als Investoren, die die Duplizierungsmaßnahmen über Aufbau bzw. Abbau von Finanzanlagen vornehmen würden. Ob daraus Möglichkeiten zu Arbitragegewinnen resultieren, ist auf den ersten Blick nicht klar. Nehmen wir an, der Preis für die Eigentumsrechte E^F sei 10.984. Wir betrachten Investoren, die E^F im Portefeuille halten. Tabelle 6-17 verdeutlicht die Umsteigemöglichkeiten.

I. Investoren mit Präferenz für Risikoniveau I				
(1)	Verkauf E^F:	+ 10.984,0	Aufgabe von	– 1.353,45
(2)	Kauf V^E:	– 15.664,0	Erzielung von	+ 1.566,40
(3)	Verkauf FA:	+ 4.680,0	Aufgabe von	– 212,95
(1) + (2) + (3)		0		0

II. Investoren mit Präferenz für Risikoniveau II				
(1)	Verkauf E^F:	+ 10.984,0	Aufgabe von	– 1.353,45
(2)	Kauf V^E:	– 15.664,0	Erzielung von	+ 1.566,40
(3)	Private Kreditaufnahme F^P:	+ 3.687,5	Belastung durch	– 212,95
(1) + (3) – (2)		– 992,5		0

Tabelle 6-17: Umsteigemöglichkeiten für Investoren mit Präferenzen für RN I bzw. RN II (Startpunkt E^F=10.984)

Investoren mit Präferenzen für RN II können aus der aus ihrer Sicht vorliegenden Unterbewertung von E^F am Markt keinen Vorteil ziehen; der Ausstieg aus E^F zum Preis von 10.984 lohnt nicht. Für Investoren mit Präferenzen für RN I gibt es keinen Anlaß umzusteigen; der Arbitragegewinn ist Null.

Nun sei angenommen, daß der Preis für die Eigentumsrechte E^F 11.976,5 sei. Wir betrachten unverändert Investoren, die E^F im Portefeuille halten. Tabelle 6-18 zeigt die Umsteigemöglichkeiten.

I. Investoren mit Präferenz für Risikoniveau I				
(1)	Verkauf E^F:	+ 11.976,5	Aufgabe von	– 1.353,45
(2)	Kauf V^E:	– 15.664,0	Erzielung von	+ 1.566,40
(3)	Verkauf FA:	+ 4.680,0	Aufgabe von	– 212,95
(1) + (3) – (2)		+ 992,5		0
II. Investoren mit Präferenz für Risikoniveau II				
(1)	Verkauf E^F:	+ 11.976,5	Aufgabe von	– 1.353,45
(2)	Kauf V^E:	– 15.664,0	Erzielung von	+ 1.566,40
(3)	Private Kreditaufnahme F^P:	+ 3.687,5	Belastung durch	– 212,95
(1) + (3) – (2)		0		0

Tabelle 6-18: Umsteigemöglichkeiten für Investoren mit Präferenzen für RN I bzw. RN II (Startpunkt E^F=11.976,5)

Investoren mit Präferenz für RN I können aus der aus ihrer Sicht vorliegenden Überbewertung von E^F einen Arbitragegewinn erzielen. Für Investoren mit Präferenz für RN II ist die Bewertung präferenzkonform.

Wir ändern nun den Startpunkt: Wir betrachten Investoren, die V^E im Portefeuille halten; der Preis von E^F sei 10.984. Für Investoren mit Präferenz für Risikoniveau I sind Arbitragegewinne nicht möglich, wie Tabelle 6-19 belegt. Investoren mit Präferenzen für Risikoniveau II könnten dagegen Arbitragegewinne erzielen.

I. Investoren mit Präferenz für Risikoniveau I				
(1)	Verkauf V^E:	+ 15.664,0	Aufgabe von	– 1.566,40
(2)	Kauf E^F:	– 10.984,0	Erzielung von	+ 1.353,45
(3)	Kauf FA:	– 4.680,0	Erzielung von	+ 212,95
(1) + [(2) + (3)]		0		0
II. Investoren mit Präferenz für Risikoniveau II				
(1)	Verkauf V^E:	+ 15.664,0	Aufgabe von	– 1.566,40
(2)	Kauf E^F:	– 10.984,0	Erzielung von	+ 1.353,45
(3)	Tilgung des privaten Kredits F^P:	– 3.687,5	Entlastung von	+ 212,95
(1) + (3) – (2)		+ 992,5		0

Tabelle 6-19: Umsteigemöglichkeiten für Investoren mit Präferenzen für RN I bzw. RN II (Startpunkt V^E, mit E^F=10.984)

Ist der Preis für die Eigentumsrechte E^F 11.976,5, sehen die Umsteigemöglichkeiten wie in Tabelle 6-20 angegeben aus.

Investoren mit Präferenz für RN I würden durch den Umstieg auf das aus ihrer Sicht zu hoch bewertete E^F entreichert. Investoren mit Präferenz für RN II sehen keine Möglichkeiten für Arbitragegewinne.

Die Ergebnisse bezüglich der Arbitragegewinne sind nicht eindeutig. Gilt E^F als Startpunkt im Vermögensbestand der Investoren, liefert der Wert von E^F gemäß Risikoniveau II Arbitragegewinne für Investoren mit Risikopräferenz für RN I. Gilt V^E als Startpunkt und ist $E^F = 11.976,5$, sind die Arbitragegewinnmöglichkeiten der Investoren mit Präferenz für RN I negativ. Wir setzen im Folgenden das bewertungsrelevante Risikoniveau ad hoc fest.

I. Investoren mit Präferenz für Risikoniveau I				
(1)	Verkauf V^E:	+ 15.664,0	Aufgabe von	– 1.566,40
(2)	Kauf E^F:	– 11.976,5	Erzielung von	+ 1.353,45
(3)	Kauf FA:	– 4.680,0	Erzielung von	+ 212,95
(1) + [(2) + (3)]		– 992,50		0
II. Investoren mit Präferenz für Risikoniveau II				
(1)	Verkauf V^E:	+ 15.664,0	Aufgabe von	– 1.566,40
(2)	Kauf E^F:	– 11.976,5	Erzielung von	+ 1.353,45
(3)	Tilgung des privaten Kredits F^P:	– 3.687,5	Entlastung von	+ 212,95
(1) + (3) – (2)		0		0

Tabelle 6-20: Umsteigemöglichkeiten für Investoren mit Präferenzen für RN I bzw. RN II (Startpunkt V^E, mit E^F=11.976,5)

5. Anwendung auf die Value AG

a. Unternehmensteuereffekte

Tabelle 6-21 stellt die Unternehmensteuern der Value AG bei reiner Eigenfinanzierung denen bei realisierter Kapitalstruktur gegenüber. Zinszahlungen gelten als voll abzugsfähig von der Bemessungsgrundlage der Gewerbeertragsteuer. Zu den so reduzierten Gewerbeertragsteuern tritt eine Ersparnis an Körperschaftsteuer. Die durch Zuführungen zu Pensionsrückstellungen bewirkte Steuerminderung ist $ZPR_t\left[s_{GE}(1-s_K) + s_K\right]$. Zeile (5) in Tabelle 6-21 zeigt die erzielbaren Steuerersparnisse vor Einkommensteuer. In den Zeilen (6) und (7) wird gezeigt, welcher Anteil der steuerlichen Minderzahlung auf den Einsatz von Fremdkapital und welcher Anteil auf die Zuführung der Pensionsrückstellung zurückzuführen ist. Werden diese Beträge den Anteilseignern zur Verfügung gestellt, sind sie mit dem halben Steuersatz zu versteuern. Nach Einkommensteuer verfügen die Eigentümer über die in Zeile (8) der Tabelle 6-21 ausgewiesenen Beträge. Unter der Annahme, daß diese steuerlichen Vorteile risikolos sind, sind sie mit dem Diskontierungssatz $i(1 - s_I)$ zu bewerten.

	1	2	3	4	5	6	7	8 ff.
(1) Gewerbeertragsteuer bei Eigenfinanzierung	651,8	664,8	645,4	655,9	686,9	709,9	724,1	711,5
(2) Körperschaftsteuer bei Eigenfinanzierung	814,6	830,9	806,6	819,6	858,4	887,2	905,0	889,1
(3) Gewerbeertragsteuer bei realisierter Kapitalstruktur	502,9	519,7	499,3	508,7	540,2	563,2	579,1	565,6
(4) Körperschaftsteuer bei realisierter Kapitalstruktur	628,5	649,5	624,0	635,8	675,0	703,9	723,7	706,8
(5) Differenz (1) + (2) – [(3) + (4)] vor Einkommensteuer	335,0	326,5	328,7	331,1	330,1	330,0	326,3	328,2
(6) davon durch Fremdkapital bedingt[121]	154,9	142,5	140,8	139,1	133,7	129,3	121,1	118,9
(7) davon durch Zuführung zur Pensionsrückstellung bedingt[122]	180,0	183,9	188,0	192,1	196,4	200,8	205,3	209,3
(8) (5) · $(1 - 0{,}5s_I)$	276,4	269,4	271,2	273,2	272,3	272,3	269,2	270,8

Tabelle 6-21: Durch die realisierte Kapitalstruktur erzielbare steuerliche Vorteile im Halbeinkünfteverfahren

121 $s^0\, i_V\, F_{t-1} = 0{,}375 \cdot 0{,}07 \cdot F_{t-1}$.

122 $s^0\, ZPR_t = 0{,}375\, ZPR_t$; Differenzen sind die Folge von Rundungsfehlern.

V^{USt} ist gem. (6-7) und (6-11) definiert mit:

$$V_0^{USt} = V_0^{USt,F} + V_0^{USt,P} = \sum_{t=1}^{n} (iF_{t-1} + ZPR_t)\, s^0 (1 - 0{,}5\, s_I) \cdot \cdot \left[1 + i\,(1 - s_I)\right]^{-t} \quad (6\text{-}14)$$

V^{USt} repräsentiert den Barwert der hier als risikolos angenommenen unternehmensteuerlichen Vorteile, die der Entscheidung, Fremdkapital aufzunehmen und Pensionsrückstellungen zu bilden, zuzurechnen sind. Für die Value AG beträgt V^{USt} 5.958,6.

b. Einkommensteuereffekte

Um Einkommensteuereffekte zu berechnen, ist eine Entscheidung über das Risikoniveau, das Basis der Bewertung sein soll, zu treffen. Gewählt wird Risikoniveau I, also das Niveau, das die Value AG für die Eigentümer hätte, wenn diese die Verschuldungswirkungen durch Aufbau privater Finanzanlagen kompensieren.

Tabelle 6-21 weist in Zeile (8) den Unternehmensteuervorteil nach Einkommensteuer aus. Der mit Zinszahlungen der Periode t verknüpfte Einkommensteuereffekt ist gemäß (6-8):

$$V_0^{ESt\ I,F} = \sum_{t=1}^{n} -0{,}5 s_I iF_{t-1} \left[1 + i\left(1 - s_I\right)\right]^{-t} \quad (6\text{-}15)$$

Außerdem ist zu beachten, daß die Value AG Fremdkapital tilgt. Eine Tilgung T_t wird finanziert aus Überschüssen nach Gewerbeertrag- und Körperschaftsteuer. Sie verhindert eine Ausschüttung in gleicher Höhe und somit eine Einkommensteuerbelastung mit $0{,}5s_I$. Dies ist der zweite, hier positive Einkommensteuereffekt gemäß (6-9).[123]

Tabelle 6-22 stellt die beiden Einkommensteuereffekte, die mit dem Einsatz verzinslichen Fremdkapitals verbunden sind, zusammen:

	1	2	3	4	5	6	7	8ff.
(1) Einkommensteuereffekt I: $-iF_{t-1}0{,}5s_I$	– 72,3	– 66,5	– 65,7	– 64,9	– 62,4	– 60,3	– 56,5	– 55,5
(2) Einkommensteuereffekt II: $T_t 0{,}5s_I$	82,5	11,5	11,4	35,6	29,5	54,8	14,7	0
(3) iF_{t-1}	413,0	380,0	375,4	370,9	356,6	344,8	322,9	317,0
(4) T_t	471,4	65,5	65,2	203,3	168,5	313,3	83,9	0

Tabelle 6-22: Durch verzinsliches Fremdkapital bewirkte Einkommensteuereffekte

[123] Bei Kreditaufnahme (negativer Tilgung) tritt ein negativer Effekt auf, wenn man wie wir die Fremdfinanzierung an die Stelle einer Thesaurierung treten läßt, die zu einer Einkommensteuerentlastung geführt hätte.

Diskontiert mit $i(1-s_I)$ folgt:

$$V^{ESt\ I,F}=\sum_{t=1}^{n}-iF_{t-1}0,5s_I\left[1+i\left(1-s_I\right)\right]^{-t}=-1.272,6$$

$$V^{ESt\ II,F}=\sum_{t=1}^{n}0,5s_I T_t\left[1+i\left(1-s_I\right)\right]^{-t}=205,5$$

Nun ist der Einkommensteuereffekt, der aus den Pensionszusagen resultiert, zu betrachten. Wir nehmen an, daß Leistungen aus betrieblicher Altersversorgung, also Rentenzahlungen, risikolos sind.

Man kann analog zu Zinszahlungen auf verzinsliches Fremdkapital einen Einkommensteuereffekt von Rentenleistungen R_t ausweisen. Dieser ist gemäß (6-12) definiert durch

$$V^{ESt,P}=\sum_{t=1}^{n}-0,5s_I R_t\left[1+i\left(1-s_I\right)\right]^{-t}$$

und beträgt für die Value AG –2.071,3. Der Unternehmensgesamtwert V^F ist um P zu kürzen:

$$P=\sum_{t-1}^{n}R_t\left(1-s_I\right)\left[1+i\left(1-s_I\right)\right]^{-t} \qquad (6\text{-}16)$$

P beträgt 7.695.

c. Wert des Eigenkapitals

Wie hoch ist der Wert des Eigenkapitals der Value AG? Vor Abzug der Belastungen aus betrieblichen Versorgungszusagen beträgt der Unternehmensgesamtwert

$$\begin{aligned}V^F&=V^E+V^{USt,F}+V^{USt,P}+V^{ESt\ I,F}+V^{ESt\ II,F}+V^{ESt,P}\\&=20.729,6+2.249,5+3.709,1-1.272,6+205,5-2.071,3^{124}\\&=23.549,8.\end{aligned}$$

Dieser Unternehmensgesamtwert V^F ist auf die Anspruchsberechtigten, also Eigentümer, Gläubiger und Pensionsberechtigte aufzuteilen. Es gilt

$$V^F=E^F+F+P,$$

---

124 $\sum_{t=1}^{n}iF_{t-1}s^0\left(1-0,5s_I\right)\left[1+i\left(1-s_I\right)\right]^{-t}=2.249,5;$

$\sum_{t=1}^{n}ZPR_t s^0\left(1-0,5s_I\right)\left[1+i\left(1-s_I\right)\right]^{-t}=3.709,1.$

wobei F den Wert der Ansprüche der Fremdkapitalgeber, P den Wert der Ansprüche der Pensionsberechtigten und E^F den Wert des Eigenkapitals bezeichnet.

Der Wert der Position der Fremdkapitalgeber berechnet sich unter den gesetzten Annahmen (risikolose Position der Gläubiger, keine antizipierbaren Zinssatzänderungen) in Höhe von 5.900 und entspricht somit dem Nominalwert des Fremdkapitals. Die geplanten Zahlungen an die Gläubiger enthält Tabelle 6-23.

	1	2	3	4	5	6	7	8 ff.
(1) Tilgungen	471,4	65,5	65,2	203,3	168,5	313,3	83,9	0
(2) Zinszahlungen vor Steuern	413,0	380,0	375,4	370,9	356,6	344,8	322,9	317,0
(3) Zinszahlungen nach Einkommensteuer	268,5	247,0	244,0	241,1	231,8	224,1	209,9	206,1
(4) = (1) + (3)	739,9	312,5	309,2	444,4	400,3	537,4	293,8	206,1

Tabelle 6-23: Zahlungen an Gläubiger

Diskontiert man die Summe aus Zinszahlungen nach Steuern und Tilgungen mit $0{,}07(1-0{,}35)=0{,}0455$, erhält man den Barwert in Höhe von 5.900.

Der Wert der Position der Pensionsberechtigten entspricht in aller Regel nicht dem bilanziellen Wert der Pensionsrückstellung oder dem Teilwert, sondern ergibt sich als Barwert der Ansprüche der Pensionsberechtigten. Deren Ansprüche zeigt Tabelle 6-24:

	1	2	3	4	5	6	7	8 ff.
(1) Rentenzahlung	456,0	465,9	476,1	486,6	497,4	508,6	519,9	558,1
(2) Rentenzahlung nach Einkommensteuer	296,4	302,8	309,5	316,3	323,3	330,6	337,9	362,8

Tabelle 6-24: Zahlungen an Pensionsberechtigte

Unterstellt man, daß die Rentenleistungen nicht ausfallbedroht sind, beträgt der Barwert, berechnet mit $i(1-s_I)$ = 0,0455, 7.695. Der Wert (P) übersteigt den Teilwert bzw. den bilanziellen Ansatz der Pensionsrückstellungen (PR = 3.000) somit erheblich. Ausschlaggebend hierfür ist zum einen der Ansparprozeß der Pensionsrückstellung, zu dem § 6a EStG zwingt. Er führt dazu, daß der Teilwert für einen Arbeitnehmer bis zu dem Zeitpunkt, in dem die Rentenphase beginnt, unterhalb des Barwertes der Ansprüche des Arbeitnehmers liegt. Die Differenz P – PR wird weiterhin verursacht durch die getroffene Annahme, daß die Value AG ab Periode 8 in den Fall der unendlichen Rente eintritt; somit werden unbegrenzt Rentenzahlungen (neben gleich hohen Zuführungen zu Pensionsrückstellungen) unterstellt. Schließlich trägt auch die Annahme, die Rentenzahlungen seien risikolos und folglich mit dem risikolosen Zins zu diskontieren, zur Höhe der Differenz bei.

Gemäß $E^F = V^F - F - P$ erhalten wir nun $E^F = 23.549{,}8 - 5.900 - 7.695 = 9.954{,}8$.

d. Ergebnis

Abbildung 6-7 zeigt, wie sich der Unternehmensgesamtwert im Beispiel zusammensetzt und welche Anteile den Anspruchsberechtigten zuzurechnen sind. Der Eindruck, daß diese Form der Wertermittlung und Wertaufteilung informativ ist, dürfte sich aufdrängen.

Der komplizierte Prozeß der Bewertung eines Unternehmens wird in Komponenten zerlegt. Damit gewinnt der Bewertungsvorgang an Transparenz. Es wird deutlich, wo die Wertbeiträge herkommen. Und es ist von Bedeutung für Investoren zu wissen, ob die Wertbeiträge aus operativer Leistung oder aus Steuereffekten resultieren. Außerdem wird über eine ergänzende Betrachtung von V^{E*} und V_{Thes} die Bedeutung der Ausschüttungsgestaltung hervorgehoben, die in anderen konkurrierenden Ansätzen so gut wie keine explizite Rolle spielen.

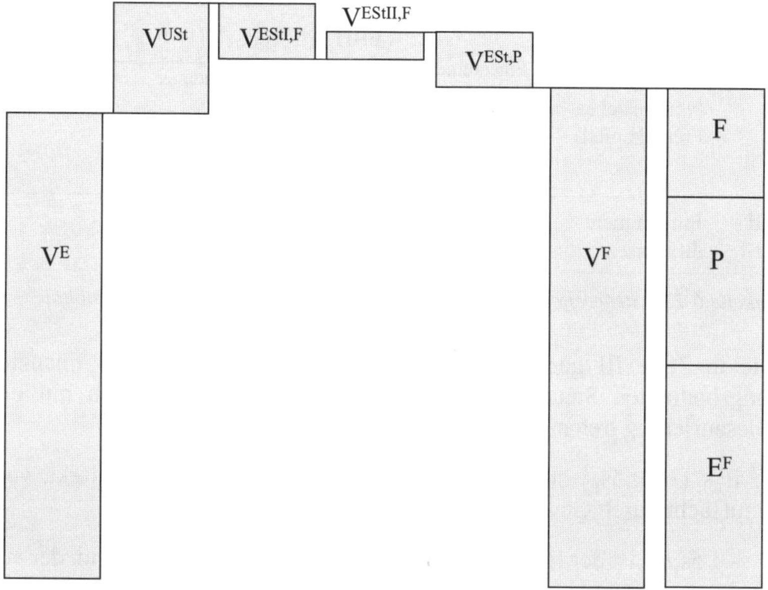

1. Schritt:	**2. Schritt:**	**3. Schritt:**	**4. Schritt:**	**5. Schritt:**	**6. Schritt:**	**7. Schritt:**
Ermittlung von V^E	Ermittlung von V^{USt}	Ermittlung von $V^{EStI,F}$	Ermittlung von $V^{EStII,F}$	Ermittlung von $V^{ESt,P}$	Ermittlung von V^F	Ermittlung von E^F
$V^E =$ 20.729,6	$V^{USt} =$ 5.958,6	$V^{EStI,F} =$ −1.272,6	$V^{EStII,F} =$ 205,5	$V^{ESt,P} =$ −2.071,3	$V^F =$ 23.549,8	$F = 5.900$ $P = 7.695$ $E^F = 9.954{,}8$

Abbildung 6-7: Arbeitsweise des APV-Ansatzes im Halbeinkünfteverfahren

6. Ausschüttungsstrategie, Wert der Steuereffekte und Wert des Eigenkapitals

Alternativ wollen wir nun die Fremdfinanzierung der Finanzierung durch externes Eigenkapital, also durch Kapitalerhöhungen, gegenüberstellen. Wir folgen dabei den in Abschnitt 4a. erläuterten Teilschritten. Wir gehen weiterhin von einer autonomen Finanzierungsstrategie aus. Tabelle 6-25 enthält den Vergleich zwischen dem Einkommen bei externer Eigenfinanzierung und der Finanzierung durch verzinsliches Fremdkapital. Im einperiodigen Beispiel muß bei Eigenfinanzierung in $t = 0$ dann konsequenterweise in $t = 1$ ein Aktienrückkauf oder eine ordentliche Kapitalherabsetzung in Höhe der Abschreibung stattfinden, die keine Einkommensteuer auslöst.

		t_0	t_1
I	Externe Eigenfinanzierung	$-I_0$	$EBIT_1(1-s^0)(1-0{,}5s_I)+Ab_1$
II	Fremdfinanzierung (verzinsliches Fremdkapital)	$\underbrace{-I_0+F_0}_{\text{Eigentümer}}$ $-\underbrace{F_0}_{\text{Gläubiger}}$	$\underbrace{(EBIT_1-iF_0)(1-s^0)(1-0{,}5s_I)+Ab_1-F_0}_{\text{Eigentümer}}$ $\underbrace{+iF_0(1-s_I)+F_0}_{\text{Gläubiger}}$
III = II-I	Einkommensdifferenz	0	$iF_0s^0(1-0{,}5s_I)-0{,}5s_IiF_0$

Tabelle 6-25: Steuereffekte der Finanzierung durch verzinsliches Fremdkapital

Die in Zeile III genannte Einkommensdifferenz besteht aus finanzierungsbedingten Steuereffekten. Im Gegensatz zum Vergleich mit der Thesaurierung treten hier nur zwei Effekte auf:

- $iF_0s^0(1-0{,}5s_I)$ stellt unverändert den Unternehmensteuereffekt, verursacht durch Gewerbeertrag- und Körperschaftsteuer, dar.
- $-0{,}5s_IiF_0$ ist der Einkommensteuereffekt auf den Zinsaufwand, der aus dem asymmetrischen Design des Halbeinkünfteverfahrens resultiert.

Veränderungen im Bestand des Fremdkapitals, d. h. Kreditaufnahmen und Tilgungen, haben aber keine einkommensteuerliche Wirkung, da im Fall der Eigenfinanzierung in $t = 0$ eine einkommensteuerneutrale Kapitalerhöhung und in $t = 1$ eine einkommensteuerneutrale Eigenkapitalauskehrung stattfinden. Folglich kann beim Vergleich mit der ebenfalls einkommensteuerneutralen Kreditaufnahme bzw. -rückzahlung kein Einkommensteuereffekt auftreten. Einkommensteuereffekt II entfällt.

Betrachtet man Zeile III, so kann man den kritischen Einkommensteuersatz ermitteln, für den gilt: $iF_0s^0(1-0{,}5s_I)-0{,}5s_IiF_0<0$

Löst man die Ungleichung nach s_I auf, erhält man 54,5 %. Dieser Steuersatz liegt außerhalb des derzeit gültigen Intervalls. Fremdfinanzierung lohnt also immer im Vergleich zur externen Eigenfinanzierung.

Nun stellen wir der externen Eigenfinanzierung die Finanzierung durch Pensionsrückstellungen gegenüber. Wir gehen dabei wieder allgemein von einer Periode t aus.

I	Externe Eigenfinanzierung	$EBIT_t(1-s^0)(1-0{,}5s_I)+(I_t-Ab_t)$
II	Fremdfinanzierung (Pensionsrückstellungen)	$\underbrace{(EBIT_t-ZPR_t)(1-s^0)(1-0{,}5s_I)-(I_t-Ab_t+R_t-ZPR_t)}_{\text{Eigentümer}}$ $\underbrace{+R_t(1-s_I)}_{\text{Pensionsberechtigte}}$
III = II-I	Einkommensdifferenz	$s^0ZPR_t(1-0{,}5s_I)-0{,}5s_IR_t-(R_t-ZPR_t)0{,}5s_I$

Tabelle 6-26: Steuereffekte der Finanzierung durch Pensionsrückstellungen

Es treten drei rückstellungsbedingte Steuereffekte auf:

- $s^0ZPR_t(1-0{,}5s_I)$ stellt unverändert den Unternehmensteuereffekt auf die Zuführung zur Pensionsrückstellung dar.
- $-0{,}5s_IR_t$ ist der Einkommensteuereffekt I der Rückstellung.
- $-(R_t-ZPR_t)0{,}5s_I$ ist das negative Äquivalent zu Einkommensteuereffekt II bei Finanzierung durch verzinsliches Fremdkapital. Man kann sich die Aussage verdeutlichen, wenn man beim Vergleich mit der Thesaurierung von einem ESt-Effekt II der Rückstellung i. H. v. Null ausgeht und den eben abgeleiteten Term als Rückrechnung dieses Effekts interpretiert.

Übertragen auf die Periode 1 der Value AG erhalten wir zusammenfassend Tabelle 6-27.

I	Thesaurierung	$EBIT_1\left(1-s^0\right)\left(1-0,5s_I\right)-\left(I_1-Ab_1\right)$ 2.443,7(1 – 0,175) – (1.510 – 1.250) = 1.756,1
II	Fremd-finanzierung (Pensions-rückstellungen und verzinsliches Fremdkapital)	$\underbrace{\left(EBIT_1-ZPR_1-iF_0\right)\left(1-s^0\right)\left(1-0,5s_I\right) -\left(I_1-Ab_1+T_1+R_1-ZPR_1\right)}_{\text{Eigentümer}}$ $\underbrace{+R_1\left(1-s_I\right)}_{\text{Pensionsberechtigte}}$ $\underbrace{+iF_0\left(1-s_I\right)+T_1}_{\text{Gläubiger}}$ (12.000 – 6.840 – 1.250 – 480 – 413)(1 – 0,375)(1 – 0,175) – (1.510 – 1.250 + 471,4 + 456 – 480) = 848,2 + 296,4 + 413(1 – 0,35) + 471,4 = 739,9 = 1.884,6
III = II-I	Steuereffekte	$s^0ZPR_1\left(1-0,5s_I\right)-0,5s_IR_1-\left(R_t-ZPR_t\right)0,5s_I+$ $iF_0s^0\left(1-0,5s_I\right)-0,5s_IiF_0$ 0,375 · 480(1 – 0,175) – 0,175 · 456 + 24 · 0,175 + 413 · 0,375(1 – 0,175) – 0,175 · 413 72,9 + 55,5 = 128,4

Tabelle 6-27: Steuereffekte der Finanzierung gemäß realisierter Kapitalstruktur

Eine Gegenüberstellung mit Tabelle 6-11 im Abschnitt III.4.a zeigt, daß die Steuereffekte des verzinslichen Fremdkapitals in *der betrachteten Periode* nun deutlich kleiner geworden sind, da der Einkommensteuervorteil der Tilgung entfällt. Die Steuereffekte der Pensionsrückstellung haben sich hingegen erhöht. Bezüglich des verzinslichen Fremdkapitals ist aber zu beachten, daß auch der Einkommensteuernachteil bei Kreditaufnahme entfällt. Da – wie wir in Abschnitt III.3 gezeigt haben – Thesaurierung im Vergleich zur Kapitalerhöhung vorteilhaft ist, fallen die Steuereffekte der Fremdfinanzierung im Vergleich zur Thesaurierung über die *Gesamtlaufzeit* kleiner aus, als wenn die Fremdfinanzierung einer Kapitalerhöhung gegenübergestellt wird. Der Wert des Eigenkapitals bleibt aber von diesen Überlegungen unberührt; es geht nur darum, ob der Vorteil der Thesaurierung bereits auf der Ebene der Eigenfinanzierung erfaßt wird oder ob man mit der Finanzierung durch externes Eigenkapital startet (V^{E*}) und den Vorteil der Thesaurierung in den Steuereffekten der Fremdfinanzierung verpackt. Wir sind bei unseren Überlegungen meist von der ersten Alternative ausgegangen.

Die Unterscheidung beider Varianten ist dennoch entscheidungsrelevant, da

- es im Falle einer Finanzierungsentscheidung beim Vergleich der Kreditfinanzierung mit der Thesaurierung in Abhängigkeit vom Einkommensteuersatz eher zu einer Ablehnung der Kreditfinanzierung kommen kann (vgl. Abschnitt III.4.a), als wenn man zwischen Kreditfinanzierung und Kapitalerhöhung wählt;
- bei Unternehmensbewertungen zu prüfen ist, ob bei unterstellter Eigenfinanzierung eine Thesaurierung in der benötigten Höhe möglich ist. Ist dies nicht der Fall, sind unsere differenzierenden Überlegungen relevant.

7. Exkurs: Wertermittlung bei Risikoniveau II

Wenn Risikoniveau II den Bezugspunkt bildet, wird unterstellt, daß die Investoren eine Präferenz für das Risikoniveau II haben, also das Risiko, das das Unternehmen bei der realisierten Kapitalstruktur anbietet. Sie stellen Risikoäquivalenz her, indem sie Strom I kombinieren mit einer risikoäquivalenten privaten Verschuldung in Höhe von $F(1-s^0)$; die zugehörigen privaten Zinszahlungen sind bei der Einkommensteuer hälftig abzugsfähig. Im Fall der unendlichen Rente wird der Wertvorsprung von V^F vor V^E durch den Term s^0F ausgedrückt: s^0F kennzeichnet die Minderverschuldung der Eigentümer im Zeitpunkt 0 im Vergleich zu der des Unternehmens. Bei variierenden Fremdkapitalbeständen im Zeitablauf ist der Wertvorsprung von V^F vor V^E durch den Barwert der auf s^0F_{t-1} entfallenden Zinszahlungen nach hälftiger Einkommensteuer bestimmt. Dieser Barwert ist mit $i(1-0{,}5s_I)$ zu berechnen.

Tabelle 6-28 zeigt die relevanten Daten zur Berechnung des Wertvorsprungs, soweit er aus dem Einsatz von verzinslichem Fremdkapital resultiert.

	0	1	2	3	4	5	6	7	8ff.
(1) Fremdkapital auf Unternehmensebene	5.900	5.429	5.363	5.298	5.095	4.926	4.613	4.529	4.529
(2) Risikoäquivalente Verschuldung auf Anteilseignerebene	3.688	3.398	3.352	3.311	3.184	3.079	2.883	2.830	2.830
(3) $s^0F_t = (1)-(2)$	2.212	2.036	2.011	1.987	1.911	1.847	1.730	1.699	1.699
(4) $s^0F_{t-1}i(1-0{,}5s_I)$	-	127,7	117,6	116,1	114,8	110,4	106,7	99,9	98,1
(5) Barwert von (4)	1.789,1	1.765,1	1.749,5	1.734,4	1.719,8	1.708,7	1.700,7	1.699,1	1.699,1

Tabelle 6-28: Finanzierungsbedingte Steuereffekte bei Risikoniveau II

Der Barwert der finanzierungsbedingten Steuereffekte beträgt für das Risikoniveau II 1.789,1.

Wie sind die Pensionszusagen des Unternehmens bei Entscheidung für das Risikoniveau II zu behandeln? Wie könnten die relevanten Werteffekte abgebildet werden?

Zur Beantwortung dieser Frage definieren wir V^E als vollständig eigenfinanziert, also befreit von Pensionszusagen. Dies erfordert, daß Zahlungsbelastung und Risikoerhöhung, die die Pensionszusagen auf Unternehmensebene auslösen, auf privater Ebene äquivalent nachgezeichnet werden. Transformiert man die Belastung auf Unternehmensebene vor Unternehmensteuern und die Belastung auf privater Ebene in äquivalente Kreditbeträge, zeigt die Differenz den steuerlichen Wertbeitrag, den Pensionszusagen auf Unternehmensebene generieren.

(1) Unternehmensebene

a) ZPR_t generieren steuerliche Vorteile $s^0 ZPR_t(1-0{,}5s_I)$

b) R_t belasten Cashflow und erhöhen, da zustandsunabhängig, Risiko der Eigentümer

c) Zahlungsbelastung aus Sicht der Eigentümer in Höhe von $R_t(1-0{,}5s_I)$

(2) Eigentümerebene

äquivalente Zahlungsbelastung wird auf privater Ebene über Verschuldung hergestellt $(R_t - s^0 ZPR_t)(1-0{,}5s_I)$

(3) Differenz der potentiellen Verschuldungsvolumina:

$$\sum_{t=1}^{T} s^0 ZPR_t(1-0{,}5s_I)\left[1+i(1-0{,}5s_I)\right]^{-t} = V^{USt,P}$$

(4) Folgen für V^F:

$$V^F = V^E + V^{USt,F} + V^{USt,P} + V^{ESt,II}$$

Tabelle 6-29: Verschuldungskapazität auf Unternehmens- und Eigentümerebene

$V^{USt,P}$ entspricht dem Barwert der in Zeile (2) der folgenden Tabelle ausgewiesenen Vorteile und beträgt 2.906,9. Diskontierungssatz ist $i(1-0{,}5s_I)$.

	1	2	3	4	5	6	7	8 ff.
(1) ZPR_t	480,0	490,4	501,2	512,2	523,6	535,3	547,3	558,1
(2) $s^0 ZPR_t(1-0{,}5s_I)$	148,5	151,7	155,1	158,5	162,0	165,6	169,3	172,7

Tabelle 6-30: Unternehmensteuervorteile der Pensionszusagen

V^F berechnet sich gemäß $V^F = V^E + V^{USt,F} + V^{USt,P} + V^{EStII,F}$. $V^{USt,F}$ ist definiert durch $V^{USt,F} = \sum_{t=1}^{n} iF_{t-1}s^0(1-0{,}5s_I)\cdot[1+i(1-0{,}5s_I)]^{-t}$ und beträgt 1.789,1. $V^{ESt\,II,F}$ ist der mit $i(1-0{,}5s_I)$ berechnete Barwert der Zeile (2) der Tabelle 6-22; es folgt $V^{ESt\,II,F} = 197{,}6$. Für V^F folgt somit $V^F = 20.729{,}6 + 1.789{,}1 + 2.906{,}9 + 197{,}6 = 25.623{,}1$.

Um E^F zu berechnen, ist V^F zu verkürzen um $F_0 = 5.900$ und um den Fremdkapitalbetrag, der der Belastung aus Pensionszusagen äquivalent ist.[125] Der Vorteil aus Unternehmenssteuern ist in $V^{USt,P}$ bereits abgebildet. E^F beträgt dann 25.623,1 – 5.900 – 7.632,7 = 12.090,4.

8. Exkurs: APV-Ansatz und Anrechnungsverfahren

a. Vorbemerkung

Das Anrechnungsverfahren ist Vergangenheit. Es wird trotz seiner Vorzüge nicht wiederkommen. Wir behandeln es dennoch. Im Rahmen der Datenaufbereitung für ein Bewertungskalkül kann es unverändert Bedeutung haben. Wir erläutern die Bewertung im Rahmen dieses Steuerregimes anhand des Datenmaterials der Value AG. Tabelle 6-31 zeigt die Plan-Bilanzen und die Plan-Gewinn- und Verlustrechnungen.

	t=0	1	2	3	4	5	6	7	8ff.
Sachanlagen	10.000,0	10.200,0	10.710,0	11.459,7	11.688,9	11.922,7	12.161,1	12.769,2	12.769,2
Netto-Umlaufvermögen	9.900,0	9.960,0	10.159,2	10.057,6	10.359,3	10.773,7	11.096,9	11.318,9	11.318,9
Bilanzsumme	19.900,0	20.160,0	20.869,2	21.517,3	22.048,2	22.696,4	23.258,0	24.088,0	24.088,0
Eigenkapital	11.000,0	11.707,4	12.457,6	13.145,8	13.854,4	14.644,9	15.493,2	16.379,6	16.379,6
Pensionsrückstellungen	3.000,0	3.024,0	3.048,5	3.073,6	3.099,2	3.125,4	3.152,1	3.179,5	3.179,5
Fremdkapital	5.900,0	5.428,6	5.363,1	5.297,9	5.094,6	4.926,1	4.612,8	4.528,9	4.528,9
Bilanzsumme	19.900,0	20.160,0	20.869,2	21.517,3	22.048,2	22.696,4	23.258,0	24.088,0	24.088,0

Tabelle 6-31: Plan-Bilanzen der Value AG im Anrechnungsverfahren

125 Zu berechnen ist der Barwert $\sum_{t=1}^{T} R_t(1-0{,}5s_I)[1+i(1-0{,}5s_I)]^{-t}$. Er beträgt 7.632,7.

	1	2	3	4	5	6	7	8ff.
(1) Umsatzerlöse	12.000,0	12.240,0	12.117,6	12.481,1	12.980,4	13.369,8	13.637,2	13.637,2
(2) Betriebliche Aufwendungen	6.840,0	6.976,8	6.907,0	7.114,2	7.398,8	7.620,8	7.773,2	7.773,2
(3) Abschreibungen	1.250,0	1.275,0	1.338,8	1.432,5	1.461,1	1.490,3	1.520,1	1,596.1
(4) Zuführung zu Pensionsrück-stellungen	480,0	490,4	501,2	512,2	523,6	535,3	547,3	558,1
(5) Zins-aufwendungen	413,0	380,0	375,4	370,9	356,6	344,8	322,9	317,0
(6) Gewerbe-ertragsteuer	502,9	519,7	499,3	508,7	540,2	563,2	579,1	565,6
(7) Körperschaft-steuer auf Einbehaltung	471,6	500,1	458,8	472,4	527,0	565,5	591,0	0,0
(8) Körperschaft-steuer auf Ausschüttung	400,5	404,3	404,7	408,5	414,8	420,5	425,1	848,2
(9) Summe Steuern	1.375,1	1.424,2	1.362,8	1.389,5	1.482,0	1.549,2	1.595,2	1.413,8
(10) Gewinn nach Steuern	1.641,9	1.693,6	1.632,4	1.661,8	1.758,3	1.829,4	1.878,5	1.979,0
(11) Ausschüttung	934,5	943,4	944,2	953,2	967,8	981,2	992,0	1.979,0
(12) Thesaurierung	707,4	750,2	688,2	708,6	790,5	848,2	886,5	0,0

Tabelle 6-32: Plan-GuV-Rechnungen der Value AG im Anrechnungsverfahren

b. Unternehmenswert bei Eigenfinanzierung

Um V^E, den Wert bei vollständiger Eigenfinanzierung zu berechnen, benötigt man die erwarteten entziehbaren Überschüsse für den Fall der vollständigen Eigenfinanzierung des Unternehmens und die geforderte Rendite der Eigentümer unter der Prämisse, daß das Unternehmen vollständig eigenfinanziert ist. Die geforderte Rendite der Eigentümer der Value AG sei 0,0879. Dieser Satz ergibt sich aus folgenden Parametern: Die Marktrisikoprämie wird mit 0,05 veranschlagt, die risikolose Rendite ist i = 0,07. Der Beta-Wert des nur eigenfinanzierten Unternehmens ist $\beta^E = 0,7$. Vor Einkommensteuer ergibt sich eine geforderte Rendite von $k = 0,07 + 0,05 \cdot 0,7 = 0,105$. Berücksichtigt man Einkommensteuern, sind die risikolose Rendite i und die erwartete Marktrendite nach Einkommensteuern zu definieren. Wie oben wird angenommen, daß sich die Bruttorendite zerlegen läßt in eine erwartete Dividendenrendite von $\overline{r}_D = 0{,}04$ und eine Kapitalgewinnrendite $\overline{r}_{KG} = 0{,}08$. Nach Einkommensteuern – s_I sei weiterhin 0,35 – folgt somit:

$$k_S = i(1-s_I) + \left[\overline{r}_{KG} + \overline{r}_D(1-s_I) - i\ (1-s_I)\right]\beta^E$$

$$k_S = 0{,}07(1-0{,}35) + \left[0{,}08 + 0{,}04(1-0{,}35) - 0{,}07(1-0{,}35)\right]\cdot 0{,}7 \quad (6\text{-}17)$$

$$= 0{,}0879$$

Die Formulierung unterstellt u. a., daß Kapitalgewinne nach Ablauf der sog. Spekulationsfrist realisiert werden und von der Einkommensbesteuerung nicht erfaßt werden.

Bei ausschließlicher Eigenfinanzierung weist die Value AG keine Verbindlichkeiten und keine Pensionsrückstellungen mehr aus: Zinsen, Tilgungen, Zuführungen zu Pensionsrückstellungen, Rentenzahlungen und die durch diese Positionen ausgelösten steuerlichen Wirkungen entfallen. Tabelle 6-33 zeigt das Ergebnis: Zeile (10) weist die bei unveränderter Investitionsstrategie der Value AG ausschüttungsfähigen und finanzierbaren Ausschüttungen aus, wenn das Management dem *Residualprinzip* folgt, d. h. nur die Mittel einbehält, die für die Finanzierung der geplanten Investitionen benötigt werden.

Die in Zeile (10) ausgewiesenen Ausschüttungen sind keine geeignete Basis für die Bewertung der Value AG. Hierfür sind zwei Gründe maßgebend: Erstens ist im Anrechnungsverfahren die Körperschaftsteuergutschrift zu beachten. Die vom Unternehmen gezahlte Körperschaftsteuer auf Ausschüttung, die in Zeile (6) ausgewiesen ist, ist technisch eine Vorauszahlung auf die von den Ausschüttungsempfängern zu entrichtende Einkommensteuer. Der Einkommensteuer unterliegen Ausschüttung *und* Körperschaftsteuergutschrift. Die Einkommensteuerzahlungen der Eigentümer mindern die wertrelevanten Zuflüsse.

Der zweite Grund, warum die Daten in Zeile (10) der Tabelle 6-33 eine gewisse Vorläufigkeit haben, ist die Frage, ob die dort unterstellte Ausschüttungspolitik optimal ist. Tabelle 6-33 unterstellt eine residuale Ausschüttungspolitik: Der Free Cashflow i. S. v. Jensen wird ausgeschüttet. Das sind die Beträge, die – unter Beachtung der durch Innenfinanzierung generierten Mittel – für die Finanzierung der geplanten Investitionsstrategie nicht benötigt werden. In Periode 1 thesauriert die Value AG zu diesem Zweck Mittel in Höhe von 260. Ob diese Politik steuerlich optimal ist, hängt von den geltenden steuerlichen Normen und der Eigentümerstruktur der Gesellschaft ab. Ist die marginale Einkommensteuerbelastung der Ausschüttungsempfänger niedriger als s_K^T, lohnte eine Jahresüberschuß-bezogene Vollausschüttung.

		1	2	3	4	5	6	7	8 ff.
(1)	Umsatzerlöse	12.000,0	12.240,0	12.117,6	12.481,1	12.980,4	13.369,8	13.637,2	13.637,2
(2)	Betriebliche Aufwendungen	6.840,0	6.976,8	6.907,0	7.114,2	7.398,8	7.620,8	7.773,2	7.773,2
(3)	Abschreibungen	1.250,0	1.275,0	1.338,8	1.432,5	1.461,1	1.490,3	1.520,1	1.596,1
(4)	Gewerbeertragsteuer	651,8	664,8	645,4	655,9	686,9	709,9	724,1	711,5
(5)	Körperschaftsteuer auf Thesaurierung	173,3	472,8	432,1	353,9	432,1	374,4	553,3	0,0
(6)	Körperschaftsteuer auf Ausschüttung	847,5	642,4	643,9	718,1	706,0	783,8	670,9	1.066,9
(7)	Summe Steuern	1.672,6	1.780,0	1.721,4	1.727,9	1.825,0	1.868,2	1.948,4	1.778,4
(8)	Gewinn nach Steuern	2.237,4	2.208,2	2.150,4	2.206,5	2.295,5	2.390,5	2.395,5	2.489,5
(9)	Thesaurierung	260,0	709,2	648,1	530,9	648,2	561,6	830,0	0,0
(10)	Ausschüttungen	1.977,4	1.499,0	1.502,3	1.675,6	1.647,3	1.828,9	1.565,5	2.489,5

Tabelle 6-33: Ermittlung der residualen Ausschüttungen bei Eigenfinanzierung im Anrechnungsverfahren

Im Folgenden wird zunächst der Wert der Value AG für in Tabelle 6-33 unterstellte residuale Ausschüttungspolitik ermittelt. Der Wert der Value AG bei steuerlich optimierter Ausschüttung wird anschließend berechnet. Tabelle 6-34 zeigt die verfügbaren Überschüsse auf der Ebene der Ausschüttungsempfänger bei residualer Ausschüttung.

Die Einkommensteuer berechnet sich gemäß $s_I\left(D_t + KöSt_t^A\right)$ mit $s_I = 0{,}35$. Für Periode 1 gilt 0,35 (1.977,4 + 847,5) = 988,7.

Basis der Bewertung ist somit der verfügbare Cashflow auf der Ebene der Ausschüttungsempfänger nach Einkommensteuer. Diskontiert man mit $k_S = 0{,}0879$, erhält man $V^E = 22.474{,}4$. Der Wert der Value AG bei reiner Eigenfinanzierung und residualer Ausschüttung beträgt 22.474,4.

		1	2	3	4	5	6	7	8 ff.
(1)	Ausschüttung	1.977,4	1.499,0	1.502,3	1.675,6	1.647,3	1.828,9	1.565,5	2.489,5
(2)	Körperschaftsteuergutschrift	847,5	642,4	643,9	718,1	706,0	783,8	670,9	1.066,9
(3)	Einkommensteuer	988,7	749,5	751,2	837,8	823,6	914,5	782,8	1.244,8
(4)	Cashflow nach Einkommensteuer	1.836,2	1.391,9	1.395,0	1.555,9	1.529,6	1.698,3	1.453,7	2.311,7

Tabelle 6-34: Verfügbare Überschüsse der Ausschüttungsempfänger nach Einkommensteuer bei Eigenfinanzierung und residualer Ausschüttung im Anrechnungsverfahren

Diese im ersten Schritt erlangte Information über die Höhe von V^E ist von Interesse. Zunächst liefert kein anderer DCF-Ansatz diese Information. Ein Vergleich von V^E mit dem investierten Kapital, z. B. repräsentiert durch den Buchwert der Aktiva, gibt einen für die Unternehmenssteuerung wichtigen Hinweis, ob das Unternehmen bei Eigenfinanzierung die Eigenkapitalkosten auf den Buchwert des (gesamten) Kapitals deckt.

c. Ausschüttungsstrategie und Unternehmenswert bei Eigenfinanzierung

Jetzt wird die am Residualprinzip orientierte Ausschüttungspolitik hinterfragt. Da der Einkommensteuersatz mit 35 % den hier geltenden Thesaurierungssatz mit 40 % unterschreitet, könnte die Value AG zu einer Jahresüberschuß-bezogenen Vollausschüttung übergehen. Die für Investitionszwecke benötigten Mittel – das sind die in Tabelle 6-33 in Zeile (9) ausgewiesenen Beträge – werden durch Wiedereinlagen der Alteigentümer aufgebracht. Transaktionskosten der Wiedereinlage bleiben unbeachtet.

Tabelle 6-35 weist in Zeile (7) die jetzt höheren Ausschüttungen und die ebenfalls höheren Körperschaftsteuergutschriften in Zeile (6) aus. Bei gegebenen Wiedereinlagebeträgen ist der verfügbare Cashflow auf der Ebene der Eigentümer jetzt höher als zuvor. Bei konstantem Diskontierungssatz von 8,79 % beträgt der Wert des Unternehmens jetzt 22.719,8. Dieser Wert wird mit V^{E*} bezeichnet.

	1	2	3	4	5	6	7	8 ff.
(1) Umsatzerlöse	12.000	12.240	12.117,6	12.481,1	12.980,4	13.369,8	13.637,2	13.637,2
(2) Betriebliche Aufwendungen	6.840	6.976,8	6.907,0	7.114,2	7.398,8	7.620,8	7.773,2	7.773,2
(3) Abschreibungen	1.250,0	1.275,0	1.338,8	1.432,5	1.461,1	1.490,3	1.520,1	1.596,1
(4) Gewerbeertragsteuer	651,8	664,8	645,4	655,9	686,9	709,9	724,1	711,5
(5) verfügbar für Dividenden und Körperschaftsteuer auf Ausschüttung	3.258,2	3.323,4	3.266,4	3.278,5	3.433,6	3.548,8	3.619,8	3.556,4
(6) Körperschaftsteuer auf Ausschüttung	977,5	977,0	967,9	983,5	1.030,1	1.064,6	1.085,9	1.066,9
(7) Ausschüttung	2.280,7	2.326,4	2.258,5	2.295,0	2.403,5	2.484,1	2.533,8	2.489,5
(8) Einkommensteuer	1.140,4	1.163,2	1.129,2	1.147,5	1.201,8	1.242,1	1.266,9	1.244,8
(9) Wiedereinlage	260,0	709,2	648,1	530,9	648,2	561,7	830,0	0,0
(10) für Eigentümer verfügbarer Cashflow	1.857,8	1.451,0	1.449,2	1.600,1	1.583,6	1.745,1	1.522,9	2.311,7

Tabelle 6-35: Verfügbare Überschüsse der Ausschüttungsempfänger nach Einkommensteuer bei Eigenfinanzierung und Schütt-aus-hol-zurück-Politik

d. Werteinfluß der Kapitalstruktur: Unternehmensteuereffekt

Im 5. Kapitel wurde begründet, daß die Kapitalstruktur eines Unternehmens in bestimmten Steuerregimen positive Wertbeiträge bewirken kann. Für das Halbeinkünfteverfahren wurde belegt, wie der Wert steuerlicher Vorteile schrittweise ermittelt werden kann. Unverändert wird angenommen, daß die Planung der Fremdkapitalbestände autonom erfolgt, daß die Value AG Zinszahlungen zustandsunabhängig leisten kann und daß Zinszahlungen von der Steuerbemessungsgrundlage der Gewerbeertragssteuer vollständig abzugsfähig sind. Tabelle 6-36 stellt die steuerliche Belastung bei ausschließlicher Eigenfinanzierung derjenigen gegenüber, die bei der von der Value AG realisierten Kapitalstruktur entsteht.

Der in Zeile (3) ausgewiesene steuerliche Vorteil verkürzt sich durch den Zufluß zu den Eigentümern um die Einkommensteuerbelastung. Bei autonomer Finanzierungspolitik und den sonstigen oben gesetzten Annahmen, sind diese steuerlichen Vorteile risikolos. Sie sind folglich zu diskontieren mit dem Satz $i(1 - s_I)$. V^{USt} ist 2.086,9. Der vorläufige Unternehmensgesamtwert bei residualer Ausschüttungspolitik ist somit $V^F = V^E + V^{USt}$. Wir erhalten 22.474,4 + 2.086,9 = 24.561,3.

	1	2	3	4	5	6	7	8 ff.
(1) Gewerbeertragsteuer bei Eigenfinanzierung	651,8	664,8	645,4	655,9	686,9	709,9	724,1	711,5
(2) Gewerbeertragsteuer bei realisierter Kapitalstruktur	502,9	519,7	499,3	508,7	540,2	563,2	579,1	565,6
(3) Differenz (1) – (2) vor Einkommensteuer	148,9	145,1	146,1	147,2	146,7	146,7	145,0	145,9
(4) durch Fremdkapital bedingter Steuervorteil	68,8[126]	63,3	62,6	61,8	59,4	57,5	53,8	52,8
(5) durch Zuführungen zu Pensionsrückstellungen bedingter Steuervorteil	80,0[127]	81,7	83,6	85,4	87,3	89,2	91,2	93,0
(6) Differenz nach Einkommensteuer	96,8	94,3	95,0	95,7	95,4	95,4	94,3	94,8

Tabelle 6-36: Durch die realisierte Kapitalstruktur erzielbare steuerliche Vorteile im Anrechnungsverfahren

e. Werteinfluß der Kapitalstruktur: Einkommensteuereffekte

Gesucht ist der Preis einer die Erfolge des zu bewertenden Projektes duplizierenden erfolgsäquivalenten Anlage. Dieser Duplizierungsprozeß ist zwar eingeschlagen worden, aber noch nicht beendet: Der oben er-

[126] 5.900 · 0,07 · 0,1667 = 68,8.
[127] 480 · 0,1667 = 80,0.

mittelte vorläufige Preis V^F steht für eine Anlage mit identischem Investitionsrisiko und identischen, durch die Kapitalstruktur bedingten steuerlichen Vorteilen. Die Ausschüttungen dieser Konstruktion entsprechen jedoch noch nicht den Auszahlungen an die Kapitalgeber, die die Value AG plant. Der Duplizierungsprozeß ist somit nicht abgeschlossen. Differenzen zwischen den Auszahlungen der zu bewertenden Value AG und den Ausschüttungen, die der bisherige Rekonstruktionsversuch leistet, entstehen aus zwei Gründen:

(1) Die reale Value AG bildet Pensionsrückstellungen; die Zuführungen (ZPR_t) zu diesen übersteigen die Rentenzahlungen (R_t) pro Periode. In der Höhe der Differenz wird Innenfinanzierungsvolumen geschaffen, über das ein ausschließlich eigenfinanziertes Unternehmen nicht verfügt. Dieses so entstehende Innenfinanzierungsvolumen ist steuerlich begünstigt. Ein ausschließlich eigenfinanziertes Unternehmen würde diese Beträge ausschütten mit der Folge einer Einkommensteuerbelastung mit dem Satz $s_I = 0,35$. Man könnte auch argumentieren, daß es gleiche Mittelbestände auf Unternehmensebene durch Thesaurierung oder Wiedereinlage bereitstellen kann. Wegen $s_K^T > s_I$ entstehen auch bei dieser Interpretation steuerliche Nachteile in Höhe von s_I. Folglich erzielt die reale Value AG einen steuerlichen Vorteil.

(2) Die reale Value AG tilgt Fremdkapital. Die erforderlichen Mittel werden durch Thesaurierung aufgebracht, was Körperschaftsteuer für Thesaurierung auslöst. Eine ausschließlich eigenfinanzierte Gesellschaft schüttete stattdessen die Mittel aus; sie unterlägen dann der Einkommensbesteuerung. Eine Differenz der Steuersätze s_K^T und s_I ist dann von Einfluß auf den Wert der Gesellschaft.

Beide Effekte sind Einkommensteuereffekte. Der erste wirkt werterhöhend, der zweite wertsenkend.

Um die Einkommensteuereffekte zu quantifizieren, ist die Wahl eines Bezugspunktes erforderlich: Als Bezugspunkt kann das eigenfinanzierte Unternehmen bei residualer Ausschüttung mit dem Wert V^E oder das eigenfinanzierte, voll ausschüttende Unternehmen mit dem Wert V^{E*} gewählt werden. Die Wahl des Bezugspunktes hat Rückwirkungen auf die Höhe des Einkommensteuereffektes. Wir wählen im Folgenden als Bezugspunkt die von den Eigentümern betriebene residuale Ausschüttungspolitik.

Das eigenfinanzierte Unternehmen, das den Kapitalbedarf für die geplante Reinvestition einbehält (260), würde die Differenz $ZPR_t - R_t$ ausschütten. Das löst eine Einkommensteuerbelastung von $s_I(ZPR_t - R_t)$ aus. Die Value AG schafft somit via Rückstellungsaufbau einen *positiven* Einkommensteuereffekt in Höhe von $(ZPR_t - R_t)s_I$.

Tilgt die Value AG Fremdmittel und werden die Mittelbeträge über Gewinneinbehaltungen aufgebracht, ist Körperschaftsteuer für Thesaurierung in Höhe von $T_t s_K^T / (1 - s_K^T)$ zu leisten; T_t bezeichnet den Tilgungsbetrag. Ein eigenfinanziertes, ausschüttendes Unternehmen schüttet – neben dem geplanten Tilgungsbetrag T_t – den Betrag $T_t s_K^T / (1 - s_K^T)$ aus. Beide Beträge werden auf der Ebene der Eigentümer mit dem Satz s_I besteuert. Es hängt somit von der Relation der Steuersätze s_K^T und s_I ab, ob ein steuerlicher Vorteil oder Nachteil entsteht. Im Beispiel gilt $s_K^T = 0{,}40$ und $s_I = 0{,}35$. Folglich lösen Tilgungszahlungen T_t, die durch Thesaurierung von Überschüssen finanziert werden und eine Steuerlast in Höhe von $s_K^T T_t / (1 - s_K^T)$ bewirken, negative Einkommensteuereffekte aus.

Tabelle 6-37 stellt die finanziellen Folgen beider Effekte zusammen. In Zeile (3) wird berücksichtigt, daß ein Teilbetrag der Tilgungsleistung T_t durch den Innenfinanzierungsbeitrag $ZPR_t - R_t$ bereits finanziert ist. Nur der verbleibende Betrag ist durch Thesaurierung bereitzustellen. Die steuerliche Thesaurierungsbelastung ist somit

$$\frac{s_K^T \cdot \left[T_t - (ZPR_t - R_t)\right]}{1 - s_K^T}.$$

	1	2	3	4	5	6	7	8 ff.
(1) $ZPR_t - R_t$	24	24	25	25	27	26	27	0
(2) $s_I (ZPR_t - R_t)$	8,4	8,4	8,8	8,8	9,5	9,1	9,5	0
(3) $T_t - (ZPR_t - R_t)$	447	42	40	178	142	287	57	0
(4) $(s_K^T - s_I)(3) \cdot \frac{1}{1 - s_K^T}$	-37,3	-3,4	-3,3	-14,8	-11,9	-23,9	-4,7	0
(5) = (2) + (4)	-28,9	5,2	5,4	-5,8	-2,7	-14,5	4,9	0

Tabelle 6-37: Einkommensteuereffekte im Anrechnungsverfahren

Die Eintragungen in Zeile (5) sind zu diskontieren. Hierbei ist der Risikogehalt zu beachten. Die Risikolosigkeit des in Zeile (2) ausgewiesenen Vorteils setzt voraus, daß das eigenfinanzierte Unternehmen den Betrag in Höhe von $ZPR_t - R_t$ in jedem Umweltzustand und jeder Periode sowohl bilanziell wie finanziell ausschütten kann. Die Steuerbelastung beträgt dann zustandsunabhängig $s_I(ZPR_t - R_t)$. Der Vorteil ist folglich mit $i(1 - s_I)$ zu bewerten.

Die in Zeile (4) ausgewiesenen Nachteile sind dann risikolos, wenn das eigenfinanzierte Unternehmen in jedem Umweltzustand und jeder Periode *zusätzlich* den Betrag

$$T_t - (ZPR_t - R_t) + \frac{s_K^T}{1 - s_K^T}\left[T_t - (ZPR_t - R_t)\right]$$

ausschütten könnte.

Auf der Ebene der Ausschüttungsempfänger wird dieser Betrag dann mit dem Einkommensteuersatz s_I belegt. Unter dieser Bedingung sind die in Zeile (4) der Tabelle 6-37 bezifferten Nachteile risikolos und folglich mit $i(1 - s_I)$ zu bewerten. Treffen die oben erläuterten Bedingungen nicht zu, sind die Zahlungswirkungen des Einkommensteuereffektes nicht risikolos. Der Diskontierungssatz $i(1 - s_I)$ scheidet dann aus. Als pragmatische Lösung könnte dann der Diskontierungssatz $k_S = 0{,}0879$ verwendet werden. Dieses Vorgehen implizierte die Annahme, daß der Risikogehalt der Zahlungswirkungen des Einkommensteuereffektes dem operativen Risiko (Investitionsrisiko) der Cashflows entspricht.

Diskontiert man die Einzahlungen in Zeile (5) der Tabelle 6-37 mit $i(1-s_I)$, erhält man V^{ESt} mit – 32,7. Der Unternehmensgesamtwert V^F ist somit:

$$\begin{aligned} V^F &= V^E + V^{USt} + V^{ESt} \\ &= 22.474{,}4 + 2.086{,}9 - 32{,}7 = 24.528{,}6 \end{aligned}$$

Der Einkommensteuereffekt ist unter den obigen Annahmen definiert durch:

$$V^{ESt} = \sum_{t=1}^{n} \left\{ s_I\left(ZPR_t - R_t\right) - \left[T_t - \left(ZPR_t - R_t\right)\right] \frac{s_K^T - s_I}{1 - s_K^T} \right\} \left[1 + i\left(1 - s_I\right)\right]^{-t} \quad (6\text{-}18)$$

Damit ist die Bestimmung des Unternehmensgesamtwertes beendet. Die Eigentümer (die potentiellen Eigentümer) erfahren, daß der Wert des Unternehmens bei reiner Eigenfinanzierung (V^E) über dem Buchwert des investierten Kapitals liegt. Sie erfahren weiterhin, wie hoch der Wert der durch die Kapitalstruktur bedingten steuerlichen Vorteile ist und daß die negativen die positiven Einkommensteuereffekte übersteigen.

f. Wert des Eigenkapitals

Vom Unternehmensgesamtwert V^F sind nun der Barwert der Zahlungen an Gläubiger und Pensionsberechtigte, also F und P, abzuziehen. Wir erhalten dann $E^F = 10.933{,}6$. Im Ergebnis arbeitet der APV-Ansatz im Anrechnungsverfahren wie folgt:

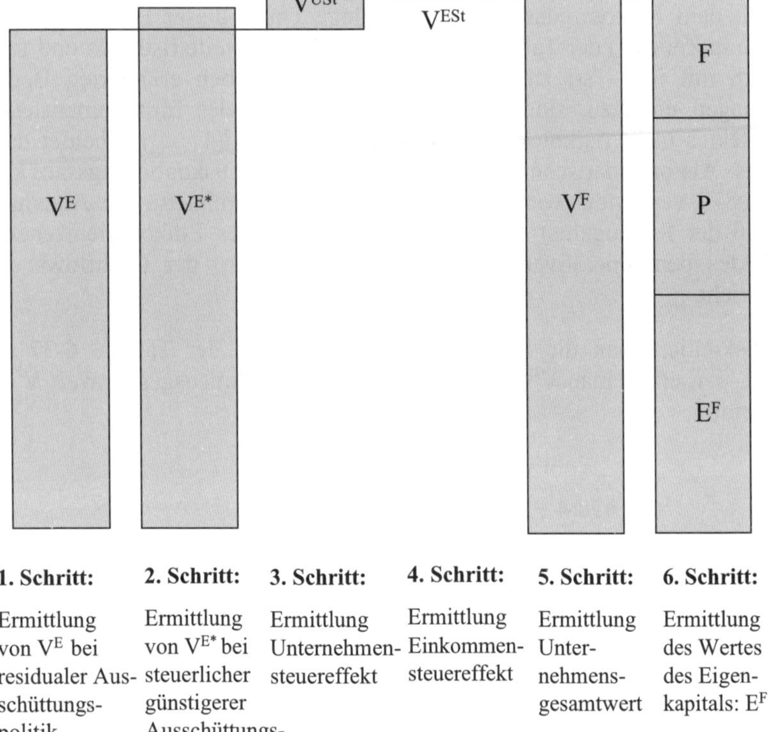

1. Schritt:	**2. Schritt:**	**3. Schritt:**	**4. Schritt:**	**5. Schritt:**	**6. Schritt:**
Ermittlung von V^E bei residualer Ausschüttungspolitik	Ermittlung von V^{E*} bei steuerlicher günstigerer Ausschüttungspolitik (optional)	Ermittlung Unternehmensteuereffekt	Ermittlung Einkommensteuereffekt	Ermittlung Unternehmensgesamtwert	Ermittlung des Wertes des Eigenkapitals: E^F
					$F = 5.900$
$V^E =$	$V^{E*} =$	$V^{USt} =$	$V^{ESt} =$	$V^F =$	$P = 7.695$
22.474,4	22.719,8	2.086,9	–32,7	24.528,6	$E^F = 10.933,6$

Abbildung 6-8: Arbeitsweise des APV-Ansatzes im Anrechnungsverfahren

IV. WACC-Ansatz

1. Konzeption

Das Konzept der durchschnittlichen gewogenen Kapitalkosten (Weighted Average Cost of Capital (WACC)) wurde in Kapitel 5 bereits vorgestellt. Man kann sich den Kern der Botschaft aus mehreren Teilen zusammengesetzt vorstellen:

- Unter bestimmten Bedingungen schafft die Finanzierung des zu bewertenden Unternehmens für die Eigentümer keinen Mehr- und keinen Minderwert. Die zentralen Bedingungen sind die Gleichheit von Kreditkosten auf Unternehmens- und Anteilseignerebene, Transaktionskostenfreiheit, ein finanzierungsneutrales Steuersystem oder eine Welt ohne Steuern sowie der Ausschluß von Illiquiditätsrisiken oder von Kosten der Insolvenz. Unter diesen auf den ersten Blick unrealistischen Annahmen ist die bezüglich der Transaktionskosten von untergeordneter Bedeutung, die Annahme gleicher Kreditkosten von vermutlich geringer Bedeutung. Von Bedeutung ist der Ausschluß von Illiquiditätsrisiken.[128] Von großer Bedeutung sind schließlich die in der Realität anzutreffenden, i. d. R. nicht finanzierungsneutralen Steuersysteme.

- Deren Beachtung führt zu dem Ergebnis, daß die realisierten Kapitalstrukturen von Einfluß auf den Wert des Unternehmens und damit den Wert der Eigentumsrechte sind. Hier liegt die Relevanz der oben dargestellten Unternehmen- und Einkommensteuereffekte.
- Der durch Kapitalstruktur und Innenfinanzierung ausgelöste Wertbeitrag läßt sich in einem die geforderte Rendite bei ausschließlicher Eigenfinanzierung unterschreitenden durchschnittlichen Kapitalkostensatz (WACC) abbilden. Unter noch zu präzisierenden Bedingungen kann der Unternehmensgesamtwert ermittelt werden, indem die Überschüsse, die dem Unternehmen nach Realisierung der geplanten Investitionsstrategie bei ausschließlicher Eigenfinanzierung entzogen werden könnten, mit dem durchschnittlichen Kapitalkostensatz (WACC) diskontiert werden, wobei dieser die steuerlichen Vorteile der realisierten Kapitalstruktur des Unternehmens reflektiert.

Brealey/Myers bezeichneten die Anpassung des Diskontierungssatzes an die geplante Kapitalstruktur und den so erfolgenden Einbau der steuerlichen Vorteile, die aus der geplanten Zusammensetzung der Finanzierung folgen, als den „most common approach" der Praxis.[129] Zugleich vermuteten sie, daß „too much is rolled into a deceptively simple tax adjustment to the cost of debt".[130] Dieser Einschätzung kann man zustimmen.

Das Konzept des WACC-Ansatzes wirft unter theoretischem und praktischem Aspekt einige Fragen auf:

- Wie sind durchschnittliche Kapitalkostensätze in unterschiedlichen Steuerregimen zu definieren?
- Wie sind durchschnittliche Kapitalkosten für komplexere Kapitalstrukturen, die nicht lediglich Eigenkapital und verzinsliches Fremdkapital enthalten, zu definieren?
- Ist die Annahme, die Politik atmender Finanzierungsstrategien seien so weit verbreitet, wie der verbreitete Gebrauch des WACC-Ansatzes nahezulegen scheint, gerechtfertigt?

---

128 Vgl. zu diesem Aspekt das 9. Kapitel.

129 Brealey, R. A./Myers, St. C. (1996), S. 517; (2000), S. 571. In der 8. Auflage (2006) fehlt diese Aussage.

130 Brealey, R. A./Myers, St. C. (1996), S. 525.

- Wie ist der Ansatz zu handhaben, wenn die „atmende" Finanzierungsstrategie, die der WACC-Ansatz unterstellt, nicht verfolgt wird?

Die Behandlung des WACC-Ansatzes ist wie folgt aufgebaut: Abschnitt 2 startet mit dem Fall einer autonomen Finanzierungsstrategie, also einer Strategie, die das Fremdkapitalvolumen *nicht* am Unternehmensgesamtwert andockt. Wir untersuchen, welche Parameter vor dem Hintergrund dieser Strategie über die Höhe des WACC bestimmen. Dann gehen wir in Abschnitt 3 zum Fall der atmenden Finanzierungsstrategie über, für den der WACC-Ansatz in besonderem Maße geeignet erscheint, weil der Verschuldungsgrad F/V^F hier im Planungszeitpunkt in deterministischer Weise festgelegt wird. Wie brauchbare Definitionen für WACC in komplexeren Situationen aussehen können (z. B. Finanzierung über Rückstellungen, Leasingverträge, von Insolvenzrisiken bedachte Unternehmen), wird in späteren Kapiteln diskutiert.

2. WACC-Ansatz und autonome Finanzierungsstrategie

a. Charakterisierung

Eine autonome Finanzierungsstrategie bindet das Fremdkapitalvolumen einer Periode nicht an die Größe V_t^F, sondern legt F_t unabhängig von V_t^F fest. So könnte F_t an der Bilanzsumme orientiert werden. Wir nehmen nun an, daß das Management in der Lage ist, den Verschuldungsumfang im Zeitablauf deterministisch festzulegen. Weiterhin soll vorläufig gelten, daß Zinszahlungen an Gläubiger zustandsunabhängig geleistet werden und zustandsabhängige steuerliche Bemessungsgrundlagen ausreichend dimensioniert sind, um die Abzugsfähigkeit des Zinsaufwandes in jedem Zustand und jeder Periode zu gewährleisten.

Wird eine autonome Finanzierungspolitik verfolgt, bleibt der Verschuldungsgrad F/V^F nicht konstant, weil sich die Verschuldungsumfänge F_t ja gerade nicht an V_t^F orientieren. Folglich stößt der WACC-Ansatz auf Implementierungsprobleme, da Kenntnisse über die dann periodenspezifischen Quotienten F_t/V_t^F zunächst nicht vorliegen. Diese Problemstruktur läßt zwei Reaktionsweisen zu: Man arbeitet mit einem „stellvertretenden" WACC, der die Funktion hat, den durchschnittlichen Verschuldungsgrad zu repräsentieren. Je nach Variabilität der aus der faktischen Planung der Verschuldungs*umfänge* resultierenden Verschuldungsgrade handelt man sich mehr oder weniger große Fehler ein, über deren wirkliche Höhe man indessen solange nichts weiß, wie man kein geeignetes Kontrollkalkül aufgespannt hat.[131]

Die zweite Reaktionsweise besteht in der Ermittlung periodenspezifischer Diskontierungssätze, die die Kenntnis des jeweiligen Quotienten F_t/V_t^F allerdings voraussetzen. Sieht man von Iterationslösungen ab, kön-

[131] Vgl. zu dieser Problemstruktur Richter, F. (1997).

nen diese Informationen nur durch ein alternatives Bewertungskalkül geliefert werden. Diese Vorgehensweise stützt also nicht das eigenständige Lösungspotential des WACC-Ansatzes. Es ist lediglich Beleg dafür, daß der WACC-Ansatz auf anderem Weg erzeugte Lösungsergebnisse rekonstruieren kann.

Im folgenden wird zunächst die Ableitung periodenspezifischer Diskontierungssätze $WACC_t$ dargestellt. Dann wird die Lösung über einen stellvertretenden WACC betrachtet.

b. Einfache Gewinnbesteuerung und periodenspezifische durchschnittliche Kapitalkosten

Eine Gewinnsteuer in Höhe von s_K werde unabhängig von der Verwendung des Überschusses auf Unternehmensebene erhoben. Zinszahlungen des Unternehmens verkürzen die steuerliche Bemessungsgrundlage. Anteilseigner und Gläubiger werden nicht besteuert.

Wie ist der WACC-Ansatz bei autonomer Finanzierungsstrategie zu handhaben? Periodische durchschnittliche Kapitalkostensätze sind erforderlich. Startpunkt ist die sog. textbook-formula für WACC, wobei WACC mit einem Zeitindex zu versehen ist:

$$WACC_t = i(1-s_K)\frac{F_{t-1}}{V_{t-1}^F} + k_t^F \frac{E_{t-1}^F}{V_{t-1}^F} \qquad (6\text{-}19)$$

Wenn sich die Marktwerte von F_t und E_t^F im Zeitablauf verschieben, sind diese Gewichte zeitpunktspezifisch. Außerdem sind die geforderten Renditen der Eigentümer (k_t^F) an die veränderte Kapitalstruktur anzupassen.[132]

Wir beginnen mit der Frage, wie hoch die geforderten Renditen der Eigentümer sein werden, wenn eine bestimmte Kapitalstruktur unter den oben genannten Bedingungen hergestellt wird. In Kapitel 5 wurde begründet, warum k^F auf Kapitalstrukturänderungen reagieren muß. Die von den Eigentümern geforderte Risikoprämie hängt von der Höhe der Differenz $k-i$ und dem Quotienten Marktwert des Fremdkapitals vermindert um den Barwert der Steuervorteile zu Marktwert des Eigenkapitals ab; Formel (6-20) bildet diesen Sachverhalt für den Fall der unendlichen Rente und risikoloser steuerlicher Vorteile nochmals ab.

$$k^F = k + (k-i)(1-s_K)\frac{F}{E^F} \qquad (6\text{-}20)$$

Liegt der Fall der unendlichen Rente nicht vor, gilt:

$$k_t^F = k + (k-i)\frac{F_{t-1} - V_{t-1}^{USt}}{E_{t-1}^F} \qquad (6\text{-}21)$$

[132] Vgl. z. B. Inselbag, I./Kaufold, H. (1997).

An die Stelle des Terms $-s_K F/E^F$ in (6-20) tritt in (6-21) der Term $-V_{t-1}^{USt}/E_{t-1}^F$. V_t^{USt} repräsentiert den Barwert der risikolosen steuerlichen Vorteile, die der Einsatz von F auslöst. Ausdruck (6-21) ist auf beliebig strukturierte Abfolgen von Verschuldungsumfängen anwendbar.

Die formale Herleitung dieser Gleichung startet mit dem Zusammenhang $V_t^F = V_t^E + V_t^{USt} = E_t^F + F_t$.

Formuliert man den Zusammenhang auf Basis des erwarteten periodischen Einkommens, folgt: Die Position eines Anspruchsinhabers verändert sich in jeder Periode um die Veränderung des Wertes seines Anspruchs und die erwartete Bedienung des Anspruchs in Periode t. Bei erwartungskonformem Verlauf folgt bei Annahme der Eigenfinanzierung:

$$V_t^E - V_{t-1}^E + E\left[\widetilde{CF}_t\right] = V_{t-1}^E k \tag{6-22}$$

Analog kann die Veränderung der gesamten Vermögensposition bei anteiliger Fremdfinanzierung aufgeteilt werden zwischen Gläubigern und Eigentümern:

$$kV_{t-1}^E + iV_{t-1}^{USt} = k_t^F E_{t-1}^F + iF_{t-1} \tag{6-23}$$

Auf der linken Seite der Gleichung wird das Einkommen der Anteilseigner vor Bedienung der Gläubiger formuliert als Summe des erwarteten Einkommens bei Eigenfinanzierung zuzüglich des (sicheren) Einkommens aus dem Wert der Steuervorteile. Die rechte Seite zeigt die „Verteilung" des Einkommens auf Anteilseigner und Gläubiger, die durch die realisierte Kapitalstruktur gesteuert wird.

Löst man nach k_t^F auf, folgt unter Beachtung von $V_{t-1}^E = E_{t-1}^F + F_{t-1} - V_{t-1}^{USt}$ die Formel (6-21):

$$k_t^F = k + (k - i)\frac{F_{t-1} - V_{t-1}^{USt}}{E_{t-1}^F}$$

Die geforderten Renditen der Eigentümer steigen mit steigender Verschuldung.

Die durchschnittlichen Kapitalkostensätze berechnen sich gemäß (6-24):

$$WACC_t = k\frac{V_{t-1}^E}{V_{t-1}^F} + \frac{i\left(V_{t-1}^{USt} - s_K F_{t-1}\right)}{V_{t-1}^F}\text{[133]} \tag{6-24}$$

Bewertet man V_t^F mit den so berechneten durchschnittlichen Kapitalkosten im Roll-Back-Verfahren, erhält man eben die Werte, die mit Hilfe des APV-Ansatzes ermittelt wurden. „Richtige" periodenspezifische Kapitalkostensätze $WACC_t$ sind also ermittelbar. Sie nutzen die mittels des APV-Ansatzes bereits berechneten Werte V_t^F, V_t^E, V_t^{USt}. Die Berech-

[133] Vgl. zur Begründung von Formel (6-24) Anhang 1 zu diesem Kapitel.

nung im Rahmen des WACC-Ansatzes ist somit nur eine Rekonstruktion.

c. Ein Beispiel

Zur Illustration greifen wir auf die in Abschnitt II vorgestellte KF-AG zurück. Es gelten unverändert die in Tabelle 6-1 ausgewiesenen entnehmbaren Überschüsse. Die geforderte Rendite der Eigentümer ist k = 0,16; der Gewinnsteuersatz beträgt $s_K = 0{,}34$. Das Management plane eine autonome Finanzierungsstrategie: Der Fremdkapitalbestand betrage im Startpunkt 200 und steige um 50 pro Periode, um ab 1993 auf dem dann erreichten Niveau von 450 zu verharren. Tabelle 6-38 zeigt die Daten und die mittels APV-Ansatz berechneten Werte von V_t^E, V_t^{USt}, V_t^F und E_t^F. Die beiden letzten Zeilen weisen k_t^F gemäß (6-21) und $WACC_t$ gemäß (6-24) aus.

Die Eigenkapitalkosten für den Zeitpunkt 1 berechnen sich gemäß (6-21) wie folgt:

$$
\begin{aligned}
k_1^F &= k + (k - i)\frac{F_0 - V_0^{USt}}{E_0^F} \\
&= 0{,}16 + (0{,}16 - 0{,}1)\frac{200 - 132}{807} \\
&= 0{,}16506
\end{aligned}
$$

		1.1.89	1989	1990	1991	1992	1993	1994 ff.
(1)	Entnehmbare Überschüsse		106	116	127	141	156	156
(2)	Wert bei Eigenfinanzierung	875	909	939	962	975	975	975
(3)	Wert des Fremdkapitals (F_t)	200	250	300	350	400	450	450
(4)	Zinsen		20	25	30	35	40	45
(5)	Fremdkapitalaufnahme		50	50	50	50	50	0
(6)	Periodischer Steuervorteil		7	9	10	12	14	15
(7)	Wert der steuerlichen Vorteile (V_t^{USt})	132	139	144	149	151	153	153
(8)	Wert bei anteiliger Fremdfinanzierung	1.007	1.048	1.083	1.111	1.126	1.128	1.128
(9)	Wert des Eigenkapitals (E_t^F)	807	798	783	761	726	678	678
(10)	$WACC_t$		14,539%	14,395%	14,261%	14,129%	13,991%	13,835%
(11)	k_t^F		16,506%	16,835%	17,191%	17,586%	18,058%	18,628%

Tabelle 6-38: Kosten des Eigenkapitals und durchschnittliche Kapitalkosten bei autonomer Finanzierungsstrategie

WACC gemäß (6-24) ergibt sich aus folgender Rechnung:

$$\begin{aligned}\text{WACC}_1 &= k\frac{V_0^E}{V_0^F} + \frac{i\left(V_0^{USt} - s_K F_0\right)}{V_0^F}\\ &= 0{,}16\ \frac{875}{1.007} + \frac{0{,}1\left(132 - 0{,}34 \cdot 200\right)}{1.007}\\ &= 0{,}13903 + 0{,}00636\ = 0{,}14539\end{aligned}$$

Oder gemäß der textbook-formula:

$$\begin{aligned}\text{WACC}_1 &= i\left(1 - s_K\right)\frac{F_0}{V_0^F} + k^F_1\frac{E_0^F}{V_0^F}\\ &= 0{,}10\left(1 - 0{,}34\right)\frac{200}{1.007} + 0{,}16506\ \frac{807}{1.007}\\ &= 0{,}01311 + 0{,}13228\ =\ 0{,}14539\end{aligned} \tag{6-25}$$

Der WACC-Ansatz kann also die APV-Ergebnisse nachbauen; eigenständig arbeitet er nicht.

d. Periodenspezifische Kapitalkosten und Halbeinkünfteverfahren

Im Halbeinkünfteverfahren besteht der periodische Wertbeitrag, ausgelöst durch verzinsliches Fremdkapital, aus Unternehmensteuer- und Einkommensteuereffekten. Risikoniveau I wird unterstellt. Der periodische Wertbeitrag aus dem Einsatz verzinslichen Fremdkapitals (WB^F) beträgt:

$$WB_t^F = i\left[s^0\left(1 - 0{,}5s_I\right) - 0{,}5s_I\right]F_{t-1} - \left(F_t - F_{t-1}\right)0{,}5s_I \tag{6-26}$$

Der periodische steuerliche Wertbeitrag der Pensionsrückstellungen beträgt:

$$WB_t^P = s^0 ZPR_t\left(1 - 0{,}5s_I\right) - 0{,}5s_I R_t \tag{6-27}$$

Analog zum einfachen Gewinnsteuersystem können wir auch hier die periodischen Diskontierungssätze aus dem erwartungskonformen Einkommen ableiten:

$$k_S\, V_{t-1}^E + i\left(1 - s_I\right)V_{t-1}^{St} = k_{S,t}^F\, E_{t-1}^F + i\left(1 - s_I\right)F_{t-1} + i\left(1 - s_I\right)P_{t-1}$$

V^{St} ist dabei definiert wie folgt:

$$V_0^{St} = \sum_{t=1}^{n} \left(WB_t^F + WB_t^P \right) \left[1 + i \left(1 - s_I \right) \right]^{-t} \tag{6-28}$$

Löst man nach $k_{S,t}^F$ auf, folgt:

$$\begin{aligned} k_{S,t}^F E_{t-1}^F &= k_S \left(E_{t-1}^F + F_{t-1} + P_{t-1} - V_{t-1}^{St} \right) - \\ &- i \left(1 - s_I \right) \left(F_{t-1} + P_{t-1} - V_{t-1}^{St} \right) \\ k_{S,t}^F &= k_S + \left[k_S - i \left(1 - s_I \right) \right] \frac{F_{t-1} + P_{t-1} - V_{t-1}^{St}}{E_{t-1}^F} \end{aligned} \tag{6-29}$$

Für WACC folgt:[134]

$$\begin{aligned} WACC_t &= k_S \left(1 - \frac{V_{t-1}^{St}}{V_{t-1}^F} \right) + i \left(1 - s_I \right) \frac{V_{t-1}^{St}}{V_{t-1}^F} - \frac{WB_t^F}{V_{t-1}^F} \\ &= k_S \left(1 - \frac{V_{t-1}^{St}}{V_{t-1}^F} \right) + \frac{\Delta V_t^{St}}{V_{t-1}^F} \end{aligned} \tag{6-30}$$

Nur im ersten Term auf der rechten Seite von (6-30) ähneln diese Definitionen den WACC-Formulierungen, die in amerikanischen Lehrbüchern zu finden sind und die von Praktikern z. T. auch auf Fälle mit deutscher institutioneller Umgebung übertragen werden.

Mit Pensionsrückstellungen gilt ebenfalls:

$$\begin{aligned} WACC_t &= k_S \left(1 - \frac{V^{St}}{V_{t-1}^F} \right) + i \left(1 - s_I \right) \frac{V_{t-1}^{V^{St}}}{V_{t-1}^F} - \frac{WB_t^F + WB_t^P}{V_{t-1}^F} \\ &= k_S \left(1 - \frac{V_{t-1}^{St}}{V_{t-1}^F} \right) + \frac{\Delta V_t^{St}}{V_{t-1}^F} \end{aligned}$$

Angewendet auf die Value AG erhalten wir die in Tabelle 6-39 genannten WACC-Sätze gemäß (6-30). Wir unterstellen eine autonome Finanzierungsstrategie und Steuereffekte auf Basis des Risikoniveaus I. Aufgrund des Interdependenzproblems müssen wir auf die APV-Ergebnisse zurückgreifen, um die durchschnittlichen Kapitalkosten zu

[134] Vgl. Anhang 2.c zu diesem Kapitel.

berechnen. Der WACC-Ansatz kann die APV-Bewertung lediglich bestätigen.

	t = 0	1	2	3	4	5	6	7	8 ff.
(1) Dividende bei Eigenfinanzierung		2.183,65	1.783,33	1.771,68	1.928,00	1.927,01	2.099,98	1.884,83	2.667,33
(2) Hälftige Einkommensteuer		382,14	312,08	310,04	337,40	337,23	367,50	329,85	466,78
(3) Bewertungsrelevanter Überschuß		1.801,51	1.471,24	1.461,63	1.590,60	1.589,78	1.732,48	1.554,98	2.200,55
(4) V^{St}	2.820,04	2.741,65	2.733,66	2.724,43	2.689,65	2.659,66	2.602,89	2.584,89	2.584,89
(5) WB^F		206,71	132,73	133,62	158,74	152,37	177,79	136,43	117,61
(6) ΔV^{St}		-78,40	-7,98	-9,23	-34,77	-29,99	-56,77	-18,00	0,00
(7) V^F	23.549,52	23.593,30	24.049,11	24.556,32	24.956,94	25.403,57	25.724,95	26.297,70	26.297,70
(8) $WACC_t$		7,8358%	8,1678%	8,1867%	8,1088%	8,1597%	8,0849%	8,2711%	8,3678%
(9) V^F mit $WACC_t$	23.549,52	23.593,30	24.049,11	24.556,32	24.956,94	25.403,57	25.724,95	26.297,70	26.297,70

Tabelle 6-39: WACC-Bewertung der Value AG

e. Lösung über einen „stellvertretenden" WACC?

Gesucht ist nun ein „stellvertretender" WACC, der die exakten periodenspezifischen WACC-Sätze ersetzen kann. Dieser Stellvertreter kann nur gegriffen werden, da die Struktur der periodenspezifischen WACC-Sätze ja gerade nicht bekannt sein soll. Dennoch entspricht diese Vorgehensweise einer vermutlich verbreiteten praktischen Handhabung, weil Bewerter häufig versuchen, mittels eines Diskontierungssatzes WACC zu brauchbaren Ergebnissen auch dann zu kommen, wenn die Annahme einer atmenden Finanzierungsstrategie nicht erfüllt ist und Verschuldungsumfänge bzw. -grade im Zeitablauf nicht konstant sind. Häufig wählen Bewerter die im Bewertungszeitpunkt gegebene Kapitalstruktur oder die in einem späteren Zeitpunkt zu erreichende Kapitalstruktur als Bezugspunkt. Als späterer Zeitpunkt wird häufig derjenige gewählt, zu dem die explizite Planung der entziehbaren Überschüsse ausläuft und das Bewertungsmodell in eine Rentenphase mit oder ohne Wachstum eintritt. Dieser Zeitpunkt sei mit T bezeichnet, der dort realisierte Verschuldungsgrad mit L_T.

Betrachten wir nun am Beispiel der Value AG die Bewertungsdifferenzen, die sich bei Rückgriff auf einen Stellvertreter-WACC im Regime des Halbeinkünfteverfahrens ergeben. Wie hoch wäre der Satz WACC im Zeitpunkt 8, wenn wir Risikoniveau I als relevant unterstellen?

Wir berechnen zuerst V_8^F gemäß APV-Ansatz. Die entziehbaren Überschüsse in Periode 8 ff. betragen vor Einkommensteuer 2.667,3[135] und nach hälftiger Einkommensteuer 2.200,5. Der Wert des eigenfinanzierten Unternehmens am Ende der Periode 8 ist somit $V_8^E = 23.712,3$; k_S beträgt 0,0928. Dann ist der durch $F_8 = 4.528,9$ bewirkte steuerliche Vorteil zu berechnen. Gemäß (6-7) und (6-8) folgt

$$V_8^{USt,F} + V_8^{EStI,F} = \frac{iF_8\left[s^0\left(1-0,5s_I\right)-0,5s_I\right]}{i\left(1-s_I\right)} = 936,3.$$

Relevant ist auch der steuerliche Vorteil, der aus der Alimentierung der Pensionsrückstellung in Höhe von ZPR = 558,1 folgt. Dieser beträgt gem. (6-11)

$$V_8^{USt,P} = \frac{ZPR\,s^0\left(1-0,5s_I\right)}{i\left(1-s_I\right)} = \frac{558,1\cdot 0,375\left(1-0,5\cdot 0,35\right)}{0,07\left(1-0,35\right)}$$
$$= 3.794,8.$$

[135] Vgl. Tabelle 6-6, Zeile (8).

Zudem tritt der Einkommensteuereffekt auf die Rentenzahlung gemäß (6-12) auf:

$$V_0^{ESt,P} = \frac{-0,5s_I R}{i(1-s_I)} = \frac{-0,5 \cdot 0,35 \cdot 558,1}{0,07(1-0,35)} = -2.146,54$$

Der Unternehmensgesamtwert im Zeitpunkt 8 ist gemäß APV-Ansatz somit 26.296,9.[136] Reduziert man diesen Wert um $F_8 = 4.528,9$ und $P_8 = 7.972,9$[137] erhält man den Wert des Eigenkapitals E_8^F in Höhe von 13.795,1.

WACC wird analog zu (6-32) berechnet. Es gilt

$$WACC = 0,0928\left(1 - \frac{936,3 + 3.794,8 - 2.146,54}{26.296,9}\right) = 0,0836.$$

Diskontiert man die entziehbaren Überschüsse bei Eigenfinanzierung nach Einkommensteuer gemäß Tabelle 6-6 Zeile (10) mit WACC = 0,0836, erhält man V_0^F mit 23.233,8. Der mittels des APV-Ansatzes berechnete Wert für das Risikoniveau I ist 23.549,8. Der WACC-basierte Wert ist nur unwesentlich niedriger. Wiederum ist zu beachten, daß die Berechnung für WACC auf den Ergebnissen des APV-Kalküls aufbaut und daß die Abweichungsanalyse prinzipiell auf die Berechnung der entziehbaren Überschüsse für die Perioden 1-8 beschränkt werden müßte, weil der Kalkül ab Periode 9 ff. mit APV- bzw. WACC-Ansatz zu gleichen Ergebnissen führt. Mit dem WACC-Ansatz erhält man[138]

$V_{1-8}^F = 9.395,1$. Mit dem APV-Ansatz erhält man

$$\begin{aligned} V_{1-8}^F &= V_{1-8}^E + V_{1-8}^{USt,F} + V_{1-8}^{USt,P} + V_{1-8}^{ESt\ I,F} + V_{1-8}^{ESt\ II,F} + V_{1-8}^{ESt,P} \\ &= 9.072,3 + 739,3 + 1.050,7 - 418,2 + 205,5 - 568 = 10.081,6. \end{aligned}$$

Das Ergebnis ist 10.081,6. Es liegt um mehr als 7 % über dem WACC-Resultat.

f. Exkurs: Periodenspezifische Kapitalkosten und Anrechnungsverfahren

Im Anrechnungsverfahren sind Unternehmen- und Einkommensteuereffekt zu beachten. Ersterer resultiert aus der Abzugsfähigkeit der Zinszahlungen von den steuerlichen Bemessungsgrundlagen. Letzterer hängt von

136 Der Term $V^{EStII,F}$ ist nicht relevant, da F_T unverändert bleibt.

137 $P_8 = 558,1(1-0,35)/(0,07(1-0,35)) = 7.972,9$

138 $V_{1-8}^{USt,F} = \sum_{t=1}^{8} iF_{t-1}\left[s^0(1-0,5s_I) - 0,5s_I\right]\left[1+i(1-s_I)\right]^{-t} = 321,1$

$V_{1-8}^{USt,P} = \sum_{t=1}^{8} ZPR_t s^0(1-0,5s_I)\left[1+i(1-s_I)\right]^{-t} = 1.050,6$

$V_{1-8}^{EStII,F} = 205,5$; vgl. Tabelle 6-22, Zeile (2).

der Differenz der Steuersätze s_K^T und s_I und der Bewegung des Fremdkapitalvolumens ab. Sinkt es, sind Mittel zur Finanzierung der Tilgung zu thesaurieren. Steigt es, sind ansonsten zur Finanzierung der Investitionsstrategie benötigte Mittel für die Ausschüttung frei:

$$WB_t^F = i\ s_{GE}\left(1-s_I\right)F_{t-1} + \left(F_t - F_{t-1}\right)\frac{s_K^T - s_I}{1-s_K^T} \tag{6-31}$$

Liegen Dauerschulden vor, gilt:

$$WB_t^F = 0{,}5\ i\ s_{GE}\left(1-s_I\right)F_{t-1} + \left(F_t - F_{t-1}\right)\frac{s_K^T - s_I}{1-s_K^T} \tag{6-32}$$

Im Fall der unendlichen Rente bleibt der Verschuldungsumfang konstant; der zweite Term auf der rechten Seite von (6-31) bzw. (6-32) entfällt.

Analog zum System einfacher Gewinnsteuer und zum Halbeinkünfteverfahren können die periodischen Kapitalkostensätze auch hier über die erwartungskonformen Einkommen abgeleitet werden.

Aus

$$k_S V_{t-1}^E + i\left(1-s_I\right)\ V_{t-1}^{St} = k_{S,t}^F E_{t-1}^F + i\left(1-s_I\right)\ F_{t-1}$$

folgt, nach $k_{S,t}^F$ aufgelöst, die Formel für die geforderte Rendite der Eigentümer:

$$k_{S,t}^F = k_S + \left[k_S - i\left(1-s_I\right)\right]\frac{F_{t-1} - V_{t-1}^{St}}{E_{t-1}^F} \tag{6-33}$$

Für WACC gilt (6-24) analog: an die Stelle von V_{t-1}^{USt} und $is_K F_{t-1}$ treten die im Anrechnungssystem relevanten Barwerte der steuerlichen Wertbeiträge bzw. der periodische Wertbeitrag WB_{t-1}^F. Die Formel für WACC lautet:

$$WACC_t = k_S \frac{V_{t-1}^E}{V_{t-1}^F} + i\left(1-s_I\right)\frac{V_{t-1}^{St}}{V_{t-1}^F} - \frac{WB_{t-1}^F}{V_{t-1}^F} \text{ bzw.} \tag{6-34}$$

$$WACC_t = k_S\left(1 - \frac{V_{t-1}^{St}}{V_{t-1}^F}\right) + i\left(1-s_I\right)\ \frac{V_{t-1}^{St}}{V_{t-1}^F} - \frac{WB_{t-1}^F}{V_{t-1}^F}$$

3. WACC-Ansatz und atmende Finanzierungsstrategie

a. Ausgangspunkt

Eine atmende Finanzierungsstrategie bindet das Volumen an verzinslichem Fremdkapital F_t an die Entwicklung des Unternehmensgesamtwertes, also an V_t^F. Auch eine Bindung an V_t^E, also den Wert des Unternehmens bei Eigenfinanzierung, ist möglich.

Wegen der Bindung von F_t an den Unternehmensgesamtwert V_t^F sind Zinszahlungen und damit mit diesen verbundene steuerliche Vorteile nicht risikolos. Die sog. Modigliani-Miller-Anpassungen der Kosten des Eigenkapitals an veränderte Verschuldungsumfänge i. S. v. (6-20) und (6-21) sind dann korrekturbedürftig, weil diese auf zu hohen Barwerten steuerlicher Vorteile aufbauen. Gleiches gilt für die bisher berichteten Formeln für WACC, die jeweils Barwerte risikoloser steuerlicher Vorteile implizierten.

Entscheidende Voraussetzung für weitgehend fehlerfreie Ergebnisse bei Anwendung des WACC-Ansatzes ist, daß das „rebalancing“[139] des Verschuldungsvolumens F_t / V_t^F im Zeitablauf faktisch durchgehalten wird. Wird diese Annahme verletzt, sind die Ergebnisse nur annähernd korrekt. Ob die Annahme vorgegebener relativ konstanter Verschuldungsgrade, also atmender Verschuldungsumfänge, eine brauchbare Beschreibung der praktischen Finanzierungsstrategien ist, haben wir bereits in Abschnitt II kritisch betrachtet.

b. Zur Bewertung unsicherer steuerlicher Vorteile – die Argumentation von Miles/Ezzell

Wenn die Finanzierungsstrategie des Managements den Verschuldungsumfang F_t an den Unternehmensgesamtwert „andockt“, dann atmet F_t mit V_t^F. Steigt letzterer, steigt F_t, weil das Management den Verschuldungsumfang „nachfährt“, also zusätzliche Kredite aufnimmt. Fällt V_t^F, reduziert das Management das Fremdkapitalvolumen durch Sondertilgungen. Weil V^F, indem es der Entwicklung der operativen Cashflows folgt, sich im Zeitablauf ändert, ändert sich auch F, und die steuerlichen Vorteile sind auch dann nicht mehr risikolos, wenn Illiquiditätsrisiken und unzureichende steuerliche Bemessungsgrundlagen ausgeschlossen werden.

Auf diesen Sachverhalt haben zuerst Miles und Ezzell hingewiesen.[140] Sie argumentieren, daß die Festschreibung eines Ziel-Verschuldungsgrades, der mit L^* bezeichnet sei, die Höhe der steuerlichen Vorteile einer Periode t von der Höhe von V^F in Periode t–1 abhängig mache und daß V^F in t–1 zugleich vom Wert der steuerlichen Vorteile abhinge.

---

[139] So Brealey, R. A./Myers, St. C./Allen F. (2005), S. 528.

[140] Vgl. Miles, J. A./Ezzell, J. R. (1980). Im Folgenden sei $\overline{X}_t$ der Erfolg bei Eigenfinanzierung nach Steuern. Miles/Ezzell blenden Einkommensteuern aus.

Folglich könne man den Wert von V^F und den Wert steuerlicher Vorteile nur simultan bestimmen. Sie starten einen in T–1 beginnenden Bewertungsprozeß. Der Wert des verschuldeten Unternehmens in T–1 ist definiert durch:

$$V_{T-1}^F = \frac{\overline{X_T}}{1+k} + \frac{s_K i L^* V_{T-1}^F}{1+i} \tag{6-35}$$

Aus der Sicht von T–1 ist $F_{T-1} = L^* V_{T-1}^F$ bekannt. Folglich ist der zweite Term auf der rechten Seite risikolos; Diskontierungssatz ist folglich i.

Umgeformt folgt:

$$V_{T-1}^F = \frac{\overline{X_T}}{(1+k)\left(1-\frac{s_K i L^*}{1+i}\right)} \tag{6-36}$$

Im Nenner steht ein Diskontierungssatz, der die korrekte Bewertung des erwarteten Erfolgs $\overline{X_T}$ des verschuldeten Unternehmens in Periode T gewährleistet.

Aus der Sicht von T–2 ist zu bewerten:

$$V_{T-2}^F = \frac{\overline{X_{T-1}}}{1+k} + \frac{s_K\, i\, L^* V_{T-2}^F}{1+i} + \frac{V_{T-1}^F}{1+d^L}\,, \tag{6-37}$$

wobei d^L für den geeigneten Diskontierungssatz steht, der den Wert V_{T-1}^F auf den Zeitpunkt T–2 bezieht. Für den mittleren Term gilt wiederum, daß aus der Sicht von T–2 der Verschuldungsumfang $F_{T-2} = L^* V_{T-2}^F$ bekannt und somit die Zinszahlung und damit die Steuerersparnis risikolos ist. Wie ist nun der Diskontierungssatz d^L zu bestimmen?

Der Wert des nur eigenfinanzierten Unternehmens in T–1 ist

$$V_{T-1}^E = \frac{\overline{X_T}}{1+k}\,. \tag{6-38}$$

Nutzt man (6-38), um $\overline{X_T}$ in (6-36) zu ersetzen, folgt (6-39):

$$V_{T-1}^F = V_{T-1}^E \cdot \frac{1}{1-\frac{s_K i L^*}{1+i}} \tag{6-39}$$

Da s_K, i, L^* Konstanten sind, sind die Ausprägungen der Unternehmenswerte V^F und V^E nach Miles/Ezzell vollständig positiv korreliert und müssen entsprechend bewertet werden.[141] V_{T-1}^E ist mit k zu diskontieren. Das gleiche gilt dann für V_{T-1}^F: d^L muß folglich k entsprechen.

[141] Miles, J. A./Ezzell, J. R. (1980), S. 725.

Formt man (6-37) unter Benutzung von (6-36) und $d^L = k$ um, folgt (6-40):

$$V_{T-2}^F = \frac{\overline{X_{T-1}}}{(1+k)\left(1-\frac{s_K i L^*}{1+i}\right)} + \frac{\overline{X_T}}{\left[(1+k)\left(1-\frac{s_K i L^*}{1+i}\right)\right]^2} \quad (6\text{-}40)$$

Der geeignete Diskontierungssatz zur Bewertung der Erfolge verschuldeter Unternehmen im Rahmen des WACC-Ansatzes ist somit:

$$WACC^{ME} = k^{ME} - s_K i L^* \frac{1+k^{ME}}{1+i}.\text{[142]} \quad (6\text{-}41)$$

Der Kern der Botschaft der Autoren ist, daß eine Finanzierungspolitik, die über den Parameter L^* den Fremdfinanzierungsumfang an V_t^F bindet, wegen des mit V_t^F atmenden Bestandes F *keine generell sicheren* steuerlichen Vorteile generieren kann. Nur der Steuervorteil, der in t + 1 erzielt wird, ist sicher. Anders formuliert: Aus der Sicht des Zeitpunktes 0 ist der steuerliche Vorteile in t = 1 sicher; er wird mit dem sicheren Zinssatz i diskontiert. Die Steuervorteile späterer Perioden werden für alle verbleibenden Perioden mit k^{ME} diskontiert.

Die Überlegungen von Miles und Ezzell sind interessant und dann von praktischem Interesse, wenn Finanzierungsstrategien, die in der Vorgabe *und Einhaltung* von L^* bestehen, eine gute Beschreibung empirischen Finanzierungsverhaltens wären. Ob sie es sind, ist zu bezweifeln.

Wir verdeutlichen die Idee von Miles und Ezzell am Beispiel der KF-AG, die wir bereits in Abschnitt II kennengelernt haben. Angenommen, der erwartete entziehbare Cashflow der KF-AG in Höhe von 156 setze sich gemäß den in Abbildung 6-9 gezeigten zustandsabhängigen Zahlungserwartungen zusammen. Alle Zustände seien gleichwahrscheinlich. Der Wert im Bewertungszeitpunkt 0 hänge von dem realisierten entziehbaren Überschuß im Zeitpunkt 1 ab, weil dieser die durchschnittlichen Erwartungen über die entziehbaren Überschüsse für alle Folgezeitpunkte steuere.

142 $(1+WACC) = (1+k^{ME})\left(1-\frac{s_K iL^*}{1+i}\right)$; $WACC = k^{ME} - \frac{s_K iL^*}{1+i}(1+k^{ME})$. ME steht für Miles und Ezzel.

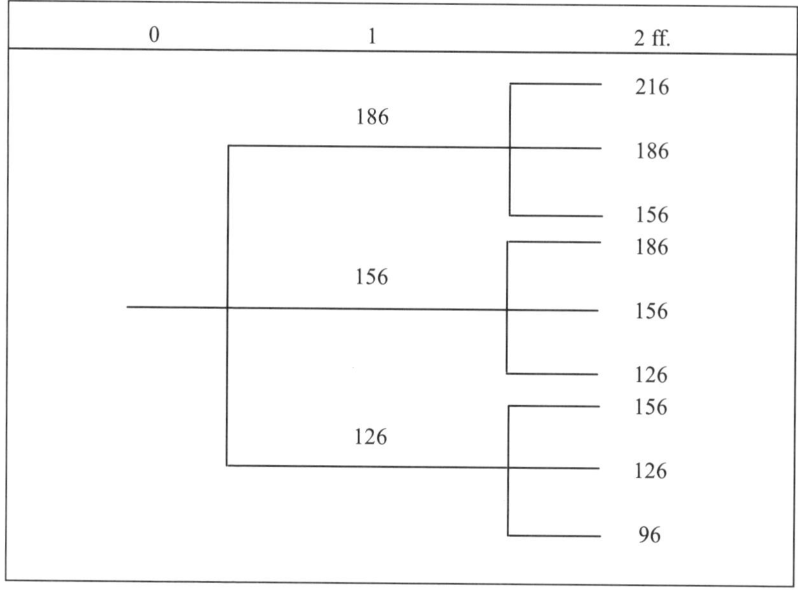

Abbildung 6-9: Erwartungsstruktur der Einzahlungen

Wenn m. a. W. im Zustand 1 des Zeitpunktes 1 sich die Nettoeinzahlung 186 realisiert, rechne der Markt mit durchschnittlichen künftigen erwarteten Einzahlungen in dieser Höhe. WACC gemäß (6-41) beträgt 0,14566,[143] für V^F im Zeitpunkt 1 folgt (nach Ausschüttung von 186) 1.276,9. Dieser Wert V^F_{11} impliziert wegen L^*= 0,4 einen Bestand an verzinslichem Fremdkapital F_{11} in Höhe von 510,8 und damit einen sicheren steuerlichen Vorteil in Periode 2 in Höhe von 0,10 · 510,78 · 0,34 = 17,37. Realisierte sich im Zeitpunkt 2 Zustand 3 und damit die Nettoeinzahlung 156, erwartet der Markt annahmegemäß zukünftige Einzahlungen in dieser Höhe; V^F_{32} fällt (nach Ausschüttung von 156) auf 1.071.[144] Der Bestand an verzinslichem Fremdkapital ist anzupassen und fällt auf 428,4. Aus der Sicht der Periode 2 ist der sichere steuerliche Vorteil im Zeitpunkt 3 0,10 · 428,4 · 0,34 = 14,57. Aus der Sicht des Zeitpunktes 0 beträgt der erwartete Cashflow 156; der Unternehmensgesamtwert ist folglich 1.071. Der erwartete steuerliche Vorteil aus dem Einsatz von $F_t = 0,4\,V^F_t$ ist

$$V_0^{USt} = \frac{s_K i L^* V_0^F}{k} \cdot \frac{1+k}{1+i}$$

und beträgt 96. Tabelle 6-40 stellt die Ergebnisse zusammen.

---

143 $WACC = 0,16 - 0,34 \cdot 0,10 \cdot 0,4 \cdot 1,16 / 1,10 = 0,14566.$

144 $V^F = 156 / 0,14566 = 1.071.$

CF_{j1}	V_0^E	V_0^F	$F_0 = L^* \cdot V_0^F$	$V^{USt} = \frac{is_K F_0}{k} \cdot \frac{1+k}{1+i}$
186	1.162,5	1.276,96	510,78	114,46
156	975,0	1.071,00	428,40	96,00
126	787,5	865,04	346,02	77,54

Tabelle 6-40: Atmende Finanzierungsstrategie und Bewertung der steuerlichen Vorteile gemäß ME

Die Daten in Tabelle 6-40 verdeutlichen die vollständige positive Korrelation der zustandsabhängigen Werte von V_0^E und V_0^F, sowie daß der erwartete steuerliche Vorteil $428,40 \cdot 0,10 \cdot 0,34$ pro Periode beträgt, aber unsicher ist.

Abbildung 6-10 zeigt die Entwicklung der zustandsabhängigen Werte für V_t^F und F_t nach Ausschüttung des jeweiligen zustandsabhängigen Cashflows und die durch den Einsatz von verzinslichem Fremdkapital erzeugten steuerlichen periodischen Wertbeiträge für die ersten beiden Perioden. Der Wertbeitrag in Periode 1 ist zustandsunabhängig; die durch Fremdkapital ausgelösten Wertbeiträge aller künftigen Perioden atmen mit der Entwicklung des zustandsabhängigen Wertes von V_t^F. Aus diesem Grund folgern Miles/Ezzell die Diskontierung der Wertbeiträge der Perioden 2 ff. mit der geforderten Rendite der Eigentümer k.[145] Es ist die Korrelation der durch F_t ausgelösten Wertbeiträge (WB) mit V_t^E bzw. V_t^F, die die im Vergleich zu einer autonomen Finanzierungsstrategie starke Abwertung der steuerlichen Vorteile bewirkt. Dies ist ein Nachteil dieser Strategie, der Managern bzw. Eigentümern nicht verborgen bleiben wird.

---

145 Im Zustand 3 der Periode 2 beträgt der Cashflow nach Steuern bei Eigenfinanzierung 96. Wie Abbildung 6-10 impliziert, beträgt die Tilgungszahlung 346 – 263,6 = 82,4 und die Zinszahlung nach Steuern $0,1 \cdot 346 \cdot (1-0,34) = 22,8$. Damit tritt erstmalig ein negativer Cashflow auf, der – wollte man Ausfallrisiken vermeiden – z. B. eine Eigenkapitaleinlage erforderlich macht. Wir nehmen dieses Problem hier in Kauf, greifen es aber in Kapitel 9 auf.

0	1	2 ff.
		V^F_{12} = 1.482,9; F_{12} = 593,2; WB_{12} = 17,4
	V^F_{11} = 1.276,9; F_{11} = 510,8; WB_{11} = 14,6	V^F_{22} = 1.276,9; F_{22} = 510,8; WB_{22} = 17,4
		V^F_{32} = 1.071,0; F_{32} = 428,4; WB_{32} = 17,4
		V^F_{42} = 1.276,9; F_{42} = 510,8; WB_{42} = 14,6
V^F_0 = 1.071,0; F_0 = 428,4	V^F_{21} = 1.071,0; F_{21} = 428,4; WB_{21} = 14,6	V^F_{52} = 1.071,0; F_{52} = 428,4; WB_{52} = 14,6
		V^F_{62} = 865,0; F_{62} = 346,0; WB_{62} = 14,6
		V^F_{72} = 1.071,0; F_{72} = 428,4; WB_{72} = 11,8
	V^F_{31} = 865,0; F_{31} = 346,0; WB_{31} = 14,6	V^F_{82} = 865,0; F_{82} = 346,0; WB_{82} = 11,8
		V^F_{92} = 659,1; F_{92} = 263,6; WB_{92} = 11,8

Abbildung 6-10: Entwicklung der zustandsabhängigen Werte für V_t^F und F_t

Miles/Ezzell folgern, daß bei Konstanz von k, i und L^* im Zeitablauf jedes Projekt (Unternehmen) mit beliebiger zeitlicher Struktur der operativen Cashflows mit dem WACC-Ansatz und dem in (6-41) definierten

Diskontierungssatz bewertet werden kann.[146] Sie belegen außerdem, daß WACC identisch ist mit WACC i. S. v. (6-19) und damit der sog. textbook-formula. Dieses Ergebnis folgt allerdings nur dann, wenn im Bewertungszeitpunkt der Satz k^F bekannt ist. Gälte im Bewertungszeitpunkt $k^F = 0{,}1864$, folgt für $WACC^{ME} = 0{,}13824$. Das gleiche Ergebnis folgt für WACC gemäß Formel (6-19) im System von Modigliani-Miller.

Diese scheinbare Gleichheit verdeckt wichtige Unterschiede in beiden Systemen. Formel (6-19) setzt einen autonom geplanten Fremdkapitalbestand F voraus, der also gerade nicht mit V_t^F atmet. Die steuerlichen Vorteile gelten als risikolos. Miles/Ezzell hingegen binden F_t an V_t^F. Das bedeutet, daß im Falle identischer Unternehmensgesamtwerte im MM-System einerseits und im ME-System andererseits die Werte für V_t^E, V_t^{USt} und die geforderten Renditen bei Eigenfinanzierung differieren *müssen*. Tabelle 6-41 belegt dies für die Daten des Beispiels.

Bewertungssystem	k und V^E	WACC und V^F	V^{USt}	k^F und E^F	F
MM	$k^{MM} = 0{,}16$ $V^E = 975$	$WACC = 0{,}13824$ $V^F = 1.128{,}5$	$V^{USt} = 153{,}5$	$k^F = 0{,}1864$ $E^F = 677{,}1$	$F = 0{,}4 \cdot V^F$ $= 451{,}4$
ME	$k^{ME} = 0{,}15249$ $V^E = 1.023{,}1$	$WACC = 0{,}13824$ $V^F = 1.128{,}5$	$V^{USt} = 105{,}5$	$k^F = 0{,}1864$ $E^F = 677{,}1$	$F = 0{,}4 \cdot V^F$ $= 451{,}4$

Tabelle 6-41: Marktwerte und Diskontierungssätze in den Bewertungssystemen von MM und ME für $k^F = 0{,}1864$

Die geforderte Rendite der Eigentümer für den Fall reiner Eigenfinanzierung im System von Miles/Ezzell berechnet sich gemäß:

$$k^{ME} = \frac{k^F + i\left(1 - \frac{is_K}{1+i}\right)\frac{F}{E^F}}{1 + \left(1 - \frac{is_K}{1+i}\right)\frac{F}{E^F}} = \frac{0{,}1864 + 0{,}06461}{1 + 0{,}64606} = 0{,}15249 \qquad (6\text{-}42)$$

(6-42) zeigt an, daß die geforderte Rendite der Eigentümer bei Eigenfinanzierung im System ME wegen des sehr kleinen, fast vernachlässigbaren risikolosen steuerlichen Vorteils aus dem Einsatz von F deutlicher unterhalb von k^F liegt als im System von MM: Die durch den Einsatz von F ausgelöste Risikoprämie ist im System ME also größer.

146 Miles, J. A./Ezzell, J. R. (1980), S. 728. Bedingung ist, daß L* konstant ist. Löffler (1998) erweitert die Formel für nicht konstante, aber deterministische L_t^*. Vgl. auch Ezzel, J. R./Miles, J. A. (1983).

Startet man mit der von den Eigentümern bei Eigenfinanzierung geforderten Rendite, also k, folgen identische Werte für den Wert des Eigenkapitals bei Eigenfinanzierung. Die Werte für k^F, WACC, V^F und V^{USt} differieren. Tabelle 6-42 zeigt die Ergebnisse für unser Beispiel und die Annahme, daß k = 0,16 ist.

System	k und V^E	WACC und V^F	V^{USt}	k^F und E^F	F
MM	$k = 0{,}16$ $V^E = 975$	WACC = 0,13824 $V^F = 1.128{,}5$	$V^{USt} = 153{,}5$	$k^F = 0{,}1864$ $E^F = 677{,}1$	$F_t = 0{,}4 \cdot V^F$ $= 451{,}5$
ME	$k = 0{,}16$ $V^E = 975$	WACC = 0,14566[147] $V^F = 1.071$	$V^{USt} = 96$	$k^F = 0{,}19876$[148] $E^F = 642{,}6$	$F_t = 0{,}4 \cdot V^F$ $= 428{,}4$

Tabelle 6-42: Marktwerte und Diskontierungssätze WACC und k^F in den Bewertungssystemen von MM und ME

Jetzt hängen WACC und geforderte Renditen der Eigentümer von der geplanten Finanzierungsstrategie ab, die die Bewertungssysteme jeweils reflektieren.

c. Die Vereinfachung von Harris/Pringle

Zu Recht wird darauf hingewiesen, daß für praktische Bewertungen die Differenzierung in unsichere steuerliche Vorteile ab Periode t + 2 und in den sicheren steuerlichen Vorteil der Periode t + 1 keine große Bedeutung habe.[149] Man könne, ohne einen nennenswerten Fehler zu begehen, Formel (6-41) vereinfachen und mit Formel (6-43) arbeiten:

$$WACC^{HP} = k - s_K \, i \, L^* \tag{6-43}$$

Für die geforderte Rendite der Eigentümer bei ausschließlicher Eigenfinanzierung gilt dann:[150]

$$k^{HP} = WACC^{HP} + s_K \, i \, L^* \tag{6-44}$$

Die geforderte Rendite der Eigentümer bei Mischfinanzierung ist definiert durch

$$k^{F,HP} = k^{HP} + (k^{HP} - i)\frac{F}{E^F} \; . \tag{6-45}$$

---

147 Vgl. Formel (6-41): $WACC^{ME} = 0{,}16 - 0{,}10 \cdot 0{,}34 \cdot 0{,}4 \cdot 1{,}16 / 1{,}10 = 0{,}14566.$

148 $k^{F,ME} = k + (k - i)\left(1 - \frac{is_K}{1+i}\right)\frac{F}{E^F} = 0{,}16 + (0{,}16 - 010)(1 - 0{,}03091)\frac{4}{6} = 0{,}19876.$

149 Harris, R. S./Pringle, J. J. (1985), S. 240. Der Index HP steht für Harris/Pringle.

150 Für $WACC^{HP}$ gilt: $WACC^{HP} = k^{F,HP}(1 - L^*) + i(1 - s_K)L^*.$

Formel (6-45) zeigt deutlich, daß der Einsatz von F keine risikolosen steuerlichen Vorteile generiert. Tabelle 6-43 weist die Bewertungsergebnisse für das oben benutzte Beispiel aus, wenn entweder $k^F = 0{,}1864$ oder $k = 0{,}16$ im Ausgangspunkt gegeben wäre.

Bewertungs-system	k und V^E	WACC und V^F	V^{USt}	k^F und E^F	F
HP gegeben: $k^F = 0{,}1864$	$k^{HP} = 0{,}15184$ $V^E = 1.027{,}4$	$WACC^{HP} = 0{,}13824$ $V^F = 1.128{,}5$	$V^{USt} = 101{,}1$[151]	$k^{F,HP} = 0{,}1864$ $E^F = 677{,}1$	$F_t = 0{,}4\ V^F$
HP gegeben: $k = 0{,}16$	$k^{HP} = 0{,}16$ $V^E = 975{,}0$	$WACC^{HP} = 0{,}1464$ $V^F = 1.065{,}6$	$V^{USt} = 90{,}6$[152]	$k^{F,HP} = 0{,}20$ $E^F = 639{,}3$	$F_t = 0{,}4\ V^F$

Tabelle 6-43: Marktwerte und Diskontierungsätze gemäß (6-43) und (6-45) i. S. v. Harris/Pringle (HP)

Drei Bewertungssysteme wurden unterschieden: MM, ME und HP. Im MM-System wird der Fremdkapitalbestand im Startpunkt an V_0^F gebunden. Die Bewertungsformeln für k^F und WACC implizieren risikolose steuerliche Vorteile, unterstellen also keine atmende Finanzierungsstrategie.

In den Überlegungen von Miles/Ezzell wird der atmenden Finanzierungsstrategie explizit Rechnung getragen. Die steuerlichen Vorteile aus dem Einsatz von verzinslichem Fremdkapital werden als unsicher modelliert, ausgenommen die der Periode 1 nach dem Bewertungszeitpunkt. Der Wert der steuerlichen Vorteile ist bei gleichem Bestand an F_0 im Bewertungszeitpunkt im ME-System deutlich kleiner als im MM-System. Unterstellt man, daß die Information über k und damit das Investitionsrisiko vorliegt, folgen den unterschiedlichen Finanzierungsstrategien entsprechende unterschiedliche Sätze k^F und WACC.

HP vereinfachen die Folgerungen, die ME gezogen haben, indem sie vorschlagen, die Risikolosigkeit des steuerlichen Vorteils aus Periode 1 zu unterschlagen. Die Auswirkungen auf Bewertungsergebnisse sind gering.

d. Formeln für Diskontierungssätze

Bei atmender Finanzierungsstrategie können die steuerlichen Vorteile nicht mehr als risikolos behandelt werden. Die Überlegungen von Mi-

---

151 $V^{USt} = is_K F \cdot \frac{1}{k^{HP}}$; $F_0 = 451{,}4$; $k^{HP} = 0{,}15184$.

152 $V^{USt} = is_K F \cdot \frac{1}{k^{HP}}$; $F_0 = 426{,}2$; $k^{HP} = 0{,}16$.

les/Ezzell haben eine gelegentlich übersehene Prämisse der Modigliani-Miller-Anpassung aufgedeckt und zu den Formeln (6-41) und (6-42) geführt. Diese Formeln berücksichtigen, daß der steuerliche Vorteil der Periode 1 nach dem Bewertungszeitpunkt risikolos und alle darauf folgenden ebenso riskant sind wie die operativen Überschüsse bei reiner Eigenfinanzierung. Auf diese filigrane Unterscheidung wird im folgenden verzichtet. Es wird mit Harris/Pringle unterstellt, alle steuerlichen Vorteile wiesen bei atmender Finanzierungsstrategie den gleichen Risikograd auf wie die operativen Überschüsse bei reiner Eigenfinanzierung

Im einfachen Gewinnsteuersystem mit $s_K > 0$ ist die geforderte Rendite der Eigentümer definiert durch (6-45):

$$k^F = k + (k - i)\frac{F}{E^F}$$

WACC ist definiert durch (6-43)

$$WACC = k - s_K iL,$$ [153]

wobei L den Verschuldungsgrad bei atmender Finanzierungspolitik darstellt.

In einem Doppelbesteuerungssystem mit Steuersätzen s_K und s_I ist die geforderte Rendite der Eigentümer definiert durch (6-46):[154]

$$k_S^F = k_S + \left[k_S - i(1 - s_I)\right]\frac{F}{E^F} \qquad (6\text{-}46)$$

Für WACC folgt:

$$WACC = k_S - i\ s_K (1 - s_I)L \qquad (6\text{-}47)$$

Für das Anrechnungsverfahren gilt für den Fall der Nicht-Dauerschulden:[155]

$$k_S^F = k_S + \left[k_S - i(1 - s_I)\right]\frac{F}{E^F} \qquad (6\text{-}48)$$

$$WACC = k_S - i\ s_{GE} (1 - s_I)L \qquad (6\text{-}49)$$

Im Halbeinkünfteverfahren hängen Unternehmenswerte und damit die Kapitalkosten von dem Risikoniveau ab, das für den Kalkül als Bezugs-

[153] Vgl. Anhang 3.a zu diesem Kapitel.
[154] Vgl. zur Begründung Anhang 3.b zu diesem Kapitel.
[155] Vgl. hierzu Anhang 3.c zu diesem Kapitel. Liegen Dauerschulden vor, folgt $WACC = k_S - 0{,}5is_{GE}(1 - s_I)L$.

punkt gilt. Wählt man Risikoniveau I als Bezugspunkt, ist k_S^F im Rentenfall so zu definieren:[156]

$$\begin{aligned} k_S^{F,I} &= k_S + \left\{k_S - i\left[s^0\left(1-0{,}5s_I\right)-0{,}5s_I\right]\right\}\frac{F}{E^F} - \\ &\quad - i\left(1-s^0\right)\left(1-0{,}5s_I\right)\frac{F}{E^F} \\ &= k_S + \left[k_S - i\left(1-s_I\right)\right]\frac{F}{E^F} \end{aligned} \qquad (6\text{-}50)$$

Für WACC gilt:

$$WACC^I = k_S - i\left[s^0\left(1-0{,}5s_I\right)-0{,}5s_I\right]\frac{F}{V^F} \qquad (6\text{-}51)$$

Wählte man Risikoniveau II als Bezugspunkt der Bewertung, gilt für k_s^F bzw. WACC:

$$\begin{aligned} k_S^{F,II} &= k_S + \left[k_S - is^0\left(1-0{,}5s_I\right)\right]\frac{F}{E^F} - i\left(1-s^0\right)\left(1-0{,}5s_I\right)\frac{F}{E^F} \\ &= k_S + \left[k_S - i\left(1-0{,}5s_I\right)\right]\frac{F}{E^F} \end{aligned} \qquad (6\text{-}52)$$

$$WACC^{II} = k_S - is^0(1-0{,}5s_I)\frac{F}{V^F} \qquad (6\text{-}53)$$

e. Folgt aus einem konstanten Verschuldungsgrad ein zeitinvarianter WACC?

Als Vorteil des WACC-Ansatzes wird es angesehen, daß der Satz WACC bei atmender Finanzierungsstrategie und gegebenem und konstantem Verschuldungsgrad konstant ist und dennoch für die Bewertung von in der Zeit variablen operativen Cashflows herangezogen werden kann. Ob dies zutrifft, ist abhängig von Eigenschaften des zu bewertenden Projektes und auch von Ausprägungen des jeweils relevanten Steuerregimes.

Ein Sachverhalt, der die zeitliche Unveränderlichkeit von WACC in Frage stellt, auch wenn F_t / V_t^F konstant gehalten wird, sind z. B. Zusagen auf betriebliche Altersversorgung. Altersversorgungszusagen sind i. d. R. nicht widerrufbar, nach im Gesetz definierten Fristen unverfallbar und

---

156 Vgl. Anhang 3.d zu diesem Kapitel. Die Kapitalkosten werden hier durch den Zusatz I bzw. II gekennzeichnet, um die Zugehörigkeit zu der Annahme über das der Bewertung zugrundeliegende Risikoniveau zu kennzeichnen.

nur unter ganz engen Bedingungen und schwierigen Verhandlungen mit dem Pensionssicherungsverein an betriebliche Notlagen anpaßbar. Langfristig sinkende Performance von Unternehmen liefert in der Realität Anstöße, Versorgungswerke zu überdenken, zu verschlanken und ggf. für neue Mitarbeiter zu schließen. Daraus kann jedoch keinesfalls der Schluß gezogen werden, der Wert der Ansprüche der Versorgungsberechtigten „atme" in Analogie zum „Rebalancing" des Fremdkapitalvolumens mit dem Unternehmensgesamtwert.

Unterstellen wir, daß die Gesellschaft ausschließlich mit Eigenkapital und Pensionsrückstellungen finanziert ist. Die Ansprüche der Mitarbeiter auf Pensionsansprüche seien risikolos. Zahlungsverpflichtungen an Mitarbeiter in Form von Rentenzahlungen erhöhen das Risiko der Eigentümer und generieren während des Bildungsprozesses der Rückstellungsbeträge Steuervorteile. Folglich kann man in Analogie zu verzinslichem Fremdkapital und Formel (6-27) den Schluß ziehen, daß die geforderte Rendite der Eigentümer sich gemäß (6-52) entwickelt.

Die Diskontierungssätze WACC sind also bereits deshalb zeitabhängig, weil der Einfluß von nicht durch L repräsentierten Pensionsansprüchen Rückwirkungen auf die von den Eigentümern geforderten Renditen hat, bevor überhaupt über die Steuer- und Risikowirkungen von verzinslichem Fremdkapital nachgedacht wird. Diese Schlußfolgerung ist eines der Ergebnisse des Kapitels 8, in dem wir uns intensiv mit der Bewertung von Unternehmen, die Rückstellungen bilden, beschäftigen werden.

V. Equity-Ansatz bzw. Ertragswert-Methode

1. Konzeption

Equity-Ansatz bzw. Ertragswert-Methode gehen das Problem der Bewertung der Eigentumsrechte auf unmittelbarem Weg an. Abschnitt V.1 des 5. Kapitels, der einen Überblick über die Spielarten der DCF-Methode anhand eines einfach gehaltenen Beispiels gab, verdeutlichte dies in einprägsamer Weise: Abbildung 5-6, die die Arbeitsweise des Equity-Ansatzes darstellt, ist die übersichtlichste unter den Abbildungen 5-3 bis 5-6. Im ersten Schritt sind die den Eigentümern zufließenden Cashflows nach Bedienung anderer Anspruchsinhaber, nach Investitionsauszahlungen, nach Unternehmen- und Einkommensteuern zu prognostizieren. Diese erwarteten Überschüsse sind mit geeigneten Diskontierungssätzen, die das relevante Investitionsrisiko und das jeweils gegebene Finanzierungsrisiko reflektieren, zu bewerten. Diese Diskontierungssätze sind abhängig von der geplanten Finanzierungspolitik und damit dem Risikogehalt der erwarteten steuerlichen Vorteile. Damit ist bereits klar, daß die nur scheinbar einfachere Struktur des Kalküls des Equity-Ansatzes bzw. der Ertragswert-Methode es nicht gestattet, irgendeinem der oben angetroffenen Bewertungsprobleme auszuweichen.

Dies soll anhand des oben benutzten Beispiels der KF-AG erläutert werden. Tabelle 6-1 weist die entziehbaren Überschüsse bei Eigenfinanzierung aus. Diese bilden den Ausgangspunkt für die folgende Planung: Die Investitionsauszahlungen gleichen in jeder Periode den verrechneten Abschreibungen. Die erwarteten operativen Überschüsse sind somit ausschüttbar. Es gilt das einfache Gewinnsteuersystem mit $s_K = 0{,}34$. Einkommensteuereffekte sind somit nicht von Bedeutung. Das Management der KF-AG habe zu Beginn des Jahres 1989 den Fremdkapitalbestand von Null auf 300 Mio. DM erhöht. Diese Mittel wurden bereits ausgeschüttet und sind als solche für die folgenden Bewertungsüberlegungen nicht mehr relevant. Das Management plane, die Verschuldung der Gesellschaft jeweils zu Beginn der folgenden vier Jahre um 50 Mio. DM anzuheben. Ab 1992 verharrt das Fremdkapitalvolumen auf dem dann erreichten Stand. Der Zinssatz sei unverändert 0,10. Die von den Eigentümern geforderte Rendite bei ausschließlicher Eigenfinanzierung beträgt 0,16. Wie sehen brauchbare Diskontierungssätze im Rahmen des Equity-Ansatzes zur Bestimmung des Wertes des Eigenkapitals aus?

Wir wenden zunächst den APV-Ansatz an. Die Finanzierungsstruktur ist nicht an die Entwicklung von V_t^F gebunden, sondern autonom vorgegeben. Wir unterstellen, daß die zustandsabhängigen Liquiditätslagen und Steuerbemessungsgrundlagen es gestatten, vertragliche Zinszahlungen zu leisten *und* steuermindernd geltend zu machen. Die Steuervorteile sind dann risikolos. Die folgende Tabelle stellt die Daten zusammen. Bewertungsstichtag ist der 1.1.1989.

	1.1.89	31.12.89	31.12.90	31.12.91	31.12.92	31.12.93 ff.
(1) Entziehbare Überschüsse bei Eigenfinanzierung		106	116	127	141	156
(2) Wert bei Eigenfinanzierung: V_t^E	875,3	909,4	938,9	962,1	975,0	975,0
(3) Fremdkapital: F_t	300	350	400	450	500	500
(4) Wert der steuerlichen Vorteile: V_t^{USt}	155,9	161,3	165,5	168,5	170,0	170,0
(5) Unternehmensgesamtwert: V_t^F	1.031,2	1.070,7	1.104,4	1.130,6	1.145,0	1.145,0
(6) Wert des Eigenkapitals: E_t^F	731,2	720,7	704,4	680,6	645,0	645,0

Tabelle 6-44: Werte des Eigenkapitals der KF-AG

Tabelle 6-45 zeigt die Berechnung des Wertes der steuerlichen Vorteile.

		1.1.89	31.12.89	31.12.90	31.12.91	31.12.92	31.12.93 ff.
(1)	Fremdkapital	300	350	400	450	500	500
(2)	Zinsen		30	35	40	45	50
(3)	Steuerliche Vorteile		10,2	11,9	13,6	15,3	17,0
(4)	Wert der steuerlichen Vorteile	155,9	161,3	165,5	168,5	170,0	170,0

Tabelle 6-45: Berechnung des Wertes der steuerlichen Vorteile

Die entscheidende Frage ist nun die nach den zur Bewertung geeigneten Diskontierungssätzen k_t^F. Da sich die Fremdkapitalbestände unabhängig von V_t^F entwickeln, können die Diskontierungssätze nicht konstant sein. Sie sind vom jeweiligen periodenspezifischen Verschuldungsgrad abhängig. Der aber ist erst zu berechnen. Die relevante Formel ist (6-23):

$$k_t^F = k + (k - i)\frac{F_{t-1} - V_{t-1}^{USt}}{E_{t-1}^F}$$

Tabelle 6-46 entwickelt in Zeile (6) die zu diskontierenden Überschüsse und weist die zugehörigen Diskontierungssätze in Zeile (7) aus. Damit kann das Bewertungsergebnis des APV-Ansatzes durch den Equity-Ansatz rekonstruiert werden. Eine eigenständige Leistung erbringt der Equity-Ansatz nicht. Es wird lediglich gezeigt, daß der Equity-Ansatz das gleiche Ergebnis ableiten kann wie der APV-Ansatz, wenn man zuvor die in (6-23) benötigten Informationen bereitstellt. Eben diese Informationen können bei autonomer Finanzierungspolitik durch den APV-Ansatz bereitgestellt werden.

		1.1.89	31.12.89	31.12.90	31.12.91	31.12.92	31.12.93 ff.
(1)	Entziehbare Überschüsse bei Eigenfinanzierung		106	116	127	141	156
(2)	Fremdkapital	300	350	400	450	500	500
(3)	Zinszahlungen		30	35	40	45	50
(4)	Steuerminderung: $s_K \cdot$ (3)		10,2	11,9	13,6	15,3	17,0
(5)	Zusätzliche Ausschüttung in Höhe von $F_t - F_{t-1}$		50	50	50	50	0
(6)	Zu bewertende Überschüsse: (1) – (3) + (4) + (5)		136,2	142,9	150,6	161,3	123,0
(7)	k_t^F		0,17182	0,17571	0,17997	0,18482	0,19070
(8)	Wert des Eigenkapitals	731,2	720,7	704,4	680,6	645,0	645,0

Tabelle 6-46: Entziehbare Überschüsse und Wert des Eigenkapitals gemäß Equity-Ansatz

Mit (6-29) können wir die periodisch variierenden Eigenkapitalkostensätze für die Value AG im Halbeinkünfteverfahren berechnen und damit im Roll-Back-Verfahren den Wert des Eigenkapitals für jede Periode berechnen. Aufgrund des Interdependenzproblems müssen wir auch hier auf die APV-Ergebnisse zurückgreifen, um die Diskontierungssätze zu berechnen. Wir legen die autonome Finanzierungsstrategie und Steuervorteile gemäß Risikoniveau I zugrunde. Eigenständig arbeitet der Equity-Ansatz dann nicht.

	t = 0	1	2	3	4	5	6	7	8 ff.
(1) Dividende bei realisierter Kapitalstruktur		1.178,1	1.198,3	1.183,7	1.198,4	1.234,6	1.263,2	1.284,6	2.120,4
(2) Hälftige Einkommensteuer		206,2	209,7	207,2	209,7	216,1	221,1	224,8	371,1
(3) Bewertungs-relevanter Überschuß		972,0	988,6	976,6	988,7	1.018,5	1.042,2	1.059,8	1.749,3
(4) E^F gemäß APV	9.954,9	10.416,4	10.888,0	11.415,0	11.978,4	12.558,1	13.163,0	13.795,9	13.795,9
(5) k_S^F		14,3995%	14,0186%	13,8099%	13,5964%	13,3429%	13,1165%	12,8587%	12,6800%
(6) E^F gemäß Equity-Ansatz	9.954,9	10.416,4	10.888,0	11.415,0	11.978,4	12.558,1	13.163,1	13.795,9	13.795,9

Tabelle 6-47: Equity-Bewertung der Value AG

2. Equity-Ansatz vs. Ertragswert-Methode

Der Equity-Ansatz wird in der englischsprachigen Literatur diskutiert, hat aber nicht die Bedeutung, die der Ertragswert-Methode in Deutschland beigemessen wird. Wir betrachten die Ertragswert-Methode als deutsche Variante des Equity-Ansatzes. Die überarbeitete Fassung des IDW-Standards „Grundsätze zur Durchführung von Unternehmensbewertungen" vom Juni 2000 und die Neufassung dieses Standards in 2005 erlauben diese Annäherung aus mehreren Gründen:

- Das IDW, dessen Verlautbarungen die praktische Handhabung der Ertragswert-Methode maßgeblich steuern, bekennt sich in der Fassung von 2000 erstmals eindeutig zum Zuflußprinzip: Der Wert des Eigenkapitals wird abgeleitet von den Nettozuflüssen an die Unternehmenseigner im Zeitablauf. Damit sind Ausschüttungssperren, Thesaurierungsstrategien, Unternehmen- und Einkommensteuern, Investitionsauszahlungen, Veränderungen der Fremdkapitalbestände prinzipiell bewertungsrelevant. Für eine aufgeklärte Anwendung der Ertragswert-Methode gelten somit alle im 5. und 6. Kapitel vorgetragenen Überlegungen.
- Das Risiko kann gemäß IDW-Standard entweder über Herleitung von Sicherheitsäquivalenten oder über Risikozuschläge zum risikolosen Basiszins berücksichtigt werden. Der Text des Standards läßt die Folgerung zu, daß der „Risikozuschlagsmethode" der Vorzug gegeben wird, da „sie sich auf empirisch beobachtbares Verhalten stützen" könne.[157] Es wird klargestellt, daß Risikozuschläge sowohl für das operative Risiko als auch für das „vom Verschuldungsgrad beeinflußte Kapitalstrukturrisiko" erforderlich seien.
- „Persönliche Ertragsteuerbelastungen" sind bewertungsrelevant. Die ältere Auffassung des IDW von 1983 hatte die Beachtung von Einkommensteuern als „unüblich" eingestuft. Diese Auffassung wird vom IDW 2000 aufgegeben. Folgerichtig sind die entziehbaren Überschüsse und der Diskontierungssatz an die Einkommensteuerbelastung des Investors anzupassen. Gemäß IDW-Standard aus dem Jahr 2000 sind sowohl risikoloser Basiszinsfuß und Risikozuschlag vollständig um den relevanten Einkommensteuersatz zu kürzen. Diese Auffassung wurde durch die überarbeitete Fassung in 2005 korrigiert. Auch auf diesen Aspekt ist zurückzukommen.

Wir behandeln die Ertragswert-Methode als Ansatz, der vor dem Hintergrund zukünftiger Investitionsvorhaben, Kapitalstrukturvorstellungen (Finanzierungsstrategien) und der relevanten steuerlichen Umwelt gestaltete, entziehbare und entnahmefähige Nettozahlungen an die Eigentümer mit risikoäquivalenten Diskontierungssätzen bewertet. Letztere müssen das operative Risiko und das Finanzierungsrisiko des zu bewer-

[157] IDW (2000), Tz. 94-98; IDW (2005), Tz. 98-100.

tenden Projektes reflektieren. Eine Notwendigkeit der Abgrenzung zum Equity-Ansatz besteht dann nicht mehr, wenn auf marktdeterminierte Risikoprämien zurückgegriffen wird. Wird der Kalkül als subjektives Grenzpreiskalkül aufgezogen, also der individualistische Ansatz gewählt, schwindet die Nähe zum Equity-Ansatz, weil dieser sehr häufig im Kontext mit marktdeterminierten Risikoprämien präsentiert wird.

3. Zur Positionierung des Equity-Ansatzes

Die Leistungsfähigkeit des Equity-Ansatzes wird unterschiedlich eingeschätzt. Sieben etwa argumentiert, es gäbe keinen Grund, sich vom Ertragswertverfahren und damit dem Equity-Ansatz abzuwenden, um etwa zum WACC-Ansatz überzugehen. Das mit dem WACC-Ansatz verbundene Zirkularitätsproblem bezüglich der Berechnung von WACC deute darauf hin, daß eine Nettorechnung in Form der Ertragswert-Methode bzw. des Equity-Ansatzes unter Praktikabilitätsgesichtspunkten von Vorteil sei.[158]

Kruschwitz/Löffler erklären den Equity-Ansatz für überflüssig.[159] Ihre Begründung lautet stark verkürzt so: Ist eine atmende Finanzierungspolitik geplant, die zu unsicheren steuerlichen Vorteilen führt und ist L_t aus der Sicht des Zeitpunktes 0 vorgegeben, führt der WACC-Ansatz zum Ziel:[160] Der Equity-Ansatz wird nicht benötigt. Ist eine autonome Finanzierungspolitik beabsichtigt, die sichere steuerliche Vorteile zur Folge hat, führt der APV-Ansatz zum Ziel. Der Equity-Ansatz kann das Bewertungsergebnis nur durch Rückgriff auf die Resultate des APV-basierten Vorgehens liefern. Folglich brauche man den Equity-Ansatz und damit die Ertragswert-Methode nicht.

Schwetzler/Darijtschuk tragen vor, der Equity-Ansatz habe ein besonderes Lösungspotential, das ihn als Referenzmodell geeignet erscheinen lasse.[161] Diese These soll näher betrachtet werden.

Schwetzler/Darijtschuk unterscheiden drei Fälle, von denen wir die beiden ersten betrachten wollen. Im Fall 1 ist der Fremdkapitalbestand im Zeitablauf konstant; die erwarteten entziehbaren Cashflows schwanken im expliziten Planungszeitraum von fünf Perioden; dann schwenkt das Modell in den Fall der unendlichen Rente ein. Da Zinszahlungen und steuerliche Vorteile als risikolos eingestuft werden und die Finanzierungsstrategie autonom ist, kann die Lösung mittels des APV-An-

---

158 Sieben, G. (1995), S. 736. Wenn ein Zirkularitätsproblem für die Berechnung von WACC bestünde – etwa in der Form F/V^F ist unbekannt – dann besteht dies auch beim Einsatz des Equity-Ansatzes: bei autonomer Finanzierungspolitik ist E_t^F unbekannt, $k_{s,t}^F$ also nicht ableitbar. Bei atmender Finanzierungspolitik kann ohne vorherige Bestimmung von V_t^F das zugehörige Fremdfinanzierungsvolumen F_t und damit die Zinszahlung nicht quantifiziert werden.

159 Kruschwitz, L./Löffler, A. (1999b), S. 14.

160 Kruschwitz/Löffler blenden Einkommensteuereffekte aus.

161 Schwetzler, B./Darijtschuk, N. (1999).

satzes hergeleitet werden, wenn der Diskontierungssatz k als bekannt unterstellt wird. Die Autoren präsentieren nun den Equity-Ansatz in einer Roll-back-Variante als alternatives Lösungsverfahren. Für den Wert des Eigenkapitals E_{t-1}^F gilt

$$E_{t-1}^F\left(1+k_t^F\right)=E_t^F+\overline{X}_t\left(1-s_K\right)-iF\left(1-s_K\right).$$

Nun ist k_t^F im Fall risikoloser steuerlicher Vorteile und bei festgeschriebenem Fremdkapitalbestand F_0 definiert durch (6-54):

$$k_t^F=k+\left(k-i\right)\left(1-s_K\right)\frac{F_0}{E_{t-1}^F} \tag{6-54}$$

Nach einigen Umformungen läßt sich E_{t-1}^F definieren durch:

$$E_{t-1}^F=\frac{E_t^F+\overline{X}_t\left(1-s_K\right)-k\left(1-s_K\right)F_0}{1+k} \tag{6-55}$$

Da E_T^F, der Wert des Eigenkapitals vor Eintritt in die Phase der unendlichen Rente bekannt ist – E_T^F kann per APV-Ansatz oder durch Iteration mittels Formel (6-54) berechnet werden – läßt sich E_0^F mittels Diskontierung durch k retrograd ermitteln. Illustriert an dem von den Autoren benutzten Beispiel sieht eine Lösung so aus: F_0 = 2.750; i = 0,08; s_K = 0,5; k = 0,128.

		0	1	2	3	4	5 ff.
(1)	Entziehbare Überschüsse bei Eigenfinanzierung vor Steuern		2.370	2.380	1.870	1.830	2.130
(2)	Fremdkapitalvolumen	2.750	2.750	2.750	2.750	2.750	2.750
(3)	V_t^{USt}	1.375	1.375	1.375	1.375	1.375	1.375
(4)	Wert bei Eigenfinanzierung: V_t^E	8.341,7	8.224,4	8.087,2	8.187,3	8.320,3	8.320,3
(5)	Wert des Eigenkapitals gemäß APV-Ansatz	6.966,7	6.849,5	6.712,2	6.812,3	6.945,3	6.945,3
(6)	$E_T^F=V_T^F-F_T$						6.945,3
(7)	Berechnung von E_t^F	6.966,7	6.849,5	6.712,2	6.812,3	6.945,3	

Tabelle 6-48: Equity-Ansatz im Fall 1

Was ist der Lösungsbeitrag des Equity-Ansatzes in Form des Roll-back-Verfahrens? Wir halten fest, daß die Ermittlung von E_T^F durch Rückgriff auf den APV-Ansatz erfolgt.[162] Wollte man E_T^F ohne expliziten Rekurs auf den APV-Ansatz ermitteln, hätte man Formel (6-54) zu benutzen und E_T^F per Iteration zu bestimmen. Dabei ist wiederum zu beachten, daß die Herleitung von (6-54) auf der Botschaft des APV-Ansatzes basiert; es ist eine Umformulierung des APV-Ansatzes. Das gleiche gilt für die retrograde Ermittlung von E_t^F: Angewendet werden die ökonomischen Botschaften des APV-Ansatzes. Ohne diese Botschaften steht der Equity-Ansatz bei autonomer Finanzierungsstrategie schutzlos im Regen.

Betrachten wir den Fall 2. Er ist gekennzeichnet durch variierende Cashflows und einen konstanten Verschuldungsgrad L. Bestehen keine Einkommensteuereffekte, führt der WACC-Ansatz mit einem zeitinvarianten Satz WACC zu korrekten Ergebnissen. Schwetzler/Darijtschuk verweisen darauf, daß der Equity-Ansatz im Roll-back-Verfahren zu gleichen Unternehmenswerten führe.[163] Wir benutzen das Beispiel der Autoren, um den Kalkül zu illustrieren. Es gilt: k = 0,16; i = 0,10; s_K = 0,34; L = 0,4.[164] Der obere Teil der folgenden Tabelle verdeutlicht die Berechnung von V_t^F und damit E_t^F gemäß dem WACC-Ansatz.[165] Der untere Teil der Tabelle 6-49 illustriert die Rechenanweisung der Autoren. Es gilt

$$E_{t-1}^F\left(1+k^F\right)=E_t^F+\overline{X}_t\left(1-s_K\right)-iF_{t-1}\left(1-s_K\right)+F_t-F_{t-1}.$$

Ersetzt man k^F durch die rechte Seite von $k^F=k+\left(k-i\right)\frac{F}{E}$, erhält man nach einigen Umformungen:

$$E_{t-1}^F=\frac{E_t^F\left(1+\frac{F}{E^F}\right)+\overline{X}_t\left(1-s_K\right)}{1+k\left(1+\frac{F}{E^F}\right)+\frac{F}{E^F}\left(1-is_K\right)}=\frac{E_t^F\left(1+a\right)+\overline{X}_t\left(1-s_K\right)}{1+k+a\left(1+k-is_K\right)} \qquad (6\text{-}56)$$

Für das Symbol a gilt $a=F/E^F$.

Mittels Roll-back-Verfahren, ausgehend von $E_T^F=131{,}2$, lassen sich die zeitlich früheren Werte E_t^F ermitteln.

---

162 Vgl. Zeile (5) der Tabelle. $E_T^F=V_T^E+V_T^{USt}-F_T=$ 8.320,3 + 1.375 − 2.750 = 6.945,3.

163 Schwetzler, B./Darijtschuk, N. (1999), S. 307.

164 Die Autoren definieren den Verschuldungsgrad durch F_t/E_t^F und setzen ihn gleich 0,6667. Daraus folgt ein Verschuldungsgrad $L=F/V_t^F=0{,}4$.

165 Die Autoren benutzen bei der Berechnung von k^F die sog. MM-Anpassung, die für sichere steuerliche Vorteile gilt. Wir definieren k^F wegen des atmenden Verschuldungsgrades gemäß dem vereinfachten Vorgehen von Harris/Pringle und benutzen Formel (6-45): $k^F=k+(k-i)\frac{F}{E}$. Es folgt WACC gemäß (6-43): $WACC=k-is_K L=0{,}1464$.

Die Frage, ob der Equity-Ansatz im Fall 2 etwas Eigenständiges leistet, hängt davon ab, ob er ohne a-priori-Wissen über V_t^F zu einem korrekten Bewertungsergebnis gelangt. Betrachten wir zunächst E_T^F. Da $F/V^F = L$ bzw. $F/E^F = a$ im Fall 2 festgelegt ist, kann E_T^F über Formel (6-45) und Iterationen hergeleitet werden.[166] Der Rückgriff auf den WACC-Ansatz ist nicht erforderlich.[167] Ohne Werthypothese über das Zustandekommen von V_t^F und wegen L = c von E_T^F ist k^F nicht definierbar. Folglich kann der Equity-Ansatz die Ergebnisse des WACC-Ansatzes zwar rekonstruieren, aber nicht eigenständig herleiten.

	0	1	2	3	4	5	6	7	8	9	10 ff.
(1) Entziehbare Überschüsse bei Eigenfinanzierung nach Steuern		47,6	51,8	43,0	29,2	52,3	35,6	11,4	4,7	15,9	32,0
(2) V^F gemäß WACC-Ansatz; $WACC = k - s_K iL = 0{,}1464$	243,0	231,0	213,0	201,2	201,4	178,6	169,2	182,5	204,5	218,6	218,6
(3) $F_t = 0{,}4 \cdot V_t^F$	97,2	92,4	85,2	80,5	80,6	71,4	67,7	73,0	81,8	87,4	87,4
(4) $E_t^F = V_t^F - F_t = 0{,}6 \cdot V_t^F$	145,8	138,6	127,8	120,7	120,8	107,2	101,5	109,5	122,7	131,2	131,2
(5) E_T^F für T = 9										131,2	131,2
(6) Berechnung von E_t^F	145,8	138,6	127,8	120,7	120,9	107,2	101,5	109,5	122,8		

Tabelle 6-49: Equity-Ansatz im Fall 2

Beschränkt man den finanzierungspolitischen Hintergrund der Unternehmensbewertung auf die beiden Finanzierungsprämissen atmende vs. autonome Finanzierungsstrategie, gelangt man zu dem Ergebnis von Kruschwitz/Löffler, daß der Equity-Ansatz entbehrlich erscheint. Die Rekonstruktion von mit anderen Ansätzen erzielten Bewertungsergebnissen ist noch kein Beleg für ökonomische Leistungsfähigkeit.

4. Ertragswert-Methode als subjektiver Grenzpreiskalkül

Oben wurden Ertragswert-Methode und Equity-Ansatz zunächst gleichgesetzt. Darauf ist jetzt zurückzukommen.

---

166 Bekannt ist $\overline{X}_t(1-s_K)$; benötigt wird $(\overline{X}_t - iF_{t-1})(1-s_K)$, da diese Zahlungen ab T + 1 ff. mit dem relevanten Satz k^F zu diskontieren sind. Zu diesem Zweck ist ein passender Wert E_T^F und $F_T = aE_T^F$ zu bestimmen: $k^F = 0{,}2$; $E_T^F = 131{,}2$.

167 V_t^F berechnet sich (im Fall der unendlichen Rente) aus der Summe von V_t^E und V_t^{USt}. Für V_t^{USt} gilt im hier betrachteten Fall 2 $V_t^{USt} = \frac{is_K F}{k}$.

Was die Definition entziehbarer Überschüsse angeht, sind beide Ansätze gleich. Beide definieren den bewertungsrelevanten Cashflow als beim Anteilseigner eintreffenden Zufluß nach Reinvestition, nach Unternehmen- und nach Einkommensteuer unter Beachtung gesellschaftsrechtlicher Entzugssperren und der unterstellten Finanzierungsstrategie.

Unterschiede lassen sich in Bezug auf Begründung und Herleitung der Risikoprämie, also des Diskontierungssatzes feststellen. Prinzipiell unterscheidet die Literatur zwei Wege der Begründung von Risikoprämien: den Rückgriff auf marktdeterminierte Risikoprämien und den Rückgriff auf die subjektive Risikoeinstellung, die durch eine individuelle Risikonutzenfunktion formalisiert werden kann. Die Orientierung der Ertragswert-Methode an der individuellen Risikoeinstellung des Investors, also der Versuch, *subjektive* Grenzpreise zu ermitteln, könnte Ansatzpunkt für eine eigene Positionierung dieser Methode im Vergleich zum Equity-Ansatz sein. Manche Verfechter der Ertragswert-Methode sehen bereits in dieser Aufgabenformulierung einen wichtigen Vorsprung der Methode vor dem Equity-Ansatz, der auf von Marktwerten abgeleitete risikoadjustierte Diskontierungssätze setze.

Prüft man, wie intensiv die Absicht, subjektive, also präferenzkonforme Grenzpreise zu ermitteln, in den einschlägigen Arbeiten zur Ertragswert-Methode umgesetzt wird, kehrt bald Ernüchterung ein. So wird fast regelmäßig von der im Entscheidungspunkt vorhandenen Vermögensausstattung der Investoren abgesehen. Der Verkäufer des Projektes (Unternehmens) wird so behandelt, als besäße er nichts außer dem (zu verkaufenden) Unternehmen (Projekt).

Das Vermögen des Käufers bleibt ebenso regelmäßig unspezifiziert. Diese Vorgehensweise wäre problemlos, wenn Sicherheitsäquivalente für gegebene Überschußverteilungen unabhängig von dem sonstigen Vermögen bzw. Einkommen des relevanten Investors wären. Das sind sie nur in Sonderfällen. Betrachten wir ein Beispiel: Zu ermitteln ist das Sicherheitsäquivalent S_1 für die folgende Verteilung von Nettoeinzahlungen, die im Zeitpunkt 1 erwartet werden.

Zustände	$z_1; 0,4$	$z_2; 0,3$	$z_3; 0,3$
NE_j	120	160	190

Für die Risikonutzenfunktion $u\left(\widetilde{NE}_j\right) = \ln\left(\widetilde{NE}_j\right)$ folgt ein Sicherheitsäquivalent S_1 in Höhe von 150,15. Der Grenzpreis im Zeitpunkt 0 ist 139,03, wenn $i = 0{,}08$ ist. Der korrekte Risikozuschlag z^* ist 2,05 %.

Besitzt der Verkäufer neben dem zu bewertenden Projekt im Zeitpunkt 0 ein Vermögen von 10.000, das er zu $i = 0{,}08$ anlegen kann, errechnet sich für die Verteilung des Endvermögens im Zeitpunkt 1 ein Sicherheitsäquivalent S_1 in Höhe von 10.952,96 und somit ein (sicherheitsäquivalenter) Beitrag des Projektes in Höhe von 152,96. Das Sicherheitsäquivalent S_1 für die unsichere Nettoeinzahlung des Projektes ist gestiegen, weil die angenommene Risikonutzenfunktion eine abnehmende absolute Risikoaversion impliziert. Damit ist das im Zeitpunkt 0 bereits vorhandene Vermögen bewertungsrelevant.

Betrachten wir den Käufer. Dieser will den Grenzpreis im Sinne des Maximaleinsatzes (ME) berechnen. Der ME ist so zu bestimmen, daß das Nutzenniveau des Investors bei Erwerb des Projektes (Unternehmens) genau mit demjenigen der Position übereinstimmt, die der Investor bei Verzicht auf den Unternehmenserwerb einnähme. Wird das Vermögen der Ausgangsposition im Zeitpunkt 1 mit W_1 gekennzeichnet, muß gelten

$$E\left[u\left(\widetilde{W}_1\right)\right]=\sum_{j=1}^{n}u\left(\widetilde{W}_{1,j}+\widetilde{NE}_{1,j}-ME_1\right)p_j. \tag{6-57}$$

Damit wird die Höhe von W_1 ergebnisrelevant, und das Sicherheitsäquivalent für den Verkäufer einerseits und der Maximaleinsatz für den Käufer andererseits können auch dann divergieren, wenn – was ohnehin selten sein wird – die Risikopräferenzen beider Parteien durch eine identische Risikonutzenfunktion beschrieben werden könnten. Ausgenommen ist die Klasse der Risikonutzenfunktionen, die konstante absolute Risikoaversion implizieren. Vertreter der Ertragswert-Methode, die i. d. R. nicht zwischen Sicherheitsäquivalenten bzw. Maximaleinsätzen differenzieren, könnten genau diese Klasse von Risikonutzenfunktionen im Auge haben.

Die verbreitete Handhabung der Ertragswert-Methode ist aus einem zweiten Grund unbefriedigend. Sie löst den Verbund der Nettoeinzahlungen des zu bewertenden Projektes mit den Überschüssen bereits realisierter Projekte. Projektbewertung i. S. d. Ertragswert-Methode erfolgt im Rahmen des individualistischen Ansatzes auf der grünen Wiese: Der ökonomische Hintergrund des Investors (Käufer, Verkäufer) ist leer. Der Investor wird behandelt, als besäße er keine anderen Projekte. Damit werden Risikoverbundwirkungen oder Synergieeffekte des Projektes mit bereits existierenden Projekten nicht beachtet. Der Investor wird betrachtet, als ob er das gesamte Risiko des Projektes übernehmen müßte. Das aber ist häufig nicht der Fall, weil es i. d. R. das Risiko vermindernde Bezüge zwischen zu bewertendem Projekt und bereits realisierten Projekten gibt. Der Equity-Ansatz, soweit er auf CAPM-basierte Risikoadjustierungen der Diskontierungssätze zurückgreift, bietet ein ganz anderes Paradigma: Investoren werden als voll diversifizierte Positionen haltende Individuen modelliert, die bei der Bewertung neuer Projekte lediglich auf das Kovarianzrisiko bzw. das systematische Risiko achten. Man könnte diese Sichtweise als die obere Intervallgrenze der realisierbaren Diversifikationsgrade bezeichnen. Die Sichtweise der Vertreter der Ertragswert-Methode im individualistischen Ansatz definierte dann die untere Intervallgrenze, nämlich den Diversifikationsgrad von Null. Entscheidend ist nun, wie die *tatsächlichen* Diversifikationsgrade der Investoren beschaffen sind, für die individuelle Eintritts- oder Austrittspreise berechnet werden. Und hier darf man den Diversifikationsgrad von Null für Käufer bzw. Verkäufer von Unternehmen bzw. Beteiligungen, ohne große Fehler zu riskieren, ausschließen. Die Sichtweise der Vertreter der Ertragswert-Methode geht insoweit an den empirischen Gegebenheiten vorbei. Gerade für Käufer bzw. Verkäufer von Kleinbeteiligungen ist die Sichtweise der Vertreter des individualistischen Ansatzes unter dem Dach der Ertragswert-Methode kaum haltbar. Warum sollte die angemessene Abfindung für abzufindende Kleinaktionäre einer Aktiengesellschaft (§ 305 AktG) oder die Abfindung im Rahmen eines Squeeze-out (§§ 327a ff. AktG) so berechnet werden, als hielten diese Aktionäre ausschließlich die Aktien *dieses* Unternehmens? Seit den Arbeiten von Harry Markowitz ist bekannt, daß und warum Diversifikation für risikoaverse Investoren sinnvoll ist, und zahlreiche empirische Untersuchungen belegen, daß unsystematisches Risiko bereits mit geringen Diversifikationsgraden weitgehend abgebaut werden kann. Folglich ist es unbegründet, diese Aktionäre so zu behandeln, als hätten sie das gesamte Risiko, also systematisches und unsystematisches Risiko zu tragen. Ohne große Übertreibung kann man formulieren, daß eine Handhabung der Ertragswert-Methode, die Diversifikationsgrade der zu Beratenden (Abzufindenden) von Null unterstellt, seit mehr als 50 Jahren bekannte Botschaften der Bewertungstheorie übersieht. Es mag Fälle geben, in denen die Annahme eines Diversifikationsgrades von Null problemadäquat ist. Generell akzeptabel ist die Annahme nicht.

Die Kombination von individualistischem Ansatz und Ertragswert-Methode stößt auf weitere unbeantwortete Probleme: Die gewollte Subjektivität des Kalküls verlangt, daß auf die investorspezifische Risikonutzenfunktion zurückgegriffen wird.[168] Wie sieht die Lösung aus, wenn ein Kollektiv von Investoren die Eigentumsrechte an einer GmbH erwerben möchte? Wie ist vorzugehen, wenn eine Mehrzahl von außenstehenden Eigentümern abzufinden ist? Kann man Risikonutzenfunktionen „typisieren", ohne den Anspruch, tatsächliche Risikoeinstellungen abzubilden, zu verwässern?

Der Rückgriff auf eine investorspezifische, also individuelle Risikonutzenfunktion wirft schließlich die Frage nach dem Umfang der Beratungsaufgabe auf. Lautet die Aufgabenbeschreibung „Ermittlung des subjektiven Grenzpreises des zu verkaufenden Unternehmens", könnte man die Sache mit der Ermittlung des subjektiven Ertragswertes (Wertes

---

[168] Probleme der empirischen Erhebung der erforderlichen Daten, der zeitlichen Stabilität der Funktion und der zugrunde liegenden Axiomatik werden hier nicht diskutiert.

des Eigenkapitals) für erledigt halten. Das ist sie aber nur bei ganz enger Definition von „Beratung“. Angenommen, ein Investor sei sehr risikoscheu. Die Risikoscheu senkt über hohe Risikoprämien oder hohe Risikoabschläge von den erwarteten Überschüssen den Ertragswert. Was ist von einer Beratung zu halten, die dem zu Beratenden verschweigt, daß die zu erwartende Cashflow-Verteilung aus dem Unternehmen durch Bildung eines Portefeuilles aus Aktien und festverzinslicher Anlage nur zu einem den berechneten Ertragswert deutlich übersteigenden Mitteleinsatz dupliziert werden kann? Wird ihm diese Information verschwiegen, ist seine Verhandlungsposition geschwächt; der zu Beratende erzielt bei Verkauf Preise, die niedriger sind als die, die er bei besserer Information durch den Beratenden hätte erzielen können. Vertreter der Ertragswert-Methode benötigen eine Legitimation dafür, potentielle Marktpreise von Einzahlungsverteilungen gänzlich aus dem Bewertungskalkül auszublenden und statt dessen auf *beliebige*, mit dem Prädikat „individuell“ verbrämte Risikonutzenfunktionen zu setzen. Sie müssen sich den Vorwurf gefallen lassen, daß damit nur ein Teil der Beratungsaufgabe eingelöst wird.

Entity- und Equity-Ansatz unterstellen über den Rückgriff auf aus dem CAPM abgeleitete Diskontierungssätze einen Diversifikationsgrad, der der oberen Intervallgrenze entspricht. Auch diese Annahme kann überzogen und somit unbegründet sein. Zudem ist diese Lösung mit den dem CAPM anhaftenden Problemen belastet. Seine empirische Geltung ist nicht unbestritten. Die im Mehrperiodenkontext auftauchenden Probleme sind z. T. ungelöst. Dennoch erscheint der marktorientierte Ansatz zur Bewertung unsicherer Cashflow als im Ansatz vielversprechender, weil er den Diversifikationsaspekt und damit die Einbettung von Projekten (Unternehmen) in bereits vorhandene Vermögensstrukturen ansatzweise beachtet und über marktdeterminierte Renditeforderungen die potentielle Sichtweise Dritter nicht aus dem Kalkül verdrängt.

5. Logische Grenzen für Risikozuschläge

Weil der Rückgriff auf individuelle Risikonutzenfunktion einerseits dem Verlangen nach individuellen Grenzpreisen entgegenzukommen scheint, andererseits aber den Eintritt eines weiteren gestaltbaren Parameters in den Bewertungskalkül zur Folge hat, liegt das Bemühen nahe, Schranken für die Bewertungsspielräume bei der Bemessung von Risikoabschlägen von erwarteten Überschüssen bzw. Risikozuschlägen z^* zum risikolosen Basiszinsfuß zu errichten. Hierzu hat sich u. a. Ballwieser geäußert. Er fragt, was man über akzeptable Risikozuschläge zum risikolosen Zinssatz aussagen könne, wenn *keine* Informationen über die relevante Risikonutzenfunktion vorliegen. In dieser Situation könnten sich vom Gericht beauftragte Gutachter oder Richter befinden. Die Fragestellung ist auch von Bedeutung, wenn mehrere Investoren Interesse an der Beteiligung oder am Ausstieg aus einem Projekt haben und – z. B. wegen gesetzlicher Vorgaben – ein einheitlicher Preis gesucht ist, was den Rückgriff auf individuelle Risikonutzenfunktionen ausschließt. Die Fragestellung ist also relevant.

Die Kenntnis der Verteilung der Nettoeinzahlungen $\widetilde{NE}_t$ bedeutet, daß die Mindesteinzahlung $NE_{t,min}$ bekannt ist. Das Sicherheitsäquivalent S_t darf, ein Minimum an Rationalität vorausgesetzt, nie unter $NE_{t,min}$ liegen. Für den Grenzpreis einer einperiodigen Entnahmeverteilung muß somit gelten

$$GP_0 = \overline{NE_1}\left(1+i+z^*\right)^{-1} \geq NE_{1,min} \cdot \left(1+i\right)^{-1}.$$

Durch Umformen erhält man die Obergrenze für den Risikozuschlag:

$$z_{max} = \left(\frac{\overline{NE_1}}{NE_{1,min}} - 1\right)\left(1+i\right) \qquad (6\text{-}58)$$

Wollte man im mehrperiodigen Fall mit einem konstanten Risikozuschlag für die erwartete Nettoeinzahlung jeder Periode rechnen, erhielte man[169]

$$GP_0 = \sum_{t=1}^{n} \overline{NE_t}\left(1+i+z_t\right)^{-t} \geq \sum_{t=1}^{n} NE_{t,min}\left(1+i\right)^{-t},$$

unter Beachtung von $\overline{NE_t}\left(1+i+z_t\right)^{-t} \geq NE_{t,min}\left(1+i\right)^{-t}$.
Durch Umformen erhielte man die Obergrenze für z_t:

$$z_{t,max} = \left(\frac{\overline{NE_t}}{NE_{t,min}}\right)^{1/t}\left(1+i\right) - \left(1+i\right) \qquad (6\text{-}59)$$

Für den unendlichen Rentenfall mit identischen unabhängigen Entnahmeverteilungen muß gemäß Ballwieser gelten

$$GP_0 = \frac{\overline{NE_1}}{i+z} \geq \frac{NE_{min}}{i}\ .$$

Die Obergrenze für den Risikozuschlag ist z_{max} ist definiert durch (6-60):

$$z_{max} = \left(\frac{\overline{NE}}{NE_{min}}\right)i - i \qquad (6\text{-}60)$$

---

[169] Diese Formulierung ist vereinfachend. In Abschnitt II.2 des 4. Kapitels haben wir uns intensiver mit unabhängiger und abhängiger Periodenverknüpfung sowie den Voraussetzungen für konstante Risikozuschläge beschäftigt.

Bei der Interpretation ist zu beachten, daß z_{max} ein durchschnittlicher Risikozuschlag ist, der ausschließlich zur Bewertung des *gesamten* erwarteten Entnahmestroms benutzt werden kann. Für die Bewertung *einzelner* Elemente $\overline{NE_t}$ des Gesamtstroms gibt z_{max} i. S. v. (6-59) die falsche Information.

Diese Überlegungen beabsichtigen eine Kontrolle ad hoc gewählter Risikozuschläge.[170] Für die praktische Anwendung ist dies prinzipiell hilfreich. Zuschläge zum risikolosen Zinssatz von 50 % und mehr sind nicht selten. Angenommen, die Entnahmereihe eines Unternehmens liege gleich verteilt im Intervall von $[90,180]$; der Fall der unendlichen Rente sei zur Vereinfachung unterstellt. Gemäß (6-60) folgt bei i = 0,08 ein Risikozuschlag in Höhe von $z_{max} = (135/90-1) \cdot 0{,}08 = 0{,}04$. Benutzt man z_{max}, erhält man als Grenzpreis genau den Betrag in Höhe von $NE_{min} \cdot 1/i$ = 1.125. Dies impliziert, daß alle Chancen i. S. v. Einzahlungsüberschüssen, die NE_{min} übersteigen, mit Null bewertet werden, was die Frage aufwirft, ob die Restriktion für nicht akzeptable Risikozuschläge nicht enger gezogen werden muß.

Die Plausibilitätskontrolle zwingt Bewerter auch, ihre Vorstellungen über die Verteilungen der Nettoeinzahlungen zu verteidigen. Unterstellt man eine Gleichverteilung der Entnahmen um den Erwartungswert, läßt sich bei Kenntnis des Erwartungswertes, des Zinssatzes i und des verwendeten Risikozuschlages z auf die implizierte Mindesteinzahlung schließen. Verwendete ein Bewerter einen Risikozuschlag in Höhe von z = 0,05 bei einem Erwartungswert von 135 im Fall der unendlichen Rente, impliziert dies eine Mindesteinzahlung in Höhe von $NE_{min} = 83{,}08$.[171]

Diese Überlegungen schließen bestimmte Risikozuschläge als nicht rational aus. Dennoch verbleiben erhebliche Spielräume für die Wahl von Risikozuschlägen. Ballwieser versucht, diese Spielräume weiter einzuengen. Er schlägt vor, den Risikozuschlag ohne Rückgriff auf subjektive Risikopräferenzen aus Eigenschaften der Entnahmeverteilung zu gewinnen; dies ist somit als Objektivierungsversuch einzuordnen. Für den Fall der unendlichen Rente bei Unabhängigkeit verwendet Ballwieser diesen pragmatischen Ansatz wie folgt:

$$z_{prag} = \frac{\overline{NE} - NE_{min}}{\overline{NE}} i \qquad (6\text{-}61)$$

---

[170] Vgl. zur Bestimmung maximaler Risikozuschläge im Fall nicht unabhängiger Zahlungsverteilungen Schwetzler, B. (2000b), S. 488-490.

[171] $GP_0 = 135/(0{,}08 + 0{,}05) = 1.038{,}5$. NE_{min} darf nicht höher als 83,08 sein, wenn dieses Ergebnis nicht angreifbar sein soll.

z_{prag} hat folgende Eigenschaften:

- Je größer die Differenz $\overline{NE} - NE_{min}$ ist, umso größer ist z_{prag}. Setzt man die größere Differenz $\overline{NE} - NE_{min}$ mit größerem Risiko gleich, ist diese Eigenschaft bei Risikoaversion plausibel.
- Weist die Entnahmeverteilung kein Risiko auf, ist $z_{prag} = 0$.
- z_{prag} überschreitet nie den maximalen Risikozuschlag z_{max}.

Für eine einperiodige Entnahmeverteilung bestimmt sich z_{prag} gemäß

$$z^*_{prag} = \frac{\overline{NE}_1 - NE_{1,min}}{\overline{NE}_1}(1+i). \qquad (6\text{-}62)$$

Die Wirkungsweise von z^*_{prag} läßt sich am besten erkennen, wenn man die bei Benutzung von z^*_{prag} implizierten Sicherheitsäquivalente ausweist.

Zu bewerten sei das folgende Projekt mit einer Lebensdauer von fünf Perioden. Die Entnahmeverteilungen sind unabhängig voneinander. Der risikolose Zinssatz beträgt 8 %. Tabelle 6-50 weist die Mindest- und Maximalwerte der Gleichverteilungen in den Perioden 1 bis 5, die pragmatischen Risikoprämien i. S. v. (6-62) und die implizierten Sicherheitsäquivalente S_t aus.

t	Mindest- und Maximalwert	$E\left[\widetilde{NE}_t\right]$[172]	z^*_{prag}	Grenzpreis-Beitrag[173]	impliziertes S_t
1	40 ; 60	50	0,2160	38,58	41,67
2	40 ; 70	55	0,2946	37,05	43,21
3	40 ; 80	60	0,3600	35,72	45,00
4	0 ; 120	60	1,08	22,05	30,00
5	-20 ; 120	50	1,512	14,18	20,83

Tabelle 6-50: Berechnung von Grenzpreisbeiträgen mittels z^*_{prag}

Das implizierte Sicherheitsäquivalent berechnet sich gemäß:

$$S_t = \overline{NE}_t\left(1+i+z^*_{prag}\right)^{-1}(1+i)$$

Vergleicht man die angenommenen Verteilungen und die implizierten Sicherheitsäquivalente, wird deutlich, daß z^*_{prag} abhängig von der unterstellten Zahlungsverteilung sehr starke Risikoabneigungen unterstellt,

172 $\overline{NE}_t$ ergibt sich aus $\left(NE_{t,max} + NE_{t,min}\right)\cdot 1/2$.

173 $\Delta GP_0 = \overline{NE}_t\left(1+i+z^*_{prag}\right)^{-1}\cdot(1+i)^{-t+1}$.

deren Realitätsgehalt hinterfragt werden muß. Wer kann mit guten Gründen für eine Gleichverteilung mit den Eckwerten 0 und 120 ein Sicherheitsäquivalent von 30 verteidigen? Wer kann für eine Gleichverteilung mit den Eckwerten - 20 und 120 ein Sicherheitsäquivalent von 20,83 überzeugend begründen? Wie kann man erwarten, mittels dieser Methode in Abfindungsfällen i. S. v. § 305 AktG Minderheiten wirkungsvoll gegen Mehrheiten mit Übervorteilungsabsicht verteidigen zu können?

Nun schlägt Ballwieser das Konzept z^*_{prag} gerade für die Fälle vor, in denen auf Risikonutzenfunktionen nicht zurückgegriffen werden kann, weil sie nicht bekannt sind oder weil wegen des Kollektivs der Abzufindenden der Rückgriff auf individuelle Risikonutzenfunktionen nicht möglich ist. Er will der möglichen Willkür von Bewertern und/oder Richtern Fesseln anlegen. Diese Absicht verdient Unterstützung. Ob die vorgeschlagene Methode willkürlichen Risikozuschlägen wirkungsvoll begegnen kann, muß bezweifelt werden. Ursächlich für dieses Ergebnis ist, daß die relevanten Merkmale, die zur Kennzeichnung eines Zahlungsstroms herangezogen werden, zu knapp bemessen sind. Stellt man hier größere Anforderungen, gelangt man zu weniger angreifbaren Ergebnissen.[174]

VI. Zur Bestimmung des Diskontierungssatzes

1. Zum Basiszinsfuß

a. Relevanz des Problems

Die Funktion des Basiszinsfußes ist es, die bei alternativer Mittelanlage erzielbare risikolose Rendite abzubilden, die im Bewertungszeitpunkt verfügbar ist. Für die Quantifizierung kommen deshalb ausschließlich risikolose Anlagemöglichkeiten wie z. B. festverzinsliche inländische Wertpapiere erster Bonität in Frage.

Die Diskussion um den Basiszinsfuß im Rahmen der Unternehmensbewertung ist gekennzeichnet durch eine Reihe von Fragestellungen, die manche Autoren als offen bezeichnen. Zu diesen Fragestellungen gehören:

- Ist die risikolose Alternativrendite zum Bewertungsstichtag bewertungsrelevant oder ein zu prognostizierender, in künftigen Perioden erwarteter risikoloser Zinssatz?
- Der Basiszinsfuß muß die gleiche zeitliche Reichweite aufweisen wie das zu bewertende Projekt (Unternehmen): Es muß Laufzeitäquivalenz bestehen. Wenn die Laufzeit verfügbarer risikoloser Anlagemöglichkeiten zeitlich begrenzt ist, welche Annahmen über die

174 Vgl. etwa Richter, F. (2003).

Anschlußrendite, also die risikolose Rendite nach Ablauf der im Bewertungszeitpunkt verfügbaren risikolosen Anlage, sind verteidigbar?

- Sollte mit durchschnittlichen, im Planungszeitraum konstanten risikolosen Renditen, oder mit risikolosen Spot Rates, die bei nicht-flacher Zinsstruktur periodenspezifisch sind, gerechnet werden?

Die Barwertermittlung muß den Geldbetrag im Bewertungszeitpunkt ausweisen, der zu der (den) verfügbaren Alternativrendite(n) anzulegen ist, um exakt die zu bewertende (risikolose) Zahlungsreihe zu erzeugen. Dieser Geldbetrag stellt den Wert der Zahlungsreihe dar. Im Folgenden wird angenommen, daß die zu bewertende Zahlungsreihe in jeder Periode eine Zahlung in Höhe von 1 abwirft und daß die Zahlungsreihe eine unendlich lange Laufzeit habe. Wir wollen einige Antworten von Literatur und Rechtsprechung auf diesen einfachen Fall anwenden, um die Folgen für die Bewertung aufzuzeigen. Zum Bewertungszeitpunkt sollen Alternativrenditen in Form von Renditen von Bundeswertpapieren mit einer Laufzeit von 10 Jahren bzw. 30 Jahren zur Verfügung stehen. Wir nehmen an, daß der durchschnittliche risikolose Zinssatz der letzten fünf Jahrzehnte 7,2 % betragen habe. Die Form der Berechnung dieser historischen Rendite wird hier nicht diskutiert.

Vertrete man die Auffassung, daß bei „atypischen" Verhältnissen im Bewertungszeitpunkt – das sind vermutlich hohe bzw. niedrige risikolose Renditen im Vergleich zum historischen Durchschnitt – auf die durchschnittliche historische Rendite zurückzugreifen sei, in der Hoffnung, daß sich dort die Normalität am ehesten spiegele, erhält man einen Barwert in Höhe von

$$\frac{1}{0{,}072} = 13{,}89.$$

Argumentierte man für ein Phasenmodell, das in der ersten Phase auf die im Bewertungszeitpunkt erreichbare risikolose Rendite abstellt, steht man vor der Frage, wie eine verteidigbare Annahme über die Anschlußverzinsung aussieht und ab wann diese Anschlußverzinsung zum Zug kommen soll. Entschiede man sich für die Rendite des Bundeswertpapiers mit der zehnperiodigen Laufzeit, die hier 4 % betragen soll, und argumentierte man zusätzlich, daß es vernünftig sei, die Anschlußverzinsung ab t = 10 in Höhe der historischen Durchschnittsrendite von – wie hier angenommen – 7,2 % zu verwenden, erhält man einen Barwert in Höhe von

$$\sum_{t=1}^{10} 1 \cdot (1{,}04)^{-t} + \frac{1}{0{,}072}(1{,}04)^{-10} =$$

$$= 1 \cdot 8{,}1109 + 13{,}89 \cdot 0{,}67556 = 17{,}49.$$

Das gleiche Ergebnis erreichte man mit einem Durchschnittszins von $i^{\varnothing} = 0{,}0572$.

Argumentierte man im Rahmen des Phasenmodells für den Rückgriff auf die Rendite des Bundeswertpapiers mit 30-jähriger Restlaufzeit, die zur Vereinfachung ebenfalls 4 % betragen soll, erhält man einen Barwert in Höhe von

$$\sum_{t=1}^{30} 1 \cdot (1{,}04)^{-t} + \frac{1}{0{,}072}(1{,}04)^{-30} = 21{,}57.$$

Das gleiche Ergebnis erreichte man mit einem durchschnittlichen Zins von $i^{\varnothing} = 0{,}0464$.

Argumentierte man für die Ausblendung der historischen Rendite, die hier mit 0,072 angenommen wurde, und verzichtete auf eine explizite Annahme über die Anschlußverzinsung, um sich mit den im Bewertungszeitraum verfügbaren Renditen zu begnügen, erhält man einen Barwert von $1/0{,}04 = 25$.

Es ist klar, daß damit eine implizite Annahme über die Anschlußverzinsung verbunden ist, wenn man das Prinzip der notwendigen Laufzeitäquivalenz akzeptiert.

Diese einfachen Rechnungen belegen, daß die Relevanz der jeweiligen Annahmen für das Bewertungsergebnis hoch ist.[175]

b. Lösungen

Die Idee, die historische risikolose Rendite als relevant im Bewertungszeitpunkt zu unterstellen, ist kein akzeptables Vorgehen. Es kommt entscheidend darauf an, welche Alternativrenditen sich im Bewertungs- oder Entscheidungszeitpunkt tatsächlich bieten. Es macht wenig Sinn, wenn genau diesen Renditen der Zugang zum Bewertungskalkül versperrt wird.

Bewertungskalküle müssen deshalb die im Entscheidungszeitpunkt erreichbaren risikolosen Renditen beachten (Stichtagsprinzip). Umstritten war bisher, welche (Rest)Laufzeiten risikoloser Bundeswertpapiere Grundlage für die Quantifizierung der Renditen sein sollten. Stellungnahmen des IDW und des Arbeitskreises Unternehmensbewertung (AKU) zogen sich auf die Formulierung „lange Restlaufzeiten“ zurück und ließen eine Präferenz für eine zehnjährige Laufzeit erkennen.[176] Renditen von Bundeswertpapieren mit längeren Restlaufzeiten sind indessen aus mehreren Gründen vorzuziehen: der Zeitraum, für den eine im Entscheidungszeitpunkt erreichbare, durch Marktdaten gestützte, also objektivierte Rendite angegeben werden kann, ist länger. Der Bewertungseinfluß einer für Phase 2 vorzugebenden Anschlußverzinsung schrumpft, je länger der Zeitraum ist, für den die erzielbare Rendite in Phase 1 angegeben werden kann. Schließlich flachen empirische Zins-

175 Vgl. auch Lampenius, N./Obermaier, R./Schüler, A. (2006).
176 Vgl. z. B. IDW (2000), Rn. 120, 121; AKU (2003).

strukturkurven mit zunehmender Entfernung vom Bewertungszeitpunkt immer mehr ab. Dieser Verlauf erleichtert somit Hypothesen darüber, wie die Zinsstruktur jenseits der Laufzeit der am längsten ausstehenden Bundeswertpapiere, die die risikolose Rendite der Phase 1 bestimmen, aussehen könnte.[177] Die Übernahme der historischen Rendite, die oben mit 0,072 angenommen wurde, als zu erwartende Rendite in Phase 2 erscheint vor dem Hintergrund dieser Überlegung allenfalls zufällig als geeignet, nämlich dann, wenn die Zinsstrukturkurve für die längsten ausstehenden risikolosen Anleihen Zinssätze (Spot Rates) in eben dieser Höhe ausweisen. Die Verzinsungsannahme für Phase 2 sollte den im Bewertungszeitpunkt bekannten Marktverhältnissen, also Zinssätzen, am Ende der Laufzeit von Phase 1 entsprechen.[178] Dies ist ein Plädoyer für eine implizite Prognose. Für die implizite Prognose spricht, daß explizite Expertenprognosen eine Überlegenheit über implizite Prognosen bislang nicht belegen konnten.

In der Realität trifft man i. d. R. keine flachen Zinsstrukturen an, sondern Zinsstrukturkurven, die für zunehmende Laufzeiten von sog. Nullkuponanleihen steigende Zinssätze ausweisen. Wir bezeichnen die Rendite einer (risikolosen) Nullkuponanleihe als Spot Rate oder auch Zerobondrate. Die Spot Rate ${}_0i_T$ entspricht der Rendite einer risikolosen Nullkuponanleihe mit der Laufzeit von t = 0 bis T. Bei normaler Zinsstruktur steigen die Spot Rates mit zunehmender Laufzeit.

Die Deutsche Bundesbank stellt Daten bereit, um für den deutschen Kapitalmarkt eine Zinsstrukturkurve zu erstellen. Sie greift dabei auf ein von Nelson und Siegel entwickeltes und von Svensson erweitertes Modell zurück.[179] Die Spot Rate ${}_0i_T$ wird dabei wie folgt geschätzt:

$$ {}_0i_T = \beta_0 + \beta_1 \left(\frac{1 - e^{\frac{-t}{\tau_1}}}{\frac{t}{\tau_1}} \right) + \beta \left(\frac{1 - e^{\frac{-t}{\tau_1}}}{\frac{t}{\tau_1}} - e^{\frac{-t}{\tau_1}} \right) + \beta_3 \left(\frac{1 - e^{\frac{-t}{\tau_2}}}{\frac{t}{\tau_2}} - e^{\frac{-t}{\tau_2}} \right) \qquad (6\text{-}63) $$

Die Parameter $\beta_0, \beta_1, \beta_2, \beta_3, \tau_1$ und τ_2 werden täglich von der Deutschen Bundesbank publiziert. Für den 15.05.2006 ergibt sich gemäß dem Vorgehen der Bundesbank z. B. folgende Zinsstrukturkurve:

---

177 Vgl. z. B. Obermaier, R. (2006), S. 473-474.

178 Vgl. z. B. Wenger, E. (2003), S. 489-495.

179 Nelson, C. R./Siegel, A. F. (1987); Svensson, L. E. O. (1994); Deutsche Bundesbank (1997); Jonas, M./Wieland-Blöse, H./Schiffarth, S. (2005), S. 647-648; Obermaier, R. (2006), S. 473-474. Die Deutsche Bundesbank wendet dieses vor dem Hintergrund stetiger Zinssätze konzipierte Modell dabei unmittelbar zur Schätzung diskreter Zinssätze an; vgl. Schich, S. T. (1997), S. 4 Fn. 3 sowie S. 20.

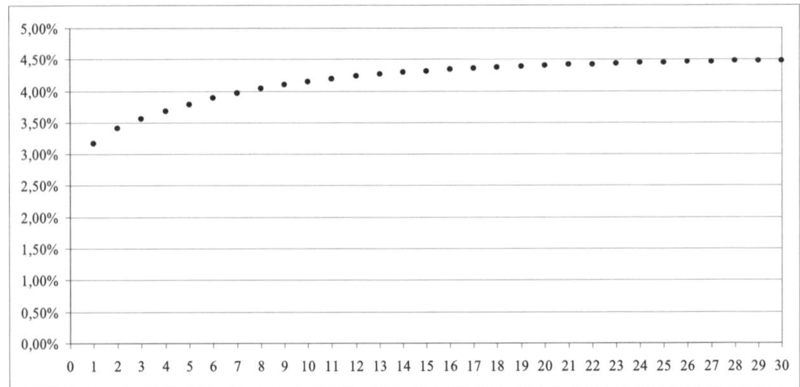

Abbildung 6-11: Zinsstrukturkurve vom 15.05.2006

Wenn im Bewertungszeitpunkt eine nicht-flache Zinsstruktur vorliegt, sind die Spot Rates für die entsprechenden Laufzeiten die relevanten Alternativzinssätze für die Bewertung der sicherheitsäquivalenten Überschüsse in diesen Zeitpunkten bzw. bilden die Basis für risikoäquivalente Diskontierungssätze (Laufzeitäquivalenz). Angenommen, es liegt im Bewertungszeitpunkt folgende Zinsstruktur vor und die zu bewertende Zahlung betrage in jeder Periode von t = 1 bis t = 4 50:

Laufzeit	1	2	3	4
Spot Rate	3,17 %	3,41 %	3,55 %	3,68 %

$$GP_0 = 50 \cdot 1{,}0317^{-1} + 50 \cdot 1{,}0341^{-2} + 50 \cdot 1{,}0355^{-3} + 50 \cdot 1{,}0368^{-4} = 183{,}53$$

Der folgende Finanzplan zeigt, daß bei Anlage dieses Betrages in ein Portefeuille aus Nullkuponanleihen eine identische Zahlungsreihe hergestellt werden kann, ohne daß Wiederanlageentscheidungen des Investors in späteren Zeitpunkten, also zu (unsicheren) künftigen Zinssätzen, notwendig wären:

	Anlagebetrag im Zeitpunkt 0	1	2	3	4
Zero-Bond mit Laufzeit bis Periode 1	$-48{,}464 \cdot 1{,}0317$ →	50			
Zero-Bond mit Laufzeit bis Periode 2	$-46{,}761 \cdot 1{,}0341^2$ →		50		
Zero-Bond mit Laufzeit bis Periode 3	$-45{,}029 \cdot 1{,}0355^3$ →			50	
Zero-Bond mit Laufzeit bis Periode 4	$-43{,}277 \cdot 1{,}0368^4$ →				50
	-183,53	50	50	50	50

Tabelle 6-51: Rekonstruktion der Zahlungsreihe mit Spot Rates

Somit sind die Spot Rates die adäquaten Diskontierungssätze, die das Bewertungsproblem exakt lösen. In der Literatur wird vorgeschlagen, statt der laufzeitspezifischen Spot Rates einen einheitlichen „landesüblichen Zinssatz" als Alternativanlage zu verwenden.[180] Dahinter steht der Wunsch nach Verwendung eines nicht periodenspezifischen konstanten Basiszinsfußes. Dieser zeitkonstante Basiszinsfuß läßt sich berechnen, nachdem das Bewertungsproblem mittels des Einsatzes periodenspezifischer Spot Rates gelöst ist. Zu bestimmen ist der laufzeitkonstante Basiszinsfuß, der angewandt auf die gegebene Zahlungsreihe risikoloser (oder sicherheitsäquivalenter) finanzieller Überschüsse das gleiche Bewertungsergebnis erzeugt hätte. Für das obige Beispiel etwa folgt, daß der nicht periodenspezifische Basiszinsfuß i 3,528 % beträgt. Jeder Versuch, das Bewertungsproblem durch Rückgriff auf gegriffene Renditen oder interne Zinsfüße laufzeitkonformer Kuponanleihen zu lösen, verursachte Ergebnisabweichungen vom korrekten Bewertungsergebnis.[181]

Im Ergebnis sind Spot Rates die zweckkonformen Diskontierungssätze. Die durch Marktdaten gestützte Zinsstrukturkurve ist vollständig auszunutzen. Implizite Prognosen sind der historischen Durchschnittsrendite oder expliziten Prognosen über die Anschlußrendite vorzuziehen. Die Reihe der zweckkonformen Spot Rates könnte nach Vorliegen des Bewertungsergebnisses in einen periodenunabhängigen durchschnittlichen landesüblichen Zinsfuß umgerechnet werden. Dieses Ergebnis hängt aber von der zeitlichen Struktur der zu bewertenden Zahlungsreihe ab und ist daher nicht robust.

2. Marktrisikoprämie

Die Marktrisikoprämie, definiert durch $\overline{r_M} - i$, ist ein entscheidender, Bewertungsergebnisse beeinflussender Faktor. Zu beantwortende Fragen sind: Wie ist die Bezugsgröße in Form der risikolosen Rendite i zu definieren? Ist die risikolose Rendite i als interner Zinsfuß eines einjährigen Kurzläufers („treasury bill") oder als risikolose Rendite von risikolosen Bundeswertpapieren mit langer Laufzeit („government bonds") zu definieren? Welche Rolle spielt die historische durchschnittliche landesspezifische Rendite eines breiten Aktienportefeuilles für die Quantifizierung von $\overline{r_M}$? Ist ein geometrisches Mittel oder ein arithmetisches Mittel anzusetzen? Können ex-ante-Renditen, also geschätzte erwartete Renditen durch den Rückgriff auf historische Renditen ersetzt werden? Was spricht m. a. W. dafür, historische Renditen als gute Schätzer anzusehen?

[180] Vgl. z. B. Moxter, A. (1983), S. 146; Hackmann, A. (1987), S. 105 ff.; WP-Handbuch, Bd. II (1992), S. 94; WP-Handbuch, Bd. II (1998), S. 97-99; WP-Handbuch, Bd. II (2002), S. 103-105.

[181] Das Modell von Nelson/Siegel/Svensson kann auch eine Schätzung des Zinssatzes für die Phase 2 liefern, da die resultierenden Spot Rates für sehr lange Laufzeiten gegen den Parameter β_0 konvergieren. Vgl. Obermaier, R. (2006), S. 476-477.

Ein Blick auf die Lehrbuchliteratur gibt unterschiedliche und z. T. wenig zufriedenstellende Antworten. Brealey/Myers/Allen gehen in der 8. Auflage[182] ihres weit verbreiteten Lehrbuches so vor: Sie berichten über die durchschnittlichen arithmetischen Renditen in der Zeitspanne zwischen 1900 und 2003. Für Common Stocks wird eine Rendite von 11,7 %, für Government Bonds eine von 5,2 % und für Treasury Bills eine Rendite von 4,1 % ausgewiesen. Letztere präsentiert nach ihrer Auffassung den relevanten risikolosen Bezugspunkt, so daß eine Marktrisikoprämie 0,117 – 0,041 = 0,076 folgt. Sie plädieren klar für die Verwendung des arithmetischen Mittels, indem sie die Verteilung der historischen Renditen als bekannt und relevant für künftige Renditeausprägungen unterstellen.[183] Sie schließen nicht aus, daß die historische durchschnittliche arithmetische Rendite die Renditeerwartungen heutiger Investoren überschätzt. Ihre Vermutung ist, daß die Risikovernichtungsmöglichkeiten der Investoren etwa seit 1970 zugenommen haben, was geringere Renditeforderungen zur Folge hätte. Außerdem hätten die durch reduzierte Renditeforderungen bewirkten Steigerungen der Aktienkurse das arithmetische Mittel historischer Renditen zusätzlich erhöht.[184] Daraus ziehen sie nicht den Schluß, die Reihe der historischen Renditen zu verkürzen; das sei „meaningless", weil kürzere Zeitreihen immer eine zunehmende Volatilität der zu berechnenden Rendite bewirkte. Im Ergebnis verkünden sie keine „official position on the issue"; sie meinen, daß die Marktrisikoprämie in den USA in einer Spannweite zwischen 5 und 8 % läge.[185]

Ross/Westerfield/Jaffe[186] beziehen sich auf die Daten von Ibbotson Associates über die jährlichen Renditeausprägungen für Aktienportefeuilles, Government Bonds, Long Term Government Bonds und Treasury Bills für den Zeitraum 1926-2002. Die durchschnittlichen arithmetischen Renditen betragen 12,2, 6,2, 5,8 bzw. 3,8 %. Benutzt man die Rendite von Treasury Bills als Referenzgröße für die risikolose Rendite, erhält man eine historische Marktrisikoprämie von 0,122 - 0,038 = 0,084. Die Autoren lassen auch die historische Rendite von Government Bonds als Referenzgröße für die risikolose Rendite i zu. Die Marktrisikoprämie sinkt dann auf 6,4 %.[187] Die Schätzqualität der historischen Rendite wird nicht diskutiert.

Damodaran[188] argumentiert, die risikolose Rendite müsse durch die historische Rendite von Staatsanleihen (Government Bonds) mit langen Laufzeiten repräsentiert werden. Da bei Investitionsentscheidungen und insbesondere bei Unternehmensbewertungen lange Laufzeiten vorlägen,

---

182 Brealey, R. A./Myers, St. C./Allen, F. (2006), S. 147-154.
183 Vgl. dies., S. 151, Fußnote 8.
184 Vgl. dies., S. 153-154.
185 Vgl. dies., S. 154.
186 Ross, St. A./Westerfield, R. W./Jaffe, J. (2005), S. 239-247; S. 284-286.
187 Vgl. dies., S. 284, Fußnote 16, nach Korrektur des entsprechenden Tippfehlers.
188 Damodaran, A. (2002), S. 154-180.

sei der Bezugspunkt in Form der Rendite von Treasury Bills bei der Schätzung der Marktrisikoprämie verfehlt. Die Messung der Risikoprämie müsse die Definition der risikolosen Rendite als Bezugspunkt haben, die auch bei der Quantifizierung der geforderten Rendite k bzw. k^F auftauche. Außerdem plädiert Damodaran für die Quantifizierung von $\bar{r}_M$ über das geometrische Mittel, soweit zur Schätzung der erwarteten Rendite $\bar{r}_M$ überhaupt auf historische Renditen zurückgegriffen werde. Sein Hauptargument ist, daß die jährlichen Renditen des Aktienportefeuilles in der Zeit negativ korreliert seien, weshalb das arithmetische Mittel die wahre Risikoprämie überschätze. Schließlich relativiert Damodaran den Wert historischer Renditen für Bewertungsentscheidungen stärker als die anderen genannten Autoren mit dem Argument, daß die in Bewertungsmodellen berechneten impliziten Risikoprämien i. d. R. deutlich niedriger liegen als die berichteten historischen Risikoprämien. Diese Bewertungsmodelle berechnen geforderte Renditen der Eigentümer unter Benutzung erwarteter Dividendenzahlungen, erwarteter Wachstumsraten von Dividendenzahlungen und aktuellen Marktpreisen, wobei i. d. R. zwei Phasen mit unterschiedlichen Wachstumsraten der Ausschüttungen unterstellt werden.[189]

Faßt man die Überlegungen der Autoren zusammen, erkennt man einige Gründe für die Unterschiedlichkeit, mit der die Frage nach der Höhe der Marktrisikoprämie in Literatur und Praxis beantwortet wird.[190] Tabelle 6-52 verdeutlicht dies für ausgewählte amerikanische Autoren.

Autoren	Definition von $\bar{r}_M$	Definition von i	Marktrisiko-prämie
Brealey/Myers/Allen	Arithmetisches Mittel für Zeitreihe 1900 bis 2003: 11,7	Arithmetisches Mittel für Treasury Bills: 4,1	7,6
Ross/Westerfield/Jaffe	Arithmetisches Mittel für Zeitreihe 1926 bis 2002: 12,2	a) Arithmetisches Mittel für Treasury Bills: 3,8 b) Alternativ: arithmetisches Mittel für Government Bonds: 5,8	8,4 6,4
Damodaran	Geometrisches Mittel für Zeitreihe 1928 bis 2000: 10,2	Geometrisches Mittel für Government Bonds: 4,7	5,5

Tabelle 6-52: Marktrisikoprämien für USA

189 Vgl. zu diesem Ansatz etwa Jagannathan, R./McGrattan, E. R./Scherbina, A. (2000); Asness, C. S. (2000); Dimson, E./Marsh, P./Staunton, M. (2003); Arnott, R. D./Bernstein, P. L. (2002); Daske, H./Gebhardt, G. (2006).

190 Bruner, R. F./Eades, K. M./Harris, R. S./Higgins, R. C. (1998); Graham, J. R./Harvey, C. R. (2001); Welch, I. (2003).

Betrachten wir deutsche Untersuchungen zur Höhe der Marktrisikoprämie, erhalten wir ebenfalls ein vielfältiges Bild, wie Tabelle 6-53 verdeutlicht.

Autoren	Untersuchungszeitraum	Nominale Rendite vor Steuern (in % pro Jahr)	arithmetisches Mittel aM	geometrisches Mittel gM	$r_M - i$ (aM)	$r_M - i$ (gM)
Stehle, R./ Hartmond, A. (1991)	1954 - 1988	• Portefeuille aus Stamm- und Vorzugsaktien[191] • langfristige, festverzinsliche Wertpapiere • Monatsgeld	n.V.	12,1 7,5 5,3	-	4,6
Bimberg, L. (1991)	1954 - 1988	• Portefeuille aus Stammaktien[192] • Portefeuille aus Bundesanleihen • Tagesgeld	15,0 6,8 -	11,9 6,6 5,1	8,2	5,3
Uhlir, H. / Steiner, P. (1991),	1953 - 1984	• Portefeuille aus Stammaktien[193] • Portefeuille aus Obligationen • Portefeuille aus Schatzanweisungen des Bundes	14,4 7,9 4,6	n.V.	6,5	-
Morawietz, M.[194] (1994)	1870 – 1992 Teilperiode I: 1870-1913 Teilperiode II: 1924-1941 Teilperiode III: 1950-1992	• Portefeuille aus Stammaktien[195] • Portefeuille aus festverzinslichen Wertpapieren • Tagesgeld	n.V.	8,9 5,8 4,4	-	3,1
Stehle, R.[196] (1999)	1969 - 1998	• Portefeuille aus Stammaktien • Bundeswertpapiere	14,45 7,8	10,8 7,6	6,65	3,2
Stehle, R.[197] (2004)	1955-2003	• Portefeuille aus Stammaktien (DAX) • Bundeswertpapiere	12,96 6,94	9,60 6,84	6,02	2,76
Stehle, R. (2004)	1955-2003	• Portefeuille aus Stammaktien (CDAX) • Bundeswertpapiere	12,40 6,94	9,50 6,84	5,46	2,66

Tabelle 6-53: Durchschnittliche nominale Renditen unterschiedlicher Anlageformen für Deutschland

191 Alle an der Frankfurter Börse im amtlichen Handel gehaltenen Anteile.
192 Gemessen am Aktienkursindex des Statistischen Bundesamtes zuzüglich Dividendenrendite.
193 Auf Basis des Aktienindex des Statistischen Bundesamtes bzw. des FAZ-Aktienindex ergänzt um Dividendenrendite.
194 Renditen für Teilperioden werden nicht ausgewiesen. Die Renditen der Fehlzeiten bleiben unbeachtet.
195 Gemessen am Aktienkursindex des Statistischen Bundesamtes bzw. seiner Vorgänger zuzüglich Dividendenrendite.
196 Unterstellter Einkommensteuersatz 0 %.
197 Die Renditen sind vor Einkommensteuer definiert.

Die aktuellste Untersuchung ist die von Stehle. Stehle plädiert für die Verwendung der historischen Rendite auf Basis des breiteren CDAX-Portefeuilles und damit – vor Beachtung möglicher Einflüsse der Einkommensteuer – für den Ansatz einer Marktrisikoprämie in Höhe von 5,46 %.

Stehle votiert für den Ansatz des arithmetischen Mittels. Seine Begründung leitet er aus den Arbeiten von Blume[198] und Cooper[199] ab. Wenn man annimmt, daß die historische Renditeverteilung die wahre Verteilung der Renditen ist und daß künftige Renditen unabhängige „Ziehungen“ aus dieser Verteilung sind, ist die arithmetische Rendite die passende Größe, um die erwartete Rendite der Zukunft abzubilden. Angenommen, die historische Rendite-Verteilung sei 0,25, 0,17 bzw. –0,20 mit gleicher Wahrscheinlichkeit, dann sieht das Renditespektrum in einem dreiperiodigen Prognosezeitraum aus wie in Abbildung 6-12.

Die erwartete Rendite ist 0,07333; das erwartete Endvermögen in t = 3 ist 1,2365. Die geometrische Rendite ist 0,0537; ein Endvermögen in t = 3 in Höhe von $1{,}0537^3$ = 1,17 tritt aber faktisch nur in 3 von 27 Fällen ein. Das arithmetische Mittel ist deshalb der genaue Schätzer für das Endvermögen in t = 3.

Diese Folgerung ist zu ändern, wenn berücksichtigt wird, daß die historische Renditeverteilung über Aktienrenditen mit maximal 130 Eintragungen nicht die wahre Verteilung ist, also Schätzfehler auftreten und daß aufeinander folgende Renditeausprägungen schwach negativ korreliert sind. Die Schätzung der Endwerte mittel des arithmetischen Mittels der historischen Rendite fällt dann zu hoch aus. Blume entwickelt einen „weighted unbiased estimator“ für künftige Endwerte, der in Abhängigkeit von der Zahl der (historischen) Renditeausprägungen und der Länge der Prognoseperiode zwischen arithmetischem und geometrischem Mittel liegt,[200] um so den Schätzfehler, der aus der Aufzinsung mit dem arithmetischen Mittel resultiert, zu beseitigen. Cooper greift die Frage nach Diskontierungsfaktoren auf, die von Schätzfehlern weitgehend befreite Barwerte zur Folge hätten.[201] Diese Schätzer liegen im Ergebnis sowohl für den Fall fehlender als auch für den Fall einer bestehenden negativen Korrelation unter den periodenspezifischen Renditen näher am arithmetischen als am geometrischen Mittel. Stehle votiert deshalb für Diskontierungsfaktoren, die auf dem arithmetischen Mittel der historischen Rendite fußen.

---

198 Blume, M. E. (1974).
199 Cooper, I. (1996).
200 Blume, M. E. (1974), S. 637 (Formel 4.1); Koller, T./Goedhart, M./Wessels, D. (2005), S. 299-302.
201 Cooper, I. (1996), S. 159-162.

0	1	2	3	Erw. Endvermögen in t = 3 bei Investition von 1 in t = 0
		0,25	0,25	1,953
			0,17	1,828
			-0,20	1,25
	0,25	0,17	0,25	1,828
			0,17	1,711
			-0,20	1,17
		-0,20		
		0,25		
-0,10	0,17	0,17		
		-0,20	0,25	1,17
			0,17	1,095
		0,25	-0,20	0,749
	-0,20	0,17		
		-0,20	0,25	0,80
			0,17	0,749
			-0,20	0,512

Abbildung 6-12: Sequenz möglicher periodischer Renditen und erwartete Endvermögen in Periode 3[202]

Unbeantwortet ist noch die Frage nach der Qualität der Schätzung für die zukünftige Marktrisikoprämie, die hinter der Übernahme der historischen Rendite in Bewertungskalküle steht. Dimson/Marsh/Staunton bringen das Problem auf den Punkt: „The whole idea of using the achieved risk premium to forecast the future required risk premium depends on having a long enough period to iron out good and bad luck“[203], und sie ergänzen, daß gestützt auf Zeitreihen von 100 Jahresrenditen, die Schätzungen noch immer ungenau seien. Das berechnete historische arithmetische Mittel hängt von der Länge der betrachteten Zeitperiode ab. Amerikanische Lehrbücher nutzen in der Regel eine Zeitspanne, die mit dem Jahr 1926 beginnt, weil die Gründer der Datenbank CRSP dieses Jahr als Startjahr wählten. Legte man das Startjahr auf 1872,[204] schrumpfte die Marktrisikoprämie um ca. 1,2 %-Punkte.[205] Was ist der bessere Schätzer: 6,4 %, wofür Ross/Westerfield/Jaffe plädieren, oder 5,2 %? Von welcher Betrachtungsperiode kann erwartet werden, daß sie die Erwartungen der Investoren im Bewertungszeitpunkt am ehesten reflektieren? Hier sind einige Beiträge zu nennen, die die historisch hohen US-amerikanischen

---

202 Für den oberen Ast in t = 3 folgt z. B. 1,25 · 1,25 · 1,25 = 1,953; 1,25 · 1,25 · 1,17 = 1,828; 1,25 · 1,25 · 0,8 = 1,25.

203 Dimson, E./Marsh, P./Staunton, M. (2003), S. 35.

204 Für die Zeitspanne 1872-1927 liegen in den USA angeblich verläßliche Daten vor.

205 Grabowski, R. J./King, D. W. (2004), S. 6.

Marktrisikoprämien auch auf glückliche Umstände zurückführen, deren Wiederholung nicht erwartet werden dürfe.[206] Wenn aber begründet vermutet wird, daß die Marktrisikoprämie sich während der letzten drei Jahrzehnte reduziert hat, entsteht die Folgefrage, welche Ursachen hierfür relevant sein könnten. Die Literatur führt hier einige mögliche Ursachen an: der technologische Wandel, die höheren Wachstumsgeschwindigkeiten der Unternehmen, die Installierung verbesserter Kontrollstrukturen in Unternehmen und möglicherweise eine Zunahme der Qualifikation des Managements. Auch hätten sich die Diversifikationsmöglichkeiten der Investoren auf den Heimatmärkten und in internationaler Sicht verbessert.[207] Intermediäre unterstützten Anleger beim Aufbau diversifizierter Portefeuilles. Könnte man diese Gründe überzeugend belegen, könnte man erwarten, daß das Niveau früherer Marktrisikoprämien nicht mehr erreicht wird. Der Rückgriff auf historische Marktrisikoprämien führte somit zu überhöhten Diskontierungssätzen und entsprechend verzerrten Allokationsentscheidungen. Die Untersuchung von Stehle geht auf diese Diskussion explizit nicht ein. Es wird angemerkt, daß ein Abschlag vom historischen Mittel angebracht sein könnte, weil die Diversifikationsmöglichkeiten der Investoren sich verbessert hätten und weil die Volatilität von Aktienkursen geschrumpft sei. Abschläge von 1 – 1,5 %-Punkte von der Nach-Steuer-Risikoprämie seien deshalb vertretbar. Eine tiefergehende Begründung für diesen Abschlag fehlt. Der Arbeitskreis Unternehmensbewertung (AKU) des IDW formuliert auch, daß er vor Einkommensteuer eine Marktrisikoprämie von 4 – 5 % (für Bewertungsstichtage nach dem 31.12.2004) für sachgerecht halte.[208] Dies dürfte nicht das letzte Wort in dieser überaus wichtigen Frage sein.

3. Beta-Zerlegung

Empirische Beta-Werte reflektieren Investitions- und Finanzierungs-(Kapitalstruktur)risiko der Unternehmen. Diese Werte werden im folgenden mit dem Symbol β^F belegt. Mit β^E bezeichnen wir die Beta-Werte, die um das Kapitalstrukturrisiko bereinigt sind.[209] Zur Schätzung der Eigenkapitalkosten eigenfinanzierter Projekte (Unternehmen) wird die Größe β^E benötigt. Zur Bewertung von Unternehmen mittels des APV-Ansatzes ist β^E zu schätzen, um die bei Eigenfinanzierung relevanten Eigenkapitalkosten berechnen zu können. Welche empirischen Eigenschaften von Unternehmen ihre Beta-Werte bzw. die Risikoeinschätzung des Marktes beeinflussen, ist von großem Interesse. Hier interessiert der Einfluß der Kapitalstruktur auf β^F. Wir halten uns an theore-

---

206 Vgl. etwa Jahannathan, R./McGrattan, E. R./Scherbina, A. (2000); Arnott, R. D./Bernstein, P. L. (2002).

207 Vgl. z. B. Dimson, E./Marsh, P./Staunton, M. (2003), S. 35/36; Asness, C. S. (2000), S. 96-101.

208 AKU, Protokoll der 84. Sitzung (2005a), S. 71.

209 U steht für „unverschuldet".

tische Überlegungen, da die empirischen Belege eher schmal sind. Gehen wir von einem eigenfinanzierten Unternehmen j aus, gilt

$$\beta_j^E = \frac{cov\left(\widetilde{r_J}, \widetilde{r_M}\right)}{\sigma_M^2}. \tag{6-64}$$

Ersetzt das Unternehmen in einer Welt ohne Steuern Eigenkapital teilweise durch einen autonom festgelegten Bestand an Fremdkapital, ist die zustandsabhängige Rendite der Eigentümer bei Nichtbeachtung von Steuern im Rentenfall definiert durch

$$k_j^F = k_j + \left(k_j - i \right) \frac{F}{E^F} .$$

Da $cov\left(\widetilde{r_j^F}, \widetilde{r_M}\right)$ bei nicht ausfallbedrohtem Fremdkapital größer ist als $cov\left(\widetilde{r_j}, \widetilde{r_M}\right)$ ist β_j^F größer als β_j^E.

Es gilt:[210]

$$cov\left(\widetilde{r_j^F}, \widetilde{r_M}\right) = \left(1 + \frac{F}{E^F}\right) cov\left(\widetilde{r_j}, \widetilde{r_M}\right) \text{ und} \tag{6-65}$$

$$\beta_j^F = \beta_j^E \left(1 + \frac{F}{E^F}\right) \tag{6-66}$$

Unterstellen wir ein System mit einer einfachen Gewinnsteuer und risikolosen steuerlichen Vorteilen, gilt:[211]

$$cov\left(\widetilde{r_j^F}, \widetilde{r_M}\right) = \left[1 + (1 - s_K) \frac{F}{E^F}\right] cov\left(\widetilde{r_j}, \widetilde{r_M}\right) \text{ und} \tag{6-67}$$

$$\beta_j^F = \beta_j^E \left[1 + (1 - s_K) \frac{F}{E^F}\right] \tag{6-68}$$

Im Halbeinkünfteverfahren hängt die geforderte Rendite der Eigentümer bei Mischfinanzierung und autonomer Finanzierungspolitik davon ab, wie die Risikowirkungen der Unternehmensverschuldung durch die Ei-

210 Vgl. für das Folgende Anhang 4 zu diesem Kapitel.

211 Im Anrechnungsverfahren gilt bei unterstellter Vollausschüttung der Überschüsse nach Steuern und voller Abzugsfähigkeit der Zinszahlungen von der gewerbesteuerlichen Bemessungsgrundlage:

$$cov\left(\widetilde{r_j^F}, \widetilde{r_M}\right) = \left[1 + (1 - s_{GE}) \frac{F}{E^F}\right] cov\left(\widetilde{r_j}, \widetilde{r_M}\right), \; \beta_j^F = \beta_j^E \left[1 + (1 - s_{GE}) \frac{F}{E^F}\right]$$

Liegen Dauerschulden vor, wird der Term s_{GE} zu $0{,}5 s_{GE}$.

gentümer aufgefangen bzw. dupliziert werden. Ist Bezugspunkt der Bewertung das Risikoniveau I, folgt für Nicht-Dauerschulden:[212]

$$\begin{aligned} k_S^F &= k_S + k_S\left[1-\frac{s^0(1-0,5s_I)-0,5s_I}{(1-s_I)}\right]\frac{F}{E^F} - i(1-s^0)(1-0,5s_I)\frac{F}{E^F} \\ &= k_S + k_S\left(1-\alpha\right)\frac{F}{E^F} - i(1-s^0)(1-0,5s_I)\frac{F}{E^F} \end{aligned} \tag{6-69}$$

$$\text{mit } \alpha = \frac{s^0(1-0,5s_I)-0,5s_I}{(1-s_I)}.$$

Für die Kovarianz $cov(\widetilde{r_S^F},\widetilde{r_M})$ folgt:

$$cov\left(\widetilde{r_s^F},\widetilde{r_M}\right) = cov\left(\widetilde{r_S},\widetilde{r_M}\right)\left[1-\alpha\right]\frac{F}{E^F}$$

Für β^F gilt:

$$\beta^F = \beta^E\left[1+(1-\alpha)\frac{F}{E^F}\right] \tag{6-70}$$

Ist Bezugspunkt der Bewertung das Risikoniveau II, folgt

$$k_S^F = k_S + k_S\left(1-s^0\right)\frac{F}{E^F} - i\left(1-s^0\right)\left(1-0,5s_I\right)\frac{F}{E^F} \tag{6-71}$$

Für die Kovarianz $cov(\widetilde{r_S^F},\widetilde{r_M})$ gilt:

$$cov\left(\widetilde{r_S^F},\widetilde{r_M}\right) = cov\left(\widetilde{r_S},\widetilde{r_M}\right)\left[1+(1-s^0)\right]\frac{F}{E^F} \tag{6-72}$$

Für β^F gilt:[213]

$$\beta^F = \beta^E\left[1+(1-s^0)\frac{F}{E^F}\right] \tag{6-73}$$

Wird eine atmende Finanzierungsstrategie verfolgt, gelten die soeben erläuterten Umrechnungsformeln nicht, weil die steuerlichen Vorteile nicht mehr risikolos sind. Analog zu früheren Überlegungen wird hier auf die Differenzierung zwischen dem risikolosen steuerlichen Vorteil in Periode 1 nach dem Bewertungszeitpunkt und allen restlichen steuerlichen Vorteilen verzichtet. Dieses kleine pragmatische Zugeständnis

---

212 Vgl. Anhang 2.a zu diesem Kapitel.
213 Vgl. Anhang 4.b zu diesem Kapitel.

gemäß Harris/Pringle, dessen Wertauswirkungen gering ist, vereinfacht die Formeln.

Bei atmender Finanzierungsstrategie folgt für das einfache Gewinnsteuersystem:[214]

$$\beta^F = \beta^E\left(1+\frac{F}{E^F}\right) \tag{6-74}$$

Im Halbeinkünfteverfahren ist zu differenzieren, ob Risikoniveau I oder II relevant sein soll.

Für Risikoniveau I ist k_S^F definiert durch

$$k_S^F = k_S + \left[k_S - i(1-s_I)\frac{F}{E^F}\right] \tag{6-75}$$

Da der Term $-i(1-s_I)\frac{F}{E^F}$ die Kovarianz $\operatorname{cov}\left(\widetilde{r_S^F},\widetilde{r_M}\right)$ nicht erhöht, folgt

$$\beta^F = \beta^E\left(1+\frac{F}{E^F}\right). \tag{6-76}$$

Würde Risikoniveau II angestrebt, gilt für k_S^F:

$$k_S^F = k_S + \left[k_S - i(1-0{,}5s_I)\right]\frac{F}{E^F} \text{ [215]} \tag{6-77}$$

Es folgt die bereits bekannte Formel für β^F. Bei der Interpretation von empirischen Beta-Werten kann man die folgende Beziehung nutzen:

$$\beta_P = \sum_{j=1}^{n} x_j \cdot \beta_j \ .$$

β_P steht für den Beta-Wert eines Aktienportefeuilles P. Die Formel besagt, daß sich der Beta-Wert des Portefeuilles P errechnet als mit den anteiligen Marktwerten x_j gewichtete Summe der Beta-Werte der Aktien,

---

214 Für das Anrechnungsverfahren gilt:
$$k_S^F = k_S + \left[k_S - i(1-s_I)\right]\frac{F}{E^F}; k_S^F = k_S\left(1+\frac{F}{E^F}\right) - i(1-s_I)\frac{F}{E^F}.$$
Da $\frac{F}{E^F}$ bei atmender Finanzierungspolitik als konstant gilt, hat der Term $-i(1-s_I)\frac{F}{E^F}$ bei Ausschluß von Insolvenzrisiken keinen Einfluß auf die Kovarianz $\operatorname{cov}\left(\widetilde{r_S^F},\widetilde{r_M}\right)$. Es folgt: $\beta^F = \beta^E\left(1+\frac{F}{E^F}\right)$

215 Vgl. Anhang 3.e.

aus denen sich das Portefeuille zusammensetzt. Die Formel gilt wegen der Additivität der Kovarianz. Ist die Kovarianz des Projektbündels 1 und 2 mit der Marktrendite zu ermitteln, gilt

$$\begin{aligned}
\operatorname{cov}\left(\tilde{r}_1+\tilde{r}_2,\widetilde{r_M}\right) &= E\left[\left(\left(\tilde{r}_1+\tilde{r}_2\right)-\left(E\left[\tilde{r}_1\right]+E\left[\tilde{r}_2\right]\right)\right)\left(\widetilde{r_M}-E\left[\widetilde{r_M}\right]\right)\right] \\
&= E\begin{bmatrix}\left(\tilde{r}_1-E\left[\tilde{r}_1\right]\right)\left(\widetilde{r_M}-E\left[\widetilde{r_M}\right]\right)+ \\ +\left(\tilde{r}_2-E\left[\tilde{r}_2\right]\right)\left(\widetilde{r_M}-E\left[\widetilde{r_M}\right]\right)\end{bmatrix} \\
&= \operatorname{cov}\left(\tilde{r}_1,\widetilde{r_M}\right)+\operatorname{cov}\left(\tilde{r}_2,\widetilde{r_M}\right).
\end{aligned}$$

Diese Eigenschaft kann genutzt werden, um empirische Beta-Werte von Unternehmen über die Eliminierung von Kapitalstruktureffekten hinaus zu zerlegen. Angenommen, der bereits um Kapitalstruktureffekte bereinigte Beta-Wert eines Unternehmens beträgt 1,1. Das Unternehmen ist Zulieferer der Automobilindustrie. Es hält einen wertmäßig relevanten Bestand an festverzinslichen Finanzanlagen, der risikolose Erträge abwirft. Diese beeinflussen den Beta-Wert des Unternehmens. Ist nur der Beta-Wert des operativen Geschäfts von Interesse, kann die oben erläuterte Idee genutzt werden. Man kann sich den Beta-Wert des Unternehmens zusammengesetzt vorstellen aus $\beta^G x_1 + \beta^{WP}\left(1-x_1\right)$. β^G bezeichnet den gesuchten Wert des operativen Geschäfts, β^{WP} den Beta-Wert der Wertpapierbestände. Da deren Erfolge als risikolos angenommen wurden, setzen wir β^{WP} als in der Nähe von Null liegend an. Zu bestimmen sind die Gewichte x_1 und $\left(1-x_1\right)$. Diese stellen die Marktwertanteile der Wertpapiere bzw. des operativen Geschäfts am gesamten Marktwert des Unternehmens dar.[216] Nehmen wir an, es gälte $x_1 = 0{,}8$ und $\beta^{WP}=0$, dann errechnet sich ein Beta-Wert für das operative Geschäft in Höhe von 1,375.[217]

Bisher wurden sichere und unsichere steuerliche Vorteile des Einsatzes von verzinslichem Fremdkapital unterschieden. Die Unsicherheit der steuerlichen Vorteile resultierte aus einer spezifischen Form der Finanzierungsstrategie: Eine atmende, das Volumen an verzinslichem Fremdkapital an V_t^F bindende Strategie löst aus der Sicht des Bewertungszeitpunktes 0 unsichere Fremdkapitalbestände aus. Damit sind die Zinszahlung der Perioden t > 1 und der erzielbare steuerliche Vorteil unsicher und zwar auch dann, wenn die vertragliche Zinszahlung sicher ist und die steuerliche Bemessungsgrundlage in allen Zuständen hinreichend groß ist, um den steuerlichen Vorteil zu generieren. Damit ist klar, daß es neben einer atmenden Finanzierungspolitik andere Sachverhalte geben kann, die unsichere steuerliche Vorteile generieren. Hierzu zählen unzu-

---

216 Die Bestimmung der Marktwertanteile von Geschäftsbereichen ist ein diffiziles Problem, das hier nicht diskutiert wird.

217 Es muß gelten $\beta^E = x_1 \beta^G + \left(1-x_1\right)\ \beta^{WP}$.

reichend dimensionierte steuerliche Bemessungsgrundlagen, die die zustandsunabhängige Generierung von steuerlichen Vorteilen nicht gestatten, und unsichere Zinszahlungen an Fremdkapitalgeber.

Im folgenden sei der Fall skizziert, daß Fremdkapitalgeber unsichere Positionen halten. Fremdkapitalgebern stehen unterschiedliche Reaktionsweisen zur Verfügung, um die Folgen unsicherer Engagements abzufedern. Neben der Besicherung der Ansprüche und/oder des Einbaus klug konzipierter Vertragsklauseln (Covenants) in die Kreditverträge zählt hierzu auch der Einbau von Risikoprämien in die Vertragszinssätze. Kann der Schuldner die Zinszahlungen (und die vertragskonformen Tilgungen) nicht zustandsunabhängig und in jeder Periode leisten, übernimmt der Gläubiger einen Teil des Kovarianzrisikos, das das Projekt (Unternehmen) im Fall reiner Eigenfinanzierung kennzeichnet. Folglich ist der Beta-Wert des Fremdkapitals nicht mehr, wie bislang unterstellt, Null, sondern positiv. Die so bewirkte Umverteilung von Kovarianzrisiko muß bei der Umrechnung von β^F-Werten in β^E-Werte und umgekehrt beachtet werden. Darauf kommen wir in Kapitel 9 zurück.

4. Objektivierte Unternehmensbewertung und Einkommensteuer

Das Institut der Wirtschaftsprüfer (IDW) hat den Standard S1 „Grundsätze zur Durchführung von Unternehmensbewertungen“, der in 2000 veröffentlicht worden war, in 2005 neu gefaßt. Eine wesentliche Neuerung betrifft die Berücksichtigung der Einkommensteuer in der Definition des einen Risikozuschlag enthaltenden Diskontierungssatzes k bzw. k^F. In der Fassung des S1 aus dem Jahr 2000 wurde empfohlen, den Diskontierungssatz vor Einkommensteuer um die Einkommensteuerbelastung zu kürzen,[218] also den Diskontierungssatz vor Einkommensteuer mit dem Faktor $(1 - s_I)$ zu multiplizieren. Dabei wurde unterstellt, daß „die unterstellte Alternativinvestition der vollen Besteuerung unterliegt“.[219] Diese Annahme ist nun im Fall CAPM-gestützter Diskontierungssätze nicht erfüllt, und zwar weder im Anrechnungs- noch im Halbeinkünfteverfahren.[220] Die zum Einsatz kommende Rendite des Marktportefeuilles $\overline{r}_M$ setzt sich zusammen aus Dividendenrendite $\overline{r}_D$ und Kapitelgewinnrendite $\overline{r}_{KG}$. Beide Bestandteile werden in beiden Steuerregimen unterschiedlich besteuert, wenn man unterstellt, daß Kapitalgewinne erst nach Ablauf der sog. Spekulationsfrist von (derzeit) einem Jahr von den Investoren realisiert werden. Zuflüsse nach einer Haltedauer von mehr als einem Jahr sind nicht mit Einkommensteuer belastet. Das IDW empfahl in S1 des Jahres 2000 somit zu niedrige Diskontierungssätze in den Fällen, in denen die auf das CAPM gestützten Marktrisikoprämien zum Einsatz kamen. IDW S1 neue Fassung korri-

218 IDW (2000), Rn. 99, 122.
219 IDW (2000), Rn. 99.
220 Vgl. dazu bereits Drukarczyk, J./Richter, F. (1995).

giert diesen Fehler,[221] indem – unter dem Regime des inzwischen geltenden Halbeinkünfteverfahrens – klar zwischen der Besteuerungswirkung bei Dividenden und Kapitalgewinnen unterschieden wird.

Die Stellungnahmen des IDW S1 schreiben – analog zur Vorgänger-Stellungnahme HFA 1983[222] – dem „objektivierten" Unternehmenswert eine wichtige Rolle zu. Unter der Überschrift „Funktionen des Wirtschaftsprüfers" wird ausgeführt, daß der Wirtschaftsprüfer in drei Funktionen, nämlich als Berater von Käufer bzw. Verkäufer, als Schiedsgutachter oder als neutraler Gutachter auftreten kann.[223] Als neutraler Gutachter agiert der Wirtschaftsprüfer gemäß IDW als Sachverständiger, „der mit nachvollziehbarer Methodik einen objektivierten, von den individuellen Wertvorstellungen betroffener Parteien unabhängigen Wert des Unternehmens ermittelt."[224] Wir wollen dieses entsubjektivierte Wertkonstrukt hier nicht unter dem Aspekt der theoretischen Verteidigbarkeit sowie des praktischen Bedarfs beurteilen. Unser Interesse gilt vielmehr einem Vorschlag, wie der Einfluß der Einkommensteuer bei der Ermittlung objektivierter Unternehmenswerte berücksichtigt und reduziert werden könnte. Dieser Vorschlag ist in Rn. 53 von S1 angedacht. Erweitert wird er in einem Beitrag in „Die Wirtschaftsprüfung".[225] Der Kern der Botschaft soll im folgenden erläutert werden. Absicht dieses Beitrages ist es, den Einfluß der Einkommensteuer auf das Bewertungsergebnis zu reduzieren. Bei *gänzlicher* Beseitigung des Einflusses gälte, daß Nach-(Einkommen)Steuer-Barwert gleich Vor-(Einkommen)Steuer-Barwert wäre. Man könnte somit die Berücksichtigung der Einkommensteuer im Bewertungskalkül ganz aufgeben, weil die Steuer dann wertneutral wirkte. Die Bedingungen, unter denen dieses Ergebnis einträte, sind zu erläutern.

Die geforderte Rendite der Eigentümer nach Einkommensteuer im Halbeinkünfteverfahren, wenn man zur Vereinfachung Eigenfinanzierung unterstellt, ist definiert durch

$$k_S = i(1-s_I) + \left[\overline{r_{KG}} + \overline{r_D}(1-0{,}5s_I) - i(1-s_I)\right] ß^E \tag{6-78}$$

bzw. durch

$$k_S = i(1-s_I) + \left[\overline{r_M} - 0{,}5s_I\overline{r_D} - i(1-s_I)\right] ß^E. \tag{6-79}$$

Der Einkommensteuersatz s_I wird vom IDW im Rahmen der objektivierten Wertermittlung auf 0,35 festgesetzt. Die Aufteilung von $\overline{r_M}$ auf $\overline{r_D}$ bzw. $\overline{r_{KG}}$ bestimmt damit die Höhe der Marktrisikoprämie nach Ein-

[221] IDW (2005), Rn. 54, 101, 102.
[222] IDW HFA (1983), S. 468-480, S. 471.
[223] IDW (2005), Rn. 12.
[224] IDW (2005), Rn. 12.
[225] Wagner, W. u. a. (2004), S. 889-898.

kommensteuer (MRP_S). Mit steigendem Anteil von $\overline{r_D}$ an $\overline{r_M}$ fällt die Marktrisikoprämie MRP_S und damit ceteris paribus die geforderte Rendite k_S. Damit gewinnt das Gewicht der Ausschüttung in der Definition der Alternativrendite Einfluß auf die geforderte Rendite der Eigentümer. Zugleich entscheidet die Aufteilung der entziehbaren Überschüsse vor Reinvestition des Bewertungsobjektes (Unternehmens) über die faktischen Besteuerungswirkungen der Einkommensteuer: Ausschüttungen werden im Halbeinkünfteverfahren hälftig besteuert, Reinvestitionen führen ggf. zu Wertsteigerungen am Unternehmensgesamtwert bzw. Wert des Eigenkapitals bzw. des Aktienkurses. Diese Wertsteigerungen könnten nach Ablauf der sog. Spekulationsfrist frei von Einkommensteuer realisiert werden. Definiert man mit Ausschüttungsäquivalenz die gleiche Relation von Ausschüttung bzw. Ausschüttungsrendite zu Thesaurierung bzw. Kapitalgewinnrendite in Zähler- und Nennergröße der Formel zur Bewertung des Eigenkapitals, dann folgt bei Vorliegen von Ausschüttungsäquivalenz eine Belastung von Zählergröße und Nennergröße durch die Einkommensteuer, die man als belastungsäquivalent bezeichnen kann. Bestünde eine solche äquivalente Belastung in der Zählergröße und in der Nennergröße, also dem Diskontierungssatz, wäre die Einkommensteuer ohne Wertrelevanz. Der einfachste Fall von Belastungsäquivalenz besteht im Fall der Bewertung einer risikolosen uniformen Rente. Wert vor und nach Beachtung von Einkommensteuer sind gleich. Es gilt:

$$V_0 = \frac{CF}{i} = \frac{24}{0,06} = \frac{CF(1-s_I)}{i(1-s_I)} = \frac{24(1-0,35)}{0,06(1-0,35)} = 400$$

Wächst der zu bewertende Zahlungsstrom mit einer Wachstumsrate $g = 0,02$, erhält man bei einer Rechnung gemäß

$$V_0 = \frac{CF_1}{i-g} = \frac{24}{0,06-0,02} = 600 \text{ bzw.}$$

$$V_{0,S} = \frac{CF_1(1-s_I)}{i(1-s_I)-g} = \frac{24(1-0,35)}{0,06(1-0,35)-0,02} = 821,05$$

offensichtlich differierende Vor-Steuer- bzw. Nach-Steuerwerte. Die Ursache der Differenz zwischen V_0 und $V_{0,S}$ ist, daß eine äquivalente Steuerbelastung in Zähler und Nenner nicht realisiert wurde: Während die Alternativrendite vollständig der Besteuerung unterliegt, bleibt der hinter g stehende Wertzuwachs von der Einkommensteuer befreit. Gestaltet man die Besteuerung der Alternative so, daß Belastungsäquivalenz besteht, ist eine Rendite von 0,04 der Einkommensbesteuerung zu unterwerfen, stellt also eine Dividendenrendite dar, und 0,02, die Kapitalgewinnrendite, bleibt von der Einkommensteuerbelastung verschont.

Die Alternativrendite nach Einkommensteuer i_S ist dann definiert durch $i_S = i_D(1-s_I) + i_{KG}$. Der Satz i_S beträgt im Beispiel i_S = 0,04 (1 – 0,35) + 0,02 = 0,046. Der Wert des Zahlungsstroms nach Einkommensteuer ergibt sich aus

$$V_{0,S} = \frac{CF_1(1-s)}{i_S - g} = \frac{24(1-0{,}35)}{0{,}046-0{,}02} = 600.$$

Die Einkommensteuer hat jetzt keine Wertrelevanz; Vor-Steuer- und Nach-Steuer-Wert der risikolosen Zahlungsreihe stimmen überein.[226]

Der Standard S1 des IDW will im Rahmen der objektivierten Unternehmensbewertung die Wertneutralität der Einkommensteuer für die Phase 2 des Bewertungskalküls herstellen.

Die geforderte Rendite der Eigentümer bei unterstellter Eigenfinanzierung vor Einkommensteuer ist definiert durch:

$$k = i + \left(\overline{r_M} - i\right)\beta^E$$

Nach Einkommensteuer ist die geforderte Rendite im Halbeinkünfteverfahren definiert durch:

$$k_S = i(1-s_I) + \left[\overline{r_M} - 0{,}5 s_I r_D - i(1-s_I)\right]\beta^E \qquad (6\text{-}80)$$

MRP ist genauso groß wie MRP_S, wenn $-0{,}5 s_I \overline{r_D} + i s_I = 0$ gilt, wenn also $\overline{r_D}$ den doppelten Wert von i erreichte. Liegt $\overline{r_D}$ unter diesem Wert, übersteigt MRP_S die Marktrisikoprämie vor Einkommensteuer. Für deutsche Verhältnisse kann letzteres angenommen werden.

Die Empfehlungen des IDW in Standard 1 zur Herstellung von Ausschüttungsäquivalenz bzw. von einkommensteuerlicher Belastungsäquivalenz sehen so aus: In der expliziten für die Bewertung des Unternehmens aufgespannten Planungsperiode (Phase 1) sind die Ausschüttungen bewertungsrelevant, die das Management des Unternehmens unter Beachtung der rechtlichen Rahmenbedingungen wie Ausschüttungssperren, Beachtung von bestehenden Verlustvorträgen und in Kreditverträgen verankerten Covenants zu realisieren plant.[227] In der zweiten Phase soll dagegen „typisierend angenommen werden, daß das Ausschüttungsverhalten des zu bewertenden Unternehmens äquivalent zum Ausschüttungsverhalten der Alternativanlage ist".[228] Ausnahmen sind zugelassen, wenn Besonderheiten der Branche, der Kapitalstruktur oder der rechtlichen Rahmenbedingungen zu beachten sind. Und wie ist mit den zu

226 Vgl. Ollmann, M./Richter, F. (1999), S. 165-167.
227 IDW (2005), Rn. 45.
228 IDW (2005), Rn. 47.

thesaurierenden Überschüssen zu verfahren, wenn die Definition der Alternativrendite die Ausschüttung bestimmt? Hier heißt es: „Für die Wiederanlage der thesaurierten Beträge ist kapitalwertneutral typisierend die Anlage zum Kapitalisierungszinssatz (…) anzunehmen“.[229] Gemeint ist der Kapitalisierungszinssatz vor Unternehmenssteuern. Zweck der postulierten Ausschüttungsäquivalenz ist, wie oben ausgeführt, der Ausschluß „steuerlich induzierter Werteinflüsse“ auf das Bewertungsergebnis, die aus unterschiedlichem Ausschüttungsverhalten von Bewertungprojekt und Alternativanlage resultieren könnten.[230]

Ein Beispiel soll die obigen Vorgaben erläutern. Das IDW präzisiert nicht exakt, wo die Bezugsgröße, zu der Ausschüttungsäquivalenz hergestellt werden soll, gesucht werden soll. In Frage käme eine Peer-Group von Unternehmen, von deren Daten sowohl der Beta-Wert als auch die Dividendenrendite empirisch erhoben werden könnten.[231] Es könnte auch für die Ausschüttungsrendite des Marktes, also $\overline{r_D}$ entschieden werden. Wir benutzen die Ausschüttungsrendite einer Peer-Group als Bezugspunkt, die hier mit $\overline{r_D^P}$ bezeichnet werden soll.

Folgende Daten werden unterstellt:[232]

$$\overline{r_M} = 0{,}095;\ \overline{r_D} = 0{,}05286;\ \overline{r_D^P} = 0{,}05;\ i = 0{,}055;\ s_I = 0{,}35;\ \beta^E = 0{,}9$$

Es liegt also die Marktdividendenrendite $\overline{r_D}$ und die durchschnittliche Dividendenrendite der Unternehmen der Peer-Group $\overline{r_D^P}$ vor. Die Marktrendite nach Einkommensteuer $\overline{r_{M,S}}$ beträgt

$$\overline{r_{M,S}} = 0{,}095 - 0{,}5 \cdot 0{,}35 \cdot 0{,}05286 = 0{,}08575.$$

Die geforderte Rendite der Eigentümer beträgt im Rahmen des CAPM[233]

$$k_S = 0{,}055(1-0{,}35) + \left[0{,}08575 - 0{,}055(1-0{,}35)\right] \cdot 0{,}9 = 0{,}08075.$$

Die geforderte Rendite der Eigentümer *vor* Einkommensteuer in einem Unternehmen, dessen Risiko durch $\beta^E = 0{,}9$ gekennzeichnet ist und das eine Ausschüttungsrendite in Höhe von $\overline{r_D^P} = 0{,}05$ realisieren soll, sei definiert durch:

$$\begin{aligned} k^P &= i(1-s_I) + \left[\overline{r_M} - 0{,}5\, s_I \overline{r_D} - i(1-s_I)\right]\beta^E + 0{,}5 s_I\, \overline{r_D^P} \\ &= 0{,}055(1-0{,}35) + \left[0{,}095 - 0{,}5 \cdot 0{,}35 \cdot 0{,}05286 - 0{,}055(1-0{,}35)\right] \\ &\quad \cdot 0{,}9 + 0{,}5 \cdot 0{,}35 \cdot 0{,}05 = 0{,}0895 \end{aligned}$$

---

[229] IDW (2005), Rn. 47.

[230] Wagner, W. u. a. (2004), S. 895.

[231] So im Beitrag von Wagner, W. u. a. (2004), S. 895.

[232] Unser Beispiel orientiert sich – ausgenommen der Höhe des Gewerbeertragsteuersatzes – am Beispiel von Wagner, W. u. a. (2004).

[233] Vgl. Wagner, W. u. a. (2004), Formeln b. und f., S. 896.

Ausschüttungsäquivalenz besteht, wenn für die Ausschüttungsquote d^* gilt:

$$d^* = \frac{\overline{r_D^P}}{k^P} = \frac{0{,}05}{0{,}0895} = 0{,}55866^{234}$$

Die Reinvestitionsrendite r_I soll dem Kapitalisierungssatz vor Unternehmensteuern entsprechen. Es muß folglich gelten:

$$r_I = \frac{k^P}{1-s^0} = \frac{0{,}0895}{1-0{,}375} = 0{,}1432 \qquad (6\text{-}81)$$

Wenn wir annehmen, daß der finanzielle Überschuß vor Unternehmensteuern und vor Thesaurierung 100 pro Periode beträgt, ergeben sich die in Tabelle 6-54 aufgelisteten Ausschüttungen, Thesaurierungen und Unternehmenswerte:

		0	1	2	3	4	5	6 ff.
(1)	Erfolg vor Steuern	-	100	100	100	100	100	100
(2)	Erfolg aus Thesaurierung	-	-	3,95[235]	8,06	12,32	16,76	21,37
(3)	Steuern (s^0 = 0,375)	-	37,5	38,98	40,52	42,12	43,79	45,51
(4)	Verwendbare Mittel	-	62,5	64,97	67,54	70,20	72,98	75,86
(5)	Ausschüttung d^* = 0,55866		34,92	40,61	37,73	39,22	40,77	42,38
(6)	Ausschüttung nach ESt		28,81	29,95[236]	31,13	32,36	33,63	34,96
(7)	Thesaurierung[237] (b = 0,44134)		27,58	28,67	29,81	30,98	32,21	33,48
(8)	Thesaurierung, kum.		27,58	56,25	86,06	117,04	149,25	182,73
(9)	von Anteilseignern geforderte Rendite nach ESt	0,08075	0,08075	0,08075	0,08075	0,08075	0,08075	0,08075
(10)	Unternehmenswert in t[238]	698,44	725,81	754,48	784,28	815,25	847,45	880,92
(11)	ΔV_t^E	-	27,58	28,67	29,81	30,98	32,21	33,48

Tabelle 6-54: Thesaurierung, Reinvestitionserfolge und Ausschüttungen gemäß IDW S1

234 d* = 0,55866 entspricht nicht der Marktausschüttungsquote, die $d_M = \frac{0{,}05286}{0{,}095} = 0{,}55642$ beträgt.

235 $r_I = 0{,}1432$; $27{,}58 \cdot 0{,}1432 = 3{,}95$.

236 Die Ausschüttungen wachsen mit der Rate $g = r_I\,(1-s^0) \cdot b = 0{,}1432\,(1-0{,}375)\,0{,}44134 = 0{,}0395$; $28{,}81 \cdot (1+0{,}0395) = 29{,}95$.

237 $b = 1 - 0{,}55866 = 0{,}44134$.

238 $V_0^E = \left(28{,}81 + \frac{29{,}95}{0{,}08075-0{,}0395}\right) 1{,}08075^{-1} = 698{,}44.$

Der Wert des Unternehmens in t = 0 kann berechnet werden durch Diskontierung der in Zeile (6) ausgewiesenen Ausschüttungen nach Einkommensteuer mit dem Diskontierungssatz $k_S = 0{,}08075$:

$$V_0^E = \frac{28{,}81}{0{,}08075 - g}$$

mit $g = b \cdot r_I\,(1 - s^0) = 0{,}44134 \cdot 0{,}1432\,(1 - 0{,}375) = 0{,}0395$.

$$V_0^E = \frac{28{,}81}{0{,}08075 - 0{,}0395} = 698{,}4 \qquad (6\text{-}82)$$

Der Unternehmenswert kann auch durch Diskontierung der Ausschüttung *vor* Einkommensteuer durch die geforderte Rendite der Eigentümer *vor* Einkommensteuer berechnet werden:

$$V_0^E = \frac{34{,}92}{0{,}0895 - 0{,}0395} = 698{,}4 \qquad (6\text{-}83)$$

Der Wert des Unternehmens kann schließlich berechnet werden, indem die Einkommensteuer in Zähler und Nenner unbeachtet bleibt und die Thesaurierung die Zählergröße nicht verkürzt. Diskontiert wird also eine Cashflow-Größe, die faktisch nicht entziehbar ist, weil die hier obligatorische Thesaurierung unbeachtet ist, und auch nicht zufließt, weil der den Zufluß verkürzende Effekt der Einkommensteuer nicht ausgewiesen wird.

$$V_0^E = \frac{EvS\left(1 - s^0\right)}{k^P} = \frac{100(1 - 0{,}375)}{0{,}0895} = 698{,}3 \qquad (6\text{-}84)$$ [239]

Formulierung (6-84) macht deutlich, daß der Werteinfluß der Einkommensteuer beseitigt ist und daß die in (6-82) und (6-83) explizit beachteten und in (6-84) nicht berücksichtigen Thesaurierungen ebenfalls keine Wertänderung bewirken. Sie sind kapitalwertneutral.

Wie ist dieser Vorschlag einzustufen? Die Ausschüttungsäquivalenz bzw. die Belastungsäquivalenz durch Einkommensteuer bei Bewertungsprojekt und Alternative wird in Phase 2 des Bewertungskalküls, die den weitaus größeren Teil des ökonomischen Lebens des Projektes erfaßt, erreicht durch Vorgabe einer an $CF_t\left(1 - s^0\right)$ ansetzenden Ausschüttungsquote d^*, die durch (6-81) definiert ist. Die Ausschüttungsquote wird über die Relation $\overline{r}_D^P$ zu k^P festgezurrt. Die Kapitalwertneutralität der Reinvestitionen wird ebenfalls postuliert: Nur wenn die Rendite $r_I = k^P / \left(1 - s^0\right)$ tatsächlich erzielbar ist, beträgt das Wachstum künftiger

239 Rundungsfehler.

Überschüsse $g = r_I \cdot b \cdot (1-s^0)$ und realisiert sich ein Wachstum der Unternehmenswerte V_t^E bzw. des Wertes des Eigenkapitals E_t^F (bzw. der Ertragswerte), das der Rate g entspricht. Genau die gleiche Wachstumsrate weist im Beispiel die Alternative aus: 0,0895 (1 – 0,55866) = g = 0,0395. Somit sind bei Bewertungsprojekt und Alternative die gleichen Anteile pro Periode steuerbefreit bzw. mit Einkommensteuer belastet. Die Einkommensteuer hat daher keinen eigenständigen Werteffekt.

Warum das IDW diese Anstrengungen unternimmt, wird vom IDW nicht in großer Klarheit hervorgehoben. Einmal führt eine Bewertung, die Werteffekte der Einkommensteuer unterdrückt, zu einer Annäherung an eine Bewertung von Beteiligungen für Zwecke des handelsrechtlichen Jahresabschlusses, für die der IDW in RS HFA 10 Kalküle vor Einkommensteuer empfiehlt.[240] Zum anderen könnte vermutet werden, daß der IDW eine Annäherung an die internationale Handhabung bei Bewertungskalkülen sucht, weil dort die Beachtung von Einkommensteuern eher selten, also nicht üblich ist.

Die Annahme, daß Reinvestitionen in Phase 2 die Rendite r_I in Höhe von $k^P/(1-s^0)$ erzielen sollen, bedeutet, daß das Unternehmen mit Beginn der Phase 2 in die Phase der Reife eintritt, in der die erwartete Rendite auf Realinvestitionen nach Unternehmensteuern der geforderten Rendite der Eigentümer vor Einkommensteuer entspricht. Die Zeit der Überrenditen und damit der wertschaffenden Investitionen ist vorbei. Zugleich müssen faktische Überinvestitionen verhindert werden. Es wäre ansonsten besser, einen höheren Anteil der Überschüsse auszuschütten bzw. zu Aktienrückkäufen zu verwenden. Die Bewertungsanforderungen für Phase 2 laden also zu einer Gratwanderung von erheblicher zeitlicher Erstreckung ein: Thesaurierungen, die in Abhängigkeit von einer Peer-Group[241] festgelegt werden, sollen in Phase 2 weder Wertsteigerungen noch Wertminderungen auslösen.

Damit wird die Länge der expliziten Planung, also Phase 1 im Bewertungskalkül entscheidend.[242] Nur in Phase 1 können wertschaffende Reinvestitionen realisiert werden. Daraus folgt, daß Phase 1 zeitlich so lange auszudehnen ist, bis die rationale Erwartung, weitere Realinvestitionen, die die Kapitalkosten übersteigende Renditen erzielen können, nicht mehr besteht. Damit wird der Kern des Bewertungsproblems auf Phase 1 verlagert. Phase 1 muß zeitlich solange ausgedehnt werden, daß die „competitive advantage period“ voll abgegriffen wird. Für die Bewertungsempfehlungen des IDW bedeutet dies, daß die Detailplanungsphase deutlich länger zu sein hat als die bislang empfohlenen 3

240 Vgl. Wagner, W. u. a. (2004), S. 898.

241 Prinzipiell käme auch die Anlehnung an die Ausschüttungsrendite des Marktes r_D in Frage. Diese scheint aber weniger geeignet als eine (zu bestimmende) Vergleichbarkeitskriterien erfüllende Peer-Group zur Steuerung von Thesaurierung und Ausschüttung.

242 Vgl. Schwetzler, B. (2005), S. 611.

bis 5 Jahre.[243] Und für diese Phase besteht keine Belastungsäquivalenz bezüglich der Einkommensteuer.

Wenn eine Ausschüttungsquote einer Peer-Group zur Bezugsgröße erhoben wird, sind die Anforderungen an die Vergleichbarkeit dieser Unternehmen erheblich. Die von der Peer-Group empirisch zu erhebende Ausschüttungsquote, die als tonangebend für Phase 2 des zu bewertenden Unternehmens sein soll, muß offenbar aus Lebenszyklen dieser Unternehmen entstammen, in denen Überrenditen nicht mehr erzielbar sind bzw. erzielt werden. Nur dann macht die Übertragung dieser Ausschüttungsquote auf Phase 2 Sinn. Die wichtige Frage, wie man erkennt, ob wertgenerierende Phasen der Unternehmen der Peer-Group endgültig abgeschlossen sind, wird in S1 und in den diesen begleitenden Beiträgen nicht einmal gestellt. Dann ist zu beachten, daß das Spektrum an vergleichbaren Unternehmen, für die Ausschüttungsquote und Beta-Wert erhoben werden kann, in Deutschland sehr klein ist. Damit schrumpft der Grad der Verläßlichkeit, mit dem eine Empfehlung für eine sachgerechte Thesaurierungsquote gegeben werden kann. Da die Renditen von Reinvestitionen der entscheidende Werttreiber im Bewertungskalkül sind, sind Annahmen über Reinvestitionen und deren Finanzierung durch Innenfinanzierung, Kapitalerhöhung und Fremdkapital entscheidend. Die Ausschüttung ist eine Restgröße, die unter steuerlichen Gesichtspunkten optimiert werden kann. Normierungen für Bewertungskalküle in Phase 2 könnten deshalb aufwendiger sein, als die Empfehlungen unterstellen.[244]

5. Zur Höhe der Diskontierungssätze – eine empirische Untersuchung

a. Vorbemerkung

Wie sind Eigenkapitalkosten und durchschnittlich gewogenene Kapitalkosten (WACC) empirisch zu messen?[245] Zu der anstehenden Frage liegt z. B. eine Untersuchung von Richter/Simon-Keuenhof vor.[246] Diese Analyse liegt bereits einige Zeit zurück. Wir versuchen, die Präzision der Aussagen zu steigern: Wir berücksichtigen alle Unternehmensteuern und somit bis 1996 bzw. 1997 auch die steuerlichen Effekte, die durch Substanzsteuern ausgelöst werden; wir beachten die Einkommensteuer, differenzieren nach Dauer- und Nicht-Dauerschulden und schätzen Eigen- und Fremdkapitalkosten auf Basis periodenaktueller Daten unter Rückgriff auf pragmatische Annahmen.

Das Sample besteht aus börsennotierten deutschen Unternehmen, die zum Jahresende 2000 im DAX30, MDAX oder SMAX notiert waren. Banken, Versicherungen und die CDAX-Branche „Financial Services“

243 So IDW (2005), Rn. 85.
244 Vgl. auch Schwetzler, B. (2005), S. 616-617.
245 Vgl. für das Folgende Drukarczyk, J./Schüler, A. (2003) und Krotter, S. (2004).
246 Vgl. Richter, F./Simon-Keuenhof, K. (1996).

werden nicht betrachtet. Um mehrere unternehmensspezifische Beobachtungen zu erhalten, sind nur Werte enthalten, für die Marktdaten für mindestens zwei Jahre vorliegen. Das Sample umfaßt 168 Unternehmen. Die Brancheneinteilung folgt der von der Deutschen Börse AG vorgeschlagenen CDAX-Definition. Anhang 5 zu Kapitel 6 enthält das betrachtete Sample und ordnet die Unternehmen nach Branchen.

b. Eigenkapitalkosten

Wir greifen auf das CAPM zurück und verwenden Beta-Werte von BARRA International, Ltd. Es handelt sich dabei um β^F-Werte; sie reflektieren damit die aus der realisierten bzw. geplanten Kapitalstruktur resultierenden Eigentümerrisiken und Steuereffekte. Die Einkommensteuer der Anteilseigner wird berücksichtigt, indem die risikolose Rendite nach Einkommensteuer definiert und unterstellt wird, daß Zinserträge auf privater Ebene voll der Einkommensteuer unterliegen. Wir definieren die Risikoprämie nach Einkommensteuer, indem wir die erwartete Marktrendite aufteilen in eine Dividenden- und eine Kapitalgewinnrendite.[247] Die Dividendenrendite vor Berücksichtigung der Einkommensteuer ist im Anrechnungsverfahren zu interpretieren als Dividende zuzüglich des Körperschaftsteuerguthabens auf den ausgeschütteten Gewinn. Diese Dividendenrendite löst auf Anteilseignerebene eine Belastung mit Einkommensteuer aus. Im Untersuchungszeitraum waren bis 1998 Kapitalgewinne natürlicher Personen bei nicht wesentlicher Beteiligung nach einer Mindest-Haltefrist von 6 Monaten nicht der Einkommensteuer unterworfen. Seit 1998 gilt eine Mindesthaltefrist von 12 Monaten. Nimmt man an, daß beide Bedingungen erfüllt waren, unterliegt die Kapitalgewinnrendite nicht der Einkommensteuer. Die Eigenkapitalkosten nach Einkommensteuer können dann analog zu (6-1) berechnet werden:

$$k_S^F = i(1-s_I) + \beta^F\left[\overline{r_M} - \overline{r_D}s_I - i(1-s_I)\right]$$

Weil Kapitalkosten für aktuelle Kapitaleinsätze und aktuelle Zinssätze zu bestimmen sind, entscheiden wir uns für den am jeweiligen Jahresende geltenden Basiszinsfuß, den wir hier pragmatisch mit der Umlaufrendite börsennotierter Bundeswertpapiere gleichsetzen.[248] Die Marktrisikoprämie setzen wir auf 5,5 % vor Einkommensteuer. Wir nehmen in Übereinstimmung mit den Untersuchungen von Bimberg (1993) und Stehle (1999) an, daß die durchschnittliche Dividendenrendite vor Einkommensteuer 4 % beträgt. Diese Dividendenrendite unterliegt der Ein-

---

247 Vgl. Brennan, M. J. (1970); Drukarczyk, J./Richter, F. (1995), S. 562. Vgl. auch Abschnitt VI.2 dieses Kapitels.

248 Das ändert aber nichts an unserem obigen Plädoyer für den Einsatz der Zinsstrukturkurve im Rahmen der Unternehmensbewertung. Im vorliegenden Abschnitt geht es uns um eine illustrierende, großzahlige Anwendung des Kapitalkostenkonzepts.

kommensteuer. Der Rest der Marktrendite unterliegt nicht der Einkommensteuer. Zur Bestimmung der im jeweiligen Beobachtungszeitraum (Jahr) zu verwendenden Marktrendite vor Steuern addieren wir die Marktrisikoprämie zum jeweils geltenden risikolosen Zinssatz. Es wird also eine im Zeitablauf konstante Marktrisikoprämie unterstellt. Verwendet man im Rahmen einer Sensitivitätsanalyse andere Marktrisikoprämien vor Steuern, schlägt sich dies c. p. in einer Änderung des Eigenkapitalkostensatzes i. H. v. $\beta^F \cdot \Delta MRP$ nieder. Das IDW schlägt im Rahmen der „objektivierten" Unternehmensbewertung die Verwendung eines Einkommensteuersatzes von 35 % vor.[249]

c. Fremdkapitalkosten

Grundsätzlich sind unternehmensspezifische Fremdkapitalkosten relevant. Diese bestimmen sich im wesentlichen nach dem von Gläubigern wahrgenommenen Risiko und der Fristigkeit. Wir können in dieser Untersuchung nicht auf unternehmensspezifische Verschuldungszinssätze zurückgreifen:

- Unternehmen berichten regelmäßig nicht über ihre Fremdkapitalkosten.
- Nur eine relativ geringe Anzahl deutscher Unternehmen ist im Untersuchungszeitraum geratet worden. Rückschlüsse auf den relevanten Verschuldungszinssatz sind somit nicht möglich.
- Die Ermittlung eines unternehmensspezifischen Verschuldungszinssatzes mittels Jahresabschlußinformationen über die Relation Zinsaufwand zu (vermutlich) zinspflichtigen Fremdkapital ist nicht ausreichend robust: Der Zinsaufwand bezieht sich auf die gesamte Periode, die Fremdkapitalbestände hingegen sind Stichtagswerte.

Weil der Weg über unternehmensindividuelle Verschuldungszinssätze verbaut ist, suchen wir eine Lösung über am Markt beobachtbare, periodenspezifische Fremdkapitalzinssätze: Wir übernehmen die von der Deutschen Bundesbank berichteten Verschuldungszinssätze und differenzieren nach kurz- und langfristigem Fremdkapital. Als kurzfristige Fremdkapitalkosten werden die Zinssätze auf Kontokorrentkredite von 1 Mio. DM bis unter 5 Mio. DM verwendet, die nach Auskunft der Deutschen Bundesbank auch an die Europäische Zentralbank zur Ermittlung eines europaweiten Zinssatzes für kurzfristige Unternehmenskredite weitergeleitet werden. Die Deutsche Bundesbank ermittelt erst seit dem 30.11.1996 Zinssätze für langfristige Festzinskredite an Unternehmen und Selbstständige für Volumen von 1 Mio. bis 10 Mio. DM. Zudem berichtet die Deutsche Bundesbank die Rendite auf Industrieobligationen.

---

[249] Im Rahmen der Sensitivitätsanalyse haben wir Einkommensteuersätze zwischen 30 % und 40 % verwendet und festgestellt, daß Eigenkapitalkosten und WACC auf eine Erhöhung des Einkommensteuersatzes um 5 %-Punkte mit einem Rückgang von durchschnittlich ca. 20 Basispunkten reagieren.

Für die Jahre 1996 bis 2000 verwenden wir den Mittelwert aus den Zinssätzen für langfristige Festzinskredite und Industrieobligationen als Schätzer für den Zinssatz für langfristiges Fremdkapital. Für die Jahre vor 1996 verwenden wir vereinfachend die jeweilige Umlaufrendite börsennotierter Bundeswertpapiere zuzüglich eines Spreads von 106 Basispunkten.[250] Dieser Spread entspricht der Differenz zwischen dem eben beschriebenen langfristigen Verschuldungszinssatz und der Umlaufrendite in den Jahren 1996 bis 2000.

Zinsen auf Fremdkapital sind auf Unternehmensebene steuerlich abzugsfähig. Im Untersuchungszeitraum galt das Anrechnungsverfahren. Zu beachten sind Ertrag- und Substanzsteuern. Gewerbekapital- bzw. Vermögensteuer wurden bis 1997 bzw. 1996 erhoben. Die Substanzsteuern lassen sich zu kombinierten Substanzsteuersätzen getrennt nach gewerbesteuerlichen Dauerschulden (langfristiges Fremdkapital) und Nicht-Dauerschulden (kurzfristiges Fremdkapital) zusammenfassen:

$$s_{Sub}^{DS} = 0,5 s_{GK}\left(1 - s_{GE}\right) + 0,75 \frac{s_V}{1 - s_K^T} \tag{6-85}$$

$$s_{Sub}^{NDS} = s_{GK}\left(1 - s_{GE}\right) + 0,75 \frac{s_V}{1 - s_K^T} \tag{6-86}$$

Der zweite Term auf der rechten Seite der beiden Gleichungen stellt den Vermögensteuereffekt dar: Da die Vermögensteuer nicht von der Körperschaftsteuer abzugsfähig ist, wird sie über thesaurierte Gewinne finanziert und ist deshalb mit dem Körperschaftsteuersatz auf thesaurierte Gewinne „hochzuhebeln".[251] Die Verschuldungszinssätze nach Ertrag- und Substanzsteuern sind für gewerbesteuerliche Dauerschulden bei angenommener Vollausschüttung[252] definiert gemäß:

$$i_{V,S,t}^{DS} = i_{V,t}^{DS}\left(1 - 0,5 s_{GE} - \frac{s_{Sub}^{DS}}{i_{V,t}^{DS}}\right)\left(1 - s_I\right) \tag{6-87}$$

Für Nicht-Dauerschulden gilt:

$$i_{V,S,t}^{NDS} = i_{V,t}^{NDS}\left(1 - s_{GE} - \frac{s_{Sub}^{NDS}}{i_{V,t}^{NDS}}\right)\left(1 - s_I\right) \tag{6-88}$$

[250] Wie die Diskussion in Kapitel 9 zeigen wird, ist diese Vorgehensweise vereinfachend, da das Risiko der finanzierungsbedingten Steuervorteile nicht immer dem Risiko der Gläubigerposition entspricht.

[251] Dieser Satz unterlag Schwankungen: Bis 1989 betrug er 56 %, von 1990 bis 1993 50 %, von 1994 bis 1998 45 % und 1999 bis 2000 40 %.

[252] Den bei Thesaurierung bzw. Änderung des Fremdkapitalsbestands entstehenden Steuereffekt, der aus der Differenz zwischen Einkommensteuersatz und Steuersatz auf thesaurierte Gewinne entsteht, blenden wir vereinfachend aus.

Diese Gleichungen setzen voraus, daß die Fremdkapitalkosten die steuerlichen Bemessungsgrundlagen in vollem Umfang mindern können. Das ist nicht selbstverständlich; US-amerikanische Studien zum effektiv zu erwartenden Steuervorteil der Fremdfinanzierung liegen vor: Altshuler/Auerbach ermitteln auf Basis der Daten der U.S. Treasury, daß bei einem Steuersatz auf Unternehmensgewinne von 46 % die effektive Steuerentlastung durch Zinsaufwand durchschnittlich nur 31,8 % des Zinsaufwandes beträgt.[253] Auf Basis von Simulationen schätzt Graham den gewichteten effektiven Grenzsteuersatz für das Jahr 1992, in dem ein Unternehmensteuersatz von 34 % galt, auf 27,8 %.[254] Im Durchschnitt führt der Zinsaufwand damit nur mit ca. 75 % zu einer Steuerentlastung. Nebenrechnungen haben ergeben, daß in diesem Fall der WACC aufgrund höherer Fremdkapitalkosten nach Steuern um ca. 20 bis 30 Basispunkte steigt.

d. WACC

Der WACC setzt sich aus Eigenkapitalkosten und Kosten verzinslichen Fremdkapitals zusammen, das wir in kurz- und langfristiges Fremdkapital aufteilen. Die textbook-formula für den WACC lautet:

$$\begin{aligned}\mathrm{WACC}_t = {} & k_{S,t}^F \frac{E_{t-1}^F}{V_{t-1}^F} + i_{V,t}^{NDS}\left(1 - s_{GE} - \frac{s_{Sub}^{NDS}}{i_{V,t}^{NDS}}\right)(1 - s_I)\frac{F_{t-1}^{NDS}}{V_{t-1}^F} \\ & + i_{V,t}^{DS}\left(1 - 0{,}5 s_{GE} - \frac{s_{Sub}^{DS}}{i_{V,t}^{DS}}\right)(1 - s_I)\frac{F_{t-1}^{DS}}{V_{t-1}^F}\end{aligned} \qquad (6\text{-}89)$$

Eigenkapitalkosten werden mit der Marktkapitalisierung am Ende des vorangehenden Geschäftsjahres gewichtet. Sind Vorzugsaktien und Stammaktien gelistet, so werden die entsprechenden Schlußkurse zum Geschäftsjahresende mit der Zahl der Aktien je Gattung multipliziert. Nichtnotierte Aktien werden ebenfalls mit diesem Kurs – unter Beachtung ggf. unterschiedlicher Nennwerte – bewertet. Wir folgen der Literatur, wenn wir den Marktwert des verzinslichen Fremdkapitals mit dem Buchwert gleichsetzen. Zum verzinslichen Fremdkapital zählen Gesellschafterdarlehen, Anleihen (Schuldverschreibungen, Obligationen), Wechselverbindlichkeiten, Verbindlichkeiten gegenüber Kreditinstituten (Kredite, Darlehen) und Verbindlichkeiten aus Finanzierungsleasingverträgen. Verbindlichkeiten mit einer Restlaufzeit unter einem Jahr werden als kurzfristiges Fremdkapital klassifiziert. Verbindlichkeiten mit längerer Restlaufzeit zählen zum langfristigen Fremdkapital.

---

[253] Vgl. Altshuler, R./Auerbach, A. J. (1990), S. 81.

[254] Vgl. Graham, J. R. (1996), S. 50.

e. Empirische Ergebnisse

Verwendet man eine Marktrisikoprämie von 5,5 %, einen Einkommensteuersatz gemäß der Empfehlung des IDW von 35 % und eine Dividendenrendite von 4 % ergeben sich die in Abbildung 6-13 gezeigten periodenspezifischen Kapitalkosten.[255] Da Marktrisikoprämie und Einkommensteuersatz konstant gehalten werden, ist die Veränderung der Eigenkapitalkosten auf die Änderung der risikolosen Rendite und der Beta-Werte zurückzuführen. Dies hat Rückwirkungen auf den WACC, der zudem von den Unternehmensteuersätzen, Verschuldungsgraden und Fremdkapitalkosten abhängt.

Der Mittelwert der Eigenkapitalkosten, berechnet aus allen periodischen Durchschnitten, beträgt 9,33 %; der WACC beträgt durchschnittlich 8,06 %. Wir raten aber ab, diese durchschnittlichen Werte zum Ausgangspunkt einer Bestimmung von Kapitalkosten eines Unternehmens zu machen. Kapitalkosten müssen an die im Bewertungszeitpunkt geltenden risikolosen Renditen sowie das unternehmensspezifische Investitions- und Finanzierungsrisiko angepaßt werden.

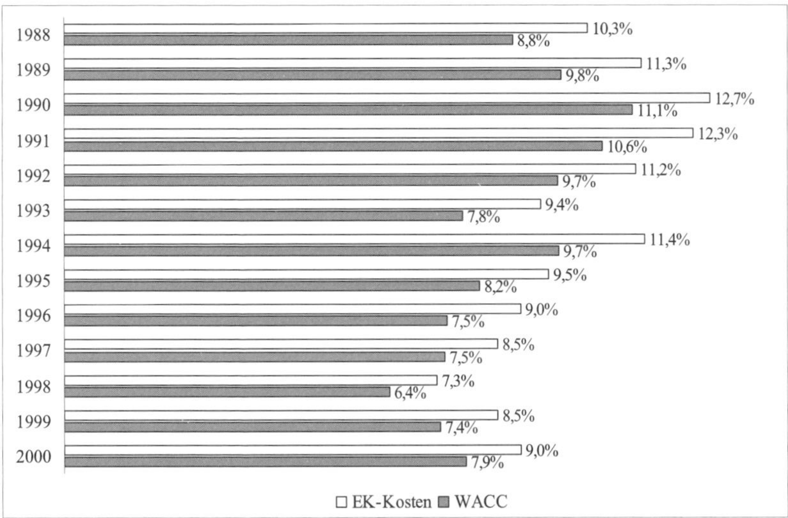

Abbildung 6-13: Periodenspezifische Kapitalkosten

Die Differenz zwischen Eigenkapitalkosten und WACC beträgt zwischen 1988 und 1996 durchschnittlich (ungewichtet) 1,5 % und zwischen 1997 und 2000 nur 1,1 %. Hier spiegelt sich die letztmalige Erhebung der Substanzsteuern in 1996 bzw. 1997 wider. Der Steuervorteil der Fremdfinanzierung nimmt damit ab; dies verringert den Abstand zwischen Eigenkapitalkosten und WACC.

255 Die angegebenen Werte stellen mit der Marktkapitalisierung gewichtete Durchschnitte aus den unternehmensspezifischen Kapitalkosten einer Periode dar.

Unterteilt man das Sample gemäß der CDAX-Definitionen in Branchensamples,[256] zeigt sich, daß die geforderte Rendite der Branche Industrials mit einem durchschnittlichen Wert von 11,4 % am höchsten ist. Es folgen die Branchen Software, Technology und Automobile. Niedrige Eigenkapitalkosten weisen Transportation & Logistics, Food & Beverages, Pharma & Healthcare und Utilities auf. Diese Unterschiede sind durch die jeweiligen Beta-Werte determiniert, da risikolose Rendite, Einkommensteuersatz und Marktrisikoprämie für alle Unternehmen einheitlich sind.

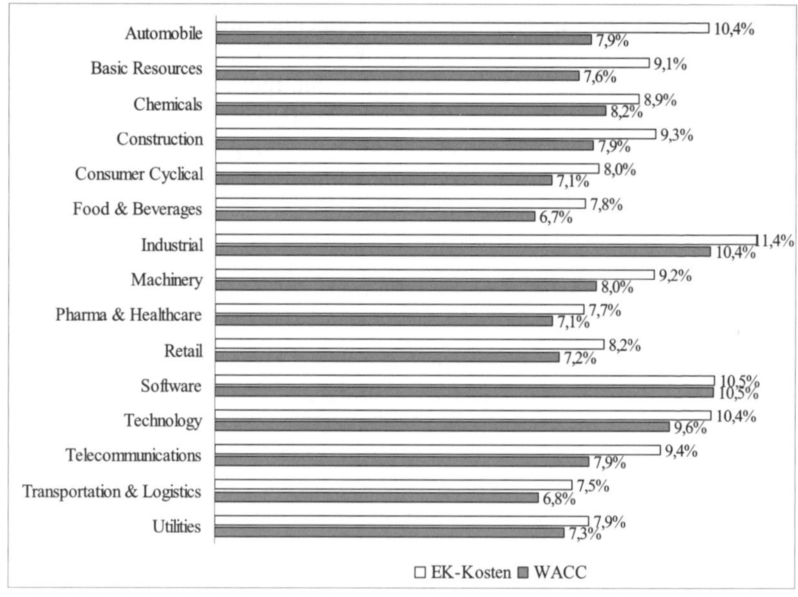

Abbildung 6-14: Kapitalkosten nach Branchen

Abbildung 6-15 zeigt die mit den Marktkapitalisierungen gewichteten Beta-Werte nach Branchen. Die Eigenkapitalkosten hängen von den Beta-Werten *und* den risikolosen Renditen ab. Deswegen verzeichnet die Branche Software zwar den höchsten Beta-Wert mit 1,27, stellt aber nicht den höchsten Eigenkapitalkostensatz, da in dieser Branche vor allem die Beobachtungen gegen Ende des Untersuchungszeitraums, in dem die risikolose Rendite relativ niedrig war, von besonderem Gewicht sind.[257] Der gewichtete durchschnittliche Beta-Wert des Gesamtsamples beträgt 0,95. Er liegt damit nahe am für den Gesamtmarkt zu erwartenden Beta-Wert von 1.

[256] Es ist zu beachten, daß einige Branchen dünn besetzt sind.

[257] So beträgt die Marktkapitalisierung der SAP AG, die diese Branche dominiert, ca. 480 Mio. € in 1988 und 42,7 Mrd. € in 2000.

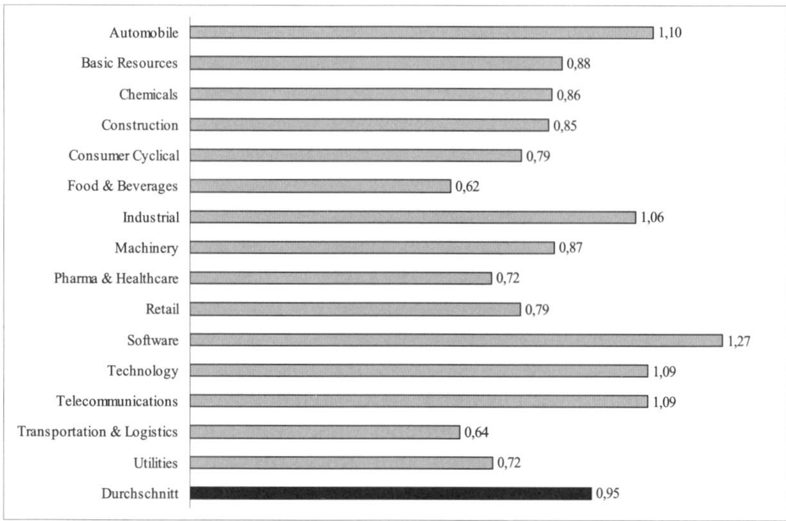

Abbildung 6-15: Beta-Werte nach Branchen

Die branchenspezifischen Gesamtkapitalkosten sind am höchsten für den Bereich Software, Industrial und Technology. Niedrige Werte ergeben sich bei den Branchen Food & Beverages, Transportation & Logistics und Consumer Cyclical. Neben den die Eigenkapitalkosten determinierenden Beta-Werten erklären die differierenden Verschuldungsgrade die beobachtbaren Unterschiede. Die durchschnittliche Verschuldungsquote, definiert als verzinsliches Fremdkapital dividiert durch die Summe aus Marktkapitalisierung und verzinslichem Fremdkapital, beträgt 0,24. Die Automobilbranche weist die höchste Verschuldung auf. Fast unverschuldet sind hingegen Softwareunternehmen. Die Verschuldungsgrade schwanken zwischen 0,003 und 0,395.

VII. Zusammenfassung

Kapitel 6 hat verdeutlicht, daß die in Kapitel 5 diskutierten Grundlagen zwar eine notwendige, aber keine hinreichende Voraussetzung für eine konsistente Unternehmensbewertung darstellen. Zunächst haben wir autonome und atmende Finanzierungsstrategie gegenübergestellt. Die Differenzierung ist wichtig, da davon der Wert der finanzierungsbedingten Steuereffekte und die darauf aufbauenden Definitionen von Diskontierungssätzen abhängen. Die Realitätsnähe einer atmenden Finanzierungsstrategie haben wir kritisch gewürdigt.

Daraufhin haben wir den APV-Ansatz besprochen, wobei wir neben einem einfachen Gewinnsteuersystem auch das deutsche Steuersystem zugrunde gelegt haben. Es zeigt sich, daß das unterstellte Risikoniveau bewertungsrelevant ist und daher zur Ableitung der Steuereffekte die implizierten Duplizierungsmaßnahmen klar herausgearbeitet werden müssen. Wir haben zudem neben der Finanzierung durch verzinsliches Fremdkapital auch die Finanzierung durch Pensionsrückstellungen zugelassen. Es zeigt sich, daß eine Reihe von Steuereffekten auftreten, die durch die unternehmen- und einkommensteuerliche Behandlung der Finanzierungsquellen bedingt sind. Daß bereits bei Eigenfinanzierung auch nach Finanzierungsquellen bzw. Ausschüttungskanälen differenziert werden sollte, haben wir durch Gegenüberstellung der externen Eigenfinanzierung i. V. m. einer einkommensteuerneutralen Ausschüttung und der Thesaurierung i. V. m. einer einkommensteuerpflichtigen Auskehrung von Überschüssen gezeigt.

Im Anschluß haben wir uns der WACC-Methode zugewendet. Bei autonomer Finanzierungsstrategie arbeitet diese Methode regelmäßig nicht selbstständig, sondern erfordert den Rückgriff auf APV-Ergebnisse, will man Iterationsrechnungen vermeiden. Bei atmender Finanzierungsstrategie hat die Methode zunächst Anwendungsvorteile, da ein konstanter Diskontierungssatz resultiert und die bewertungsrelevanten Überschüsse unabhängig von der Finanzierungsstrategie zu formulieren sind. Wir haben gezeigt, daß die Vorschläge von Miles/Ezzell und insbesondere Harris/Pringle für die Konsistenz der Bewertung wichtig sind. Erweitert man das Kalkül z. B. um Pensionsrückstellungen, verschwindet der Anwendungsvorteil des WACC-Ansatzes, da mit dem Unternehmensgesamtwert atmende Direktzusagen nebst zugehöriger Zahlungswirkungen kaum realistisch sind.

Die Ertragswert-Methode, die bei aufgeklärter Anwendung dem Equity-Ansatz entspricht, hat weder bei autonomer noch bei atmender Finanzierungsstrategie Vorzüge, da Diskontierungssätze und/oder bewertungsrelevante Überschüsse unter dem Interdependenzproblem leiden.

Schließlich haben wir uns mit der praktischen Ermittlung des Diskontierungssatzes beschäftigt, wobei wir diesen in risikolosen Basiszins, Beta-Wert und Marktrisikoprämie zerlegt und den Einfluß der Einkommensteuer diskutiert haben.

Tabelle 6-55 faßt wichtige Ergebnisse zur DCF-Bewertung zusammen. Unterstellt sind Halbeinkünfteverfahren, Risikoniveau I und die Argumentation von Harris/Pringle.

	Finanzierung	APV-Ansatz	WACC-Ansatz	Equity-Ansatz/Ertragswert-Methode
Zu diskontierende Erfolgsgröße	Autonom	1. An die Eigentümer fließende Zahlungen unter der Fiktion reiner Eigenfinanzierung 2. Unternehmen- und Einkommensteuereffekte ausgelöst durch deterministische Bestände an verzinslichem Fremdkapital und Pensionsrückstellungen	An die Eigentümer fließende Zahlungen unter der Fiktion reiner Eigenfinanzierung	An die Eigentümer fließende Zahlungen unter Beachtung der Zahlungswirkungen der deterministischen Bestände an verzinslichem FK und PRSt
	Atmend	1. s.o. 2. Steuereffekte ausgelöst durch die an den Unternehmensgesamtwert gekoppelten Bestände an verzinslichem FK und PRSt		An die Eigentümer fließende Zahlungen unter Beachtung der Zahlungswirkungen der an den Unternehmensgesamtwert gekoppelten Bestände an verzinslichem FK und PRSt
Diskontierungssatz	Autonom	1. Risikoloser Zins zuzüglich Investitionsprämie nach ESt: k_S 2. Risikoloser Zins nach Einkommensteuer: $i(1-s_I)$	$WACC_t = k_S\left(1-\frac{V_{t-1}^{St}}{V_{t-1}^F}\right)+\frac{\Delta V_{t-1}^{St}}{V_{t-1}^F}$ Oder textbook-formula: $WACC_t = k_S^F\frac{E_{t-1}^F}{V_{t-1}^F}+i(1-s_I)\frac{F_{t-1}}{V_{t-1}^F}+$ $+i(1-s_I)\frac{P_{t-1}}{V_{t-1}^F}-\frac{WB_{t-1}^F+WB_{t-1}^P}{V_{t-1}^F}$	$k_{S,t}^F = k_S+\left[k_S-i(1-s_I)\right]\frac{F_{t-1}+P_{t-1}-V_{t-1}^{St}}{E_{t-1}^F}$
	Atmend	1. s.o. 2. k_S	Im Rentenfall ohne PRSt: $WACC = k_S - i\left[s^0(1-0,5s_I)-0,5s_I\right]\frac{F}{V^F}$ Nicht-Rentenfall ohne PRSt: $WACC_t = k_S-\frac{WB_t^F}{V_{t-1}^F}$ Nicht-Rentenfall mit PRSt: $WACC_t = k_S-\frac{WB_t^F+WB_t^P}{V_{t-1}^F}$ Oder textbook-formula	Ohne PRSt: $k_S^F = k_S+\left[k_S-i(1-s_I)\right]\frac{F}{E^F}$ Mit PRSt: $k_{S,t}^F = k_S+\left[k_S-i(1-s_I)\right]\frac{F_{t-1}+P_{t-1}}{E_{t-1}^F}$

Tabelle 6-55: Erfolgsgrößen und Diskontierungssätze der DCF-Methode

Wie geht es in den nächsten Kapiteln weiter? Wir erweitern in Kapitel 7 den Strauß möglicher Finanzierungsquellen zunächst um Leasing, wobei es uns zum einen um die Prüfung der Vorteilhaftigkeit und zum anderen um die Einbindung in die Unternehmensbewertung geht. Daß die Überlegungen relevant sind, zeigt ein Blick auf die sog. Mobilienleasingquote: Im Jahr 2005 wurden 25 % aller eingesetzten Investitionsgüter durch Leasing finanziert. Wir erarbeiten die Abbildung von Rückstellungen in der Unternehmensbewertung in Kapitel 8 und wenden uns in Kapitel 9 der DCF-Bewertung von sanierungsbedürftigen Unternehmen. Auch diese Erweiterungen sind von großer empirischer Relevanz.

VIII. Literaturhinweise

Albrecht, T. (1997): Kritische Überlegungen zur Discounted Cash Flow-Methode – Anmerkungen. In: Zeitschrift für Betriebswirtschaft, 67. Jg., Heft 4, S. 511-516.

AKU (2003): Protokoll der 75. Sitzung. In: Fachnachrichten – IDW Nr. 1-2/2003, S. 26.

AKU (2005a): Protokoll der 84. Sitzung. In: Fachnachrichten – IDW Nr. 1-2/2005, S. 70-71.

AKU (2005b): Protokoll der 86. Sitzung. In. Fachnachrichten – IDW Nr. 8/2005, S. 555-556.

Altshuler, R./Auerbach, A. J. (1990): The Significance of Tax Law Asymmetries: An Empirical Investigation. In: Quarterly Journal of Economics, Vol. 105, S. 61-86.

Arnott, R. D./Bernstein, P. L. (2002): What Risk Premium is „normal"? In: Financial Analysts Journal, Vol. 58, S. 64-85.

Asness, C. S. (2000): Stocks versus Bonds: Explaining the Equity Risk Premium. In: Financial Analysts Journal, Vol. 56, S. 96-113.

Baetge, J./Niemeyer, K./Kümmel, J. (2005): Darstellung der Discounted-Cashflow-Verfahren (DCF-Verfahren) mit Beispiel. In: Praxishandbuch der Unternehmensbewertung, Peemöller, V. (Hrsg.), 3. A., Herne/Berlin, S. 265-362.

Ballwieser, W. (1980): Möglichkeiten der Komplexitätsreduktion bei einer prognoseorientierten Unternehmensbewertung. In: Zeitschrift für betriebswirtschaftliche Forschung, 32. Jg., S. 50-73.

Ballwieser, W. (1981): Die Wahl des Kalkulationszinsfußes bei der Unternehmensbewertung unter Berücksichtigung von Risiko und Geldentwertung. In: Betriebswirtschaftliche Forschung und Praxis, 33. Jg., S. 97-114.

Ballwieser, W. (1990): Unternehmensbewertung und Komplexitätsreduktion, 3. A., Wiesbaden.

Ballwieser, W. (1993): Methoden der Unternehmensbewertung. In: Handbuch des Finanzmanagements, Instrumente und Märkte der Unternehmensfinanzierung, Gebhardt, G./Gerke, W./Steiner, M. (Hrsg.), München, S. 151-176.

Ballwieser, W. (1998): Unternehmensbewertung mit Discounted Cash Flow-Verfahren. In: Die Wirtschaftsprüfung, 51. Jg., S. 81-92.

Ballwieser, W. (2003): Zum risikolosen Zins für die Unternehmensbewertung. In: Kapitalgeberansprüche, Marktorientierung und Unternehmenswert, Festschrift für Jochen Drukarczyk, Richter, F./Schüler, A./Schwetzler, B. (Hrsg.), München, S. 19-35.

Ballwieser, W./Leuthier, R. (1986): Grundprinzipien, Verfahren und Probleme der Unternehmensbewertung. In: Deutsches Steuerrecht, 24. Jg., S. 545-551 und S. 604-610.

Banz, R. (1981): The Relationship between Return and Market Value of Common Stock. In: Journal of Financial Economics, Vol. 9, S. 3-18.

Beaver, W. H./Kettler, P./Scholes, M. (1970): The Association between Market determined and Accounting determined Risk Measures. In: Accounting Review, Vol. 45, S. 654-682.

Bellinger, B./Vahl, G. (1997): Unternehmensbewertung in Theorie und Praxis, 3. A., Wiesbaden.

Beyer, S./Gaar, A. (2005): Neufassung des IDW S1 „Grundsätze zur Durchführung von Unternehmensbewertungen". In: FinanzBetrieb, 4. Jg., S. 240-251.

Bhandari, L. (1988): Debt/Equity Ratio and Expected Common Returns: Empirical Evidence. In: Journal of Finance, Vol. 43, S. 507-525.

Bierman, H. Jr./Schmidt, D. (1984): The Capital Budgeting Decision, 6. ed., New York, London.

Bimberg, L. (1993): Langfristige Renditeberechnungen zur Ermittlung von Risikoprämien, 2. A., Frankfurt a. M., Berlin, Bern.

Black, F. (1993): Beta and Return, in: Journal of Portfolio Management, Vol. 8, S. 5-20.

Black, F./Jensen, M./Scholes, M. (1972): The Capital Asset Pricing Model: Some Empirical Tests. In: Studies in the Theory of Capital Markets: Jensen, M. (Hrsg.), New York, S. 79-124.

Blume, M. E. (1974): Unbiased Estimators of Long-Run Expected Rates of Return. In: Journal of the American Statistical Association, Vol. 69, S. 634-638.

Bogue, M. C./Roll, R. (1974): Capital Budgeting of Risky Projects with Imperfect Markets for Physical Capital. In: Journal of Finance, Vol. 29, S. 601-613.

Born, K. (1995): Unternehmensanalyse und Unternehmensbewertung, Stuttgart.

Brealey, R. A./Myers, St. C. (2000): Principles of Corporate Finance, 6. ed., New York.

Brealey, R. A./Myers, St. C./Allen, F. (2006): Principles of Corporate Finance, 8. ed., New York.

Brennan, M. J. (1970): Taxes, Market Valuation and Corporate Financial Policy. In: National Tax Journal, Vol. 23, S. 417-427.

Bretzke, W.-R. (1975): Das Prognoseproblem bei der Unternehmensbewertung, Wiesbaden.

Bretzke, W.-R. (1976): Zur Berücksichtigung des Risikos bei der Unternehmensbewertung. In: Zeitschrift für betriebswirtschaftliche Forschung, 28. Jg., S. 153-165.

Bretzke, W.-R. (1988): Risiken in der Unternehmensbewertung. In: Zeitschrift für betriebswirtschaftliche Forschung, 40. Jg., S. 813-823.

Bruner, R. F./Eades, K. M./Harris, R. S./Higgins, R. C. (1998): Best Practices in Estimating the Cost of Capital: Survey and Synthesis. In: Financial Practice and Education, Vol. 8, S. 13-28.

Bußmann, J. (1988): Das Management von Zinsänderungsrisiken, Frankfurt a. M./ Bern.

Callahan, C. M./Mohr, R. M. (1989): The Determinants of Systematic Risk. A Synthesis. In: The Financial Review, Vol. 24, S. 157-181.

Carleton, W. T./Lakonishok, J. (1985): Risk and Return on Equity: The Use and Misuse of Historical Estimates. In: Financial Analysts Journal, Vol. 41, S. 38-47.

Coenenberg, A. (1981): Unternehmensbewertung aus der Sicht der Hochschule. In: IDW (Hrsg.): 50 Jahre Wirtschaftsprüferberuf, Düsseldorf, S. 221-245.

Convine, Th. E. (1982): On the Theoretical Relationship between Business Risk and Systematic Risk. In: Journal of Business Finance and Accounting, Vol. 9, S. 199-205.

Cooper, J. (1996): Arithmetic versus Geometric Mean Estimators: Setting Discount Rates for Capital Budgeting. In: European Financial Management, Vol. 2, S. 157-167.

Copeland, Th. E./Weston, F. J./Shastri, K. (2005): Financial Theory and Corporate Policy, 4. ed., Boston.

Cornell, B. (1999): The Equity Risk Premium, New York.

Daske, H./Gebhardt, G. (2006): Zukunftsorientierte Bestimmung von Risikoprämien und Eigenkapitalkosten für die Unternehmensbewertung. In: Zeitschrift für betriebswirtschaftliche Forschung, 58. Jg., S. 530-551.

Deutsche Bundesbank (1994): Monatsbericht Januar 1994.

Deutsche Bundesbank (1997): Schätzung von Zinsstrukturkurven. In: Monatsbericht Oktober 1997, S. 61-66.

Dimson, E./Marsh, P./Staunton, M. (2002): Triumph of the Optimists, 101 Years of Global Investment Returns, Chichester.

Dimson, E./Marsh, P./Staunton, M. (2003): Global Evidence on the Equity Risk Premium. In: Journal of Applied Corporate Finance, Vol. 15, S. 27-38.

Dirrigl, H. (1994): Konzepte, Anwendungsbereiche und Grenzen einer strategischen Unternehmensbewertung. In: Betriebswirtschaftliche Forschung und Praxis, 46. Jg., S. 409-432.

Donaldson, G. (1961): Corporate Debt Capacity, Boston.

Drukarczyk, J. (1993): Theorie und Politik der Finanzierung, 2. A., München.

Drukarczyk, J. (2001): Discounted Cash Flow-Methoden (6.6.5). In: Achleitner, A.-K./Thoma, G. F. (Hrsg.), Handbuch Corporate Finance, 2. A., Köln, S. 1-36.

Drukarczyk, J./Lobe, S. (2002a): Discounted Cash Flow-Methoden und Halbeinkünfteverfahren. In: Achleitner, A.-K./Thoma, G. F. (Hrsg.), Handbuch Corporate Finance, 2. A., Köln, S. 1-31.

Drukarczyk, J./Lobe, S. (2002b): Unternehmensbewertung und Halbeinkünfteverfahren – Probleme individueller und marktorientierter Bewertung steuerlicher Vorteile. In: BetriebsBerater-Beilage Unternehmensbewertung, S. 2-9.

Drukarczyk, J./Richter, F. (1995): Unternehmensgesamtwert, anteilseignerorientierte Finanzentscheidungen und APV-Ansatz. In: Die Betriebswirtschaft, 55. Jg., S. 559-580.

Drukarczyk, J./Schüler, A. (2000a): Direktzusagen, Lohnsubstitution, Unternehmenswert und APV-Ansatz. In: Betriebliche Altersversorgung in Deutschland im Zeichen der Globalisierung, Festschrift für Norbert Rößler; Andresen, B.-J./ Förster, W./Doetsch, P. A. (Hrsg.), Köln, S. 33-55.

Drukarczyk, J./Schüler, A. (2000b): Rückstellungen und Unternehmensbewertung. In: Werte messen – Werte schaffen: Von der Unternehmensbewertung zum Shareholder-Value-Management, Festschrift für K. H. Maul zum 60. Geburtstag, Arnold, H. u. a. (Hrsg.), Düsseldorf, S. 5-37.

Drukarczyk, J./Schüler, A. (2002): Rückstellungen, Verwendungsentscheidungen und Nettokapitalwert. In: Jahrbuch für Controlling und Rechnungswesen 2002, Seicht, G. (Hrsg.), Wien, S. 309-328.

Drukarczyk, J./Schüler, A. (2003): Kapitalkosten deutscher Aktiengesellschaften – eine empirische Untersuchung. In: FinanzBetrieb, 5. Jg., S. 337-347.

Duvall, R. M./Cheney, J. M. (1984): Bond Beta and Default Risk. In: Journal of Financial Research, Vol. 3, S. 243-254.

Eisenführ, F./Weber, M. (1999): Rationales Entscheiden, 3. A., Berlin.

Fabozzi, F. J. (1982): A Note on the Association between Systematic Risk and Common Stock and Bond Rating Classifications. In: Journal of Economies and Business, Vol. 34, S. 159-163.

Fama, E. F. (1977): Risk-adjusted Discount Rates and Capital Budgeting under Uncertainty. In: Journal of Financial Economics, Vol. 5, S. 3-24.

Fama, E. F. (1996): Discounting under Uncertainty. In: Journal of Business, Vol. 69, S. 415-428.

Fama, E. F./French, K. R. (1992): The Cross-Section of Expected Stock Returns. In: Journal of Finance, Vol. 47, S. 427-465.

Fama, E. F./French, K. R. (1996): The CAPM is wanted, dead or alive. In: The Journal of Finance, Vol. 51, S. 1947-1958.

Fama, E./MacBeth, J. (1973): Risk, Return and Equilibrium: Empirical Tests. In: Journal of Political Economy, Vol. 81, S. 607-636.

Franke, G./Hax, H. (1999): Finanzwirtschaft des Unternehmens und Kapitalmarkt, 4. A., Berlin, Heidelberg, New York.

Fuller, R. F./Kerr, H. S. (1981): Estimating the Divisional Cost of Capital: An Analysis of the Pure-Play-Techniques. In: Journal of Finance, Vol. 36, S. 997-1009.

Gampenrieder, P. (2005): Auswirkungen der beabsichtigten Neufassung des IDW S1 auf die angemessene Abfindung von außenstehenden Aktionären. In: Unternehmensbewertung und Management, 3. Jg., S. 110-116.

Gebhardt, G./Daske, H. (2005): Kapitalmarktorientierte Bestimmung von risikofreien Zinssätzen für die Unternehmensbewertung. In: Die Wirtschaftsprüfung, 59. Jg., S. 649-655.

Gebhardt, W. R./Lee, Ch. M. C./Swaminathan, B. (2001): Toward an Implied Cost of Capital. In: Journal of Accounting Research, Vol. 39, S. 135-176.

Gehrke, N. (1994): Tobin's Q., Wiesbaden.

Gilson, R. J/Black, B. S. (1995): The Law and Finance of Corporate Acquisitions, 2. ed., New York.

Göppl, H. (1980): Unternehmensbewertung und Capital-Asset-Pricing-Theorie. In: Die Wirtschaftsprüfung, 33. Jg., S. 237-245.

Grabowski, R. J./King, D. W. (2003): Equity Risk Premium: What Valuation Consultants need to know about recent Research. In: Valuation Strategies, Vol. 6, S. 6-11 und S. 42.

Grabowki, R. J./King, D. W. (2004): The Equity Risk Premium. In: The Handbook of Business Valuation and Intellectual Property Analysis, Reilly, R. F./Schweihs, R. P. (Hrsg.), New York, S. 3-29.

Grabowski, R. J./King, D. W. (2005): Equity Risk Premium: What Valuation Consultants need to know about recent Research. In: Valuation Strategies, Vol. 8, S.16-21.

Graham, J. R. (1996): Debt and the Marginal Tax Rate. In: Journal of Financial Economics, Vol. 41, S. 41-73.

Graham, J. R. (2000): How big are the tax benefits of debt? In: The Journal of Finance, Vol. 55, S. 1901-1941.

Graham, J. R./Harvey, C. R. (2001): The Theory and Practice of Corporate Finance: Evidence from the Field. In: Journal of Financial Economics, Vol. 61, S. 1-28.

Gregory, A. (1992): Valuing Companies - Analysing Business Worth, New York, London.

Günther, R. (1997): Zur Berücksichtigung der persönlichen Einkommensteuer bei der Unternehmensbewertung nach der Ertragswertmethode, Düsseldorf.

Hachmeister, D.(1998): Diskontierung bei Unsicherheit. In: Ergebnisse des Berliner Workshops „Unternehmensbewertung“ Februar 1998, S. 25-34.

Hachmeister, D. (2000): Der Discounted Cash-flow als Maß der Unternehmenswertsteigerung, 4. A., Frankfurt a. M., Berlin, Bern.

Hackmann, A. (1987): Unternehmensbewertung und Rechtsprechung, Wiesbaden.

Hamada, R. S. (1972): The Effects of the Firm's Capital Structure on the Systematic Risk of Common Stocks. In: Journal of Finance, Vol. 27, S. 425-452.

Harris, R. S./Pringle, J. J. (1985): Risk-Adjusted Discount Rates - Extensions from the Average-Risk Case. In: The Journal of Financial Research, Vol. 8, S. 237-244.

Harris, R. /Marston, F. C. (1992): Estimating Shareholder Risk Premia using Analyst's Growth Forecasts. In: Financial Management, Vol. 21, S. 63-70.

Haugen, R. A. (2001): Modern Investment Theory, 5. ed., Upper Saddle River.

Hayn, M. (2000): Bewertung junger Unternehmen, 2. A., Herne, Berlin.

Henselmann, K. (1999): Unternehmensrechnungen und Unternehmenswert, Aachen.

Hering, T. (1999): Finanzwirtschaftliche Unternehmensbewertung, Wiesbaden.

Hirigoyen, G./Degos, J.G. (1988): Evaluation des Sociétés et de leurs Titres, Paris.

Hirshleifer, J. (1958): On the Theory of Optimal Investment Decision. In: Journal of Political Economy, Vol. 66, S. 329-352.

Hitchner, J. R. (2003): Financial Valuation, Applications and Models, Hoboken.

Husmann, S./Kruschwitz, L./Löffler, A. (2002a): Unternehmensbewertung unter deutschen Steuern. In: Die Betriebswirtschaft, 62. Jg., S. 24-42.

Husmann, S./Kruschwitz, L./Löffler, A. (2002b): Tilgungseffekt und Kapitalherabsetzung – Abschließende Replik zur Stellungnahme von J. Laitenberger zum Aufsatz: „Unternehmensbewertung unter deutschen Steuern" von S. Husmann, L. Kruschwitz und A. Löffler DBW 62. Jg. (2002), S. 555-559. In: Die Betriebswirtschaft, 62. Jg., S. 559-561.

IDW (1983): Stellungnahme HFA 2/1983: Grundsätze zur Durchführung von Unternehmensbewertungen. In: Die Wirtschaftsprüfung, 36. Jg., S. 468-480.

IDW (1992): Wirtschaftsprüfer-Handbuch, 10. A., Band II, Düsseldorf.

IDW (1998): Wirtschaftsprüfer-Handbuch, 11. A., Band II, Düsseldorf.

IDW (1999): Entwurf IDW Standard: Grundsätze zur Durchführung von Unternehmensbewertungen. In: Die Wirtschaftsprüfung, 39. Jg., S. 200-216.

IDW (2000): IDW Standard 1: Grundsätze zur Durchführung von Unternehmensbewertungen. In: Die Wirtschaftsprüfung, 40. Jg., S. 825-842.

IDW (2004): Entwurf einer Neufassung des IDW Standards: Grundsätze zur Durchführung von Unternehmensbewertungen (IDW ES 1 n. F.). In: Fachnachrichten-IDW, 56. Jg., Nr. 1-2, S. 13-42.

IDW (2005): IDW-Standard: Grundsätze zur Durchführung von Unternehmensbewertungen (IDW S1). In: Fachnachrichten – IDW, 57. Jg., Nr. 11, S. 690-718.

Indro, D. C./Lee, W. Y. (1997): Biases in Arithmetic and Geometric Averages as Estimates of Long-Run expected Returns and Risk Premia. In: Financial Management, Vol. 26, S. 81-90.

Inselbag, I./Kaufold, H. (1989): How to Value Recapitalizations and Leveraged Buyouts. In: Journal of Applied Corporate Finance, Vol. 2, S. 87-97.

Inselbag, I./Kaufold, H. (1997): Two DCF Approaches for Valuing Companies under Alternative Financing Strategies. In: Journal of Applied Corporate Finance, Vol. 10, S. 114-122.

Jaeckel, U. (1988): Zur Bestimmung des Basiszinsfußes bei der Ertragswertbestimmung. In: Betriebswirtschaftliche Forschung und Praxis, 40. Jg., S. 553-563.

Jagannathan, R./McGrattan, E. R./Scherbina, A. (2000): The Declining U. S. Equity Premium. In: Federal Bank of Minneapolis Quarterly Review, Vol. 24, S. 1-19.

Jensen, M. C. (1986): Agency Costs of Free Cash Flow, Corporate Finance and Takeover. In: American Economic Review, Vol. 76, S. 323-329.

Jonas, M./Löffler, A./Wiese, J. (2004): Das CAPM mit deutscher Einkommensteuer. In: Die Wirtschaftsprüfung, 57. Jg., S. 898-906.

Jonas, M./Wieland-Blöse, H./Schiffarth, S. (2005): Basiszinssatz in der Unternehmensbewertung. In: FinanzBetrieb, 7. Jg., S. 647-653.

Kaplan, P. D. (1995): Why the Expected Rate of Return is an Arithmetic Average. In: Business Valuation Review, Vol. 14, S. 126-129.

Kaplan, R. S./Ruback, R. (1995): The Valuation of Cash Flow Forecasts: An Empirical Analysis. In: The Journal of Finance, Vol. 50., S. 1059-1093.

Kengelbach, J. (2000): Unternehmensbewertung bei internationalen Transaktionen, Frankfurt a. M., Berlin, New York.

Kerler, P. (2000): Mergers & Acquisitions und Shareholder Value, Berlin, Stuttgart, Wien.

Kirsch, H.-J./Krause, C. (1996): Kritische Überlegungen zur Discounted Cash Flow-Methode. In: Zeitschrift für Betriebswirtschaft, 66. Jg., S. 793-812.

Kirsch, H.-J./Krause, C. (1997): Kritische Überlegungen zur Discounted Cash Flow-Methode – Anmerkungen zu den Anmerkungen. In: Zeitschrift für Betriebswirtschaft, 67. Jg., S. 517-518.

Kleber, P. (1989): Prognoseprobleme in der Unternehmensbewertung, Wiesbaden.

Kloster, U. (1988): Kapitalkosten und Investitionsentscheidungen, Frankfurt a. M., Bern, New York, Paris.

Knoll, L./Deininger, C. (2004): Der Basiszins der Unternehmensbewertung zwischen theoretisch wünschenswerten und praktisch Machbarem. In: Zeitschrift für Bankrecht und Bankwirtschaft, 16. Jg., S. 371-381.

Koller, T./Goedhart, M./Wessels, D. (2005): Valuation, Measuring and Managing the Value of Companies, 4. A., Hoboken.

Kozikowski, M./Dirscherl, G./Keller, G. (2005): Implikationen der Weiterentwicklung der Grundsätze zur Durchführung von Unternehmensbewertungen. In: Unternehmensbewertung und Management, 3. Jg., S. 69-74.

Krag, J./Kasperzak, *R. (2000):* Grundzüge der Unternehmensbewertung, München.

Krotter, S. (2004): Kapitalkosten und Kapitalstrukturen ausgewählter deutscher Unternehmen. In: Wirtschaft und Statistik, S. 581-587.

Kruschwitz, L. (1999): Finanzierung und Investition, 2. A., Berlin, New York.

Kruschwitz, L. (2001): Risikoabschläge, Risikozuschläge und Risikoprämien in der Unternehmensbewertung. In: Der Betrieb, 54. Jg., S. 2409-2413.

Kruschwitz, L./Löffler, A. (1998): WACC and APV revisited. In: Ergebnisse der Berliner Workshops „Unternehmensbewertung“ vom 7. Februar 1998, Diskussionsbeiträge des Fachbereichs Wirtschaftswissenschaften der Freien Universität Berlin, Nr. 1998/7, S. 35-42.

Kruschwitz, L./Löffler, A. (1999a): Erwiderung auf Frank Richter: Unternehmensbewertung bei variablem Verschuldungsgrad. In: Zeitschrift für Bankrecht und Bankwirtschaft, 11. Jg., S. 83-84.

Kruschwitz, L./Löffler, A. (1999b): Sichere und unsichere Steuervorteile bei der Unternehmensbewertung I. – Kritische Anmerkungen (nicht nur) zum WP-Handbuch 1998 – Arbeitspapier, Freie Universität Berlin.

Kruschwitz, L./Löffler, A. (2004): Bemerkungen über Kapitalkosten vor und nach Steuern. In: Zeitschrift für Betriebswirtschaft, 74. Jg., S. 1175-1190.

Kruschwitz, L./Löffler, A. (2005): Unternehmensbewertung und Einkommensteuer aus der Sicht von Theoretikern und Praktikern. In: Die Wirtschaftsprüfung, 58. Jg., S. 73-79.

Kruschwitz, L./Löffler, A. (2006): Discounted Cash flow. A Theory of the Valuation of Firms, Chichester.

Kruschwitz, L./Milde, H. (1996): Geschäftsrisiko, Finanzierungsrisiko und Kapitalkosten. In: Zeitschrift für betriebswirtschaftliche Forschung, 48. Jg., S. 1115-1132.

Künnemann, M. (1985): Objektivierte Unternehmensbewertung, Bern, New York.

Kürsten, W. (2002): „Unternehmensbewertung unter Unsicherheit", oder: Theoriedefizit einer künstlichen Diskussion über Sicherheitsäquivalent- und Risikozuschlagsmethode. In: Zeitschrift für betriebswirtschaftliche Forschung, S. 128-144.

Kunowski, St. (2005): Änderung des IDW-Standards zu den Grundsätzen zur Durchführung von Unternehmensbewertungen, in: Deutsches Steuerrecht, S. 569-573.

Laitenberger, J. (2000): Die Berücksichtigung von Kursgewinnen bei der Unternehmensbewertung. In: FinanzBetrieb, 4. Jg., S. 546-550.

Laitenberger, J. (2002): Tilgungseffekt und Kapitalherabsetzung – Anmerkung zum Beitrag von Sven Husmann, Lutz Kruschwitz und Andreas Löffler: „Unternehmensbewertung unter deutschen Steuern" DBW 62. Jg. (2002), S. 24-42. In: Die Betriebswirtschaft, 62. Jg., S. 555-559.

Laitenberger, J./Bahr, Ch. (2002): Die Bedeutung der Einkommensteuer bei der Unternehmensbewertung. In: FinanzBetrieb, 2. Jg., S. 703-708.

Laitenberger, J./Tschöpel H. (2003): Vollausschüttung und Halbeinkünfteverfahren. In: Die Wirtschaftsprüfung, 56. Jg., S. 1357-1367.

Lakonishok, J./Shapiro, A. (1986): Systematic Risk, Total Risk and Size as Determinants of Stock Market Returns. In: Journal of Banking and Finance, Vol. 10, S. 115-131.

Lampenius, N./Obermaier, R./Schüler, A. (2006): Der Einfluß laufzeitäquivalenter Basiszinssätze auf den Unternehmenswert: eine empirische Untersuchung. Arbeitspapier München, Regensburg.

Lessard, D. R. (1981): Evaluating International Projects: An Adjusted Present Value Approach. In: Capital Budgeting under Conditions of Uncertainty, Crum, R.L./Derkinderen, F.G.J. (ed.), Boston, S. 118-137.

Leuthier, R. (1988a): Das Interdependenzproblem bei der Unternehmensbewertung, Frankfurt a. M.

Leuthier, R. (1988b): Zur Berücksichtigung der Besteuerung bei der Unternehmensbewertung. In: Betriebswirtschaftliche Forschung und Praxis, 40. Jg., S. 505-521.

Lewellen, W. G./Emery, D. R. *(1986)*: Corporate Debt Management and the Value of the Firm. In: Journal of Financial and Quantitative Analysis, Vol. 21, S. 415-426.

Lobe, S. (2001): Marktbewertung des Steuervorteils der Fremdfinanzierung und Unternehmensbewertung. In: FinanzBetrieb, 3. Jg., S. 645-652.

Lobe, S. (2006): Unternehmensbewertung und Terminal Value. In: Regensburger Beiträge zur Betriebswirtschaftlichen Forschung, Band 45, Frankfurt a. M. u. a.

Löffler, A. (1998): WACC approach and Nonconstant Leverage Ratio. Arbeitspapier Freie Universität Berlin.

Löhr, D. (1989): Die Grenzen des Ertragswertverfahrens, Kritik und Perspektiven, Frankfurt a. M., Berlin, Bern.

Löhr, D. (1992): Unternehmensbewertung: Ausschüttungspolitik und Vollausschüttungshypothese. In: Die Wirtschaftsprüfung, 45. Jg., S. 525-531.

Luehrmann, T. A. (1997): Using APV – A better tool for valuing operations. In: Harvard Business Review, Vol. 75, S. 145-154.

Malitz, J. (1986): On Financial Contracting: The Determinants of Bond Covenants. In: Financial Management, Vol. 15, S. 18-25.

Mandl, G./Rabel, K. (1997): Unternehmensbewertung – eine praxisorientierte Einführung, Wien, Frankfurt a. M.

Marsh, P. (1982): The Choice between Debt and Equity: An Empirical Study. In: The Journal of Finance, Vol. 37, S. 121-144.

Martin, J. D. (1987): Alternative Net Present Value Models. In: Advances in Financial Planning and Forecasting, Vol. 2, S. 51-66.

Matschke, M. (1979): Funktionale Unternehmensbewertung: Der Arbitriumwert der Unternehmung, Wiesbaden.

Maul, K.-H. (1976): Unternehmensbewertung bei Unsicherheit. In: Die Wirtschaftsprüfung, 29. Jg., S. 573-579.

Maul, K.-H. (1992): Offene Probleme der Bewertung von Unternehmen durch Wirtschaftsprüfer. In: Der Betrieb, 45. Jg., S. 1253-1259.

Mehra, R./Prescott, E. C. (1985): The Equity Premium, A Puzzle. In: Journal of Monetary Economics, Vol. 15, S. 145-161.

Miles, J. A./Ezzell, J. R. (1980): The Weighted Average Cost of Capital, Perfect Capital Markets, and Project Life: A Clarification. In: Journal of Financial and Quantitative Analysis, Vol. 15, S. 719-730.

Miles, J. A./Ezzell, J. R. (1985): Reformulating Tax Shield Valuation: A Note. In: The Journal of Finance, Vol. 51, S. 1485-1492.

Miller, M. H. (1977): Debt and Taxes. In: The Jornal of Finance, Vol. 32, S. 261-275.

Miller, M. H. (1988): The Modigliani-Miller Propositions after Thirty Years. In: Journal of Economic Perspectives, Vol. 2., S. 99-120.

Modigliani, F./Miller, M. H. (1958): The Cost of Capital, Corporation Finance and the Theory of Investment. In: American Economic Review, Vol. 48, S. 261-297.

Modigliani, F./Miller, M. H. (1963): Corporate Income Taxes and the Cost of Capital – A Correction. In: American Economic Review, Vol. 53, S. 433-443.

Modigliani, F./Miller, M. H. (1969): Reply to Heins and Sprenkle. In: American Economic Review, Vol. 59, S. 592-595.

Mohr, R. M. (1985): The Operating Beta of a U.S. Multi-Activity Firm: An Empirical Investigation. In: Journal of Business Finance and Accounting, Vol. 12, S. 575-593.

Morawietz, M. (1994): Rentabilität und Risiko deutscher Aktien- und Rentenanlagen seit 1870, Wiesbaden.

Moxter, A. (1970): Optimaler Verschuldungsumfang und Modigliani-Miller-Theorem. In: Forster, K.H./Schuhmacher, P. (Hrsg.): Aktuelle Fragen der Unternehmensfinanzierung und Unternehmensbewertung, Stuttgart, S. 128-155.

Moxter, A. (1983): Grundsätze ordnungsmäßiger Unternehmensbewertung, 2. A., Wiesbaden.

Moyer. R. Ch./Chatfield, R. (1983): Market Power and Systematic Risk. In: Journal of Economics and Business, Vol. 35, S. 123-130.

Myers, St. C. (1974): Interactions of Corporate Financing and Investment Decisions: Implications for Capital Budgeting. In: The Journal of Finance, Vol. 32, S. 1-25.

Nelson, C. R./Siegel, A. F. (1987): Parsimonious Modeling of Yield Curves. In: Journal of Business, Vol. 60, S. 473-489.

Obermaier, R. (2004): Bewertung, Zins und Risiko. In: Regensburger Beiträge zur betriebswirtschaftlichen Forschung, Band 39, Frankfurt a. M. u. a.

Obermaier, R. (2006): Marktzinsorientierte Bestimmung des Basiszinssatzes in der Unternehmensbewertung. In: FinanzBetrieb, 8. Jg., S. 472-479.

Ollmann, M./Richter, F. (1999): Kapitalmarktorientierte Unternehmensbewertung und Einkommensteuer: eine deutsche Perspektive im Kontext internationaler Praxis. In: Unternehmenspolitik und internationale Besteuerung, Festschrift für L. Fischer, Kleineidam, H.-J. (Hrsg), Berlin, S. 159-178.

Peemöller, V. u. a. (1993): Stand und Entwicklung der Unternehmensbewertung – eine kritische Bestandsaufnahme. In: Deutsches Steuerrecht, 31. Jg., S. 409-415.

Peemöller, V./Beckmann, Ch./Meitner, M. (2005): Einsatz eines Nachsteuer-CAPM bei der Bestimmung objektivierter Unternehmenswerte – eine kritische Analyse des IDW ES1 n. F.. In: BetriebsBerater, 60. Jg., S. 90-96.

Piltz, D. (1994): Die Unternehmensbewertung in der Rechtsprechung, 3. A., Düsseldorf.

Pratt, S. P./Reilly, R. F./Schweihs, R. P. (2000): Valuing a Business, The Analysis and Appraisal of Closely Held Companies, 4. ed., Homewood.

Rappaport, A. (1998): Creating Shareholder Value, 2. ed., New York.

Rajan, R. G./Zingales, L. (1995): What do we know about Capital Structure? Some Evidence from International Data. In: The Journal of Finance, Vol. 50, S. 1421 – 1460.

Reilly, R. F./Schweihs, R. P. (2004): The Handbook of Business Valuation and Intellectual Property Analysis, New York.

Richter, F. (1996): Die Finanzierungsprämissen des Entity-Ansatzes vor dem Hintergrund des APV-Ansatzes zur Bestimmung von Unternehmenswerten. In: Zeitschrift für betriebswirtschaftliche Forschung, 48. Jg., S. 1076-1097.

Richter, F. (1997): DCF-Methoden und Unternehmensbewertung: Analyse der systematischen Abweichungen der Bewertungsergebnisse. In: Zeitschrift für Bankrecht und Bankwirtschaft, 9. Jg., S. 226-237.

Richter, F. (1998): Unternehmensbewertung bei variablem Verschuldungsgrad. In: Zeitschrift für Bankrecht und Bankwirtschaft, 10 Jg., S. 379-389.

Richter, F. (1999a): Konzeption eines marktwertorientierten Steuerungs- und Monitoringsystems, Regensburger Beiträge zur betriebswirtschaftlichen Forschung, Band 12, 2. A., Frankfurt a. M. u. a.

Richter, F. (1999b): Nochmals: Unternehmensbewertung bei variablem Verschuldungsgrad. In: Zeitschrift für Bankrecht und Betriebswirtschaft, 11. Jg., S. 84-85.

Richter, F. (2001): Simplified Discounting Rules in Binomial Models. In: Schmalenbach Business Review, Vol. 53, S. 175-196.

Richter, F. (2002a): Kapitalmarktorientierte Unternehmensbewertung. In: Regensburger Beiträge zur betriebswirtschaftlichen Forschung, Band 29, Frankfurt a. M. u. a.

Richter, F. (2002b): Simplified Discounting Rules, Variable Growth and Leverage. In: Schmalenbach Business Review, Vol. 54, S. 136-147.

Richter, F. (2003): Logische Wertgrenzen und subjektive Punktschätzungen – Zur Anwendung der risikoneutralen (Unternehmens-)Bewertung. In: Unternehmen bewerten, Heintzen, M./Kruschwitz, L. (Hrsg.), Berlin, S. 59-73.

Richter, F. (2005): Merger & Acquisitions, München.

Richter, F./Drukarczyk, J. (2000): Wachstum, Kapitalkosten und Finanzierungseffekte. In: Die Betriebswirtschaft, 61. Jg., S. 627-639.

Richter, F./Simon-Keuenhof, K. (1996): Bestimmung durchschnittlicher Kapitalkostensätze deutscher Industrieunternehmen. In: Betriebswirtschaftliche Forschung und Praxis, 48. Jg., S. 698-708.

Ring, St./Castedello, M./Schlumberger, E. (2000): Auswirkungen des Steuersenkungsgesetzes auf die Unternehmensbewertung. In: FinanzBetrieb, 2. Jg., S. 356-361.

Robichek, A./Myers, St. C. (1965): Optimal Financing Decisions, Englewood Cliffs.

Robichek, A./Myers, St. C.(1966): Conceptual Problems in the Use of Risk-Adjusted Discount Rates. In: Journal of Finance, Vol. 21, S. 727-730.

Ross, St. A./Westerfield, R. W./Jaffe, J. (2005): Corporate Finance, 7. ed., Chicago, London.

Ronge, U. (2002): Die langfristige Rendite deutscher Standardaktien, Frankfurt a. M., Berlin, Bern.

Schich, S. T. (1997): Schätzung der deutschen Zinsstrukturkurve, Diskussionspapier 4/97, Volkswirtschaftliche Forschungsgruppe der Deutschen Bundesbank, Oktober 1997.

Schildbach, Th. (1993): Kölner versus phasenorientierte Funktionenlehre der Unternehmensbewertung. In: Betriebswirtschaftliche Forschung und Praxis, 45. Jg., S. 25-38.

Schildbach, Th. (1995): Der Verkäufer und das Unternehmen „wie es steht und liegt". In: Zeitschrift für betriebswirtschaftliche Forschung, 47. Jg., S. 620-632.

Schildbach, Th. (1998): Ist die Kölner Funktionslehre der Unternehmensbewertung durch die Discounted Cash-flow-Verfahren überholt? In: Festschrift für G. Sieben, Matschke, M. J./Schildbach T. (Hrsg.), Stuttgart, S. 301-322.

Schmidt, J. G. (1995): Die Discounted Cash-flow-Methode - nur eine kleine Abwandlung der Ertragswertmethode? In: Zeitschrift für betriebswirtschaftliche Forschung, 47. Jg., S. 1087-1118.

Schultze, W. (2001): Methoden der Unternehmensbewertung, Düsseldorf.

Schüler, A. (1998): Performance-Messung und Eigentümerorientierung. In: Regensburger Beiträge zur betriebswirtschaftlichen Forschung, Band 19, Frankfurt a. M. u. a.

Schüler, A. (2003): Do German Firms Earn the Cost of Capital due to Tax Shields of Debt and Provisions? Arbeitspapier.

Schwetzler, B. (1996): Zinsänderungsrisiko und Unternehmensbewertung: Das Basiszinsfuß-Problem bei der Ertragswertermittlung. In: Zeitschrift für Betriebswirtschaft, 66. Jg., S. 1081-1101.

Schwetzler, B. (2000a): Unternehmensbewertung unter Unsicherheit – Sicherheitsäquivalent – oder Risikozuschlagsmethode? In: Zeitschrift für betriebswirtschaftliche Forschung, 52. Jg., S. 469-486.

Schwetzler, B. (2000b): Stochastische Verknüpfung und implizite bzw. maximal zulässige Risikozuschläge bei der Unternehmensbewertung. In: Betriebswirtschaftliche Forschung und Praxis, 52. Jg., S. 478-492.

Schwetzler, B. (2002a): Unternehmensbewertung und Risiko. In: Der Betrieb, 55 Jg., S. 390-391.

Schwetzler, B. (2002b): Das Ende des Ertragswertverfahrens? In: Zeitschrift für betriebswirtschaftliche Forschung, 52 Jg., S. 145-158.

Schwetzler, B. (2005): Halbeinkünfteverfahren und Ausschüttungsäquivalenz – die „Übertypisierung" der Ertragswertbestimmung. In: Die Wirtschaftsprüfung, 58. Jg., S. 601-617.

Schwetzler, B./Darijtschuk, N. (1999): Unternehmensbewertung mit Hilfe der DCF-Methode – eine Anmerkung zum „Zirkularitätsproblem". In: Zeitschrift für Betriebswirtschaft, 69. Jg., S. 295-317.

Schwetzler, B./Darijtschuk, N. (2000): Unternehmensbewertung und Finanzierungspolitiken. In: Zeitschrift für Betriebswirtschaft, 70. Jg., S. 117-134.

Seicht, G. (2001): Mißverständnisse und Methodenfehler in der österreichischen Praxis der Unternehmensbewertung. In: Jahrbuch für Controlling und Rechnungswesen 2001, Seicht, G. (Hrsg.), Wien, S. 1-52.

Seicht, G. (2006): Aspekte des Risikokalküls in Unternehmensbewertungen. In: Unternehmungen, Versicherungen und Rechnungswesen, Festschrift für Rückle, D., Siegel, Th./Klein, A./Schneider, D./Schwintowski, H.-P. (Hrsg.), Berlin, S. 97-128.

Sieben, G. (1995): Unternehmensbewertung: Discounted Cash Flow-Verfahren und Ertragswertverfahren – Zwei völlig unterschiedliche Ansätze? In: Internationale Wirtschaftsprüfung, Festschrift für H. Havermann, Leutermann, J. (Hrsg.), Düsseldorf, S. 714-737.

Sieben, G./Schildbach, Th. (1979): Zum Stand der Lehre der Bewertung ganzer Unternehmen. In: Deutsches Steuerrecht, 17. Jg., S. 455-461.

Siegel, J. (1992): The Equity Premium: Stock and Bond Returns Since 1802. In: Financial Analysts Journal, Vol. 48, S. 28-38.

Siegel, J. (1999): The Shrinking Equity Premium. In: Journal of Portfolio Management, Vol. 30, S. 10-17.

Siegel, J. (2004): Stocks for the Long Run, New York.

Siegel, Th. (1991): Das Risikoprofil als Alternative zur Berücksichtigung der Unsicherheit in der Unternehmensbewertung. In: Aktuelle Fragen der Finanzwirtschaft und der Unternehmensbesteuerung; Festschrift für Erich Loitlsberger zum 70. Geburtstag; Rückle, D. (Hrsg.), Wien, S. 619-638.

Siegel, Th. (1992): Methoden der Unsicherheitsberücksichtigung in der Unternehmensbewertung. In: Wirtschaftswissenschaftliches Studium, 21. Jg., S. 21-26.

Siegel, Th. (1994a): Der steuerliche Einfluß von stillen Reserven und Firmenwert auf die Unternehmensbewertung und auf die Bemessung von Abfindungen. In: Bilanzrecht und Kapitalmarkt, Festschrift für Moxter, A., Ballwieser, W./Böcking, H.-J./Drukarczyk, J./Schmidt, R. H. (Hrsg.), S. 1483-1502.

Siegel, Th. (1994b): Unternehmensbewertung, Unsicherheit und Komplexitätsreduktion. In: Betriebswirtschaftliche Forschung und Praxis, 46. Jg., S. 25-38.

Siepe, G. (1986): Allgemeines Unternehmensrisiko bei der Unternehmensbewertung – Vergleich zwischen Ergebnis-Abschlagsmethode und Zins-Zuschlagsmethode. In: Der Betrieb, 39. Jg., S. 705-708.

Siepe, G. (1997): Die Berücksichtigung von Ertragsteuern bei der Unternehmensbewertung. In: Die Wirtschaftsprüfung, 50. Jg., S. 1-10; S. 37-43.

Siepe, G./Dörschell, A./Schulte, J. (2000): Der neue IDW-Standard: Grundsätze zur Durchführung von Unternehmensbewertungen (IDW S 1). In: Die Wirtschaftsprüfung, 53. Jg., S. 946-960.

Sigloch, J. (1987): Ökonomische Grundfragen der Unternehmensbewertung. In: Jura, Heft 11, S. 584-591.

Smith, C. W. (1979): On Financial Contracting. In: Journal of Financial Economics, Vol. 7, S. 117-161.

Spremann, H. (2002): Finanzanalyse und Unternehmensbewertung, München, Wien.

Stehle, R. (1999): Renditevergleich von Aktien und festverzinslichen Wertpapieren auf Basis des DAX und des REXP, Humboldt-Universität zu Berlin.

Stehle, R. (2004): Die Festlegung der Risikoprämie von Aktien im Rahmen der Schätzung des Wertes von börsennotierten Kapitalgesellschaften. In: Die Wirtschaftsprüfung, 57. Jg., S. 906-927.

Stehle, R./Hartmond, A. (1991): Durchschnittsrenditen deutscher Aktien 1954-1988. In: Kredit und Kapital, 24. Jg., S. 371-411.

Stehle, R./Hausladen, J. (2004): Die Schätzung der US-amerikanischen Risikoprämie auf Basis der historischen Renditezeitreihe. In: Die Wirtschaftsprüfung, 57. Jg., S. 928-936.

Steiner, M./Wallmeier, M. (1999): Unternehmensbewertung mit Discounted Cash Flow Methoden und dem Economic Value Added-Konzept. In: FinanzBetrieb, 1. Jg., S. 1-10.

Stiglitz, J. E. (1969): A Re-Examination of the Modigliani-Miller Theorem. In: The American Economic Review, Vol. 59, S. 784-793.

Stiglitz, J. E. (1974): On the Irrelevance of the Corporate Finance Policy. In: The American Economic Review, S. 851-866.

Svensson, L. E. O. (1994): Estimating and Interpreting Forward Interest Rates. CEPR Discussion Paper No. 1051.

Swoboda, P. (1994): Betriebliche Finanzierung, 3. A., Heidelberg.

Taggart, R. A. (1991): Consistent Valuation and Cost of Capital Expressions with Corporate and Personal Taxes. In: Financial Management, Vol. 20, S. 8-20.

Uhlir, H./Steiner, P. (2001): Wertpapieranalyse, 4. A., Heidelberg.

Volkart, R. (1999): Unternehmensbewertung und Akquisitionen, Zürich.

Volkart, R. (2002): Unternehmensbewertung und Akquisitionen, 2. A., Zürich.

Volpert, V. (1989): Kapitalwert und Ertragsteuern, Die Bedeutung der Finanzierungsprämisse für die Investitionsrechnung, Wiesbaden.

Wagner, F. W. (1972): Der Einfluß der Einkommensteuer auf die Entscheidung über den Verkauf einer Unternehmung. In: Der Betrieb, 25 Jg., S. 1637-1642.

Wagner, F. W. (1999): Der Einfluß idealer und real existierender Steuersysteme auf den Wert der Unternehmung. In: Unternehmensbewertung – quo vadis? Beiträge zur Entwicklung der Unternehmensbewertung, Egger, A. (Hrsg.), Wien, S. 65-88.

Wagner, F. W./Rümmele, P. (1995): Ertragsteuern in der Unternehmensbewertung: Zum Einfluß von Steuerrechtsänderungen. In: Die Wirtschaftsprüfung, Jg. 48, S. 433-441.

Wagner, W./Jonas, M./Ballwieser, W./Tschöpel, A. (2004): Weiterentwicklung der Grundsätze zur Durchführung von Unternehmensbewertungen (IDW S1). In: Die Wirtschaftsprüfung, 57. Jg., S. 889-898.

Wallmeier, M. (1999): Kapitalkosten und Finanzierungsprämissen. In: Zeitschrift für Betriebswirtschaft, 69 Jg., S. 1473-1489.

Warfsmann, J. (1993): Das Capital Asset Pricing Model in Deutschland, Wiesbaden.

Welch, I. (2000): Views of Financial Economists on the Equity Premium and on Professional Controversies. In: Journal of Business, Vol. 73, S. 501-537.

Wenger, E. (2003): Der unerwünscht niedrige Basiszins als Störfaktor bei der Ausbootung von Minderheiten. In: Kapitalgeberansprüche, Marktwertorientierung und Unternehmenswert, Festschrift für Jochen Drukarczyk, Richter, F./Schüler, A./Schwetzler, B. (Hrsg.), München, S. 475-495.

Weston, J. F. (1973): Investment Decisions Using the Capital Asset Pricing Model. In: Financial Management, Vol. 1, S. 25-33.

Wiedmann, H./Aders, Chr./Wagner, M. (2001): Bewertung von Unternehmen und Unternehmensanteilen. In: Handbuch Finanzierung, 3. A., Breuer, R.-E., (Hrsg.), Frankfurt a. M., S. 708-743.

Wilhelm, J. (2002): Risikoabschläge, Risikozuschläge und Risikoprämien – Finanzierungstheoretische Anmerkungen zu einem Grundproblem der Unternehmensbewertung, Diskussionsbeitrag, Universität Passau.

Williams, J. B. (1938): The Theory of Investment Value, Cambridge (Mass.).

IX. Anhänge

1. Periodischer WACC bei einfacher Gewinnsteuer

Zu begründen ist Formel (6-24):

$$WACC_t = k\frac{V_{t-1}^E}{V_{t-1}^F} + \frac{i\left(V_{t-1}^{USt} - s_K F_{t-1}\right)}{V_{t-1}^F}$$

$$WACC_t = i\left(1-s_K\right)\frac{F_{t-1}}{V_{t-1}^F} + k_{t-1}^F\frac{E_{t-1}^F}{V_{t-1}^F}$$

$$k_t^F = k + \left(k-i\right)\frac{F_{t-1} - V_{t-1}^{USt}}{E_{t-1}^F}$$

$$\begin{aligned}
WACC_t &= i\left(1-s_K\right)\frac{F_{t-1}}{V_{t-1}^F} + \left[k + \left(k-i\right)\frac{F_{t-1} - V_{t-1}^{USt}}{E_{t-1}^F}\right]\frac{E_{t-1}^F}{V_{t-1}^F} \\
&= k\frac{E_{t-1}^F}{V_{t-1}^F} + k\frac{F_{t-1} - V_{t-1}^{USt}}{V_{t-1}^F} + i\left(1-s_K\right)\frac{F_{t-1}}{V_{t-1}^F} - i\frac{F_{t-1} - V_{t-1}^{USt}}{V_{t-1}^F} \\
&= k\frac{V_{t-1}^E}{V_{t-1}^F} + i\left(1-s_K\right)\frac{F_{t-1}}{V_{t-1}^F} - i\frac{F_{t-1} - V_{t-1}^{USt}}{V_{t-1}^F}
\end{aligned}$$

$$WACC_t = k\frac{V_{t-1}^E}{V_{t-1}^F} + i\left(V_{t-1}^{USt} - s_K F_{t-1}\right)\frac{1}{V_{t-1}^F}$$

2. Kapitalkosten im Halbeinkünfteverfahren

a. Risikoniveau I

Annahmen:

- Fall der unendlichen Rente mit konstantem Fremdkapitalvolumen; autonome Finanzierungspolitik
- Risikolose steuerliche Vorteile
- Volle Abzugsfähigkeit der Zinszahlungen von der gewerbesteuerlichen Bemessungsgrundlage
- Bezugspunkt der Bewertung ist Risikoniveau I

Es gilt:

$$\begin{aligned}WACC &= i\left(1-s_{GE}\right)\left(1-s_K\right)\left(1-0{,}5s_I\right)\frac{F}{V^F}+k_S^F\frac{E^F}{V^F}\\ &= i\left(1-s^0\right)\left(1-0{,}5s_I\right)\frac{F}{V^F}+k_S^F\frac{E^F}{V^F}\end{aligned} \tag{6-90}$$

V^{St} ist gemäß (6-13):

$$V^{St}=\frac{F\left[s^0\left(1-0{,}5s_I\right)-0{,}5s_I\right]}{1-s_I} \tag{6-91}$$

$$k_S^F=\frac{k_S\left[E^F+F-F\dfrac{s^0\left(1-0{,}5s_I\right)-0{,}5s_I}{1-s_I}\right]-iF\left(1-s^0\right)\left(1-0{,}5s_I\right)}{E^F} \tag{6-92}$$

$$k_S^F=k_S+k_S\left[1-\frac{s^0\left(1-0{,}5s_I\right)-0{,}5s_I}{1-s_I}\right]\frac{F}{E^F}-i\left(1-s^0\right)\left(1-0{,}5s_I\right)\frac{F}{E^F}$$

(6-92) in (6-90) einsetzen:

$$WACC=\left\{k_S+k_S\left[1-\frac{s^0\left(1-0{,}5s_I\right)-0{,}5s_I}{1-s_I}\right]\frac{F}{E^F}\right\}\frac{E^F}{V^F}$$

$$WACC=k_S\frac{E^F}{V^F}+k_S\frac{F}{V^F}-k_S\frac{s^0\left(1-0{,}5s_I\right)-0{,}5s_I}{1-s_I}\frac{F}{V^F}$$

$$WACC=k_S\left[1-\frac{s^0\left(1-0{,}5s_I\right)-0{,}5s_I}{1-s_I}\frac{F}{V^F}\right]$$

$$WACC=k_S\left(1-\alpha\frac{F}{V^F}\right)=k_S\left(1-\frac{V^{St}}{V^F}\right)\text{ mit }\alpha=\frac{s^0\left(1-0{,}5s_I\right)-0{,}5s_I}{1-s_I}$$

b. Risikoniveau II

Annahmen:

- Fall der unendlichen Rente mit konstantem Fremdkapitalvolumen; autonome Finanzierungspolitik
- Risikolose steuerliche Vorteile
- Volle Abzugsfähigkeit der Zinszahlungen von der gewerbesteuerlichen Bemessungsgrundlage
- Bezugspunkt der Bewertung ist Risikoniveau II

Es gilt:

$$WACC = i\left(1-s^0\right)\left(1-0{,}5s_I\right)\frac{F}{V^F} + k_S^F\frac{E^F}{V^F} \tag{6-93}$$

$$V^{St} = \frac{Fs^0\left(1-0{,}5s_I\right)}{\left(1-0{,}5s_I\right)} = s^0F \tag{6-94}$$

$$k_S^F = \frac{k_S\left(E^F + F - Fs^0\right) - iF\left(1-s^0\right)\left(1-0{,}5s_I\right)}{E^F} \tag{6-95}$$

$$k_S^F = k_S + k_S\left(1-s^0\right)\frac{F}{E^F} - i\left(1-s^0\right)\left(1-0{,}5s_I\right)\frac{F}{E^F}$$

$$k_S^F = k_S + \left[k_S - i\left(1-0{,}5s_I\right)\right]\left(1-s^0\right)\frac{F}{E^F}$$

(6-95) in (6-93) einsetzen:

$$WACC = \left[k_S + k_S\left(1-s^0\right)\frac{F}{E^F}\right]\frac{E^F}{V^F}$$

$$WACC = k_S\frac{E^F}{V^F} + k_S\frac{F}{V^F} - k_S s^0\frac{F}{V^F}$$

$$WACC = k_S\left(1 - s^0\frac{F}{V^F}\right)$$

c. Periodischer WACC im Halbeinkünfteverfahren

Zu begründen ist Formel (6-30):

$$WACC_t = k_t^F \frac{E_{t-1}^F}{V_{t-1}^F} + i\left(1-s^0\right)\left(1-0{,}5s_I\right)\frac{F_{t-1}}{V_{t-1}^F}$$

$$k_{S,t}^F = k_S + \left[k_S - i\left(1-s_I\right)\right]\frac{F_{t-1}-V_{t-1}^{St}}{E_{t-1}^F}$$

$$WACC_t = \left\{k_S + \left[k_S - i\left(1-s_I\right)\frac{F_{t-1}-V_{t-1}^{St}}{E_{t-1}^F}\right]\right\}\frac{E_{t-1}^F}{V_{t-1}^F} + i\left(1-s^0\right)\left(1-0{,}5s_I\right)\frac{F_{t-1}}{V_{t-1}^F}$$

$$WACC_t = k_S\left(1-\frac{V_{t-1}^{St}}{V_{t-1}^F}\right) - i\left(1-s_I\right)\frac{F_{t-1}-V_{t-1}^{St}}{V_{t-1}^F} + i\left(1-s^0\right)\left(1-0{,}5s_I\right)\frac{F_{t-1}}{V_{t-1}^F}$$

$$WACC_t = k_S\left(1-\frac{V_{t-1}^{St}}{V_{t-1}^F}\right) + i\left(1-s_I\right)\frac{V_{t-1}^{St}}{V_{t-1}^F} - \left[i\left(1-s_I\right) - i\left(1-s^0\right)\left(1-0{,}5s_I\right)\right]\frac{F_{t-1}}{V_{t-1}^F}$$

$$WACC_t = k_S\left(1-\frac{V_{t-1}^{St}}{V_{t-1}^F}\right) + i\left(1-s_I\right)\frac{V_{t-1}^{St}}{V_{t-1}^F} - i\left[s^0\left(1-0{,}5s_I\right) - 0{,}5s_I\right]\frac{F_{t-1}}{V_{t-1}^F}$$

Der letzte Term ist der aus dem Einsatz von F_{t-1} resultierende Wertbeitrag WB_t^F, wenn Risikoniveau I unterstellt wird. Es folgt (6-30).

3. Kapitalkosten bei atmender Finanzierungspolitik

a. Einfache Gewinnsteuer

Annahmen:

- Atmende Finanzierungspolitik
- Fall der unendlichen Rente mit konstantem Verschuldungsgrad $F/V^F = L$
- Der risikolose steuerliche Vorteil in Periode 1 nach dem Bewertungszeitpunkt 0 wird vereinfachend als riskant behandelt

$$V^E = \bar{X}\left(1-s_K\right)\frac{1}{k} \qquad (6\text{-}96)$$

$$V^F = V^E + V^{USt} \text{ mit } V^{USt} = \frac{is_K F}{k} \qquad (6\text{-}97)$$

$$V^F = \bar{X}\left(1-s_K\right)\frac{1}{k} + \frac{is_K F}{k}$$

$$k^F = \frac{(\bar{X} - iF)(1 - s_K)}{E^F} = \frac{\bar{X}(1 - s_K) - iF(1 - s_K)}{E^F} \tag{6-98}$$

$$k^F = \frac{kV^E - iF(1 - s_K)}{E^F}$$

$$= \frac{k\left(V^F - is_K F \frac{1}{k}\right) - iF(1 - s_K)}{E^F}$$

$$= k\frac{V^F}{E^F} - \frac{iF}{E^F} = k\frac{E^F + F}{E^F} - \frac{iF}{E^F}$$

$$k^F = k \; + (k - i)\frac{F}{E^F} \tag{6-99}$$

$$WACC = i(1 - s_K)\frac{F}{V^F} + k^F\frac{E^F}{V^F} \tag{6-100}$$

(6-99) in (6-100) einsetzen:

$$WACC = i(1 - s_K)\frac{F}{V^F} + \left[k + (k - i)\frac{F}{E^F}\right]\frac{E^F}{V^F}$$

$$WACC = k - is_K\frac{F}{V^F}$$

$$WACC = k - is_K L \;\text{ mit }\; L = \frac{F}{V^F}$$

b. Doppelbesteuerung

Annahmen:

- Atmende Finanzierungspolitik
- Fall der unendlichen Rente mit konstantem Verschuldungsgrad $F/V^F = L$
- Der risikolose steuerliche Vorteil in Periode 1 nach dem Bewertungszeitpunkt 0 wird vereinfachend als riskant behandelt.

$$V^E = \frac{\bar{X}(1 - s_K)(1 - s_I)}{k_S} \tag{6-101}$$

$$V^F = V^E + V^{USt} \;\text{ mit }\; V^{USt} = \frac{is_K F(1 - s_I)}{k_S} \tag{6-102}$$

$$k_S^F = \frac{\left(\bar{X} - iF\right)\left(1 - s_K\right)\left(1 - s_I\right)}{E^F} \tag{6-103}$$

$$k_S^F = \frac{k_S\left[E^F + F - is_K F\left(1 - s_I\right)\frac{1}{k_S}\right] - iF\left(1 - s_K\right)\left(1 - s_I\right)}{E^F}$$

$$k_S^F = k_S + \left[k_S - i\ \left(1 - s_I\right)\right]\frac{F}{E^F} \tag{6-104}$$

$$\text{WACC} = i\left(1 - s_K\right)\left(1 - s_I\right)\frac{F}{V^F} + k_S^F\frac{E^F}{V^F} \tag{6-105}$$

Einsetzen von (6-104) in (6-105):

$$\text{WACC} = i\left(1 - s_K\right)\left(1 - s_I\right)\frac{F}{V^F} + \left\{k_S + \left[k_S - i\left(1 - s_I\right)\right]\frac{F}{E^F}\right\}\frac{E^F}{V^F}$$

$$\text{WACC} = k_S - is_K\left(1 - s_I\right)\frac{F}{V^F}$$

$$\text{WACC} = k_S - is_K\left(1 - s_I\right)L$$

c. Anrechnungsverfahren

Annahmen:

- Atmende Finanzierungspolitik
- Fall der unendlichen Rente mit konstantem Verschuldungsgrad $F/V^F = L$
- Volle Abzugsfähigkeit der Zinszahlungen von der gewerbesteuerlichen Bemessungsgrundlage
- Der risikolose steuerliche Vorteil in Periode 1 nach dem Bewertungszeitpunkt 0 wird vereinfachend als riskant behandelt

$$V^E = \frac{\bar{X}\left(1 - s_{GE}\right)\left(1 - s_I\right)}{k_S} \tag{6-106}$$

$$V^F = V^E + V^{USt} \text{ mit } V^{USt} = \frac{is_{GE}F\left(1 - s_I\right)}{k_S} \tag{6-107}$$

$$k_S^F = \frac{(\bar{X} - iF)(1 - s_{GE})(1 - s_I)}{E^F} \tag{6-108}$$

$$k_S^F = \frac{k_S\left[E^F + F - is_{GE}F(1 - s_I)\frac{1}{k_s}\right] - iF(1 - s_{GE})(1 - s_I)}{E^F}$$

$$k_S^F = k_S + \left[k_S - i\ (1 - s_I)\right]\frac{F}{E^F} \tag{6-109}$$

$$WACC = i(1 - s_{GE})(1 - s_I)\frac{F}{V^F} + k_S^F\frac{E^F}{V^F} \tag{6-110}$$

Einsetzen von (6-109) in (6-110):

$$WACC = k_S - is_{GE}(1 - s_I)\frac{F}{V^F}$$

d. Halbeinkünfteverfahren (Risikoniveau I)

Annahmen:

- Atmende Finanzierungspolitik
- Fall der unendlichen Rente mit konstantem Verschuldungsgrad $F/V^F = L$
- Volle Abzugsfähigkeit der Zinszahlungen von der gewerbesteuerlichen Bemessungsgrundlage
- Der risikolose steuerliche Vorteil in Periode 1 nach dem Bewertungszeitpunkt 0 wird vereinfachend als riskant behandelt
- Bezugspunkt der Bewertung ist Risikoniveau I

$$V^E = \frac{\bar{X}(1 - s_{GE})(1 - s_K)(1 - 0{,}5\ s_I)}{k_S} \tag{6-111}$$

$$V^F = V^E + V^{St} \text{ mit } V^{St} = \frac{iF\left[s^0(1 - 0{,}5\ s_I) - 0{,}5 s_I\right]}{k_S} \tag{6-112}$$

$$k_S^F = \frac{\bar{X}\left(1-s^0\right)\left(1-0{,}5s_I\right) - iF\left(1-s^0\right)\left(1-0{,}5\ s_I\right)}{E^F} \tag{6-113}$$

$$k_S^F = \frac{k_S\left\{E^F + F - F\frac{i\left[s^0\left(1-0{,}5s_I\right)-0{,}5s_I\right]}{k_S}\right\} - iF\left(1-s^0\right)\left(1-0{,}5s_I\right)}{E^F}$$

$$k_S^F = k_S + \left\{k_S - i\left[s^0\left(1-0{,}5s_I\right)-0{,}5s_I\right]\right\}\frac{F}{E^F} - i\left(1-s^0\right)\left(1-0{,}5s_I\right)\frac{F}{E^F}$$

$$k_S^F = k_S + \left[k_S - i\left(1-s_I\right)\right]\frac{F}{E^F}$$

$$WACC = i\left(1-s^0\right)\left(1-0{,}5\ s_I\right)\frac{F}{V^F} + k_S^F\frac{E^F}{V^F} \tag{6-114}$$

$$= i\left(1-s^0\right)\left(1-0{,}5\ s_I\right)\frac{F}{V^F} +$$

$$\left\{k_S + \left[k_S - i\left(s^0\left(1-0{,}5\ s_I\right)-0{,}5s_I\right)\right]\frac{F}{E^F} - i\left(1-s^0\right)\left(1-0{,}5s_I\right)\frac{F}{E^F}\right\}\frac{E^F}{V^F}$$

$$= k_S\frac{E^F}{V^F} + k_S\frac{F}{V^F} - i\left[s^0\left(1-0{,}5s_I\right)-0{,}5s_I\right]\frac{F}{V^F}$$

$$= k_S - i\ \left[s^0\left(1-0{,}5s_I\right)-0{,}5s_I\right]\ L$$

e. Halbeinkünfteverfahren (Risikoniveau II)

Annahmen:

- Bezugspunkt der Bewertung ist Risikoniveau II
- Alle sonstigen Annahmen sind unverändert

$$V^E = \frac{\bar{X}\left(1-s_{GE}\right)\left(1-s_K\right)\left(1-0{,}5\ s_I\right)}{k_S} \tag{6-115}$$

$$V^F = V^E + V^{St} \text{ mit } V^{St} = \frac{iFs^0\left(1-0{,}5\ s_I\right)}{k_S} \tag{6-116}$$

$$k_S^F = \frac{\overline{X}\left(1-s^0\right)\left(1-0{,}5s_I\right) - iF\left(1-s^0\right)\left(1-0{,}5\ s_I\right)}{E^F} \tag{6-117}$$

$$k_S^F = \frac{k_S\left[E^F + F - F\cdot\frac{is^0(1-0{,}5s_I)}{k_S}\right] - iF(1-s^0)(1-0{,}5s_I)}{E^F}$$

$$k_S^F = k_S + \left[k_S - is^0\left(1-0{,}5s_I\right)\right]\frac{F}{E^F} - i\left(1-s^0\right)\left(1-0{,}5s_I\right)\frac{F}{E^F}$$

$$k_S^F = k_S + \left[k_S - i\left(1-0{,}5s_I\right)\right]\frac{F}{E^F}$$

$$WACC = i\left(1-s^0\right)\left(1-0{,}5\ s_I\right)\frac{F}{V^F} + k_S^F\frac{E^F}{V^F} \tag{6-118}$$

$$\begin{aligned} WACC &= \left\{k_S + \left[k_S - is^0\left(1-0{,}5s_I\right)\right]\frac{F}{E^F}\right\}\frac{E^F}{V^F} \\ &= k_S^F\frac{E^F}{V^F} + k_S\frac{F}{V^F} - is^0\left(1-0{,}5s_I\right)\frac{F}{V^F} \\ &= k_S - is^0\left(1-0{,}5s_I\right)\frac{F}{V^F} \\ &= k_S - is^0\left(1-0{,}5s_I\right)L \end{aligned}$$

4. Beta-Zerlegung

a. Autonome Finanzierungspolitik

Annahmen:

Fall der unendlichen Rente mit konstantem Fremdkapitalvolumen

1. Fall ohne Steuern

$$k^F = k + (k-i)\frac{F}{E} = k\left(1+\frac{F}{E}\right) - i\frac{F}{E}$$

$$\begin{aligned} cov\left(\widetilde{r^F}, \widetilde{r_M}\right) &= E\left\{\left[\tilde{r}\left(1+\frac{F}{E}\right) - i\frac{F}{E} - E\left(\tilde{r}\left(1+\frac{F}{E}\right) - i\frac{F}{E}\right)\right]\left(\widetilde{r_M} - \overline{r_M}\right)\right\} \\ &= \left(1+\frac{F}{E}\right)E\left[\left(\tilde{r}-\bar{r}\right)\left(\widetilde{r_M} - \overline{r_M}\right)\right] \\ &= \left(1+\frac{F}{E}\right)cov\left(\tilde{r}, \widetilde{r_M}\right) \end{aligned}$$

2. Fall mit einfacher Gewinnsteuer

$$k^F = k + (k-i)(1-s_K)\frac{F}{E^F} = k\left[1+(1-s_K)\frac{F}{E^F}\right] - i(1-s_K)\frac{F}{E^F}$$

$$\operatorname{cov}\left(\widetilde{r^F}, \widetilde{r_M}\right) = \left[1+(1-s_K)\frac{F}{E^F}\right]\operatorname{cov}\left(\tilde{r}, \widetilde{r_M}\right)$$

3. Halbeinkünfteverfahren: Bezugspunkt ist Risikoniveau I.

$$k_S^F = k_S + k_S\left[1-\frac{s^0(1-0{,}5s_I)-0{,}5s_I}{1-s_I}\right]\frac{F}{E^F} - i(1-s^0)(1-0{,}5s_I)\frac{F}{E^F}$$

$$\operatorname{cov}\left(\widetilde{r^F}, \widetilde{r_M}\right) = \left[1+\left(1-\frac{s^0(1-0{,}5s_I)-0{,}5s_I}{1-s_I}\right)\frac{F}{E^F}\right]\operatorname{cov}(\tilde{r}, \widetilde{r_M})$$

4. Halbeinkünfteverfahren: Bezugspunkt ist Risikoniveau II.

$$k_S^F = k_S + k_S(1-s^0)\frac{F}{E^F} - i(1-s^0)(1-0{,}5s_I)\frac{F}{E^F}$$

$$k_S^F = k_S\left[1+(1-s^0)\right]\frac{F}{E^F} - i(1-s^0)(1-0{,}5s_I)\frac{F}{E^F}$$

$$\operatorname{cov}(\widetilde{r^F}, \widetilde{r_M}) = \left[1+(1-s^0)\frac{F}{E^F}\right]\operatorname{cov}(\tilde{r}, \widetilde{r_M})$$

5. Anrechnungsverfahren; Nicht-Dauerschulden

$$k_S^F = k_S + \left[k_S(1-s_{GE}) - i(1-s_{GE})(1-s_I)\right]\frac{F}{E^F}$$

$$= k_S\left[1+(1-s_{GE})\frac{F}{E^F}\right] - i(1-s_{GE})(1-s_I)\frac{F}{E^F}$$

$$\operatorname{cov}\left(\widetilde{r^F}, \widetilde{r_M}\right) = \left[1+(1-s_{GE})\frac{F}{E^F}\right]\operatorname{cov}\left(\tilde{r}, \widetilde{r_M}\right)$$

Im Fall von Dauerschulden gilt

$$\operatorname{cov}\left(\widetilde{r^F}, \widetilde{r_M}\right) = \left[1+(1-0{,}5s_{GE})\frac{F}{E^F}\right]\operatorname{cov}\left(\tilde{r}, \widetilde{r_M}\right).$$

b. Atmende Finanzierungspolitik

Annahmen:

- Atmende Finanzierungspolitik
- Der risikolose steuerliche Vorteil in Periode 1 wird vereinfachend als riskant behandelt
- Einfache Gewinnsteuer

$$k^F = k + (k - i)\frac{F}{E^F} = k\left(1 + \frac{F}{E^F}\right) - i\frac{F}{E^F}$$

$$\operatorname{cov}\left(\widetilde{r^F}, \widetilde{r_M}\right) = E\left\{\tilde{r}\left(1 + \frac{F}{E^F}\right) - i\frac{F}{E^F} - E\left[\tilde{r}\left(1 + \frac{F}{E^F}\right) - i\frac{F}{E^F}\right]\left(\widetilde{r_M} - \overline{r}_M\right)\right\}$$

$$= \left(1 + \frac{F}{E^F}\right)\operatorname{cov}\left(\tilde{r}, \widetilde{r_M}\right)$$

$$\beta^F = \beta^E\left(1 + \frac{F}{E^F}\right)$$

2. Halbeinkünfteverfahren: Bezugspunkt ist Risikoniveau I

Für k_S^F gilt:

$$k_S^F = k_S + \left[k_S - i(1 - s_I)\right]\frac{F}{E^F}$$

Es folgt, daß $\beta^F = \beta^E\left(1 + \frac{F}{E^F}\right)$ ist.

3. Anrechnungsverfahren

Im Anrechnungsverfahren mit unsicheren steuerlichen Vorteilen ist k_s^F definiert durch:

$$k_S^F = k_S + \left[k_S - i(1 - s_I)\right]\frac{F}{E^F} = k_S\left(1 + \frac{F}{E^F}\right) - i(1 - s_I)\frac{F}{E^F}$$

Da der zweite Term die Kovarianz $\operatorname{cov}(\widetilde{k_S^F}, \widetilde{r_M})$ nicht erhöht, folgt

$$\beta^F = \beta^E\left(1 + \frac{F}{E^F}\right).$$

5. Sample der Kapitalkostenstudie

Branche	Unternehmen
Automobile (n=13)	Beru AG, BMW AG, Continental AG, Daimler-Chrylser AG, Edscha AG, Grammer AG, Hymer AG, Kolbenschmidt Pierburg AG, Norddeutsche Affinerie AG, Phoenix AG, Porsche AG, Progress-Werk Oberkirch AG, VW AG
Basic Resources (4)	Graphit Kropfmühl AG, K+S AG, SGL Carbon AG, ThyssenKrupp AG
Chemicals (6)	BASF AG, Bayer AG, Celanese AG, Fuchs Petrolub AG, Uzin Utz AG, Degussa-Hüls AG
Construction (18)	Bien-Haus AG, Bilfinger Berger AG, Burgbad AG, Creaton AG, Dt. Steinzeug Cremer & Breuer AG, Dyckerhoff AG, Ehlebracht AG, Heidelberger Zement AG, Hochtief AG, Kampa-Haus AG, Pfleiderer AG, Philipp Holzmann AG, Plettac AG, Porta Systems AG, Rinol AG, Sto AG, Tarkett Sommer AG, Villeroy & Boch AG
Consumer Cyclical (14)	A.S. Création Tapeten AG, Adidas AG, Ahlers Adolf AG, Bausch-Linnemann AG (Surteco AG), Escada AG, Garant Schuh + Mode AG, Gerry Weber International AG, Hugo Boss AG, K&M Möbel AG, Köhler & Krenzer Fashion AG, Möbel Walther AG, Puma AG Rudolf Dassler Sport, Wünsche AG, Zapf Creation AG
Food & Beverages (6)	Berentzen-Gruppe AG, Brau und Brunnen AG, Hawesko Holding AG, Holsten-Brauerei AG, Kamps AG, Südzucker AG
Industrial (17)	Allbecon AG, Amadeus AG, B.U.S. Berzelius Umwelt-Service AG, Bmp AG, Brüder Mannesmann AG, DIS Deutscher Industrial Service AG, Dt. Beteiligungs AG, Gesco AG, GfK AG, Indus Holding AG, M.A.X. Holding AG, mg Technologies AG, Neschen AG, Pongs & Zahn AG, Schlott Sebaldus AG, TA Triumph-Adler AG, Turbon International AG
Machinery (22)	Babcock Borsig AG, Buderus AG, Deutz AG, Dürr AG, FAG Kugelfischer Georg Schäfer AG, Gildemeister AG, Heidelberger Druckmaschinen AG, IWKA AG, Jungheinrich AG, Kässbohrer Geländefahrzeug AG, Klöckner-Werke AG, Koenig & Bauer AG, Krones AG, KSB AG, Linde AG, MAN AG, Rheinmetall AG, Salzgitter AG, Schuler AG, Walter AG, Wash Tec AG, Winkler + Dünnebier AG

Pharma & Healthcare (18)	Altana AG, Beiersdorf AG, Biotest AG, Curanum Bonifatius AG, Dr. Scheller Cosmetics AG, Fresenius AG, Fresenius Medical Care AG, Gehe AG, Marseille-Kliniken AG, MaternusMerck KGaA, Rhön-Klinikum AG, Sanacorp AG, Schering AG, Schwarz Pharma AG, Stada Arzneimittel AG, Wedeco AG, Wella AG
Retail (22)	AVA Allg. Retailsgesellschaft der Verbraucher AG, Beate Uhse AG, CeWe Color Holding AG, Condomi AG, Douglas Holding AG, Eurobike AG, Fielmann AG, Gardena Holding AG, Hach AG, Hans Einhell AG, Henkel KGaA, Herlitz AG, Hornbach Baumarkt AG, Hornbach Holding AG, KarstadtQuelle AG, Kaufring AG, Leifheit AG, Ludwig Beck am Rathauseck - Textilhaus Feldmeier AG, Metro AG, Spar AG, TAKKT AG, WMF Württembergische Metallwarenfabrik AG
Software (3)	OAR Consulting AG, SAP AG, Software AG
Technology (12)	Böwe Systec AG, Data Modul AG, Epcos AG, Jenoptik AG, Leoni AG, Loewe AG, PA Power Automation AG, R. Stahl AG, Sartorius AG, Siemens AG, Vogt electronic AG, Vossloh AG
Telecommunications (2)	Dt. Telekom AG, Quante AG
Transportation & Logistics (7)	Apcoa Parking AG, Dt. Lufthansa AG, Preussag AG, Sixt Autovermietung AG, Stinnes AG, SG Holding AG, VTG-Lehnkering AG
Utilities (4)	Bewag AG, E.ON AG, MVV Utilities AG, RWE AG

7. Kapitel: Leasing und Unternehmenswert

I. Überblick

In Deutschland steigt der Anteil der durch Leasing finanzierten Investitionen an den Gesamtinvestitionen. Im Jahr 2004 betrug die sog. Leasingquote 18,6 %.[258] Für diese Entwicklung ist insbesondere das Mobilienleasing verantwortlich: Der Bundesverband Deutscher Leasing-Unternehmen meldete, daß die Mobilienleasingquote von 24,2 % (2004) auf rund 25 % (2005) gestiegen ist.[259] Die Leasingquote bei Immobilieninvestitionen betrug 2004 7,2 %.[260] Dies bedeutet, daß 2005 Mobilienleasingverträge mit einem Gesamtvolumen von 44,4 Mrd. € und Immobilienleasingverträge i. H. v. 6,7 Mrd. € abgeschlossen wurden. Nevitt und Fabozzi berichten, daß 80 % der US-amerikanischen Unternehmen auf Mobilienleasing zurückgreifen.[261] Die Leasingquote beträgt in den USA etwa 30 %.

Wir nehmen die Position eines Leasingnehmers in der Rechtsform einer Aktiengesellschaft ein und diskutieren zunächst die potentiellen Wertbeiträge von Leasingverträgen aus Sicht der Eigentümer.

Ein Hauptstrang der Argumentation der Literatur folgt bei der Überprüfung der Vorteilhaftigkeit von Leasingverträgen einem Ansatz, den wir im folgenden als Standardansatz bezeichnen. Die Leitidee dieses Ansatzes ist es, dem Leasingvertrag die finanziellen Nachteile zuzuordnen, die er auslöst – zu diesen zählen etwa die aufgegebenen steuerlichen Vorteile auf die Abschreibungsverrechnung, die Belastung durch Leasingraten nach Steuern und ein ggf. aufzugebender Restverkaufserlös nach Steuern am Ende der Laufzeit des Leasingvertrages. Gestützt auf diese Nachteile wird ein belastungsäquivalentes Fremdkapitalvolumen F_0^* berechnet, dessen Aufnahme im Zeitpunkt 0 Nachteilsidentität herstellt. Ist F_0^* kleiner als die vom Leasinggeber bereitgestellte Finanzierung in Höhe von I_0, weist dies den Leasingvertrag als vorteilhaft aus.

An diesem Ansatz fällt zunächst auf, daß die im Kalkül implizierten steuerlichen Wertbeiträge aus Fremdfinanzierung sich nur auf den belastungsgleichen Fremdkapitalbetrag F_0^* beziehen, nicht aber auf das betragsäquivalente Fremdkapitalvolumen in Höhe von I_0, das bei alterna-

---

[258] Vgl. Bundesverband Deutscher Leasing-Unternehmen (2005), S. 6-8; Städtler, A. (2005), S. 23.

[259] Vgl. Bundesverband Deutscher Leasing-Unternehmen (2005), S. 1.

[260] Die Immobilienleasingquote für 2005 liegt noch nicht vor.

[261] Vgl. Nevitt, P. K/Fabozzi, F. J. (2000), S. 3.

tiver Fremdfinanzierung erforderlich wäre. Soweit die Wertbeiträge aus dem Einsatz von F_0 positiv sind, werden sie im Standardansatz leicht unterschätzt.[262]

Ein zweiter wichtiger Punkt kommt dann ans Tageslicht, wenn die Bedingungen des Halbeinkünfteverfahrens gelten und die Einkommensbesteuerung relevant wird. Dann treten Einkommensteuereffekte[263] auf, die zu beachten sind. Diese Einkommensteuereffekte hängen davon ab, welche Form der Aufbringung des Eigenkapitals unterstellt wird, wenn das Leasingprojekt auf der ersten Stufe des Prüfprozesses eigenfinanziert würde. Hier können zwei Varianten unterschieden werden. Bei Variante I legen Eigentümer den Betrag I_0 in das Unternehmen in Form einer Kapitalerhöhung ein. In Variante II wird ein Betrag in Höhe von I_0 thesauriert, also nicht ausgeschüttet.

Dieses Kapitel ist so aufgebaut: Abschnitt II stellt die steuerlichen Rahmenbedingungen, Abschnitt III den Standardansatz bei einfacher Gewinnbesteuerung vor. Abschnitt IV präsentiert die Problembehandlung im Rahmen des Halbeinkünfteverfahrens und wirft einen Blick auf die Varianten I und II. Abschnitt V fügt Leasingverträge in die Unternehmensbewertung ein.

II. Steuerliche Behandlung von Leasingverträgen

Zentrales Merkmal von Leasingverträgen ist, daß sich ein Leasinggeber verpflichtet, einem Leasingnehmer einen beweglichen oder unbeweglichen Gegenstand (Leasingobjekt) gegen Bezahlung eines periodischen Entgelts (Leasingrate) für einen bestimmten Zeitraum zur Nutzung zu überlassen.

Die steuerliche Behandlung von Leasingverträgen wird in Deutschland durch die Leasingerlasse des Bundesfinanzministeriums festgelegt. Geregelt wurden zunächst sog. Finanzierungs-Leasing-Verträge. Diese sind durch eine Grundmietzeit gekennzeichnet, in der nicht gekündigt werden kann und innerhalb derer die Leasingraten die Anschaffungs- und Finanzierungskosten des Leasinggebers amortisieren (Vollamortisation).[264] Bei Teilamortisationsverträgen, die später geregelt wurden,[265] wird jeweils zwischen Mobilien- und Immobilienleasingverträgen differenziert.

Das Leasingobjekt ist bei Vollamortisationsverträgen steuerlich dem Leasinggeber zuzurechnen, wenn[266]

---

262 Leasingverträge gelten als vorteilhaft, wenn $I_0 > F_0^*$. Folglich sind steuerliche Wertbeiträge auf $F_0 - F_0^*$ nicht erfaßt.

263 Vgl. Laitenberger, J. (2002), S. 555-561; Husmann, S./Kruschwitz, L./Löffler, A. (2002), S. 24-43; Drukarczyk, J. (2003), S. 250-251.

264 Vgl. Bundesminister der Finanzen (1971); Bundesminister der Finanzen (1972).

265 Vgl. Bundesminister der Finanzen (1975); Bundesminister der Finanzen (1991).

266 Vgl. für das Folgende Bundesminister der Finanzen (1971).

- bei Verträgen ohne Kauf- oder Verlängerungsoption die unkündbare Grundmietzeit (GMZ) mindestens 40 % und höchstens 90 % der betriebsgewöhnlichen Nutzungsdauer (ND) beträgt (Mietzeitkriterium),
- bei Verträgen mit Kaufoption für den Leasingnehmer am Ende der Grundmietzeit (die in den Rahmen des Mietzeitkriteriums fällt) der Kaufpreis nicht niedriger als der sich bei linearer Abschreibung ergebende Restbuchwert des Leasinggegenstands oder der niedrigere gemeine Wert ist, oder
- bei Verträgen mit Verlängerungsoption die Anschlußmiete so bemessen ist, daß die Leasingraten mindestens die linearen Abschreibungsraten auf den Restbuchwert oder den niedrigeren gemeinen Wert am Ende der Grundmietzeit decken.

Bei allen anderen Konstellationen erfolgt die Zurechnung beim Leasingnehmer.

Teilamortisationsverträge liegen vor, wenn durch die Leasingraten während der Grundmietzeit, die entsprechend den Vollamortisationsverträgen zwischen 40 % und 90 % der Nutzungsdauer liegen muß, nicht die vollen Anschaffungs- oder Herstellungskosten sowie alle Finanzierungs- und Nebenkosten des Leasinggebers gedeckt werden (Teilamortisation). Die Zurechnung des Leasingobjekts richtet sich nach der Art des Vertrags:[267]

- Bei Verträgen mit Andienungsrecht des Leasinggebers hat der Leasinggeber das Recht, vom Leasingnehmer den Kauf des Leasingobjekts zu einem bei Vertragsschluß vereinbarten Preis zu verlangen, falls nach Ablauf der Grundmietzeit kein Verlängerungsvertrag zustande kommt. Die Leasingraten nach Verlängerung bzw. der Kaufpreis führen dann zur vollen Amortisation. Das Leasingobjekt ist dem Leasinggeber zuzurechnen.
- Bei Verträgen, die die Veräußerung des Leasinggegenstandes durch den Leasinggeber am Ende der Grundmietzeit vorsehen, sind zwei Fälle zu unterscheiden: Ist der Verkaufserlös geringer als die zur Vollamortisation nötige Restamortisation, muß der Leasingnehmer eine Restzahlung in Höhe der Differenz leisten. Ist der Verkaufserlös höher als die nötige Restamortisation, wird die Differenz aufgeteilt. Falls der Leasinggeber mindestens 25 % erhält, gilt er als wirtschaftlich wesentlich beteiligt. Die Bilanzierung erfolgt beim Leasinggeber. In allen anderen Fällen wird beim Leasingnehmer bilanziert.
- Bei nach der Grundmietzeit durch den Leasingnehmer kündbaren Verträgen hat der Leasingnehmer im Fall der Kündigung eine Abschlußzahlung in Höhe der nötigen Restamortisation zu leisten, wobei ein erzielter Restverkaufserlös ganz oder zum größeren Teil auf die Abschlußzahlung angerechnet wird. Liegt der Restverkaufserlös über der nötigen Restamortisation, steht die Differenz dem Leasinggeber zu. Die Bilanzierung des Leasingobjekts erfolgt beim Leasinggeber.

---

[267] Vgl. für das Folgende Bundesminister der Finanzen (1975).

III. Der Standardansatz der Vorteilhaftigkeitsprüfung

1. Grundlagen

Der Standardansatz der Analyse eines Leasingangebots von Myers/Dill/ Bautista (1976) basiert auf dem Vergleich mit einem fremdfinanzierten Kauf.[268] Der Vergleich mit einem eigenfinanzierten Kauf ist grundsätzlich möglich, wird aber von der Literatur aufgrund des unterschiedlichen Risikos der Zahlungsströme beider Alternativen abgelehnt: Ein Leasingvertrag belastet das Unternehmen mit zustandsunabhängig zu leistenden Leasingraten. Diese Auszahlungen erhöhen analog zu Zins- und Tilgungszahlungen das Finanzierungsrisiko für die Eigner und binden Teile der Verschuldungskapazität (debt capacity)[269] des Unternehmens. Ein eigenfinanzierter Kauf führt nicht zu zustandsunabhängigen Zahlungsbelastungen. Der Vergleich mit der Fremdfinanzierung kann auch empirisch gestützt werden: Befragungen von Managern zeigen, daß die Zahlungsbelastungen des Leasing mit dem Fremdkapitalkostensatz (nach Steuern) bewertet werden.[270] Ob Leasing und Kreditfinanzierung Substitute oder Komplemente sind, ist durch empirische Studien nicht eindeutig belegt.[271] Dies ändert aber wenig an der Plausibilität des Vergleichs zwischen Leasing und fremdfinanziertem Kauf.

Der Vergleich wird regelmäßig operationalisiert, indem die durch die leasingbedingten Zahlungen verdrängte Verschuldungskapazität $\left(F^*\right)$ der mit Fremdkapital zu finanzierenden Auszahlung gegenübergestellt wird. Die relevanten Zahlungen sind die Leasingraten (L) nach Steuern, die entgangenen Steuerersparnisse auf Abschreibungen (Ab), da eben nicht gekauft und abgeschrieben wird, und der entgangene Restverkaufserlös (RVE) nach Steuern. Der Barwert dieser Zahlungen kann als belastungsäquivalenter Kreditbetrag bezeichnet werden. Unterstellt man ein einfaches Gewinnsteuersystem, in dem nur Unternehmensgewinne besteuert werden, sind Zinszahlungen steuerlich abzugsfähig. Folglich ist mit dem Verschuldungszinssatz nach Unternehmensteuern zu diskontieren. Übersteigt der belastungsäquivalente Kreditbetrag den vom Leasinggeber zu finanzierenden Kaufpreis, ist Leasing nachteilig; andernfalls dominiert Leasing den Kreditkauf.

---

268 Vgl. z. B. Myers, S. C./Dill, D. A./Bautista, A. J. (1976), S. 801-806; Franks, J. R./Hodges, S. D. (1978), S. 657-669; Levy, H./Sarnat, M. (1979), S. 47-50; Gebhard, J. (1990), S. 129-131; Schallheim, J. S. (1994), S. 93-111; Brealey, R. A./Myers, S. C. (2003), S. 740-745; Ross, S. A./Westerfield, R. W./Jaffe, J. (2005), S. 602-606.

269 Donaldson, G. (1964); Myers, S. C./Dill, D. A./Bautista, A. J. (1976), S. 800.

270 Vgl. O'Brien, T. J./Nunnally, B. H. (1983), S. 33-34; Mukherjee, T. K. (1991), S. 96-97.

271 Vgl. z. B. Ang, J./Peterson, P. P. (1984); Schweitzer, R. (1992), S. 185-193; Krishnan, S. V./Moyer, J. R. (1994), S. 31-42; Graham, J. R./Lemmon, M. L./Schallheim, J. S. (1998), S. 131-161.

Im Folgenden sei die Entscheidung für die Beschaffung eines Objekts bereits getroffen. Das Investitionsobjekt generiert bei Kreditkauf und Leasing einen jeweils identischen operativen Zahlungsstrom. Zu diskutieren bleibt die Finanzierung.[272] Das Objekt kann fremdfinanziert und gekauft oder geleast werden. Der zur Wahl stehende Leasingvertrag bewirke die steuerliche Zurechnung beim Leasinggeber.

Wir treffen folgende Annahmen:

- Betrachtet wird die Position der Eigentümer des Unternehmens, das ggf. Leasingnehmer wäre.
- Zahlungsfähigkeit ist gegeben: Sowohl die Leasingrate als auch ein ggf. alternativ zu leistender Kapitaldienst können sicher gezahlt werden. Fremdkapital ist risikolos und kostet den risikolosen Zinssatz.
- Leasingrate und Restverkaufserlös sind ex ante bekannt und ändern sich nicht im Zeitablauf.
- Unterstellt ist ein einfaches Gewinnsteuersystem: der Ertragsüberschuß wird auf Unternehmensebene mit dem einheitlichen Steuersatz s besteuert. Einkommensteuer existiert nicht.
- Die steuerliche Bemessungsgrundlage ist in jeder Periode ausreichend hoch, um Steuereffekte ausgelöst durch Leasingraten, Abschreibungen und Zinszahlungen in vollem Umfang in jeder Periode zu realisieren.
- Transaktionskosten werden ausgeblendet.
- Verlängerungsoptionen bestehen nicht.

2. Der belastungsäquivalente Kreditbetrag

Die Vorteilhaftigkeitsprüfung eines Leasingvertrags erfolgt durch Vergleich des Fremdkapitalbetrags F^*, der mittels Zahlungen in Höhe der durch den Leasingvertrag ausgelösten Nachteile exakt verzinst und bedient werden kann, mit dem Anschaffungspreis I_0.

Da die Leasingraten die unternehmensteuerliche Bemessungsgrundlage beim Leasingnehmer verkürzen, wirkt die (hier als konstant angenommene) Leasingrate nach Steuern, $L(1-s)$, ausschüttungsverkürzend. Bei Kauf fällt die Investitionssumme I_0 an. Das Objekt wird abgeschrieben; daraus resultiert eine zahlungswirksame Steuerersparnis von sAb_t, die den Eigentümern beim Leasing entgeht. Stellt man Kauf und Leasing gegenüber, folgt eine periodische Ausschüttungsverkürzung bei Leasing i. H. v.:

$$sAb_t + L(1-s) \tag{7-1}$$

[272] Es ist möglich, daß ein Investitionsobjekt nur durch Leasing vorteilhaft wird. Wir diskutieren diesen Fall nicht, da die Rechentechnik grundsätzlich der unten herzuleitenden Technik gleicht.

In der letzten Periode des Planungszeitraums ist das Objekt zum Restverkaufserlös veräußerbar. Nach Steuern ergibt sich unter Berücksichtigung des Restbuchwerts (RBW) eine weitere Einzahlung von: $(1-s)RVE + sRBW$.

Der belastungsäquivalente Kreditbetrag F_0^* ist der Barwert der periodischen Zahlungen gemäß (7-1) und des Restverkaufserlöses nach Steuern ($RVE_{T,S}$). Da Zinszahlungen steuerlich abzugsfähig sind, ist mit dem Verschuldungszinssatz nach Unternehmensteuern zu diskontieren. Weil Sicherheit unterstellt ist, entspricht der Verschuldungszinssatz der risikolosen Rendite i. F_0^* folgt aus:

$$F_0^* = \sum_{t=1}^{T} \left[sAb_t + L(1-s) + RVE_{T,s} \right] \left[1 + i(1-s) \right]^{-t} \tag{7-2}$$

Die Entscheidung fällt durch Vergleich des Fremdkapitalbetrags F_0^* mit dem Kaufpreis I_0. Entscheidend ist, ob der Leasingvertrag ein größeres Fremdfinanzierungsvolumen als der vollständig fremdfinanzierte Kauf impliziert. Falls F_0^* größer I_0 ist, ist bei fremdfinanziertem Kauf eine geringere Verschuldung erforderlich. Der Kreditkauf ist vorteilhaft, da er weniger Verschuldungskapazität als der Leasingvertrag bindet. Ist F_0^* kleiner als I_0, lohnt Leasing.

Der Leasingvertrag ist also vorteilhaft, wenn die Differenz zwischen I_0 und F_0^* positiv ist:

$$I_0 - \underbrace{\sum_{t=1}^{T} \left[sAb_t + L(1-s) + RVE_{T,s} \right] \left[1 + i(1-s) \right]^{-t}}_{F_0^*} > 0 \tag{7-3}$$

3. Beispiel

Ein Unternehmen plant den Erwerb einer Maschine. Der Kaufpreis beträgt 1.000. Die betriebsgewöhnliche Nutzungsdauer sei zehn Perioden. Die Maschine wird aber nur fünf Jahre genutzt. Es wird linear abgeschrieben. Nach fünf Perioden wird die Maschine zu einem Preis in Höhe des Restbuchwertes von 500 veräußert. Der Restverkaufserlös sei sicher. Eine Leasinggesellschaft bietet die Maschine zu einer Leasingrate von 150 p. a. für eine Laufzeit von fünf Jahren an. Ertragsüberschüsse auf Unternehmensebene werden mit dem konstanten Steuersatz $s = 0{,}4$ belegt. Der Zinssatz für Fremdkapital beträgt 5 % vor Steuern. Das Leasingobjekt ist steuerlich dem Leasinggeber zuzurechnen.

Mit Hilfe des beschriebenen Kalküls folgt nach Diskontierung der Daten in Zeile (6) der Tabelle 7-1 mit dem Verschuldungszinssatz nach Steuern $(1 - 0{,}4)\ 0{,}05 = 0{,}03$ ein belastungsäquivalenter Fremdkapitalbetrag von 1.026,67.

		1	2	3	4	5
	Kauf					
(1)	Abschreibung	100	100	100	100	100
(2)	Steuervorteil $s \cdot (1)$	40	40	40	40	40
(3)	Restverkaufserlös (nach Steuern)					500
	Leasing					
(4)	Leasingrate vor Steuern	150	150	150	150	150
(5)	Leasingrate nach Steuern $(1-s) \cdot (4)$	90	90	90	90	90
(6)	Period. Zahlungswirkung (2) + (3) + (5)	130	130	130	130	630

Tabelle 7-1: Ermittlung des belastungsäquivalenten Fremdkapitalbetrags

Dieser übersteigt den Anschaffungspreis von 1.000 um 26,67. Die Nachteile des Leasingvertrages, ausgewiesen in Zeile (6), entsprechen einer Verschuldung $\left(F^*\right)$ von 1.026,67. Bei einem fremdfinanzierten Kauf ist nur eine Verschuldung i. H. v. 1.000 erforderlich. Der fremdfinanzierte Kauf ist somit vorteilhaft; der Nachteil des Leasingangebots beträgt 26,67. Tabelle 7-2 belegt, daß eine Verschuldung in Höhe von F_0^* gleiche periodische Zahlungswirkungen auslöst wie der Leasingvertrag.

		0	1	2	3	4	5
(1)	F_0^*	1.026,67					
(2)	Zinszahlung		51,33	46,37	41,26	36,00	30,57
(3)	Steuervorteil		20,53	18,55	16,51	14,40	12,23
(4)	Tilgung		99,20	102,18	105,25	108,40	611,66
(5)	Stand des Fremdkapital-volumens	1.026,67	927,47	825,29	720,04	611,64	0
(6)	Periodische Zahlungs-wirkungen		130	130	130	130	630

Tabelle 7-2: Beleg der Belastungsäquivalenz durch F_0^*

4. Bewertung mittels APV-Ansatz

Der Leasingvertrag kann auch mittels APV-Ansatz bewertet werden. Im ersten Schritt werden die durch den Leasingvertrag ausgelösten Vorteile (Ersparnis an I_0) bzw. Nachteile in Form von $L_t(1-s)$ und sAb_t sowie dem Verlust des Restverkaufserlöses nach Steuern vor dem Hintergrund der Alternativrendite der Eigentümer bewertet. Deren Kapital kosten sind – da es sich um risikolose Nachteile handelt – mit i = 0,05 anzusetzen. Der obere Teil von Tabelle 7-3 beziffert Vor- und Nachteile und weist in Zeile (7) einen Barwert von 45,4 aus. Das bedeutet, daß ein Eigenkapitaleinsatz von 1.045,4 die leasingspezifischen Vor- und Nachteile duplizieren könnte. Folglich lohnt der Leasingvertrag, wenn Eigenfinanzierung die Alternative wäre.

Kommt der Leasingvertrag zustande, unterbleibt die belastungsäquivalente Fremdfinanzierung F_0^*, und die steuerlichen Vorteile, ausgewiesen in Zeile (11), werden nicht realisiert. Der Barwert (auf den zu verzichten ist), berechnet mit i = 0,05, beträgt 72,1. Der Barwert des Leasingvertrages ist folglich 45,4 – 72,1 = –26,7. Dies entspricht dem oben bereits ermittelten Ergebnis.

Die am APV-Ansatz orientierte Bewertung des Vertrages ermittelt also auf Stufe 1 den Wert des Vertrages vor dem Hintergrund der geforderten Rendite der Eigentümer:

$$\left[-L(1-s)-sAb\right]RBF_i^T - RVE_{T,s}(1+i)^{-T} + I_0 = 45{,}4 \qquad (7\text{-}4)$$

Dann wird auf Stufe 2 der Nachteil berechnet, der aus der durch Leasing verdrängten belastungsäquivalenten Fremdfinanzierung F_0^* in Form von steuerlichen Vorteilen verloren geht. Auch diese Nachteile werden mit i = 0,05 diskontiert:

$$-\sum_{t=1}^{T} siF_{t-1}^*(1+i)^{-t} = -72{,}07 \qquad (7\text{-}5)$$

Insgesamt vernichtet der Leasingvertrag Wert. Um den Nachteil in (7-5) zu berechnen, muß F_0^* bekannt sein. Zugleich unterstreicht die APV-basierte Berechnung, daß die steuerlichen Vorteile aus F_0^* erfaßt werden, ganz unabhängig davon, ob F_0^* größer oder kleiner als I_0, also der eigentliche Kapitalbedarf ist.[273]

Tabelle 7-3 enthält die Daten für das Beispiel.

		0	1	2	3	4	5
(1)	Ersparte Investitionssumme	1.000					
(2)	Leasingrate nach Steuern		-90	-90	-90	-90	-90
(3)	Abschreibung		(100)	(100)	(100)	(100)	(100)
(4)	Steuerersparnis Abschreibung		-40	-40	-40	-40	-40
(5)	Restverkaufserlös nach Steuern						-500

[273] Vgl. hierzu Myers, S. C./Dill, D. A./Bautista, A. J. (1976), S. 802-803; Mukherjee, T. K. (1991), S. 99; Levy, H./Sarnat, M. (1979), S. 50-52; Copeland, T. E./Weston, F. J./Shastri, K. (2005), S. 704-706.

	0	1	2	3	4	5
(6) Zahlungswirkung im Vergleich zur Eigenfinanzierung	1.000	-130	-130	-130	-130	-630
(7) Barwert im Vergleich zur Eigenfinanzierung (i = 0,05)	45,4					
(8) Fremdkapitalbestand	1.026,7	927,5	825,3	720,1	611,7	0
(9) Tilgung		99,2	102,2	105,2	108,4	611,7
(10) Zinszahlungen		51,3	46,4	41,3	36,0	30,6
(11) Steuervorteile Zinszahlungen		20,5	18,5	16,5	14,4	12,2
(12) Barwert entgangener Steuervorteile bei Fremdfinanzierung mit (i = 0,05)	72,1					
(13) Nachteil Leasing (7) – (12)	-26,7					

Tabelle 7-3: APV-Bewertung des Leasingvertrags

IV. Leasing im Halbeinkünfteverfahren

1. Belastungsäquivalentes Fremdkapital bei alternativer externer Eigenfinanzierung

a. Ausschüttungen bei Leasing und bei externer Eigenfinanzierung

Wie sieht das Problem vor dem Hintergrund des Halbeinkünfteverfahrens (HEV) aus? Die Abbildung des Problems ist aus zwei Gründen komplexer: Zum einen sind die Auswirkungen der Einkommenbesteuerung zu beachten. Diese Einkommensteuereffekte hängen zum zweiten davon ab, wie bei unterstellter Eigenfinanzierung der Anschaffungsauszahlung der Betrag I_0 bereitgestellt wird. Er kann im Wege der Außenfinanzierung bereitgestellt werden: Die Eigentümer legen im Zuge einer Kapitalerhöhung Mittel in Höhe von I_0 ein (Variante I). Mittel in Höhe von I_0 können auch thesauriert werden; sie verkürzen dann die Ausschüttung in t = 0 und ersparen den Eigentümern die Einkommensteuerbelastung in Höhe von $0{,}5s_1I_0$. Dieser Fall sei als Variante II bezeichnet.

Wir beginnen mit Variante I: I_0 wird durch eine Eigenkapitaleinlage finanziert. Wir nehmen an, daß den Eigentümern in den Folgeperioden Kapitalrückzahlungen in Höhe der verrechneten Abschreibungen zufließen. Diese Annahme vermeidet explizite Annahmen über die Verwendung von durch Abschreibungen gesperrten Mittel auf Unternehmensebene. Nach dem Ausscheiden des Projektes aus dem Unternehmen ist – von sonstigen Änderungen abgesehen – der in t = 0 bestehende Eigenkapitalbestand wieder hergestellt. Wie der Mittelzufluß in Höhe der Abschreibung organisiert wird, ist nicht von zentraler Bedeutung: Aktien könnten zurückgekauft oder eine Kapitalherabsetzung verbunden mit Rückzahlungen könnte realisiert werden.

Daneben senken die Abschreibungen die unternehmens- und einkommensteuerlichen Bemessungsgrundlagen und wirken – interpretiert man den Jahresüberschuß als ausschüttbaren Betrag – ausschüttungsverkürzend. Die Reduktion beträgt $Ab(1-s_{GE})(1-s_K)(1-0{,}5s_I)$.

Als Zwischenergebnis halten wir fest, daß bei Variante I zunächst das Eigenkapital i. H. d. Kaufpreises erhöht wird. In der Folge wird dieses Nennkapital dem Abschreibungsverlauf folgend einkommensteuerneutral durch Aktienrückkauf oder ordentliche Kapitalherabsetzungen den Anteilseignern zurückgegeben. Die Dividendenkürzung durch Abschreibungsverrechnung unterbleibt. Den Anteilseignern fließen aber die Unternehmen- und Einkommensteuerersparnisse der Abschreibungen zu.

Am Ende des Betrachtungszeitraums wird das Leasingobjekt zum Restverkaufserlös im Zeitpunkt T veräußert. Die Steuerwirkung des Restverkaufserlöses hängt von der Höhe des Restbuchwerts in der Periode T ab. Wir nehmen an, daß die Nutzung im Unternehmen kürzer als die betriebsgewöhnliche Nutzungsdauer ist und in das bereits beschriebene Intervall von über 40 % bis maximal 90 % der betriebsgewöhnlichen Nutzungsdauer fällt. In der Periode T fließt den Eigentümern somit der Unternehmens- und Einkommensteuervorteil $s_I^0 Ab_t$ auf die planmäßige Abschreibung und die Abschreibung in Höhe des Restbuchwertes $(s_I^0 RBW_T)$ sowie der um Unternehmens- und Einkommensteuer verminderte Restverkaufserlös zu, insgesamt also $s_I^0(Ab_T + RBW_T) + RVE_T(1-s_I^0)$ mit $s_I^0 = s^0 + 0{,}5s_I(1-s^0)$ und mit $s^0 = s_{GE} + s_K(1-s_{GE})$.[274] Tabelle 7-4 stellt die Parameter unter I zu sammen.

Wird geleast, ist jährlich die annahmegemäß konstante Leasingrate zu zahlen. Diese ist von den Bemessungsgrundlagen der Gewerbeertrag- und Körperschaftsteuer abzugsfähig. Zudem verkürzt die Leasingrate nach Unternehmensteuern die jährlichen Dividendenzahlungen und senkt somit die hälftige Belastung mit Einkommensteuer. Tabelle 7-4 zeigt die Konsequenzen unter II und die Ausschüttungsdifferenzen zwischen Leasing und externer Eigenfinanzierung über die Laufzeit unter III.

		0	1	...	T
I	Externe Eigenfinanzierung	$-I_0$	$-Ab(1-s^0)(1-0{,}5s_I)+Ab$ $= Ab\left[s^0+0{,}5s_I(1-s^0)\right]$ $= s_I^0 Ab$		$s_I^0 Ab + RVE_T$ $-s_I^0(RVE_T - RBW_T)$

[274] $s^0 = 0{,}1667 + 0{,}25(1-0{,}1667) = 0{,}375;\ s_I^0 = 0{,}375 + 0{,}5 \cdot 0{,}35(1-0{,}375) = 0{,}4844.$

		0	1	...	T
II	Leasing	0	$-L(1-s^0)(1-0,5s_I)$ $=-L(1-s_I^0)$		$-L(1-s_I^0)$
III = II-I	Aus-schüttungs-differenz (Z_L)	I_0	$-L(1-s_I^0)-s_I^0Ab$		$-L(1-s_I^0)-s_I^0Ab-RVE_T$ $+s_I^0(RVE_T-RBW_T)$

Tabelle 7-4: Ausschüttungsdifferenzen zwischen Leasing und extern eigenfinanziertem Kauf

Wegen der getroffenen Annahmen wie Konstanz der Leasingrate und der Abschreibung, ausreichend hohen steuerlichen Bemessungsgrundlagen und Zustandsunabhängigkeit des Restverkaufserlöses, ist mit dem risikolosen Zinssatz zu diskontieren. Dieser ist um den vollen Einkommensteuersatz zu verkürzen, da aus Eigentümersicht zu bewerten ist: $i_S = i(1-s_I)$.

Anhand der in Zeile III ausgewiesenen Ausschüttungsdifferenzen läßt sich der Nettokapitalwert (NKW) des Leasing im Vergleich zur externen Eigenfinanzierung (Variante I) berechnen:

$$\begin{aligned} NKW_{E,0}^{LI} &= I_0 - \left[L\left(1-s_I^0\right)+s_I^0 Ab\right]RBF_{i_S}^T \\ &-\left[RVE_T - s_I^0\left(RVE_T - RBW_T\right)\right]\left(1+i_S\right)^{-T} \end{aligned} \qquad (7\text{-}6)$$

Leasing dominiert den extern eigenfinanzierten Kauf, wenn dieser Nettokapitalwert positiv ist.

b. Berechnung des belastungsäquivalenten Fremdkapitals und Beispiel

F^* ist so zu bestimmen, daß in jeder Periode Tilgungs- und Zinszahlungen nach Steuern der Zahlungsbelastung bei Leasing entsprechen. Die Zinszahlungen verkürzen sowohl die Bemessungsgrundlage der Unternehmen- als auch der Einkommensteuer. Wir arbeiten mit kombinierten Steuersätzen. Da F^* gewerbesteuerlich Dauerschuldcharakter besitzt, folgt:

$$s_{DS}^0 = 0,5s_{GE} + s_K(1-0,5s_{GE}) = 0,3125;$$

$$s_{I,DS}^0 = s_{DS}^0 + 0,5s_I(1-s_{DS}^0) = 0,4328.$$

Wird das Projekt durch eine Kapitalerhöhung in t = 0 finanziert und wird diese Kapitalzufuhr durch Ausschüttungen in Höhe der verrechneten Abschreibungen wieder zurückgereicht, lösen diese Geldflüsse keine Einkommensteuereffekte aus. Gleiches gilt, wenn das Projekt über Kredit finanziert wird, die für t = 0 ansonsten geplante Ausschüttung also unverändert bleibt, und die Tilgungen den Kapitalrückzahlungen bei Eigenfinanzierung entsprechen. Unter diesen Bedingungen sind die in Tabelle 7-4 unter III ausgewiesenen Ausschüttungsdifferenzen mit dem Diskontierungssatz $(1-s_{I,DS}^0)$, also mit $0{,}04(1-0{,}4328)=0{,}022688$ zu diskontieren. F_0^* ist durch (7-7) definiert:

$$F_0^* = \sum_{t=1}^{T} Z_{L,t}\left[1+i\left(1-s_{I,DS}^0\right)\right]^{-t} \qquad (7\text{-}7)$$

Betrachtet man das Problem rekursiv, muß die leasingbedingte Ausschüttungsdifferenz der letzten Periode der Zinszahlung nach Steuern und der Rückzahlung des belastungsäquivalenten Fremdkapitalvolumens am Ende der Vorperiode, also F_{T-1}^* entsprechen. Da fremdfinanzierungsbedingte Tilgungen, die an die Stelle von Rückzahlungen von Eigenkapital treten, keine Einkommensteuereffekte auslösen, gilt:

$$Z_{L,t} = i\left(1-s_{I,DS}^0\right)F_{t-1}^* + \left(F_{t-1}^* - F_t^*\right). \qquad (7\text{-}8)$$

Nach Umformung erhält man:[275]

$$F_{t-1}^* = \frac{Z_{L,t} + F_t^*}{1+i\left(1-s_{I,DS}^0\right)} \qquad (7\text{-}9)$$

Der Einstieg zur Bestimmung von F_0^* erfolgt in der letzten Periode, da dann $F_T^* = 0$ gilt. So folgt z. B. für F_{T-2}^*

$$F_{T-2}^* = \frac{Z_{L,T-1} + F_{T-1}^*}{1+i\left(1-s_{I,DS}^0\right)} = \frac{Z_{L,T-1} + \dfrac{Z_{L,T}+0}{1+i\left(1-s_{I,DS}^0\right)}}{1+i\left(1-s_{I,DS}^0\right)} = \sum_{t=T-1}^{T} Z_{L,t}\left[1+i\left(1-s_{I,DS}^0\right)\right]^{-[t-(T-2)]}$$

und nach rekursivem Einsetzen schließlich für F_0^*:[276]

$$F_0^* = \sum_{t=1}^{T} Z_{L,t}\left[1+i\left(1-s_{I,DS}^0\right)\right]^{-t} \qquad (7\text{-}10)$$

Ein Leasingangebot lohnt somit gemäß Standardansatz, wenn das den leasingbedingten Ausschüttungsminderungen des Vertrags äquivalente Kreditvolumen kleiner als der Kaufpreis ist. Leasing ist demnach vorteilhaft, wenn gilt:

$$NKW_{F^*,0}^{LI} > 0,$$

---

275 Mit $i\left(1-s_{I,DS}^0\right) = i\left(1-s_{DS}^0\right)\left(1-0{,}5s_I\right)$

276 Vgl. analog auch Schweitzer, R. (1992), S. 11-15.

wobei mit dem Verschuldungszinssatz nach Unternehmen- und hälftiger Einkommensteuer zu diskontieren ist.

$$NKW^{LI}_{F^*,0} = I_0 - F_0^* =$$

$$= I_0 - \left\{ \begin{array}{l} \left[L\left(1-s_I^0\right)+s^0 Ab\right] RBF^T_{i\left(1-s^0_{I,DS}\right)} \\ +\left[RVE_T - s_I^0\left(RVE_T - RBW_T\right)\right]\left[1+i\left(1-s^0_{I,DS}\right)\right]^{-T} \end{array} \right\} \quad (7\text{-}11)$$

Betrachten wir ein Beispiel. Die Auszahlung I_0 beträgt 1.000. Der Vermögensgegenstand wird fünf Jahre im Unternehmen genutzt. Die betriebsgewöhnliche Nutzungsdauer beträgt 10 Jahre. Daraus folgt eine lineare Abschreibung von 100 und ein Restbuchwert am Ende der Periode 5 i. H. v. 500. Der Restverkaufserlös betrage ebenfalls 500. Die angebotene Leasingrate sei 130 p. a. und der risikolose Zinssatz 4 %. Tabelle 7-5 zeigt in Zeile (6) die Zahlungswirkungen des Leasingvertrags im Vergleich zur Finanzierung nach Variante I. Diskontiert man diese Zahlungen mit dem risikolosen Zins nach Einkommensteuer, folgt der Nettokapitalwert des Leasingvertrags im Vergleich zur externen Eigenfinanzierung gemäß (7-6) i. H. v. 25,32. Diskontiert man sie gemäß (7-10) mit dem risikolosen Zinssatz nach Unternehmen- und hälftiger Einkommensteuer, also $i(1-s^0_{I,DS})$, erhält man das belastungsäquivalente Fremdkapital i. H. v. 986,98. Der Nettokapitalwert des Leasingvertrags bei Vergleich mit der externen Eigenfinanzierung folgt aus (7-11): $NKW^{LI}_{F^*,0} = 1.000 - 986{,}98 = 13{,}02$. Das Leasingangebot lohnt.

		0	1	2	3	4	5
(1)	Ersparte Anschaffungs-auszahlung	1.000					
(2)	Leasingrate nach Steuern		-67,03	-67,03	-67,03	-67,03	-67,03
(3)	Entgangene Abschreibung		100	100	100	100	100
(4)	Entgangene Steuerersparnis auf (3)		-48,44	-48,44	-48,44	-48,44	-48,44
(5)	Entgangener RVE nach Steuern						-500
(6)	Ausschüttungsdifferenzen (1) + (2) + (4) + (5)	1.000	-115,47	-115,47	-115,47	-115,47	-615,47

Tabelle 7-5: Ausschüttungsdifferenzen zwischen Leasing und extern eigenfinanziertem Kauf

Tabelle 7-6 zeigt die Entwicklung des belastungsäquivalenten Kreditbetrages. Die Zahlungswirkungen der Perioden 1 bis 5 (Zeile 5) stimmen mit den in Tabelle 7-5 ausgewiesenen leasingbedingten Ausschüttungsdifferenzen überein.

	0	1	2	3	4	5
(1) Fremdkapitalbestand	986,98	893,91	798,72	701,37	601,82	0
(2) Zinsen		39,48	35,76	31,95	28,05	24,07
(3) Steuerersparnis auf Zins $s^0_{I,DS}$		17,09	15,48	13,83	12,14	10,42
(4) Tilgung		93,08	95,19	97,35	99,56	601,82
(5) Periodische Zahlungswirkung (2) – (3) + (4)	-986,98	115,47	115,47	115,47	115,47	615,47

Tabelle 7-6: Beleg des belastungsäquivalenten Fremdkapitals

2. Belastungsäquivalentes Fremdkapital und Thesaurierung

a. Ausschüttungen bei Leasing und bei Thesaurierung

Wir starten nun mit der Annahme, daß das Leasingobjekt im Falle des Kaufs zunächst mit Eigenkapital, das im Wege der Thesaurierung bereitgestellt wird, finanziert wird. Dies ist die oben angesprochene Variante II. Einen ausreichend hohen Ertrags- und Finanzüberschuß in t = 0 unterstellt, wird damit ein Ausschüttungsverzicht produziert, der gemildert wird um die ersparte hälftige Einkommensteuer. Dieser Aufbau von Gewinnrücklagen in t = 0 wird in den Folgeperioden wieder abgebaut, indem Gewinnrücklagen in Höhe der periodischen Abschreibung und in Periode T in Höhe des Restbuchwertes an die Eigentümer (zusätzlich) ausgeschüttet werden. Diese Ausschüttungen unterliegen der hälftigen Einkommensteuer. Abschreibungen auf das Objekt verkürzen die Ausschüttungen; die unternehmensteuerlichen Vorteile, also s^0Ab_t, erhöhen die Ausschüttungen, sind aber auf Eigentümerebene hälftig zu versteuern. Analog zu Variante I wird also die zunächst ausschüttungsverkürzend wirkende Abschreibung durch Ausschüttung von Gewinnrücklagen (und nicht Kapitalrückzahlungen) kompensiert. Tabelle 7-7 stellt die Zahlungswirkungen bei Finanzierung durch Thesaurierung im oberen Teil I zusammen.

Der Abschluß des Leasingvertrages erspart die Ausschüttungsverkürzung in t = 0 und verkürzt die Zuflüsse auf Eigentümerebene um $L_t(1-s^0)(1-0{,}5s_I)$.

Tabelle 7-7 weist die Differenzen der Ausschüttungsveränderungen zwischen Kauf und Eigenfinanzierung gemäß Variante II und Leasing aus. Aus den unter III der genannten Ausschüttungsdifferenzen läßt sich der Nettokapitalwert des Leasing im Vergleich zum durch Thesaurierung finanzierten Kauf formulieren:

$$NKW_{E,0}^{LII} = (1-0{,}5s_I)\left\{\begin{array}{l} I_0 - \left[L\left(1-s^0\right)+s^0 Ab\right]RBF_{i_S}^T - \\ \left[RVE_T\left(1-s^0\right)+s^0 RBW_T\right](1+i_S)^{-T} \end{array}\right\} \quad (7\text{-}12)$$

b. Berechnung des belastungsäquivalenten Fremdkapitals und Beispiel

Die aus dem Abschluß des Leasingvertrags resultierenden Zahlungsbelastungen werden nun in den belastungsäquivalenten Kreditbetrag transformiert. Zu beachten ist, daß die Tilgung im Vergleich zur Eigenfinanzierung die Auflösung von Gewinnrücklagen und deren Ausschüttung verhindert und damit von der hälftigen Belastung mit Einkommensteuer entlastet. Damit besteht ein deutlicher Unterschied zu (7-8):

$$Z_{L,t} = i\left(1-s_{I,DS}^0\right)F_{t-1}^* + \left(F_{t-1}^* - F_t^*\right)(1-0{,}5s_I) \quad (7\text{-}13)$$

Nach Umformung erhält man:

$$F_{t-1}^* = \frac{Z_{L,t} + F_t^*(1-0{,}5s_I)}{i\left(1-s_{I,DS}^0\right)+(1-0{,}5s_I)} = \frac{\dfrac{Z_{L,t}}{1-0{,}5s_I} + F_t^*}{1+i\left(1-s_{DS}^0\right)} \quad (7\text{-}14)$$

Analog zur Argumentation für Variante I folgt für F_0^*:

$$F_0^* = (1-0{,}5s_I)^{-1}\sum_{t=1}^{T} Z_{L,t}\left[1+i\left(1-s_{DS}^0\right)\right]^{-t} \quad (7\text{-}15)$$

Ein Leasingangebot lohnt, wenn das den Zahlungsbelastungen des Vertrags (Z_L) äquivalente Kreditvolumen kleiner als die Finanzierungsleistung des Leasinggebers in Höhe von I_0 ist. Die hälftige Einkommensteuerentlastung mindert den bei Kauf notwendigen Ausschüttungsverzicht. Bei belastungsäquivalenter Fremdfinanzierung fällt im Zeitpunkt der Kreditaufnahme hingegen (wegen der Ausschüttung) eine hälftige Belastung des Volumens F^* mit Einkommensteuer an.

		0	1	...	5
I	Thesaurierung	$-I_0(1-0{,}5s_I)$	$-Ab(1-s^0)(1-0{,}5s_I)+Ab(1-0{,}5s_I)$ $=-Ab\left[1-s^0-0{,}5s_I+0{,}5s_Is^0\right]$ $+Ab(1-0{,}5s_I)$ $=s^0Ab(1-0{,}5s_I)$		$s^0Ab(1-0{,}5s_I)+(RVE_5-RBW_5)(1-s^0)(1-0{,}5s_I)$ $+RBW_5(1-0{,}5s_I)$ $=s^0Ab(1-0{,}5s_I)+RVE_5(1-s_I^0)$ $+s^0RBW_5(1-0{,}5s_I)$
II	Leasing	0	$-L(1-s^0)(1-0{,}5s_I)=-L(1-s_I^0)$		$-L(1-s^0)(1-0{,}5s_I)=-L(1-s_I^0)$
III = II-I	Ausschüttungs-differenz	$I_0(1-0{,}5s_I)$	$-(1-0{,}5s_I)\left[L(1-s^0)+s^0Ab\right]$	...	$-(1-0{,}5s_I)\left[L(1-s^0)+s^0Ab+RVE_5(1-s^0)+s^0RBW_5\right]$

Tabelle 7-7: Ausschüttungsdifferenzen zwischen Leasing und durch Thesaurierung finanziertem Kauf

Leasing ist vorteilhaft, wenn folgender Nettokapitalwert positiv ist:

$$
\begin{aligned}
NKW_{F^*,0}^{LII} &= (1-0{,}5s_I)\left\{ I_0 - \underbrace{(1-0{,}5s_I)^{-1} \sum_{t=1}^{T} Z_{L,t}\left[1+i\left(1-s_{DS}^0\right)\right]^{-t}}_{F_0^*} \right\} \\
&= (1-0{,}5s_I)\left\{ I_0 - \underbrace{\left\{ \begin{aligned} &\left[L\left(1-s^0\right)+s^0 Ab\right] RBF^T_{i\left(1-s_{DS}^0\right)} \\ &+\left[RVE_T\left(1-s^0\right)+s^0 RBW_T\right]\left[1+i\left(1-s_{DS}^0\right)\right]^{-T} \end{aligned} \right\}}_{F_0^*} \right\} \qquad (7\text{-}16) \\
&= (1-0{,}5s_I)\left(I_0 - F_0^*\right)
\end{aligned}
$$

Die Zahlungswirkungen des Leasingvertrages für das Beispiel unter Variante II zeigt Tabelle 7-8. Die Leasingraten mindern die Bemessungsgrundlagen der Unternehmensteuer und hälftig die der Einkommensteuer. Der Steuereffekt der Abschreibung besteht nun – wie Tabelle 7-7 und Gleichung (7-12) zeigen – aus dem Unternehmensteuersatz nach hälftiger Einkommensteuer. Zur Berechnung des Restverkaufserlöses nach Steuern ist die Höhe des Restbuchwerts relevant. Da im Beispiel unterstellt wurde, daß der Restverkaufserlös dem Restbuchwert entspricht, bleibt eine hälftige Belastung mit Einkommensteuer.

	0	1	2	3	4	5
(1) Ersparte Anschaffungsauszahlung nach hälftiger ESt.	825,0					
(2) Leasingrate nach Steuern		-67,03	-67,03	-67,03	-67,03	-67,03
(3) Entgangene Abschreibung		100	100	100	100	100
(4) Entgangene Steuerersparnis aus Abschreibung		-30,94	-30,94	-30,94	-30,94	-30,94
(5) Entgangener RVE n. Steuern						-412,50
(6) Ausschüttungsdifferenzen (1) + (2) + (4) + (5)	825,0	-97,97	-97,97	-97,97	-97,97	-510,47

Tabelle 7-8: Ausschüttungsdifferenzen zwischen Leasing und durch Thesaurierung finanziertem Kauf

Diskontiert man die Ausschüttungsdifferenzen mit dem risikolosen Zins nach voller Einkommensteuer erhält man den Nettokapitalwert des Leasingangebots im Vergleich zur Eigenfinanzierung durch Thesaurierung gemäß (7-12). Er beträgt 8,34 und ist damit deutlich niedriger als der Nettokapitalwert im Vergleich zur externen Eigenfinanzierung in Variante I (25,32).

Vergleicht man Tabelle 7-5 mit Tabelle 7-8, erkennt man, daß die Ausschüttungsdifferenzen in den Zeilen (6) allein an den Einkommensteuerbelastungen von I_0, Ausschüttungen in Höhe von Ab_t bzw. RBW_T hängen. Bei Variante I bleiben die Ausschüttungen Ab_t bzw. RBW_T einkommensteuerfrei; die Ingangsetzung des Projektes kostet die Eigentümer den Betrag I_0. Bei Variante II kostet die Ingangsetzung des Projektes $I_0(1-0{,}5s_I)$; Ausschüttungen in Höhe der Abschreibung Ab_t bzw. RBW_T sind einkommensteuerpflichtig. Relevant ist also $Ab_t(1-0{,}5s_I)$ bzw. $RBW_T(1-0{,}5s_I)$. Nur Einkommensteuereffekte verursachen folglich die Differenzen.

Bei Eigenfinanzierung von I_0 würden die Eigentümer Variante II vorziehen, die den Steuervorteil in Form einer reduzierten Einkommensteuerzahlung nach t = 0 vorverlagert und durch spätere Einkommensteuer(nach)zahlungen abarbeitet. Der Barwert der relevanten Zahlungen ist bei Variante II –318,85; der Barwert der relevanten Zahlungen bei Variante I ist –335,82. Die Differenz $NKW_0^I - NKW_0^{II}$ beträgt bei Eigenfinanzierung 16,97. Sie entspricht der oben berechneten Differenz.

Diskontiert man die Ausschüttungsdifferenzen in Zeile (6) der Tabelle 7-8 mit dem Diskontierungssatz $i(1-s_{DS}^0)$ = 0,0275 gemäß (7-16) und dividiert den Barwert durch $(1–0{,}5\ s_I)$, erhält man F_0^* = 984,32. Tabelle 7-9 illustriert die aus F_0^* resultierende Belastungsäquivalenz in den Perioden 1 bis 5 mit den leasingspezifischen Belastungen aus Tabelle 7-8.

Hinzuweisen ist auf die Einkommensteuereffekte in Zeile (5). Käme es zur Fremdkapitalaufnahme, erfolgte eine um diesen Betrag höhere Ausschüttung mit entsprechender Einkommensteuerbelastung. Wird getilgt, unterbleiben gleich hohe Ausschüttungen; Einkommensteuer wird gespart.

	0	1	2	3	4	5
(1) Fremdkapitalbestand	984,32	892,64	798,44	701,64	602,19	0,00
(2) Zinsen		39,37	35,71	31,94	28,07	24,09
(3) Steuerwirkung Zins		17,04	15,45	13,82	12,15	10,43
(4) Tilgung		91,68	94,20	96,79	99,45	602,19
(5) ESt-Effekt Tilgung bzw. Kreditaufnahme	-172,26	16,04	16,49	16,94	17,40	105,38
(6) periodische Zahlungswirkung (2) – (3) + (4) – (5)	-812,06	97,97	97,97	97,97	97,97	510,47

Tabelle 7-9: Beleg der Belastungsäquivalenz

Der Nettokapitalwert des Leasingvertrags beträgt:

$$\begin{aligned} NKW_{F^*,0}^{LII} &= \left(1-0{,}5s_I\right)\left(I_0 - F_0^*\right) \\ &= \left(1-0{,}5 \cdot 0{,}35\right)\left(1.000 - 984{,}32\right) \\ &= 12{,}94 \end{aligned}$$

Auch jetzt wird die Vorteilhaftigkeit des Leasingangebots angezeigt. Das Ergebnis liegt nahe bei dem für die Variante I abgeleiteten Nettokapitalwert (13,02). Der Unterschied ist aber systematisch. Da die Nettokapitalwerte bei Eigenfinanzierung noch deutlicher differieren, muß der Werteinfluß der Fremdfinanzierung für die Annäherung der Ergebnisse verantwortlich sein. Der Standardansatz verdeckt diese Wertverschiebungen. Im nächsten Abschnitt nutzen wir den APV-Ansatz, um die Zusammensetzung des Nettokapitalwerts transparent zu machen.

3. APV-Ansatz

a. Vorbemerkung

Der Vergleich des Leasingvertrags mit dem Kauf bei belastungsäquivalenter Fremdfinanzierung soll nun mittels APV-Ansatz dargestellt werden. Wir können differenzieren zwischen dem Nettokapitalwert des Leasingvertrags im Vergleich zur Eigenfinanzierung und dem Nettokapitalwert der bei Leasing entgehenden Steuereffekte der Fremdfinanzierung.

Wir unterstellen sichere Ausschüttungsdifferenzen. Diese sind aus Sicht der Eigentümer und damit mit der risikolosen Rendite nach voller Belastung mit Einkommensteuer, also i_S, zu diskontieren.[277]

Die Nettokapitalwerte im Vergleich zur Eigenfinanzierung haben wir oben für beide Varianten abgeleitet. Im folgenden Abschnitt wird die Differenz dieser Barwerte erklärt. Dann werden die bei Leasing entgehenden Steuereffekte der Fremdfinanzierung diskutiert, wobei wiederum zwischen den beiden Varianten I und II unterschieden wird.

b. Nettokapitalwert im Vergleich zur Eigenfinanzierung

Stellt man die Nettokapitalwerte im Vergleich zur Eigenfinanzierung für beide Varianten gemäß (7-6) und (7-12) gegenüber, folgt:

[277] Die Diskussion oben, die auf den Vergleich von I_0 mit F_0^* abstellt, benutzt zur Berechnung des belastungsäquivalenten Fremdkapitalvolumens in Variante II den Kreditzinssatz nach Unternehmenssteuern (s_{DS}^0) und Variante I den Kreditzinssatz nach Unternehmen- und Einkommensteuer, also $i(1-s_{DS}^0)(1-0{,}5s_I)$.

$$
\begin{aligned}
&NKW_{E,0}^{LI} - NKW_{E,0}^{LII} = I_0 - \left[L\left(1-s_I^0\right) + s_I^0 Ab\right] RBF_{i_S}^T \\
&-\left[RVE_T - s_I^0\left(RVE_T - RBW_T\right)\right]\left(1+i_S\right)^{-T} \\
&-\left(1-0{,}5s_I\right)\begin{Bmatrix} I_0 - \left[L\left(1-s^0\right) + s^0 Ab\right] RBF_{i_S}^T - \\ \left[RVE_T\left(1-s^0\right) + s^0 RBW_T\right]\left(1+i_S\right)^{-T} \end{Bmatrix} \qquad (7\text{-}17) \\
&= 0{,}5s_I I_0 - s_I^0 Ab \cdot RBF_{i_S}^T - s_I^0 RBW_T\left(1+i_S\right)^{-T} \\
&+\left(1-0{,}5s_I\right)s^0\left[Ab \cdot RBF_{i_S}^T + RBW_T\left(1+i_S\right)^{-T}\right] \\
&= 0{,}5s_I\left[I_0 - Ab \cdot RBF_{i_S}^T - RBW_T\left(1+i_S\right)^{-T}\right]
\end{aligned}
$$

Diese Gleichung läßt sich weiter vereinfachen mit $Ab_t = RBW_t - RBW_{t-1}$:

$$
\begin{aligned}
&NKW_{E,0}^{LI} - NKW_{E,0}^{LII} \\
&= 0{,}5s_I\left[RBW_0 - \left(RBW_{t-1} - RBW_t\right) RBF_{i_S}^T - RBW_T\left(1+i_S\right)^{-T}\right] \\
&= 0{,}5s_I\left[RBW_0 - \sum_{t=1}^{T}\left(RBW_{t-1} - RBW_t\right)\left(1+i_S\right)^{-t} - RBW_T\left(1+i_S\right)^{-T}\right] \qquad (7\text{-}18) \\
&= 0{,}5s_I\begin{bmatrix} RBW_0 - RBW_0\left(1+i_S\right)^{-1} + RBW_1\left(1+i_S\right)^{-1} \\ -RBW_1\left(1+i_S\right)^{-2} \ldots + RBW_T\left(1+i_S\right)^{-T} - RBW_T\left(1+i_S\right)^{-T} \end{bmatrix} \\
&= i_S 0{,}5s_I \sum_{t=1}^{T} RBW_{t-1}\left(1+i_S\right)^{-t}
\end{aligned}
$$

Die Nettokapitalwerte differieren, wie oben bereits erläutert, bedingt durch die Einkommensteuereffekte. Sie entstehen daraus, daß – zugrunde zu legen ist die Gesamtlebensdauer des Projektes – die Zahlungswirkungen I_0, und die Ausschüttung von Ab_t bzw. RBW_T bei Variante I nicht durch die Einkommenbesteuerung beeinflußt sind. Bei Variante II hingegen sind diese Zahlungen alle nach hälftiger Einkommensteuer definiert. Die Minderbelastung der Eigentümer in t = 0 in Höhe von $0{,}5s_I I_0$ wird bei Variante II zeitlich vorgezogen und durch spätere Mehrbelastungen von $0{,}5s_I Ab_t$ bzw. $0{,}5s_I RBW_T$ in der Summe exakt kompensiert; Barwertäquivalenz besteht jedoch nicht. Die Zahlungsstruktur bei Variante II ist vorzuziehen.

c. Steuereffekte der Fremdfinanzierung im Halbeinkünfteverfahren

Wir wenden uns nun dem zweiten Baustein des leasingbedingten Wertbeitrags, dem (bei Leasing) entgehenden Wertbeitrag der Fremdfinanzierung zu. Auch hier ist die oben eingeführte Differenzierung nach externer Eigenfinanzierung und Thesaurierung bedeutsam, was schon daran erkennbar ist, daß die belastungsäquivalenten Fremdkapitalbestände gemäß Variante I bzw. II unterschiedlich groß sind. Wir gehen von Risikoniveau I aus. Vergleicht man die Fremdfinanzierung mit der externen Eigenfinanzierung, erhalten wir im einperiodischen Fall:

$$NKW_{TS,0}^{LI} = iF_0\left[s^0\left(1-0,5s_I\right)-0,5s_I\right]\left(1+i_S\right)^{-1} \tag{7-19}$$

Der Steuervorteil der Fremdfinanzierung besteht dann aus dem durch den hälftigen Einkommensteuersatz gedämpften Unternehmensteuereffekt. Liegen Dauerschulden vor, so ist nicht auf s^0, sondern auf s_{DS}^0 zurückzugreifen. Da die externe Eigenfinanzierung Bezugspunkt (Variante I) ist, kann durch Kreditaufnahme und Tilgung kein Einkommensteuereffekt entstehen.

Wenn die Fremdfinanzierung der Eigenfinanzierung durch Thesaurierung gegenübergestellt wird, ist der Einkommensteuereffekt ausgelöst durch Kreditaufnahme und Tilgung zu beachten, der zu dem Steuereffekt gemäß (7-19) hinzutritt. Dieser stellt einen steuerlichen Nachteil dar: die Tilgung mindert die Einkommensteuerlast; die frühere Kreditaufnahme erhöht sich jedoch. Daraus resultiert ein Barwertnachteil im einperiodischen Fall von $-0,5s_IF_0+0,5s_IF_0\left[1+i\left(1-s_I\right)\right]^{-1}$. Den Gesamteffekt beschreibt Formel (7-20)

$$\begin{aligned} NKW_{TS,0}^{LII} &= iF_0\left[s^0\left(1-0,5s_I\right)-0,5s_I\right]\left(1+i_S\right)^{-1}-0,5s_IF_0\left[1-\left(1+i_S\right)^{-1}\right] \\ &= iF_0\left[s^0\left(1-0,5s_I\right)-0,5s_I\right]\left(1+i_S\right)^{-1}-i_S0,5s_IF_0\left(1+i_S\right)^{-1} \qquad (7\text{-}20) \\ &= iF_0\left(1+i_S\right)^{-1}\left(1-0,5s_I\right)\left(s^0-s_I\right) \end{aligned}$$

Diese Formel zeigt auch, daß dieser Nachteil in Abhängigkeit des Verhältnisses von s^0 bzw. s_{DS}^0 zu s_I den Unternehmensteuervorteil kompensieren kann. Geht man von Dauerschulden und einem gewerbesteuerlichen Hebesatz von 400 aus, beträgt der kombinierte Unternehmensteuersatz:

$$s_{DS}^0 = 0,5\cdot 0,1667+0,25\left(1-0,5\cdot 0,1667\right)=0,3125$$

d. Anwendung auf den Standardansatz

Gestützt auf die Abschnitte a. bis c. läßt sich der Nettokapitalwert eines Leasingvertrags wie folgt zusammensetzen:

$$NKW_{F^*,0}^{LI} = NKW_{E,0}^{LI} - NKW_{TS,0}^{LI} \tag{7-21}$$

$$NKW_{F^*,0}^{LII} = NKW_{E,0}^{LII} - NKW_{TS,0}^{LII} \tag{7-22}$$

Wir wollen nun für den n-Perioden-Fall zeigen, daß die Differenz zwischen den Nettokapitalwerten im Vergleich zur Eigenfinanzierung und den entgehenden Nettokapitalwerten der Steuereffekte jeweils (mit umgekehrten Vorzeichen) dem Einkommensteuereffekt auf Anschaffungsauszahlung und Abschreibungen bzw. auf Kreditaufnahme und Tilgung entsprechen. Denn es gilt zum einen (7-18):

$$NKW_{E,0}^{LI} - NKW_{E,0}^{LII} = i_S 0,5 s_I \sum_{t=1}^{T} RBW_{t-1} (1+i_S)^{-t}$$

Die Nettokapitalwerte der Steuereffekte betragen zum anderen:[278]

$$NKW_{TS,0}^{LI} = i \sum_{t=1}^{T} F_{t-1}^{*} \left[s_{DS}^{0} (1-0,5s_I) - 0,5s_I \right] (1+i_S)^{-t} \qquad (7\text{-}23)$$

$$NKW_{TS,0}^{LII} = i \sum_{t=1}^{T} F_{t-1}^{*} \left[s_{DS}^{0} (1-0,5s_I) - 0,5s_I \right] (1+i_S)^{-t} - i_S 0,5 s_I \sum_{t=1}^{T} F_{t-1}^{*} (1+i_S)^{-t} \qquad (7\text{-}24)$$

Wie Tabelle 7-6 und Tabelle 7-9 zeigen, differieren die belastungsäquivalenten Fremdkapitalbestände der Varianten leicht. Setzt man sie vorläufig vereinfachend gleich, folgt als Differenz der Gleichungen (7-23) und (7-24):

$$NKW_{TS,0}^{LI} - NKW_{TS,0}^{LII} = i_S 0,5 s_I \sum_{t=1}^{T} F_{t-1}^{*} (1+i_S)^{-t} \qquad (7\text{-}25)$$

Setzt man (7-18) und (7-25) in (7-21) ein, verschwindet der Unterschied zwischen den Nettokapitalwerten eines Leasingangebots gemäß Variante I und II, wenn die belastungsäquivalenten Fremdkapitalvolumina identisch sind und die Tilgung der Abschreibung folgt.

Wenn diese beiden Bedingungen nicht erfüllt sind, differieren die Ergebnisse. Dies war in unserem Beispiel der Fall, da die belastungsgleichen Fremdkapitalbestände nicht gleich waren. Die Zerlegung der Leasingvertrag-spezifischen Nettokapitalwerte in den Nettokapitalwert bei Eigenfinanzierung und den Barwert der verdrängten Steuervorteile hat uns geholfen, die Quelle des Wertbeitrags von Leasing transparenter zu machen und die Varianten I und II ineinander überzuleiten. Voraussetzung war, daß die belastungsäquivalenten Fremdkapitalvolumen zuvor berechnet worden waren.

---

278 Für (7-24) wählen wir hier eine zu (7-18) analoge Formulierung des ESt–Effektes auf Kreditaufnahme bzw. Tilgung. Vorraussetzung ist dabei eine Betrachtung über die gesamte Lebensdauer des Projektes.

4. Beispiel

Die folgenden Abbildungen stellen die Ergebnisse der APV-Bewertung auf Basis des jeweiligen belastungsäquivalenten Kreditvolumens dar. Der Nettokapitalwert des Leasing folgt aus der Addition des Nettokapitalwerts im Vergleich zur Eigenfinanzierung und des Barwerts der fremdfinanzierungsbedingten Steuereffekte, die durch Leasing verdrängt werden. Beide Varianten weisen das Leasingangebot als vorteilhaft aus. Der Vorsprung des Leasing im Vergleich zur Eigenfinanzierung bei Variante I wird durch den Nachteil der höheren entgehenden Steuervorteile ausgeglichen.

	0	1	2	3	4	5
(1) Ersparte Anschaffungsauszahlung	1.000					
(2) Leasingrate nach Steuern		-67,03	-67,03	-67,03	-67,03	-67,03
(3) Abschreibung		100	100	100	100	100
(4) Steuerersparnis auf (3)[279]		-48,44	-48,44	-48,44	-48,44	-48,44
(5) Entgangener RVE n. St.						-500,00
(6) Zahlungswirkung im Vgl. zur Eigenfinanzierung	1.000	-115,47	-115,47	-115,47	-115,47	-615,47
(7) NKW im Vgl. zur Eigenfinanzierung	25,32					
(8) Fremdkapitalbestand F*	986,98	893,91	798,72	701,37	601,82	0
(9) Tilgung		93,08	95,19	97,35	99,56	601,82
(10) Zinsen		39,48	35,76	31,95	28,05	24,07
(11) Steuerwirkung Zins[280]		3,269	2,961	2,65	2,32	1,99
(12) NKW Steuereffekte	12,30					
(13) NKW Leasing = (7) – (12)	13,02					

Tabelle 7-10: APV-Ansatz auf Basis des belastungsäquivalenten Fremdkapitals – Variante I

[279] $0,375+0,5\cdot 0,35(1-0,375)=0,4844;\ 0,4844\cdot 100=48,44.$

[280] $0,3125\cdot(1-0,5\cdot 0,35)-0,175=0,082813;0,082813\cdot 39,48=3,269.$

		0	1	2	3	4	5
(1)	Ersparte Anschaffungs-auszahlung	825,00					
(2)	Leasingrate nach Steuern		-67,03	-67,03	-67,03	-67,03	-67,03
(3)	Abschreibung		100	100	100	100	100
(4)	Steuerersparnis auf (3)[281]		-30,94	-30,94	-30,94	-30,94	-30,94
(5)	Entgangener RVE nach Steuern						-412,50
(6)	Zahlungswirkung im Vgl. zur Eigenfinanzierung	825,00	-97,97	-97,97	-97,97	-97,97	-510,47
(7)	NKW im Vgl. zur Eigenfinanzierung	8,34					
(8)	Fremdkapitalbestand	984,32	892,64	798,44	701,64	602,19	0
(9)	Tilgung		91,68	94,20	96,79	99,45	602,19
(10)	Zinsen		39,37	35,71	31,94	28,07	24,09
(11)	Steuerwirkung Zins[282]		3,26	2,96	2,64	2,32	1,99
(12)	ESt-Effekt aus F_0^* bzw. Tilgung[283]	-172,26	16,04	16,49	16,94	17,40	105,38
(13)	Summe Steuereffekte	-172,26	19,30	19,44	19,58	19,73	107,38
(14)	Barwert künftiger Steuereffekte	167,67					
(15)	NKW Steuereffekte	-4,59					
(16)	NKW Leasing = (7) – (15)	12,94					

Tabelle 7-11: APV-Ansatz auf Basis des belastungsäquivalenten Fremdkapitals – Variante II

Deutlich wird, daß aufgrund des gewählten Einkommensteuersatzes von 35 % der Wertbeitrag der Fremdfinanzierung bei Variante II negativ ist (vgl. Tabelle 7-11).

5. Folgerungen

Welche Schlüsse kann man ziehen? Die erste Folgerung ist die, daß die im Beispiel relativ geringen Abweichungen zwischen den varianten-

281 $Ab_t\left[s^0\left(1-0,5s_I\right)\right]=100\cdot 0,3094.$

282 $iF_{t-1}^*\left[s_{DS}^0\left(1-0,5s_I\right)-0,5s_I\right]=iF_{t-1}^*\cdot 0,082813.$

283 $0,5\cdot s_I\, F_0^* = 0,175\cdot 984,32.$

spezifischen Nettokapitalwerten systematisch sind. Schüler belegt dies mit einer hohen Zahl von Simulationsläufen.[284]

An den bisherigen Überlegungen fällt auf, daß mit belastungsäquivalenten Fremdkapitalvolumen F_0^* operiert wurde, der faktische Kapitalbedarf aber $F_0 = I_0$ ist, wenn auf das Leasingangebot verzichtet wird. Man kann folglich fragen, wie der Übergang zu einer betragsgleichen Fremdfinanzierung in Höhe $F_0 = I_0$ auf die variantenspezifischen Nettokapitalwerte wirkt und ob eine Orientierung an $F_0 = I_0$ (anstatt an F_0^*) zu einer anderen Beurteilung eines Leasingangebotes zwingt, also im Beispiel etwa zu einer Ablehnung des Angebotes.

Schüler zeigt, daß der Übergang zu einer betragsgleichen Fremdfinanzierung die variantenspezifischen unterschiedlichen Nettokapitalwerte beseitigt.[285] Schüler belegt weiterhin, daß ein Dominanzwechsel beim Rechnen mit F_0^* einerseits und $F_0 = I_0$ andererseits bei der Beurteilung von Leasingangeboten nicht auftreten kann.

V. Unternehmensbewertung und Leasing

1. Leasing vs. Finanzierung durch Thesaurierung

Tabelle 7-12 enthält die Ausgangsdaten eines Unternehmens, das das im Abschnitt IV beschriebene Leasingangebot in t = 1 angenommen hat und dessen DCF-Bewertung nun um die Zahlungswirkungen des Leasingvertrages anzupassen ist. Wir gehen schrittweise vor und nehmen zunächst an, daß das Unternehmen die Investition durch eine Thesaurierung i. H. v. 1.000, also durch eine betragsgleiche Alternativfinanzierung in t = 1 finanziert hat. Wir unterstellen also Variante II. Die Investitionen dieses Jahres betragen insgesamt 2.000. In den folgenden fünf Jahren wird das Objekt mit jeweils 100 abgeschrieben. In t = 6 wird es für 500 verkauft (vereinfachend in den Umsatzerlösen erfaßt) und endgültig abgeschrieben. Um die Effekte der Leasingfinanzierung herauszustellen, nehmen wir an, das Unternehmen sei ansonsten rein eigenfinanziert. Die Detailplanungsphase endet im Jahr 7. Die Daten dieses Jahres werden vereinfachend unendlich lange fortgeschrieben. Auf Basis eines angenommenen Kapitalkostensatzes bei Eigenfinanzierung (k_S) von 10 % erhalten wir einen Unternehmenswert i. H. v. 10.092,38. Unterstellt man, das Unternehmen werde in t = 0 gegründet, so wäre dies vorteilhaft, da der Unternehmenswert den Kapitaleinsatz um 92,4 übersteigt.

---

[284] Schüler, A. (2006); erscheint demnächst.

[285] Vgl. ebenda. Dabei ist unterstellt, daß die Tilgung der Abschreibung folgt.

Bilanz	0	1	2	3	4	5	6	7ff.
Aktiva	10.000	11.000	11.220	11.428	11.640	11.856	11.856	11.856
Eigenkapital	10.000	11.000	11.220	11.428	11.640	11.856	11.856	11.856
Gezeichnetes Kapital	10.000	10.000	10.000	10.000	10.000	10.000	10.000	10.000
Gewinnrücklagen	0	1.000	1.220	1.428	1.640	1.856	1.856	1.856
GuV								
Umsatzerlöse		10.000	10.250	10.500	10.750	11.000	11.250	11.251
Betriebliche Aufwendungen		7.000	7.175	7.350	7.525	7.700	7.875	7.876
Abschreibungen		1.000	1.100	1.040	1.060	1.080	1.100	1.101
Gewinn vor Steuern		2.000	1.975	2.110	2.165	2.220	2.275	2.274
Gewerbeertragsteuer		333,33	329,17	351,67	360,83	370	379,17	379,05
KöSt		416,67	411,46	439,58	451,04	462,50	473,96	473,81
Steuern insgesamt		750	740,63	791,25	811,88	832,50	853,13	852,86
Jahresüberschuß		1.250	1.234,38	1.318,75	1.353,13	1.387,50	1.421,88	1.421,44
Dividende		250	1.014,38	1.110,75	1.141,13	1.171,50	1.421,88	1.421,44
Rücklagenzuführung		1.000	220	208	212	216	0	0
Finanzplan								
Umsatzerlöse		10.000	10.250	10.500	10.750	11.000	11.250	11.251
Betriebliche Aufwendungen		7.000	7.175	7.350	7.525	7.700	7.875	7.876
Steuern insgesamt		750	740,63	791,25	811,88	832,50	853,13	852,86
Investitionen		2.000	1.320	1.248	1.272	1.296	1.100	1.101
Dividende		250	1.014,38	1.110,75	1.141,13	1.171,50	1.421,88	1.421,44
Gesamter Cashflow auf Unternehmensebene		0	0	0	0	0	0	0
Bewertungsrelevante Überschüsse								
Dividende		250	1.014,38	1.110,75	1.141,13	1.171,50	1.421,88	1.421,44
Hälft. Einkommensteuer		43,75	177,52	194,38	199,70	205,01	248,83	248,75
Bewertungsrelevanter Überschuß		206,25	836,86	916,37	941,43	966,49	1.173,05	1.172,69

Tabelle 7-12: Daten bei Finanzierung des Projektes durch Thesaurierung

Wir integrieren nun die Leasingfinanzierung. Die betrieblichen Auszahlungen erhöhen sich in den Jahren 2 bis 6 um die Leasingrate (130). Die Abschreibungen sinken um 100 bzw. in Jahr 6 zusätzlich um den Restbuchwert (500). Ein zu versteuernder Restverkaufserlös fällt nicht an. Ab Periode 7 sind die Daten identisch: der Leasingvertrag ist abgelaufen bzw. das Objekt ist verkauft.

Bilanz	0	1	2	3	4	5	6	7ff.
Aktiva	10.000	10.000	10.320	10.628	10.940	11.256	11.856	11.856
Eigenkapital	10.000	10.000	10.320	10.628	10.940	11.256	11.856	11.856
Gezeichnetes Kapital	10.000	10.000	10.000	10.000	10.000	10.000	10.000	10.000
Gewinnrücklagen	0	0	320	628	940	1.256	1.856	1.856
GuV								
Umsatzerlöse		10.000	10.250	10.500	10.750	11.000	10.750	11.251
Betriebliche Aufwendungen		7.000	7.305	7.480	7.655	7.830	8.005	7.876
Abschreibungen		1.000	1.000	940	960	980	500	1.101
Gewinn vor Steuern		2.000	1.945	2.080	2.135	2.190	2.245	2.274
Gewerbeertragsteuer		333,33	324,17	346,67	355,83	365	374,17	379,05
KöSt		416,67	405,21	433,33	444,79	456,25	467,71	473,81
Steuern insgesamt		750	729,38	780	800,63	821,25	841,88	852,86
Jahresüberschuß		1.250	1.215,63	1.300	1.334,38	1.368,75	1.403,13	1.421,44
Dividende		1.250	895,63	992	1.022,38	1.052,75	803,13	1.421,44
Rücklagenzuführung		0	320	308	312	316	600	0
Finanzplan								
Umsatzerlöse		10.000	10.250	10.500	10.750	11.000	10.750	11.251
Betriebliche Aufwendungen		7.000	7.305	7.480	7.655	7.830	8.005	7.876
Steuern insgesamt		750	729,38	780	800,63	821,25	841,88	852,86
Investitionen		1.000	1.320	1.248	1.272	1.296	1.100	1.101
Dividende		1.250	895,63	992	1.022,38	1.052,75	803,13	1.421,44
Gesamter Cashflow auf Unternehmensebene		0	0	0	0	0	0	0
Bewertungsrelevante Überschüsse								
Dividende		1.250	895,63	992	1.022,38	1.052,75	803,13	1.421,44
Hälftige Einkommensteuer		218,75	156,73	173,60	178,92	184,23	140,55	248,75
Bewertungsrelevanter Überschuß		1.031,25	738,89	818,40	843,46	868,52	662,58	1.172,69

Tabelle 7-13: Daten bei Finanzierung des Projektes durch Leasing

Klar ist, daß sich die bewertungsrelevanten Überschüsse bei Leasing einerseits und bei Finanzierung durch Thesaurierung unterscheiden. Zu deren Bewertung muß man sich für einen DCF-Ansatz entscheiden. Dem APV-Ansatz folgend, kann man die Zahlungswirkungen des Leasingvertrags ermitteln und separat bewerten. So sind wir in Abschnitt IV.3 vorgegangen. Wenn man die Überschüsse einschließlich Leasing bewerten will, sich also für einen Equity-Ansatz entscheidet, ist der Diskontierungssatz k_S periodisch anzupassen, da wir annehmen, daß die leasingbedingten Zahlungswirkungen risikolos sind und damit nicht den gleichen Risikogehalt wie die operativen Überschüsse aufweisen. Es ist ein Kapitalkostensatz k_s^{LV} zu definieren, der diese Effekte abbildet. Dem Additivitätsprinzip der Marktwerte folgend, kann diese Anpassung durch folgende Gleichsetzung der entsprechenden Einkommenströme erzielt werden:

$$\left(1+k_{S,t}^{LV}\right)V_{LV,t-1}^{E}=\left(1+k_S\right)V_{t-1}^{E}+\left(1+i_S\right)V_{t-1}^{LV} \qquad (7\text{-}26)$$

V^{LV} bezeichnet dabei den Barwert der Zahlungswirkungen des Leasingvertrags. Es folgt:

$$k_{S,t}^{LV}=\left(1+k_S\right)\frac{V_{t-1}^{E}}{V_{LV,t-1}^{E}}+\left(1+i_S\right)\frac{V_{t-1}^{LV}}{V_{LV,t-1}^{E}}-1$$

mit

$$V_{LV,t-1}^{E}=V_{t-1}^{E}-V_{t-1}^{LV}$$

erhalten wir:

$$k_{S,t}^{LV}=k_S+\left(k_S-i_S\right)\frac{V_{t-1}^{LV}}{V_{LV,t-1}^{E}}.$$

Der angepaßte Kapitalkostensatz schwankt periodisch. Daher ist das Roll-Back-Verfahren anzuwenden und es ist retrograd zu bewerten. Offensichtlich schlummert auch hier wieder ein Interdependenzproblem, das beim APV-Ansatz nicht auftritt.[286]

Tabelle 7-14 faßt die relevanten Parameter und die Ergebnisse zusammen:

	0	1	2	3	4	5	6	7ff.
Überschüsse bei Thesaurierung		206,3	836,9	916,4	941,43	966,5	1.173,1	1.172,7
Überschüsse bei Leasing		1.031,3	738,9	818,4	843,46	868,5	662,6	1.172,7
Differenz		825	-98,0	-98,0	-98,0	-98,0	-510,5	0
Barwert (V^{LV})	-8,13	816,7	739,9	661,2	580,4	497,5		
V^E	10.092,4	10.895,4	11.148,1	11.346,5	11.539,7	11.727,2	11.726,9	11.726,9
V_{LV}^E	10.100,5	10.078,7	10.408,1	10.685,3	10.959,3	11.229,7	11.726,9	11.726,9
k_S^{LV}		9,994 %	10,600 %	10,526 %	10,458 %	10,392 %	10,328 %	10,000 %

Tabelle 7-14: Gegenüberstellung Thesaurierung und Leasing

Die Differenz der Unternehmenswerte in $t=0$ beträgt 10.100,52 – 10.092,38 = 8,13. Diese entspricht dem Barwert der Leasingbelastungen, der hier ein negatives Vorzeichen aufweist (-8,13), da der Leasingvertrag

[286] Die Annahme, daß sich der Barwert der Leasingbelastungen an den Unternehmenswert andocken ließe und so der angepaßte Kapitalkostensatz konstant bliebe, halten wir für gänzlich unrealistisch.

vorteilhaft ist. Zinst man diesen Betrag mit i_S = 0,026 auf t = 1, das Jahr des Vertragsabschlusses auf, folgt der in Abschnitt IV.4 (Tabelle 7-11) ermittelte Nettokapitalwert des Leasingangebots im Vergleich zur Finanzierung durch Thesaurierung (8,34). Die Ergebnisse werden also durch die Bewertung des gesamten Unternehmens (einschließlich Leasingvertrag) bestätigt.

2. Leasing vs. Finanzierung durch Kapitalerhöhung

Nun sei unterstellt, das Unternehmen finanziere den Leasinggegenstand bei Kauf durch eine Eigenkapitalerhöhung (Variante I). Wir geben damit die Annahme einer residualen Ausschüttungspolitik (wie in Abschnitt V.1.) auf. Auf die Kapitalerhöhung im Zeitpunkt 1 folgen in den Perioden 2 bis 6 einkommensteuerneutrale Rückzahlungen von Eigenkapital in Höhe von Ab_t bzw. RBW_T. Tabelle 7-15 zeigt die entsprechenden Daten.

Bilanz	0	1	2	3	4	5	6	7ff.
Aktiva	10.000	11.000	11.220	11.428	11.640	11.856	11.856	11.856
Eigenkapital	10.000	11.000	11.220	11.428	11.640	11.856	11.856	11.856
Gezeichnetes Kapital	10.000	11.000	10.900	10.800	10.700	10.600	10.000	10.000
Gewinnrücklagen	0	0	320	628	940	1.256	1.856	1.856
GuV								
Umsatzerlöse		10.000	10.250	10.500	10.750	11.000	11.250	11.251
Betriebliche Aufwendungen		7.000	7.175	7.350	7.525	7.700	7.875	7.876
Abschreibungen		1.000	1.100	1.040	1.060	1.080	1.100	1.101
Gewinn vor Steuern		2.000	1.975	2.110	2.165	2.220	2.275	2.274
Gewerbeertragsteuer		333,33	329,17	351,67	360,83	370	379,17	379,05
KöSt		416,67	411,46	439,58	451,04	462,50	473,96	473,81
Steuern insgesamt		750	740,63	791,25	811,88	832,50	853,13	852,86
Jahresüberschuß		1.250	1.234,38	1.318,75	1.353,13	1.387,50	1.421,88	1.421,44
Dividende		1.250	914,38	1.010,75	1.041,13	1.071,50	821,88	1.421,44
Rücklagenzuführung		0	320	308	312	316	600	0
Kapitalerhöhung/ Kapitalherabsetzung		1.000	-100	-100	-100	-100	-600	0
Finanzplan								
Umsatzerlöse		10.000	10.250	10.500	10.750	11.000	11.250	11.251
Betriebliche Aufwendungen		7.000	7.175	7.350	7.525	7.700	7.875	7.876
Steuern insgesamt		750	740,63	791,25	811,88	832,50	853,13	852,86
Investitionen		2.000	1.320	1.248	1.272	1.296	1.100	1.101
Ausschüttungen - KE + KH		250	1.014,38	1.110,75	1.141,13	1.171,50	1.421,88	1.421,44
Gesamter Cashflow auf Unternehmensebene		0	0	0	0	0	0	0

	0	1	2	3	4	5	6	7ff.
Bewertungsrelevante Überschüsse								
Dividende		1.250	914,38	1.010,75	1.041,13	1.071,50	821,88	1.421,44
Hälftige Einkommensteuer		218,75	160,02	176,88	182,20	187,51	143,83	248,75
Kapitalerhöhung/ Kapitalherabsetzung		-1.000	100	100	100	100	600	0
Bewertungsrelevanter Überschuß		31,25	854,36	933,87	958,93	983,99	1.278,05	1.172,69

Tabelle 7-15: Daten bei Finanzierung des Projektes durch Kapitalerhöhung

Die Unternehmensdaten im Leasingfall haben wir in Tabelle 7-13 bereits dargestellt, so daß wir uns auf die Ermittlung der Kapitalkostensätze und die Gegenüberstellung der Ergebnisse konzentrieren können (vgl. Tabelle 7-16). Die veränderte Eigenfinanzierung führt bereits bei Finanzierung des Kaufs, durch die Kapitalerhöhung zu einer Änderung des Kapitalkostensatzes k_S, der bei Thesaurierung galt.

$$\left(1+k_{S,t}^{KE}\right)V_{KE,t-1}^{E}=\left(1+k_S\right)V_{t-1}^{E}+\left(1+i_S\right)V_{t-1}^{KE} \quad \text{[287]} \tag{7-27}$$

Es folgt:

$$k_{S,t}^{KE}=\left(1+k_S\right)\frac{V_{t-1}^{E}}{V_{KE,t-1}^{E}}+\left(1+i_S\right)\frac{V_{t-1}^{KE}}{V_{KE,t-1}^{E}}-1 \tag{7-28}$$

und mit

$$V_{KE,t-1}^{E}=V_{t-1}^{E}-V_{t-1}^{KE} \tag{7-29}$$

erhalten wir:

$$k_{S,t}^{KE}=k_S+\left(k_S-i_S\right)\frac{V_{t-1}^{KE}}{V_{KE,t-1}^{E}}. \tag{7-30}$$

Auf Basis dieses modifizierten Diskontierungssatzes bei Eigenfinanzierung können wir die Kapitalkosten bei Leasing analog ableiten. Wir verzichten auf eine Darstellung der Umformulierung und schreiben gleich in Analogie zu (7-30):

$$k_{S,t}^{LV}=k_{S,t}^{KE}+\left(k_{S,t}^{KE}-i_S\right)\frac{V_{KE,t-1}^{E}}{V_{LV,t-1}^{E}} \tag{7-31}$$

287 V_{t-1}^{KE} bezeichnet den Werteffekt der Kapitalerhöhung im Vergleichung zur Thesaurierung.

Wie Tabelle 7-16 zeigt, entsprechen diese Diskontierungssätze den in Tabelle 7-14 genannten. Das überrascht nicht, da ja die Bewertungsergebnisse bei Leasing unabhängig von der Finanzierung im Falle des Verzichts auf Leasing sein sollten.

	0	1	2	3	4	5	6	7ff.
Überschüsse bei Kapitalerhöhung		31,3	854,4	933,9	958,9	984,0	1.278,1	1.172,7
Überschüsse bei Leasing		1.031,3	738,9	818,4	843,5	868,5	662,6	1.172,7
Differenz		1.000	-115,5	-115,5	-115,5	-115,5	-615,5	0
Barwert (V^{LV})	-24,7	974,7	884,6	792,1	697,2	599,9		
V_{KE}^{E}	10.075,8	11.053,4	11.292,7	11.477,4	11.656,5	11.829,5	11.726,9	11.726,9
V_{LV}^{E}	10.100,5	10.078,7	10.408,1	10.685,3	10.959,3	11.229,7	11.726,9	11.726,9
k_S^{KE}		10,012 %	9,894 %	9,905 %	9,916 %	9,926 %	9,936 %	10,000 %
k_S^{LV}		9,994 %	10,600 %	10,526 %	10,458 %	10,392 %	10,328 %	10,000 %

Tabelle 7-16: Gegenüberstellung Kapitalerhöhung und Leasing

Die Differenz der Unternehmenswerte bzw. der Barwert der Leasingbelastungen zeigen die Vorteilhaftigkeit des Leasingvertrags im Vergleich zur Finanzierung durch Kapitalerhöhung an: 24,67. Zinst man diesen Betrag mit i_S auf $t = 1$ auf, erhalten wir den Nettokapitalwert des Leasing i. H. v. 25,32, der oben in Abschnitt IV.2. berechnet wurde. Aus Sicht der Bewertungspraxis spricht wenig für die Verwendung des Equity-Ansatzes, da der APV-Ansatz die Berücksichtigung des Leasingvertrags aufgrund seines modularen Charakters erleichtert.

3. Leasing im Vergleich zur betragsgleichen Fremdfinanzierung, die Variante II ersetzt

Wir wollen den Leasingvertrag nun am Kauf verbunden mit einer Fremdfinanzierung von $I_1 = 1.000$ messen und die Auswirkung der leasingbedingten Zahlungswirkungen auf die DCF-Bewertung darstellen. Hier interessiert uns die Modifikation des WACC- und Equity-Ansatzes. Wir unterstellen, daß die Fremdfinanzierung an die Stelle einer Finanzierung durch Thesaurierung tritt: In $t = 1$ unterbleibt eine Thesaurierung von 1.000; in den Perioden $2 - 6$ treten Tilgungszahlungen an die Stelle der ansonsten erfolgenden Ausschüttungen in Höhe der verrechneten Abschreibungen. Tabelle 7-17 enthält die Daten des Beispiels, wenn die Investition durch Kredit finanziert wird. Da das Fremdkapital nicht ausfallbedroht ist, entspricht der Verschuldungszinssatz dem risikolosen Zins (4 %). Das Fremdkapital hat Dauerschuldcharakter, der Zinsaufwand mindert die Bemessungsgrundlage der Gewerbeertragsteuer also nur hälftig.

Bilanz	0	1	2	3	4	5	6	7ff.
Aktiva	10.000	11.000	11.220	11.428	11.640	11.856	11.856	11.856
Eigenkapital	10.000	10.000	10.320	10.628	10.940	11.256	11.856	11.856
Gezeichnetes Kapital	10.000	10.000	10.000	10.000	10.000	10.000	10.000	10.000
Gewinnrücklagen	0	0	320	628	940	1.256	1.856	1.856
Fremdkapital	0	1.000	900	800	700	600	0	0
GuV								
Umsatzerlöse		10.000	10.250	10.500	10.750	11.000	11.250	11.251
Betriebliche Aufwendungen		7.000	7.175	7.350	7.525	7.700	7.875	7.876
Abschreibungen		1.000	1.100	1.040	1.060	1.080	1.100	1.101
Zinsaufwand		0	40	36	32	28	24	0
Gewinn vor Steuern		2.000	1.935	2.074	2.133	2.192	2.251	2.274
Gewerbeertragsteuer		333,33	325,83	348,67	358,17	367,67	377,17	379,05
KöSt		416,67	402,29	431,33	443,71	456,08	468,46	473,81
Steuern insgesamt		750	728,13	780	801,88	823,75	845,63	852,86
Jahresüberschuß		1.250	1.206,88	1.294	1.331,13	1.368,25	1.405,38	1.421,44

Tabelle 7-17: Daten bei fremdfinanziertem Kauf

Unterstellt man den Thesaurierungsfall, so folgen die in Tabelle 7-12 ausgewiesenen bewertungsrelevanten Überschüsse. Bei Anwendung des APV-Ansatzes sind zu den bereits bekannten Unternehmenswerten bei Eigenfinanzierung nun die Unternehmen- und Einkommensteuereffekte zu addieren. Die Fremdfinanzierung beginnt mit der Kreditaufnahme in t = 1 i. H. v. 1.000. In den Folgeperioden wird den Abschreibungen entsprechend getilgt. In Periode 6 erfolgt die Resttilgung in Höhe des Restbuchwertes (500). Es treten Einkommensteuereffekte auf, weil die Fremdfinanzierung Thesaurierungen (in t = 1) und Ausschüttungen in den Perioden 2 bis 6 verdrängt. Im Jahr der Kreditaufnahme entsteht ein negativer Einkommensteuereffekt, da die hälftige Einkommensteuer auf den Betrag I_1 wegen der verdrängten Thesaurierung anfällt. Dieser Effekt wird in den Perioden 2 bis 6 durch unterbundene Ausschüttungen in Höhe der Tilgungen kompensiert, es bleibt aber ein Barwertnachteil in t = 0 von –16,54. Zu dem negativen Einkommensteuereffekt treten die positiven Unternehmensteuereffekte. Diese haben, diskontiert mit i $(1-s_I)$ in t = 0 einen Barwert von 12,04. Die Summe der Barwerte in t = 0 ist –4,5. Dieses Ergebnis folgt auch aus einer verallgemeinerten Version der in Abschnitt IV.3.c. abgeleiteten Gleichung (7-20).

$$\begin{aligned} NKW_{TS,0}^{LII} &= i\sum_{t=1}^{n} F_t\left[s^0\left(1-0,5s_I\right)-0,5s_I\right]\left(1+i_S\right)^{-t} \\ &-0,5s_I\sum_{t=0}^{n}\Delta F_t\left(1+i_S\right)^{-t} \end{aligned} \tag{7-32}$$

Die Addition des Unternehmenswerts bei Eigenfinanzierung mit den Barwerten der Steuereffekte liefert uns den Unternehmenswert bei anteiliger Fremdfinanzierung (V^F). Nach Abzug des Fremdkapitals erhalten wir den Wert des Eigenkapitals in jeder Periode. Wir können auf Basis der bekannten, periodenspezifischen Definitionen des WACC und der geforderten Rendite der Eigentümer bei anteiliger Fremdfinanzierung, also

$$WACC_t = k_{S,t}\left(1 - \frac{V_{t-1}^{USt} + V_{t-1}^{ESt}}{V_{t-1}^F}\right) + \frac{\Delta V_t^{USt} + \Delta V_t^{ESt}}{V_{t-1}^F} \tag{7-33}$$

und

$$k_{S,t}^F = k_S + (k_S - i_S)\frac{F_{t-1} - \left(V_{t-1}^{USt} + V_{t-1}^{ESt}\right)}{E_{t-1}} \tag{7-34}$$

den Wert des Eigenkapitals auch durch den WACC- und Equity-Ansatz berechnen. Aufgrund des Interdependenzproblems empfehlen wir auch hier den APV-Ansatz.

	0	1	2	3	4	5	6	7ff.
APV-Ansatz								
Bewertungs-relevanter Überschuß		206,25	836,86	916,37	941,43	966,49	1.173,05	1.172,69
V^E	10.092,38	10.895,37	11.148,05	11.346,48	11.539,70	11.727,19	11.726,86	11.726,86
Unternehmen-steuereffekt der Periode		0	3,31	2,98	2,65	2,32	1,99	0
V^{USt}	12,04	12,35	9,36	6,63	4,15	1,94	0	0
Einkommen-steuereffekt der Periode		-175	17,50	17,50	17,50	17,50	105	0
V^{ESt}	-16,54	158,03	144,64	130,90	116,80	102,34	0	0
V^F	10.087,88	11.065,75	11.302,05	11.484,01	11.660,65	11.831,46	11.726,86	11.726,86
F	0	1.000	900	800	700	600	0	0
E	10.087,88	10.065,75	10.402,05	10.684,01	10.960,65	11.231,46	11.726,86	11.726,86
WACC-Ansatz								
Bewertungs-relevanter Überschuß		206,25	836,86	916,37	941,43	966,49	1.173,05	1.172,69
WACC		11,738 %	9,698 %	9,718 %	9,736 %	9,753 %	9,031 %	10,000 %
V^F	10.087,88	11.065,75	11.302,05	11.484,01	11.660,65	11.831,46	11.726,86	11.726,86
E	10.087,88	10.065,75	10.402,05	10.684,01	10.960,65	11.231,46	11.726,86	11.726,86

	0	1	2	3	4	5	6	7ff.
Equity-Ansatz								
Bewertungs-relevanter Überschuß		1.031,25	731,67	813,45	840,78	868,11	664,43	1.172,69
k_S^F		10,003 %	10,610 %	10,531 %	10,459 %	10,391 %	10,327 %	10,000 %
E	10.087,88	10.065,75	10.402,05	10.684,01	10.960,65	11.231,46	11.726,86	11.726,86

Tabelle 7-18: DCF-Bewertung bei Fremdfinanzierung (Variante II)

Wir können nun an die Vorteilhaftigkeitsprüfung anknüpfen, in dem wir den bei Leasing nicht realisierbaren Wertbeitrag der Fremdfinanzierung mit i_S auf t = 1 aufzinsen $(-4,5 \cdot 1,026 = -4,62)$ und vom in Abschnitt IV.2. berechneten Wertbeitrag des Leasing (8,34) abziehen. Dann erhalten wir den Nettokapitalwert des Leasingvertrags, den wir mit 12,96 berechnet hatten.

4. Leasing im Vergleich zur betragsgleichen Fremdfinanzierung, die Variante I ersetzt

Die betragsgleiche Fremdfinanzierung ersetzt jetzt eine Eigenkapitalfinanzierung gemäß Variante I; das Leasingangebot verdrängt die Fremdfinanzierung. Man kann analog zu Abschnitt 3. mit der APV-Bewertung beginnen und darauf aufbauend die Diskontierungssätze des WACC- und Equity-Verfahrens herleiten. Die bewertungsrelevanten Überschüsse bei Eigenkapitalfinanzierung gemäß Variante I haben wir in Tabelle 7-15 bestimmt. Es treten nun nur Unternehmen-, und keine Einkommensteuereffekte auf, da eine Kapitalerhöhungen bzw. Kapitalrückzahlungen ablösende Fremdfinanzierung keine Einkommensteuereffekte auslöst. Es gilt (7-19):

$$NKW_{TS,0}^{LI} = i\sum_{t=1}^{n} F_{t-1}\left[s^0\left(1-0,5s_I\right)-0,5s_I\right]\left(1+i_S\right)^{-t}$$

Nach Addition des Unternehmenswerts bei Eigenfinanzierung und des Barwerts der Steuereffekte (12,04) sowie nach Subtraktion des Fremdkapitals folgt der Wert des Eigenkapitals.

Mithilfe der oben genannten WACC- und Eigenkapitalkosten-Definitionen kann die WACC- und Equity-Bewertung erfolgen, die wiederum nur affirmativen Charakter haben (vgl. Tabelle 7-19).

Auch hier wird der Nettokapitalwert des Leasingvertrages (12,96) nach Subtraktion des auf t = 1 aufgezinsten finanzierungsbedingten Steuereffekts $(12,04 \cdot 1,026) = 12,35$ vom Wertbeitrag des Leasingvertrages im Vergleich zur Finanzierung durch eine Kapitalerhöhung (25,32) bestätigt.

	0	1	2	3	4	5	6	7ff.
APV-Ansatz								
Bewertungs-relevanter Überschuß		31,25	854,36	933,87	958,93	983,99	1.278,05	1.172,69
V^E	10.075,84	11.053,40	11.292,69	11.477,38	11.656,51	11.829,53	11.726,86	11.726,86
Unternehmen-steuereffekt der Periode		0	3,31	2,98	2,65	2,32	1,99	0
V^{USt}	12,04	12,35	9,36	6,63	4,15	1,94	0	0
V^F	10.087,88	11.065,75	11.302,05	11.484,01	11.660,65	11.831,46	11.726,86	11.726,86
F	0	1.000	900	800	700	600	0	0
E	10.087,88	10.065,75	10.402,05	10.684,01	10.960,65	11.231,46	11.726,86	11.726,86
WACC-Ansatz								
Bewertungs-relevanter Überschuß		31,25	854,36	933,87	958,93	983,99	1.278,05	1.172,69
WACC		10,003 %	9,856 %	9,873 %	9,888 %	9,903 %	9,918 %	10,000 %
V^F	10.087,88	11.065,75	11.302,05	11.484,01	11.660,65	11.831,46	11.726,86	11.726,86
E	10.087,88	10.065,75	10.402,05	10.684,01	10.960,65	11.231,46	11.726,86	11.726,86
Equity-Ansatz								
Bewertungs-relevanter Überschuß		1.031,25	731,67	813,45	840,78	868,11	664,43	1.172,69
k_S^F		10,003 %	10,610 %	10,531 %	10,459 %	10,391 %	10,327 %	10,000 %
E	10.087,88	10.065,75	10.402,05	10.684,01	10.960,65	11.231,46	11.726,86	11.726,86

Tabelle 7-19: DCF-Bewertung bei Fremdfinanzierung (Variante I)

VI. Ergebnisse

Wir haben in diesem Kapitel ausführlich die Vorteilhaftigkeitsprüfung von Leasingangeboten und deren Abbildung im Bewertungskalkül diskutiert. Begonnen haben wir mit einem einfachen Gewinnsteuersystem um dann auf die Rahmenbedingungen des Halbeinkünfteverfahrens überzugehen.

Üblicherweise wird die Vorteilhaftigkeit eines Leasingangebots durch Vergleich mit einem fremdfinanzierten Erwerb geprüft. Dazu wird der Barwert der durch den Leasingkontrakt ausgelösten Zahlungswirkungen, der belastungsäquivalente Kreditbetrag, mit dem Kaufpreis verglichen. Die Übertragung des für ein einfaches Gewinnsteuersystem formulierten Standardansatzes auf das Halbeinkünfteverfahren erfordert eine konsistente Abbildung der leasingbedingten unternehmen- und einkommensteuerlichen Konsequenzen. Stellt man Leasing in einem ersten Schritt dem eigenfinanzierten Kauf gegenüber, sind zwei Varianten der Kapitalaufbringung zu prüfen, die sich in ihren einkommensteuerlichen Wirkungen unterscheiden. Zum einen kann die externe Eigenfinanzierung von I_0 (Variante I), zum anderen die Thesaurierung (Variante II) als Referenzpunkt dienen. Erweitert man den Kalkül, um Leasing mit dem Kreditkauf zu vergleichen, zeigt sich, daß auch das belastungsäquivalente Kreditvolumen von der gewählten Variante der Eigenfinanzierung abhängt. Vergleicht man Leasing mit Variante II, entsteht ein einkommensteuerlich bedingter Barwertnachteil für Leasing, da – einen ausreichend hohen Jahresüberschuß im Jahr der Beschaffung vorausgesetzt – ein durch Thesaurierung finanzierter Kauf einen Einkommensteueraufschub in Höhe von $0{,}5 s_I I_0$ generiert. Dieser wird erst in späteren Perioden durch Auflösung von Gewinnrücklagen in Höhe der periodischen Abschreibungen rückgängig gemacht. Die Argumentation anhand des APV-Ansatzes verdeutlicht, daß ein gegenläufiger Einkommensteuereffekt bei alternativer Fremdfinanzierung auftritt. Im Ergebnis differieren die Wertbeiträge des Leasing in Abhängigkeit von den beiden Varianten I und II systematisch.

Eine Alternative zur belastungsäquivalenten Fremdfinanzierung ist die betragsgleiche Fremdfinanzierung in Höhe von I_0. Während für das belastungsorientierte Vorgehen spricht, daß es auf die durch die Leasingbelastungen verdrängte Verschuldungskapazität rekurriert, kann man für den Ansatz des betragsgleichen Fremdkapitalvolumens vortragen, daß eben dieser Betrag bei alternativer Finanzierung benötigt wird. Für die betragsgleiche Betrachtung spricht zudem, daß sie unabhängig von der Basisannahme, ob Variante I oder II bei Eigenfinanzierung vorläge, einen eindeutigen Wertbeitrag des Leasing liefert. Die Einkommensteuereffekte, die ansonsten die unterschiedlichen Ergebnisse produzieren, heben sich bei betragsgleicher Fremdfinanzierung genau auf.

Zur Einbettung des Leasingvertrages in den Bewertungskalkül haben wir zunächst Leasing mit der Eigenfinanzierung durch Thesaurierung (Variante II) bzw. Kapitalerhöhung (Variante I) verglichen. Wir haben dann für den Fall betragsgleicher Fremdfinanzierung gezeigt, wie um Leasing erweiterte DCF-Bewertungskalküle aussehen. Betrachtet wurden APV-, WACC- und Equity-Ansatz. Es wurde deutlich, daß der APV-Ansatz auch bei der Abbildung von Leasingverträgen den beiden anderen Methoden überlegen ist.

VII. Literaturhinweise

Ang, J./Peterson, P. P. (1984): The Leasing Puzzle. In: Journal of Finance, Vol. 39, S. 1055 - 1065.

Bonhan, M./Curtis, M./Davies, M. u. a.(2004): International GAAP 2005 – Generally Accepted Accounting Practice under International Financial Reporting Standards, London.

Brealey, R. A./Myers, S. C. (2003): Principles of Corporate Finance, 7. ed., Boston u. a.

Büschgen, H. E. (1980): Finanzleasing als Finanzierungsalternative: Eine kritische Würdigung unter betriebswirtschaftlichen Aspekten. In: Zeitschrift für Betriebswirtschaft, 50. Jg., S. 1028 - 1041.

Bundesminister der Finanzen (1971): Schreiben IV B/2 – S 2170 – 31/71 vom 19.04.1971.

Bundesminister der Finanzen (1972): Schreiben IV B/2 – S2170 – 11/72 vom 21.03.1972.

Bundesminister der Finanzen (1975): Schreiben IV B/2 – S2170 – 161/75 vom 22.12.1975.

Bundesminister der Finanzen (1991): Schreiben IV B/2 – S2170 – 115/91 vom 23.12.1991.

Bundesminister der Finanzen (1998): Steuerrechtliche Behandlung des Erwerbs eigener Aktien – BMF-Schreiben vom 2.12.1998. In: Der Betrieb, 51. Jg., S. 2567–2568.

Bundesverband Deutscher Leasing-Unternehmen e.V. (2004): Leasing heute, Berlin.

Bundesverband Deutscher Leasing-Unternehmen e.V. (2005): Jahresbericht 2004/2005, Berlin.

Bundesverband Deutscher Leasing-Unternehmen e.V. (2005): Pressemitteilung vom 30.11.2005.

Copeland, T. E./Weston, F. J./Shastri, K. (2005): Financial Theory and Corporate Policy, 4. ed., Boston u. a..

Donaldson, G. (1964): Corporate Debt Capacity, New York.

Drukarczyk, J.(1993): Theorie und Politik der Finanzierung, 2. A., München.

Epstein, B. J./Mirza, A. A. (2004): Wiley IAS 2004 – Interpretation and Application of International Accounting and Financial Reporting Standards, Hoboken.

Förster, G./van Lishaut, I. (2002): Das körperschaftsteuerliche Eigenkapital i.S.d. §§ 27–29 KStG 2001 (Teil 1). In: Finanz-Rundschau, 84. Jg., S. 1205–1217.

Franks, J. R./Hodges, S. D. (1978): Valuation of Financial Lease Contracts: A Note. In: Journal of Finance, Vol. 33, S. 657–669.

Fülbier, R. U./Pferdehirt H. (2005): Überlegungen des IASB zur künftigen Leasingbilanzierung: Abschied vom off balance sheet approach. In: Internationale und kapitalmarktorientierte Rechnungslegung, 5. Jg., S.275–285.

Gebhard, J. (1990): Finanzierungsleasing, Steuern und Recht: Eine ökonomische Analyse, Wiesbaden.

Graham, J. R./Lemmon, M. L./Schallheim, J. S.(1998): Debt, Leases, Taxes, and the Endogeneity of Corporate Tax Status. In: Journal of Finance, Vol. 53, S. 131–161.

Haberstock, L. (1983): Kredit-Kauf oder Leasing? Ein Vorteilhaftigkeitsvergleich unter Berücksichtigung der steuerlichen Auswirkungen. In: Steuerberater-Jahrbuch 1982/1983, Köln, S. 443–509.

Helmschrott, H. (2000): Zum Problem der unterschiedlichen Zurechnung des Leasingobjekts im Einzel- und Konzernabschluß. In: Zeitschrift für Betriebswirtschaft, 70. Jg., S. 231–246.

Husmann, S./Kruschwitz, L./Löffler, A. (2002): Unternehmensbewertung unter deutschen Steuern. In: Die Betriebswirtschaft, 62. Jg., S. 24–43.

Knoll, L./Hansen, H. (2005): Ausschüttungspolitik am Scheideweg: Überlegungen zu Dividendenalternativen börsennotierter Aktiengesellschaften. In: FinanzBetrieb, 8. Jg., S. 1–4.

Krahnen, J. P. (1990): Objektfinanzierung und Vertragsgestaltung: Eine theoretische Erklärung der Struktur langfristiger Leasingverträge. In: Zeitschrift für Betriebswirtschaft, 60. Jg., S. 21–38.

Krishnan, S. V./Moyer, J. R. (1994): Bankruptcy Costs and the Financial Leasing Decision. In: Financial Management, Vol. 23., S. 31–42.

Kruschwitz, L. (1991): Leasing und Steuern. In: Zeitschrift für betriebswirtschaftliche Forschung, 43. Jg., S. 99–118.

Kruschwitz, L. (1992): Der Einfluß von Steuern auf Leasingraten. In: Deutsches Steuerrecht, 30. Jg., S. 82–89.

Laitenberger, J. (2002): Tilgungseffekt und Kapitalherabsetzung: Anmerkung zum Beitrag von Sven Husmann, Lutz Kruschwitz und Andreas Löffler: „Unternehmensbewertung unter deutschen Steuern". In: Die Betriebswirtschaft, 62. Jg., S. 555–561.

Leibfried, P./Rogowski C. (2005): Mögliche zukünftige Leasingbilanzierung nach IFRS – Empirische Untersuchung der bilanziellen Auswirkungen auf DAX- und MDAX-Unternehmen-. In: Internationale und kapitalmarktorientierte Rechnungslegung, 5. Jg., S. 552–555.

Levy, H./Sarnat, M. (1979): Capital Investment and Financial Decision, New Jersey.

Mellwig, W. (1980): Finanzplanung und Leasing. In: Zeitschrift für Betriebswirtschaft, 50. Jg., S. 1042–1064.

Mukherjee, T. K.(1991): A Survey of Corporate Leasing Analysis. In: Financial Management, Vol. 21, S. 96–107.

Myers, S. C. (1974): Interactions of Corporate Financing and Investment Decisions – Implications for Capital Budgeting. In: Journal of Finance, Vol. 29, S. 1–25.

Myers, S. C./Dill, D. A./Bautista, A. J. (1976): Valuation of Financial Lease Contracts. In: Journal of Finance, Vol. 31, S. 799–819.

Nevitt, P. K./Fabozzi, F. J. (2000): Equipment Leasing, 4. ed., New Hope.

O'Brien, T. J./Nunnally, B. H. (1983): A 1982 Survey of Corporate Leasing Analysis. In: Financial Management, Vol. 13, S. 30–36.

Ross, S. A./Westerfield, R. W./Jaffe, J. (2005): Corporate Finance, 7. ed., Boston u. a.

Schall, L. D. (1985): The Evaluation of Lease Financing Opportunities. In: Midland Corporate Finance Journal, Vol. 2, S. 48–65.

Schallheim, J. S. (1994): Lease or Buy? Principles for Sound Corporate Decision Making, Boston.

Schüler, A./Herrmann C. (2006): Leasing und wertorientierte Unternehmensteuerung. In: Zeitschrift für Controlling und Management (Rubrik Wissenschaft), 50. Jg., S. 174–188.

Schüler, A. (2006): Leasing oder kreditfinanzierter Kauf? Arbeitspapier, Universität der Bundeswehr München.

Schweitzer, R. (1992): Leasingentscheidung in Kapitalgesellschaften, Wiesbaden.

Smith, C. W./Wakeman, L. M. (1985): Determinants of Corporate Leasing Policy. In: The Journal of Finance, Vol. 40, S. 895–908.

Städtler, A. (2005): Mobilien-Leasing in Deutschland und Europa auf Wachstumskurs. In: Finanzierung Leasing Factoring, 52. Jg., S. 18–26.

Stangl, I. (2001): Die systemtragenden Änderungen der Unternehmensbesteuerung durch das Steuersenkungsgesetz, Frankfurt a. M. u. a.

Vater, H. (2002): Bilanzierung von Leasingverhältnissen nach IAS 17: Eldorado bilanzpolitischer Spielräume? In: Deutsches Steuerrecht, 51. Jg., S. 2094–2100.

Wiese, G. T. (1999): Die steuerliche Behandlung des Aktienrückkaufs im Lichte des BMF-Schreibens vom 2.12.1998. In: Deutsches Steuerrecht, 37. Jg., S. 187–189.

8. Kapitel: Rückstellungen und Unternehmenswert

I. Fragestellung

Die Bilanzgliederung des § 266 Abs. 3 HGB unterscheidet in 1. Rückstellungen für Pensionen und ähnliche Verpflichtungen, 2. Steuerrückstellungen und 3. sonstige Rückstellungen. Zu den sonstigen Rückstellungen zählen gemäß § 249 Abs. 1 HGB:[288]

- Rückstellungen für ungewisse Verbindlichkeiten und für drohende Verluste aus schwebenden Geschäften,
- Rückstellungen für im Geschäftsjahr unterlassene Instandhaltungen, die im folgenden Geschäftsjahr (innerhalb von drei Monaten) nachgeholt werden,
- Rückstellungen für im Geschäftsjahr unterlassene Abraumbeseitigung, die im folgenden Geschäftsjahr nachgeholt wird,
- Rückstellungen für Gewährleistungen, die ohne rechtliche Verpflichtung erbracht werden.

Rückstellungen sind von großer empirischer Relevanz: Der durchschnittliche Anteil von Pensionsrückstellungen an der Bilanzsumme der Unternehmen des DAX, MDAX und SMAX[289] betrug im Betrachtungszeitraum 1987 bis 2000 durchschnittlich 13 %. Zusammen mit Steuerrückstellungen machten sonstige Rückstellungen 19,4 % der Bilanzsumme aus. Der Anteil der verzinslichen Verbindlichkeiten der betrachteten Unternehmen für den genannten Zeitraum beträgt lediglich 18,5 %. Tabelle 8-1 stellt die durchschnittliche Kapitalstruktur dar.

Kapitalstruktur		Finanzierung	
		Abschreibung	0,4121
Eigenkapital	0,2888	Δ Eigenkapital	0,1544
Pensionsrückstellungen	0,1300	Δ Pensionsrückstellungen	0,0562
Sonstige Rückstellungen	0,1689	Δ Sonstige Rückstellungen	0,0891
Steuerrückstellungen	0,0249	Δ Steuerrückstellungen	0,0089
Rückstellungen	0,3238	Δ Rückstellungen	0,1542

[288] Die Aufzählung in Abs. 1 ist nicht abschließend. Vgl. § 249 Abs. 2 HGB.
[289] Ohne Banken und Versicherungen.

Kapitalstruktur		Finanzierung	
Verzinsliche Verbindlichkeiten	0,1850	ΔVerzinsliche Verbindlichkeiten	0,1397
Andere Verbindlichkeiten	0,2024	Δ Andere Verbindlichkeiten	0,1396
Verbindlichkeiten	0,3874	Δ Verbindlichkeiten	0,2793
Gesamt	1,0000	Gesamt	1,0000

Tabelle 8-1: Durchschnittliche Kapitalstruktur und Finanzierungsbeiträge im Zeitraum 1987-2000.[290]

Wie Tabelle 8-1 auch zeigt, tragen Rückstellungen im Durchschnitt 15,4 % zum periodischen Finanzierungsvolumen bei.

Während der Einfluß der Fremdfinanzierung auf den Unternehmenswert ausführlich diskutiert wurde, ist die Diskussion der Literatur zum Werteinfluß von Rückstellungen sehr überschaubar. Dabei stand zunächst die Analyse von Pensionsrückstellungen im Vordergrund.[291] Der Einfluß von sonstigen Rückstellungen wurde insbesondere von *Schwetzler* untersucht.[292] Wir haben uns an anderer Stelle mit der Einbindung sonstiger Rückstellungen in die Discounted-Cashflow-Verfahren unter der Annahme eines einfachen Gewinnsteuersystems beschäftigt.[293] Der Werteinfluß sonstiger Rückstellungen im Anrechnungsverfahren steht im Mittelpunkt der Arbeit von *Schlumberger*.[294] *Schlumberger/Schüler* haben den Wertbeitrag sonstiger Rückstellungen für das Halbeinkünfteverfahren hergeleitet.[295]

In diesem Kapitel diskutieren wir den Einfluß sonstiger Rückstellungen auf den Unternehmenswert vor dem Hintergrund alternativer Verwendungsannahmen (Abschnitt II), wobei wir zwischen einkommensteuerneutraler und einkommensteuerpflichtiger Ausschüttung differenzieren. Dazu wählen wir eine ex-ante-Perspektive, d. h. wir beurteilen aus Sicht von t = 0 die Bildung einer Rückstellung in t = 1. In Abschnitt III zeigen wir, wie die Zahlungswirkungen und Kapitalkosten von Rückstellungen in die DCF-Bewertung integriert werden können. Wir leiten zudem her, wie WACC und Eigenkapitalkosten bei Finanzierung durch Rückstellungen definiert sind. Auch hier wählen wir die ex-ante-Perspektive.[296] Wie Unternehmen mit einem gegebenen Bestand an Pensionsrückstellungen zu bewerten sind, haben wir bereits in Kapitel 6 am Beispiel der Value AG diskutiert. Wir argumentieren vor dem Hintergrund des Halbeinkünfteverfahrens. Auch wenn unsere Überlegungen explizit am Fall sonstiger Rückstellungen anknüpfen, gelten diese grundsätzlich ebenso für Pensionsrückstellungen. Um die Argumentation übersichtlich zu halten, ver-

290 Eigene Berechnung.

291 Vgl. Drukarczyk, J. (1990), Haegert, L./Schwab, H. (1990); (1993a), (1993b); Dirrigl, H. (1997); Kinski, U. (2001); Drukarczyk, J./Ebinger, G./Schüler, A. (2005).

292 Vgl. Schwetzler, B. (1994); ders. (1996); ders. (1998).

293 Vgl. Drukarczyk, J./Schüler, A. (2000a), (2002).

294 Vgl. Schlumberger, E. (2002).

295 Vgl. Schlumberger, E./Schüler, A. (2003a).

296 In Drukarczyk, J./Schüler, A. (2002) wird die Unternehmensbewertung bei vorhandenen *und* bei geplanten Rückstellungen diskutiert.

zichten wir auf eine explizite Übertragung auf Pensionsrückstellungen, da deren lange Laufzeit und steuerliche Behandlung gemäß § 6 a EStG aus didaktischer Sicht unhandlich sind. In Abschnitt IV stellen wir einige empirische Untersuchungen vor, die verdeutlichen, daß der Wertbeitrag von Rückstellungen keineswegs hinter dem von verzinslichem Fremdkapital zurückbleibt, sondern ihn übersteigt. Abschnitt V faßt zusammen.

II. Wertbeiträge von Rückstellungen und Verwendungsannahmen

1. Gebundene Mittel finanzieren Finanzanlagen

a. Kalkül bei einkommensteuerpflichtiger Ausschüttung

Wir nehmen an, daß die den Anstoß zur Rückstellungsbildung gebenden Gründe operativ, d. h. durch die Kernaktivitäten des Unternehmens bedingt sind. Auch bei sorgfältiger Planung und Entscheidung sind die künftigen (unsicheren) Zahlungsbelastungen, die durch Rückstellungsbildung aufwandsmäßig antizipiert werden, nicht vermeidbar. Weiterhin sei angenommen, daß die Rückstellungsbildung steuerlich anerkannt wird. Dies ist regelmäßig der Fall, wenn gemäß den Grundsätzen ordnungsmäßiger Buchführung in der Handelsbilanz Passivierungspflicht besteht.

Um die Zahlungswirkungen einer Rückstellungsbildung abzubilden, betrachten wir ein Vergleichsunternehmen, das dem gleichen operativen Risiko ausgesetzt ist, aber auf die Rückstellungsbildung in Periode t verzichtet.[297] Beide Unternehmen, das die Rückstellung in Periode t bildende Unternehmen – im folgenden RS-Unternehmen – und das Vergleichsunternehmen – im folgenden V-Unternehmen –, erwarten die *gleiche* (unsichere) künftige Zahlungsbelastung in Periode t^*. Das RS-Unternehmen bildet eine Rückstellung in $t < t^*$ in Höhe der erwarteten Zahlungsbelastung; das V-Unternehmen unterläßt die Bildung. Die künftige Zahlungsbelastung, die resultiert, wenn der Rückstellungsgrund zur Zahlungswirksamkeit reift, ist für beide Unternehmen gleich. Unsere Ergebnisse hängen nicht davon ab, ob der Rückstellungsgrund eintritt oder nicht.

Die Fiktion eines V-Unternehmens ist begründungsbedürftig, da oben angenommen wurde, der Rückstellungsgrund löse eine Pflicht zur Passivierung aus; die Alternative eines Verzichts auf die Passivierung der Rückstellung besteht faktisch somit nicht. Nun könnte man die Rechnungslegungsvorschriften gedanklich ersetzen durch ein System, das der Aufwandsantizipation weniger Aufmerksamkeit widmet und auf erzwungene Ansparvorgänge im Wege der Innenfinanzierung verzichtet, sondern im Belastungsfall auf Kürzungen der Ausschüttung bzw. auf Wiedereinlagen der Eigentümer setzt. Das V-Unternehmen ist Repräsentant

---

[297] Vgl. zu diesem Vorgehen Wieland, J. E. (1991), S. 210-215; Drukarczyk, J. (1990), (1993a), (1993b), S. 410-413; Schwetzler, B. (1994), (1996).

einer solchen Rechnungslegungswelt.[298] Folgerichtig stehen Eigentümern für die ansonsten ausschüttungsgesperrten Mittel dann auch risikoäquivalente Alternativrenditen offen. Damit sind auch Alternativrenditen (Kapitalkosten) bezifferbar.

Betrachten wir ein Beispiel: In Periode t = 4 drohe eine Zahlungsbelastung in Höhe von 1.000. Sie ist durch Rückstellungsbildung in t = 1 antizipierbar. Das RS-Unternehmen bildet eine Rückstellung; das V-Unternehmen verzichtet. Die Rückstellung in Periode t = 1 beträgt 1.000; Probleme einer eventuellen Abzinsung des erwarteten Belastungsbetrages und solche der Quantifizierung der unsicheren Zahlungsbelastung in t^* werden ausgeklammert.

Ausreichend hohe Zahlungsüberschüsse vorausgesetzt, bindet die Rückstellungsbildung Mittel auf Unternehmensebene, über deren Verwendung zu entscheiden ist. Vereinfachend wird angenommen, daß vorteilhafte Realinvestitionen auch dann realisiert werden, wenn die Rückstellungsbildung unterbleibt. Folglich können die Mittel in Finanzanlagen investiert oder zur Rückführung von Eigen- oder Fremdkapital benutzt werden. Über die jeweilige Verwendungsform ist unter Rendite- und Risikogesichtspunkten zu befinden; die Verwendung muß sicherstellen, daß die Mittel bei Inanspruchnahme des Unternehmens – im Beispiel also in t = 4 – auch zur Verfügung stehen. Wir unterstellen zunächst eine Investition in Finanzanlagen. Darunter verstehen wir hier eine Anlage in festverzinsliche, risikolose Wertpapiere. Bei Eintritt des Rückstellungsgrundes sind diese zu verkaufen. Das RS-Unternehmen im Beispiel entscheidet sich also für das Parken der Mittel in risikolosen Finanzanlagen mit einer Bruttorendite in Höhe von i = 0,04. Unterstellt wird das Halbeinkünfteverfahren mit den Steuersätzen $s_K = 0,25$, $s_{GE} = 0,1667$ und $s_I = 0,35$. Wir nehmen an, daß den Eigentümern Ausschüttungen in Form von einkommensteuerpflichtigen Dividenden zufließen. Tabelle 8-2 zeigt die bewertungsrelevanten Überschüsse des RS-Unternehmens bei Investition der durch Rückstellungen gebundenen Überschüsse in Finanzanlagen.

	1	2	3	4
Gewinn vor Zuführung und vor Steuern	2.000	2.055	2.110	2.165
Zuführung Rückstellung	1.000			
Zinsertrag		40	40	40
Gewinn vor Steuern	1.000	2.095	2.150	2.205
Gewerbeertragsteuer	166,70	349,24	358,41	367,57
Körperschaftsteuer	208,33	436,44	447,90	459,36
Jahresüberschuß	624,98	1.309,32	1.343,70	1.378,07
Hälftige Einkommensteuer	109,37	229,13	235,15	241,16
Dividende n. hälftiger ESt	515,60	1.080,19	1.108,55	1.136,91

Tabelle 8-2: Ausschüttungen des RS-Unternehmens

[298] Daß das unterschiedliche Bilanzierungsverhalten von RS- und V-Unternehmen außenstehende Eigentümer zu unterschiedlichen Einschätzungen des Investitionsrisikos veranlaßt, wird im folgenden ausgeschlossen.

Die Tabelle verdeutlicht:

- In der Periode der Rückstellungsbildung tritt eine Ausschüttungsverkürzung und folglich ein verringerter Zufluß nach Einkommensteuer auf Anteilseignerebene ein. Dieser beträgt:

$$ZR_1(1-s_{GE})(1-s_K)(1-0{,}5s_I) = ZR_1\left(1-s^0\right)(1-0{,}5s_I)$$

$$= ZR_1\left(1-s_I^0\right) = 1.000(1-0{,}4844) = 515{,}60.$$

$$\text{mit } s_I^0 = s^0 + 0{,}5s_I\left(1-s^0\right)$$

- Die Rückstellungsbildung kürzt die Ausschüttung nicht um 1.000, sondern um 1.000 abzüglich der durch RS_0 bewirkten Minderung der Steuerzahlungen, die im Jahr der Rückstellungsbildung $ZR_1 s_1^0 = 1.000 \cdot 0{,}4844 = 484{,}4$ beträgt.
- Die auf den Wertpapierbestand erzielten Zinserträge nach Steuern erhöhen die Ausschüttungen in den Perioden 2 bis 4.

In Periode 4 tritt annahmegemäß die Zahlungsbelastung in Höhe von 1.000 ein. Zur Finanzierung wird der in 1 gebildete Wertpapierbestand veräußert. Die Rückstellung wird aufgelöst und mit der Zahlungsbelastung von 1.000 erfolgsneutral verrechnet. Steuerwirkungen treten insoweit nicht ein.

Das V-Unternehmen bildet im Zeitpunkt t = 1 keine Rückstellung. Die Zahlungsbelastung in 4 wird aus dem operativen Cashflow vor Steuern finanziert. Tabelle 8-3 leitet die Ausschüttungen an die Eigentümer ab.

	1	2	3	4
Gewinn vor Inanspruchnahme und vor Steuern	2.000	2.055	2.110	2.165
Inanspruchnahme Rückstellung				1.000
Gewinn vor Steuern	2.000	2.055	2.110	1.165
Gewerbeertragsteuer	333,40	342,57	351,74	194,21
Körperschaftsteuer	416,65	428,11	439,57	242,70
Jahresüberschuß	1.249,95	1.284,32	1.318,70	728,10
Hälftige Einkommensteuer	218,74	224,76	230,77	127,42
Dividende n. hälftiger ESt	1.031,21	1.059,57	1.087,93	600,68

Tabelle 8-3: Ausschüttungen des V-Unternehmens

Hier kommt es nicht zum Aufbau eines Wertpapierbestandes im Zeitpunkt 1. Vielmehr erhalten die Eigentümer eine um $ZR_1\left(1-s_I^0\right) = 1.000 \cdot (1-0{,}4844) = 515{,}60$ erhöhte Ausschüttung. Diesen Betrag können sie alternativ und risikoäquivalent anlegen. Die Ausschüttungsverkürzung im Vergleich zum RS-Unternehmen tritt in Periode 4 ein.

Die Steuerminderzahlung (484,4) des RS-Unternehmens in t = 1 kann man als Kredit des Fiskus ansehen (Steuerkredit). Dieser Kredit kostet keine Zinsen. Erfolgte die Inanspruchnahme des Unternehmens in 4 nicht, wäre die Rückstellung erfolgswirksam aufzulösen; Steuerzahlungen in Höhe von 484,4 wären zu entrichten; Entgelte für die Kapitalüberlassung wären nicht zu zahlen. Der Kredit ist folglich kostenlos.

Die Rückstellungsbildung bewirkt also einen Ausschüttungsverzicht der Eigentümer (515,6) im Zeitpunkt 1. Vor dem Hintergrund der alternativen Rechnungslegungswelt, für die das V-Unternehmen steht, verursacht die Ausschüttungsverkürzung Kosten für die Eigentümer: Sie verzichten auf die risikoäquivalente Rendite, die bei Ausschüttung erzielbar gewesen wäre. Angenommen, diese „Außenrendite" der Anleger sei vor Steuern ebenfalls 4 %. Nach Einkommensteuern beträgt die Rendite 0,04 (1 – 0,35) = 0,026. Jetzt also sind die Kapitalkosten der Rückstellungsbildung quantifizierbar:[299]

$$RS\left(1-s_I^0\right)i\left(1-s_I\right)+RS\ s_I^0\cdot 0=RS\left(1-s_I^0\right)i\left(1-s_I\right).$$

Bezogen auf eine Geldeinheit an sonstigen Rückstellungen, die gemäß Annahme ausschüttungsverkürzend wirkt und zu einer unternehmensinternen Anlage in Wertpapieren in Höhe von 1 führt, verzichten die Eigentümer auf eine risikoäquivalente (Außen)Rendite in Höhe von $i\left(1-s_I^0\right)\left(1-s_I\right)$ = 0,0134. Das ist nicht viel. Ursache ist die Zinslosigkeit des Fiskalkredites.

Der so berechnete Renditeverzicht ist niedriger als die auf Unternehmensebene erzielbare Nach-Steuer-Rendite auf den Wertpapierbestand. Diese beträgt bei unverändert unterstellter Vollausschüttung $i\left(1-s_I^0\right)=0{,}0206$. Daraus folgt, daß die Antizipation der Zahlungsbelastung durch Rückstellungsbildung im Zeitpunkt 1 ganz im Sinn der Eigentümer und damit werterhöhend ist: Sie verzichten auf eine Ausschüttung in Höhe von 515,6; diesen Betrag hätten sie zu einer Nach-Steuer-Rendite von 0,04 (1 – 0,35) = 0,026 anlegen können. Das Unternehmen kann zwar Mittel in Finanzanlagen nur zu einer niedrigeren Rendite nach Unternehmen- und Einkommensteuer in Höhe von $i\left(1-s_I^0\right)=0{,}0206$ anlegen; insoweit besteht ein Renditenachteil. Dieser wird überkompensiert durch das auf Unternehmensebene *höhere* Anlagevolumen: Das RS-Unternehmen baut Wertpapierbestände in Höhe von 1.000 auf; die Eigentümer können nur $RS\left(1-s_I^0\right)$ = 515,6 anlegen, wenn – wie im V-Unternehmen – auf die Rückstellungsbildung verzichtet wird: Die Eigentümer haben einen Volumennachteil. Anders ausgedrückt: Der zinslose fiskalische Kredit steht nur dem RS-Unternehmen, nicht aber den Anlegern zur Verfügung.

---

[299] Vgl. Schwetzler, B. (1994), S. 796-798.

Daraus folgt, daß der Wert des RS-Unternehmens unter sonst gleichen Bedingungen den des V-Unternehmens übersteigen muß. Der Wertvorsprung resultiert aus dem über die Rückstellungsbildung finanzierten Wertpapierbestand und dessen Zinserträgen zwischen Bildungszeitpunkt und Inanspruchnahme, also die Zeitspanne, für die die Eigentümer einen zeitlich befristeten Ausschüttungsverzicht leisten. Die relevante Zahlungsreihe läßt sich wie folgt darstellen:

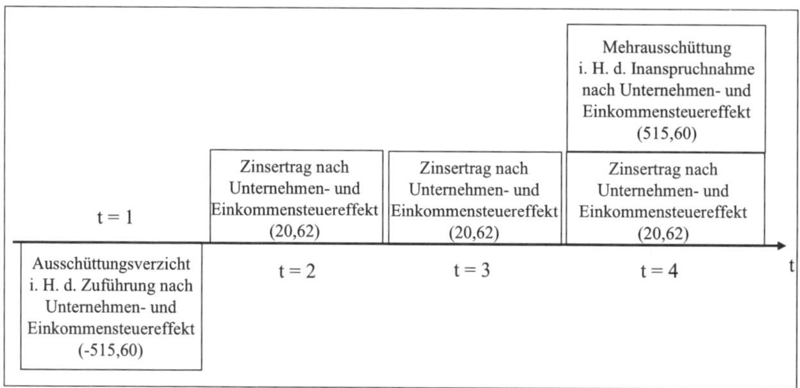

Abbildung 8-1: Ausschüttungsdifferenzen

Der Nettokapitalwert dieser Zahlungsreihe (NKW_R) im Zeitpunkt 1, bewertet mit $i(1-s_I)=0{,}026$, beträgt 20,58. Die Aufwandsantizipation durch Rückstellungsbildung lohnt für die Eigentümer des Unternehmens. Unter Rückgriff auf den Volumen- und Renditevergleich läßt sich dies auch durch folgende Residualgewinnreihe darstellen (vgl. Tabelle 8-4).

	1	2	3	4
Anlagevolumen auf Unternehmensebene	1.000			
Nach-Steuer-Rendite	2,063 %			
Zinsertrag nach Unternehmen- und Einkommensteuer		20,62	20,62	20,62
Kapitalkostenberechnung				
Anlagevolumen ohne Rückstellungsbildung	515,60			
Rendite nach Einkommensteuer	2,60 %			
Kapitalkosten		13,41	13,41	13,41
Residualgewinne		7,22	7,22	7,22

Tabelle 8-4: Residualgewinne bei Anlage in Finanzanlagen

Der Barwert der Residualgewinne entspricht wiederum dem Wertbeitrag der durch Rückstellungsbildung finanzierten Finanzanlagen im Zeitpunkt 1 (20,58). Der Residualgewinn aus der rückstellungsfinanzierten Investition in Finanzanlagen ist definiert als Differenz zwischen den Zinserträgen nach Unternehmensteuern und hälftiger Einkommensteuer auf den *vollen* Zuführungsbetrag und den Kapitalkosten der Eigentümer. Diese entsprechen den Zinserträgen nach Einkommensteuer auf den Betrag, der ihnen im Fall der Ausschüttung im V-Unternehmen zufließt. Wir können also schreiben:

$$\underbrace{\underbrace{i\left(1-s^{0}\right)\left(1-0{,}5s_{I}\right)}_{\text{Rendite nach Steuern}}\;\underbrace{RS_{t-1}}_{\text{Anlagevolumen}}}_{\text{Zinserträge}} - \underbrace{\underbrace{i\left(1-s_{I}\right)}_{\text{Rendite nach Steuern}}\;\underbrace{RS_{t-1}\left(1-s^{0}\right)\left(1-0{,}5s_{I}\right)}_{\text{Anlagevolumen}}}_{\text{Kapitalkosten}} \tag{8-1}$$

Über die Gesamtlaufzeit gilt:

$$\begin{aligned} NKW_{R} &= \sum_{t=1}^{n}\begin{bmatrix} i\left(1-s^{0}\right)\left(1-0{,}5s_{I}\right)RS_{t-1} \\ -i\left(1-s_{I}\right)RS_{t-1}\left(1-s^{0}\right)\left(1-0{,}5s_{I}\right)\end{bmatrix}\left[1+i\left(1-s_{I}\right)\right]^{-t} \\ &= is_{I}\left(1-s^{0}\right)\left(1-0{,}5s_{I}\right)\sum_{t=1}^{n}RS_{t-1}\left[1+i\left(1-s_{I}\right)\right]^{-t} \end{aligned} \tag{8-2}$$

Für den Fall einer einmaligen Zuführung in $t=0$ folgt nach Umformung:

$$NKW_{R} = iZRs_{I}\left(1-s^{0}\right)\left(1-0{,}5s_{I}\right)RBF_{i(1-s_{I})}^{n} \tag{8-3}$$

Gleichung (8-3) zeigt, daß der Nettokapitalwert einer rückstellungsfinanzierten Investition in Finanzanlagen bei positiven Einkommensteuersätzen immer positiv ist.[300] Der Volumenvorteil dominiert den Renditenachteil immer.

b. Kalkül bei einkommensteuerneutraler Ausschüttung

Die einkommensteuerliche Behandlung des Ausschüttungskanals beeinflußt den Wertbeitrag der Fremdfinanzierung zum Unternehmenswert. Dies gilt analog für die Finanzierung durch Rückstellungsbil-

300 Von einer möglichen Variation gewerbesteuerlicher Hebesätze sehen wir vereinfachend ab.

dung. In Abschnitt a. haben wir unterstellt, daß die Ausschüttungen (und die durch die Rückstellung ausgelösten Ausschüttungsveränderungen) in Form von Dividenden realisiert werden, die im Halbeinkünfteverfahren hälftig der Einkommensteuer unterliegen. Wir nehmen nun an, daß das V-Unternehmen eine einkommensteuerneutrale Ausschüttung in Höhe von 1.000 im Zeitpunkt 1, sei es durch Kapitalherabsetzung oder Aktienrückkauf, realisieren kann. Das RS-Unternehmen verzichtet hierauf und bildet in t = 1 die Rückstellung. Im Jahr der Inanspruchnahme aus dem Rückstellungsgrund wird die einkommensteuerneutrale Ausschüttung dann vom RS-Unternehmen nachgeholt. Tabelle 8-5 leitet die rückstellungsbedingten Ausschüttungsdifferenzen ab.

Die Jahresüberschüsse des V- bzw. RS-Unternehmens im Zeitpunkt 1 differieren wegen der Rückstellungsbildung in Höhe von 1.000. Rechnet man

$$\left[1.249{,}95 \cdot \left(\frac{1}{1-s^0}\right) - 1.000\right]\left(1-s^0\right) = 624{,}98$$

folgt der Jahresüberschuß des RS-Unternehmens in Höhe von 624,98. Im Zeitpunkt 2, 3 und 4 differieren die Jahresüberschüsse um die Zinserträge der Finanzanlage nach Unternehmensteuern, also um $iFA\left(1-s^0\right) = 25$. In Periode 4 erfolgt annahmegemäß die Inanspruchnahme aus dem Rückstellungsgrund in Höhe von 1.000. Im V-Unternehmen ist die Inanspruchnahme ergebnismindernd. Der Jahresüberschuß berechnet sich ausgehend von dem des RS-Unternehmens so:

$$\left[(1.378{,}07 - 25) \cdot \left(\frac{1}{1-0{,}375}\right) - 1.000\right](1-0{,}375) = 728{,}1.$$

Der Jahresüberschuß des RS-Unternehmens wird nicht berührt; der Aufwand wurde ja in Periode 1 durch Rückstellungsbildung antizipiert. Das RS-Unternehmen holt im Zeitpunkt 4 die einkommensteuerneutrale Ausschüttung von 1.000, die das V-Unternehmen im Zeitpunkt 1 vorgenommen hat, nach. Damit sind die Eigenkapitalbestände beider Unternehmen wieder gleich.

RS-Unternehmen	1	2	3	4
Jahresüberschuß	624,98	1.309,32	1.343,70	1.378,07
Dividende	624,98	1.309,32	1.343,70	378,07
Hälftige Einkommensteuer	109,37	229,13	235,15	66,16
ESt-neutrale Ausschüttung	0	0	0	1.000
Bewertungsrelevanter Überschuß	515,60	1.080,19	1.108,55	1.311,91
V-Unternehmen				
Jahresüberschuß	1.249,95	1.284,32	1.318,70	728,10
Dividende	249,95	1.284,32	1.318,70	728,10
Hälftige Einkommensteuer	43,74	224,76	230,77	127,42
ESt-neutrale Ausschüttung	1.000	0	0	0
Bewertungsrelevanter Überschuß	1.206,21	1.059,57	1.087,93	600,68
RS-bedingte Ausschüttungsdifferenz	-690,60	20,62	20,62	711,22

Tabelle 8-5: Rückstellungsbedingte Ausschüttungsdifferenzen bei einkommensteuerneutraler Ausschüttung

Wie man sieht, weichen die Ergebnisse für die Perioden 1 und 4 von den oben in Abbildung 8-1 bezifferten Ausschüttungsunterschieden bei einkommensteuerpflichtiger Ausschüttung ab. Der Unterschied entspricht dem Einkommensteuereffekt auf 1.000, d. h. $0{,}5 \cdot s_I \cdot 1.000 = 175$. Das V-Unternehmen kann den Eigentümern in t = 1 eine um 175 größere Zahlung bereitstellen. Das RS-Unternehmen kann diese Mehrleistung erst in t = 4 bringen. Daraus folgt: Der Renditeeffekt bleibt unberührt, der Volumeneffekt schrumpft um 175, da den Eigentümern des V-Unternehmens nunmehr ein größerer Betrag für die private Anlage zur Verfügung steht.

	1	2	3	4
Anlagevolumen auf Unternehmensebene	1.000			
Nach-Steuer-Rendite	2,06 %			
Zinsertrag nach Unternehmen- und Einkommensteuer		20,63	20,63	20,63
Kapitalkostenberechnung				
Anlagevolumen der Eigentümer ohne Rückstellungsbildung	690,60			
Rendite nach Einkommensteuer	2,6 %			
Kapitalkosten		17,96	17,96	17,96
Residualgewinne		2,67	2,67	2,67

Tabelle 8-6: Residualgewinne bei Reinvestition in Finanzanlagen und einkommensteuerneutraler Ausschüttung

Der Nettokapitalwert der Rückstellungsbildung entspricht dem Nettobarwert der Ausschüttungsdifferenzen bzw. dem Barwert der Residualgewinne und beträgt noch 7,61, da der Volumenvorteil geschrumpft ist.

Wir können schreiben:

$$\underbrace{\underbrace{i\left(1-s^0\right)\left(1-0{,}5s_I\right)}_{\text{Rendite nach Steuern}} \quad \underbrace{RS_{t-1}}_{\text{Anlagevolumen im U.}}}_{\text{Zinserträge}}$$

$$- \underbrace{\underbrace{i\left(1-s_I\right)}_{\text{Rendite nach Steuern}} \quad \underbrace{RS_{t-1}\left[1-s^0\left(1-0{,}5s_I\right)\right]}_{\text{Anlagevolumen der AE}}}_{\text{Kapitalkosten}} \tag{8-4}$$

Über die Gesamtlaufzeit gilt:

$$\begin{aligned} NKW_R &= \sum_{t=1}^{n} \left\{ \begin{matrix} i\left(1-s^0\right)\left(1-0{,}5s_I\right)RS_{t-1} \\ -i_S RS_{t-1}\left[1-s^0\left(1-0{,}5s_I\right)\right] \end{matrix} \right\} \left(1+i_S\right)^{-t} \\ &= is_I\left[0{,}5-s^0\left(1-0{,}5s_I\right)\right]\sum_{t=1}^{n} RS_{t-1}\left(1+i_S\right)^{-t} \end{aligned} \tag{8-5}$$

wobei i_S die risikolose Rendite nach voller Einkommensteuer bezeichnet.[301]

Für den Fall einer einmaligen Zuführung in t = 0 folgt nach Umformung:

$$NKW_R = iZRs_I\left[0{,}5-s^0\left(1-0{,}5s_I\right)\right]RBF_{i_S}^{n} \tag{8-6}$$

Ausschlaggebend für das Vorzeichen des Nettokapitalwerts ist das Vorzeichen des Terms in eckigen Klammern. Für $s^0 = 0{,}375$ ist es positiv; die Rückstellungsbildung lohnt.[302]

2. Gebundene Mittel finanzieren Tilgungen

Diese Überlegungen werden nun für die Verwendungsannahme der Tilgung von verzinslichem Fremdkapital durchgespielt: Risikoloses Fremdkapital wird in t = 1 in Höhe der Zuführung zur Rückstellung abgelöst; bei Inanspruchnahme wird Fremdkapital aufgenommen. Die temporäre

---

[301] Also $i_S = i\left(1-s_I\right)$.

[302] Die Höhe des kombinierten Unternehmensteuersatzes hängt bei gegebenem Körperschaftsteuersatz vom gewerbesteuerlichen Hebesatz ab. Auch für andere realistische Hebesätze erhalten wir einen positiven Nettokapitalwert.

Freisetzung erspart bei Annahme von Nicht-Dauerschulden Zahlungen in Höhe von $i_V RS(1-s_{GE})(1-s_K)$ nach Unternehmensteuern, die die Ausschüttungen an die Eigentümer des RS-Unternehmens entsprechend erhöhen. Die Ausschüttungsdifferenzen zwischen RS- und V-Unternehmen sind analog zu Abschnitt 1 zu berechnen: An die Stelle von Erträgen aus Finanzanlagen nach Steuern treten Ersparnisse wegen nicht zu leistender Zinszahlungen nach Steuern. Der Volumeneffekt hat ebenfalls die gleiche Größe wie oben; der Renditeeffekt besteht in der Differenz zwischen den Kosten verzinslichen Fremdkapitals auf Unternehmensebene nach Steuern und der Rendite nach Steuern, die die Eigentümer des V-Unternehmens aus der risikoäquivalenten Verwendung der Mehrausschüttung im Zeitpunkt 1 erzielen. Nimmt man an, daß die Kosten risikolosen Fremdkapitals der Rendite festverzinslicher Finanzanlagen erster Bonität entsprechen, bleibt der Renditeeffekt im Vergleich zur Investition in Wertpapiere unverändert. Wegen der prinzipiellen Dominanz des Volumenvorteils folgt wieder, daß die Rückstellungsbildung für die Eigentümer von Vorteil ist.

Man kann die Äquivalenz der Verwendungsannahmen „Aufbau von Finanzanlagen“ und „Abbau von Fremdkapital“ anhand der in Kapitel 6 hergeleiteten Steuereffekte der Fremdfinanzierung verdeutlichen.[303] Wir illustrieren dies durch eine Darstellung der Steuereffekte bei Fremdkapitalab- bzw. Finanzanlagenaufbau. Zusätzlich ist die Steuerwirkung der Rückstellungsbildung zu beachten. Wir unterstellen eine einkommensteuerpflichtige Ausschüttung und Risikoniveau I. Tabelle 8-7 zeigt die relevanten Steuereffekte.

Fremdkapitalab- bzw. Finanzanlagenaufbau	1	2	3	4
Unternehmensteuereffekt		-5,38	-5,38	-5,38
Einkommensteuereffekt	175	0	0	-175
Summe	175	-5,38	-5,38	-180,38
Barwert	-2,35			
Rückstellungen				
Unternehmensteuereffekt	375,03	0	0	-375,03
Unternehmensteuereffekt n. hälft. ESt.	309,40	0	0	-309,40
Barwert	22,93			

Tabelle 8-7: Wertbeiträge von Rückstellungsbildung und Fremdkapitalab- bzw. Finanzanlagenaufbau

303 Wenn beide Verwendungsalternativen zu identischen Ergebnissen führen, ist auch eine Saldierung von Finanzanlagen und Fremdkapital zum sog. „Net Debt“ zulässig.

Der Unternehmensteuereffekt basiert auf dem bekannten, auf dem Zinsaufwand beruhenden Effekt. Da eine Tilgung vorliegt, ist der Effekt negativ:

$$-iF_{t-1}\left[s^0\left(1-0,5s_I\right)-0,5s_I\right]=-40\cdot 0,134=-5,38$$

Der entgehende Einkommensteuereffekt besteht aus dem Produkt von hälftigem Einkommensteuersatz und Veränderung der Ausschüttung. Der Barwert der Steuereffekte beträgt –2,35.

Die Rückstellungszuführung des RS-Unternehmens zieht die Unternehmensteuerersparnis im Vergleich zum V-Unternehmen auf t = 1 vor. Dieser Effekt wird geschmälert durch die Besteuerung mit $0,5\cdot s_I$. Der Barwertvorteil beträgt 22,93. Addieren wir die beiden Barwerte, erhalten wir wieder:

$$NKW_R = -2,35 + 22,93 = 20,58.$$

3. Gebundene Mittel ersetzen Eigenkapital

a. Vorbemerkung

Die Paketbildung aus durch Rückstellungsbildung generierten Mitteln und Wertpapierbeständen hat eine Erweiterung des Investitionsvolumens des RS-Unternehmens im Vergleich zum V-Unternehmen zur Folge. Die Paketbildung „Rückstellungsbildung und Ablösung von verzinslichem Fremdkapital" ändert nicht das Investitionsvolumen, wohl aber die Passivseite. Nun könnten durch Rückstellungen gebundene Mittel auch Eigenkapital ersetzen: Das Investitionsvolumen bei RS- und V-Unternehmen ist dann identisch; die Kapitalstrukturen differieren, weisen aber gleiche Bestände an verzinslichem Fremdkapital auf. Prinzipiell könnte man Gewinnrücklagen auflösen oder das Eigenkapital herabsetzen, um gesellschaftsrechtliche Ausschüttungssperren auszuhebeln. Ob Rückstellungen Gewinnrücklagen oder gezeichnetes Kapital einschließlich Kapitalrücklagen substitutieren ist wichtig, da die einkommensteuerlichen Konsequenzen der Alternativen verschieden sind.

b. Rückstellungen ersetzen Gewinnrücklagen

Wir gehen zunächst davon aus, daß das RS-Unternehmen den durch Rückstellungszuführung in t = 1 gebundenen Mittelbetrag durch Auflösung von Gewinnrücklagen ausschüttet, was zu einer Einkommensteuerbelastung führt. Das V-Unternehmen hingegen schüttet den vollen, durch Rückstellungsbildung nicht verkürzten Jahresüberschuß aus. Im Jahr der Inanspruchnahme muß das RS-Unternehmen die Gewinnrücklagen „auffüllen"; das V-Unternehmen holt dadurch die Ausschüttungsdifferenz aus t = 1 auf. Tabelle 8-8 enthält die bewertungsrelevanten Überschüsse beider Alternativen und die Differenzzahlungsreihe.[304]

RS-Unternehmen	1	2	3	4
Gewinn vor Zuführung und vor Steuern	2.000	2.055	2.110	2.165
Zuführung Rückstellung	1.000			
Gewinn vor Steuern	1.000	2.055	2.110	2.165
Gewerbeertragsteuer	166,70	342,57	351,74	360,91
Körperschaftsteuer	208,33	428,11	439,57	451,02
Jahresüberschuß	624,98	1.284,32	1.318,70	1.353,07
Auflösung/Bildung Gewinnrücklagen	1.000			-1.000
Dividende	1.624,98	1.284,32	1.318,70	353,07
Hälftige Einkommensteuer	284,37	224,76	230,77	61,79
Dividende n. hälftiger ESt	1.340,60	1.059,57	1.087,93	291,28
V-Unternehmen				
Gewinn vor Inanspruchnahme und vor Steuern	2.000	2.055	2.110	2.165
Inanspruchnahme				1.000
Gewinn vor Steuern	2.000	2.055	2.110	1.165
Gewerbeertragsteuer	333,40	342,57	351,74	194,21
Körperschaftsteuer	416,65	428,11	439,57	242,70
Jahresüberschuß	1.249,95	1.284,32	1.318,70	728,10
Hälftige Einkommensteuer	218,74	224,76	230,77	127,42
Dividende n. hälftiger ESt	1.031,21	1.059,57	1.087,93	600,68
Rückstellungsbedingte Ausschüttungsdifferenz	309,40	0	0	-309,40

Tabelle 8-8: Ausschüttungsdifferenzen bei Substitution von Gewinnrücklagen

Es folgt ein Nettokapitalwertbeitrag der Rückstellungsbildung, der in t = 1 22,93 beträgt. Er ist höher als der bei Verwendungsannahme Finanzanlagen (20,58), weil diese Verwendungsannahme auf den aus Eigentümersicht suboptimalen Renditenachteil der Finanzanlagen auf Unternehmensebene verzichtet. Der Nettokapitalwert läßt sich auch über die Residualgewinne berechnen.

304 Alternativ könnten wir ein Beispiel konstruieren, bei dem die Zuführung zur Rückstellung eine ansonsten notwendige Thesaurierung ersetzt. Die resultierenden Ausschüttungsdifferenzen entsprechen den in Tabelle 8-8 genannten.

	1	2	3	4
Anlagevolumen bei ESt-pflichtiger Auskehrung von Gewinnrücklagen in Höhe des RS-Volumens	825			
Rendite nach Einkommensteuer	2,6 %			
Zinsertrag nach Einkommensteuer		21,45	21,45	21,45
Kapitalkostenberechnung				
Anlagevolumen ohne Rückstellungsbildung	515,60			
Rendite nach Einkommensteuer	2,6 %			
Kapitalkosten		13,41	13,41	13,41
Residualgewinne		8,04	8,04	8,04
Barwert	22,93			

Tabelle 8-9: Residualgewinne bei Substitution von Gewinnrücklagen

Erfolgt keine Rückstellungsbildung i. H. v. 1.000, könnte dieser Betrag nach Belastung mit Unternehmensteuern und hälftiger Einkommensteuer, also 515,60 auf Anteilseignerebene zu 2,6 % investiert werden. Daraus folgen Kapitalkosten i. H. v. 13,41 pro Periode. Werden zur Kompensation der Rückstellungsbildung im RS-Unternehmen Gewinnrücklagen aufgelöst, so steht auch dieser Betrag nach hälftiger Belastung mit Einkommensteuer (825) für eine Investition auf Anteilseignerebene zu 2,6 % zur Verfügung. Damit tritt also kein Renditenachteil auf. Es bleibt ein Volumenvorteil von 825 – 515,6 = 309,4.

Formal können wir den NKW_R schreiben als:

$$NKW_R = \sum_{t=1}^{n} \left[i_S RS_{t-1} (1 - 0,5 s_I) - i_S RS_{t-1} \left(1 - s^0\right)\left(1 - 0,5 s_I\right) \right] \left(1 + i_S\right)^{-t} \quad (8\text{-}7)$$

Nach Umformulierung folgt für eine einmalige Rückstellungsbildung:

$$NKW_R = i_S RS_{t-1} s^0 \left(1 - 0,5 s_I\right) RBF_{i_S}^{n} \quad (8\text{-}8)$$

Bei realistischen Einkommensteuersätzen erhöht die Rückstellungsbildung bei Substitution von Gewinnrücklagen das Vermögen der Eigentümer.

c. Rückstellungen ersetzen anderes Eigenkapital

Rückstellungen könnten auch anderes Eigenkapital ablösen, wenn z. B. Aktienrückkauf oder eine Kapitalherabsetzung zur Kompensation gewählt werden. Wir unterstellen, daß diese Ausschüttungskanäle keine Einkommensteuer auslösen. Im Jahr der Inanspruchnahme bzw. der erfolgswirksamen Auflösung der Rückstellung bei Wegfall des Rückstellungsgrundes muß das RS-Unternehmen eine Kapitalerhöhung durchführen. Man darf – insbesondere vor dem Hintergrund von Transaktionskosten – Kritik an der Realitätsnähe dieser Zuordnung äußern, „aus modelltheoretischer Sicht fragwürdig" ist sie sicher nicht.[305] Tabelle 8-10 zeigt die Ausschüttungen des RS- und des V-Unternehmens sowie die resultierenden Ausschüttungsunterschiede.

Im Vergleich zur diskutierten Ablösung von Gewinnrücklagen steigt die Ausschüttungsdifferenz in t = 1 und t = 4, da die Mehr- bzw. Minderausschüttung nicht hälftig mit Einkommensteuer zu belegen ist. Das Anlagevolumen, das den Eigentümern des RS-Unternehmens zur Verfügung steht, entspricht dem vollen Betrag der Rückstellungszuführung; der Volumenvorteil ist größer. Ein Renditenachteil tritt auch in diesem Fall nicht auf (vgl. Tabelle 8-11).

RS-Unternehmen	1	2	3	4
Gewinn vor Rückstellung und vor Steuern	2.000	2.055	2.110	2.165
Zuführung Rückstellung	1.000			
Gewinn vor Steuern	1.000	2.055	2.110	2.165
Gewerbeertragsteuer	166,70	342,57	351,74	360,91
Körperschaftsteuer	208,33	428,11	439,57	451,02
Jahresüberschuß	624,98	1.284,32	1.318,70	1.353,07
Hälftige Einkommensteuer	109,37	224,76	230,77	236,79
Dividende n. hälftiger ESt	515,60	1.059,57	1.087,93	1.116,28
ESt-neutrale Ausschüttung bzw. Kapitalerhöhung	1.000	0	0	-1.000
Bewertungsrelevanter Überschuß	1.515,60	1.059,57	1.087,93	116,28
V-Unternehmen				
Gewinn vor Inanspruchnahme und vor Steuern	2.000	2.055	2.110	2.165
Inanspruchnahme				1.000
Gewinn vor Steuern	2.000	2.055	2.110	1.165
Gewerbeertragsteuer	333,40	342,57	351,74	194,21
Körperschaftsteuer	416,65	428,11	439,57	242,70
Jahresüberschuß	1.249,95	1.284,32	1.318,70	728,10
Hälftige Einkommensteuer	218,74	224,76	230,77	127,42
Dividende n. hälftiger ESt	1.031,21	1.059,57	1.087,93	600,68
Rückstellungsbedingte Ausschüttungsdifferenz	484,40	0	0	-484,40

Tabelle 8-10: Ausschüttungsdifferenzen bei Substitution von anderem Eigenkapital

[305] So aber Zimmermann, J./Meier, J.-H. (2005), S. 655; vgl. dazu Schüler, A./Schwetzler, B. (2006).

	1	2	3	4
Anlagevolumen bei ESt-neutraler Auskehrung von EK in Höhe des RS-Volumens	1.000			
Rendite nach Einkommensteuer	2,6 %			
Zinsertrag nach Einkommensteuer		26	26	26
Kapitalkostenberechnung				
Anlagevolumen ohne Rückstellungsbildung	515,60			
Rendite nach Einkommensteuer	2,6 %			
Kapitalkosten		13,41	13,41	13,41
Residualgewinne		12,59	12,59	12,59

Tabelle 8-11: Residualgewinne bei Substitution von anderem Eigenkapital

Der Nettokapitalwert in t = 1, der auf Basis der Ausschüttungsdifferenzen oder der Residualgewinne berechnet werden kann, beträgt wegen des höheren Volumenvorteils sogar 35,90.

Formal können wir den NKW_R schreiben als:

$$NKW_R = \sum_{t=1}^{n}\left[i_S RS_{t-1} - i_S RS_{t-1}\left(1-s^0\right)\left(1-0{,}5s_I\right)\right]\left(1+i_S\right)^{-t} \tag{8-9}$$

Nach Umformulierung folgt für eine Zuführung:

$$\begin{aligned} NKW_R &= iRS_{t-1}\left[s^0\left(1-s_I\right)\left(1-0{,}5s_I\right)+0{,}5s_I\left(1-s_I\right)\right]RBF_{i_S}^n \\ &= i_S RS_{t-1}\left[s^0\left(1-0{,}5s_I\right)+0{,}5s_I\right]RBF_{i_S}^n \end{aligned} \tag{8-10}$$

Die Verwendungsannahme „Ablösung anderen Eigenkapitals“ wirkt werterhöhend. Die Gegenüberstellung der Gleichung (8-8) mit der zweiten Zeile der Gleichung (8-10) verdeutlicht, daß der zweite Term in der eckigen Klammer von (8-10) den Wertvorsprung dieser Verwendungsannahme in Form des höheren Volumenvorteils repräsentiert.

4. Arbitrageüberlegungen

Man kann den Einfluß von Rückstellungen auch über Arbitrageüberlegungen ableiten. Betrachtet wird aus Sicht des Zeitpunktes 0 eine Rückstellungszuführung in t = 1 und eine Inanspruchnahme in t = T. Es gelte ein einfaches Gewinnsteuersystem. Beim Unternehmen V ist die Zahlung bei Eintritt des Rückstellungsgrundes in t = T steuerlich abzugsfähig. Für das Unternehmen RS erfolgt die steuerliche Entlastung bei Rückstellungsbildung in t = 1. Wir unterstellen die Substitution von Eigenkapital. Die Rückstellungsbildung führt im Vergleich zum V-Unternehmen zu einer Mehrausschüttung i. H. d. Steuerersparnis auf die Zuführung in t = 1 und zu einer Minderausschüttung in gleicher Höhe bei Inanspruchnahme in t = T. Der Barwert dieser Zahlungen beträgt:[306]

$$s\Delta RS\left[(1+i)^{-1}-(1+i)^{-T}\right] \tag{8-11}$$

Zu beachten ist, daß die Gültigkeit dieses Zusammenhangs nicht davon abhängt, ob der Rückstellungsgrund eintritt oder ob die Rückstellung wegen Wegfall des Rückstellungsgrundes ertragswirksam aufgelöst wird. Gleichung (8-11) stellt den Vorteil aus der Rückstellungsbildung dar. Nehmen wir an, ein Alleineigentümer sei am RS-Unternehmen beteiligt und die Differenz zwischen RS- und V-Unternehmen sei größer als (8-11). Es läßt sich zeigen, daß diese Konstellation nicht arbitragefest ist. Der Investor nutzt die Überbewertung des Unternehmens RS durch Verkauf der Anteile. Zur Duplizierung des RS-Einkommens erwirbt er das Unternehmen V und führt zwei weitere Transaktionen durch:

Erstens müßte der Investor, um die Differenz zum RS-Einkommen in t = T, also -sΔRS, zu duplizieren, einen privaten Kredit zum Zinssatz i in t = 1 aufnehmen i. H. v.

$$s\Delta RS(1+i)^{-T+1} \tag{8-12}$$

Denn dies führt zu einer entsprechenden Zins- und Tilgungszahlung im Zeitpunkt T:

$$-s\Delta RS(1+i)^{-T+1}(1+i)^{T-1}=-s\Delta RS \tag{8-13}$$

Um nun die bestehende Lücke in t = 1 zwischen dem RS-Einkommen und (8-12), also

$$s\Delta RS-s\Delta RS(1+i)^{-T+1}=s\Delta RS\left[1-(1+i)^{-T+1}\right] \tag{8-14}$$

zu schließen, ist in t = 0 eine Finanzanlage i. H. v.

$$-s\Delta RS\left[1-(1+i)^{-T+1}\right](1+i)^{-1}=-s\Delta RS\left[(1+i)^{-1}-(1+i)^{-T}\right] \tag{8-15}$$

nötig. Diese entspricht gerade dem Werteffekt in t = 0 gemäß (8-11). Durch diese Transaktion erhielte der Investor den Verkaufserlös i. H. d.

[306] Der Saldo aus den Zuführungen und Inanspruchnahmen sowie der ertragswirksamen Auflösungen bei Wegfall des Rückstellungsgrundes ist die Veränderung des Rückstellungsbestandes (ΔRS).

Wertes des RS-Unternehmens und hat dafür den Wert des Vergleichsunternehmens und (8-15) bzw. (8-11) zu investieren, um das RS-Einkommen zu rekonstruieren. Konstellationen, in denen der RS-Unternehmenswert größer als der Unternehmenswert V zuzüglich dem Effekt aus der Steuerstundung ist, sind daher nicht arbitragefest.

Analog könnte man argumentieren, wenn man von einer Fehlbepreisung zugunsten von V ausginge: Der Investor verkauft seine Anteile an V und nutzt die Überbewertung durch eine Kombination aus dem Erwerb von RS und einer Verschuldung in $t = 0$ bei unverändertem Einkommen des Vergleichsunternehmens. Deutlich wird, daß nur der Werteffekt gem. (8-11) die Differenz der Unternehmenswerte ausmacht.

5. Auswirkung des Abzinsungsgebotes für sonstige Rückstellungen

Mit Einführung des § 6 Abs. 3a Buchstabe e EStG durch das Steuerentlastungsgesetz 1999/2000/2002 wurde die Abzinsung von Rückstellungen mit einer Laufzeit von mindestens 12 Monaten mit einem Zinssatz von 5,5 % steuerlich verpflichtend festgelegt. Damit kann im Jahr der erstmaligen Rückstellungsbildung nur noch der Barwert der Zahlungsverpflichtung zugeführt werden. In den Folgejahren werden die Aufzinsungsbeträge zugeführt, bis die Rückstellungsdotierung der vermuteten Zahlungsverpflichtung entspricht.

Durch die gebotene Abzinsung nimmt die Vorteilhaftigkeit einer Rückstellungsbildung ab. Die zeitliche Verteilung der Gesamtzuführung bewirkt, daß die Vorverlagerung der Steuerersparnis ebenfalls nur noch zeitlich verteilt in Anspruch genommen werden kann. Je höher der steuerliche Rechnungszinsfuß ist, desto geringer ist die finanzielle Vorteilhaftigkeit. Ein Wechsel zum Barwertansatz ist daher für die Anteilseigner nachteilig, die grundsätzliche Vorteilhaftigkeit der Rückstellungsbildung bleibt aber bestehen.[307]

6. Ergebnisse

Tabelle 8-12 stellt die Volumen- und Renditeeffekte der Rückstellungsbildung differenziert nach Verwendungsannahmen und einkommensteuerlicher Behandlung zusammen. Wir wiederholen, daß bei Eigenkapitalsubstitution kein Renditenachteil auftritt. Zudem stellt die Gegenüberstellung heraus, daß der Wechsel von der einkommensteuerpflichtigen zur einkommensteuerneutralen Ausschüttung den Volumenvorteil bei Investition in Finanzanlagen bzw. Abbau von Fremdkapital verkleinert, bei Eigenkapitalsubstitution hingegen vergrößert.

[307] Vgl. Schwetzler, B. (1998), S. 696ff.

	Volumenvorteil pro Periode	Renditenachteil pro Periode
Aufbau Finanzanlagen (ESt-pflichtige Ausschüttung)	$RS\left[s^0(1-0,5s_I)+0,5s_I\right]$	$i\left[s^0(1-0,5s_I)-0,5s_I\right]$
Abbau Fremdkapital (ESt-pflichtige Ausschüttung)		
Aufbau Finanzanlagen (ESt-neutrale Ausschüttung)	$RSs^0(1-0,5s_I)$	$i\left[s^0(1-0,5s_I)-0,5s_I\right]$
Abbau Fremdkapital (ESt-neutrale Ausschüttung)		
Abbau Gewinnrücklagen	$RSs^0(1-0,5s_I)$	0
Verringerung Thesaurierung		
Abbau anderen Eigenkapitals durch Aktienrückkauf oder Kapitalherabsetzung	$RS\left[s^0(1-0,5s_I)+0,5s_I\right]$	0

Tabelle 8-12: Fallabhängige Volumenvorteile und Renditenachteile

Man kann nun fragen, welche Verwendungsalternative ex ante gewählt werden sollte. Wie Tabelle 8-13 verdeutlicht, dominiert die Eigenkapitalsubstitution den Aufbau von Finanzanlagen im Beispiel.

Der Wertbeitrag der Rückstellungsbildung i. V. m. dem Aufbau von Finanzanlagen bzw. bei Abbau von Fremdkapital nimmt mit steigenden Einkommensteuersätzen zu. Werden Gewinnrücklagen oder anderes Eigenkapital zurückgeführt, sinkt der Wertbeitrag der Rückstellungsbildung mit zunehmenden Einkommensteuersätzen. Stellt man die Wertbeiträge der Investition in Finanzanlagen denen bei Eigenkapitalsubstitution gegenüber, erhält man für den Fall einer einkommensteuerpflichtigen Ausschüttung

$$\Delta NKW_R = iRS_{t-1}\left(s_I - s^0\right)\left(1-0,5s_I\right)RBF_{i_S}^n \tag{8-16}$$

bzw. für den Fall einer einkommensteuerneutralen Ausschüttung:

$$\Delta NKW_R = iRS_{t-1}\left[0,5s_I\left(s_I + s^0\right) - s^0\right]RBF_{i_S}^n \tag{8-17}$$

	NKW$_R$ einer einmaligen Rückstellungsbildung	NKW$_R$ im Beispiel
Aufbau Finanzanlagen (ESt-pflichtige Ausschüttung)	$iZRs_I\left(1-s^0\right)\left(1-0,5s_I\right)RBF_{i_S}^n$	20,58
Abbau Fremdkapital (ESt-pflichtige Ausschüttung)		
Aufbau Finanzanlagen (ESt-neutrale Ausschüttung)	$iZRs_I\left[0,5-s^0\left(1-0,5s_I\right)\right]RBF_{i_S}^n$	7,61
Abbau Fremdkapital (ESt-neutrale Ausschüttung)		
Abbau Gewinnrücklagen	$iRS_{t-1}s^0\left(1-s_I\right)\left(1-0,5s_I\right)RBF_{i_S}^n$	22,93
Verringerung Thesaurierung		
Abbau anderen Eigenkapitals durch Aktienrückkauf oder Kapitalherabsetzung	$i_S RS_{t-1}\left[s^0\left(1-0,5s_I\right)+0,5s_I\right]RBF_{i_S}^n$	35,90

Tabelle 8-13: Fallabhängige Nettokapitalwerte

Gleichung (8-16) macht klar, daß für Einkommensteuersätze, die den Unternehmensteuersatz (0,375) übersteigen, die Investition in Finanzanlagen der Eigenkapitalsubstitution vorzuziehen ist. Abbildung 8-2 illustriert die Zusammenhänge grafisch.

Setzt man $s^0=0,375$ in Gleichung (8-17) ein, erhalten wir nach Auflösung einer quadratischen Gleichung kritische Einkommensteuersätze, die weit über dem derzeitigen Spitzensteuersatz von 42 % liegen (0,699 bzw. 1,07). Die Eigenkapitalsubstitution dominiert die Investition in Finanzanlagen (vgl. Abbildung 8-3).

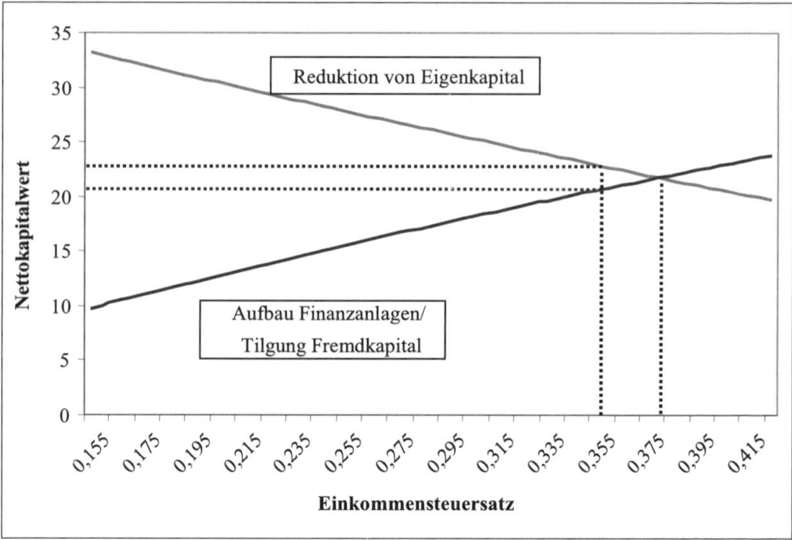

Abbildung 8-2: Finanzanlage vs. Eigenkapitalabbau (einkommensteuerpflichtig)

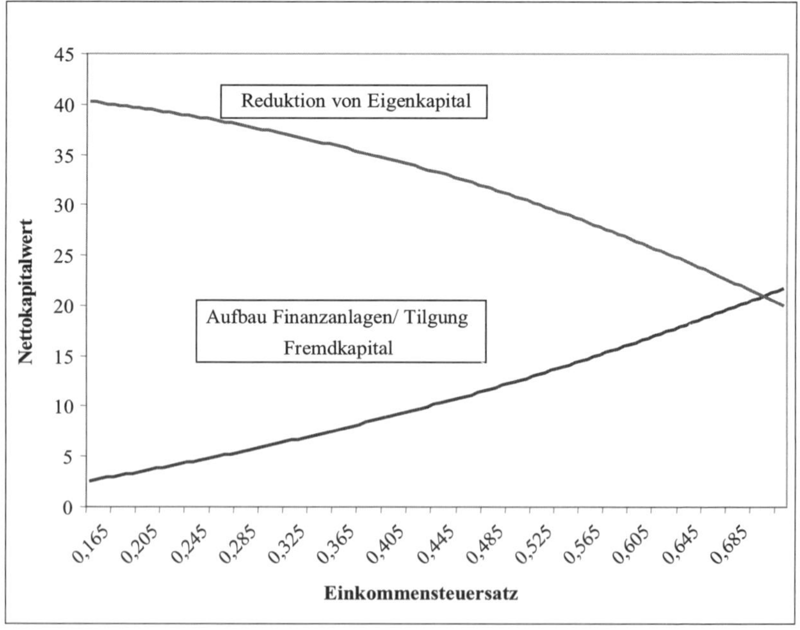

Abbildung 8-3: Aufbau von Finanzanlagen vs. Eigenkapitalabbau (einkommensteuerneutral)

III. Unternehmensbewertung und Rückstellungen

1. Vorgehensweise

Rückstellungen liefern einen Wertbeitrag; sie sind somit bewertungsrelevant. Bei Zuführung zur Rückstellung leisten die Anteilseigner einen Ausschüttungsverzicht; außerdem sinkt die Ertragsteuerbelastung. Wenn der Rückstellungsgrund eintritt, ist eine Zahlung an den jeweiligen Anspruchsinhaber zu leisten. Bei Wegfall des Rückstellungsgrundes wird die Rückstellung erfolgswirksam aufgelöst; die steuerliche Bemessungsgrundlage erhöht sich. Wie in Abschnitt II diskutiert, können zwei Wirkungen der Verwendungsannahmen auf Aktiva bzw. Passiva unterschieden werden: entweder wird das Investitionsprogramm erweitert oder die Kapitalstruktur wird durch Ablösung von Fremd- oder Eigenkapital modifiziert.

Um diese Effekte der Rückstellungsbildung in die DCF-Bewertung zu integrieren, werden wir uns auf den APV-Ansatz stützen und unterscheiden zwischen drei Bewertungsansätzen, die sich – Verwendungsalternativen vorläufig ausgeblendet – wie folgt charakterisieren lassen:[308]

- Ansatz A: Bewertung ohne Rückstellungsbildung und ohne Beachtung der Inanspruchnahme. Fall A schafft eine hohe Transparenz des Bewertungsprozesses. Dieser Weg wurde bei der Bewertung der Value AG im 6. Kapitel eingeschlagen.

- Ansatz B: Bewertung bei Eigenfinanzierung unter Beachtung der Inanspruchnahme, jedoch ohne Berücksichtigung der Rückstellungsbildung. Der bewertungsrelevante Überschuß bei Eigenfinanzierung schließt die Zahlungsbelastung i. H. v. IR ein. Getrennt bewertet wird in einem zweiten Schritt allein die durch die Rückstellungsbildung ausgelöste zusätzliche Steuerersparnis, die den Wert des Eigenkapitals erhöht.

- Ansatz C: Bewertung bei Eigenfinanzierung unter Beachtung der Rückstellungsbildung und der Inanspruchnahme IR. Beim Ansatz C werden im ersten Bewertungsschritt alle durch eine Rückstellungsbildung ausgelösten Wirkungen erfaßt: der steuerliche Vorteil und die im Auszahlungszeitpunkt relevante Zahlungsbelastung IR.

Wir illustrieren unsere Argumentation anhand eines durchgängig benutzten Beispiels. Wir kombinieren die Bewertung des bereits in Kapitel 7 eingeführten Unternehmens[309] mit dem Rückstellungsbeispiel, das wir in

---

[308] Vgl. Drukarczyk, J./Schüler, A. (2000b).

[309] Wir haben lediglich die Investitionen in t = 1, die in Kapitel 7 ohne Leasing 2.000 betragen und erst nach Leasing auf 1.000 sinken, von Anfang an auf 1.000 gesetzt. Dies verändert auch über die abschreibungsbedingten Steuerwirkungen den Unternehmenswert im Ausgangsfall.

Abschnitt II dieses Kapitels verwendet haben. Um die Darstellung übersichtlich zu halten, untersuchen wir nur die Verwendung des Aufbaus von Finanzanlagen.[310] Zudem gehen wir davon aus, daß Ausschüttungen im Rechtskleid von Dividenden erfolgen, die Einkommensteuerbelastung auslösen. Tabelle 8-14 enthält die Jahresabschlüsse des Unternehmens im Ausgangsfall. Das Unternehmen ist eigenfinanziert. Die Zahlung in t = 4, für die eine Rückstellung in t = 1 gebildet werden könnte, ist Teil der für t = 4 ausgewiesenen betrieblichen Aufwendungen. Im Ausgangsfall gelte $k_S = 0{,}1$. Die risikolose Rendite beträgt 4 %. Der Einkommensteuersatz beträgt 35 %; der gewerbesteuerliche Hebesatz ist 400. Das Unternehmen verfolgt eine residuale Ausschüttungspolitik. Die Rücklagenzuführung jeder Periode entspricht im rückstellungsfreien Ausgangsfall der Differenz zwischen Investitionsauszahlung und Abschreibung. Tabelle 8-14 zeigt, daß der Unternehmenswert bei Eigenfinanzierung 10.739,4 beträgt. Würde das Unternehmen in t = 0 gegründet, folgt nach Vergleich mit dem investierten Eigenkapital i. H. v. 10.000 ein Nettokapitalwert von 739,4.

Bilanz	0	1	2	3	4	5	6	7ff.
Aktiva	10.000	10.200	10.404	10.612	10.824	11.040	11.040	11.040
Eigenkapital	10.000	10.200	10.404	10.612	10.824	11.040	11.040	11.040
Gezeichn. Kapital	10.000	10.000	10.000	10.000	10.000	10.000	10.000	10.000
Gewinnrücklagen	0	200	404	612	824	1.040	1.040	1.040
Passiva	10.000	10.200	10.404	10.612	10.824	11.040	11.040	11.040
GuV								
Umsatzerlöse		10.000	10.250	10.500	10.750	11.000	11.250	11.250
Betriebliche Aufwendungen		7.000	7.175	7.350	7.525	7.700	7.875	7.875
Abschreibungen		1.000	1.020	1.040	1.060	1.080	1.100	1.100
Gewinn vor Steuern		2.000	2.055	2.110	2.165	2.220	2.275	2.275
Gewerbeertragsteuer		333,33	342,50	351,67	360,83	370,00	379,17	379,17
KöSt		416,67	428,13	439,58	451,04	462,50	473,96	473,96
Steuern insgesamt		750	770,63	791,25	811,88	832,50	853,13	853,13
Jahresüberschuß		1.250	1.284,4	1.318,8	1.353,1	1.387,5	1.421,9	1.421,9
Rücklagenzuführung		200	204	208	212	216	0	0
Dividende		1.050	1.080,4	1.110,8	1.141,1	1.171,5	1.421,9	1.421,9
Hälftige ESt		183,75	189,07	194,38	199,70	205,01	248,83	248,83
Bewertungsrelev. Überschuß		866,25	891,31	916,37	941,43	966,49	1.173,05	1.173,05
V^E	10.739,4	10.947,1	11.150,5	11.349,2	11.542,7	11.730,5	11.730,5	11.730,5

Tabelle 8-14: Jahresabschlüsse und Bewertung im Ausgangsfall

310 Wie wir in Abschnitt II.2 gezeigt haben, führt die Annahme der Tilgung von Fremdkapital zu identischen Ergebnissen, wenn Nicht-Dauerschulden vorliegen. Für die Bewertungstechnik bei Annahme des Abbaus von Eigenkapital vgl. Drukarczyk, J./Schüler, A. (2000b).

Das Unternehmen plant, eine Rückstellung für die in t = 4 erwartete Inanspruchnahme (1.000) zu bilden. Die Zuführung wird als sonstiger betrieblicher Aufwand der Periode 1 verbucht. Im Gegenzug sinken die betrieblichen Aufwendungen der Periode 4 entsprechend. Wir gehen davon aus, daß alle mit der Rückstellungsbildung in Zusammenhang stehenden Aufwendungen, Erträge und Zahlungen zustandsunabhängig eintreten. Die Zuführung zur Rückstellung sei steuerlich abzugsfähig. Unter Berücksichtigung der Investition in risikolose Finanzanlagen, auf die 4 % Rendite erzielt wird, können wir die Jahresabschlüsse bei Rückstellungsbildung (Tabelle 8-15) formulieren.

Bilanz	0	1	2	3	4	5	6	7ff.
Anlagevermögen	10.000	10.200	10.404	10.612	10.824	11.040	11.040	11.040
Finanzanlagen	0	1.000	1.000	1.000	0	0	0	0
Aktiva	10.000	11.200	11.404	11.612	10.824	11.040	11.040	11.040
Eigenkapital	10.000	10.200	10.404	10.612	10.824	11.040	11.040	11.040
Gezeichnetes Kapital	10.000	10.000	10.000	10.000	10.000	10.000	10.000	10.000
Gewinnrücklagen	0	200	404	612	824	1.040	1.040	1.040
Rückstellungen	0	1.000	1.000	1.000	0	0	0	0
Passiva	10.000	11.200	11.404	11.612	10.824	11.040	11.040	11.040
GuV								
Umsatzerlöse		10.000	10.250	10.500	10.750	11.000	11.250	11.250
Betriebliche Aufwendungen		7.000	7.175	7.350	6.525	7.700	7.875	7.875
Sonstiger betrieblicher Aufwand (ZR)		1.000	0	0	0	0	0	0
Abschreibungen		1.000	1.020	1.040	1.060	1.080	1.100	1.100
Zinsertrag		0	40	40	40	0	0	0
Gewinn vor Steuern		1.000	2.095	2.150	3.205	2.220	2.275	2.275
Gewerbeertragsteuer		166,67	349,17	358,33	534,17	370,00	379,17	379,17
KöSt		208,33	436,46	447,92	667,71	462,50	473,96	473,96
Unternehmensteuern		375	785,63	806,25	1.201,9	832,50	853,13	853,13
Jahresüberschuß		625	1.309,4	1.343,8	2.003,1	1.387,5	1.421,9	1.421,9
Dividende		425	1.105,4	1.135,8	1.791,1	1.171,5	1.421,9	1.421,9
Rücklagenzuführung		200	204	208	212	216	0	0

Tabelle 8-15: Jahresabschlüsse und Ausschüttungen bei Rückstellungsbildung

2. Ansatz A: Modulare Bewertung

a. APV-Ansatz

Bewertungsansatz A ermittelt auf der ersten Stufe Überschüsse frei von jeglichen Rückstellungseinflüssen. Im Vergleich zum Ausgangsfall bedeutet dies, daß auch die Inanspruchnahme in t = 4 den bewertungsrelevanten Überschuß dieser Periode nicht mindert. Da damit eine gemäß Annahme risikolose Zahlung separat bewertet wird, ist der Diskontierungssatz für den verbleibenden (Haupt)Zahlungsstrom anzupassen. Die notwendige Modifikation basiert auf dem Marktwertadditivitätsprinzip. Ganz analog haben wir die periodenspezifischen Kapitalkostensätze bei Fremdfinanzierung in Kapitel 5 und 6 sowie bei Leasing in Kapitel 7 hergeleitet. Die Anpassung erfolgt über eine Einkommenszerlegung:

$$\left(1+k_{S,t}^{A}\right)V_{A,t-1}^{E}=\left(1+k_{S}\right)V_{t-1}^{E}+\left(1+i_{S}\right)V_{t-1}^{IR} \tag{8-18}$$

Dabei bezeichnen V^{IR} den Barwert der Zahlung bei Inanspruchnahme nach Unternehmen- und hälftiger Einkommensteuer, V_{A}^{E} den rückstellungsfreien Unternehmenswert und k_{S}^{A} den modifizierten Kapitalkostensatz.

Nach Umformung von Gleichung (8-18) folgt:

$$k_{S,t}^{A}=\left(1+k_{S}\right)\frac{V_{t-1}^{E}}{V_{A,t-1}^{E}}+\left(1+i_{S}\right)\frac{V_{t-1}^{IR}}{V_{A,t-1}^{E}}-1$$

und mit

$$V_{A,t-1}^{E}=V_{t-1}^{E}+V_{t-1}^{IR}$$

erhalten wir schließlich

$$k_{S,t}^{A}=k_{S}+\left(k_{S}-i_{S}\right)\frac{-V_{t-1}^{IR}}{V_{A,t-1}^{E}}. \tag{8-19}$$

Für t = 1 z. B. können wir den Kapitalkostensatz wie folgt berechnen:

$$k_{S,t}^{A}=0{,}1+\left(0{,}1-0{,}026\right)\frac{-465{,}3}{11.204{,}7}=0{,}09693\,.$$

Tabelle 8-16 enthält alle Kapitalkostensätze, bewertungsrelevanten Überschüsse und Barwerte gemäß Ansatz A (Stufe 1). Der Wert des Unternehmens ohne Rückstellungsbildung, Finanzanlage und Inanspruchnahme beträgt 11.204,7 in t = 0. Die Differenz zum Unternehmenswert im Ausgangsfall (11.204,7 – 10.739,4 = 465,3) entspricht dem Barwert der Inanspruchnahme nach Steuern (V^{IR}).

	0	1	2	3	4	5	6	7ff.
Umsatzerlöse		10.000	10.250	10.500	10.750	11.000	11.250	11.250
Betriebliche Aufwendungen		7.000	7.175	7.350	6.525	7.700	7.875	7.875
Abschreibungen		1.000	1.020	1.040	1.060	1.080	1.100	1.100
Gewinn vor Steuern		2.000	2.055	2.110	3.165	2.220	2.275	2.275
Gewerbeertragsteuer		333,33	342,50	351,67	527,50	370,00	379,17	379,17
KöSt		416,67	428,13	439,58	659,38	462,50	473,96	473,96
Unternehmensteuern		750	770,63	791,25	1.186,9	832,50	853,13	853,13
Jahresüberschuß		1.250	1.284,4	1.318,8	1.978,1	1.387,5	1.421,9	1.421,9
Rücklagenzuführung		200	204	208	212	216	0	0
Dividende		1.050	1.080,4	1.110,8	1.766,1	1.171,5	1.421,9	1.421,9
Hälftige Einkommensteuer		183,75	189,07	194,38	309,07	205,01	248,83	248,83
Bewertungsrelevanter Überschuß		866,25	891,31	916,37	1.457,1	966,49	1.173,1	1.173,1
k_S^A		9,693 %	9,691 %	9,689 %	9,686 %	10,0 %	10,0 %	10,0 %
V_A^E	11.204,7	11.424,5	11.640,3	11.851,8	11.542,7	11.730,5	11.730,5	11.730,5
Barwert IR nach allen Steuern (V^{IR})	465,31	477,41	489,82	502,56	0,0	0	0	0

Tabelle 8-16: Ansatz A – Ausgangsdaten ohne Beachtung der Inanspruchnahme

Wir folgen dem modularen Aufbau von Ansatz A und bewerten die Zahlungswirkungen der Rückstellung schrittweise. Zunächst bilden wir die Steuereffekte der Finanzanlage ab $\left(V_{FA}^{St}\right)$, die – wie wir in Abschnitt II.2 bereits zeigten – analog zu den Steuereffekten des Fremdkapitals definiert sind. Der Barwert der Steuereffekte in t = 0 ist negativ (-2,29). Der Aufbau von Finanzanlagen bzw. der Abbau von Fremdkapital entreichert die Eigentümer also leicht. Dann bewerten wir die Steuereffekte der Zuführung bzw. Auflösung der Rückstellung $\left(V_R^{St}\right)$. Dieser Effekt tritt auch auf, wenn in t = 4 der Rückstellungsgrund nicht eintritt und die Rückstellung erfolgswirksam aufgelöst wird.[311] Nach Addition dieser Barwerte mit dem Unternehmenswert vor Rückstellungsbildung erhalten wir den Unternehmenswert bei Rückstellungsbildung $\left(V_A^R\right)$. Der Wert des Eigenkapitals des RS-Unternehmens $\left(E_A^R\right)$ folgt nach Subtraktion des Barwerts der Inanspruchnahme und Addition des Finanzanlagenbestandes bzw. des Barwertes der durch die Finanzanlage ausgelösten Zahlungen (Bildung, Zinserträge, Auflösung).

[311] Der Unternehmensteuereffekt der Rückstellung bezieht sich hier auf die Veränderung der Rückstellung, und nicht auf die Zuführung wie in Kapitel 6, da V^{IR} bereits den Unternehmensteuereffekt bei Inanspruchnahme enthält. Da V^{IR} nach hälftiger ESt definiert ist, entfällt zudem der separate Ausweis des ESt-Effekts der Inanspruchnahme. Ursächlich für die hier gewählte Vorgehensweise ist die Annahme, daß die Inanspruchnahme nicht – wie im Fall der Altersvorsorgezusage im Kapitel 6 – zur Disposition steht, sondern auch im Ausgangsfall grundsätzlich anfällt. Zudem wird so die Überleitung zu den Ansätzen B und C erleichtert. Das Bewertungsergebnis bleibt von dieser abweichenden Zuordnung unberührt.

	0	1	2	3	4	5	6	7ff.
V_A^E	11.204,7	11.424,5	11.640,3	11.851,8	11.542,7	11.730,5	11.730,5	11.730,5
USt-Effekt Finanzanlage		0	-5,38	-5,38	-5,38	0	0	0
Barwert ESt-Effekt	-14,93	-15,32	-10,34	-5,24	0,0	0	0	0
Barwert	12,64	-162,03	-166,24	-170,57	0	0	0	0
Summe $\left(V_{FA}^{St}\right)$	-2,29	-177,35	-176,59	-175,80	0	0	0	0
USt-Effekt Rückstellung		375	0	0	-375	0	0	0
n. hälftiger ESt		309,38	0	0	-309,38	0	0	0
Barwert	22,35	-286,45	-293,89	-301,54	0	0	0	0
Summe $\left(V_R^{St}\right)$	20,06	-463,80	-470,48	-477,34	0	0	0	0
V_A^R	11.224,8	10.960,7	11.169,9	11.374,4	11.542,7	11.730,5	11.730,5	11.730,5
Inanspruchnahme		0	0	0	1.000	0	0	0
n. USt und hälftiger ESt		0	0	0	515,6	0	0	0
Barwert (V^{IR})	465,31	477,41	489,82	502,56	0,0	0	0	0
Finanzanlagen	0	1.000	1.000	1.000	0	0	0	0
$E^R = V_A^R - V^{IR} + FA$	10.759,5	11.483,3	11.680,0	11.871,9	11.542,7	11.730,5	11.730,5	11.730,5

Tabelle 8-17: Ansatz A: APV-Bewertung

Nun können wir den Bezug zu unseren Überlegungen in Abschnitt II wiederherstellen, indem wir das Bewertungsergebnis des Ausgangsfalls ($V_0^E = 10.739,42$) den Ergebnissen des Ansatzes A gegenüberstellen ($E_0^R = 10.759,48$). Die Werte differieren um 20,06. Beziehen wir diesen Wert auf t = 1, erhalten wir den oben abgleiteten Wertbeitrag der Rückstellungsbildung bei der Verwendungsannahme „Finanzanlage“ bzw. Tilgung von Fremdkapital i. H. v. 20,58.[312]

b. WACC- und Equity- bzw. Ertragswertmethode

Zur Vervollständigung zeigen wir nun die Anpassung der Eigen- und Gesamtkapitalkostensätze, um auch die WACC- und Equity-Methode auf rückstellungsfinanzierte Unternehmen anwenden zu können.

Wir beginnen mit der Definition des Eigenkapitalkostensatzes k_S^A, der zur Diskontierung der Überschüsse einschließlich aller durch die Rückstellung induzierten Zahlungsströme einzusetzen ist. Hierbei bedienen wir uns Inselbag/Kaufold folgend der dem Marktwertadditivitätsprinzip

312 Vgl. auch Tabelle 8-7: 22,93 – 2,35 = 20,58.

entsprechenden Formulierung der Einkommensströme und wenden diese auf das RS-Unternehmen an:[313]

$$k_{S,t}^{A} V_{A,t-1}^{E} + i_S V_{R,t-1}^{St} + i_S V_{FA,t-1}^{St} = k_{S,t-1}^{R} E_{t-1}^{R} + i_S V_{t-1}^{IR} - i_S FA_{t-1} \tag{8-20}$$

Nach Umformung erhalten wir mit $E^R = V_A^E + V_R^{St} + V_{FA}^{St} - V^{IR} + FA$:

$$k_{S,t}^{R} = k_{S,t}^{A} + \left(k_{S,t}^{A} - i_S\right) \frac{V_{t-1}^{IR} - V_{R,t-1}^{St}}{E_{t-1}^{R}} - \left(k_{S,t}^{A} - i_S\right) \frac{FA_{t-1} + V_{FA,t-1}^{St}}{E_{t-1}^{R}} \tag{8-21}$$

Für Periode 1 beträgt der Eigenkapitalkostensatz, der im Rahmen der Ertragswertmethode anzuwenden ist

$$\begin{aligned} k_{S,t}^{R} &= 0{,}096927 + \left(0{,}096927 - 0{,}026\right) \frac{465{,}31 - 22{,}35}{10.759{,}48} \\ &\quad - \left(0{,}096927 - 0{,}026\right) \frac{0 + \left(-2{,}29\right)}{10.759{,}48} \\ &= 0{,}09986. \end{aligned}$$

In Analogie zur Herleitung periodenspezifischer WACC bei Fremdfinanzierung können wir den WACC bei Rückstellungsfinanzierung gemäß Ansatz A herleiten $\left(WACC^A\right)$.[314] Erster Schritt ist wiederum die Formulierung des Einkommens:

$$\begin{aligned} WACC_t^A V_{A,t-1}^{R} &= k_{S,t}^{R} E_{t-1}^{R} - s^0\left(1 - 0{,}5 s_I\right) \Delta RS_t + i_S V_{t-1}^{IR} \\ &\quad + \left\{\left[s^0\left(1 - 0{,}5 s_I\right) - 0{,}5 s_I\right] i FA_t - 0{,}5 s_I \Delta FA_t\right\} - i_S FA_{t-1} \end{aligned} \tag{8-22}$$

Nach Division mit $V_{A,t-1}^{R}$ gelangen wir zu:

$$\begin{aligned} WACC_t^A &= k_{S,t}^{R} \frac{E_{t-1}^{R}}{V_{A,t-1}^{R}} + i_S \frac{V_{t-1}^{IR}}{V_{A,t-1}^{R}} - \frac{s^0\left(1 - 0{,}5 s_I\right) \Delta RS_t}{V_{A,t-1}^{R}} \\ &\quad - i_S \frac{FA_{t-1}}{V_{A,t-1}^{R}} + \frac{\left[s^0\left(1 - 0{,}5 s_I\right) - 0{,}5 s_I\right] i FA_{t-1} - 0{,}5 s_I \Delta FA_t}{V_{A,t-1}^{R}} \end{aligned} \tag{8-23}$$

Dies ist das etwas unhandliche Pendant zur sog. Text-Book-Formula des WACC bei Fremdfinanzierung. Wir können nun (8-21) in (8-23) einsetzen und schreiben:

---

313 Vgl. oben Abschnitt a. und Inselbag, I./Kaufold, H. (1997), S. 117.

314 Vgl. Inselbag, I./Kaufold, H. (1997), S. 118.

$$
\begin{aligned}
WACC_t^A = {} & k_{S,t}^A\left(1-\frac{V_{FA,t-1}^{St}+V_{R,t-1}^{St}}{V_{A,t-1}^R}\right)+i_S\frac{V_{FA,t-1}^{St}+V_{R,t-1}^{St}}{V_{A,t-1}^R} \\
& +\frac{\left[s^0(1-0,5s_I)+0,5s_I\right]iFA_{t-1}-0,5s_I\Delta FA_t}{V_{A,t-1}^R} \\
& -\frac{s^0(1-0,5s_I)\Delta RS_t}{V_{A,t-1}^R}
\end{aligned}
\qquad (8\text{-}24)
$$

Die Terme 2 bis 4 der Gleichung (8-24) stellen die Verzinsung der Barwerte der Steuereffekte sowie die Steuereffekte der laufenden Periode dar. Sie können zur Veränderung der Steuerbarwerte zusammengefaßt werden und wir erhalten schließlich eine handliche WACC-Definition:

$$
WACC_t^A = k_{S,t}^A\left(1-\frac{V_{FA,t-1}^{St}+V_{R,t-1}^{St}}{V_{A,t-1}^R}\right)+\frac{\Delta V_{FA,t}^{St}+\Delta V_{R,t}^{St}}{V_{A,t-1}^R} \qquad (8\text{-}25)
$$

Für t = 1 beträgt der $WACC^A$ also

$$
\begin{aligned}
WACC_1^A = {} & 0,09693\left(1-\frac{-2,29+22,35}{11.224,8}\right) \\
& +\frac{(-177,35+2,29)+(-286,45-22,35)}{11.224,8} \\
= {} & 0,05365.
\end{aligned}
$$

Wie man sieht, ist der Einfluß der Rückstellungszuführung auf den WACC in dieser Periode beträchtlich. Ursächlich dafür ist, daß die Rückstellung in Periode 1 gebildet wird. Einen „Gegeneffekt“ können wir in t = 4 verzeichnen, wenn die Inanspruchnahme erfolgt. Tabelle 8-18 enthält alle Daten zu WACC- und Equity-Methode.

	0	1	2	3	4	5	6	7ff.
$WACC^A$		5,365 %	10,040 %	10,035 %	14,289 %	10,0 %	10,0 %	10,0 %
Bewertungs relevanter Überschuß		866,3	891,3	916,4	1.457,1	966,5	1.173,0	1.173,0
V_A^R über $WACC^A$	11.224,8	10.960,7	11.169,9	11.374,4	11.542,7	11.730,5	11.730,5	11.730,5
k_S^R		9,986 %	9,654 %	9,665 %	9,674 %	10,0 %	10,0 %	10,0 %

	0	1	2	3	4	5	6	7ff.
Dividende bei Rückstellung		425,0	1.105,4	1.135,8	1.791,1	1.171,5	1.421,9	1.421,9
Hälftige Einkommensteuer		74,4	193,4	198,8	313,4	205,0	248,8	248,8
Bewertungs relevanter Überschuß		350,6	911,9	937,0	1.477,7	966,5	1.173,0	1.173,0
E^R	10.759,5	11.483,3	11.680,0	11.871,9	11.542,7	11.730,5	11.730,5	11.730,5

Tabelle 8-18: Ansatz A: WACC- und Equity-Ansatz

Die Ergebnisse des APV-Ansatzes werden bestätigt. Einen eigenständigen Beitrag liefern die Methoden nicht. Die Annahme einer am Unternehmenswert ausgerichteten Rückstellungs-„Politik", die für den WACC-Ansatz den Vorteil eines konstanten Diskontierungssatzes liefern könnte, halten wir für unrealistisch.

Soll der Annahme, daß die Rückstellung risikolose Zahlungswirkungen auslöst, durch Anwendung risikobehafteter Diskontierungssätze begegnet werden und liegen diese Sätze vor, ändert das nichts an der Überlegenheit des APV-Ansatzes, da dessen modularer Aufbau unverändert funktioniert. Will man – aus welchen Gründen auch immer – dennoch WACC- oder Equity-Verfahren einsetzen, so sind die entsprechenden Kapitalkostensätze ausgehend von einer Anpassung von (8-20) und (8-23) modifiziert zu definieren.

3. Ansatz B: Partiell aggregierte Bewertung

Ansatz B ist ein Zwitter: Der relevante Überschuß ist definiert nach Inanspruchnahme (IR), aber vor den Zahlungswirkungen, die die Rückstellungsbildung in t = 1 auslöst. Dieser Fall ist als Ausgangsfall in Tabelle 8-14 dargestellt. Der zugehörige Unternehmenswert in t = 0 ist 10.739,4.

Die oben bereits berechneten Barwerte der Steuereffekte sind folglich zu addieren. Ergebnis ist der Unternehmensgesamtwert B $\left(V_B^R\right)$. Zum Wert des Eigenkapitals gelangen wir nach Addition der Finanzanlagen. Tabelle 8-19 zeigt die Bewertung. Das Bewertungsergebnis entspricht dem aus Ansatz A.

	0	1	2	3	4	5	6	7ff.
$V^E = V^E_B$	10.739,4	10.947,1	11.150,5	11.349,2	11.542,7	11.730,5	11.730,5	11.730,5
Summe Barwerte Steuereffekte	-2,29	-177,35	-176,59	-175,80	0	0	0	0
Barwert	22,35	-286,45	-293,89	-301,54	0	0	0	0
V^R_B	10.759,5	10.483,3	10.680,0	10.871,9	11.542,7	11.730,5	11.730,5	11.730,5
Finanzanlage (FA)	0	1.000	1.000	1.000	0	0	0	0
$E^R = V^R_B + FA$	10.759,5	11.483,3	11.680,0	11.871,9	11.542,7	11.730,5	11.730,5	11.730,5

Tabelle 8-19: Ansatz B: APV-Bewertung

Auch hier können wir die APV-Bewertung durch WACC- und Equity-Ansatz rekonstruieren. Die Parameter des Equity-Ansatzes sind schon vom Ansatz A bekannt, da das Equity-Verfahren unmittelbar auf die Überschüsse nach Inanspruchnahme und allen weiteren rückstellungsbedingten Zahlungswirkungen abstellt.

Der $WACC^B$ ist analog zum vorherigen Abschnitt zu definieren:

$$WACC_t^B = k_{S,t}\left(1-\frac{V_{FA,t-1}^{St}+V_{R,t-1}^{St}}{V_{B,t-1}^{R}}\right)+\frac{\Delta V_{FA,t}^{St}+\Delta V_{R,t}^{St}}{V_{B,t-1}^{R}} \tag{8-26}$$

Für t = 1 beträgt der $WACC^B$

$$\begin{aligned} WACC_1^B &= 0{,}1\left(1-\frac{-2{,}29+22{,}35}{10.759{,}5}\right) \\ &+\frac{(-177{,}35+2{,}29)+(-286{,}45-22{,}35)}{10.759{,}5} \\ &= 0{,}05485. \end{aligned}$$

	0	1	2	3	4	5	6	7ff.
$WACC^B$		5,484 %	10,379 %	10,376 %	14,830 %	10,0 %	10,0 %	10,0 %
Bewertungs relevanter Überschuß		866,3	891,3	916,4	941,4	966,5	1.173,0	1.173,0
V^R_B über $WACC^B$	10.759,5	10.483,3	10.680,0	10.871,9	11.542,7	11.730,5	11.730,5	11.730,5
k_S^R		9,986 %	9,654 %	9,665 %	9,674 %	10,0 %	10,0 %	10,0 %
Bewertungs relevanter Überschuß		350,6	911,9	937,0	1.477,7	966,5	1.173,0	1.173,0
E^R	10.759,5	11.483,3	11.680,0	11.871,9	11.542,7	11.730,5	11.730,5	11.730,5

Tabelle 8-20: Ansatz B: WACC- und Equity-Ansatz

Unsere Einschätzung der Leistungsfähigkeit der Methoden ist unverändert. Anzumerken ist, daß Ansatz B weniger transparent ist als Ansatz A. Brauchbar erscheint er dennoch, zumal die Inanspruchnahme unabhängig von einer Rückstellungsbildung sein kann.

4. Ansatz C: Aggregierte Bewertung

Ansatz C setzt direkt an den bewertungsrelevanten Überschüssen nach Inanspruchnahme und nach allen rückstellungsbedingten Zahlungseffekten an. Zu diskontieren ist mit dem periodisch schwankenden Kapitalkostensatz k_S^R, den wir oben bereits berechnet haben. Ansatz C entspricht also der Struktur des Equity-Verfahrens bzw. der Ertragswertmethode. Dieses Vorgehen ist – ganz analog zur Bewertung bei Mischfinanzierung – nur vermeintlich schnörkellos, da die Bewertungsergebnisse bereits bekannt sein müssen, um die periodischen Eigenkapitalkostensätze zu berechnen.

5. Die Bewertungsansätze im Vergleich

Das aus Anteilseignersicht entscheidende Ergebnis der Unternehmensbewertung, der Wert des Eigenkapitals, ist nicht davon abhängig, auf welcher Stufe des Bewertungsprozesses die Zahlungen IR, für die Rückstellungen gebildet werden, und die Steuereffekte erfaßt werden. Folglich kommt es (bei korrekter Rechnung) nicht auf das Ergebnis, sondern auf die Klarheit der Herleitung an. Nachfolgende Abbildungen zeigen die Struktur der jeweiligen Bewertungsprozesse.

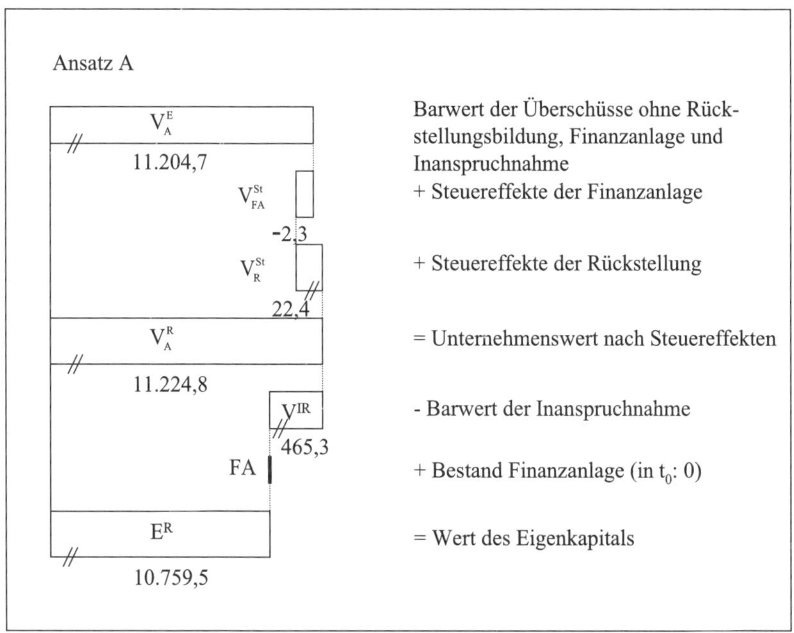

Abbildung 8-4: Bewertungsgerüst im Ansatz A

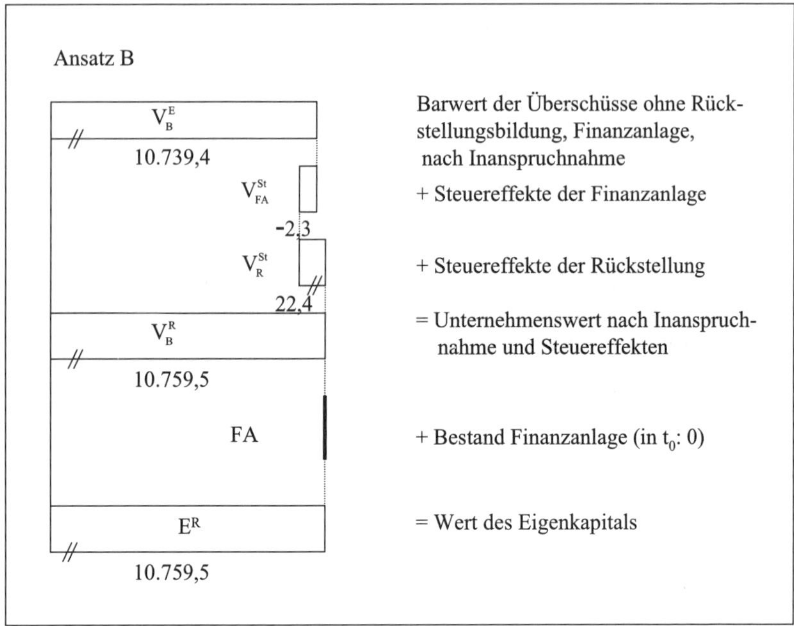

Abbildung 8-5: Bewertungsgerüst im Ansatz B

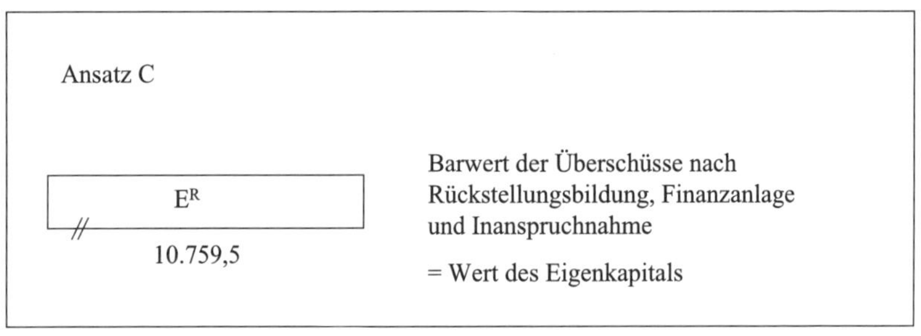

Abbildung 8-6: Bewertungsgerüst im AnsatzC

Welchen Ansatz man wählt, ist keine Frage des Geschmacks. Folgende Aspekte können entscheidungsrelevant sein:

- Nutzen von Teilergebnissen: Die Information über den Einfluß von Rückstellungen auf den Unternehmenswert in Form des Barwerts der Inanspruchnahmen und der Steuereffekte kann sehr nützlich sein. Dies ist insbesondere dann der Fall, wenn das Volumen an Rückstellungen beträchtlich ist, wie z. B. bei Energieversorgern oder Versicherungsunternehmen oder im Fall von Pensionsrückstellungen. Hier spricht für Ansatz A, daß Belastung und steuerliche Wertbeiträge klar getrennt werden.

- Wenn eine direkte Zuordnung der durch Rückstellung gebundenen Mittel mit einer Investition auf der Aktivseite oder der Einsatz von Rückstellungen zum Kapitalstruktur-Management möglich ist, ist eine separate Bewertung von Vorteil. Hier kann analog zu Fall A vorgegangen werden.
- Der Nutzen der mittels Ansatz A zu gewinnenden Teilergebnisse kann für Rückstellungen, die eng mit der operativen Geschäftstätigkeit verbunden sind, dagegen geringer sein. Operativ bedingte Rückstellungen wie Garantierückstellungen oder Instandhaltungsrückstellungen könnten ihrem operativen Charakter entsprechend in die erste Bewertungsstufe integriert werden: die operativen Überschüsse nach Investitionsauszahlungen werden um die Zahlungswirkungen und Steuereffekte aus Rückstellungen korrigiert. Dies entspräche dem Fall C.
- Fall B wird dann interessant, wenn der Steuereffekt aus der Rückstellungsbildung isoliert betrachtet werden soll. Eine Kombination mit verschiedenen Verwendungsalternativen ist möglich.
- Die im Bewertungszeitpunkt verfügbare Datenbasis wird die Wahl für das Bewertungsvorgehen A, B, oder C beeinflussen. Sind die bewertungsrelevanten Überschüsse von den Zahlungswirkungen (IR) trennbar, was für unternehmensinterne Planungen zutreffen könnte, ist Ansatz A mit Nutzen einsetzbar. Für unternehmensexterne Analysten entspricht Ansatz C eher der Datenlage.

IV. Zur empirischen Bedeutung der Werteffekte von Rückstellungen und Fremdkapital

1. Untersuchung von Schlumberger (2002)

Daß das Gewicht von Rückstellungen in Bilanzen deutscher Unternehmen erheblich ist, wurde in Abschnitt I gezeigt. Verknüpft man dies mit den aufgezeigten steuerlichen Konsequenzen, hat man Anlaß zur Vermutung, daß die resultierenden Wertbeiträge keine „quantité négligeable" sind. Erik Schlumberger bestätigt diese Vermutung.[315] Gestützt auf ein Sample von 49 DAX 100 Unternehmen untersucht Schlumberger für den Zeitraum 1987–1997 die Wertbeiträge sonstiger Rückstellungen vor dem Hintergrund des Anrechnungsverfahrens und der Geltung der Substanzsteuern. Schlumberger arbeitet mit bestimmten Zuordnungsfiktionen: Sonstige Rückstellungen finanzieren an erster Stelle Wertpapiere des Umlaufvermögens; überschießende Beträge lösen Fremdkapital ab. Sollte kein ausreichender Bestand an Fremdkapital in der Passivseite vorhanden sein, wird Eigenkapitalsubstitution unterstellt. Ermittelt werden Barwerte

[315] Schlumberger, E. (2002), S. 154-163.

steuerlicher Vorteile zum 1.1.1987, dem Startpunkt des Untersuchungszeitraums. Die wichtigsten Ergebnisse der Untersuchung sind:

- Bei einem Drittel der Unternehmen ist der steuerlich bedingte Wertbeitrag durch sonstige Rückstellungen größer als der aus verzinslichem Fremdkapital.
- Es gibt branchenspezifische Unterschiede. Besonders hohe rückstellungsbedingte Wertbeiträge lassen sich für Unternehmen der Energieversorgung, der Automobilindustrie, des Maschinenbaus und des Baugewerbes belegen.

2. Untersuchung von Schlumberger/Schüler (2003)

In dieser Untersuchung schätzen Schlumberger/Schüler die Werteffekte sonstiger Rückstellungen und setzen diese in Relation zu den Werteffekten der Fremdfinanzierung.[316] Im Unterschied zur Studie von 2002 wird ein deutlich größeres Sample sowohl nach Anzahl der Unternehmen als auch nach Länge des Betrachtungszeitraums (1987-2000) zugrundegelegt. Betrachtet werden insgesamt 95 Unternehmen, die nach folgenden Kriterien ausgewählt werden:

- Unternehmen, die Ende 2000 im DAX 100 und SMAX enthalten sind, sowie weitere börsennotierte Energieversorger, da diese Unternehmen aufgrund ihrer hohen Rückstellungsvolumina hier besonders interessieren.
- Ausgeschlossen werden Banken und Versicherungen.
- Ausgeschlossen werden Unternehmen, für die die relevanten Jahresabschlußinformationen nicht über den gesamten Betrachtungszeitraum vorliegen.

Tabelle 8-21 referiert die wichtigsten Ergebnisse. Die steuerlich bedingten Werteffekte sonstiger Rückstellungen sind für das gesamte Sample in etwa so groß wie die des verzinslichen Fremdkapitals.[317] Verwendet man Marktkapitalisierung und Aktienumsatz als Größenindikatoren, wird deutlich, daß große Unternehmen, die Teil des DAX sind, hier insbesondere dominieren. Daß der in Tabelle 8-21 berichtete Quotient bei der Verwendungsannahme „Aufbau von Finanzanlagen" sinkt, liegt an den steuerlichen Nachteilen einer Investition in festverzinsliche Wertpapiere im Anrechnungsverfahren.[318] Für Unternehmen der Energieversorgungsbranche übersteigen Wertbeiträge von Rückstellungen die von Fremdkapital um ein Vielfaches.

[316] Vgl. Schlumberger, E./Schüler, A. (2003b).

[317] Das verzinsliche Fremdkapital wird definiert als die Summe der Bilanzpositionen Anleihen, Wechselverbindlichkeiten und Verbindlichkeiten gegenüber Kreditinstituten.

[318] Vgl. Schlumberger, E./Schüler, A. (2003b), S. 364.

Stichprobe	Quotient aus Steuereffekten sonstiger Rückstellungen zu Steuereffekten des zu verzinsenden Fremdkapitals	
	Ohne Zuordnung von Wertpapieren	Mit Zuordnung von Wertpapieren
Gesamt	0,98	0,69
DAX	0,99	0,66
MDAX	0,34	0,25
SMAX	0,61	0,48
Energieversorger	9,93	8,17
Gesamt ohne Energieversorger	0,71	0,47

Tabelle 8-21: Relation der Wertbeiträge[319]

3. Untersuchung von Schüler (2003)

a. Daten und Methode

Diese Untersuchung erweitert bzw. modifiziert oben genannte Studien in mehrerlei Hinsicht:

- Die Stichprobe ist größer: 169 Unternehmen des DAX, MDAX und SMAX werden über den Zeitraum 1987 bis 2000 analysiert. Es sind nur Unternehmen enthalten, für die Kursdaten und Beta-Werte für mindestens zwei Jahre vorliegen. Insgesamt besteht die Stichprobe aus 1.434 Beobachtungen.
- Neben zinspflichtigem Fremdkapital und sonstigen Rückstellungen werden auch Pensionsrückstellungen einbezogen.
- Die steuerlich bedingten Wertbeiträge, die vor dem Hintergrund des Anrechnungsverfahrens zu definieren sind, werden zum einen als periodischer Steuereffekt mit der periodischen Erfolgsgröße vor Steuern, Zinsen und Rückstellungsveränderung $(\text{EBIT} + \Delta\text{RS})$ verglichen. Zum anderen werden die Barwerte der Steuereffekte in Relation zum Unternehmensgesamtwert gesetzt.
- Außerdem wird geschätzt, wie die steuerlichen Wertbeiträge der Rückstellungen und des Fremdkapitals auf die marktwertbasierte Performance der Unternehmen wirken. Dazu wird der Gesamtzeitraum in mögliche Halteperioden zerlegt, wobei in Jahresschritten gerechnet wird. Erster Einstiegstermin ist das Jahresende 1987, letzter Ausstiegstermin ist das Jahresende 2000. 91 unterschiedliche Haltezeiträume sind möglich. Die Performance wird unter Beachtung der Börsenkurse zum Ein- und Ausstiegsstichtag, der Aus-

[319] Schlumberger, E./Schüler, A. (2003b), S. 367.

schüttungen in Form von Dividenden und Aktienrückkäufen,[320] der Kapitalerhöhungen und der Eigenkapitalkosten als Opportunitätskosten der Investition des Anlegers gemessen. Es wird differenziert zwischen der Performance unter Beachtung von Rückstellungen und Fremdkapital und der Performance bei Eigenfinanzierung. Als Verwendungsannahme fungiert die Substitution von Eigenkapital.

- Die Steuereffekte der Fremdfinanzierung bestehen aus der Gewerbeertragsteuerersparnis auf den Zinsaufwand und den Substanzsteuereffekten auf den Fremdkapitalbestand, soweit Substanzsteuern noch erhoben wurden. Der Einkommensteuereffekt, der im Anrechnungsverfahren auf dem Vergleich des bei Ausschüttung relevanten Einkommensteuersatzes mit dem Körperschaftsteuersatz bei Thesaurierung basiert, wird vereinfachend ausgeblendet. Das Risiko einer nicht vollständigen Realisation dieser Steuervorteile wird über eine Zuordnung der Unternehmen in Rating-Kategorien geschätzt. Daten von Standard & Poor's zu kategoriespezifischen Ausfallwahrscheinlichkeiten und Ausfallhöhen konnten genutzt werden. Zudem werden in Anlehnung an Miller (1977) einkommensteuerfreie Kapitalgewinne beachtet, die die Steuervorteile der Fremdfinanzierung schmälern, da sie bei Eigenfinanzierung stärker wirken.[321] Für die Berechnung des Steuereffekts im Rentenfall dient der Bestand der laufenden Periode als konstanter Bezugspunkt für den Steuereffekt des Zinsaufwands und ggf. der Substanzsteuereffekte.
- Der periodische Steuereffekt der Rückstellungen setzt sich aus einer Gewerbeertrag- und Einkommensteuerersparnis bei Rückstellungserhöhung und ggf. aus Substanzsteuereffekten auf den Rückstellungsbestand zusammen. Im Rentenfall wird der Rückstellungsbestand der jeweiligen Periode konstant gehalten; er löst daher ggf. nur Substanzsteuereffekte aus. Nach 1997 werden keine Substanzsteuern mehr erhoben; Steuereffekte im Rentenfall entfallen somit.

b. Ergebnisse

Die Steuereffekte der einzelnen Perioden und des Rentenfalls zeigt Tabelle 8-22. Damit ist belegt, daß der periodische Steuereffekt der Rückstellungen den Effekt des Fremdkapitals deutlich übersteigt. Soweit Substanzsteuern erhoben wurden, gilt dies auch für den Rentenfall. Diese Untersuchung untermauert also unsere These, daß die lange Zeit stiefmütterliche Behandlung der Rückstellungen in Theorie und Praxis der Unternehmensbewertung wichtige Bausteine des Unternehmenswertes vernachlässigte.

---

320 Ordentliche Kapitalherabsetzungen finden sich nicht in der Stichprobe.

321 Vgl. Miller, M.H. (1977).

	Periodischer Steuereffekt Fremdkapital in % des EBIT + ΔRS	Periodischer Steuereffekt Rückstellungen in % des EBIT + ΔRS	Wertbeitrag Fremdkapital in % des V^F	Wertbeitrag Rückstellungen in % des V^F
1987			6,8	13,6
1988	1,5	15,1	6,7	13,7
1989	1,3	9,1	5,0	8,7
1990	2,0	12,0	5,8	9,2
1991	2,5	12,5	5,6	7,5
1992	2,8	17,7	6,3	8,5
1993	3,9	20,7	6,0	7,7
1994	3,3	15,8	5,5	8,4
1995	2,9	15,8	6,9	9,4
1996	2,6	10,4	3,9	4,0
1997	1,8	7,0	2,6	
1998	1,0	5,4	2,1	
1999	0,5	17,4	2,6	
2000	1,4	1,6	2,8	
Durchschnitt 1987 - 2000	2,1	12,3	4,9	
Durchschnitt 1987 - 1996	2,5	14,3	5,9	9,1

Tabelle 8-22: Steuereffekte in Relation zum Unternehmensgesamtwert

Die hier berichteten Steuereffekte des Fremdkapitals beinhalten den Einkommensteuernachteil nach Miller noch nicht. Berücksichtigt man diesen zu 25 %, sinkt der Rentenbarwert (1987 bis 1996) von 5,9 % auf 3,8 %.[322] Keine Steuereffekte der Fremdfinanzierung treten auf, wenn man den Einkommensteuernachteil zu 56 % ansetzt.

Für den Zeitraum 1987 bis 2000 sind die Steuereffekte der Fremdfinanzierung im Durchschnitt geringer, da im letzten Teil des Zeitraums keine Substanzsteuern anfallen.

Tabelle 8-23 zeigt die Performance aller möglichen Halteperioden für den Ausgangsfall, d. h. einschließlich der steuerlich bedingten Werteffekte des Fremdkapitals und der Rückstellungen. Die Kapitalkostenbestimmung erfolgt anhand des CAPM nach Einkommensteuer,[323] der Einkommensteuersatz wurde in Anlehnung an das IDW auf 35 % gesetzt,[324] die Beta-Werte wurden von Barra International bereitgestellt. Als risikolose Rendite wurde die Umlaufrendite der Bundeswertpapiere zum jeweiligen Stichtag verwendet. Die Marktrisikoprämie wurde zu-

[322] Das Einkommen bei Eigenfinanzierung steigt im Vergleich zur Fremdfinanzierung i. H. d. ersparten Kapitaldienstes. Die genannten Prozentsätze beziehen sich auf den Teil dieses zusätzlichen Einkommens, der einkommensteuerfrei an die Eigentümer fließt.

[323] Vgl. unser Vorgehen bei der Berechnung von Kapitalkosten in Kapitel 5 und 6.

[324] Die Ergebnisse sind aber generell für Einkommensteuersätze zwischen 30% und 40% sehr robust.

nächst mit 4,25 % angenommen. In Tabelle 8-23 und Tabelle 8-24 stellen die Spalten jeweils das Einstiegsjahr und die Zeilen das Ausstiegsjahr dar. Performance wird gemessen, indem der End-Marktwert mit einem Referenzwert verglichen wird, der dem fortgeschriebenen investierten Eigenkapital (IE) entspricht. Die Differenz beider Werte ist der Nettokapitalwert (oder Netto-Endwert) der Investition über die jeweilige Haltedauer. Das investierte Eigenkapital entspricht dem Anfangs-Marktwert erhöht um Kapitalkosten und Kapitalerhöhungen sowie vermindert um Ausschüttungen (Dividenden, Aktienrückkäufe). Um Größeneffekte auszuschließen, wird folgender NKW-Index (Profitabilitätsindex) benutzt:

$$\text{Index}_{\text{NKW}^{\text{F}}} = \frac{\text{E}^{\text{F}}}{\text{IE}^{\text{F}}} = \frac{\text{E}^{\text{F}}}{\text{E}^{\text{F}} - \text{NKW}^{\text{F}}} \tag{8-27}$$

Ausstiegsjahr	Einstiegsjahr 1987	1988	1989	1990	1991	1992	1993	1994	1995	1996	1997	1998	1999
1988	**1,003**												
1989	**1,242**	**1,270**											
1990	0,990	**1,001**	0,795										
1991	**1,025**	**1,035**	0,833	**1,028**									
1992	0,817	0,817	0,654	0,805	0,773								
1993	0,990	0,996	0,803	0,994	0,957	**1,237**							
1994	0,919	0,938	0,757	0,935	0,901	**1,164**	0,942						
1995	0,830	0,863	0,699	0,856	0,829	**1,070**	0,866	0,920					
1996	0,984	**1,013**	0,835	**1,011**	0,993	**1,264**	**1,039**	**1,099**	**1,200**				
1997	**1,074**	**1,162**	0,990	**1,159**	**1,153**	**1,403**	**1,200**	**1,256**	**1,360**	**1,178**			
1998	**1,062**	**1,191**	**1,022**	**1,146**	**1,179**	**1,380**	**1,219**	**1,266**	**1,339**	**1,228**	**1,113**		
1999	**1,080**	**1,196**	**1,083**	**1,166**	**1,177**	**1,295**	**1,196**	**1,227**	**1,266**	**1,188**	**1,390**	**1,265**	
2000	**1,170**	**1,314**	**1,160**	**1,281**	**1,283**	**1,476**	**1,337**	**1,388**	**1,455**	**1,345**	**1,254**	**1,105**	0,805

Tabelle 8-23: Performance im Ausgangsfall (einschließlich steuerl. Wertbeiträge von Fremdkapital und Rückstellungen)

Ein Index größer 1 zeigt an, daß in der Halteperiode Wert geschaffen wurde. Im Ausgangsfall ist dies in 60 von 91 Halteperioden der Fall. Rechnet man die Steuereffekte des Fremdkapitals und der Rückstellungen heraus, so sinkt diese Zahl auf 37 Halteperioden. Zur Berechnung dieses Wertes sind zuvor Kapitalkosten, Dividenden und Marktwerte um Steuereffekte zu bereinigen, um den Index für den Fall der Eigenfinanzierung berechnen zu können:

$$\text{Index}_{\text{NKW}^{\text{E}}} = \frac{\text{V}^{\text{E}}}{\text{IE}^{\text{E}}} = \frac{\text{V}^{\text{E}}}{\text{V}^{\text{E}} - \text{NKW}^{\text{E}}} \tag{8-28}$$

Wenn man die Steuereffekte der Fremdfinanzierung um den Einkommensteuernachteil nach Miller reduziert, sinkt die Anzahl der Halteperioden, die ohne Steuereffekte nicht mehr als wertschaffend klassifiziert werden. Berücksichtigt man den Effekt zu 25 % (50 %), rutscht der Index für 18 (14) Zeiträume unter 1.

Ausstiegsjahr	Einstiegsjahr 1987	1988	1989	1990	1991	1992	1993	1994	1995	1996	1997	1998	1999
1988	0,769												
1989	0,962	**1,012**											
1990	0,787	0,819	0,707										
1991	0,811	0,842	0,735	0,879									
1992	0,656	0,675	0,590	0,700	0,684								
1993	0,752	0,777	0,683	0,811	0,791	0,979							
1994	0,699	0,728	0,640	0,759	0,737	0,911	0,804						
1995	0,626	0,660	0,582	0,684	0,663	0,814	0,721	0,771					
1996	0,781	0,815	0,727	0,846	0,831	**1,007**	0,901	0,957	**1,043**				
1997	0,911	0,976	0,894	**1,004**	1,000	**1,156**	**1,065**	**1,115**	**1,195**	**1,095**			
1998	0,906	0,997	0,915	**1,001**	**1,018**	**1,152**	**1,081**	**1,127**	**1,188**	**1,132**	**1,056**		
1999	0,932	**1,009**	0,957	**1,012**	**1,017**	**1,096**	**1,053**	**1,081**	**1,114**	**1,074**	**1,200**	**1,168**	
2000	0,954	**1,031**	0,977	**1,041**	**1,038**	**1,135**	**1,093**	**1,128**	**1,169**	**1,129**	**1,084**	**1,042**	0,832

Tabelle 8-24: Performance ohne steuerlich bedingte Wertbeiträge von Fremdkapital und Rückstellungen

Der deutliche Rückgang der Zahl wertschaffender Halteperioden nach Abzug finanzierungsbedingter Wertbeiträge wird auch für von 0,0425 abweichende Marktrisikoprämien bestätigt. Die Höhe der angenommenen Marktrisikoprämie beeinflußt die Ergebnisse signifikant (Tabelle 8-25), allerdings bleibt die Anzahl der Perioden, die ohne Steuereffekte nicht mehr als wertschaffend klassifiziert wird, auf ähnlichem Niveau.

Marktrisikoprämie	0,032	0,0425	0,053
Ausgangsfall	67	60	54
Ohne Fremdkapital und Rückstellungen	42	37	32
Differenz	25	23	22

Tabelle 8-25: Anzahl wertschaffender Halteperioden bei unterschiedlichen Marktrisikoprämien[325]

Im Ergebnis zeigt diese Studie den erheblichen Einfluß der Steuereffekte auf die Performance der betrachteten Unternehmen. Tabelle 8-22 verdeutlicht, daß Rückstellungen dabei einen größeren Einfluß auf die periodische Erfolgsgröße und den Unternehmenswert haben als Fremdkapital.

V. Zusammenfassung

Der Beitrag von Rückstellungen zur Finanzierung des Investitionsprogramms eines Unternehmens ist im Durchschnitt größer als der Beitrag verzinslichen Fremdkapitals. Es gibt daher keinen Grund, den Einfluß von Rückstellungen auf Unternehmenswert und Bewertungstechnik zu vernachlässigen.

---

325 Marktrisikoprämien wurden entsprechend den Ergebnissen der Studien von Stehle (1999) – 3,2% – und Bimberg (1993) – 5,3% – variiert. Außerdem wurde auf den Durchschnitt beider Werte zurückgegriffen.

Wir haben gezeigt, daß die Bildung von Rückstellungen wegen der Vorverlagerung der Steuerersparnis unabhängig von der Verwendungsannahme werterhöhend ist. Dies verdeutlicht der APV-Ansatz in besonderer Klarheit: Der Wertzuwachs resultiert aus steuerlichen Vorteilen der Rückstellungsbildung auf Unternehmensebene, die auf Anteilseignerebene nicht dupliziert werden können. Der Umfang des Wertzuwachses hängt von der realisierten Verwendungsalternative und der einkommensteuerlichen Behandlung der Ausschüttung ab.

Die Verwendungsannahme Finanzanlage bzw. Ablösung von Fremdkapital dominiert die Eigenkapitalsubstitution – bei den hier verwendeten Steuersätzen im Halbeinkünfteverfahren – ab einem Einkommensteuersatz von 37,5 % unter der Annahme der einkommensteuerpflichtigen Ausschüttung. Ist eine einkommensteuerneutrale Ausschüttung möglich, ist die Ablösung von Eigenkapital der Finanzanlage überlegen, da der Einkommensteuersatz, ab dem die Finanzanlage dominiert, deutlich über dem einkommensteuerlichen Spitzensatz liegt. Durch die sofortige Auskehrung des Steuervorteils wird der den Wertzuwachs schmälernde Renditenachteil bei Finanzanlage bzw. Fremdkapitalabbau vermieden. Die steuerlich gebotene Abzinsung der Zuführung gemäß § 6 Abs. 3a Buchstabe e EStG schmälert die Vorteilhaftigkeit der Rückstellungsbildung, hebt sie aber nicht auf.

Wir haben weiter gezeigt, wie die DCF-Methoden für die Bewertung von Unternehmen bei expliziter Beachtung der Rückstellungsbildung zu modifizieren sind. Der APV-Ansatz zeigt sich hier aufgrund seines modularen Aufbaus dem WACC- und Equity-Ansatz überlegen. Die beiden letztgenannten Ansätze haben mit einem Interdependenzproblem zu kämpfen. Wie WACC und Eigenkapitalkostensatz auf Basis der APV-Ergebnisse berechnet werden können, haben wir gezeigt. Daß eine explizite Beschäftigung mit Rückstellungen im Rahmen der Unternehmensbewertung nicht nur aufgrund ihrer in Jahresabschlüssen dokumentierten Volumina lohnt, verdeutlicht das zentrale Ergebnis einiger empirischer Analysen: Der steuerlich bedingte Wertbeitrag von Rückstellungen übersteigt den von verzinslichem Fremdkapital.

VI. Literaturhinweise

Bimberg, L. (1993): Langfristige Renditeberechnungen zur Ermittlung von Risikoprämien, 2. A., Frankfurt a. M., Berlin, Bern.

Dirrigl, H. (1997): Die Kosten von Direktzusagen auf betriebliche Alterversorgung unter Berücksichtigung der Lohn- und Steuerfinanzierung. In: Steuerberatung im Spannungsfeld von Betriebswirtschaft und Recht, Stehle, H./Wagner, F. W. (Hrsg.), Stuttgart, S. 53-79.

Drukarczyk, J. (1990): Was kosten betriebliche Altersversorgungszusagen? In: Die Betriebswirtschaft, 50. Jg., S. 333-353.

Drukarczyk, J. (1993a): Theorie und Politik der Finanzierung, 2. A., München, Kapitel 15.

Drukarczyk, J. (1993b): Finanzierung über Pensionsrückstellungen. In: Handbuch des Finanzmanagements, Gebhardt, G./Gerke, W./Steiner, M. (Hrsg.), München, S. 229-260.

Drukarczyk, J. (2003): Unternehmensbewertung und Rückstellungen. In: Unternehmen bewerten, Heintzen, M./Kruschwitz, L. (Hrsg.), Berlin, S. 31-52.

Drukarczyk, J./Ebinger, G./Schüler, A. (2005): Zur Vorteilhaftigkeit entgeltsubstituierender Direktzusagen aus Arbeitnehmer- und Anteilseignersicht. In: Zeitschrift für Bankrecht und Bankwirtschaft, 17. Jg., S. 237-254.

Drukarczyk, J./Schüler, A. (2000a): Direktzusagen, Lohnsubstitution, Unternehmenswert und APV-Ansatz. In: Betriebliche Altersversorgung in Deutschland im Zeichen der Globalisierung, Festschrift für Norbert Rößler, Andresen, B.-J./ Förster, W./Doetsch, P. A. (Hrsg.), Köln, S. 35-55.

Drukarczyk, J./Schüler, A. (2000b): Rückstellungen und Unternehmensbewertung. In: Werte messen – Werte schaffen, Festschrift für Karl-Heinz Maul, Arnold, H./Englert, J./Eube, S. (Hrsg.), Wiesbaden, S. 5-38.

Drukarczyk, J./Schüler, A. (2002): Rückstellungen, Verwendungsentscheidungen und Nettokapitalwert. In: Jahrbuch für Controlling und Rechnungswesen 2002, Seicht, G. (Hrsg.), Wien, S. 309-328.

Ebinger, G. (2001): Neue Modelle der betrieblichen Altersversorgung, Frankfurt a. M., Berlin, New York.

Haegert, L./Schwab, H. (1990): Subventionierung direkter Pensionszusagen im Vergleich zur neutralen Besteuerung. In: Die Betriebswirtschaft, 50. Jg., S. 85-102.

Inselbag, I./Kaufhold, H. (1997): Two DCF Approaches for Valuing Companies under Alternative Financing Strategies (And How to Choose between Them), in: Journal of Applied Corporate Finance, Vol. 10, S. 114-122.

Kinski, U. (2001): Unternehmensbewertung und Pensionszusagen: Möglichkeiten des Einbezugs von Pensionszusagen in Bewertungskalküle unter Berücksichtigung von Steuer- und Kollektiveffekten, Frankfurt a. M.

Miller, M. H. (1977): Debt and Taxes. In: Journal of Finance, Vol. 32, S. 261-275.

Schlumberger, E. (2002): Der Beitrag sonstiger Rückstellungen zum Unternehmenswert. In: Regensburger Beiträge zur betriebs-wirtschaftlichen Forschung, Bd. 36, Frankfurt a. M.

Schlumberger, E./Schüler, A. (2003a): Die Wirkung sonstiger Rückstellungen auf den Unternehmenswert im Halbeinkünfteverfahren. In: Betriebswirtschaftliche Forschung und Praxis, 55. Jg., S. 225-239.

Schlumberger, E./Schüler, A. (2003b): Steuerlich bedingte Wertbeiträge sonstiger Rückstellungen auf den Unternehmenswert: Eine empirische Untersuchung. In: Zeitschrift für Bankrecht und Bankwirtschaft, 15. Jg., S. 360-370.

Schüler, A. (2003): Do German Firms Earn the Cost of Capital due to Tax Shields on Debt and Provisions? Arbeitspapier.

Schüler, A./Schwetzler, B. (2006): Unternehmensbewertung und Rückstellungen: die Bedeutung der Mittelverwendungsannahme – Anmerkungen zum Beitrag von Zimmermann/Meier FB 2005. In: FinanzBetrieb, 8. Jg., S. 249-252.

Stehle, R. (1999): Renditevergleich von Aktien und festverzinslichen Wertpapieren auf Basis des DAX und des REXP, Humboldt-Universität zu Berlin.

Schwetzler, B. (1994): Innenfinanzierung durch Rückstellungen, der Erwerb festverzinslicher Wertpapiere und das Informationsdilemma bei Publikums-Gesellschaften. In: Die Betriebswirtschaft, 54. Jg., S. 787-803.

Schwetzler, B. (1996): Die Kapitalkosten von kurzfristigen Rückstellungen. In: Betriebswirtschaftliche Forschung und Praxis, 48. Jg., S. 442-466.

Schwetzler, B. (1998): Die Kapitalkosten von Rückstellungen – zur Anwendung des Shareholder Value-Konzeptes in Deutschland. In: Zeitschrift für betriebswirtschaftliche Forschung, 50. Jg., S. 678-702.

Schwetzler, B. (2003): Innenfinanzierung durch Pensionsrückstellungen und Unternehmenswert. In: Kapitalgeberansprüche, Marktwertorientierung und Unternehmenswert, Festschrift für Jochen Drukarczyk, Richter, F./Schüler, A./Schwetzler, B. (Hrsg.), München, S. 409-440.

Schwetzler, B. (2006): Unternehmensbewertung bei Rückstellungen, Mittelverwendungsannahme und APV-Bewertungsmodell. In: Betriebswirtschaftliche Forschung und Praxis, 58. Jg., S. 109-127.

Wieland, J. E. (1991): Bausteine zu einer strategischen Finanzplanung, Frankfurt a. M., Bern, New York, Paris.

Zimmermann, J./Meier, J. H. (2005): Möglichkeiten einer objektivierten Berücksichtigung von Rückstellungen in der Unternehmensbewertung – Ein Lösungsvorschlag auf Grundlage von Arbitragemodellen. In: FinanzBetrieb, 7. Jg., S. 654-658.

9. Kapitel: Bewertung bei Verlust, Kapitalbedarf und Sanierung

I. Vorbemerkungen

Kapitel 9 verläßt den Standardfall, den ein Großteil der Unternehmensbewertungsliteratur unterstellt, nämlich die Konstellation, daß positive Ertrags- und Zahlungsüberschüsse vorliegen. Ertragsüberschüsse ziehen regelmäßig positive Steuerbemessungsgrundlagen nach sich mit der Folge, daß durch verzinsliches Fremdkapital, Rückstellungen oder Leasing ausgelöste Steuereffekte sicher in der Periode der Steuerfestsetzung vereinnahmt werden können. Verlustrückträge und Verlustvorträge spielen keine Rolle. Wir wenden uns nun Fällen zu, in denen ein Ertragsdefizit vorliegt oder der Ertragsüberschuß vor Zinsen und Steuern (EBIT) zwar positiv ist, aber nach Abzug des Zinsaufwands negativ wird. Da ausschließlich Ertragsüberschüsse generierende Unternehmen vermutlich weniger häufig sind als die Bewertungsliteratur unterstellt, ist die Behandlung von Ertragsdefiziten in der Unternehmensbewertung von Bedeutung. Wichtig ist auch Know-How zur Bewertung von Unternehmen, bei denen der Mittelbedarf für geplante Reinvestitionen das Innenfinanzierungsvolumen übersteigt, also Außenfinanzierungsbedarf besteht.

In Abschnitt II zeigen wir anhand empirischer Daten, daß temporäre Ertrags- und Cashflow-Defizite keineswegs exotisch, sondern ähnlich relevant sind wie der Standardfall. Sowohl bei vorübergehenden Ertrags- als auch bei Zahlungsdefiziten ist die übliche DCF-Bewertung zu erweitern. Wie das zu geschehen hat, diskutieren wir in Abschnitt III. In Abschnitt IV wenden wir uns der Bewertung von Unternehmen zu, für die negative Ertrags- und Zahlungsüberschüsse permanent würden, wenn Gegenmaßnahmen ausblieben. Wir beschäftigen uns also mit sanierungsbedürftigen Unternehmen. Wie auch in Abschnitt III entwickeln wir in Abschnitt IV die APV-Bewertung weiter und zeigen, wie WACC- und Ertragswertmethode zu modifizieren sind. Dabei unterstellen wir zunächst ein einfaches Gewinnsteuersystem. In Abschnitt V entwickeln wir die Bewertung vor dem Hintergrund des Halbeinkünfteverfahrens. Die Relevanz von Werteinbußen und Insolvenzkosten diskutieren wir in Abschnitt VI. Abschnitt VII faßt zusammen.

II. Empirische Untersuchung

1. Methodik

a. Vorgehensweise

Wir haben uns in den Kapiteln 5 und 6 intensiv mit DCF-Methoden auseinandergesetzt. Zur Identifikation der finanzierungsbedingten Steuereffekte war es wichtig, zwischen Eigen- und Fremdfinanzierung zu differenzieren, da APV- und WACC-Ansatz die Formulierung der bewertungsrelevanten Überschüsse bei Eigenfinanzierung erfordern und die aufgeklärte Anwendung der Equity- bzw. Ertragswertmethode die Kenntnis der fremdfinanzierungsbedingten Einflüsse voraussetzt.

Wir werden nun zeigen, daß der Standardfall, der durch periodische Ertragsüberschüsse und Ausschüttungen sowohl bei Eigen- als auch bei Mischfinanzierung charakterisiert ist, keineswegs den Regelfall darstellt. Die Folge ist, daß die Steuereffekte der Fremdfinanzierung dann zumindest vorübergehend nicht denen des Standardfalles entsprechen. Das hat Konsequenzen für die Definition bewertungsrelevanter Überschüsse, Kapitalkosten und Unternehmenswerte.

Zunächst sind die empirischen Beobachtungen in eine unten dargestellte Fallliste einzuordnen. Während Ertragsüberschüsse bzw. -defizite und Dividenden bzw. Kapitalerhöhungen im Fall der Mischfinanzierung, also bei beobachtbarer Kapitalstruktur, leicht abzulesen sind, ist dies für die Ermittlung der Überschüsse bei (fiktiver) Eigenfinanzierung aufwendiger, da Zinszahlungen und Veränderungen des Fremdkapitalbestands nebst zugehöriger Steuerwirkungen ermittelt werden müssen. Der faktische Jahresüberschuß und die faktische Dividende bei Mischfinanzierung sind entsprechend zu modifizieren. Ergebnis ist der Jahresüberschuß und die Dividende bei Eigenfinanzierung. So können wir jedem Überschuß bei gegebener Kapitalstruktur den Überschuß bzw. die Ausschüttung bei fiktiver Eigenfinanzierung gegenüberstellen.

b. Fallunterscheidung

Wir beginnen die Analyse mit einer Aufstellung aller grundsätzlich zulässigen Kombinationen von Jahresüberschüssen (JÜ) und Dividenden (Div) bei Eigen- und Mischfinanzierung. Tabelle 9-1 enthält die resultierenden Konstellationen.[326] Negative Dividenden sind identisch mit Kapitalerhöhungen.

---

[326] Der Index F (E) steht für Fremdfinanzierung (Eigenfinanzierung).

		$JÜ^F \geq 0$		$JÜ^F < 0$	
		$Div^F \geq 0$	$Div^F < 0$	$Div^F \geq 0$	$Div^F < 0$
$JÜ^E \geq 0$	$Div^E \geq 0$	Fallnr. 1	3	5	7
	$Div^E < 0$	2	4	6	8
$JÜ^E < 0$	$Div^E \geq 0$	/	/	9	11
	$Div^E < 0$	/	/	10	12

Tabelle 9-1: Mögliche Fälle

Nicht möglich ist, daß der Jahresüberschuß bei Fremdfinanzierung, also nach Zinsaufwand, positiv, der Jahresüberschuß bei Eigenfinanzierung aber negativ ist.

Die zwölf Fälle lassen sich wie folgt charakterisieren:

1. *Standardfall:*
   Alle Überschußgrößen sind positiv.
2. Im Fall der Eigenfinanzierung ist die Dividende negativ; es erfolgt also eine Kapitalerhöhung. Bei (anteiliger) Fremdfinanzierung wird eine Dividende gezahlt; diese muß fremdfinanziert sein, setzt also eine *Kreditaufnahme* voraus.
3. Es erfolgt (bei positivem $JÜ^F$ und $JÜ^E$) eine *Kapitalerhöhung*, die in Unternehmen mit Mischfinanzierung zur *Tilgung* eingesetzt wird.
4. *Kapitalerhöhung* (bei positivem $JÜ^F$ und $JÜ^E$): Sowohl bei Eigen- als auch bei anteiliger Fremdfinanzierung wird das Eigenkapital erhöht. Dividendenzahlungen finden nicht statt.
5. *Auflösung von Gewinnrücklagen und partielle Fremdfinanzierung der Ausschüttung:* Der Zinsaufwand übersteigt $JÜ^E$. Dennoch wird bei Fremdfinanzierung eine Dividende gezahlt, die z. T. fremdfinanziert ist
6. *Vollständig fremdfinanzierte Dividende* (bei negativem $JÜ^F$): Zinsaufwand übersteigt $JÜ^E$. Die Ausschüttung (Dividende) bei $JÜ^F<0$ muß kreditfinanziert sein.
7. *Durch Kapitalherhöhung finanzierte Zins- und ggf. Tilgungszahlung* (bei negativem $JÜ^F$ und positivem $JÜ^E$): Zinsaufwand übersteigt $JÜ^E$.
8. *Kapitalerhöhung* (bei negativem Jahresüberschuß): Zinsaufwand übersteigt $JÜ^E$.
9. *Dividendenzahlung trotz Jahresfehlbetrag* bei Eigen- und Fremdfinanzierung: Auflösung von Gewinnrücklagen.
10. *Fremdfinanzierte Dividende*: Bei Eigenfinanzierung erfolgt Kapitalerhöhung; bei (anteiliger) Fremdfinanzierung erfolgt bei positiver Dividende keine Kapitalerhöhung; die Dividende ist folglich fremdfinanziert.
11. *Durch Kapitalerhöhung* finanzierte Zins- und ggf. Tilgungszahlung.

12. *Negative Überschüsse:* Die Ertrags- und Zahlungsdefizite verlangen Kapitalerhöhungen sowohl bei Eigen- als auch bei Fremdfinanzierung.

c. Steuereffekte der Fremdfinanzierung im Anrechnungsverfahren

Für die empirische Untersuchung sind die Steuerwirkungen der Fremdfinanzierung zu berechnen, da sie für die Überleitung der Überschüsse vom Fall der Fremdfinanzierung zur Eigenfinanzierung notwendig sind. Es ist das Anrechnungsverfahren zugrunde zu legen, da es im Beobachtungszeitraum relevant war. Zu beachten ist, daß die hier interessierenden Steuerwirkungen nicht mit den steuerlichen Wertbeiträgen der Fremdfinanzierung übereinstimmen.[327] Es geht um den Unterschied der Steuerzahlungen, die Unternehmen bei Eigenfinanzierung bzw. Mischfinanzierung im Fall bestimmter Datenkonstellationen gezahlt haben und nicht um die finanzierungsbedingten Änderungen des Anteilseignervermögens, die unter Beachtung der Einkommensteuer hergeleitet werden.

Im Anrechnungsverfahren sind Gewerbeertrag- (s_{GE}), Vermögen- (s_V), Gewerbekapital- (s_{GK}) sowie Körperschaftsteuer auf ausgeschüttete (s_K^A) und einbehaltene Gewinne (s_K^T) relevant. Gewerbesteuern sind bei der Körperschaftsteuer abzugsfähig. Auf ausgeschüttete Gewinne kommt nach Anrechnung des Körperschaftsteuerguthabens der Einkommensteuersatz des Eigentümers (s_I) zur Anwendung. Gewerbeertrag- und Einkommensteuer können – Vollausschüttung unterstellt – zum kombinierten Ertragsteuersatz zusammengefaßt werden:

$$s_E = s_{GE} + s_I(1 - s_{GE}) \tag{9-1}$$

Solidaritätszuschlag und Kirchensteuer bleiben unbeachtet. Die private Vermögensteuer wird aufgrund relativ hoher Freibeträge ausgeblendet. Es wird ein Einkommensteuersatz von 35 % und ein gewerbesteuerlicher Hebesatz von 400 zugrundegelegt. Gewerbeertrag- bzw. Gewerbekapitalsteuersatz betragen demnach 16,67 % bzw. 0,8 %. Tabelle 9-2 informiert über die Entwicklung der Steuersätze im Zeitablauf. Gewerbekapital- bzw. Vermögensteuer wurden letztmalig 1997 bzw. 1996 erhoben.

<table>
<tr><th></th><th>1988</th><th>1989</th><th>1990</th><th>1991</th><th>1992</th><th>1993</th><th>1994</th><th>1995</th><th>1996</th><th>1997</th><th>1998</th><th>1999</th><th>2000</th></tr>
<tr><td>s_K^T</td><td colspan="2">56 %</td><td colspan="4">50 %</td><td colspan="5">45 %</td><td colspan="2">40 %</td></tr>
<tr><td>s_K^A</td><td colspan="6">36 %</td><td colspan="7">30 %</td></tr>
<tr><td>s_I</td><td colspan="13">35 %</td></tr>
<tr><td>s_{GE}</td><td colspan="13">16,67 %</td></tr>
<tr><td>s_{GK}</td><td colspan="10">0,8 %</td><td></td><td></td><td></td></tr>
<tr><td>s_V</td><td colspan="9">0,6 %</td><td></td><td></td><td></td><td></td></tr>
</table>

Tabelle 9-2: Steuersätze im Zeitablauf

[327] Die oben im 5. und 6. Kapitel dargestellt wurden.

Nun ist die Differenz zwischen den Steuerzahlungen bei Fremd- und Eigenfinanzierung zu berechnen. Zunächst werden positive Bemessungsgrundlagen unterstellt. Ertragsteuerlich ist der Zinsaufwand relevant, der aus den GuV-Rechnungen übernommen wird.[328] Wir greifen auf handelsbilanzielle Größen zurück, da Steuerbilanzen nicht veröffentlicht werden. Das verzinsliche Fremdkapital (F) beinhaltet die Bilanzpositionen Anleihen, Gesellschafterdarlehen, Verbindlichkeiten gegenüber Kreditinstituten und Wechselverbindlichkeiten.

Nicht-Dauerschuldzinsen sind bei der Bemessungsgrundlage der Gewerbeertragsteuer in voller Höhe abzugsfähig. Zudem verringern sie die Bemessungsgrundlage der Körperschaftsteuer. Nicht-Dauerschulden verkürzen die substanzsteuerliche Bemessungsgrundlage (Vermögensteuer; Gewerbekapitalsteuer) in vollem Umfang.

Den in Kapitel 5 und 6 beschriebenen Einkommensteuereffekt im Anrechnungsverfahren, der aufgrund der Differenz zwischen Einkommensteuer und Körperschaftsteuer auf Thesaurierung bei Veränderungen des Fremdkapitalbestands ausgelöst wird, blenden wir vereinfachend aus. Damit verkürzt der Zinsaufwand nach Anrechnung neben der Bemessungsgrundlage der Gewerbeertragsteuer auch die der Einkommensteuer.

Die durch die Fremdfinanzierung bedingte Differenz in der Steuerlast (ΔS) beträgt demnach:

$$\Delta S = s_E iF + s_{Sub}\left(1 - s_I\right)F_{t-1} \tag{9-2}$$

Mit:[329] $s_{Sub} = \dfrac{s_V}{1 - s_K^T} + s_{GK}\left(1 - s_{GE}\right)$

d. Berechnung der Überschüsse bei Eigenfinanzierung

Wir müssen nun aus den empirischen Daten, die die faktische Kapitalstruktur und damit die anteilige Fremdfinanzierung widerspiegeln, die Dividende und den Jahresüberschuß bei hypothetischer Eigenfinanzierung herleiten. Wir erhalten den Jahresüberschuß bei Eigenfinanzierung ausgehend vom beobachtbaren Jahresüberschuß bei Mischfinanzierung nach Subtraktion der oben diskutierten Steuereffekte und Addition des Zinsaufwandes (iF). Die Dividende bei Eigenfinanzierung wird berechnet, indem außerdem zur Dividende bei gegebener Kapitalstruktur Tilgungen addiert und Erhöhungen des Fremdkapitals abgezogen werden. Es gilt somit $Div^E = Div^F - \Delta S + iF - \Delta F$.

---

328 Dieser Zinsaufwand kann grundsätzlich auch die Verzinsung der Pensionsrückstellungen beinhalten. Ein Herausrechnen dieses Anteils ist hier nicht möglich, da die erforderlichen Informationen nicht vollständig vorliegen.

329 Die Vermögensteuer ist von den Bemessungsgrundlagen anderer Steuerarten nicht abzugsfähig und löst daher einen sog. Schatteneffekt aus: Bezugspunkt ist der Bruttobetrag vor Thesaurierungsbelastung, d. h. s_V ist durch $1 - s_K^T$ zu dividieren.

Zur Berechnung der Steuerwirkungen sind auch Verlustvorträge relevant. Bestehende Verlustvorträge (VV) sind durch negative Bemessungsgrundlagen früherer Perioden verursacht worden. Negative Bemessungsgrundlagen in der betrachteten Periode führen zum Auf- bzw. Ausbau von Verlustvorträgen. Für die empirische Untersuchung treffen wir dazu folgende Annahmen:

- Die Verlustvorträge bei Eigenfinanzierung sollen vereinfachend denen bei Fremdfinanzierung entsprechen.[330]
- Die substanzsteuerliche Entlastung durch Fremdkapital erfolgt in jedem Fall.
- Beachtet werden handelsbilanzielle Verlustvorträge, da Steuerbilanzen nicht vorliegen.
- Es werden nur Verlustvorträge auf Unternehmensebene, nicht aber auf Kapitalgeberebene betrachtet.

Der Unterschied in der Ertragsteuerlast (ΔS_E) bei Eigenfinanzierung im Vergleich zur anteiligen Fremdfinanzierung wird durch die Zinszahlungen bedingt (vgl. (9-2)) und kann wie folgt geschrieben werden:

$$\Delta S_E = s_E \left[\max\left(0; EBIT - VV_{t-1}\right) - \max\left(0; EBT - VV_{t-1}\right) \right] \tag{9-3}$$

(9-3) läßt sowohl bei Eigen- als auch bei Mischfinanzierung negative Bemessungsgrundlagen und Verlustvorträge zu. Wenn EBIT bzw. EBT kleiner Null sind oder der Anfangsbestand des Verlustvortrags vorliegende positive EBIT bzw. EBT übersteigt, fallen keine Ertragsteuern an. Wir können die Gleichung (mit EBT – EBIT = iF) umformen zu:

$$\Delta S_E = s_E \max\left[0; \min\left(EBIT - VV_{t-1}; iF \right) \right] \tag{9-4}$$

Der Jahresüberschuß bei Eigenfinanzierung kann also berechnet werden gemäß:

$$\begin{aligned} JÜ^E = JÜ^F + iF - s_E \max\left[0; \min\left(EBIT - VV_{t-1}; iF \right) \right] \\ -s_{Sub} F_{t-1} \left(1 - s_I \right) \end{aligned} \tag{9-5}$$

Die Dividende bei Eigenfinanzierung folgt aus:

$$\begin{aligned} Div^E = Div^F + iF \\ -s_E \max\left[0; \min\left(EBIT - VV_{t-1}; iF \right) \right] - s_{Sub} F_{t-1} \left(1 - s_I \right) - \Delta F_t \end{aligned} \tag{9-6}$$

---

[330] Andernfalls wäre u. U. eine Rückrechnung bis in Jahre vor 1987 notwendig, um ab dem Entstehen eines Verlustvortrags nach Verlustvorträgen bei Eigen- und Fremdfinanzierung differenzieren zu können.

Jahresüberschuß und Dividende bei Fremdfinanzierung sind – wie erwähnt – unmittelbar beobachtbar; Jahresüberschuß und Dividende bei Eigenfinanzierung werden gemäß (9-5) und (9-6) berechnet. Damit kann die empirische Relevanz der Fälle 1 bis 12 ermittelt werden.

2. Stichprobe

Die Stichprobe besteht aus den 169 deutschen Unternehmen, die Ende 2000 Bestandteil des DAX30, MDAX oder SMAX sind und mindestens zwei Jahre notiert sind. Der Untersuchungszeitraum umfaßt die Jahre 1987 bis 2000. Verarbeitet werden 1.434 Jahresabschlüsse. Im Sample sind 61 IAS- und 26 US-GAAP-Abschlüsse enthalten. Wegen deren damals noch geringen empirischen Relevanz werden die Ergebnisse der IAS- und US-GAAP-Subsamples nicht getrennt ausgewiesen. Das Sample enthält einige Unternehmenszusammenschlüsse, die die Vergleichbarkeit der Daten vor und nach Zusammenschluß beeinträchtigen. Die Daten dieser Unternehmen werden nur bis zum letzten Jahr vor Zusammenschluß in die Untersuchung einbezogen.[331]

3. Ergebnisse

Tabelle 9-3 enthält die Ergebnisse für das Gesamtsample. Zentrales Ergebnis ist, daß der in der Literatur regelmäßig zugrundegelegte Standardfall zwar empirisch der häufigste Fall ist (0,449), in der Mehrzahl aber abweichende Fälle zu beobachten sind (1 – 0,449 = 0,551). Im Einzelnen läßt sich zudem festhalten:

- Unternehmen erzielen mit der von ihnen realisierten Kapitalstruktur in rund 90 % der Beobachtungen Jahresüberschüsse größer gleich Null (Fälle 1 bis 4).
- Wenn positive Jahresüberschüsse vorliegen, werden zumeist Dividenden gezahlt. Dies gilt für die Daten bei Eigen- und bei Fremdfinanzierung.
- 28 % der Beobachtungen entsprechen Fall 2. Da Kreditaufnahmen für diesen Fall charakteristisch sind, wird die Bedeutung kreditfinanzierter Ausschüttungen deutlich.
- Bei negativen Jahresüberschüssen erfolgen in der Mehrzahl der Fälle Dividendenzahlungen: Beobachtungen der Fälle 5, 6, 9 und 10 dominieren klar die Fälle 7, 8, 11 und 12.
- Kapitalerhöhungen bei negativen $JÜ^F$ sind vergleichsweise selten: Die Fälle 7, 8, 11, 12 machen nur 1,5 % aller Fälle aus.
- Fall 12, in dem alle Überschüsse negativ sind, ist insofern das Gegenteil des Standardfalls; er tritt in der Stichprobe selten auf.

[331] Dies betrifft Daimler-Benz (DaimlerChrysler), Karstadt (KarstadtQuelle), Thyssen (ThyssenKrupp), Veba (Eon).

		$JÜ^F \geq 0$		$JÜ^F < 0$	
		$Div^F \geq 0$	$Div^F < 0$	$Div^F \geq 0$	$Div^F < 0$
$JÜ^E \geq 0$	$Div^E \geq 0$	Fallnr. 1 0,449	3 0,025	5 0,014	7 0,001
	$Div^E < 0$	2 0,279	4 0,144	6 0,010	8 0,004
$JÜ^E < 0$	$Div^E \geq 0$	/	/	9 0,037	11 0,002
	$Div^E < 0$	/	/	10 0,027	12 0,008

Tabelle 9-3: Relative Häufigkeiten

III. Bewertungstechnik bei Verlust und Rückgriff auf Außenfinanzierung

1. Umformulierung des Steuereffekts der Fremdfinanzierung

Die eben berichteten Ergebnisse zeigen, daß das alleinige Abstellen auf den Standardfall, also Fall 1, eine zu enge Sicht der Welt ist. Wir diskutieren deshalb zunächst auf Basis des APV-Ansatzes und auch kurz für WACC- und Ertragswertmethode, wie mit Fällen abseits des Standardfalls umzugehen ist. Dabei unterstellen wir zunächst nur temporäre Defizite. Insolvenzrisiken bestehen dann nicht. Weiter nehmen wir zur Vereinfachung an, daß alle Steuerwirkungen sicher eintreten und somit mit der risikolosen Rendite zu bewerten sind. Wir nähern uns dem Problem, indem wir zunächst die Steuereffekte des Standardfalls über einen Einkommensvergleich ableiten und so zerlegen, daß uns die Abbildung der anderen Fälle leichter fällt. Wir argumentieren vor dem Hintergrund des derzeitig geltenden Steuerregimes, also des Halbeinkünfteverfahrens.

Die Ausschüttungen nach Einkommensteuer sind bei anteiliger Fremdfinanzierung – Veränderungen des Fremdkapitalbestands, also Tilgungen und Kreditaufnahmen vorerst ausgeblendet – definiert gemäß:

$$(EBIT - iF)(1 - s^0)(1 - 0{,}5s_I) \tag{9-7}$$

Nach Umformung folgt:

$$\begin{aligned} &EBIT(1 - s^0)(1 - 0{,}5s_I) - iF(1 - s^0)(1 - 0{,}5s_I) \\ &= EBIT(1 - s^0)(1 - 0{,}5s_I) - iF + iFs^0 + 0{,}5s_I iF(1 - s^0) \qquad (9\text{-}8) \\ &= EBIT(1 - s^0)(1 - 0{,}5s_I) + iF\left[s^0(1 - 0{,}5s_I) - 0{,}5s_I\right] - iF(1 - s_I) \end{aligned}$$

Die letzte Zeile in (9-8) spiegelt die APV-Methodik wider: Der erste Term ist die Ausschüttung bei Eigenfinanzierung; diskontiert man diese Ausschüttungen mit der risikoäquivalenten Rendite bei Eigenfinanzierung (k_S), folgt der Unternehmenswert bei Eigenfinanzierung (V^E). Der zweite Term repräsentiert den periodischen Steuereffekt der Fremdfinanzierung (WB^F); diskontiert mit der risikolosen Rendite nach Einkommensteuer folgt der Barwert der Steuereffekte (V^{St}). Diese entsprechen den aus Arbitrage-Überlegungen abgeleiteten Steuereffekten des Risikoniveaus I. Der Unternehmensgesamtwert bei Fremdfinanzierung (V^F) entspricht der Summe aus V^E und dem Barwert der Steuereffekte.

Der dritte Term stellt den Kapitaldienst dar, der die Ausschüttungen an die Anteilseigner verkürzt; diskontiert mit der risikolosen Rendite nach (voller) Einkommensteuer folgt F. Der Wert des Eigenkapitals (E^F) folgt aus: $V^E + V^{St} - F$.

Faßt man alternativ das Nach-Steuer-Einkommen der Eigentümer und der Gläubiger[332] zusammen zu

$$(EBIT - iF)(1 - s^0)(1 - 0{,}5s_I) + iF(1 - s_I), \tag{9-9}$$

folgen die gleichen finanzierungsbedingten Steuereffekte wie in (9-8)[333] Denn nach Umformung erhalten wir:

$$EBIT(1 - s^0)(1 - 0{,}5s_I) + iF\left[s^0(1 - 0{,}5s_I) - 0{,}5s_I\right] \tag{9-10}$$

In (9-10) wird im Unterschied zu (9-8) der Kapitaldienst an die Gläubiger nicht abgezogen, da das Gesamteinkommen betrachtet wird. Der in beiden Gleichungen enthaltene Steuereffekt $iF\left[s^0(1 - 0{,}5s_I) - 0{,}5s_I\right]$ kann in drei Teile zerlegt werden:[334]

$$\underbrace{s^0 iF}_{\substack{\text{Unternehmensteuer-}\\ \text{ersparnis auf den}\\ \text{Zinsaufwand}}} + \underbrace{0{,}5s_I iF(1 - s^0)}_{\substack{\text{Hälftige Einkommensteuer-}\\ \text{ersparnis auf den}\\ \text{Zinsaufwand nach}\\ \text{Unternemensteuer}}} - \underbrace{s_I iF}_{\substack{\text{Einkommensteuer}\\ \text{auf den Zinsertrag der}\\ \text{Gläubiger}}} \tag{9-11}$$

Der erste Term stellt die Unternehmensteuerersparnis auf den Zinsaufwand dar, der zweite die hälftige einkommensteuerliche Entlastung auf den Zinsaufwand nach Unternehmensteuer (da dieser Betrag im Gegensatz zur Eigenfinanzierung nicht ausgeschüttet wird und daher keine hälf-

332 Auch die Gläubiger seien natürliche Personen, die die erhaltenen Zinszahlungen voll der Einkommensteuer unterwerfen müssen.

333 Diese Vorgehensweise, das Einkommen aller Kapitalgeber zu betrachten, findet sich z. B. auch bei Modigliani, F./Miller, M. H. (1963), S. 435; Ross, S. A./Westerfield, R. W./Jaffe, J. (2005), S. 419-421.

334
$$\begin{aligned} iF\left[s^0(1 - 0{,}5s_I) - 0{,}5s_I\right] &= s^0 iF - 0{,}5s_I s^0 iF - 0{,}5s_I iF \\ &= s^0 iF - 0{,}5s_I s^0 iF - 0{,}5s_I iF + s_I iF - s_I iF \\ &= s^0 iF + 0{,}5s_I iF(1 - s^0) - s_I iF. \end{aligned}$$

tige Einkommensteuer auslöst) und der dritte die einkommensteuerliche Belastung des Zinsaufwands bzw. des Zinsertrags bei den Gläubigern.[335]

2. Fallabhängige Steuereffekte

Analog zu diesem Vorgehen für den Standardfall (Fall 1) leiten wir nun die Steuereffekte der Fälle 2 bis 12 durch Gegenüberstellung des Einkommens der Kapitalgeber bei Eigen- bzw. anteiliger Fremdfinanzierung her. Wir lassen also alle in Tabelle 9-1 genannten Konstellationen zu und fragen, wie der zugehörige Steuereffekt aussieht. Dies mag vor dem Hintergrund der üblichen Vorgehensweise in der Literatur ungewöhnlich erscheinen; die empirische Untersuchung hat aber gezeigt, daß alle Konstellationen auftreten können. Daher bilden wir auch kreditfinanzierte Dividendenzahlungen ab, die vor dem Hintergrund der einkommensteuerlichen Diskriminierung von Dividenden im Halbeinkünfteverfahren suboptimal sind.

Der Barwert dieser Steuereffekte ist dann gemäß APV-Ansatz zum Unternehmenswert bei Eigenfinanzierung zu addieren, um den Unternehmensgesamtwert bei Mischfinanzierung zu erhalten. Tabelle 9-4 enthält die resultierenden, steuerlich bedingten Einkommensdifferenzen aller Fälle.[336] Es wird zunächst angenommen, daß zu Beginn der jeweiligen Periode keine Verlustvorträge vorliegen. Diese Annahme wird im Abschnitt 4 aufgehoben. Bei negativem Jahresüberschuß fallen keine Unternehmensteuern an. Die Verluste werden vorgetragen. Verlustrückträge sind nur begrenzt möglich und werden daher nicht betrachtet.[337] Der zweite Term der Einkommen in Spalte I und II der Tabelle 9-4 erfaßt jeweils die Veränderung der Gewinnrücklagen bzw. bei Kapitalerhöhungen die Erhöhung des Grundkapitals und der Kapitalrücklagen.[338] Wir schließen vereinfachend Ausschüttungen in Form von Aktienrückkäufen und Kapitalherabsetzungen aus. Soll mehr als der Jahresüberschuß ausgeschüttet werden, sind (annahmegemäß in ausreichendem Umfang vorhandene) Gewinnrücklagen aufzulösen. Eine „Zwangs"-Reinvestition erfolgt nicht. Unterschreitet die Dividende den Jahresüberschuß, werden Gewinnrücklagen gebildet. Wir unterstellen also eine Politik residualer Ausschüttungen. Dies schließt z. B. eine parallel zu einer Eigenkapitalerhöhung durchgeführte Vollausschüttung des Jahresüberschusses aus.

---

335 Man kann (9-9) bzw. (9-11) gänzlich aus Sicht der Eigentümer interpretieren, wenn das auf Unternehmensebene eingesetzte Fremdkapital zum Zeitpunkt der Kreditaufnahme Eigenkapital ersetzt. Dann steht der zweite Term in (9-9) für den auf Anteilseignerebene auf das abgelöste Eigenkapital erzielten Zinsertrag nach Einkommensteuer. Der dritte Term in (9-11) stellt die Einkommensteuerlast auf diesen Zinsertrag dar. Die entsprechenden Finanzanlagen könnten auch die Fremdkapitaltitel des zu bewertenden Unternehmens sein.

336 Es bezeichnen: ΔF Veränderung Fremdkapitalbestand; Ab Abschreibung; I Investitionsauszahlung.

337 Mit dem Gesamtbetrag der Einkünfte des vorangegangenen Veranlagungszeitraums dürfen gemäß § 10d Abs. 1 S. 1 EStG lediglich 511.500 € verrechnet werden.

338 Kapitalerhöhungen haben keine einkommensteuerliche Wirkung.

Fall	Einkommen bei anteiliger Fremdfinanzierung	Einkommen bei Eigenfinanzierung	Differenz
1	$(EBIT_t - iF_{t-1})(1-s^0)(1-0{,}5s_I)$	$EBIT_t(1-s^0)(1-0{,}5s_I)-(I_t-Ab_t)(1-0{,}5s_I)$	$s^0 iF_{t-1}+0{,}5s_I(-Div_t^F+Div_t^E)-s_I iF_{t-1}$
2	$-(I_t - Ab_t - \Delta F_t)(1-0{,}5s_I)+iF_{t-1}(1-s_I)-\Delta F_t$	$EBIT_t(1-s^0)-(I_t-Ab_t)$	$s^0 iF_{t-1}+0{,}5s_I(-Div_t^F)-s_I iF_{t-1}$
3	$(EBIT_t - iF_{t-1})(1-s^0)$	$EBIT_t(1-s^0)(1-0{,}5s_I)-(I_t-Ab_t)(1-0{,}5s_I)$	$s^0 iF_{t-1}+0{,}5s_I Div_t^E-s_I iF_{t-1}$
4	$-(I_t - Ab_t - \Delta F_t)+iF_{t-1}(1-s_I)-\Delta F_t$	$EBIT_t(1-s^0)-(I_t-Ab_t)$	$s^0 iF_{t-1}-s_I iF_{t-1}$
5	$[(EBIT_t - iF_{t-1})-(I_t - Ab_t - \Delta F_t)](1-0{,}5s_I)$	$EBIT_t(1-s^0)(1-0{,}5s_I)-(I_t-Ab_t)(1-0{,}5s_I)$	$s^0 EBIT_t+0{,}5s_I(-Div_t^F+Div_{t\,t}^E)-s_I iF_{t-1}$
6	$+iF_{t-1}(1-s_I)-\Delta F_t$	$EBIT_t(1-s^0)-(I_t-Ab_t)$	$s^0 EBIT_t+0{,}5s_I(-Div_t^F)-s_I iF_{t-1}$
7	$(EBIT_t - iF_{t-1})-(I_t - Ab_t - \Delta F_t)$	$EBIT_t(1-s^0)(1-0{,}5s_I)-(I_t-Ab_t)(1-0{,}5s_I)$	$s^0 EBIT_t+0{,}5s_I Div_t^E-s_I iF_{t-1}$
8	$+iF_{t-1}(1-s_I)-\Delta F_t$	$EBIT_t(1-s^0)-(I_t-Ab_t)$	$s^0 EBIT_t-s_I iF_{t-1}$
9	$[(EBIT_t - iF_{t-1})-(I_t - Ab_t - \Delta F_t)](1-0{,}5s_I)$	$EBIT_t(1-0{,}5s_I)-(I_t-Ab_t)(1-0{,}5s_I)$	$0{,}5s_I(Div_t^E-Div_t^F)-s_I iF_{t-1}$
10	$+iF_{t-1}(1-s_I)-\Delta F_t$	$EBIT_t-(I_t-Ab_t)$	$0{,}5s_I(-Div_t^F)-s_I iF_{t-1}$
11	$(EBIT_t - iF_{t-1})-(I_t - Ab_t - \Delta F_t)$	$EBIT_t(1-0{,}5s_I)-(I_t-Ab_t)(1-0{,}5s_I)$	$0{,}5s_I Div_t^E-s_I iF_{t-1}$
12	$+iF_{t-1}(1-s_I)-\Delta F_t$	$EBIT_t-(I_t-Ab_t)$	$-s_I iF_{t-1}$

Tabelle 9-4: Fallabhängige Steuereffekte der Fremdfinanzierung

3. Aggregierte Formulierung ohne Verlustvorträge

Die Differenz der Nach-Steuer-Zuflüsse bei Eigen- bzw. Fremdfinanzierung läßt sich analog zu (9-11) in drei Steuereffekte aufteilen:

- Unternehmensteuerersparnis auf den Zinsaufwand (Fälle 1 bis 4) bzw. auf das niedrigere EBIT (Fälle 5 bis 8); in den Fällen 9 bis 12 entsteht keine Unternehmensteuerersparnis in der laufenden Periode, da sowohl bei Eigen- als auch bei anteiliger Fremdfinanzierung keine Unternehmensteuern anfallen. Verlustvorträge werden aufgebaut.
- Einkommensteuereffekt aufgrund von finanzierungsbedingten Ausschüttungsdifferenzen: In den Fällen 1, 5 und 9 entspricht dieser Effekt dem Produkt aus dem hälftigen Einkommensteuersatz und der Differenz der Dividenden. Diese Differenz besteht aus dem Zinsaufwand und der Veränderung des Fremdkapitalbestandes ggf. nach finanzierungsbedingter Unternehmensteuerersparnis (Fälle 1 und 5). In den Fällen 2, 6 und 10 ist die Dividende bei Fremdfinanzierung positiv und die bei Eigenfinanzierung negativ. Ursächlich dafür ist eine Kreditaufnahme, die zum Teil ausgeschüttet wird. Es entsteht ein Einkommensteuernachteil i. H. v. $0{,}5s_I\,Div^F$. In den Fällen 3, 7 und 11 ist die Dividende bei Fremdfinanzierung u. a. aufgrund einer Tilgung negativ und bei Eigenfinanzierung positiv.[339] Es entsteht ein Einkommensteuervorteil i. H. v. $0{,}5s_I\,Div^E$. Dieser Einkommensteuereffekt tritt nicht auf in den Fällen 4, 8 und 12, da sowohl bei Eigen- als auch bei Fremdfinanzierung das Eigenkapital erhöht wird und daher keine Einkommensteuer anfällt.
- Einkommensteuereffekt auf den Zinsertrag: In jedem Fall tritt ein Einkommensteuereffekt i. H. d. Produkts aus Einkommensteuersatz und (vollem) Zinsertrag auf. Dieser ergibt sich der obigen Herleitung folgend aus der Besteuerung der auf abgelöstes Eigenkapital erzielten Zinsen bzw. aus der Besteuerung des Zinsaufwands auf Gläubigerebene.

Diese Überlegungen können fallübergreifend zusammengefaßt werden zum periodischen Steuereffekt der Fremdfinanzierung:

$$\begin{aligned} WB^F = {} & s^0 \max\left[0;\min\left(EBIT_t;iF_{t-1}\right)\right] \\ & +0{,}5s_I\left[-\max\left(0;Div^F\right)+\max\left(0;Div^E\right)\right] \\ & -s_I iF_{t-1} \end{aligned} \tag{9-12}$$

Bei Ertrags- *und* Liquiditätsdefiziten kann der periodische Effekt der Fremdfinanzierung negativ werden. Im Fall 12 z. B. sind der erste und der zweite Term dieser Gleichung gleich Null. Es bleibt die Einkommensteuerbelastung der Zinsen.

---

339 Eine einkommensteuerneutrale Ausschüttung z. B. über Aktienrückkäufe haben wir oben ausgeblendet.

4. Aggregierte Formulierung mit Verlustvorträgen

Die Unternehmensteuerlast $\left(S^0\right)$ bei Fremd- bzw. Eigenfinanzierung beträgt unter Beachtung von Verlustvorträgen:

$$S_F^0 = s^0 \max\left(0; EBT - VV_{t-1}^F\right) \quad (9\text{-}13)$$

bzw.

$$S_E^0 = s^0 \max\left(0; EBIT - VV_{t-1}^E\right). \quad (9\text{-}14)$$

Es ist anzumerken, daß die Verlustvorträge bei Eigen- und Fremdfinanzierung regelmäßig nicht identisch sind und daher entsprechend differenziert werden muß. (9-13) und (9-14) implizieren, daß gewerbe- und körperschaftsteuerliche Verlustvorträge gleich hoch sind. Die finanzierungsbedingte Unternehmensteuerdifferenz beträgt:

$$S_E^0 - S_F^0 = s^0\left[\max\left(0; EBIT - VV_{t-1}^E\right) - \max\left(0; EBT - VV_{t-1}^F\right)\right] \quad (9\text{-}15)$$

Wir können nun zeigen, daß dieser Ausdruck den in (9-12) enthaltenen Unternehmensteuereffekt – $s^0 \max\left[0; \min\left(EBIT_t; iF_{t-1}\right)\right]$ – ersetzt, wenn Verlustvorträge vorliegen.

Zu diesem Zweck wird (9-15) ohne Verlustvorträge formuliert:

$$S_E^0 - S_F^0 = s^0\left[\max\left(0; EBIT\right) - \max\left(0; EBT\right)\right] \quad (9\text{-}16)$$

Zu begründen ist nun, daß gilt:

$$\max\left[0; \min\left(EBIT; iF_{t-1}\right)\right] = \max\left(0; EBIT\right) - \max\left(0; EBT\right) \quad (9\text{-}17)$$

Dazu sind drei Fälle zu unterscheiden:

1. $EBIT \leq 0$
2. $iF_{t-1} \geq EBIT > 0$
3. $EBIT > iF_{t-1}$

Prüft man nun die Gültigkeit von (9-17) für diese drei Fälle, erkennt man, daß die linke und die rechte Seite der Gleichung in jedem Fall identische Ergebnisse liefern.

Erweitert um Verlustvorträge können wir (9-12) nun umformen zu einer flexibel einsetzbaren Formulierung des periodischen Steuervorteils der Fremdfinanzierung:

$$\begin{aligned} WB^F = {} & s^0\left[\max\left(0; EBIT - VV_{t-1}^E\right) - \max\left(0; EBT - VV_{t-1}^F\right)\right] \\ & +0{,}5 s_I\left[-\max\left(0; Div^F\right) + \max\left(0; Div^E\right)\right] \\ & -s_I i F_{t-1} \end{aligned} \quad (9\text{-}18)$$

Die Formulierung gilt für alle 12 Fälle und darüberhinaus auch für Fälle, in denen Verlustvorträge vorliegen. Werden Verlustvorträge aufgebaut, treten die (Steuer)Zahlungswirkungen in späteren Perioden ein; es bleibt ein Barwertnachteil im Vergleich zur sofortigen Realisierung.

Der Barwert der Steuervorteile kann nun entsprechend der APV-Methode zum Unternehmenswert bei Eigenfinanzierung addiert werden. Ergebnis ist der Unternehmensgesamtwert bei Fremdfinanzierung. Nach Subtraktion des Fremdkapitals erhalten wir schließlich den Wert des Eigenkapitals.

5. Equity- und WACC-Ansatz

Die Anwendung des Equity-Anatzes bzw. der Ertragswertmethode kann auf den Überschüssen bei gegebener Kapitalstruktur aufsetzen, die Eigenkapitalkosten sind periodisch analog zu Inselbag/Kaufold (1997) wie folgt definiert:

$$k_{S,t}^{F} = k_S + \left[k_S - i(1 - s_I)\right]\frac{F_{t-1} - V_{t-1}^{St}}{E_{t-1}^{F}} \tag{9-19}$$

Die fallabhängigen Steuereffekte werden zum Barwert V_F^{St} verdichtet. Unterstellt ist, daß die Steuereffekte zustandsunabhängig eintreten. Die Ertragswertmethode leidet unter einem Interdependenzproblem, da die Bewertungsergebnisse zur Berechnung der Kapitalkosten vorliegen müssen. Wir behelfen uns, indem wir den Barwert der Steuervorteile und den Wert des Eigenkapitals mithilfe des APV-Ansatzes ermitteln.

Die gewichteten durchschnittlichen Kapitalkosten (WACC) können entweder auf Basis der sogenannten Text-Book-Formula oder ausgehend von den Eigenkapitalkosten bei Eigenfinanzierung definiert werden. Wir erhalten, wie schon in Kapitel 6, Abschnitt III. begründet:

$$WACC_t = k_{S,t}^{F}\frac{E_{t-1}^{F}}{V_{t-1}^{F}} + i(1 - s_I)\frac{F_{t-1}}{V_{t-1}^{F}} - \frac{WB_t^{F}}{V_{t-1}^{F}} \tag{9-20}$$

$$WACC_t = k_S\left(1 - \frac{V_{t-1}^{St}}{V_{t-1}^{F}}\right) + i(1 - s_I)\frac{V_{t-1}^{St}}{V_{t-1}^{F}} - \frac{WB_t^{F}}{V_{t-1}^{F}} \tag{9-21}$$

Auch hier tritt ein Interdependenzproblem auf. Der fallabhängige, periodische Steuereffekt und der Barwert dieser Steuereffekte fließt in die Berechnung der periodischen WACC ein. Sowohl Equity- als auch WACC-Methode sind rekursiv im Roll-Back-Verfahren durchzuführen.

IV. Bewertung sanierungsbedürftiger Unternehmen

1. Einleitung

Die Frage nach dem Wert von Ansprüchen gegenüber sanierungsbedürftigen Kapitalgesellschaften stellt sich in vielen Situationen. Wir definieren Sanierungsbedürftigkeit als Zustand des Unternehmens nach einer Zeitspanne nachlassender, den Unternehmensgesamtswert reduzierender Performance, in dem es dem Management nicht mehr möglich ist, die finanziellen Ansprüche verschiedener Parteien (Arbeitnehmer, Gläubiger, Eigentümer) wie geplant zu erfüllen. Kapitalgeber mit Festbetragsansprüchen übernehmen ggf. ein Ausfallrisiko; Arbeitnehmer riskieren Arbeitsplatz und/oder Lohn- und Gehaltsansprüche. Es liegt „financial distress" vor; die Insolvenztatbestände Zahlungsunfähigkeit i. S. v. § 17 InsO, drohende Zahlungsunfähigkeit i. S. v. § 18 InsO bzw. Überschuldung i. S. v. § 19 InsO können, müssen aber nicht vorliegen.

Wir gehen so vor: Teil 2 weist Situationen aus, in denen die Frage nach dem Unternehmensgesamtwert bzw. dem Wert des Fremd- und Eigenkapitals von Unternehmen in „financial distress" gestellt wird. Die Teile 3 bis 7 beschäftigen sich mit der Technik zur Bewertung sanierungsbedürftiger Unternehmen bzw. ausfallbedrohter Ansprüche. Wir arbeiten mit einem einperiodigen Modell, um gängige Discounted-Cashflow (DCF)-Varianten an die Bewertung sanierungsbedürftiger Unternehmen anzupassen. Wir prüfen, ob der Sanierungsversuch lohnt, ob das Unternehmen also sanierungswürdig ist. Dazu vergleichen wir den Unternehmensgesamtwert bei Fortführung mit dem Liquidationswert zuzüglich ggf. benötigter Mitteleinsätze. Die Ermittlung des Fortführungswertes (und nicht des Liquidationswertes) steht im Mittelpunkt unserer Analyse. Den empirischen Tatbestand, daß zwischen den Kapitalgebern keineswegs Einmütigkeit über die Sanierungswürdigkeit besteht, berücksichtigen wir insoweit, als daß wir zwischen kompensiertem und unkompensiertem Ausfallrisiko für die Gläubiger differenzieren. Zunächst argumentieren wir vor dem Hintergrund eines einfachen Gewinnsteuersystems; dann legen wir in Abschnitt V das Halbeinkünfteverfahren zugrunde. Neben den formalen Problemen der Abbildung möglicher Werteffekte spielt empirisches Wissen über Höhe und Struktur von Transaktionskosten, über Wertverluste durch in Streß-Situationen ausgelöste, z. T. suboptimale Entscheidungen, über strategisches Verhalten der zentralen Parteien in insolvenznahen Situationen, über die Generierung oder Verluste steuerlicher Vorteile etc. eine erhebliche Rolle. Dieses empirische Wissen ist lückenhaft, aber bewertungsrelevant. Wir weisen in Abschnitt VI auf einige wichtige Zusammenhänge hin. Teil VII faßt die Botschaften zusammen.

2. Problemrelevante Situationen

In welchen Situationen stellt sich die Frage nach dem Wert des Fremd- bzw. Eigenkapitals sanierungsbedürftiger Kapitalgesellschaften? Es ist sinnvoll, prinzipiell zwischen Bewertungszeitpunkten, die in der Vor-Insolvenzphase und Zeitpunkten, die nach dem Eintritt in ein formales Insolvenzverfahren i. S. d. Insolvenzordnung liegen, zu unterscheiden. Vor einem Verfahrenseintritt haben Neuinvestoren, Alteigentümer, um Sanierungskredite gebetene professionelle Kreditgeber oder Aufkäufer von Fremdkapitaltiteln ein pointiertes Interesse an Informationen über den Unternehmensgesamtwert sowie den Wert von Fremd- und Eigenkapital. Nach dem Eintritt in ein Insolvenzverfahren und damit i. d. R. nach dem Scheitern von Rettungsversuchen im Rahmen sog. Workouts sind die oben angesprochenen Werte von Relevanz für die Inhaber finanzieller Ansprüche, damit begründete – die finanziellen Verluste der Kapitalgeber minimierende Entscheidungen – getroffen werden können. Tabelle 9-5 stellt einige Entscheidungssituationen vor.

Zeitpunkte	Potentieller Bewerter	Anlaß	Institutionelle Randbedingungen
I. Vor-Insolvenzphase	Neuinvestor	Ermittlung eines subjektiven Eintrittspreises in die sanierungsbedürftige Gesellschaft, Bepreisung von Eigen- bzw. Fremdkapitalansprüchen	
	Alteigentümer	Prüfung, ob Überschuldung vorliegt; Berechnung eines subjektiven Mindestverkaufspreises	§ 19 InsO
	Kreditinstitut	Schuldner fragt Sanierungskredit nach	Schadensersatzansprüche Dritter (§§ 826, 138 BGB); Rechtsprechung des BGH
	Kreditinstitut	Ermittlung des Verkaufspreises von Krediten	
II. Im Insolvenzverfahren	Insolvenzverwalter	Bericht an Gläubigerversammlung im sog. Berichtstermin; die Gläubigerversammlung hat zu entscheiden, ob das Unternehmen liquidiert oder fortgeführt werden soll	§§ 156, 157 InsO
	Insolvenzverwalter, Schuldner	Entwicklung und Vorlage eines Insolvenzplans; Zweck Insolvenzplanverfahren: Unternehmensgesamtwert, also das Verteilbare, ist den Inhabern der Vor-Insolvenzrechte der Rangfolge entsprechend zuzuordnen	§§ 217 ff, 245 InsO
	Gläubiger	Abgabe und Bewertung von Übernahmeangeboten im Wege der „übertragenden Sanierung“	§§ 162, 163 InsO
	Gläubiger, Insolvenzverwalter	Beurteilung der Leistungen von Alt- bzw. Neueigentümern und Gläubigern	§§ 245 InsO

Tabelle 9-5: Überblick über Entscheidungssituationen, die Bewertungen bzw. bewertungsähnliche Rechnungen erfordern

3. Annahmen

Wir wollen nun die Bewertung eines sanierungsbedürftigen Unternehmens mittels DCF-Methoden diskutieren. Wir kleiden das Bewertungsproblem in die Frage ein, ob der Sanierungsversuch lohnt. Grundsätzlich basieren unsere Ausführungen auf den Beiträgen von Modigliani/Miller (1958; 1963). Allerdings lassen wir Ausfallrisiko zu. Daher sind ergänzende Annahmen nötig:

- Wir betrachten haftungsbeschränkte Unternehmen. Wir nehmen an, daß bei alternativer privater Verschuldung die Haftung der privaten Anteilseigner auf die Ausschüttungen des unverschuldeten Unternehmens beschränkbar ist. Die Fremdfinanzierung wirkt aufgrund der Haftungsbeschränkung der Unternehmen somit nicht werterhöhend, da die Haftung privater Investoren ebenfalls beschränkt ist.[340]
- Betrachtet wird ein einperiodiger Sanierungsfall.
- Im Entscheidungszeitpunkt kann ein Liquidationserlös erzielt werden, der dem Buchwert der Aktiva und den nominalen Gläubigeransprüchen entspricht. Bei Liquidation erfahren der (die) Gläubiger somit keinen Ausfall. Die Liquidationsdividende der Eigentümer beträgt Null.
- In $t = 1$ können zwei Zustände eintreten: Im Zustand 1 kann der Sollkapitaldienst voll geleistet werden. Dies ist in Zustand 2 nicht der Fall. Allerdings ist der Cashflow so hoch, daß die Zinsen an die Gläubiger gezahlt werden können. Der Cashflow wird, § 367 Abs. 1 BGB folgend, zunächst für die Zinsen und dann für die (Teil) Tilgung verwendet.[341]
- Der Sanierungsbeitrag der Eigentümer besteht in einer Eigenkapitaleinlage zur Finanzierung des Sanierungsversuchs. Die Gläubiger tragen zum Sanierungsversuch bei, indem sie die Kredite nicht fällig stellen, sondern stehen lassen.[342]
- Es gilt ein einfaches Gewinnsteuersystem. Lediglich Unternehmensgewinne werden mit einem Steuersatz s_K belegt.
- Negative Bemessungsgrundlagen führen zu einer Steuererstattung (Negativsteuer). Verlustvorträge können demnach nicht entstehen.
- Sog. Sanierungsgewinne, die entstehen, wenn Fremdkapital nicht vollständig zurückgeführt wird, lösen keine Steuerbelastung aus. Dies entspricht der neuerlichen Intention des Fiskus, im BMF-Schreiben vom 27. März 2003: Steuern auf Sanierungsgewinne, die nach Verrechnung von Verlusten – die wir hier vereinfachend ausblenden – verbleiben, sollen erlassen werden.

---

340 Vgl. Stiglitz, J. E. (1969), S. 788; Drukarczyk, J. (1980), S. 259-263.

341 Vgl. Drukarczyk, J. (1993), S, 274.

342 Ob dies ein expliziter Sanierungsbeitrag ist oder ob die Gläubiger die notwendige Information für eine andere Strategie nicht haben, sei hier offen gelassen.

4. Bewertung bei unkompensiertem Ausfallrisiko

a. Problembeschreibung

Wie angenommen, kann der vertragskonforme Sollkapitaldienst nur in Zustand 1 geleistet werden. Wir unterstellen zunächst, daß die Gläubiger nicht auf das Ausfallrisiko reagieren. Der ursprünglich als risikolos eingestufte Kredit wird nicht ganz oder anteilig fällig gestellt; der Kreditzinssatz entspricht weiterhin dem risikolosen Zins (i). Der Barwert des Kapitaldienstes, also der Wert des Gläubigeranspruchs, wird mit F bezeichnet. Der Nominalwert wird mit FK abgekürzt. Die geforderte Rendite auf den Wert des Fremdkapitals (i_V) – auf deren Berechnung wir im Rahmen des Beispiels eingehen – hängt von der Insolvenzwahrscheinlichkeit p und der Befriedigungsquote q ab. Es gilt folgender Zusammenhang:

$$F_0(1+i_V)=(1-p)FK_0(1+i)+p\cdot q\cdot FK_0(1+i) \tag{9-22}$$

Ausgehend vom zustandsabhängigen Cashflow bei Eigenfinanzierung und nach Steuern (CF^E) kann der zustandsabhängige Kapitaldienst (CF_V) formuliert werden:

$$\widetilde{CF_{V1}}=\min\left[FK_0(1+i);\widetilde{CF_1^E}+s_K\cdot i\cdot FK_0\right] \tag{9-23}$$

Zu beachten ist, daß der Steuervorteil der Fremdfinanzierung wegen der Annahme der Negativsteuern sicher vereinnahmt wird.[343] Im Zustand 2 fließt er den Gläubigern zu.[344] Abbildung 9-1 illustriert dies. Die Quote im Zustand 2 läßt sich somit schreiben als:

$$q=\frac{CF_{21}^E+s_K\cdot i\cdot FK_0}{FK_0(1+i)} \tag{9-24}$$

Aufgrund des unkompensierten Ausfallsrisikos kann die Fortführung für die Gläubiger nicht lohnen.

---

[343] So wird auch in einer Reihe anderer Beiträge argumentiert: Kruschwitz, L./ Lodowicks, A./Löffler, A. (2005), S. 9; Laitenberger, J./Lodowicks, A. (2003), S. 8; Rapp, M. S. (2003), S. 10. Mit unsicheren Steuervorteilen arbeiten z. B.: Brennan, M. J./Schwartz, E. S. (1978), S. 104; Homburg, C./Stephan, J./Weiß, M. (2004), S. 277-278.

[344] Gemäß Annahme gilt für Zustand 2: $CF_{21}^E+s_K\cdot i\cdot FK_0<FK_0(1+i)$.

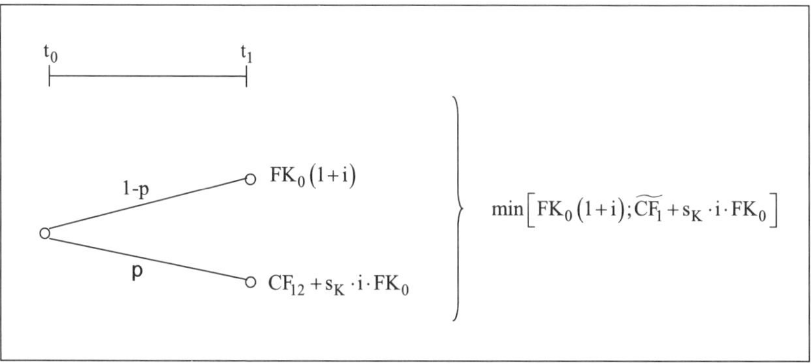

Abbildung 9-1: Zustandsabhängiger Kapitaldienst ohne Risikokompensation

b. APV-Ansatz

Will man nun über die Vorteilhaftigkeit eines Sanierungsversuchs aus Eigentümersicht urteilen, ist der Wert des Eigenkapitals zu berechnen und mit dem investierten Eigenkapital zu vergleichen. Dazu stehen die bekannten DCF-Varianten zur Verfügung. Wir betrachten den APV-, Equity- und WACC-Ansatz. Wir beginnen mit dem APV-Ansatz.

Im ersten Schritt ist der Wert des eigenfinanzierten Unternehmens (V^E) zu ermitteln. Wendet man die Risikozuschlagsmethode an, ist der erwartete Cashflow mit der geforderten Rendite bei Eigenfinanzierung (k) zu diskontieren. Der Unternehmensgesamtwert bei Fremdfinanzierung (V^F) ist definiert als die Summe aus Unternehmenswert bei Eigenfinanzierung und Barwert des Unternehmensteuervorteils (V^{USt}). Der Steuervorteil, der annahmegemäß sicher vereinnahmt wird, basiert auf dem zu verzinsenden Nominalwert des Fremdkapitals, der wegen des drohenden Ausfalls vom Marktwert des Fremdkapitals abweicht. Wir erhalten den Barwert des Tax Shields mit:[345]

$$V_0^{USt} = s_K \cdot i \cdot FK_0 (1+i)^{-1} \qquad (9\text{-}25)$$

Für die Berechnung des Wertes des Eigenkapitals ist der Barwert des Gläubigeranspruchs, also F vom Unternehmensgesamtwert bei Fremdfinanzierung abzuziehen. Der Wert des Eigenkapitals ist im Rahmen einer Sanierungsentscheidung dem investierten Eigenkapital gegenüberzustellen. Letzteres besteht aus der Liquidationsdividende und der Eigenkapitaleinlage zur Finanzierung der Sanierung. Oben wurde die Liquidationsdividende in t_0 auf Null gesetzt. Der Eigenkapitaleinsatz besteht dann aus dem zur Sanierung benötigten Kapital.

Abbildung 9-2 faßt den APV-Bewertungsprozeß zusammen, wenn das Ausfallrisiko der Gläubiger ex ante nicht kompensiert wird. Es gilt dabei: FK – Ausfall FK = F. Zu beachten ist, daß ein erwarteter Ausfall auch

[345] In der Folge verzichten wir weitgehend auf Zeitindizes.

vorliegen kann, wenn der Wert des Eigenkapitals positiv ist, und daß der Ausfall der Gläubigeransprüche den Wert des Eigenkapitals erhöht, da das Ausfallrisiko den Gläubigern unkompensiert aufgebürdet wird. Diesen zweiten Aspekt greift Abbildung 9-3 auf, die unterstellt, daß der Sanierungsversuch bei Eigenfinanzierung lohnt und die Vorteilhaftigkeit der Sanierung durch Tax Shields und Gläubigerentreicherung begünstigt wird. Es liegt nahe einzuwenden, daß die Gläubiger einen solchen Beitrag zum Sanierungserfolg der Anteilseigner sehenden Auges nicht werden leisten wollen. Hierzu wäre notwendig, daß die Gläubiger Alternativen durchsetzen können. Dazu ist zunächst hinreichende Information Voraussetzung, über die Gläubiger häufig nicht verfügen. Zweitens müssten sie über vertragliche Einwirkungsrechte über sog. Covenants verfügen oder die Eigentümer in ein Insolvenzverfahren zwingen können. Hierzu müsste Überschuldung (§ 19 InsO) oder Zahlungsunfähigkeit (§ 17 InsO) vorliegen. Beides liegt unter den oben getroffenen Annahmen in t = 0 nicht vor.

Wir werden unten in Abschnitt 5 die Diskussion über die Sanierungswürdigkeit erneut aufgreifen und verteidigungsfähige Gläubiger unterstellen, die eine ex ante-Kompensation durchzusetzen in der Lage sind.

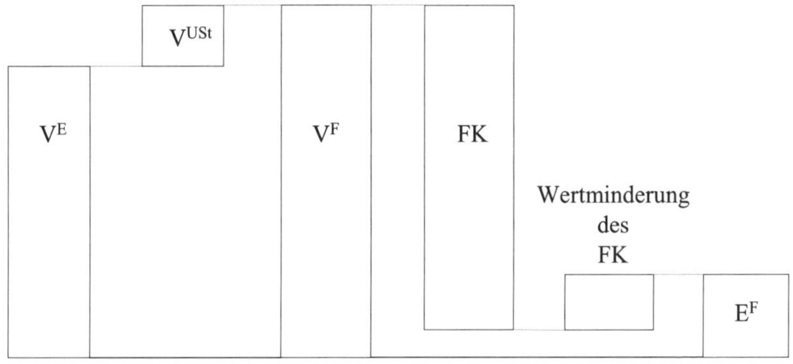

Abbildung 9-2: APV-Bewertung eines erfolgversprechenden Sanierungsversuchs ohne ex-ante-Kompensation des Ausfallrisikos

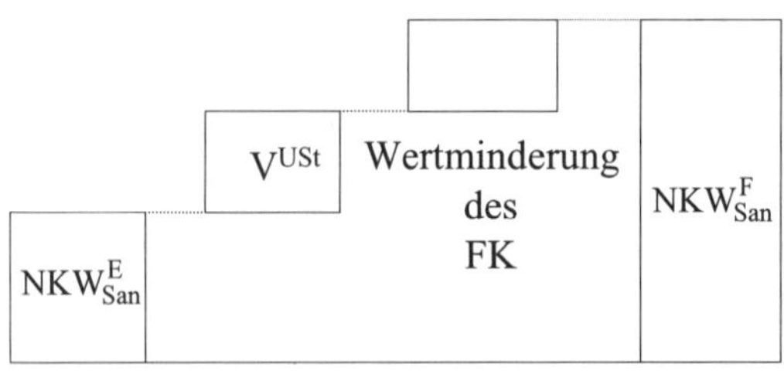

Abbildung 9-3: Wertbeitrag einer erfolgversprechenden Sanierung

c. Equity-Ansatz

Zu diskontieren ist die erwartete Ausschüttung an die Eigentümer. Da im Zustand 2 die Gläubiger nicht vollständig befriedigt werden können und ein haftungsbeschränktes Unternehmen vorliegt, erhalten die Eigentümer in diesem Zustand nichts. Im Zustand 1 fließt ihnen der Cashflow nach Kapitaldienst einschließlich des Steuervorteils zu. Diskontiert wird mit der geforderten Rendite bei anteiliger Fremdfinanzierung k^F, die wie folgt definiert ist:

$$
\begin{aligned}
k \cdot V^E + i \cdot V^{USt} &= k^F \cdot E^F + i_V \cdot F \\
k^F &= k\frac{V^E}{E^F} + i\frac{V^{USt}}{E^F} - i_V\frac{F}{E^F} \\
k^F &= k + k\frac{F - V^{USt}}{E^F} + i\frac{V^{USt}}{E^F} - i_V\frac{F}{E^F} \qquad (9\text{-}26) \\
k^F &= k + \left(k - i_V\right)\frac{F}{E^F} + \left(k - i\right)\frac{-V^{USt}}{E^F}
\end{aligned}
$$

Im Gegensatz zur üblichen Formulierung im Standardfall ist hier zu differenzieren zwischen dem auf F zu beziehenden Satz i_V und der auf den Barwert des Steuervorteils bezogenen risikolosen Rendite.[346]

d. WACC-Ansatz

Zu diskontieren ist der erwartete Nach-Steuer-Zahlungsüberschuß bei Eigenfinanzierung. Der WACC bestimmt sich in der sog. Text-Book-Formulierung gemäß:

$$
\begin{aligned}
WACC \cdot V^F &= k^F \cdot E^F + i_V \cdot F - s_K \cdot i \cdot FK \\
WACC &= k^F\frac{E^F}{V^F} + i_V\frac{F}{V^F} - s_K \cdot i\frac{FK}{V^F} \qquad (9\text{-}27)
\end{aligned}
$$

Die in (9-26) enthaltene Differenzierung zwischen i_V und i ist auch für den WACC relevant. Setzt man (9-26) in (9-27) ein, erhält man die von k ausgehende WACC-Definition:

$$
\begin{aligned}
WACC &= \left[k + \left(k - i_V\right)\frac{F}{E^F} + \left(k - i\right)\frac{-V^{USt}}{E^F}\right]\frac{E^F}{V^F} + i_V\frac{F}{V^F} - s_K \cdot i\frac{FK}{V^F} \\
&= k + \left(k - i\right)\frac{-V^{USt}}{V^F} - s_K \cdot i\frac{FK}{V^F} \qquad (9\text{-}28) \\
&= k\left(1 - \frac{V^{USt}}{V^F}\right) + i\frac{V^{USt} - s_K \cdot FK}{V^F}
\end{aligned}
$$

Ergebnis der Diskontierung ist V^F. Der Wert des Eigenkapitals folgt nach Subtraktion von F.

---

346 Vgl. auch Tham, J./Wonder, N. X. (2002), S. 10.

5. Beispiel

a. APV-Ansatz

Liquidationswert und Restbuchwert der Aktiva einer Kapitalgesellschaft betragen 50. Der Anspruch der Gläubiger beläuft sich ebenfalls auf 50. Unternehmensgewinne unterliegen einem Steuersatz von 40 %. Einkommensteuer existiert nicht. Verlustvorträge liegen nicht vor. Es ist über das weitere Schicksal der Gesellschaft zu entscheiden. Zur Sanierung und Fortführung der Gesellschaft über eine Periode wird ein Mittelbetrag für eine Investition von 5 benötigt. Die Eigentümer erwägen, diesen Betrag in Form von Eigenkapital einzulegen. In t_1 können nur zwei Zustände eintreten. Vereinfachend nehmen wir an, daß die Gesellschaft unabhängig vom Sanierungserfolg am Ende der Periode 1 liquidiert wird. Im Zustand 1 kann der Sollkapitaldienst voll geleistet werden, im Zustand 2 nur partiell. Die Gläubiger reagieren annahmegemäß nicht auf das Ausfallrisiko und lassen ihren Kredit zu unveränderten Konditionen stehen. Tabelle 9-6 enthält Eintrittswahrscheinlichkeiten, Cashflows vor Kapitaldienst und Steuern sowie die zustandsabhängigen Marktrenditen:

z	p_j	Cashflow vor Steuern	r_{Mj}
1	0,5	92,0	0,3
2	0,5	45,0	-0,1

Tabelle 9-6: Zustandsabhängige Cashflows vor Steuern bei Eigenfinanzierung

Wir wenden das CAPM an. Die risikolose Rendite sei 0,06. Der Erwartungswert der Marktrendite ist 0,1 und deren Varianz 0,04. Der Risikopreis λ beträgt 1:

$$\lambda = \frac{\overline{r_M} - i}{\sigma_M^2} = \frac{0{,}1 - 0{,}06}{0{,}04} = 1 \qquad \text{(9-29)}$$

Lohnt der Sanierungsversuch, wenn das Unternehmen ausschließlich eigenfinanziert ist? Die Cashflows nach Steuern – die steuerliche Bemessungsgrundlage ist um die Abschreibung i. H. v. 50 + 5 zu verkürzen – und die Kovarianz dieser Cashflows mit der Marktrendite enthält Tabelle 9-7:[347]

z	p_j	Cashflow nach Steuern	r_{Mj}	Kovarianz
1	0,5	77,2	0,3	1,41
2	0,5	49,0	-0,1	1,41
				2,82

Tabelle 9-7: Zustandsabhängige Cashflows nach Steuern bei Eigenfinanzierung

[347] 92 – 0,4 (92 – 55) = 77,2; 45 – 0,4 (45 – 55) = 49.

Der Erwartungswert der Nach-Steuer-Cashflows (CF^E) ist 63,1. Damit folgt der Unternehmenswert bei Eigenfinanzierung aus:[348]

$$\begin{aligned} V^E &= \left\{ E\left[\widetilde{CF_j^E} \right] - \lambda \operatorname{cov}\left(\widetilde{CF_j^E}; \widetilde{r_{Mj}} \right) \right\} (1+i)^{-1} \\ &= (63{,}1 - 1 \cdot 2{,}82) 1{,}06^{-1} = 56{,}87 \end{aligned} \qquad (9\text{-}30)$$

Unterstellt man Eigenfinanzierung, wäre die Gesellschaft sanierungswürdig, da die Summe aus Liquidationswert und zur Sanierung benötigtem Eigenkapital (55) den Unternehmenswert (56,87) unterschreitet. Der Wertbeitrag der Sanierung beträgt 1,87.

Nun ist die Gesellschaft i. H. v. 50 fremdfinanziert. Bei Kreditvergabe erwarteten die Gläubiger keinen Ausfall; der Verschuldungszinssatz entsprach dem risikolosen Zins. Wir haben oben angenommen, daß die Gläubiger auf das Ausfallrisiko nicht reagieren; der Vertragszinssatz entspricht unverändert dem risikolosen Zins. Der Sollkapitaldienst beträgt dann 53. Bei geglückter Sanierung kann er in vollem Umfang geleistet werden. Schlägt die Sanierung fehl, droht ein Ausfall. Bei der Quantifizierung des Ausfalls ist zu beachten, daß unter den gesetzten Annahmen der Steuervorteil der Fremdfinanzierung auch in Zustand 2 realisiert werden kann und den Gläubigern zufließt. Ausgehend vom Cashflow nach Steuern bei Eigenfinanzierung erhalten wir den Ist-Kapitaldienst: $49 + 0{,}4 \cdot 0{,}06 \cdot 50 = 50{,}2$. Der Ausfall beträgt $53 - 50{,}2 = 2{,}8$.

Zur Bewertung des zustandsabhängigen Gläubigeranspruchs greifen wir wieder auf das CAPM zurück.[349] Der Kapitaldienst und die Kovarianz des Kapitaldienstes mit der Marktrendite können Tabelle 9-8 entnommen werden:

z	p_j	Kapitaldienst	r_{Mj}	Kovarianz
1	0,5	53	0,3	0,14
2	0,5	50,2	-0,1	0,14
				0,28

Tabelle 9-8: Zustandsabhängiger Kapitaldienst ohne Risikokompensation

Der erwartete Kapitaldienst ist 51,6. Sein Barwert beträgt:

$$\begin{aligned} F &= \left\{ E\left[\widetilde{CF_{Vj}} \right] - \lambda \operatorname{cov}\left(\widetilde{CF_{Vj}}; \widetilde{r_{Mj}} \right) \right\} (1+i)^{-1} \\ &= (51{,}60 - 1 \cdot 0{,}28) 1{,}06^{-1} = 48{,}415 \end{aligned} \qquad (9\text{-}31)$$

348 Vgl. zur Anwendung des CAPM in Form marktdeterminierter Sicherheitsäquivalente bei unterschiedlichen Kapitalstrukturen Drukarczyk, J. (1993), S. 261-279.

349 Wir nehmen in Kauf, daß die Annahme von nicht anpassungsfähigen Gläubigern die Annahme homogener Erwartungen strapaziert.

Daraus läßt sich i_V ableiten:

$$i_V = \frac{E\left[\widetilde{CF}_{Vj}\right]}{F} - 1 = \frac{51,60}{48,415} - 1 = 0,0658$$

Im Vergleich zur Erwartung bei Abschluß des Kreditvertrages oder auch im Vergleich zur Liquidation in t = 0, wenn sie diese hätten durchsetzen können, werden die Gläubiger durch den Sanierungsversuch um 50 – 48,41 = 1,59 entreichert.

Die Ausschüttungen an die Eigentümer (CF^F) und die zugehörige Kovarianz zeigt Tabelle 9-9.

z	p_j	Ausschüttung	r_{Mj}	Kovarianz
1	0,5	25,4	0,3	1,270
2	0,5	0	-0,1	1,270
				2,540

Tabelle 9-9: Zustandsabhängige Ausschüttungen bei Fremdfinanzierung ohne Risikokompensation

Das Eigenkapital ist 9,59 wert:

$$\begin{aligned} E &= \left\{E\left[\widetilde{CF}_j^F\right] - \lambda \operatorname{cov}\left(\widetilde{CF}_j^F; \widetilde{r}_{Mj}\right)\right\}(1+i)^{-1} \\ &= (12,7 - 1 \cdot 2,54)1,06^{-1} = 9,585 \end{aligned} \tag{9-32}$$

Die Eigentümer votieren für den Sanierungsversuch: 9,59 > 5. Der Unternehmensgesamtwert bei anteiliger Fremdfinanzierung beträgt 48,41 + 9,59 = 58. Dem APV-Ansatz folgend, übersteigt er den Unternehmenswert bei Eigenfinanzierung um 58 – 56,87 = 1,13. Diese Differenz entspricht dem Barwert des Steuervorteils:

$$V^{USt} = 0,4 \cdot 0,06 \cdot 50 \cdot 1,06^{-1} = 1,13$$

Das Eigentümervermögen wächst um 4,59. Der Anstieg setzt sich zusammen aus dem oben berechneten Wertbeitrag der Sanierung bei Eigenfinanzierung (1,87), dem abgeleiteten Steuereffekt (1,13) und dem Barwert des Gläubigernachteils (1,59). Es findet also eine Vermögensverschiebung von den Gläubigern zu den Eigentümern statt.

b. WACC- und Equity-Ansatz

Die für den WACC bzw. den Equity-Ansatz relevanten Diskontierungssätze, also geforderte Rendite der Eigentümer bei Fremdfinanzierung bzw. WACC, belaufen sich auf

$$\begin{aligned} k^F &= k + (k - i_V)\frac{F}{E^F} + (k - i)\frac{-V^{USt}}{E^F} \\ &= 0{,}1096 + (0{,}1096 - 0{,}0658)\frac{48{,}415}{9{,}585} + (0{,}1096 - 0{,}06)\frac{-1{,}13}{9{,}585} \\ &= 0{,}325. \end{aligned}$$

Oder:

$$k^F = \frac{E\left[\widetilde{CF_j^F}\right]}{E^F} - 1 = \frac{12{,}7}{9{,}585} - 1 = 0{,}325$$

$$\begin{aligned} WACC &= k^F\frac{E^F}{V^F} + i_V\frac{F}{V^F} - s_K \cdot i\frac{FK}{V^F} \\ &= 0{,}325\frac{9{,}585}{58} + 0{,}0658\frac{48{,}415}{58} - 0{,}4 \cdot 0{,}06\frac{50}{58} = 0{,}088 \end{aligned}$$

Oder:

$$\begin{aligned} WACC &= k\left(1 - \frac{V^{USt}}{V^F}\right) + i\frac{V^{USt} - s_K \cdot FK}{V^F} \\ &= 0{,}1096\left(1 - \frac{1{,}13}{58}\right) + 0{,}06\frac{1{,}13 - 0{,}4 \cdot 50}{58} = 0{,}088 \end{aligned}$$

Mit:

$$k = \frac{E\left[\widetilde{CF_j^E}\right]}{V^E} - 1 = \frac{63{,}1}{56{,}87} - 1 = 0{,}1096$$

Zu diskontieren ist beim Equity-Ansatz die erwartete Ausschüttung bei anteiliger Fremdfinanzierung (12,7) und beim WACC-Ansatz die erwartete Ausschüttung bei Eigenfinanzierung (63,1). Beide Ansätze bestätigen den Wert des Eigenkapitals (9,59).

c. Auswertung

Wir können also festhalten, daß der Sanierungsversuch im Beispiel lohnt. Dies gilt schon für den Fall der Eigenfinanzierung, da $NKW_{San}^{E} = 1{,}87$. Unterstellt man Fremdfinanzierung und einen unkompensierten Ausfall der Gläubiger, erhöht sich der Nettokapitalwert um den Barwert des Steuervorteils (1,13), der annahmegemäß zustandsunabhängig realisiert wird, und des Kreditausfalls (1,59). Wir erhalten $NKW_{San}^{F} = 4{,}59$. Tabelle 9-10 faßt diese Daten zusammen. Sie enthält auch die relevanten Risikoparameter und die Diskontierungssätze der Teilzahlungsströme. So wird deutlich, daß das gesamte Risiko gemessen durch die Kovarianz der zustandsabhängigen Cashflows mit der zustandsabhängigen Marktrendite in Höhe von 2,82 durch die Fremdfinanzierung auf Eigentümer *und* Gläubiger verteilt wird, sich aber unverändert auf 2,82 summiert.[350] Risiko, das den Gläubigern aufgezwungen wird, muß von den Eigentümern nicht geschultert werden.

Die Beta-Werte folgen allgemein aus:[351]

$$\beta = \frac{\dfrac{\operatorname{cov}\left(\widetilde{CF_j}, \widetilde{r_{Mj}}\right)}{V_0^{CF}}}{\sigma_M^2} \qquad (9\text{-}33)$$

Die Kapitalkostensätze können durch Gegenüberstellung des erwarteten Cashflows und dem Barwert des Sicherheitsäquivalents abgelesen oder durch die übliche CAPM-Formel berechnet werden:

$$k = \frac{E\left[\widetilde{CF_j}\right]}{V_0^{CF}} - 1 = i + \beta\left(E\left[\widetilde{r_{Mj}}\right] - i\right) \qquad (9\text{-}34)$$

Schließlich kann man den Zusammenhang zwischen dem Beta-Wert bei Eigenfinanzierung und anteiliger Fremdfinanzierung herstellen. Zunächst können wir analog zum APV-Prinzip schreiben:

$$\beta^F E^F = \beta^E V^E + \beta^{USt} V^{USt} - \beta^V F \qquad (9\text{-}35)$$

Dabei bezeichnen β^F bzw. β^E die Beta-Werte für die Eigentümerposition bei Fremd- bzw. Eigenfinanzierung, β^V das Beta der Gläubigerposition und β^{USt} das Beta des Unternehmensteuereffekts. Bei risikolosem Steuereffekt und mit $V^E = E^F + F - V^{USt}$ erhalten wir dann:

$$\beta^F = \beta^E\left(1 + \frac{F - V^{USt}}{E^F}\right) - \beta^V \frac{F}{E^F} \qquad (9\text{-}36)$$

---

350 Denn es gilt: cov (X+Y, Z) = cov (X, Z) + cov (Y, Z).

351 Vgl. z. B. Copeland, T. E./Weston, J. F./Shastri, K. (2005), S. 156-157.

Für das Beispiel folgt:

$$\beta^F = 1{,}24\left(1 + \frac{48{,}42 - 1{,}13}{9{,}58}\right) - 0{,}145\frac{48{,}42}{9{,}58} = 6{,}63$$

1,59

1,13

4,59

1,87

NKW^E_{San}	V^{USt}	Fremdkapital	NKW^F_{San}
cov = 2,82	cov = 0	cov = 0,28	cov = 2,54 = 2,82 + 0 – 0,28
$\beta^E =$ 1,24	$\beta^{USt} =$ 0	$\beta^V =$ 0,145	$\beta^F =$ 6,63
k = 0,1096	i = 0,06	$i_V =$ 0,0658	$k^F =$ 0,325

Tabelle 9-10: Werteffekte der Sanierung bei sicherem Steuervorteil

Nimmt man alternativ an, daß der Steuervorteil der Fremdfinanzierung im Zustand 2 nicht erzielt werden kann, so ist der Gläubigerausfall höher und der Barwert des Steuervorteils kleiner. Es bleibt aber dabei, daß der Sanierungsversuch für die Eigentümer in Höhe von 4,59 lohnt, weil nicht ihnen, sondern den Gläubigern dieser Vorteil verloren geht.[352] M. a. W.: Die Zahlen in Tabelle 9-9 gelten unverändert. Tabelle 9-11 enthält die Details. Zu beachten ist, daß der Steuereffekt riskant ist und dieses Risiko bei der Aufteilung der Kovarianz und der Beta-Berechnung relevant ist. Der Beta-Wert bei Fremdfinanzierung folgt nun aus:

$$\beta^F = \beta^E\left(1 + \frac{F - V^{USt}}{E^F}\right) - \beta^V \frac{F}{E^F} + \beta^{USt}\frac{V^{USt}}{E^F} \qquad (9\text{-}37)$$

[352] Dieser Aspekt ist für die Sanierungspraxis von Bedeutung. Vorschriften des Steuergesetzgebers, die die Verrechnung von Verlustvorträgen restringieren oder Sanierungsgewinne, ausgelöst durch Gläubigerverzichte, besteuern, treffen zu einem nicht geringen Teil die Fremdkapitalgeber, die gar nicht Adressaten der steuerlichen Vorschriften sind.

Für das Beispiel erhalten wir:

$$\beta^{F} = 1{,}24\left(1 + \frac{47{,}74 - 0{,}45}{9{,}58}\right) - 0{,}21\frac{47{,}74}{9{,}58} + 6{,}63\frac{0{,}45}{9{,}58} = 6{,}63$$

Der Unternehmensteuereffekt ist jetzt genauso riskant wie die Eigentümeransprüche.

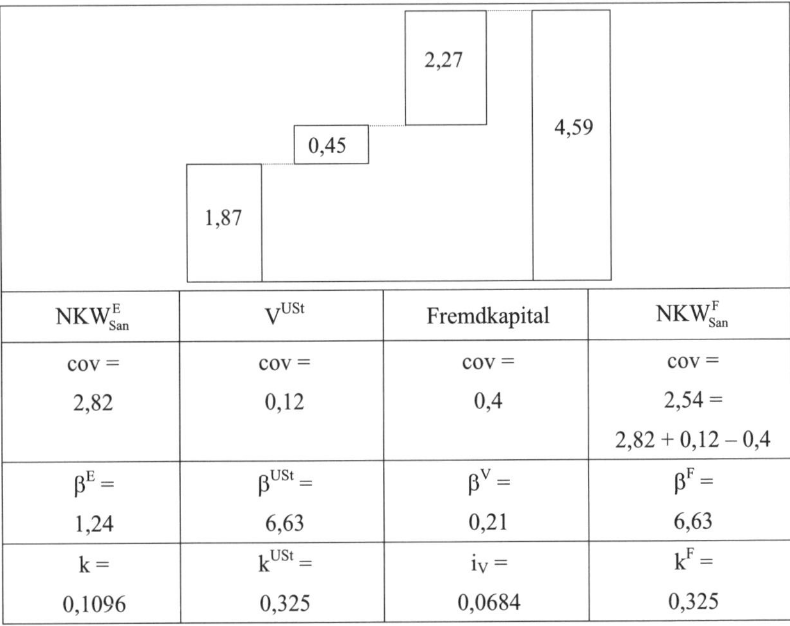

NKW^{E}_{San}	V^{USt}	Fremdkapital	NKW^{F}_{San}
cov = 2,82	cov = 0,12	cov = 0,4	cov = 2,54 = 2,82 + 0,12 – 0,4
β^{E} = 1,24	β^{USt} = 6,63	β^{V} = 0,21	β^{F} = 6,63
k = 0,1096	k^{USt} = 0,325	i_V = 0,0684	k^{F} = 0,325

Tabelle 9-11: Werteffekte der Sanierung bei unsicherem Steuervorteil

6. Bewertung bei kompensiertem Ausfallrisiko

a. Geforderte Rendite der Gläubiger und risikoäquivalenter Kreditzinssatz

Wir gehen nun davon aus, daß die Gläubiger eine Kompensation für das Ausfallrisiko fordern. Dies geschehe durch die im Zeitpunkt 0 in Neuverhandlungen durchgesetzte vertragliche Vereinbarung eines Vertragszinssatzes $\left(i_V^*\right)$, der so bemessen ist, daß gilt:

$$FK_0\left(1 + i_V\right) = \left(1 - p\right)FK_0\left(1 + i_V^*\right) + p \cdot q \cdot FK_0\left(1 + i_V^*\right) \tag{9-38}$$

Der Barwert dieses Kapitaldienstes entspricht dem Nominalwert des Fremdkapitals:

$$F_0 = FK_0 \tag{9-39}$$

Die risikoäquivalente Rendite zur Bewertung des Kapitaldienstes (i_V) und der vertragliche Zinssatz $\left(i_V^*\right)$, folgen nach Umformung von (9-38):

$$i_V = \left(1+i_V^*\right)\left[1-p\left(1-q\right)\right]-1 \tag{9-40}$$

$$i_V^* = \frac{i_V + p\left(1-q\right)}{1-p\left(1-q\right)} \tag{9-41}$$

Abbildung 9-4 illustriert die Verteilung des Kapitaldienstes.[353]

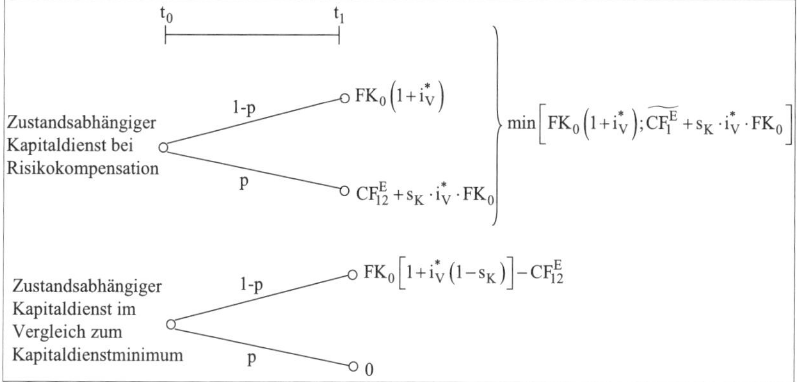

Abbildung 9-4: Zustandsabhängiger Kapitaldienst bei Risikokompensation

Wir können (9-38) dann schreiben als:

$$FK_0\left(1+i_V\right) = \left(1-p\right)FK_0\left(1+i_V^*\right) + p\left(CF_{21}^E + s_K \cdot i_V^* \cdot FK_0\right) \tag{9-42}$$

Löst man (9-42) nach i_V auf, folgt:

$$i_V = \left(1-p\right)\left(1+i_V^*\right) + p\left(\frac{CF_{21}^E}{FK_0} + s_K \cdot i_V^*\right) - 1 \tag{9-43}$$

bzw.[354]

$$i_V^* = \frac{i_V + p\left(1-\frac{CF_{21}^E}{FK_0}\right)}{1-p\left(1-s_K\right)}. \tag{9-44}$$

[353] Auch in diesem Fall ist der Steuervorteil im Zustand 2 wegen der Annahme der Negativsteuer risikolos.

[354] $i_V = \left(1-p\right)\left(1+i_V^*\right) + p\left(\frac{CF_{21}^E}{FK_0} + s_K \cdot i_V^*\right) - 1;\ i_V + p\left(1-\frac{CF_{21}^E}{FK_0}\right) = i_V^*\left[1-p\left(1-s_K\right)\right]$

Wie (9-44) zeigt, besteht zwischen geforderter Rendite der Gläubiger und Vertragszinssatz zunächst ein Interdependenzproblem. Daher ist (9-44) weiter zu disagreggieren. Die geforderte Rendite der Gläubiger besteht aus risikolosem Zinssatz zuzüglich einer Risikoprämie. Zur Bestimmung der Risikoprämie greifen wir wieder auf das CAPM zurück. Die weitere formale Darstellung wird einfacher, wenn wir nicht den gesamten zustandsabhängigen Kapitaldienst, sondern die zustandsabhängige Abweichung vom Mindestkapitaldienst betrachten (Abbildung 9-4). Da wir vom Ergebnis in beiden Zuständen das Kapitaldienstminimum, somit also einen identischen Betrag abziehen, entspricht die Kovarianz der Abweichung vom Minimum $\left(\Delta\widetilde{CF}_{jV}\right)$ mit der Marktrendite der Kovarianz des gesamten zustandsabhängigen Kapitaldienstes. Wir können also festhalten:

$$i_V = i + \lambda \operatorname{cov}\left(\widetilde{i_{V1}}; \widetilde{r_{M1}}\right) = i + \lambda \frac{\operatorname{cov}\left(\Delta\widetilde{CF}_{V1}; \widetilde{r_{M1}}\right)}{FK_0} \tag{9-45}$$

Nach weiteren Umformungen von (9-45) und Einsetzen in (9-44) erhalten wir schließlich:[355]

$$i_V^* = \frac{i - p\left(\frac{CF_{21}^E}{FK_0} - 1\right)\left[\lambda(1-p)(r_{M11} - r_{M21}) + 1\right]}{1 - p\left(1 - s^0\right)\left[1 + \lambda(1-p)(r_{M11} - r_{M21})\right]} \tag{9-46}$$

Damit liegt eine interdependenzfreie Definition des Vertragszinssatzes vor, der das Ausfallrisiko der Gläubiger unter den gesetzten Annahmen kompensiert. Wird der Kreditvertrag entsprechend modifiziert, hätten die Gläubiger gegen den Sanierungsversuch, falls sie nach ihrer Meinung gefragt würden, nichts einzuwenden.

b. APV-Ansatz

Zur Berechnung des Wertes des Eigenkapitals, der dem zu investierenden Eigenkapital gegenüberzustellen ist, kann wiederum auf den APV-Ansatz zurückgegriffen werden. Der Barwert des Steuervorteils basiert nun auf dem neuen vertraglich vereinbarten Zinssatz. Der Steuervorteil soll weiterhin sicher vereinnahmt werden:

$$V_0^{USt} = s_K i_V^* FK_0 (1+i)^{-1} \tag{9-47}$$

Da die Gläubiger für das Ausfallrisiko kompensiert werden, erfolgt keine Umverteilung von Risiko bzw. Wertanteilen von den Gläubigern zu den Eigentümern. Ein Wertbeitrag durch Fremdkapitalausfall tritt nicht auf.

---

[355] Vgl. Anhang 1.

c. WACC- und Equity-Ansatz

Die geforderte Rendite der Eigentümer bei Fremdfinanzierung ist weiter definiert durch:

$$k^F = k + (k - i_V)\frac{F}{E^F} + (k - i)\frac{-V^{USt}}{E^F}$$

Zur Herleitung und weiteren Vorgehensweise verweisen wir auf Abschnitt 4.c. Die gewogenen durchschnittlichen Kapitalkosten beinhalten den periodischen Steuereffekt basierend auf dem Vertragszinssatz:

$$\begin{aligned} WACC \cdot V^F &= k^F E^F + i_V F - s_K i_V^* F \\ WACC &= k^F \frac{E^F}{V^F} + i_V \frac{F}{V^F} - s_K i_V^* \frac{F}{V^F} \end{aligned} \qquad (9\text{-}48)$$

Im Unterschied zur WACC-Formulierung bei unkompensiertem Ausfallrisiko ist zudem nicht zwischen Markt- und Nominalwert des Fremdkapitals zu differenzieren, da beide identisch sind.

Auch die auf k basierende WACC-Definition ist verglichen mit Abschnitt 4.d. leicht zu modifizieren:

$$\begin{aligned} WACC &= \left[k + (k - i_V)\frac{F}{E^F} + (k - i)\frac{-V^{USt}}{E^F}\right]\frac{E^F}{V^F} - s_K \cdot i_V^* \frac{F}{V^F} + i_V \frac{F}{V^F} \\ &= k + (k - i)\frac{-V^{USt}}{V^F} - s_K \cdot i_V^* \frac{F}{V^F} \\ &= k\left(1 - \frac{V^{USt}}{V^F}\right) + \frac{iV^{USt} - s_K \cdot i_V^* F}{V^F} \end{aligned} \qquad (9\text{-}49)$$

7. Beispiel

a. APV-Ansatz

Im ersten Teil des Beispiels sind die Gläubiger ein unkompensiertes Ausfallrisiko eingegangen. Nun nehmen wir an, daß sie im Zeitpunkt 0 einen risikokompensierenden Vertragszinssatz $\left(i_V^*\right)$ für t_1 fordern. Dieser ist so zu bemessen, daß die Gläubiger die geforderte Rendite i_V erzielen. Gemäß (9-46) folgt für den Vertragszinssatz:

$$\begin{aligned} i_V^* &= \frac{i - p\left(\frac{CF_{21}}{FK_0} - 1\right)\left[\lambda(1-p)(r_{M11} - r_{M21}) + 1\right]}{1 - p(1 - s_K)\left[1 + \lambda(1-p)(r_{M11} - r_{M21})\right]} \\ &= \frac{0{,}06 - 0{,}5\left(\frac{49}{50} - 1\right)\left[1(1 - 0{,}5)0{,}4 + 1\right]}{1 - 0{,}5(1 - 0{,}4)\left[1 + 1(1 - 0{,}5)0{,}4\right]} = 0{,}1125 \end{aligned}$$

Den zustandsabhängigen Kapitaldienst und die Kovarianz des Kapitaldienstes mit der Marktrendite zeigt Tabelle 9-12.

z	p_j	Kapitaldienst	r_{Mj}	Kovarianz
1	0,5	55,625	0,3	0,21875
2	0,5	51,25	-0,1	0,21875
				0,4375

Tabelle 9-12: Zustandsabhängiger Kapitaldienst mit Risikokompensation

Der Kapitaldienst des Zustands 2 folgt aus:

$$49 + 0{,}4 \cdot 0{,}1125 \cdot 50 = 51{,}25$$

Der erwartete Kapitaldienst beträgt 53,4375. Dessen Barwert entspricht dem Nominalwert der Gläubigeransprüche:

$$\begin{aligned} FK = F &= \left\{ E\left[\widetilde{CF_{Vj}}\right] - \lambda \operatorname{cov}\left(\widetilde{CF_{Vj}}; \widetilde{r_{Mj}}\right)\right\}(1+i)^{-1} \\ &= (53{,}4375 - 1 \cdot 0{,}4375)1{,}06^{-1} = 50 \end{aligned} \tag{9-50}$$

Die Vereinbarung des Vertragszinssatzes i. H. v. 0,1125 stellt die Gläubiger so gut wie im Fall eines risikolosen Kredits bzw. nicht schlechter als bei einer Liquidation in t = 0. Die geforderte Rendite der Gläubiger folgt aus:

$$\begin{aligned} i_V &= i + \lambda(1-p)p\left[1 + i_V^*(1 - s_K) - \frac{CF_{12}}{FK_0}\right](r_{M11} - r_{M21}) \\ &= 0{,}06 + 1(1-0{,}5)0{,}5\left[1 + 0{,}1125(1-0{,}4) - \frac{49}{50}\right]0{,}4 \\ &= 0{,}06875 \end{aligned}$$

Oder aus:

$$i_V = \frac{E\left[\widetilde{CF_{Vj}}\right]}{F} - 1 = \frac{53{,}4375}{50} - 1 = 0{,}06875$$

Die zustandsabhängige Ausschüttung an die Eigner und die zugehörige Kovarianz zeigt Tabelle 9-13:

z	p_j	Ausschüttung	r_{Mj}	Kovarianz
1	0,5	23,825	0,3	1,19125
2	0,5	0	-0,1	1,19125
				2,3825

Tabelle 9-13: Zustandsabhängige Ausschüttungen bei Fremdfinanzierung mit Risikokompensation

Der Wert des Eigenkapitals folgt aus:

$$
\begin{aligned}
E &= \left\{E\left[\widetilde{CF_j^F}\right] - \lambda \operatorname{cov}\left(\widetilde{CF_j^F};\widetilde{r_{Mj}}\right)\right\}(1+i)^{-1} \\
&= (11{,}913 - 1\cdot 2{,}3825)1{,}06^{-1} = 8{,}99
\end{aligned}
\qquad (9\text{-}51)
$$

Auch jetzt stimmen die Eigentümer für den Sanierungsversuch: Der Wert des Eigenkapitals (8,99) übersteigt den Eigenkapitaleinsatz (5). Der Unternehmensgesamtwert bei anteiliger Fremdfinanzierung beträgt 50 + 8,99 = 58,99. Er übersteigt den Unternehmenswert bei Eigenfinanzierung um 58,99 – 56,87 = 2,12. Dem APV-Ansatz folgend, entspricht diese Differenz dem Barwert des Steuervorteils:

$$V^{USt} = 0{,}4\cdot 0{,}1125\cdot 50\cdot 1{,}06^{-1} = 2{,}12$$

Das Eigentümervermögen wächst um 4. Der Anstieg setzt sich zusammen aus dem oben berechneten Wertbeitrag der Sanierung bei Eigenfinanzierung (1,87) und dem eben abgeleiteten Steuereffekt (2,12). Letzterer steigt im Vergleich zum Fall ohne Risikokompensation aufgrund des höheren vertraglichen Zinssatzes im Verbund mit der Annahme der Negativsteuer. Wegen der Risikokompensation der Gläubiger wird kein Vermögen von den Gläubigern zu den Anteilseignern verschoben.

b. WACC- und Equity-Ansatz

Die für den Equity- bzw. WACC-Ansatz relevanten Diskontierungssätze, also geforderte Rendite der Eigentümer bei Fremdfinanzierung bzw. WACC, können folgendermaßen berechnet werden:

$$
\begin{aligned}
k^F &= k + (k - i_V)\frac{F}{E^F} + (k - i)\frac{-V^{USt}}{E^F} \\
&= 0{,}1096 + (0{,}1096 - 0{,}06875)\frac{50}{8{,}99} + (0{,}1096 - 0{,}06)\frac{-2{,}12}{8{,}99} = 0{,}325
\end{aligned}
$$

$$
\begin{aligned}
WACC &= k^F\frac{E^F}{V^F} + i_V\frac{F}{V^F} - s_K\cdot i_V^*\frac{F}{V^F} \\
&= 0{,}325\frac{8{,}99}{58{,}99} + 0{,}06875\frac{50}{58{,}99} - 0{,}4\cdot 0{,}1125\frac{50}{58{,}99} = 0{,}0697
\end{aligned}
$$

Oder:

$$
\begin{aligned}
WACC &= k\left(1 - \frac{V^{USt}}{V^F}\right) + \frac{iV^{USt} - s_K\cdot i_V^*\cdot F}{V^F} \\
&= 0{,}1096\left(1 - \frac{2{,}12}{58{,}99}\right) + \frac{0{,}06\cdot 2{,}12 - 0{,}4\cdot 0{,}1125\cdot 50}{58{,}99} = 0{,}0697
\end{aligned}
$$

Zu diskontieren ist beim Equity-Ansatz die erwartete Ausschüttung bei anteiliger Fremdfinanzierung (11,913) und beim WACC-Ansatz die erwartete Ausschüttung bei Eigenfinanzierung (63,1). Auch hier bestätigen Equity- und WACC-Ansatz wiederum den Wert des Eigenkapitals (8,99).

c. Auswertung

Auch bei kompensiertem Ausfallrisiko loht der Sanierungsversuch im Beispiel. Es gilt unverändert $NKW_{San}^{E} = 1{,}87$. Nach Addition des Barwerts des Steuervorteils (2,12) erhalten wir (gerundet) $NKW_{San}^{F} = 4$. Tabelle 9-14 enthält die relevanten Daten. Wieder wird deutlich, daß das gesamte Risiko gemessen durch die Kovarianz der zustandsabhängigen Cashflows mit der zustandsabhängigen Marktrendite durch die Fremdfinanzierung auf Eigentümer *und* Gläubiger umverteilt wird, in Summe aber unverändert 2,82 ist. Der Beta-Wert der Eigentümerposition bei Fremdfinanzierung beträgt unverändet 6,63:

$$\beta^{F} = 1{,}24\left(1 + \frac{50 - 2{,}12}{8{,}99}\right) - 0{,}219\frac{50}{8{,}99} = 6{,}63$$

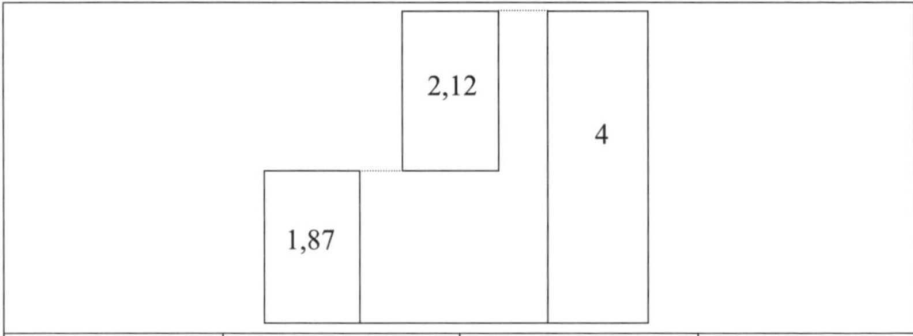

2,12

4

1,87

NKW_{San}^{E}	V^{USt}	Fremdkapital	NKW_{San}^{F}
cov = 2,82	cov = 0	cov = 0,44	cov = 2,38 = 2,82 + 0 – 0,44
$\beta^{E} =$ 1,24	$\beta^{USt} =$ 0	$\beta^{V} =$ 0,22	$\beta^{F} =$ 6,63
k = 0,1096	i = 0,06	$i_V =$ 0,0688 $i_V^* =$ 0,1125	$k^F =$ 0,325

Tabelle 9-14: Werteffekte der Sanierung

Die Position der Gläubiger ist unverändert riskant, aber durch den Vertragszinssatz i. H. v. 11,25 % werden die Gläubiger für die Übernahme des Ausfallrisikos ex ante vollständig entschädigt.

V. Bewertung sanierungsbedürftiger Unternehmen im Halbeinkünfteverfahren

1. Bei unkompensiertem Ausfallrisiko

a. Bewertungstechnik

Wir entwickeln nun die Bewertungstechnik vor dem Hintergrund des Halbeinkünfteverfahrens. Wir unterstellen Steuereffekte der Fremdfinanzierung gemäß Risikoniveau I, gewerbesteuerliche Nicht-Dauerschulden und (im einperiodigen Kontext zwingend) eine autonome Finanzierungsstrategie. Wiederum differenzieren wir zwischen unkompensiertem und kompensiertem Ausfallrisiko.

Der zustandsabhängige Kapitaldienst nach Einkommensteuer (CF_V), also das Gläubigereinkommen, können wir bei unkompensiertem Ausfallrisiko wie folgt formulieren:

$$\widetilde{CF_{V1}} = \min\left[FK_0(1+i_S);\widetilde{CF_1^E} + s_{WB}\cdot i\cdot FK_0\right] \tag{9-52}$$

Dabei bezeichnet s_{WB} den Steuereffekt der Fremdfinanzierung und es gilt: $i_S = i(1-s_I)$. Wir vergleichen wieder den Sanierungsversuch, mit Eigenkapital zuführenden (Alt)Eigentümern, bei ausschließlicher Eigenfinanzierung mit anteiliger Fremdfinanzierung. Daher tritt kein Einkommensteuereffekt ausgelöst durch eine Veränderung des Fremdkapitalbestandes auf.[356] s_{WB} ist direkt auf den Zinsaufwand zu beziehen. In unserem binomialen Bewertungsmodell ist dieser Steuereffekt nicht mehr wie beim einfachen Gewinnsteuersystem konstant, sondern zustandsabhängig. Dies liegt daran, daß im Fall eines Gläubigerausfalls keine Dividende an die Eigentümer gezahlt wird und somit auch keine Einkommensteuer anfällt. Hilfreich für die Herleitung des Steuereffekts in diesem Fall ist die oben diskutierte flexible Formulierung des Steuereffekts der Fremdfinanzierung gemäß (9-11):

$$s^0 iF + 0{,}5 s_I iF\left(1-s^0\right) - s_I iF$$

Wir gehen unverändert von der Annahme der Negativsteuer auf Unternehmensebene aus, so daß der unternehmensteuerliche Vorteil des Zinsaufwands gehoben werden kann. Der erste Term der Gleichung gilt also. Auch der dritte Term greift, da wir annehmen, daß die Besteuerung der

[356] Vgl. 6. Kapitel, Abschnitt III. 5. b.

erhaltenen Zinszahlungen bei den Gläubigern in jedem Fall erfolgt. Wir nehmen zudem an, daß der Ausfall nicht in einer einkommensteuerlichen Entlastung resultiert.[357] Der zweite Term der Gleichung entfällt, da keine Dividende gezahlt wird. Damit liegt ein unsicherer Steuervorteil vor, da s_{WB} zustandsabhängig ist:

$$s_{WB,j=1} = s^0(1-0,5s_I)-0,5s_I \tag{9-53}$$

$$s_{WB,j=2} = s^0 - s_I \tag{9-54}$$

Wendet man den APV-Ansatz an, ist ein risikoäquivalenter Diskontierungssatz (k^{St}) zu bestimmen. Wie dies geschehen kann, zeigen wir unten anhand eines Beispiels. Der Barwert der Steuervorteile beträgt dann:

$$V^{St} = E\left[\widetilde{s_{WB}}\right]\cdot i\cdot FK_0\left(1+k^{St}\right)^{-1} \tag{9-55}$$

Wendet man den Equity-Ansatz an, so sind die Eigenkapitalkosten analog zu (9-26) zu definieren:

$$k_S^F = k_S + \left(k_S - i_{V,S}\right)\frac{F}{E^F} + \left(k_S - k^{St}\right)\frac{-V^{St}}{E^F} \tag{9-56}$$

Im Vergleich zum einfachen Gewinnsteuersystem ist nun auch die Einkommensteuer relevant, der Unternehmensteuereffekt ist anders definiert und die Steuereffekte sind unsicher.

Analog zu (9-27) bzw. (9-28) kann der WACC berechnet werden mit

$$WACC = k_S^F\frac{E^F}{V^F} + i_{V,S}\frac{F}{V^F} - E\left[\widetilde{s_{WB}}\right]i\frac{FK}{V^F} \tag{9-57}$$

bzw.

$$\begin{aligned} WACC &= k_S\left(1-\frac{V^{St}}{V^F}\right) + k^{St}\frac{V^{St}}{V^F} - E\left[\widetilde{s_{WB}}\right]i\frac{FK}{V^F} \\ &= k_S\left(1-\frac{V^{St}}{V^F}\right) + \frac{\Delta V^{St}}{V^F}. \end{aligned} \tag{9-58}$$

[357] So auch das einschlägige BFH-Urteil vom 24.3.1981 (VIII R 117/78).

b. Beispiel

Wir greifen auf das bereits eingeführte Beispiel zurück und übertragen es auf das Halbeinkünfteverfahren, wobei wir die üblichen Steuersätze unterstellen. Vereinfachend nehmen wir an, daß die Marktrendite nach Einkommensteuer im Zustand 1 weiter 30 % und im Zustand 2 –10 % beträgt. Tabelle 9-15 faßt die Cashflows bei Eigen- und Fremdfinanzierung sowie die Kovarianzbeiträge zusammen. Zu beachten ist, daß im Zustand 2 bei Eigenfinanzierung keine Einkommensteuer anfällt, da keine Dividende bezahlt wird, sondern die Ausschüttung des Cashflows über eine Kapitalherabsetzung erfolgt. Ausgehend von den Cashflows vor Steuern für Zustand 1 (92) und Zustand 2 (45) belaufen sich die Nach-Steuer-Cashflows unter Berücksichtigung der Abschreibung und deren steuerneutraler Auskehrung auf:

$$CF_{11}^{E} = (92-55)(1-0{,}375)(1-0{,}5\cdot 0{,}35)+55 = 74{,}08$$

$$CF_{21}^{E} = (45-55)(1-0{,}375)+55 = 48{,}75$$

Führt man Fremdfinanzierung ein, so erhalten die Gläubiger in j = 1 den Soll-Kapitaldienst nach Einkommensteuer auf die erhaltenen Zinsen:

$$CF_{11}^{V} = 50\left[1+0{,}06(1-0{,}35)\right] = 51{,}95$$

Im Zustand 2 bei Fremdfinanzierung fließt den Gläubigern der gesamte Cashflow zu. Wir haben oben angenommen, daß einerseits der Unternehmensteuervorteil auf den Zinsaufwand erzielt werden kann, andererseits die Zinszahlungen bei den Gläubigern einkommensteuerpflichtig sind. Der resultierende Steuereffekt ist klein, da die Differenz zwischen s^0 und s_I im Beispiel klein ist. Er läßt sich durch Vergleich der Einkommen bei Eigen- und Fremdfinanzierung oder gemäß (9-54) darstellen:

$$\begin{aligned}\left(CF_{21}^{V} + CF_{21}^{F}\right) - CF_{21}^{E} &= 48{,}83 + 0 - 48{,}75 = 0{,}08 = \\ &= (0{,}375-0{,}35)\cdot 0{,}06\cdot 50\end{aligned}$$

Das Einkommen der Gläubiger in j = 2 ist demnach:[358]

$$CF_{21}^{V} = 48{,}75 + 0{,}08 = 48{,}83$$

Die Eigentümer erzielen in j = 2 kein Einkommen; in j = 1 erhalten sie:

$$\begin{aligned}CF_{21}^{F} &= (92-55-0{,}06\cdot 50)(1-0{,}375)(1-0{,}5\cdot 0{,}35)+55-50 \\ &= 22{,}53\end{aligned}$$

---

[358] Alternativ könnten wir schreiben:
$CF_{21}^{V} = (45-55-0{,}06\cdot 50)(1-0{,}375)+55+0{,}06(1-0{,}35)50 = 48{,}83$

Die Steuereffekte der Periode resultieren aus (9-53) und (9-54).

Eigenfinanzierung				
z	p_j	CF_j^E	r_{Mj}	Cov-Beitrag
1	0,5	74,08	0,3	1,26636
2	0,5	48,75	-0,1	1,26636
			Cov	2,53271
Fremdfinanzierung: Steuereffekte				
z	p_j	CF_j^{St}	r_{Mj}	Cov-Beitrag
1	0,5	0,40	0,3	0,0164
2	0,5	0,08	-0,1	0,0164
			Cov	0,0328
Fremdfinanzierung: Gläubigerposition				
z	p_j	CF_j^V	r_{Mj}	Cov-Beitrag
1	0,5	51,95	0,3	0,15623
2	0,5	48,83	-0,1	0,15623
			Cov	0,31247
Fremdfinanzierung: Eigentümerposition				
z	p_j	CF_j^F	r_{Mj}	Cov-Beitrag
1	0,5	22,53	0,3	1,1265
2	0,5	0	-0,1	1,1265
			Cov	2,2531

Tabelle 9-15: Zustandsabhängige Cashflows ohne Risikokompensation im Halbeinkünfteverfahren

In Tabelle 9-16 zeigen wir die Bewertung der Positionen der Kapitalgeber sowohl anhand der marktdeterminierten Sicherheitsäquivalente als auch anhand der risikoangepaßten Kapitalkostensätze. Der Sanierungsversuch lohnt bei Eigen- und Fremdfinanzierung: Der Nettokapitalwert bei Eigenfinanzierung beträgt 55,39 – 55 = 0,39. Der Nettokapitalwert bei Fremdfinanzierung übersteigt diesen Wert, da der Gläubigersausfall (50 – 48,04 = 1,96) und der Barwert der fremdfinanzierungsbedingten Steuervorteile (0,18) den Eigentümern zugute kommen. Er beträgt also 0,39 + 1,96 + 0,18 = 2,53. Dieses Ergebnis erhalten wir auch – abgesehen von einer Rundungsdifferenz – durch Subtraktion des investierten Eigenkapitals im Fall der anteiligen Fremdfinanzierung (5) vom Wert des Eigenkapitals (7,54).

	$\left[E[CF] \quad -\lambda \cdot cov\left(\widetilde{CF}_j, \widetilde{r_{Mj}}\right)\right] \quad (1+i_S)^{-1}$	$= V_0 =$	$E[CF] \quad (1+k)^{-1}$
Eigenfin.	$[61{,}41 \quad -1{,}525 \cdot 2{,}53] \quad 1{,}039^{-1}$	$= 55{,}39 =$	$61{,}41 \quad 1{,}109^{-1}$
Fremdfin.			
Steuer-effekte	$[0{,}24 \quad -1{,}525 \cdot 0{,}033] \quad 1{,}039^{-1}$	$= 0{,}18 =$	$0{,}24 \quad 1{,}314^{-1}$
Gläubiger	$[50{,}4 \quad -1{,}525 \cdot 0{,}31] \quad 1{,}039^{-1}$	$= 48{,}04 =$	$50{,}4 \quad 1{,}049^{-1}$
Eigner	$[11{,}27 \quad -1{,}525 \cdot 2{,}25] \quad 1{,}039^{-1}$	$= 7{,}54 =$	$11{,}27 \quad 1{,}495^{-1}$

Tabelle 9-16: Bewertung der Kapitalgeberpositionen ohne Risikokompensation im Halbeinkünfteverfahren

Abschließend können wir die Ergebnisse noch über den WACC-Ansatz und die Ertragswertmethode nach Berechnung der entsprechenden Kapitalkostensätze über (9-58) bzw. (9-56) bestätigen:

$$V^F = \frac{E\left[\widetilde{CF_1^E}\right]}{1+WACC_1} = \frac{61{,}41}{1+0{,}105} = 55{,}57$$

$$E^F = V^F - F = 55{,}57 - 48{,}04 = 7{,}53$$

$$E^F = \frac{E\left[\widetilde{CF_1^F}\right]}{1+k_S^F} = \frac{11{,}27}{1+0{,}495} = 7{,}54$$

2. Bei kompensiertem Ausfallrisiko

a. Geforderte Rendite der Gläubiger und risikoäquivalenter Kreditzinssatz

Bei kompensiertem Ausfallrisiko entspricht der Barwert des Kapitaldienstes dem Nominalwert. Aus Sicht der Periode t = 1 läßt sich dies schreiben mit:

$$F_0\left(1+i_{V,S}\right) = (1-p)F_0\left(1+i_{V,S}^*\right) + p\left(CF_{21}^E + s_{WB,j=2}i_V^*F_0\right) \tag{9-59}$$

Zu beachten ist wieder, daß private Gläubiger unterstellt werden, deren Einkommen (Zinsen) der Einkommensteuer unterliegt. Wir nehmen unverändert an, daß der Kreditausfall nicht steuerlich geltend gemacht werden kann. Wir können (9-59) nach dem im Kreditkontrakt festzuschreibenden Zinssatz auflösen, der das Ausfallrisiko kompensiert:

$$i_V^* = \frac{i_{V,S} + p\left(1 - \frac{CF_{21}^E}{F_0}\right)}{(1-s_I)(1-p) + s_{WB,j=2}p} \tag{9-60}$$

Die geforderte Rendite der Gläubiger $i_{V,S}$ kann nach dem CAPM analog zu (9-45) bestimmt werden:

$$i_{V,S} = i_S + \lambda \operatorname{cov}\left(\widetilde{i_{V1}};\widetilde{r_{M1}}\right) = i_S + \lambda \frac{\operatorname{cov}\left(\Delta\widetilde{CF_{V1}};\widetilde{r_{M1}}\right)}{F_0} \tag{9-61}$$

Nach den in Anhang 2 beschriebenen Umformungen gelangen wir zu einer interdependenzfreien Definition des Vertragszinssatzes im Halbeinkünfteverfahren:

$$i_V^* = \frac{i_S - p\left(\frac{CF_{21}^E}{F_0} - 1\right)\left[\lambda(1-p)(r_{M11} - r_{M21}) + 1\right]}{1 - s_I - p\left(1 - s^0\right)\left[1 + \lambda(1-p)(r_{M11} - r_{M21})\right]} \tag{9-62}$$

b. DCF-Methoden

Nachdem wir nun die geforderte Rendite der Fremdkapitalgeber und den risikokompensierenden Kreditvertragszinssatz kennen, können wir die DCF-Bewertung bei kompensiertem Ausfallrisiko diskutieren. Den Barwert der Steuervorteile erhalten wir durch Diskontierung des erwarteten Steuereffekts der Periode 1 mit dem risikoäquivalenten Zins.

$$V^{St} = E\left[\widetilde{s_{WB}}\right] \cdot i_V^* \cdot FK_0 \left(1 + k^{St}\right)^{-1} \tag{9-63}$$

Bei Anwendung des APV-Ansatzes gelangen wir nach Addition dieses Barwerts mit dem Unternehmenswert bei Eigenfinanzierung zum Unternehmenswert bei anteiliger Fremdfinanzierung. Den Wert des Eigenkapitals erhalten wir nach Subtraktion des Fremdkapitalwerts.

Die Eigenkapitalkosten bei anteiliger Fremdfinanzierung sind analog zu (9-26) definiert:

$$k_S^F = k_S + \left(k_S - i_{V,S}\right)\frac{F}{E^F} + \left(k_S - k^{St}\right)\frac{-V^{St}}{E^F} \tag{9-64}$$

Dem Equity-Ansatz folgend erhalten wir den Wert des Eigenkapitals nach Diskontierung des erwarteten Überschusses nach Bedienung der Gläubiger mit diesem Kapitalkostensatz.

Soll der WACC-Ansatz eingesetzt werden, sind folgende Definitionen relevant:

$$WACC = k_S^F \frac{E^F}{V^F} + i_{V,S}\frac{F}{V^F} - E\left[\widetilde{s_{WB}}\right] i_V^* \frac{F}{V^F} \tag{9-65}$$

$$
\begin{aligned}
WACC &= k_S\left(1-\frac{V^{St}}{V^F}\right)+k^{USt}\frac{V^{St}}{V^F}-E\left[\widetilde{s_{WB}}\right]i_V^*\frac{F}{V^F} \\
&= k_S\left(1-\frac{V^{St}}{V^F}\right)+\frac{\Delta V^{St}}{V^F}
\end{aligned}
\tag{9-66}
$$

Mit dem WACC zu diskontieren sind die Überschüsse bei Eigenfinanzierung. Ergebnis ist der Unternehmensgesamtwert bei Fremdfinanzierung.

c. Beispiel

Tabelle 9-17 zeigt die Cashflows bei Kompensation des Ausfallrisikos durch einen entsprechend definierten Vertragszinssatz. Dieser beträgt im Beispiel gemäß (9-62) 22,84 %:

$$
\begin{aligned}
i_V^* &= \frac{i_S-p\left(\frac{CF_{21}^E}{F_0}-1\right)\left[\lambda(1-p)(r_{M11}-r_{M21})+1\right]}{1-s_I-p\left(1-s^0\right)\left[1+\lambda(1-p)(r_{M11}-r_{M21})\right]} \\
&= \frac{0{,}039-0{,}5\left(\frac{48{,}75}{50}-1\right)\left[1{,}525\cdot 0{,}5\cdot 0{,}4+1\right]}{1-0{,}35-0{,}5(1-0{,}375)\left[1+1{,}525\cdot 0{,}5\cdot 0{,}4\right]}=0{,}2284
\end{aligned}
$$

Damit fließt den Gläubigern im Zustand 1 ein deutlich höheres Einkommen als im Fall ohne Risikokompensation zu. Im Zustand 2 ist ihr Einkommen nur leicht höher; ursächlich dafür ist der höhere Zinssatz, der zu einer höheren Unternehmensteuerersparnis führt.

Die zustandsabhängigen Einkommen bei Eigenfinanzierung haben wir bereits beim Fall ohne Risikokompensation erläutert. Das Einkommen der Gläubiger in $j=1$ entspricht dem Soll-Kapitaldienst nach Einkommensteuer auf die erhaltenen Zinsen:

$$CF_{11}^V = 50\left[1+0{,}2284(1-0{,}35)\right]=57{,}42$$

Im Zustand 2 bei Fremdfinanzierung fließt den Gläubigern der gesamte Cashflow zu:

$$
\begin{aligned}
CF_{21}^V &= (45-55-0{,}2284\cdot 50)(1-0{,}375)+55+50\cdot 0{,}2284(1-0{,}35) \\
&= 49{,}04
\end{aligned}
$$

Wir haben oben unterstellt, daß der Unternehmensteuervorteil auf den Zinsaufwand erzielt werden kann und Zinszahlungen bei den Gläubigern der Einkommensteuer unterliegen. Der resultierende Steuereffekt ist aufgrund des höheren Verschuldungszinssatzes größer als im Fall ohne

Risikokompensation, aber immer noch relativ klein, da die Differenz zwischen s^0 und s_I im Beispiel gering ist. Denn durch Einkommensvergleich bzw. durch (9-53) bzw. (9-54) erhalten wir für j = 1 bzw. j = 2:

$$\left(CF_{11}^{V} + CF_{11}^{F}\right) - CF_{11}^{E} = 57{,}42 + 18{,}19 - 74{,}08 = 1{,}53$$

$$1{,}53 = \left[0{,}375(1 - 0{,}5 \cdot 0{,}35) - 0{,}5 \cdot 0{,}35\right]0{,}2284 \cdot 50$$

$$\left(CF_{21}^{V} + CF_{21}^{F}\right) - CF_{21}^{E} = 49{,}04 + 0 - 48{,}75 = 0{,}29$$

$$0{,}29 = (0{,}375 - 0{,}35)0{,}2284 \cdot 50$$

Die Eigentümer erzielen in j = 2 kein Einkommen; in j = 1 erhalten sie:

$$CF_{11}^{F} = (92 - 55 - 0{,}2284 \cdot 50)(1 - 0{,}375)(1 - 0{,}5 \cdot 0{,}35) + 55 - 50$$
$$= 18{,}19$$

Eigenfinanzierung				
z	p_j	CF_j^E	r_{Mj}	Cov-Beitrag
1	0,5	74,08	0,3	1,2664
2	0,5	48,75	-0,1	1,2664
			Cov	2,5327
Fremdfinanzierung: Steuereffekte				
z	p_j	CF_j^{St}	r_{Mj}	Cov-Beitrag
1	0,5	1,54	0,3	0,0624
2	0,5	0,29	-0,1	0,0624
			Cov	0,1248
Fremdfinanzierung: Gläubigerposition				
z	p_j	CF_j^V	r_{Mj}	Cov-Beitrag
1	0,5	57,42	0,3	0,4193
2	0,5	49,04	-0,1	0,4193
			Cov	0,8386
Fremdfinanzierung: Eigentümerposition				
z	p_j	CF_j^F	r_{Mj}	Cov-Beitrag
1	0,5	18,19	0,3	0,9095
2	0,5	0	-0,1	0,9095
			Cov	1,8190

Tabelle 9-17: Zustandsabhängige Cashflows mit Risikokompensation im Halbeinkünfteverfahren

Wir können Tabelle 9-17 auch die Umverteilung des Kovarianzrisikos beim Übergang zur Fremdfinanzierung entnehmen, denn dem APV-Aufbau folgend $\left(V^E = E^F + F - V^{St}\right)$ erkennen wir schnell:

$$2{,}5327 = 0{,}8386 + 1{,}819 - 0{,}1248$$

Mithilfe von Tabelle 9-18 und (9-33) sowie $\sigma_M^2 = 0{,}04$ können wir diese Überlegung erweitern zur Beta-Umrechnung gemäß (9-37):

$$\beta^F = \beta^E \left(1 + \frac{F - V^{St}}{E^F}\right) - \beta^V \frac{F}{E^F} + \beta^{St} \frac{V^{St}}{E^F}$$

$$\beta^F = 1{,}143 \left(1 + \frac{50 - 0{,}69}{6{,}08}\right) - 0{,}419 \frac{50}{6{,}08} + 4{,}507 \frac{0{,}69}{6{,}08} = 7{,}48$$

$$\beta^F = \frac{\frac{1{,}819}{6{,}08}}{0{,}04} = 7{,}48$$

Anzumerken ist, daß die Steuereffekte der Fremdfinanzierung auch in j = 2 auftreten, aber daß sie nicht risikolos sind, da in diesem Zustand keine einkommensteuerpflichtige Dividende bezahlt wird. Der risikoäquivalente Diskontierungssatz des Tax Shields übersteigt im Beispiel den der Gläubigerposition. Bemerkenswert ist ferner, daß sich der Wert der Gläubigerposition im Vergleich zum Fall ohne Risikokompensation aufgrund der vermiedenen Wertminderung verbessert, aber das Kovarianzrisiko der Position gestiegen ist. Der risikoäquivalente Zinssatz zur Bewertung der Eigentümerposition und des Steuervorteils ist im Fall der Risikokompensation genauso groß wie ohne Risikokompensation, da die Relation von Kovarianzrisiko zu Barwert im Beispiel unabhängig von der Höhe des Cashflows ist.[359]

	$\{E[\widetilde{CF}]$	$-\lambda \cdot cov(\widetilde{CF}_j, \widetilde{r}_{Mj})\}$	$(1+i_S)^{-1}$	$= V_0 =$	$E[\widetilde{CF}]$	$(1+k)^{-1}$
Eigenfin.	$(61{,}41$	$-1{,}525 \cdot 2{,}5327)$	$1{,}039^{-1}$	$= 55{,}39 =$	61,41	$1{,}109^{-1}$
Fremdfin.						
Steuereffekte	$(0{,}91$	$-1{,}525 \cdot 0{,}125)$	$1{,}039^{-1}$	$= 0{,}69 =$	0,91	$1{,}314^{-1}$
Gläubiger	$(53{,}2$	$-1{,}525 \cdot 0{,}839)$	$1{,}039^{-1}$	$= 50 =$	53,2	$1{,}065^{-1}$
Eigner	$(9{,}09$	$-1{,}525 \cdot 1{,}819)$	$1{,}039^{-1}$	$= 6{,}08 =$	9,09	$1{,}495^{-1}$

Tabelle 9-18: Bewertung der Kapitalgeberpositionen bei Risikokompensation über Sicherheitsäquivalente bzw. risikoäquivalente Diskontierungssätze

359 Damit ist mit $\beta = \frac{\frac{cov(\widetilde{CF}_j, \widetilde{r}_{Mj})}{V_0^{CF}}}{\sigma_M^2}$ auch der Beta-Wert und damit der Risikozuschlag zum risikolosen Zins unverändert.

Der Barwert der fremdfinanzierungsbedingten Steuervorteile steigt im Vergleich zum vorhergehenden Fall, aber die Eigentümer erzielen keinen Vermögenszuwachs, der zu Lasten der Gläubiger ginge. Der Nettokapitalwert wächst von 0,39 auf 1,08 (= 6,08 – 5) bei partieller Fremdfinanzierung an. Tabelle 9-19 stellt die Entwicklung des NKW sowohl ohne als auch mit Risikokompensation gegenüber.

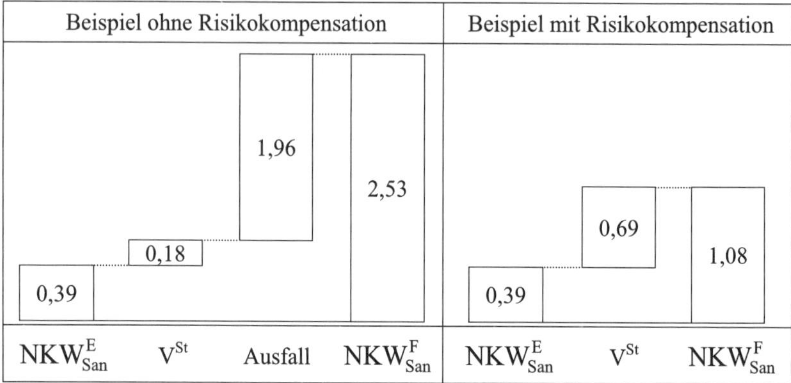

Tabelle 9-19: Sanierungserfolge der Eigentümer mit bzw. ohne Risikoausgleich für Gläubiger

Schließlich wollen wir noch den WACC- und Equity-Ansatz mit Rückgriff auf (9-66) und (9-64) auf unser Beispiel bei Risikokompensation anwenden:

$$V^F = \frac{E\left[\widetilde{CF}_1^E\right]}{1+WACC_1} = \frac{61,41}{1+0,095} = 56,08$$

$$E^F = V^F - F = 56,08 - 50 = 6,08$$

$$E^F = \frac{E\left[\widetilde{CF}_1^F\right]}{1+k_S^F} = \frac{9,09}{1+0,495} = 6,08$$

Die Ergebnisse der APV-Bewertung bzw. der CAPM-basierten Sicherheitsäquivalentmethode werden bestätigt.

VI. Zur Relevanz von Werteinbußen und Insolvenzkosten

Wir haben einige grundlegende Kalküle zur Bewertung der Positionen von Eigentümern, Gläubigern sowie des Unternehmensgesamtwertes für den einperiodigen Fall entwickelt. Diese Kalküle schaffen Grundlagen. Wir haben aber einige empirisch zu beobachtende Aspekte, deren Wertrelevanz als belegt gelten kann, ausgeschlossen. Hierzu gehören insbesondere:

- Wir haben der Investitionsstrategie des Unternehmens in der Phase des „financial distress“ keine besondere Aufmerksamkeit gewidmet, aber unterstellt, daß das Unternehmen operativ erfolgreich ist: Der Fortführungswert überstieg den Liquidationswert. Es lag financial distress, aber keine eine Liquidation nahelegende Performanceschwäche vor. Weisen einzelne Geschäftsbereiche insolventer Unternehmen erhebliche Performanceschwächen auf, sind partielle Liquidationsentscheidungen häufig nicht zu vermeiden. Die Auswirkung auf den Unternehmensgesamtwert kann positiv sein. Sie hängt u. U. davon ab, welche Lösungen für die freizusetzenden Arbeitnehmer gefunden werden. Die institutionellen Rahmenbedingungen halten hier einige Hürden bereit.[360] Desinvestitionsentscheidungen, die damit verbundenen Unterbrechungen der Leistungserstellung und Freisetzungen von Arbeitnehmern lösen hohe Kosten der Insolvenz aus, die i. d. R. unter dem Begriff indirekte Insolvenzkosten zusammengefasst werden.

- Wir haben aus unseren Überlegungen den Zeitbedarf ausgeschlossen, der benötigt wird, um Sanierungsvereinbarungen unter den Hauptfinanciers zustande zu bringen und zu implementieren.[361] Auch haben wir den Rechtsrahmen nicht präzisiert, in dem Sanierungsverhandlungen ggf. stattfinden. Prinzipiell sind sog. „freie“ Sanierungsverhandlungen (oder Workouts) zu unterscheiden von Sanierungsversuchen im Rahmen der geltenden Insolvenzordnung, also einem Insolvenzplanverfahren. Der Literatur kann man entnehmen, daß Workouts zeitlich früher in Gang gesetzt werden, schneller ablaufen, geringere direkte verfahrensbedingte Kosten auslösen, geringere Verzichte der Gläubiger zur Folge haben und auch in dem Sinn erfolgreicher sind, daß das Risiko einer erneuten Insolvenz deutlich geringer ist, als nach einer Reorganisation in einem gesetzlich regulierten Verfahren,[362] weil die operative Performance der Unternehmen in der Nach-Insolvenz-Phase stärker ist und die Verschuldungsgrade geringer sind als bei den Unternehmen, die ein Insolvenz- oder Reorganisationsverfahren wählen. Man kann annehmen, daß performance-schwache Unternehmen mit komplexer Kapitalstruktur und hohem Verschuldungsgrad Reorganisations- bzw. Insolvenzverfahren wählen müssen, und daß die Financiers für die i. d. R. spätere Ingangsetzung des Sanierungsversuchs mit höheren Kosten, sog. indirekten, belegt werden.

---

360 Vgl. z. B. Rieger, R. (1988); Marschdorf, H. J. (1984).

361 Dieser Zeitbedarf ist wichtig, weil er Managementkapazität bindet, operative Entscheidungen verzögert und die Qualität der Entscheidungen mindert, also unternehmenswertsenkend wirkt. Vgl. z. B. Weiss, L. A. (1993); Eidenmüller, H. (1999), S. 74-112; S. 331-344.

362 Die amerikanische Literatur hierzu ist reichhaltig und ergiebig. Vgl. etwa Ang, J. S./Chua, J. H./McConnell, J. J. (1982); Franks, J. R./Torous, W. N. (1989); Gilson, St. C./John, K./Lang, L. H. P. (1990); White, M. (1990); Wruck, K. (1990); Hotchkiss, E. (1994); Andrade, G./Kaplan, St. N. (1998); Franks, J. R./Sussman, O. (2000); Betker B. L. (1995).

- Wir haben die steuerlichen Konsequenzen im Rahmen einer Sanierung stark vereinfacht und damit den Wertbeitrag steuerlicher Vorteile überschätzt. Dem Prinzip folgend, daß nur die Gesellschaft, die Verlustvorträge generiert hat, diese auch steuerlich nutzen können soll, hat der Steuergesetzgeber zahlreiche Hürden konstruiert, die die Nutzungsmöglichkeiten der Verlustvorträge zu sanierender Unternehmen einengen (§ 8 Abs. 4 KStG, § 10 d Abs. 2 EStG). Damit werden die erzielbaren Wertbeiträge aus der Nutzung von steuerlichen Verlusten erheblich reduziert.[363]
- Auch die sog. direkten Kosten der Insolvenz (Honorare für Wirtschaftsprüfer, Notare, Anwälte, ggf. Kosten des Insolvenzverwalters und Insolvenzgerichts, Kostenerstattung für Gläubigerausschüsse) wurden nicht beachtet. Es ist die am wenigsten bedeutende Kostenkategorie, auch wenn die Kosten pro Monat in langlaufenden Reorganisationsverfahren großer Gesellschaften einen anderen Eindruck aufdrängen können.[364] Man liegt nicht falsch, wenn man die direkten Kosten auf 1–2 % des Marktwertes vor dem Start des Insolvenzverfahrens veranschlagt.[365]

VII. Ergebnisse

Wir haben die Bewertung von Unternehmen bei Verlust sowie externen Kapitalbedarf und Sanierung diskutiert. Daß dies notwendiges Wissen ist, zeigt die empirische Untersuchung im Abschnitt II und die Lektüre des Wirtschaftsteils jeder Tageszeitung. Grundsätzlich ist zwischen temporären und permanenten Ertrags- und Liquiditätsdefiziten zu differenzieren. Schon die Abbildung temporärer Defizite bringt die Standard-DCF-Bewertung in erhebliche Schwierigkeiten. Eine konsistente Bewertung nach APV-, Equity- oder WACC-Ansatz gelingt nur durch fallabhängige Betrachtung der Steuereffekte. Die Bewertungsgrundlage ist der APV-Ansatz.

Permanente Defizite in Ertragsüberschußrechnungen und/oder Finanzplänen zeigen Sanierungsbedürftigkeit an. Wir verstehen Sanierungsbedürftigkeit als Zustand, in dem die finanzielle Leistungsfähigkeit des Unternehmens ohne Gegenmaßnahmen nicht ausreicht, um alle vertraglichen Zahlungsansprüche zu erfüllen. Es ist dann zu prüfen, ob die Fortführung des Unternehmens lohnt. Ist dies der Fall, sprechen wir von einem sanierungswürdigen Unternehmen. Unter einer Reihe von Annahmen zeigen wir, wie problemkonforme DCF-Kalküle zur Bewertung der relevanten Positionen aussehen könnten. Wir unterscheiden zwei ver-

---

363 Vgl. hierzu Betker, B. L. (1995); Drukarczyk, J. (2004); Drukarczyk, J./Schöntag, St. (2006).

364 Vgl. z. B. die Fallstudien in Gilson, St. C. (2001); Weiss, L. A. (1993).

365 Die direkten Kosten eines Workouts liegen deutlich unter diesem Wert. Vgl. etwa Warner, L. (1977); White, M. (1983); White, M. (1990); Drukarczyk, J. (1995).

schiedene Verhaltensweisen der Fremdkapitalgeber: Im ersten Fall verhalten sie sich passiv, weil sie entweder zum Stillhalten überredet wurden oder die drohende Zahlungsunfähigkeit oder Überschuldung (noch) nicht bemerkt haben. Im zweiten Fall handelt es sich um aufmerksame Gläubiger, die – z. B. gestützt auf vertragliche Covenants – in Neuverhandlungen auf die Festschreibung von Vertragszinssätzen drängen, die ihnen eine dem Risiko angemessene Rendite liefert. Wie APV-, Equity- und WACC-Ansatz unter diesen Bedingungen zu formulieren sind, haben wir gezeigt. Es wird deutlich, daß bei der Bewertung sanierungsbedürftiger Unternehmen zum einen zwischen risikoloser Rendite, geforderter Rendite der Gläubiger sowie vertraglich vereinbartem Kreditzinssatz und zum anderen zwischen Nominal- und Marktwert des Fremdkapitals zu differenzieren ist. Dies erfordert Modifikationen bei den gängigen Kapitalkostendefinitionen.

VIII. Literaturverzeichnis

Andrade, G./Kaplan, St. N. (1998): How Costly is Financial (not Economic) Distress? Evidence from Highly Leveraged Transactions that Became Distressed. In: Journal of Finance, Vol. 52, S. 1442-1493.

Ang, J. S./Chua, J. H./McConnell, J. J. (1982): The Administrative Costs of Corporate Finance: A Note. In: Journal of Finance, Vol. 37, S. 219-226.

Betker, B. L. (1995): An Empirical Examination of Prepackaged Bankruptcy. In: Financial Management, Vol. 24, S. 3-18.

Brealey, R. A./Myers, St. C./Allen, F. (2006): Principles of Corporate Finance, 8. ed., Boston u. a..

Brennan, M. J./Schwartz, E. S. (1978): Corporate Income Taxes, Valuation, and the Problem of Optimal Capital Structure. In: Journal of Business, Vol. 51, S. 103-114.

Copeland, T. E./Weston, J. F./Shastri, K. (2005): Financial Theory and Corporate Policy, Boston, S. 156-157.

Damodaran, A. (2002): Dealing with Distress in Valuation, working paper, Stern School of Business, New York.

Drukarczyk, J. (1980): Finanzierungstheorie, München.

Drukarczyk, J. (1983): Credit Contracts, Collateral-Based Security Agreements and Bankruptcy. In: Risk and Capital, Proceedings, Bamberg, G./Spreman, K. (Hrsg.), Ulm, S. 139-159.

Drukarczyk, J. (1993): Theorie und Politik der Finanzierung, 2. A., München.

Drukarczyk, J. (2004): Probleme des Reorganisationsverfahrens: Bewertung, best interest test und Verlustvorträge. In: Unternehmen in der Krise, Heintzen, M./ Kruschwitz, L. (Hrsg.), Berlin, S. 129-148.

Drukarczyk, J./Schöntag, S. (2006): Insolvenzplan, optionsbasierte Lösungen, Verlustvorträge und vom Gesetzgeber verursachte Sanierungshemmnisse (erscheint demnächst).

Drukarczyk, J./Schüler, A. (2006): Zur Bewertung sanierungsbedürftiger Kapitalgesellschaften. In: Handbuch Unternehmensrestrukturierung, Hommel, U./Knecht, Th.C./Wohlenberg, H. (Hrsg.), Wiesbaden, S. 709-737.

Drukarczyk, J. (1995): Verwertungsformen und Kosten der Insolvenz. In: Betriebswirtschaftliche Forschung und Praxis, 47. Jg., S. 40-58.

Eidenmüller, H. (1999): Unternehmenssanierung zwischen Markt und Gesetz, Köln.

Franks, J. R./Sussman, O. (2000): The Cycle of Corporate Distress, Rescue and Dissolution: A Study of small and medium size UK Companies, LBS.

Franks, J. R./Torous, W. N. (1989): An Empirical Investigation of US Firms in Reorganization. In: The Journal of Finance, Vol. 64, S. 747-769.

Gilson, St. C. (2001): Creating Value through Corporate Restructuring, Case Studies in Bankruptcies, Buyouts and Break-ups, New York.

Gilson, St. C./Hotchkiss, E./Ruback, R. S. (2000): Valuation of Bankrupt Firms. In: The Review of Financial Studies, Vol. 13, S. 43-74.

Gilson, St. C./John, K./Lang, L. H. P. (1990): Troubled Debt Restructurings. In: Journal of Financial Economics, Vol. 27., S. 315-353.

Homburg, C./Stephan, J./Weiß, M. (2004): Unternehmensbewertung bei atmender Finanzierung und Insolvenzrisiko. In: Die Betriebswirtschaft, S. 276-295.

Hotchkiss, E. (1994): The Post-Bankruptcy Performance of Firms Emerging from Chapter 11, Working Paper, Harvard Law School.

Hotchkiss, E. (1995): Post-Bankruptcy Performance and Management Turnover. In: The Journal of Finance, Vol. 50., S. 3-21.

Inselbag, I./Kaufold, H. (1997): Two DCF approaches for valuing companies under alternative financing strategies (and how to choose between them). In: Journal of Applied Corporate Finance, Vol. 1, S. 114-122.

Kruschwitz, L./Lodowicks, A./Löffler, A. (2005): Zur Bewertung insolvenzbedrohter Unternehmen. In: Die Betriebswirtschaft, 10 Jg., S. 221-236.

Laitenberger, J./Lodowicks, A. (2005): Das Modigliani-Miller-Theorem mit ausfallgefährdetem Fremdkapital. In: Wirtschaftswissenschaftliches Studium, 34. Jg, S. 145-150.

Modigliani, F./Miller, M. H. (1958): The cost of capital, corporation finance and the theory of investment. In: American Economic Review, Vol. 48, S. 261-297.

Modigliani, F./Miller, M. H. (1963): Corporate Income Taxes and the Cost of Capital: A Correction. In: American Economic Review, Vol. 53, S. 433-443, American Economic Association

Marschdorf, H. J. (1984): Unternehmensverwertung im Vorfeld und im Rahmen gerichtlicher Insolvenzverfahren, Bergisch-Gladbach.

Rapp, M. S (2006): Die arbitragefreie Adjustierung von Diskontierungssätzen bei einfacher Gewinnsteuer. In: Schmalenbachs Zeitschrift für betriebswirtschaftliche Forschung, 58 Jg., S. 771-806

Rieger, R (1988): Unternehmensinsolvenz, Arbeitnehmerinteressen und gesetzlicher Arbeitnehmerschutz. In: Regensburger Beiträge zur betriebswirtschaftlichen Forschung, Bd. 3, Bern.

Ross, S. A./Westerfield, R. W./Jaffe, J. (2005): Corporate Finance, 7. ed., Boston u. a.

Schüler, A. (2003): Zur Bewertung ertrags- und liquiditätsschwacher Unternehmen. In: Kapitalgeberansprüche, Marktwertorientierung und Unternehmenswert, Festschrift für Jochen Drukarczyk, Richter, F./Schüler, A./Schwetzler, B. (Hrsg.), München, S. 361-382.

Stiglitz, J. E (1969): A Re-Examination of the Modigliani-Miller Theorem. In: Review of Economics and Statistics, Vol. 59, S. 784-793.

Tham, J./Wonder, N. X. (2002): The Non-conventional WACC with Risky Debt and Risky Tax Shield, Working Paper.

Warner, L. (1977): Bankruptcy Costs: Some Evidence. In: Journal of Finance, Vol. 32, S. 337-347.

Weckbach, St. (2004): Corporate Financial Distress: Unternehmensbewertung bei finanzieller Enge, Diss. St. Gallen, Bamberg.

Weiss, L. A. (1993): Restructuring Complications in Bankruptcy: The Eastern Airlines Bankruptcy Case, Working Paper, Tulane University.

White, M. (1983): Bankruptcy Costs and the New Bankruptcy Code. In: Journal of Finance, Vol. 38, S. 477-487.

White, M. (1990): Bankruptcy, Liquidation and Reorganization. In: Handbook of Modern Finance, D. E. Logue (Hrsg.), 2. ed., Boston, New York, Chapter 37.

Wruck, K. (1990): Financial Distress, Reorganization and Organisational Efficiency. In: Journal of Financial Economics, Vol. 28, S. 419-444.

IX. Anhänge

1. Herleitung des risikokompensierenden Kreditzinssatzes

Ausgangspunkt ist $i_V = i + \lambda \operatorname{cov}\left(\widetilde{i_{V1}};\widetilde{r_{M1}}\right) = i + \lambda \frac{\operatorname{cov}\left(\Delta\widetilde{CF_{V1}};\widetilde{r_{M1}}\right)}{FK_0}$.

Die erwartete Abweichung und die Kovarianz betragen:

$$E\left[\Delta\widetilde{CF_{V1}}\right] = (1-p)\left\{FK_0\left[1+i_V^*(1-s_K)\right]-CF_{21}\right\} \tag{9-67}$$

$$\operatorname{cov}\left(\Delta\widetilde{CF_{V1}};\widetilde{r_{M1}}\right) = (1-p)p\left\{FK_0\left[1+i_V^*(1-s_K)\right]-CF_{21}\right\}(r_{M11}-r_{M21}) \tag{9-68}$$

Dies führt uns zur Definition von i_V:

$$i_V = i + \lambda(1-p)p\left[1+i_V^*(1-s_K)-\frac{CF_{21}}{FK_0}\right](r_{M11}-r_{M21}) \tag{9-69}$$

Eingesetzt in (9-44), folgt für den risikoäquivalenten Kreditzinssatz:

$$i_V^* = \frac{i+\lambda(1-p)p\left[1+i_V^*(1-s_K)-\frac{CF_{21}}{FK_0}\right](r_{M11}-r_{M21})+p\left(1-\frac{CF_{21}}{FK_0}\right)}{1-p(1-s_K)} \tag{9-70}$$

Löst man (9-70) vollständig nach i_V^* auf, erhält man (9-46).

2. Herleitung des risikokompensierenden Kreditzinssatzes im Halbeinkünfteverfahren

Die geforderte Rendite der Gläubiger läßt sich über das CAPM mit (9-61) formulieren:

$$i_{V,S} = i_S + \lambda \operatorname{cov}\left(\widetilde{i_{V1}};\widetilde{r_{M1}}\right) = i_S + \lambda \frac{\operatorname{cov}\left(\Delta\widetilde{CF_{V1}};\widetilde{r_{M1}}\right)}{F_0} \tag{9-71}$$

Die erwartete Abweichung vom Soll-Kapitaldienst und deren Kovarianz mit der Marktrendite sind analog zu (9-67) und (9-68) definiert:

$$E\left[\Delta\widetilde{CF_{V1}}\right]=(1-p)\left\{F_0\left[1+i_V^*\left(1-s_I-s_{WB,j=2}\right)\right]-CF_{21}^E\right\} \tag{9-72}$$

$$\begin{aligned}&cov\left(\Delta\widetilde{CF_{V1}};\widetilde{r_{M1}}\right)=\\&=(1-p)p\left\{F_0\left[1+i_V^*\left(1-s_I-s_{WB,j=2}\right)\right]-CF_{21}^E\right\}\left(r_{M11}-r_{M21}\right)\end{aligned} \tag{9-73}$$

Nach Einsetzen in (9-71) folgt:

$$i_{V,S}=i_S+\lambda(1-p)p\left[1+i_V^*\left(1-s_I-s_{WB,j=2}\right)-\frac{CF_{21}^E}{F_0}\right]\left(r_{M11}-r_{M21}\right) \tag{9-74}$$

Nach Einsetzen in (9-60) folgt nach Umformung (9-75):

$$i_V^*=\frac{i_S+\lambda(1-p)p\left[1+i_V^*\left(1-s_I-s_{WB,j=2}\right)-\frac{CF_{21}^E}{F_0}\right]\left(r_{M11}-r_{M21}\right)+p\left(1-\frac{CF_{21}^E}{F_0}\right)}{(1-s_I)(1-p)+s_{WB,j=2}p}$$

Diese Gleichung ist vollständig nach i_V^* aufzulösen:

$$\begin{aligned}i_V^*=&\frac{i_S-p\left(\frac{CF_{21}^E}{F_0}-1\right)\left[\lambda(1-p)\left(r_{M11}-r_{M21}\right)+1\right]}{(1-s_I)(1-p)+s_{WB,j=2}p}+\\&+\frac{\lambda(1-p)pi_V^*\left(1-s_I-s_{WB,j=2}\right)\left(r_{M11}-r_{M21}\right)}{(1-s_I)(1-p)+s_{WB,j=2}p}\end{aligned}$$

$$\begin{aligned}i_V^*&=\frac{i_S-p\left(\frac{CF_{21}^E}{F_0}-1\right)\left[\lambda(1-p)\left(r_{M11}-r_{M21}\right)+1\right]}{(1-s_I)(1-p)+s_{WB,j=2}p-\lambda(1-p)p\left(1-s_I-s_{WB,j=2}\right)\left(r_{M11}-r_{M21}\right)}\\&=\frac{i_S-p\left(\frac{CF_{21}^E}{F_0}-1\right)\left[\lambda(1-p)\left(r_{M11}-r_{M21}\right)+1\right]}{1-s_I-p\left(1-s_I-s_{WB,j=2}\right)-\lambda(1-p)p\left(1-s_I-s_{WB,j=2}\right)\left(r_{M11}-r_{M21}\right)}\end{aligned}$$

Mit $s_{WB,j=2}=s^0-s_I$ erhalten wir schließlich (9-62).

10. Kapitel: Wertorientierte Steuerung

I. Überblick

Wir kommen nun zu einem wichtigen, im Kapitel 1 genannten Anlaß zur Unternehmensbewertung zurück: wertorientierte Unternehmenssteuerung. Denn Theorie und Praxis der wertorientierten Unternehmenssteuerung greifen auf Unterformen der DCF-Methode zurück, um den Unternehmenswert oder den Wert einzelner Projekte sowie die Entwicklung im Zeitablauf als Referenzpunkt für Kapitalallokation und Entlohnung zu ermitteln. Viele Unternehmen verwenden buchwertbasierte WACC-Residualgewinne: Gemäß einer Umfrage von *Aders/Hebertinger* unter den DAX100-Unternehmen gehen 60 % der antwortenden Gesellschaften diesen Weg.[366] Vom Ertragsüberschuss bei Eigenfinanzierung werden Kapitalkosten, als Produkt aus gewichtetem Gesamtkapitalkostensatz (WACC) und Buchwert der Aktiva, abgezogen. Diese Residualgewinne bilden zwar nicht die Wertänderung einer Periode, über die Gesamtlaufzeit aber immerhin den Nettokapitalwert ab: Sie erfüllen die Anforderung der Barwertkompatibilität, nicht die der Barwertidentität in jeder Periode.[367]

Wir wollen die Abbildung der Unternehmenswertänderung auch nach der Entscheidung über einen Unternehmenskauf oder über eine Investition auf Unternehmensebene untersuchen. Wir halten diese wertorientierte ex-post-Betrachtung für praktisch äußerst relevant. Insbesondere greifen wir auf die Idee des periodischen Nettokapitalwerts zurück. Wie die (nicht nur) in der Praxis beliebten buchwertbasierten Residualgewinne mit diesen Größen auch bei nicht erwartungskonformen Projektverlauf verknüpft werden können, werden wir zeigen. Wichtig ist uns die Differenzierung zwischen Buchwert der Aktiva und investiertem Kapital: Sie beleuchtet die beschränkte Aussagekraft des Residualgewinns einer einzelnen Periode und die nach Projektstart unvollständige Botschaft in Form des Barwerts künftiger Residualgewinne, die in der Literatur als Market Value Added bezeichnet wird.

Im Abschnitt II werden wir die konzeptionellen Grundlagen diskutieren, auf Basis derer wir im Abschnitt III einen „Konzeptbaukasten" entwi-

---

366 Vgl. Aders, C./Hebertinger, M. (2003), S. 14-23.

367 Vgl. z. B. Richter, F./Honold, D. (2000), S. 265-274; Hebertinger, M. (2002), S. 158. Anwender nehmen dies wohl in Kauf, um mit einem bekannten, weitgehend erwartungsunabhängigen Datensatz arbeiten zu können. Einige Autoren empfehlen buchwertbasierte Residualgewinne zudem aufgrund ihrer – auf Basis einer Reihe von Annahmen abgeleiteten – Anreizwirkungen; vgl. z.B. Rogerson, W. P. (1997), S. 770-795; Reichelstein, S. (2000), S. 243-269; Dutta, S./Reichelstein, S. (2002), S. 253-281; Crasselt, N. (2004), S. 121-129.

ckeln, um mögliche Varianten periodischer Performance-Messung zu diskutieren. Wir erweitern diese Diskussion in Abschnitt IV um eine kritische Betrachtung weiterer in Literatur und Praxis genannter Alternativen (Economic Value Added, Cash Value Added, Shareholder Value Added und Earned Economic Income). Abschnitt V schließlich enthält auf die verschiedenen Bewertungsansätze zugeschnittene Residualgewinnansätze.

II. Performance-Messung

1. Ex ante: Investitionsentscheidung

Wir beginnen mit einem einfachen Beispiel. Die Gründung eines Unternehmens erfordert eine Investition von 50, die bis zur Beendigung des Unternehmens nach vier Jahren linear abgeschrieben wird. Das Unternehmen ist eigenfinanziert. Der bewertungsrelevante Überschuß setzt sich aus Dividende und Kapitalherabsetzung zusammen, Ausschüttungsrestriktionen bestehen also nicht. Tabelle 10-1 enthält Jahresabschlußdaten des Unternehmens. Die Anteilseigner fordern eine Rendite $k = 0,1$. Steuern existieren nicht.

GuV	0	1	2	3	4
Cashflow		17,5	20,0	17,5	15,0
Abschreibungen		12,5	12,5	12,5	12,5
Jahresüberschuß		5,0	7,5	5,0	2,5
Kapitalherabsetzung		12,5	12,5	12,5	12,5
Bewertungsrelevanter Überschuß		17,5	20,0	17,5	15,0
Bilanz					
Aktiva	50,0	37,5	25,0	12,5	0,0
EK	50,0	37,5	25,0	12,5	0,0

Tabelle 10-1: GuV, Cashflow und Bilanzen

Die Gründung lohnt: In $t = 0$ beträgt der Unternehmenswert (V_0) 55,83 und übersteigt das Investitionsvolumen bzw. das investierte Kapital (IK_0) um den Nettokapitalwert (NKW_0) i. H. v. 5,83.

2. Ex post: Kontrolle

Im Rahmen der wertorientierten Performance-Messung interessiert nicht nur der Nettokapitalwert im Gründungs- bzw. Investitionszeitpunkt, sondern auch dessen Entwicklung in den Folgeperioden.[368] Zu diesem

[368] Vgl. zum Folgenden Schüler, A./Krotter, S. (2004).

Zweck ist dem periodischen Unternehmenswert eine geeignete Messlatte gegenüberzustellen. Der Buchwert der Aktiva, die Bilanzsumme (BS), wird durch Rechnungslegungsvorschriften z. B. durch Abschreibungen beeinflußt. Wie wir unten noch ausführlich darstellen, zeigt die Differenz zwischen Unternehmens- und Buchwert den Nettokapitalwert in den Folgeperioden regelmäßig nicht an. Deshalb entwickeln wir einen anderen Referenzpunkt: Das anfänglich investierte Kapital ist um Kapitalkosten zu erhöhen und um Ausschüttungen zu vermindern; die Investoren fordern auf ihr eingesetztes Kapital eine risikoadäquate Verzinsung und erhalten Ausschüttungen:

$$IK_t = IK_{t-1}(1+k) - CF_t \tag{10-1}$$

Kapitalerhöhungen sind negative Ausschüttungen. Extern finanzierte Investitionen werden somit explizit, innenfinanzierte Reinvestitionen durch Nicht-Ausschüttung erfaßt. Beide müssen die geforderte Rendite der Anteilseigner mindestens erwirtschaften, um keinen Wert zu vernichten. Unterstellt man einen erwartungskonformen Verlauf, wächst der Unternehmenswert periodisch um die Verzinsung mit k und sinkt i. H. d. Ausschüttungen. Der periodische Nettokapitalwert ergibt sich als Differenz $V_t - IK_t$. Tabelle 10-2 zeigt dies für das Beispiel. In Periode 4 wird das investierte Kapital negativ: Der Endwert der erfolgten Rückzahlungen übersteigt das um die Opportunitätskosten der Anteilseigner fortgeschriebene und um Ausschüttungen verkürzte investierte Kapital. Das investierte Kapital zeigt somit die Vorteilhaftigkeit des Projektes erst dann an, wenn der Wertbeitrag erwirtschaftet worden ist.[369]

Bei erwartungskonformem Verlauf kann der Nettokapitalwert folgendermaßen berechnet werden:[370]

$$\begin{aligned} NKW_t &= V_t - IK_t = V_{t-1}(1+k) - CF_t - \left[IK_{t-1}(1+k) - CF_t\right] \\ &= \left(V_{t-1} - IK_{t-1}\right)(1+k) = NKW_{t-1}(1+k) \end{aligned} \tag{10-2}$$

Die Veränderung des Nettokapitalwerts $\left(\Delta NKW_t = NKW_t - NKW_{t-1}\right)$ entspricht den Kapitalkosten auf den Nettokapitalwert der Vorperiode. Man nennt dies den Zeiteffekt.[371] Er ist noch kein Signal guter oder schlechter Performance. Die Realisation des Nettokapitalwerts ist lediglich näher gerückt. Abgesehen von diesem Effekt ändert sich der Nettokapitalwert nicht, da die in $t = 0$ gehegten Erwartungen eintreffen. Über den ursprünglich erwarteten Wertbeitrag hinaus wird kein Wert geschaffen (vgl. Tabelle 10-2).

---

369 Vgl. Schüler, A. (2000).

370 Mit $V_t = V_{t-1}(1+k) - CF_t$ und Gleichung (10-1).

371 Vgl. zum Zeiteffekt Moxter, A. (1982), S. 52-53; Breid, V. (1994), S. 218-220.

	0	1	2	3	4
Unternehmenswert (V)	55,83	43,91	28,31	13,64	0,00
Investiertes Kapital (IK)	50,00	37,50	21,25	5,88	-8,54
NKW	5,83	6,41	7,06	7,76	8,54
ΔNKW		0,58	0,64	0,71	0,78
$\Delta NKW - k\ NKW_{t-1}$		0,00	0,00	0,00	0,00

Tabelle 10-2: Nettokapitalwert im Zeitablauf

Wir lassen nun auch Plan-Ist-Abweichungen sowie Planrevisionen im Zeitablauf zu.[372] Die Veränderung des Nettokapitalwertes kann aus der Veränderung des Unternehmenswertes und des investierten Kapitals abgeleitet werden:

$$\Delta NKW_t = \Delta V_t - \Delta IK_t = \Delta V_t + CF_t - k \cdot IK_{t-1} \tag{10-3}$$

mit:

$$\begin{aligned} \Delta IK_t &= IK_t - IK_{t-1} = IK_{t-1}(1+k) - CF_t - IK_{t-1} \\ &= - CF_t + k \cdot IK_{t-1} \end{aligned} \tag{10-4}$$

Die Veränderung des Nettokapitalwertes *nach* Zeiteffekt läßt sich darstellen als

$$\begin{aligned} \Delta NKW_t - k \cdot NKW_{t-1} &= \Delta V_t + CF_t - k \cdot IK_{t-1} - k \cdot NKW_{t-1} \\ &= \Delta V_t + CF_t - k \cdot V_{t-1} \end{aligned} \tag{10-5}$$

Die rechte Seite der Gleichung (10-5) stellt den ökonomischen Gewinn reduziert um Kapitalkosten auf den Unternehmenswert der Vorperiode dar. Bei erwartungskonformem Verlauf beträgt diese Differenz Null.

Nehmen wir nun an, das Management ändere in Periode 2 seine Erwartungen über den operativen Cashflow vor Steuern in Periode 4. Es erwartet nun 20 anstelle der zunächst budgetierten 15. Damit erhöht sich der Unternehmenswert in Periode 2 von den ursprünglich geplanten 28,31 um 4,13 auf 32,44:

$$32{,}44 - 28{,}31 = (20 - 15) \cdot 1{,}1^{-2} = 4{,}13$$

Der Nettokapitalwert steigt von Periode 1 auf Periode 2 um 4,77 auf 11,19:

$$\begin{aligned} \Delta NKW_2 &= \Delta V_2 + CF_2 - k \cdot IK_1 = -11{,}48 + 20 - 0{,}1 \cdot 37{,}5 \\ &= 4{,}77 \end{aligned}$$

[372] Zu Realisations- und Planungsabweichungen vgl. z. B. Lindahl, E. (1939), S. 97-111; Breid, V. (1994), S. 223-228; Ferstl, J. (2000), S. 223-231.

Bereinigt um Kapitalkosten auf den Nettokapitalwert der Vorperiode, also um den Zeiteffekt, steigt der Nettokapitalwert in Periode 2 ebenfalls um 4,13:

$$\begin{aligned}\Delta NKW_2 - k \cdot NKW_1 &= \Delta V_2 + CF_2 - k \cdot IK_1 - k \cdot NKW_1 \\ &= -11,48 + 20 - 0,1 \cdot 37,5 - 0,1 \cdot 6,41 \\ &= 4,13\end{aligned}$$

Die Veränderung des Nettokapitalwerts nach Zeiteffekt entspricht der Veränderung des Unternehmenswerts, da das investierte Kapital der Vorperiode und der Cashflow des Jahres 2 unverändert bleiben.

Änderungen in den Erwartungen über künftige Cashflows kann man als Planungsabweichung, Abweichungen des Ist-Cashflow vom Plan-Cashflow als Realisationsabweichung bezeichnen. Nach Umformung kann man zeigen, daß die NKW-Änderung nach Zeiteffekt gerade dann ungleich Null ist, wenn Planungs- und/oder Realisationsabweichung auftreten und sich nicht kompensieren:[373]

$$\begin{aligned}\Delta NKW_t - k \cdot NKW_{t-1} &= V_{t|t} - V_{t-1} + CF_t - k \cdot V_{t-1} \\ &= \underbrace{V_{t|t} - V_{t|t-1}}_{\text{Planungsabweichung}} \\ &\quad + \underbrace{CF_{t|t} - CF_{t|t-1}}_{\text{Realisationsabweichung}}\end{aligned} \tag{10-6}$$

Die NKW-Änderung nach Zeiteffekt ist also ein wichtiges Entscheidungskriterium, da es zeigt, ob und warum Wert geschaffen oder vernichtet wurde. (10-6) bietet außerdem einen Einstieg in die Analyse von Werttreibern, da auftretende Planungs- oder Realisationsabweichungen weiter zerlegt werden können. Die Definition verdeutlicht, daß das investierte Kapital für diese Performance-Kennzahl nicht relevant ist, sondern „Sunk Costs" darstellt. Dies schmälert die Relevanz von IK_t für die Gesamtbetrachtung natürlich nicht.

---

[373] Mit $V_{t|t-1} - V_{t-1} = kV_{t-1} - CF_{t|t-1}$; $V_{t|t}$ steht dabei für den Barwert der Periode t aus Sicht der Periode t, $V_{t|t-1}$ steht für den Barwert der Periode t aus Sicht der Periode t-1.

III. Residualgewinnkonzepte

1. Residualgewinn auf den Buchwert

a. Prinzip

Wie erwähnt, dominieren in der Praxis Residualgewinne auf Buchwerte. Wir übertragen daher die in Abschnitt II dargestellten Zusammenhänge auf buchwertbasierte Residualgewinnkonzeptionen. Der Buchwert der Aktiva wird durch Rechnungslegungsvorschriften beeinflußt. Wir argumentieren vor dem Hintergrund einer Bilanzierung zu Anschaffungs- bzw. Herstellungskosten. Die nun auch für deutsche, kapitalmarktorientierte Unternehmen relevante Bilanzierung zu Fair Values, die zu einer verstärkten Bilanzierung zu Marktwerten (u. U. interpretiert als Barwerte) führen, blenden wir aus. Zu einer unmittelbaren Abbildung des Nettokapitalwerts des Unternehmens führt auch diese bilanzielle Bewertung nicht.

Die Kapitalbasis buchwertbasierter Residualgewinne entspricht dem Buchwert, korrigiert um kapitalkostenfreie Bestandteile. Die Erfolgsgröße vor Kapitalkosten entspricht – bei unterstellter Eigenfinanzierung – dem Erfolg nach Steuern. Um die Kompatibilität mit der Unternehmensbewertung zu gewährleisten, ist eine Abstimmung von Erträgen und Aufwendungen mit Ein- und Auszahlungen nötig. In einem vereinfachten Kalkül wird der Residualgewinn berechnet, indem von den Cashflows Abschreibungen und Kapitalkosten auf den Buchwert abgezogen werden. Andere Abweichungen zwischen Zahlungen und Aufwendungen/Erträgen werden also zunächst ausgeblendet.[374]

Wir orientieren uns am oben eingeführten Beispiel: Der Barwert der Residualgewinne, errechnet durch Diskontierung mit 10 %, entspricht dem Nettokapitalwert (vgl. Abbildung 10-1). Das Konzept der Residualgewinne ist barwertkompatibel. Dieser als Preinreich- oder Lücke-Theorem bekannte Zusammenhang[375] besteht, wenn der Barwert der Abschreibungen und der Kapitalkosten der Anfangsinvestition entspricht:[376] Bewertet man anstelle der Auszahlung der Anfangsinvestition die im Vergleich zur Anfangsinvestition verspätet erfaßten Abschreibungen, wird diese Verzögerung durch den Ansatz von Kapitalkosten auf den noch nicht abgeschriebenen Bestand exakt ausgeglichen. Abbildung 10-1 illustriert diesen Zusammenhang. Es liegt damit eine periodische Performance-Größe vor, die über die Gesamtlaufzeit das gleiche Signal wie die zahlungsbasierte Bewertung liefert: Das Projekt lohnt, da der Nettokapitalwert positiv ist. Es ist zu beachten, daß handels- und steuerrechtliche Rahmenbe-

---

374 Vgl. dazu Abschnitt 10.III.1.d.

375 Vgl. Preinreich, G. (1938), S. 219-241; Lücke, W. (1955), S. 310-324.

376 Unter der Bedingung, daß die Summe der Abschreibungen der Anfangsinvestition entspricht; vgl. Anhang 1.

dingungen die periodische Performance-Signale beeinflussen. Buchwertbasierte Residualgewinne zeigen daher (lediglich) an, ob der buchhalterische Erfolg die Kapitalkosten auf den Buchwert (BW) übersteigt oder nicht.

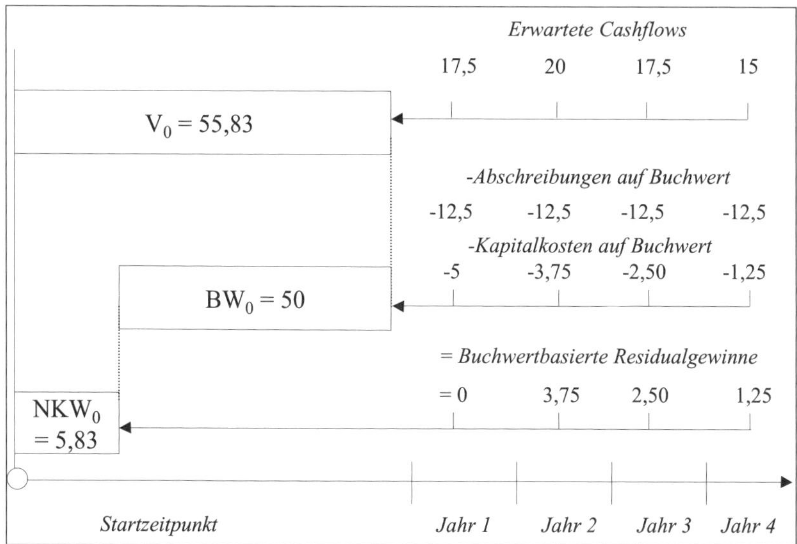

Abbildung 10-1: Buchwertbasierter Residualgewinn

b. Permanente Verknüpfung mit dem Nettokapitalwert

In $t = 0$ entspricht der Barwert der Residualgewinne dem Nettokapitalwert. Was zeigt der Barwert der Residualgewinne in den Folgeperioden an? Grundsätzlich entspricht er der Differenz zwischen Unternehmenswert und Buchwert. Teile der Literatur sprechen in diesem Zusammenhang vom sog. Market Value Added. Diese Größe ist, wie nun zu zeigen ist, nach $t = 0$ regelmäßig nicht gleich dem Nettokapitalwert. Letzterer läßt sich wie folgt aus den buchwertbasierten Residualgewinnen ableiten:

$$NKW_t = \sum_{\tau=t+1}^{T} RG_\tau (1+k)^{t-\tau} + \sum_{\vartheta=1}^{t} RG_\vartheta (1+k)^{t-\vartheta} \tag{10-7}$$

bzw.

$$NKW_t = \sum_{j=1}^{T} RG_j (1+k)^{t-j} \tag{10-8}$$

Der Nettokapitalwert entspricht also der Summe aus dem Barwert künftiger Residualgewinne (erster Term auf der rechten Seite der Gleichung (10-7)) und dem Endwert realisierter Residualgewinne vergangener Perioden einschließlich der laufenden Periode (zweiter Term). Dieser Zusammenhang läßt sich wie folgt begründen: Die Differenz zwischen Unternehmenswert und investiertem Kapital, der Nettokapitalwert, kann erweitert werden zur Summe aus der Differenz zwischen Unternehmenswert und Buchwert und der Differenz zwischen Buchwert und investiertem Kapital. Nun entspricht der Barwert künftiger Residualgewinne der Differenz zwischen Unternehmenswert und Buchwert:

$$V_t - BW_t = \sum_{\tau=t+1}^{T} RG_\tau (1+k)^{t-\tau} \tag{10-9}$$

Die Differenz zwischen Buchwert und investiertem Kapital ist gleich dem Endwert realisierter Residualgewinne:

$$BW_t - IK_t = \sum_{\vartheta=1}^{t} RG_\vartheta (1+k)^{t-\vartheta} \tag{10-10}$$

Diese Gleichung läßt sich induktiv ableiten:[377] In t = 0 entspricht der Buchwert dem investierten Kapital ($BW_0 - IK_0 = 0$). In der nächsten Periode gilt:

$$\begin{aligned} BW_1 - IK_1 &= BW_0 + JÜ_1 - CF_1 - (IK_0 + k \cdot IK_0 - CF_1) \\ &= JÜ_1 - k \cdot BW_0 = RG_1 \end{aligned} \tag{10-11}$$

Die Differenz zwischen Buchwert und investiertem Kapital in t = 1 ist gleich dem Residualgewinn dieser Periode. Denn der Buchwert wird mit der bilanziellen Rendite und das investierte Kapital mit der geforderten Rendite (Kapitalkostensatz) fortgeschrieben. Multipliziert man diese Renditedifferenz mit dem Kapitaleinsatz ($BW_0 = IK_0$), folgt der Residualgewinn. Ausschüttungen verringern sowohl Buchwert als auch investiertes Kapital und sind daher für die Differenzbetrachtung irrelevant. Für t = 2 folgt:

$$\begin{aligned} BW_2 - IK_2 &= BW_1 + JÜ_2 - CF_2 - (IK_1 + k \cdot IK_1 - CF_2) \\ &= BW_1 - IK_1 + JÜ_2 - k \cdot IK_1 \\ &= RG_1 + JÜ_2 - k \cdot IK_1 \\ &= RG_1 + JÜ_2 - k \cdot BW_1 + k(BW_1 - IK_1) \\ &= RG_1(1+k) + RG_2 \end{aligned} \tag{10-12}$$

Buchwert und investiertes Kapital differieren nun i. H. d. aufdiskontierten Residualgewinns der Vorperiode und des Residualgewinns der laufenden Periode. Geht man analog für alle Perioden vor, erhält man (10-10).

[377] Vgl. Schüler, A. (2001), S. 148-149; O'Hanlon, J./Peasnell, K. V. (2002), S. 233.

Buchwertbasierte Residualgewinne können also auch nach dem Startzeitpunkt zur Berechnung des Nettokapitalwertes herangezogen werden. Dazu sind die Residualgewinne jeder Periode der Gesamtlaufzeit relevant. Schneller ist jedoch die unmittelbare Gegenüberstellung von Unternehmenswert und investiertem Kapital. Insoweit liegt ein Umweg vor. Ein unkritischer Rückgriff auf den Barwert buchwertbasierter Residualgewinne, d. h. auf die Differenz zwischen Unternehmenswert und Buchwert (den sog. Market Value Added) ist nicht ungefährlich, da diese Differenz regelmäßig nicht dem Nettokapitalwert entspricht. Bei Implementierung eines wertorientierten Steuerungskonzeptes nach Unternehmensgründung oder -erwerb ist demnach die Lücke zwischen Buchwert und investiertem Kapital zu beachten.

Wie läßt sich nun die periodische Nettokapitalwertänderung *nach* Zeiteffekt anhand der buchwertbasierten Residualgewinne formulieren? Die NKW-Änderung läßt sich auf Basis von (10-8) darstellen:

$$\Delta NKW_t = \sum_{j=1}^{T} RG_j (1+k)^{t-j} - \sum_{m=1}^{T} RG_m (1+k)^{t-m-1} \tag{10-13}$$

Bei erwartungskonformem Verlauf unterscheiden sich die Terme auf der rechten Seite von (10-13) nur hinsichtlich des Periodenbezugs: Im ersten Term werden die Residualgewinne der Totalperiode auf Periode t, im zweiten Term auf Periode t-1 bezogen. Damit folgt in diesem Fall:

$$\Delta NKW_t = k \sum_{m=1}^{T} RG_m (1+k)^{t-m-1} \tag{10-14}$$

Formel (10-14) drückt den Zeiteffekt aus. Zieht man diesen von Gleichung (10-13) ab, erhält man:

$$\begin{aligned} &\Delta NKW_t - k \cdot NKW_{t-1} \\ &\quad = \sum_{j=1}^{T} RG_j (1+k)^{t-j} - \sum_{m=1}^{T} RG_m (1+k)^{t-m-1} (1+k) \end{aligned} \tag{10-15}$$

Bei erwartungskonformem Verlauf wird neben dem ursprünglich erwarteten Wertbeitrag kein Wert geschaffen; die NKW-Änderung nach Zeiteffekt bzw. die rechte Seite der Gleichung (10-15) beträgt Null.[378] Nun erweitern wir den Kalkül um Realisations- und Planungsabweichungen. Wir berücksichtigen, daß alle Residualgewinne, die bereits realisiert sind, also vor Periode t angefallen sind, die Wertmessung in dieser Periode nicht berühren, da sie in beiden Termen auf der rechten Seite von (10-15) erfasst sind. Zudem ist zu beachten, daß die Residualgewinne auf Basis der Erwartungen der Periode t und die auf Basis der Erwartungen der

378 Es gilt dann:
$$\sum_{j=1}^{T} RG_j (1+k)^{t-j} - \sum_{m=1}^{T} RG_m (1+k)^{t-m-1} (1+k) = \sum_{j=1}^{T} RG_j (1+k)^{t-j} - \sum_{m=1}^{T} RG_m (1+k)^{t-m} = 0 \cdot$$

Periode t-1 für alle Perioden nach t nicht identisch sein müssen. (10-15) kann umgeformt werden zu:

$$
\begin{aligned}
&\Delta NKW_t - k \cdot NKW_{t-1} \\
&\quad = RG_t + \sum_{\tau=t+1}^{T} RG_\tau (1+k)^{t-\tau} \\
&\quad - \sum_{\vartheta=t}^{T} RG_\vartheta (1+k)^{t-1-\vartheta} (1+k) \qquad (10\text{-}16) \\
&\quad = \underbrace{RG_{t|t} - RG_{t|t-1}}_{\text{Realisationsabweichung}} \\
&\quad + \underbrace{\sum_{\tau=t+1}^{T} RG_{\tau|t} (1+k)^{t-\tau} - \sum_{\tau=t+1}^{T} RG_{\tau|t-1} (1+k)^{t-\tau}}_{\text{Planungsabweichung}}
\end{aligned}
$$

Die NKW-Änderung nach Zeiteffekt entspricht der Summe aus gegenwärtigem Residualgewinn und dem Barwert künftiger Residualgewinne aus Sicht der laufenden Periode abzüglich des aufgezinsten Barwerts aus Sicht der Vorperiode bzw. an der Summe von Realisations- und Planungsabweichung. Tabelle 10-3 illustriert diese Zusammenhänge für das Beispiel. Wir haben bisher einen planmäßigen Verlauf unterstellt. Die NKW-Änderung nach Zeiteffekt ist dann in jeder Periode gleich Null.

	0	1	2	3	4
Jahresüberschuß		5,00	7,50	5,00	2,50
Kapitalkosten		5,00	3,75	2,50	1,25
Residualgewinn		0,00	3,75	2,50	1,25
Barwert erwarteter Residualgewinnne	5,83	6,41	3,31	1,14	0,00
Endwert vergangener Residualgewinne		0,00	3,75	6,63	8,54
Summe = NKW	5,83	6,41	7,06	7,76	8,54
ΔNKW		0,58	0,64	0,71	0,78
Residualgewinn		0,00	3,75	2,50	1,25
Barwert erwarteter Residualgewinnne		6,41	3,31	1,14	0,00
- aufdiskontierter Barwert Residualgewinne		-6,41	-7,06	-3,64	-1,25
Summe = NKW-Änderung nach Zeiteffekt		0,00	0,00	0,00	0,00

Tabelle 10-3: Nettokapitalwerte und Residualgewinne

c. Nettokapitalwert und Residualgewinne bei Planrevision im Beispiel

Wie wirkt eine Planrevision auf die durch Residualgewinne gemessene Performance? Tabelle 10-4 zeigt die revidierten Werte, wenn wir wieder annehmen, daß das Management in t = 2 die Erwartungen über den operativen Cashflow der Periode 4 von 15 auf 20 korrigiert. Änderungen gegenüber dem Ausgangsfall sind in der Periode grau schattiert, in der sie erstmalig auftreten.[379] Während der Nettokapitalwert sofort auf die geänderten Erwartungen reagiert, spiegelt der Residualgewinn den höheren Cashflow zum Zeitpunkt seines Eintretens wider. Da hier dieser zusätzliche Cashflow in der gleichen Periode erfolgswirksam wird, tritt auch keine durch Periodisierungsregeln bedingte Differenz zwischen Cashflow und Residualgewinn auf.

Das investierte Kapital weist den gesamten, erhöhten Nettokapitalwert erst in der Periode aus, in der mit dessen Realisation gerechnet wird. Im Beispiel ist dies Periode 4. Der Bezug zwischen Residualgewinnen und Nettokapitalwert läßt sich über Formel (10-7) bzw. (10-8) herstellen. Der in Periode 2 nach oben korrigierte Barwert der künftigen Residualgewinne zuzüglich des unveränderten Endwerts der bereits erbrachten Residualgewinne ergibt den revidierten Nettokapitalwert. Gleichung (10-16) formuliert die erwartete Wertsteigerung: Nach Abzug des Zeiteffekts wächst der Nettokapitalwert in Periode 2 um 4,13 (Planungsabweichung). In den Folgeperioden 3 und 4 ist die neue Information vollständig verarbeitet, der Nettokapitalwert steigt i. H. d. Zeiteffekts. Tabelle 10-4 enthält alle Möglichkeiten zur Berechnung der Nettokapitalwertänderung nach Zeiteffekt.

	2	3	4
Planrevision: ΔOCF			+5,00
V	32,44	18,18	0,00
IK	21,25	5,88	-13,54
NKW	11,19	12,31	13,54
ΔNKW	4,77	1,12	1,23
Jahresüberschuß	7,50	5,00	7,50
Kapitalkosten auf Buchwert der Aktiva	3,75	2,50	1,25
Residualgewinn	3,75	2,50	6,25
Barwert erwarteter Residualgewinne	7,44	5,68	0,00
Endwert vergangener Residualgewinne	3,75	6,63	13,54
NKW	11,19	12,31	13,54
ΔNKW	4,77	1,12	1,23
Residualgewinn	3,75	2,50	6,25
Barwert erwarteter Residualgewinne	7,44	5,68	0,00
- aufdiskontierter Barwert Residualgewinne	-7,06	-8,18	-6,25
NKW-Änderung nach Zeiteffekt	4,13	0,00	0,00

Tabelle 10-4: Nettokapitalwerte und Residualgewinne bei Planrevision

[379] Wir stellen Perioden 0 und 1 nicht dar, da sie annahmegemäß wie geplant verlaufen.

d. Implikationen des Lücke-Theorems

(1) Vorperiodisierter Aufwand

Um Barwertkompatibilität für realistische Rahmenbedingungen herstellen zu können, muß die Abstimmung zwischen Zahlungs- und Ertrags- bzw. Aufwandsgrößen über die Gegenüberstellung von Investitionsauszahlungen und Abschreibungen hinausgehen.[380] Das Lücke-Theorem muß vollständig umgesetzt werden. Wenn die Auszahlung nicht vor, sondern nach der Aufwandsbuchung erfolgt, wie z. B. bei einer der Rückstellungszuführung nachfolgenden Inanspruchnahme bei Eintritt des Rückstellungsgrundes, entsteht in einer Rechnung mit Aufwandsgrößen durch den vorperiodisierten Aufwand zunächst ein Nachteil im Vergleich zur cashflow-basierten Rechnung. Es gibt zwei konzeptionelle Alternativen für eine Lösung:

1. Wenn der Aufwand den Residualgewinn vor der Auszahlung mindert, muß die Vorverlagerung ausgeglichen werden. Dies erfolgt durch eine Kapitalkostenbefreiung des durch die Rückstellung gebundenen Kapitals. Die so ermittelten Residualgewinne sollen als JÜ-Residualgewinne bezeichnet werden, da sie auf dem Jahresüberschuß aufbauen.

2. Als zweite Möglichkeit bietet sich ein Residualgewinnkonzept an, im Rahmen dessen die gesamte Bilanzsumme mit einem Kapitalkostensatz belegt wird. Auch die Rückstellungen müssen mit Kapitalkosten belegt werden, da sie – wie wir in Kapitel 8 diskutiert haben – Kapital binden, für das Opportunitätskosten existieren. Wenn Kapitalkosten auch für Rückstellungen angesetzt werden, muß der Nachteil der Aufwandsvorverlagerung vermieden werden. Dies wird durch die Rückrechnung der aufwandswirksamen Zuführung zum Jahresüberschuß und dem Ansatz der Zahlungen bei Eintritt des Rückstellungsgrundes erreicht. Wir wollen diesen Ansatz als BS-Residualgewinn bezeichnen, da er sich auf die gesamte Bilanzsumme (BS) bezieht.

Betrachten wir ein Beispiel:

In t = 0 wird eine Rückstellung in Höhe von 100 gebildet. Das durch die Rückstellung gebundene Kapital wird in t = 0 investiert. In t = 1 und t = 2 erfolgen Einzahlungen aus dieser Investition in Höhe von 12 % auf das in t = 0 investierte Kapital. In t = 2 wird ein Restverkaufserlös i. H. v. 100 realisiert. Der Rückstellungsgrund tritt in t = 2 ein und führt zu einer Auszahlung in Höhe von 100. Damit erhält man die in Tabelle 10-5 angegebene Nettozahlungsreihe, die abdiskontiert mit 10 % den NKW von -79,17 ergibt.

---

[380] Vgl für das Folgende Schüler, A. (1998), S. 90-102.

	0	1	2
Investitionszahlungsreihe	-100	12	112
- Inanspruchnahme aus der Rückstellung			-100
= Nettozahlungsreihe	-100	12	12
NKW_0 = -79,17			

Tabelle 10-5: Vorperiodisierter Aufwand - NKW

Zum gleichen Ergebnis gelangt man durch die Berechnung und Abzinsung von JÜ-Residualgewinnen:

	0	1	2
Cashflows aus der Investition		12	112
- Zuführung zur Rückstellung	-100		
- Abschreibung des Projektes		-50	-50
(1) Bilanzsumme	(100)	(50)	
- *(2) Nicht zu verzinsendes Kapital (Rückstellungen)*	(-100)	(-100)	
= *(3) Kapitalbasis*	(0)	(-50)	
- Kapitalkosten = 10 % · Kapitalbasis der Vorperiode[381]		0	+5
= JÜ-Residualgewinne	-100	-38	67
NKW_0 = -79,17			

Tabelle 10-6: Vorperiodisierter Aufwand - JÜ-Residualgewinne

Es erfolgt eine Kapitalkostenentlastung, da die aufwandswirksame Rückstellungsbildung im Zeitpunkt 0 nicht korrigiert wird. Das mit Kapitalkosten zu belegende Kapital ist um den Rückstellungsbetrag zu kürzen. Die Zahlung bei Eintritt des Rückstellungsgrundes im Zeitpunkt 2 wird in der GuV nicht erfaßt.

[381] Man kann dieses Beispiel als Ausschnitt aus dem Realinvestitionsprogramm des Unternehmens interpretieren: In t_2 fällt eine Kapitalkostenerstattung von 5 an, die die gesamte Kapitalkostenbelastung des Unternehmens verkürzt.

Das gleiche Resultat erhalten wir über BS-Residualgewinne:

Berechnung des NKW über BS-Residualgewinne:	0	1	2
Zuführung zur Rückstellung	-100		
+ Veränderung Rückstellung	+100		-100
= Inanspruchnahme aus der Rückstellung			-100
+ Überschüsse aus der Investition		12	112
- Abschreibung des Projektes		-50	-50
Bilanzsumme = Kapitalbasis	(100)	(50)	
- Kapitalkosten = 10 % · Kapitalbasis der Vorperiode		-10	-5
= BS-Residualgewinne	0	-48	-43
NKW_0 = -79,17			

Tabelle 10-7: Vorperiodisierter Aufwand - BS-Residualgewinne

Das BS-Konzept erfaßt die Inanspruchnahme bei Eintritt des Rückstellungsgrundes im Zeitpunkt 2. Da durch die Rückstellung Kapital in Höhe von 100 gebunden wird, sind darauf Kapitalkosten anzusetzen.

Analog ist bei anderen vorperiodisierten Aufwendungen, wie z. B. bei denen, die zur Bildung von Verbindlichkeiten aus Lieferungen und Leistungen oder von sonstigen Verbindlichkeiten für Steuern und soziale Sicherheit führen, zu verfahren.

(2) Nachperiodisierter Ertrag

Für Vorgänge dieser Gruppe gilt analog: Bei Beibehaltung der Ertragsbuchung entsteht ein Nachteil im Vergleich zur zahlungsstromorientierten Sichtweise, da der Ertrag zeitlich nach der Einzahlung erfaßt wird. Es bestehen auch hier zwei Lösungsmöglichkeiten:

1. JÜ-Residualgewinn: Es darf keine Belastung der zugehörigen Bilanzposition mit Kapitalkosten erfolgen.
2. BS-Residualgewinn: Er ist nach Kapitalkosten auf das gesamte Kapital definiert. Die Erfolgsgröße vor Kapitalkosten muß dann die Einzahlung erfassen, um den Ansatz von Kapitalkosten zu rechtfertigen.

Beispiel: In t = 0 wird ein Grundstück verkauft. Unter Ausübung steuerlicher Wahlrechte wird ein Sonderposten mit Rücklageanteil gebildet in Form einer steuerfreien Rücklage in Höhe von 100. Die Auflösung der Rücklage erfolgt über zwei Perioden in Höhe von jeweils 50. Das gebundene Kapital wird investiert, es folgt eine Anschaffungsauszahlung in Höhe von 100. Die Investition wird über zwei Perioden linear abgeschrieben. In t = 1 und t = 2 resultieren aus dieser Investition Einzahlungen in Höhe von 12 % auf das in t = 0 investierte Kapital. In t = 2 wird ein Restverkaufserlös i. H. v. 100 erzielt. Die resultierende Nettozahlungsreihe ergibt – abdiskontiert mit 10 % – einen NKW von 103,47.

Berechnung des NKW aus dem Finanzplan:	0	1	2
Investitionszahlungsreihe	-100	12	112
+ Erlös aus Grundstücksverkauf (Zuführung zum Sonderposten)	+100		
= Nettozahlungsreihe	0	12	112
$NKW_0 = 103{,}47$			
Berechnung des NKW über JÜ-Residualgewinne:	0	1	2
Ertrag aus der Investition		12	112
+ Auflösung des Sonderpostens		+50	+50
- Abschreibung		-50	-50
(1) Bilanzsumme	(100)	(50)	
- (2) Nicht zu verzinsendes Kapital	(-100)	(-50)	
= (3) Kapitalbasis	(0)	(0)	
- Kapitalkosten = 10 % · Kapitalbasis der Vorperiode		0	0
= JÜ-Residualgewinne	0	12	112
$NKW_0 = 103{,}47$			
Berechnung des NKW über BS-Residualgewinne:	0	1	2
Auflösung des Sonderpostens		50	50
+ Veränderung Sonderposten	+100	-50	-50
= Zum Sonderposten gehörende Zahlung	+100	0	0
+ Ertrag aus der Investition		12	112
- Abschreibung		-50	-50
Bilanzsumme = Kapitalbasis	(100)	(50)	
- Kapitalkosten = 10 % · Kapitalbasis der Vorperiode		-10	-5
= BS-Residualgewinne	100	-48	57
$NKW_0 = 103{,}47$			

Tabelle 10-8: Nachperiodisierter Ertrag

Zu beachten ist hier die Kapitalkostenentlastung beim JÜ-Ansatz, wodurch die im Vergleich zum BS-Ansatz spätere Ertragsbuchung bei Auflösung des Sonderposten ausgeglichen wird. Analog zur Argumentation bzgl. der Rückstellungen erhält man die zum Sonderposten gehörende Zahlung, indem man die Veränderung des Sonderposten bei der Erfolgsermittlung addiert.

Weitere, analog zu behandelnde Beispiele für nachperiodisierten Ertrag sind Erträge, ausgelöst durch die Verminderung des Bestandes an erhaltenen Anzahlungen und an passiver Rechnungsabgrenzung.

(3) Nachperiodisierter Aufwand

Prominentestes Beispiel dieser Gruppe ist der Ansatz von Abschreibungen, die in der GuV an die Stelle von Investitionsauszahlungen treten. Die Aufwandsbuchung folgt der Auszahlung. Beispiele dieser Gruppe werden bei JÜ- und BS-Ansatz gleichbehandelt: Die relevanten Kapitalbestandteile werden mit Kapitalkosten belegt, um die verzögerte Aufwandserfassung auszugleichen (JÜ-Ansatz) bzw. es werden Kapitalkosten auf das gesamte, relevante Kapital angesetzt (BS-Ansatz).

Beispiel: Im Rahmen eines Materialeinkaufs werden in t = 1 Anzahlungen in Höhe von 100 geleistet, der Bilanzposten geleistete Anzahlungen erhöht sich um diesen Betrag. In t = 2 wird das Material im Wert von 100 geliefert und verbraucht.

Berechnung des NKW aus dem Finanzplan:	0	1	2
Geleistete Anzahlung	-100		
Nettozahlungsreihe	-100	0	0
NKW_0 = -100			
Berechnung des NKW über JÜ- bzw. BS-Residualgewinne:	**0**	**1**	**2**
Materialaufwand			-100
Investiertes Kapital = Kapitalbasis	(100)	(100)	
Kapitalkosten = 10 % · Kapitalbasis der Vorperiode		-10	-10
JÜ- bzw. BS-Residualgewinne		-10	-110
NKW_0 = -100			

Tabelle 10-9: Nachperiodisierter Aufwand

Aufwendungen, die zur Verminderungen des Bestandes an geleisteten Anzahlungen und aktiven Rechnungsabgrenzungen führen, sind analog zu behandeln.

(4) Vorperiodisierter Ertrag

Die Ertragsbuchung erfolgt vor der Einzahlung. Analog zum nachperiodisierten Aufwand werden sowohl beim JÜ- als auch beim BS-Ansatz Kapitalkosten auf die relevanten Kapitalbestandteile angesetzt.

Beispiel:

In t = 0 wird der Bestand an Halb- und Fertigfabrikaten um 100 erhöht. Der Material- und Personalaufwand beträgt in t = 0 ebenfalls 100. Der Verkauf der Fabrikate erfolgt im Zeitpunkt 2 zu einem Preis von 100.

Berechnung des NKW aus dem Finanzplan:	0	1	2
Umsatzerlöse aus dem Verkauf			100
- Material- und Personalaufwand	-100		
= Nettozahlungsreihe	-100	0	100
NKW_0 = -17,36			

Berechnung des NKW über JÜ- bzw. BS-Residualgewinne:	0	1	2
Umsatzerlöse			100
± Veränderung des Bestandes	100		-100
- Material- und Personalaufwand	-100		
Investiertes Kapital = Kapitalbasis	(100)	(100)	
- Kapitalkosten = 10 % · Kapitalbasis der Vorperiode		-10	-10
= JÜ- bzw. BS-Residualgewinne		-10	-10
NKW_0 = -17,36			

Tabelle 10-10: Vorperiodisierter Ertrag

Weitere Beispiele für vorperiodisierten Ertrag sind Zielverkäufe, die zum Aufbau von Forderungen aus Lieferungen und Leistungen führen, und aktivierte Eigenleistungen.

(5) Zwischenergebnis

Die Äquivalenz zwischen Ein- und Auszahlungen (Z) einerseits sowie Erträgen und Aufwendungen (B) bei entsprechender Kapitalkostenent- oder -belastung andererseits läßt sich agreggiert darstellen.[382] Wir unterscheiden zwei Fälle:

Fall 1: Nachperiodisierte Buchung

Für nachperiodisierten Ertrag und Aufwand gilt:

$$\begin{aligned} Z_0 &= B_t(1+i)^{-t} + \sum_{j=1}^{t} i \cdot B_t (1+i)^{-j} \\ &= B_t\left[(1+i)^{-t} + i \cdot \frac{(1+i)^t - 1}{(1+i)^t \cdot i}\right] \\ &= B_t \end{aligned} \tag{10-17}$$

Fall 2: Vorperiodisierte Buchung

Für vorperiodisierten Aufwand und Ertrag gilt:

$$\begin{aligned} Z_T &= B_t(1+i)^{T-t} - \sum_{j=t+1}^{T} i \cdot B_t (1+i)^{T-j} \\ &= B_t\left[(1+i)^{T-t} - i \cdot \frac{(1+i)^{T-t} - 1}{i}\right] \\ &= B_t \end{aligned} \tag{10-18}$$

382 Vgl. auch Lücke, W. (1994), S. 147-149; Knoll, L. (1996), S. 116.

Die konzeptionellen Konsequenzen für JÜ- und BS-Ansatz faßt die folgende Abbildung zusammen.[383]

Keine Korrekturen notwendig	Nachperiodisierter Aufwand	Vorperiodisierter Ertrag
Korrekturen notwendig	Vorperiodisierter Aufwand	Nachperiodisierter Ertrag
JÜ-Ansatz	Verminderung der Bilanzsumme um betroffene Bilanzpositionen	Verminderung der Bilanzsumme um betroffene Bilanzpositionen
	oder	oder
BS-Ansatz	Erhöhung des Jahresüberschusses um Veränderung der betroffenen Bilanzp.	Erhöhung des Jahresüberschusses um Veränderung der betroffenen Bilanzp.

Abbildung 10-2: JÜ- und BS-Residualgewinnkonzept

2. Residualgewinn auf den Marktwert

Wie erwähnt, zeigt ein positiver (negativer) buchwertbasierter Residualgewinn an, daß die Kapitalkostenforderung bezogen auf den Buchwert (nicht) erfüllt wird. Trotz dieses etwas verschwommenen periodischen Signals erfreuen sich buchwertbasierte Residualgewinne wachsender Beliebtheit, da eine Verknüpfung zum Unternehmenswert besteht und auf einen bekannten Datensatz zurückgegriffen werden kann, was Kommunikation, Implementierung und Begrenzung der Manipulationsspielräume erleichtert. Wenn die tatsächliche Wertschaffung gemessen werden soll, ist ein Rückgriff auf Barwerte zu prognostizierender Überschüsse unumgänglich. Greift man wieder das Beispiel von oben auf, ergeben sich marktwertbasierte Residualgewinne, indem erwartetete Cashflow verkürzt werden um sog. Ertragswertabschreibungen und Kapitalkosten auf den Marktwert (Barwert) am Ende der Vorperiode. Abbildung 10-3 zeigt deren Berechnung.

[383] Vgl. Krotter, S. (2006), S. 4.

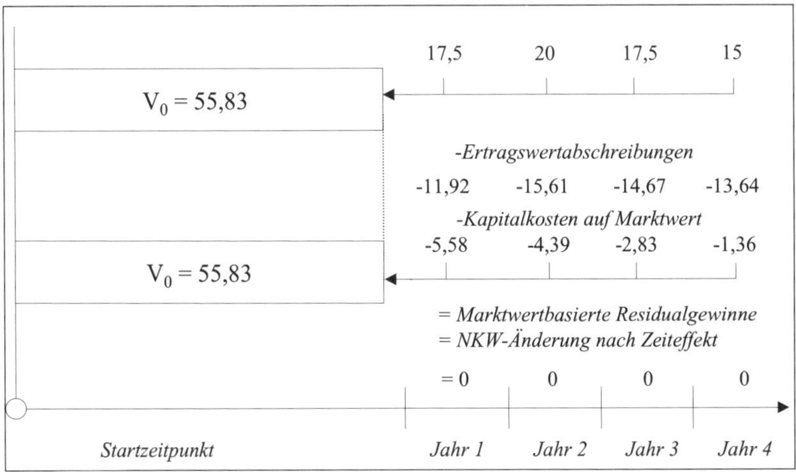

Abbildung 10-3: Marktwertbasierter Residualgewinn

Die Residualgewinne entsprechen der oben diskutierten NKW-Veränderung nach Zeiteffekt. Diese Residualgewinne betragen ex ante in allen Perioden gerade Null: Die Performance ist nicht besser oder schlechter als von Anfang an erwartet. Ex ante können keine Realisations- oder Planungsabweichungen auftreten. Während buchwertbasierte Residualgewinne den Nettokapitalwert den Periodisierungsregeln der Rechnungslegung folgend über die Laufzeit verteilen, ist der in den Folgeperioden zu verdienende Nettokapitalwert hier bereits in der Kapitalbasis, dem Marktwert, enthalten. Diese Kapitalkostenbasis kann durch Verweis auf den alternativ möglichen Verkauf des Projektes zum Marktwert begründet werden. Wenn im Zeitablauf Realisations- oder Planungsabweichungen auftreten, wird dies zum Zeitpunkt der Erwartungsänderung als Performance ausgewiesen.[384]

3. Residualgewinn auf einen periodisierten Marktwert

Wird nicht in jeder Periode eine Unternehmensbewertung durchgeführt, kann man eine pragmatische Version von marktwertbasierten Residualgewinnen definieren. Wir wollen annehmen, daß der Nettokapitalwert, der im Beispiel einem bilanziellen (originären) Goodwill gleicht, gleichmäßig über die Laufzeit verteilt wird. Abbildung 10-4 unterstellt eine lineare „Abschreibung" des Goodwill. Die resultierenden Residualgewinne sind dann regelmäßig von Null verschieden. Diskontiert man sie, erhält man wiederum den zum Zeitpunkt t = 0 berechneten NKW. Treten also keine Realisations- oder Planungsabweichungen ab, wird der NKW i. H. v. 5,83 bestätigt, da der Barwert dieser Form von marktwertbasierten Residualgewinnen Null beträgt.

384 Vgl. oben Abschnitt 10.II. Drukarczyk, J./Schüler, A. (2000), S. 280-288; Richter, F./Honold, D. (2000), S. 265.

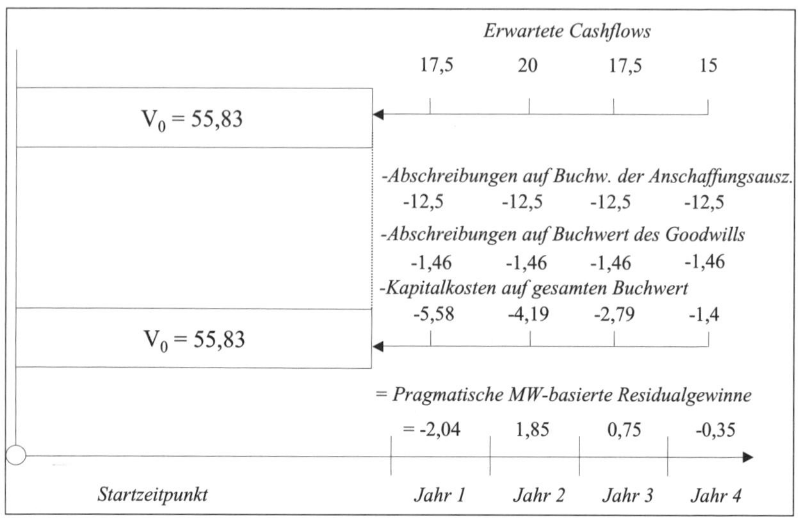

Abbildung 10-4: Residualgewinn auf periodisierten Marktwert

4. Residualgewinn auf das investierte Kapital

Der Ausweis des erwarteten Mehrwerts (Nettokapitalwerts) erfolgt bei marktwertbasierten Residualgewinnen von Anfang an: Dieser ist in der Kapitalbasis enthalten. Bei buchwertbasierten Residualgewinnen hängt der Ausweis von den Rahmenbedingungen der Rechnungslegung ab. Der Nettokapitalwert wird über die Gesamtlaufzeit verteilt. Wir stellen nun einen Ansatz vor, bei dem der Mehrwert erst ausgewiesen wird, wenn er den Eigentümern zufließt. Dazu greifen wir auf das Konzept des investierten Kapitals zurück. Dieser Ansatz ist vor allem von didaktischem Interesse, da er die Möglichkeit des Verkaufs künftiger Überschüsse ausblendet. Er ist definiert als Ausschüttung minus Veränderung des investierten Kapitals und Kapitalkosten. Abbildung 10-5 zeigt die Anwendung auf das Beispiel.

Der so konzipierte Residualgewinn wird in Periode 4 positiv, da dann mehr an die Eigentümer zurückgeflossen ist, als diese unter Berücksichtigung von Kapitalkosten und zwischenzeitlichen Ausschüttungen investiert haben. Der Barwert dieses Residualgewinns entspricht wiederum dem NKW.

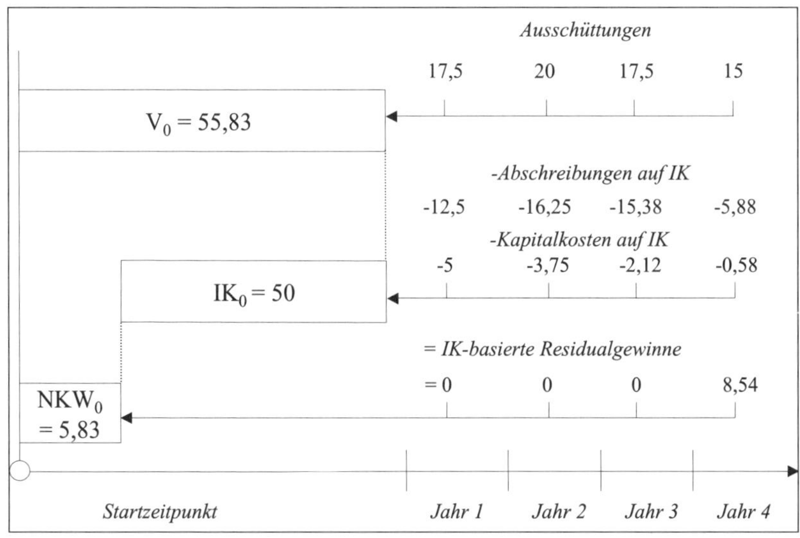

Abbildung 10-5: Residualgewinne auf das investierte Kapital

IV. Varianten aus Literatur und Praxis

1. EVA

Der wohl bekannteste buchwertbasierte Residualgewinn ist der Economic Value Added (EVA).[385] Der EVA einer Periode ist wie folgt definiert:

EVA = (Rate of Return on Total Capital – WACC)

Bzw.:[386]

EVA = NOPAT – Cost of Capital

Die Kapitalbasis setzt sich aus dem Anlagevermögen, dem Net Working Capital und den Equity Equivalents (eigenkapitalähnliche Positionen) zusammen. Beispiele für Equity Equivalents sind: Deferred Income Tax Reserve,[387] Lifo-Reserve, kumulierte Abschreibungen auf den Goodwill,[388] nichtaktivierter Goodwill, Aufwendungen mit Investitionscharakter (Intangibles) wie F&E-, Produktentwicklungs- und Markteinführungsaufwand,[389] Vollkosten-Aktivierung (Full-cost Accounting)

[385] Vgl. Stewart, G. B. (1991), zum EVA-Konzept vgl. auch O'Hanlon, J./Peasnell, K. (1998), S. 421-444.

[386] Mit NOPAT: Net Operating Profit after Adjusted Taxes.

[387] Diese Position entspricht den passiven latenten Steuern; *Stewart* schlägt eine Behandlung als Eigenkapitalbestandteil vor, da der Bodensatz niemals an den Fiskus gezahlt werde, vgl. Stewart, G. B. (1991), S. 113.

[388] Diese Abschreibungen sind keine Zahlungsgrößen und in den USA steuerlich nicht abzugsfähig, deswegen werden sie aktiviert, vgl. Stewart, G. B., S. 114.

[389] Diese Aufwendungen würden sonst in der Periode, in der sie anfallen, in voller Höhe verbucht, tragen aber langfristig zum Erfolg des Untenehmens bei, vgl. Stewart, G. B. (1991), S. 115-116.

und Aktivierung des außerordentlichen Aufwands (Ertrags)[390] sowie Other Equity Equivalents (z. B. Wertberichtigungen, Garantierückstellungen)[391]. Zudem werden die Gegenwerte von Leasingverpflichtungen aktiviert. Die passivische Definition des mit Kapitalkosten zu belegenden Kapitals führt zum gleichen Ergebnis: verzinst werden Eigenkapital, Equity Equivalents und Fremdkapital.

Der NOPAT ist definiert als Umsatzerlöse abzüglich operativer Aufwendungen einschließlich Abschreibungen und Steuern, zuzüglich Veränderung der Equity Equivalents und Zinsanteil der Leasingraten: Durch die Addition der Veränderung der Equity Equivalents wird die Aktivierung der entsprechenden Positionen, d. h. die Rückrechnung des Aufwandes, und die nachfolgende Verteilung bzw. Abschreibung erfaßt. Da auch dieses Konzept auf dem WACC-Ansatz aufsetzt, ist der Erfolg bei Eigenfinanzierung zu Grunde zu legen. Deswegen wird der Zinsaufwand nicht miteinbezogen, der in den Leasingraten enthaltene Zinsanteil zurückaddiert und die Steuern ohne Steuerersparnisse der Fremdfinanzierung angesetzt.

Der Barwert der erwarteten Residualgewinne entspricht der Differenz zwischen dem Unternehmensgesamtwert (Bruttokapitalwert) und der Kapitalbasis in Form des korrigierten Buchwertes. Er wird als Market Value Added (MVA) bezeichnet:

$$\text{MVA} = \text{Market Value of Equity and Debt} - \text{Capital}$$

Daß die Größe MVA bzw. allgemein die Differenz zwischen Unternehmengesamtwert und Buchwert während der Projektlaufzeit nur zufällig dem Nettokapitalwert entspricht, wurde oben ausführlich belegt. Desweiteren ist kritisch anzumerken, daß für jede der o. g. Korrekturen die Barwertkompatibilität belegt werden müßte. Ein entsprechender Nachweis liegt unseres Wissens nicht vor.[392]

2. CVA

Der Cash Value Added stellt wie EVA eine Variante des buchwertbasierten Residualgewinns dar. Charakteristisch ist die Agreggation von Kapitalkosten und (theoretischer) Abschreibung zu einer Annuität. Für das Beispiel folgt: $50 \cdot AF_{k=0,1}^{n=4} = 50 \cdot 0{,}31547 = 15{,}77$.

390 Anstatt des Successful-Efforts Accounting bei Unternehmen, die Bodenschätze abbauen; denn die nicht erfolgreichen Abbauversuche würden sonst in einer Periode als Aufwand verbucht und nicht aktiviert; Fehlversuche sind aber mit den erfolgreichen Versuchen verknüpft, vgl. Stewart, G. B. (1991), S. 116-117, die Aktivierung des außerordentlichen Aufwands kann analog begründet werden.

391 Soweit sie mit der Geschäftstätigkeit verknüpft sind und zur Ergebnisglättung verwendet werden, vgl. Stewart G. B. (1991), S. 117.

392 Daß die Barwertkompatibilität für den vorgeschlagenen Umgang mit Leasingverträgen verletzt ist, zeigen Schüler, A./Herrmann, C. (2006).

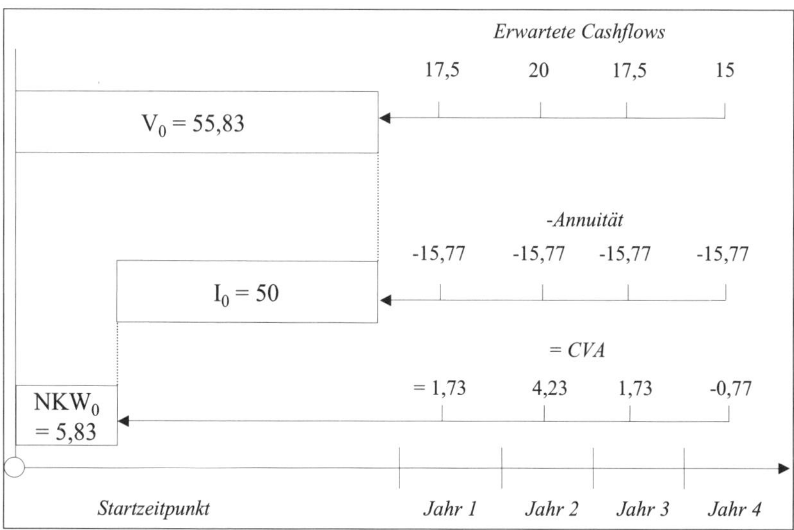

Abbildung 10-6: Cash Value Added

Der Cashflow jeder Periode wird somit in gleicher Höhe mit Kapitalkosten und Abschreibung belastet. Es ist offen, ob CVA einen Fortschritt gegenüber „traditionellen" buchwertbasierten Residualgewinnen darstellt.

3. Earned Economic Income

Grinyer[393] hat mit dem Earned Economic Income (EEI) eine interessante Kennzahl zur periodischen Performance-Messung vorgestellt. Die periodischen Zahlungsüberschüsse werden mit der Relation Netto- zu Bruttokapitalwert multipliziert:

$$EEI_t = CF_t\left(1-\frac{IK_0}{V_0}\right) = CF_t\frac{NKW_0}{V_0} \tag{10-19}$$

Wie man leicht sieht, entsprechen die diskontierten, erwarteten EEI_t dem Nettokapitalwert im Zeitpunkt 0:

$$\sum_{t=1}^{n} EEI_t(1+k)^{-t} = \left(1-\frac{IK_0}{V_0}\right)V_0 = NKW_0 \tag{10-20}$$

Barwertkompatibilität liegt vor. Das EEI-Konzept verteilt den Nettokapitalwert bzw. Abschreibung und Kapitalkosten in Abhängigkeit von der Höhe des periodischen Cashflows. Eine Einflußnahme durch Abschrei-

393 Vgl. Grinyer, J. R. (1985), (1987), (1995); Peasnell K. V. (1995), (1995b); Skinner R. C. (1998).

bungsverläufe findet nicht statt. Will man das EEI analog zu einem Residualgewinn formulieren, der prinzipiell als Cashflow nach Abschreibung und Kapitalkosten definiert ist, folgt nach Umformung von (10-19):

$$EEI_t = \underbrace{CF_t}_{\text{Cashflow}} - \underbrace{CF_t \frac{IK_0}{V_0}}_{\text{Abschreibung und Kapitalkosten}} \tag{10-21}$$

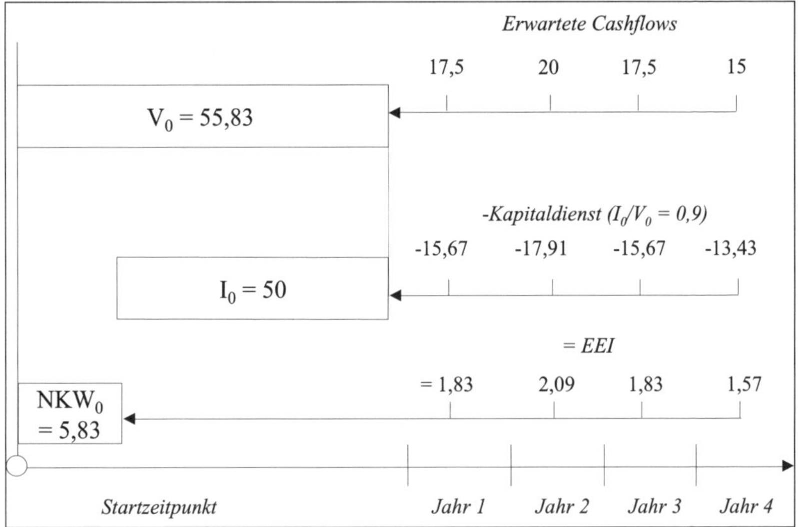

Abbildung 10-7: Earned Economic Income

Die Belastung mit Kapitalkosten und Abschreibungen folgt dem, relative benefit depreciation schedule, und damit dem Tragfähigkeitsprinzip.[394]

Die im Rahmen der EEI-Berechnung erfolgende Skalierung auf Basis des in t = 0 erwarteten Netto- und Bruttokapitalwerts kann allerdings bei Realisations- oder Planungsabweichungen in den Folgeperioden nicht aufrechterhalten werden. Um die Verknüpfung zum (revidierten) Nettokapitalwert aufrechtzuerhalten, müßten auch die EEI vergangener Perioden korrigiert werden.

4. Shareholder Value Added

Rappaport schlägt den Shareholder Value Added (SVA) zur periodischen Performance-Messung vor. Der SVA soll die von der Investitionsauszahlung der Periode ausgelöste Veränderung des Unternehmenswerts (Barwerts) messen. Rappaport schlägt folgende Zuordnung vor: Er rechnet

[394] Vgl. Rogerson W. P. (1997); Baldenius, T./Fuhrmann, G./Reichelstein, S. (1999); Ewert, R./Wagenhofer, A. (2003), S. 541-550; Crasselt, N. (2003), S. 107-112.

die Veränderung des Net Operating Profits after Taxes (NOPAT) der Investitionsauszahlung nach Abschreibung (Incremental Investment) der gleichen Periode zu. Zur Berechnung des Wertbeitrags der Investition unterstellt er eine unendliche Laufzeit der Veränderung des NOPAT. Die (vermutete) Wertänderung wird erst im Zeitpunkt der Investitionsauszahlung erfaßt. SVA ist wie folgt definiert:[395]

$$SVA_t = CF_t + RV_t - RV_{t-1}(1+k) \qquad (10\text{-}22)$$

Mit:

$$\begin{aligned} RV_t &= \text{Residual Value}_t \\ &= \frac{CF_t + \text{Incremental Investment}_t}{k} \end{aligned} \qquad (10\text{-}23)$$

Bzw.:

$$SVA_t = \frac{\Delta NOPAT_t\,(1+k)}{k} - \text{Incremental Investment}_t \qquad (10\text{-}24)$$

Wir denken, daß die u. E. fehlende praktische Akzeptanz seines Vorschlags begründet werden kann:

- Wenn man Performance-Messung auf Basis von erwarteten Überschüssen betreibt, sollte man die Erwartungen nicht erst im Zeitpunkt des Zahlungsmittelabflusses in den Kalkül aufnehmen.
- Die Zuordnung der Überschußänderung zur Nettoinvestition der entsprechenden Periode mutet etwas starr an und führt durch die Verrentung zu volatilen Ergebnissen.

V. Buchwertbasierte Residualgewinne und DCF-Methode

1. APV-Ansatz

a. Unternehmensbewertung

Wir erweitern den Kalkül nun um Fremdfinanzierung und Steuern. Damit wird eine nach den DCF-Varianten APV-, WACC- und Equity-Ansatz differenzierende Diskussion interessant. Wir wandeln das oben eingeführte Beispiel etwas ab. Die operativen Cashflows (vor Steuern) betragen in jeder Periode 20. Die Gründungsinvestition wird i. H. v. 40 fremdfinanziert. Das Fremdkapital wird in den Folgeperioden gleichmäßig und vollständig zurückgeführt. Die Position der Gläubiger ist nicht ausfallbedroht; das Fremdkapital kostet den risikolosen Zins (i = 0,05).

---

[395] Im Anhang zeigen wir die Äquivalenz zwischen (10-22) und (10-24). Rappaport macht in seinem Beitrag einen Fehler, da dort keine Multiplikation des ΔNOPAT mit dem Term (1+k) erfolgt; vgl. Rappaport, A. (1998), S. 127.

Wir unterstellen ein einfaches Gewinnsteuersystem mit $s_K = 0{,}4$. Die Eigenkapitalkosten bei Eigenfinanzierung betragen 10 %. Tabelle 10-11 enthält GuV und Bilanz für den Fall der Eigenfinanzierung und den der Fremdfinanzierung.

GuV bei Eigenfinanzierung	0	1	2	3	4
Operativer Cashflow vor Steuern		20,0	20,0	20,0	20,0
Abschreibungen		12,5	12,5	12,5	12,5
EBIT		7,5	7,5	7,5	7,5
Steuern		3,0	3,0	3,0	3,0
Jahresüberschuß		4,5	4,5	4,5	4,5
Kapitalherabsetzung		12,5	12,5	12,5	12,5
Ausschüttung		17,0	17,0	17,0	17,0
Bilanz bei Eigenfinanzierung					
Aktiva	50,0	37,5	25,0	12,5	0,0
Eigenkapital	50,0	37,5	25,0	12,5	0,0
GuV bei Fremdfinanzierung					
EBIT		7,5	7,5	7,5	7,5
Zinsaufwand		2,0	1,5	1,0	0,5
Steuern		2,2	2,4	2,6	2,8
Jahresüberschuß		3,3	3,6	3,9	4,2
Tilgung		10,0	10,0	10,0	10,0
Kapitalherabsetzung		2,5	2,5	2,5	2,5
Ausschüttung		5,8	6,1	6,4	6,7
Bilanz bei Fremdfinanzierung					
Aktiva	50,0	37,5	25,0	12,5	0,0
Eigenkapital	10,0	7,5	5,0	2,5	0,0
Fremdkapital	40,0	30,0	20,0	10,0	0,0

Tabelle 10-11: Jahresabschlüsse bei Eigen- und Fremdfinanzierung

Grundlage einer barwertkompatiblen Performance-Messung ist die Unternehmensbewertung. Wir unterstellen eine autonome Finanzierungspolitik und beginnen daher mit dem APV-Ansatz. Im ersten Schritt wird der Unternehmensgesamtwert bei Eigenfinanzierung ermittelt: Für t = 0 erhalten wir $V^E = 53{,}9$. Im zweiten Schritt wird der Barwert der finanzierungsbedingten Steuervorteile V^{USt} berechnet. Kreditgeber sind nicht von Ausfällen bedroht. Zudem sind die steuerlichen Bemessungsgrundlagen ausreichend hoch. Steuer- und Zinssatz sind konstant. Es folgen sichere periodische Steuervorteile, die mit dem risikolosen Zins zu bewerten sind. Im Beispiel beträgt deren Barwert 1,8. Der Unternehmensgesamtwert bei Fremdfinanzierung folgt dann mit: $V_0^F = 53{,}9 + 1{,}8 = 55{,}7$. Der Wert des Eigenkapitals beträgt 15,7 (= 55,7 – 40). Tabelle 10-12 zeigt die Ergebnisse der APV-Bewertung für die gesamte Laufzeit.

	0	1	2	3	4
V^E	53,89	42,28	29,50	15,45	0,00
Periodischer Steuereffekt	0,00	0,80	0,60	0,40	0,20
V^{USt}	1,82	1,11	0,56	0,19	
V^F	55,70	43,38	30,07	15,65	
F	40,00	30,00	20,00	10,00	
E^F	15,70	13,38	10,07	5,65	

Tabelle 10-12: APV-Bewertung

b. Nettokapitalwert

Unabhängig von dem gewählten Bewertungsansatz ist zur Ermittlung des periodischen Nettokapitalwerts dem Wert des Eigenkapitals das investierte Eigenkapital (IE) gegenüberzustellen. Die geforderte Rendite der Eigentümer bei anteiliger Fremdfinanzierung (k^F) ist im Falle der autonomen Finanzierungspolitik definiert mit:

$$k_t^F = k + (k - i)\frac{F_{t-1} - V_{t-1}^{USt}}{E_{t-1}^F} \qquad (10\text{-}25)$$

In t = 0 beträgt der Nettokapitalwert bei Fremdfinanzierung 15,7 –10 = 5,7. Er ist im Vergleich zum Nettokapitalwert bei Eigenfinanzierung 53,9 – 50 = 3,9 i. H. v. $V^{USt} = 1{,}8$ gestiegen. Die Veränderung des Nettokapitalwerts vor und nach Zeiteffekt ergibt sich bei jetzt periodenspezifischen Eigenkapitalkosten analog zu (10-3) bzw. (10-5). Im Beispiel beträgt die NKW-Änderung nach Zeiteffekt bzw. der ökonomische Gewinn nach Kapitalkosten in jeder Periode Null. Die operativen und finanzierungsspezifischen Erwartungen werden erfüllt (Tabelle 10-13).

	0	1	2	3	4
E^F	15,70	13,38	10,07	5,65	0,00
k^F [396]		0,2216	0,2079	0,1965	0,1869
IE (mit k^F)	10,00	6,42	1,65	-4,43	-11,95
NKW^F	5,70	6,97	8,42	10,07	11,95
ΔNKW^F		1,26	1,45	1,65	1,88
NKW^F-Änderung nach Zeiteffekt (mit k^F)		0,00	0,00	0,00	0,00

Tabelle 10-13: Nettokapitalwerte bei anteiliger Fremdfinanzierung

[396] Für t = 1 gilt z. B.: $k_1^F = 0{,}1 + (0{,}1 - 0{,}05)\frac{40 - 1{,}82}{15{,}7} = 0{,}2216$.

c. Nettokapitalwertänderung nach Zeiteffekt und Residualgewinne

Die Berechnung der NKW-Änderung nach Zeiteffekt anhand von Residualgewinnen funktioniert auch beim APV-Ansatz. Der modulare Aufbau des Ansatzes bleibt erhalten. Im ersten Schritt wird – analog zur Bewertung des eigenfinanzierten Unternehmens – der Residualgewinn bei Eigenfinanzierung ermittelt. Dieser liefert eingesetzt in (10-16) die NKW-Änderung nach Zeiteffekt des rein eigenfinanzierten Unternehmens. Man könnte dies auch als operativen Wertbeitrag bezeichnen. Im zweiten Schritt wird die Wirkung der Kapitalstruktur auf den Nettokapitalwert erfasst. Wie erwähnt, ist der Steuereffekt bei autonomer Finanzierungspolitik risikolos und deshalb mit i zu diskontieren. Wenn die Finanzierung des Unternehmens erwartungskonform verläuft, so gilt analog zu (10-5) in jeder Periode:

$$\Delta V_t^{USt} + s_K \cdot i \cdot F_{t-1} - i \cdot V_{t-1}^{USt} = 0 \qquad (10\text{-}26)$$

Die Veränderung des Barwertes der Steuervorteile entspricht dem periodischen Steuervorteil und der Verzinsung des Vorjahreswertes. Bei erwartungskonformem Verlauf beträgt (10-26) stets Null. Die Addition der Ergebnisse aus Schritt 1 und 2 ergibt die NKW-Änderung nach Zeiteffekt für das anteilig fremdfinanzierte Unternehmen (Tabelle 10-14).

	0	1	2	3	4
Jahresüberschuß (bei Eigenfinanzierung)		4,5	4,5	4,5	4,5
Kapitalkosten		5,00	3,75	2,50	1,25
APV-Residualgewinn		-0,50	0,75	2,00	3,25
Barwert RG_{APV} (mit k)	3,89	4,78	4,50	2,95	0,00
- Aufdiskontierter Barwert RG_{APV} (mit k)		-4,28	-5,25	-4,95	-3,25
Operative NKW-Änderung nach Zeiteffekt bei Eigenfinanzierung		0,00	0,00	0,00	0,00
Barwert Steuervorteile (mit i)	1,82	1,11	0,56	0,19	0,00
Veränderung Barwert Steuervorteil		-0,71	-0,54	-0,37	-0,19
Periodischer Steuervorteil		0,80	0,60	0,40	0,20
Kapitalkosten auf Barwert Vorperiode (mit i)		-0,09	-0,06	-0,03	-0,01
Finanzierungsbedingte NKW-Änderung nach Zeiteffekt (mit i)		0,00	0,00	0,00	0,00
NKW-Änderung nach Zeiteffekt		0,00	0,00	0,00	0,00

Tabelle 10-14: Nettokapitalwert und APV-Residualgewinne

Gerade für die Performance-Messsung ist die getrennte Bewertung von operativem Bereich und Kapitalstrukturentscheidungen nützlich. Nur der APV-Ansatz ermöglicht diese Trennung.

2. WACC-Ansatz

a. Unternehmensbewertung und Performance-Messung

Wie der obere Teil der Tabelle 10-15 zeigt, bestätigt der WACC-Ansatz die APV-Ergebnisse; eigenständig arbeitet er nicht, da die Bewertungsergebnisse für die Berechnung der periodischen Kapitalkosten benötigt werden. In jeder Periode ist die bekannte WACC-Formel anzuwenden:

$$WACC_t = k_t^F \frac{E_{t-1}^F}{V_{t-1}^F} + i(1-s_K)\frac{F_{t-1}}{V_{t-1}^F} \qquad (10\text{-}27)$$

	0	1	2	3	4
WACC		0,0840	0,0849	0,0858	0,0866
V^F	55,70	43,38	30,07	15,65	0,00
F	40,00	30,00	20,00	10,00	
E^F	15,70	13,38	10,07	5,65	0,00
IE	10,00	6,42	1,65	-4,43	-11,95
NKW^F	5,70	6,97	8,42	10,07	11,95
ΔNKW^F		1,26	1,45	1,65	1,88
Jahresüberschuß bei Eigenfinanzierung		4,50	4,50	4,50	4,50
Gesamtkapitalkosten auf Buchwert der Aktiva		4,20	3,18	2,14	1,08
WACC-Residualgewinn		0,30	1,32	2,36	3,42
Barwert RG_{WACC}	5,70	5,88	5,07	3,15	
- Aufdiskontierter Barwert RG_{WACC}		-6,18	-6,38	-5,50	-3,42
NKW-Änderung nach Zeiteffekt		0,00	0,00	0,00	0,00

Tabelle 10-15: Bewertung, Residualgewinne und Nettokapitalwert gemäß WACC-Ansatz

Bewertet wird im Roll-Back-Verfahren. Zunächst ist die Ausschüttung (bei Eigenfinanzierung) der Periode 4 auf Periode 3 mit dem periodenspezifischen WACC zu diskontieren, danach Ausschüttung und Unternehmensgesamtwert der Periode 3 auf Periode 2 usw.

b. Residualgewinne

Zur Berechnung der WACC-Residualgewinne ist wie bei der Berechnung der APV-Residualgewinne auf die Jahresüberschüsse bei Eigenfinanzierung zurückzugreifen. Wir subtrahieren dann die Gesamtkapitalkosten, berechnet durch Multiplikation des periodischen WACC mit den jeweiligen Bilanzsummen der Vorperiode (vgl. Tabelle 10-11), und erhalten die WACC-Residualgewinne. Auch diese lassen sich durch vollständige Erfassung aller Residualgewinne analog zu (10-16) in die NKW-Änderung nach Zeiteffekt überleiten. Im Beispiel beträgt diese in jeder Periode Null (vgl. letzte Zeile der Tabelle 10-15).

3. Equity-Ansatz

a. Unternehmensbewertung und Performance-Messung

Tabelle 10-16 zeigt die Unternehmensbewertung und Performance-Messung bei Anwendung des Equity-Ansatzes. Im Rahmen der Unternehmensbewertung kommt wiederum das Roll-Back-Verfahren zum Einsatz. Hierfür sind die Ausschüttungen bei gegebener Kapitalstruktur und die periodenspezifischen Eigenkapitalkosten erforderlich. Stellt man Wert des Eigenkapitals und investiertes Eigenkapital gegenüber, folgt der Nettokapitalwert. Dessen Veränderung entspricht der Verzinsung zum Eigenkapitalkostensatz. Die Equity-Residualgewinne folgen nach Abzug der Eigenkapitalkosten in Höhe des Produktes aus Eigenkapitalkostensatz und Buchwert des Eigenkapitals von den Jahresüberschüssen bei anteiliger Fremdfinanzierung.

	0	1	2	3	4
Cashflow bei anteiliger Fremdfinanzierung		5,80	6,10	6,40	6,70
k^F		0,2216	0,2079	0,1965	0,1869
E^F	15,70	13,38	10,07	5,65	0,00
IE	10,00	6,42	1,65	-4,43	-11,95
NKW^F	5,70	6,97	8,42	10,07	11,95
ΔNKW^F		1,26	1,45	1,65	1,88
Jahresüberschuß bei anteiliger Fremdfinanzierung		3,30	3,60	3,90	4,20
Eigenkapitalkosten auf Buchwert des Eigenkapitals		2,22	1,56	0,98	0,47
Equity-Residualgewinn		1,08	2,04	2,92	3,73
Barwert künftiger RG_{Eq}	5,70	5,88	5,07	3,15	0,00
- Aufdiskontierter Barwert RG_{Eq}		-6,97	-7,11	-6,06	-3,73
NKW-Änderung nach Zeiteffekt		0,00	0,00	0,00	0,00

Tabelle 10-16: Bewertung, Residualgewinne und Nettokapitalwert gemäß Equity-Ansatz

Die NKW-Änderung nach Zeiteffekt, die (10-16) folgend als periodischer Residualgewinn zuzüglich abdiskontierter künftiger Residualgewinne und abzüglich des aufdiskontierten Barwertes der historischen Residualgewinne definiert ist, beträgt Null. Die Ergebnisse des APV-Ansatzes werden bestätigt.

b. Beispiel bei Erwartungsrevision

Wir erweitern nun das Beispiel – illustriert am Equity-Ansatz – um eine Erwartungsrevision. Wir nehmen an, daß das Management in t = 2 aufgrund neuer Informationen den erwarteten operativen Cashflow vor Steuern der Periode 4 von 20 auf 25 anhebt. Tabelle 10-17 enthält die Ergebnisse der Performance-Messung bei revidierten Erwartungen. Ändern sich die Ergebnisse im Vergleich zum Ausgangsfall, schattieren wir das Kästchen, in der die Änderung zum ersten Mal auftritt. Wert des Eigenkapitals und Nettokapitalwert ändern sich in Periode 2, in der annahmegemäß die Planung für die Periode 4 revidiert wird. Das investierte Eigenkapital reagiert in Periode 3 – dies ist eine Folge der Veränderung des Eigenkapitalkostensatzes. Daß sich die Eigenkapitalkosten ändern, liegt am neuen Verhältnis zwischen Fremdkapital und Eigenkapital gemessen zu Barwerten.

	2	3	4
k^F	0,2079	0,1775	0,1586
Wert Eigenkapital	12,55	8,37	0,00
Investiertes Eigenkapital	1,65	-4,46	-14,86
Nettokapitalwert	10,90	12,83	14,86
ΔNKW	3,93	1,93	2,03
Jahresüberschuß bei anteiliger Fremdfinanzierung	3,60	3,90	7,20
Eigenkapitalkosten auf Buchwert Eigenkapital	1,56	0,89	0,40
Equity-Residualgewinn	2,04	3,01	6,80
Barwert künftiger RG_E	7,55	5,87	0,00
Aufdiskontierter Barwert RG_E	-7,11	-8,88	-6,80
NKW-Änderung nach Zeiteffekt	2,48	0,00	0,00

Tabelle 10-17: Beispiel bei Erwartungsrevision

Die Reaktion der Eigenkapitalkosten wirkt sich auch auf den buchwertbasierten Equity-Residualgewinn aus: Er reagiert in Periode 3 und beträgt nicht mehr 2,92 (Tabelle 10-16), sondern 3,01. Der höhere Cashflow wird erst in Periode 4 angezeigt; der Residualgewinn ist nun deutlich höher als vorher (6,8 statt 3,73). Der Anstieg um 3,07 ist bedingt durch den erhöhten Jahresüberschuß, 5(1-0,4) = 3, sowie die reduzierten Eigenkapitalkosten auf den Buchwert des Eigenkapitals, (0,1869–0,1586)2,5 = 0,07.

VI. Zusammenfassung

In diesem Kapitel haben wir uns mit barwertkompatiblen Konzepten der wertorientierten Unternehmenssteuerung beschäftigt. Basis unserer Überlegungen war die Herleitung und Interpretation des periodischen Nettokapitalwerts und dessen Veränderung. Um den periodischen Nettokapitalwert zu berechnen, ist dem Unternehmenswert das investierte Kapital gegenüberzustellen. Dieses ist unter Beachtung von Kapitalkosten, Ausschüttungen und Kapitalerhöhungen fortzuschreiben. Das investierte Kapital wird negativ, sobald ein positiver Nettokapitalwert erwirtschaftet worden ist.

Tritt keine Planungs- oder Realisationsabweichung auf, wächst der periodische Nettokapitalwert in der Zeit um Kapitalkosten, d. h. um den sog. Zeiteffekt. Diese Veränderung bildet keine Wertsteigerung ab, sondern lediglich die Erfüllung der Erwartungen. Die aussagekräftigere Änderung des Nettokapitalwerts nach Zeiteffekt ist bei erwartungskonformem Verlauf stets Null.

Da buchwertbasierte Residualgewinne in der Praxis beliebt sind, haben wir die Verknüpfung zwischen diesen und dem Nettokapitalwert bzw. dessen Veränderungen genau untersucht. Wir haben gesehen, daß der Residualgewinn einer Periode noch kein hinreichendes Signal für die Entwicklung des Unternehmenswertes ist.

Ausgenommen des Gründungszeitpunkts zeigt die Differenz zwischen Unternehmenswert und Buchwert den Nettokapitalwert regelmäßig nicht an. Somit läßt der Barwert künftiger Residualgewinne – der Market Value Added – allein noch kein abschließendes Urteil über den geschaffenen Mehrwert zu. Um mit Hilfe der Residualgewinne den periodischen Nettokapitalwert fortzuschreiben, sind neben den erwarteten auch die vergangenen, historischen Residualgewinne relevant: Die Differenz zwischen investiertem Kapital und Buchwert der Aktiva entspricht dem Endwert der bereits erwirtschafteten Residualgewinne. Der relevante Zeitraum für eine Überleitung vom Residualgewinn zum Nettokapitalwert ist also der Gesamtzeitraum. Wie die Überleitung von Residualgewinnen zur NKW-Änderung nach Zeiteffekt aussieht, haben wir gezeigt.

Schließlich haben wir diese Ergebnisse auf gängige DCF-Varianten übertragen: Läßt man anteilige Fremdfinanzierung zu, können der periodische Nettokapitalwert und dessen Veränderung anhand verschiedener Bewertungsansätze gemessen werden. Dabei erlaubt der APV-Ansatz eine differenzierte Betrachtung des operativen Bereichs und der Kapitalstruktur.

VII. Literaturhinweise

Aders C./Hebertinger M. (2003): Value Based Management. In: Ballwieser/Wesner (Hrsg.): Shareholder-Value-Konzepte, Frankfurt a. M., S. 14-23.

Baldenius, T./Fuhrmann, G./Reichelstein, S. (1999): Zurück zu EVA. In: Betriebswirtschaftliche Forschung und Praxis, 51. Jg., S. 53-65.

Breid, V. (1994): Erfolgspotentialrechnung: Konzeption im System einer finanzierungstheoretisch fundierten, strategischen Erfolgsrechnung, Stuttgart.

Bromwich, M./Walker, M. (1998): Residual income past and future. In: Management Accounting Research, Vol. 9., S. 391-419.

Crasselt, N. (2003): Wertorientierte Managemententlohnung, Unternehmensrechnung und Investitionssteuerung, Frankfurt a. M., Berlin, New York.

Crasselt, N. (2004): Managementvergütung auf Basis von Residualgewinnen: Zur Gefahr von Fehlanreizen durch praktisch relevante Abschreibungsverfahren. In: FinanzBetrieb, 6 Jg., S. 121-129.

Drukarczyk, J. (1997): Wertorientierte Unternehmenssteuerung: Besprechung des Shareholder-Value-Ansatzes von Rappaport. In: Zeitschrift für Bankrecht und Betriebswirtschaft, 9. Jg., S. 217-226.

Drukarczyk, J./Schöntag, J. (2006): Residualgewinnbasierte Steuerung von Immobiliengesellschaften gestützt auf den APV-Ansatz. In: Stand und Entwicklungstendenzen der Immobilienökonomie, Festschrift für K. W. Schulte, Bone-Winkel, St. u. a. (Hrsg.), Köln, S. 93-108.

Drukarczyk, J./Schüler, A. (2000): Approaches to Value-Based Performance Measurement. In: Value-based Management: Context and Application, Arnold/Davies (Hrsg.), Chichester, New, York, S. 255-303.

Dutta, S./Reichelstein, S. (2002): Controlling Investment Decisions: Depreciation and Capital Charges. In: Review of Accounting Studies, Vol. 7, S. 253-281.

Ewert, R./Wagenhofer, A. (2003): Interne Unternehmensrechnung, 5. A., Berlin.

Ferstl, J. (2000): Managervergütung und Shareholder Value. Konzeption einer wertorientierten Vergütung für das Top-Management, Wiesbaden.

Gebhardt, G. (1995): Marktorientiertes Beteiligungskontrolling im internationalen Konzern. In: Der Betrieb, 48. Jg., S. 2225-2231.

Grinyer, J. R. (1985): Earned Economic Income – A Theory for Matching. In: Abacus, Vol. 21, S. 130-148.

Grinyer, J. R. (1987): A New Approach to Depreciation. In: Abacus, Vol. 23, S. 43-51.

Grinyer, J. R. (1995): Analytical properties of earned economic income – a respones and extension, In: British Accounting Review, Vol. 27, S. 211-228.

Grinyer, J. R./Lyon, R. A. (1989): The Need for Ex Post EEI, In: Journal of Business Finance & Accounting, Vol. 16, S. 303-315.

Hebertinger, M. (2002): Wertsteigerungsmaße – Eine kritische Analyse, Frankfurt a. M. u. a.

Jensen, M. C. (1993): The Modern Industrial Revolution, Exit, and the Failure of Internal Control Systems, In: Journal of Finance, Vol. 48, S. 831-880.

Kaldor, N. (1986): The Concept of Income in Economic Theory. In: Readings in the Concept and Measurement of Income, Parker/Harcourt/Whittington (Hrsg.), 2. ed., Cambridge.

Knoll, L. (1996): Das Lücke-Theorem. In: Das Wirtschaftsstudium, 25 Jg., S. 115-117.

Krotter, S. (2006): "Durchbrechungen des Kongruenzprinzips und Residualgewinne – Broken Link Between Accounting and Finance?," Regensburger Diskussionsbeiträge zur Wirtschaftswissenschaft.

Lindahl, E. (1939): Studies in the Theory of Money and Capital.

Lücke W. (1955): Investitionsrechnung auf der Basis von Ausgaben oder Kosten?" In: Zeitschrift für handelswirtschaftliche Forschung, 7. Jg., S. 310-324

Lücke, W. (1994): Vier Varianten der DCF-Methode – Neuorientierung für das Management. In: Neuorientierung des Management, Lücke W./Nissen-Baudewig G. (Hrsg.), Wiesbaden, S. 131-149.

*Moxter, A. (*1982*):* Betriebswirtschaftliche Gewinnermittlung, Wiesbaden.

O'Hanlon, J./Peasnell K. (1998): "Wall Streets contribution to management accounting: the Stern Stewart EVA financial management system." In: Management Accounting Research, Vol. 9, S. 421-444.

O'Hanlon, J./Peasnell, K. (2002): Residual Income and Value Creation: The Missing Link. In: Review of Accounting Studies, Vol. 7, S. 229-245.

Peasnell, K. V. (1982): Some formal connections between economic values and yields and accounting numbers. In: Journal of Business Finance & Accounting, Vol. 9, S. 361-381.

Peasnell, K. V. (1995): Analytical Properties of Earned Economic Income. In: British Accounting Review, Vol. 27, S. 5-33.

Peasnell, K. V. (1995b): Second Thoughts on the Analytical Properties of Earned Economic Income. In: British Accounting Review, Vol. 27, S. 229-239.

Preinreich, G. A. D. (1936): The fair value and yield of common stock. In: Accounting Review, Vol. 11, S. 130-140.

Preinreich, G. (1937): Valuation and amortization. In: Accounting Review, Vol. 12, S. 209-226.

Preinreich, G. (1938): Annual Survey of Economic Theory: The Theory of Depreciation. In: Econometrica, Vol. 6, S. 219-241.

Rappaport, A. (1998): Creating shareholder value: a guide for managers and investors, 2. ed., New York.

Reichelstein, S. (2000): Providing Managerial Incentives: Cash Flows versus Accrual Accounting. In: Journal of Accounting Research, Vol. 38, S. 243-269.

Richter, F./Honold, D. (2000): Das Schöne, das Unattraktive und das Hässliche an EVA & Co. In: FinanzBetrieb, 2. Jg., S. 265-274.

Rogerson, W. P. (1997): Intertemporal cost allocation and managerial investment incentives: a theory explaining the use of economic value added as a performance measure. In: Journal of Political Economy, Vol. 105, S. 770-795.

Schüler, A. (1998): Performance-Messung und Eigentümerorientierung: Eine theoretische und empirische Untersuchung. In: Regensburger Beiträge zur betriebswirtschaftlichen Forschung, Band 19, Frankfurt a. M., Berlin, Bern, New York, Paris, Wien.

Schüler, A. (2000): Periodische Performance-Messung durch Residualgewinne. In: Deutsches Steuerrecht, 38. Jg., S. 2105-2108.

Schüler, A. (2001): Jahresabschlußdaten und Performance-Messung. In: Jahrbuch für Controlling und Rechnungswesen 2001, Seicht (Hrsg.), Wien, S. 141-158.

Schüler, A./Herrmann, C. (2006): Leasing und wertorientierte Unternehmenssteuerung. In: Zeitschrift für Controlling und Management, 50. Jg., S. 174-188.

Schüler, A./Krotter, S. (2004): Konzeption wertorientierter Steuerungsgrößen: Performance-Messung mit Discounted-Cash-flows und Residualgewinnen ex ante und ex post. In: FinanzBetrieb, 6. Jg., S. 430-437.

Skinner, R. C. (1998): The Strange Logic of Earned Economic Income. In: British Accounting Review, Vol. 30, S. 93-104.

Solomons, D. (1961): Economic and Accounting Concepts of Income. In: The Acounting Review, Vol. 36, S. 374-383.

Stewart, G. B. (1991): The Quest for Value, New York.

Wright, F. K. (1970): A theory of financial accounting. In: Journal of Business Finance, S. 57-69.

VIII. Anhänge

1. Lücke-Theorem

Zu zeigen ist, daß der NKW in t = 0 auch durch Diskontierung von Residualgewinnen berechnet werden kann:

$$\begin{aligned} NKW_0 &= \sum_{t=1}^{n} RG_t (1+k)^{-t} \\ &= \sum_{t=1}^{n} (CF_t - Ab_t - k \cdot BW_{t-1})(1+k)^{-t} \\ &= \sum_{t=1}^{n} CF_t (1+k)^{-t} - \sum_{t=1}^{n} (Ab_t + k \cdot BW_{t-1})(1+k)^{-t} \end{aligned} \tag{10-28}$$

Die übliche Berechnung über Cashflows sieht so aus ($I_0 = BW_0$):

$$NKW_0 = -BW_0 + \sum_{t=1}^{n} CF_t (1+k)^{-t} \tag{10-29}$$

Es ist also zu zeigen, daß gilt

$$BW_0 = \sum_{t=1}^{n} (Ab_t + k \cdot BW_{t-1})(1+k)^{-t} \tag{10-30}$$

Die rechte Seite der Gleichung (10-30) können wir umformulieren:

$$\begin{aligned} &\sum_{t=1}^{n} (BW_{t-1} - BW_t + k \times BW_{t-1})(1+k)^{-t} \\ &\quad = \sum_{t=1}^{n} \left[(1+k) BW_{t-1} - BW_t \right] (1+k)^{-t} \\ &\quad = \sum_{t=1}^{n} BW_{t-1} (1+k)^{-(t-1)} - \sum_{t=1}^{n} BW_t (1+k)^{-t} \\ &\quad = BW_0 (1+k)^0 - BW_n (1+k)^{-n} \end{aligned} \tag{10-31}$$

Aus $BW_n = 0$ folgt aus (10-31) $BW_0 = BW_0$. Damit ist (10-30) belegt.

2. Shareholder Value Added

Mit

$$RV_t = \frac{CF_t + \text{Incremental Investment}_t}{k} \tag{10-32}$$

kann (10-22) umgeformt werden zu:

$$\begin{aligned} SVA_t &= CF_t + \Delta RV_t(1+k) \\ &\quad -k\frac{CF_t + \text{Incremental Investment}_t}{k} \\ &= \frac{\Delta(CF_t + \text{Incremental Investment}_t)(1+k)}{k} \\ &\quad -\text{Incremental Investment}_t \end{aligned} \tag{10-33}$$

Mit $NOPAT_t = CF_t + \text{Incremental Investment}_t$ folgt schließlich:

$$SVA_t = \frac{\Delta NOPAT_t(1+k)}{k} - \text{Incremental Investment}_t$$

11. Kapitel: Bewertung mit Multiplikatoren

I. Einleitung

Multiplikatoren werden verbreitet eingesetzt, um die Preiswürdigkeit von Aktien, Beteiligungen oder Eigentumsrechten an Unternehmen einzuschätzen. Der Zweck ist nicht die Ermittlung subjektiver Grenzpreise, sondern die überschlägige Einschätzung eines Marktpreises. Ist die Aktie bezogen auf vergleichbare Anlagen über- oder unterbewertet? Wo könnte der Marktwert des Eigenkapitals eines Unternehmens im Vergleich zu aktuellen bekannten Transaktionspreisen ähnlicher Unternehmen liegen? Auf welchem Niveau könnte der Preis pro Aktie bei einem anstehenden ersten Börsengang angesetzt werden vor dem Hintergrund der Börsenbewertung der Aktien vergleichbarer Unternehmen?

Die Sollfunktion von Multiplikatoren ist es, das in Transaktionspreisen bzw. Börsenpreisen dokumentierte Preisfindungswissen des „Marktes" auf die Bepreisung eines anderen Anlagetitels oder Unternehmens zu übertragen, wobei der Wissenstransfer i. d. R. über eine einzige, als Performance-Indikator geltende Größe erfolgen soll. Zu diesen Größen zählen etwa die finanziellen Kennzahlen EBIT, EBITDA,[397] JÜ, Umsatzerlöse etc. Diese Vorgehensweise hat den Geruch von Daumenregeln. Der Preisfindungsablauf sieht etwa so aus:

Benötigt wird eine nicht zu kleine Menge *vergleichbarer* Unternehmen, von denen aktuelle Transaktions- bzw. Vergleichspreise bekannt sind. Die Menge der Unternehmen darf nicht zu klein sein, um Bewertungsfehler der bei der Transaktion beteiligten Parteien tendenziell auszugleichen. „Vergleichbarkeit" ist eine entscheidende Eigenschaft. Da Bewerten Vergleichen heißt,[398] hängt die Übertragbarkeit der realisierten Transaktionspreise auf das zu bewertende Unternehmen davon ab, ob die Unternehmen der Peer-Group mit dem zu bepreisenden Unternehmen vergleichbare wertrelevante Eigenschaften haben.

Multiplikatoren sind eindimensional: Sie verknüpfen den Transaktionspreis, den Unternehmensgesamtwert, bestehend aus Börsenkapitalisierung und Buchwert des Fremdkapitals, oder den Kurs der Aktie mit einem einzigen als repräsentativ geltenden Performance-Indikator: Unternehmensgesamtwert dividiert durch EBIT ergibt einen EBIT-Multiplikator, Kurs der Aktie durch Jahresüberschuß je Aktie ergibt das Kurs-Gewinn-Verhältnis etc.

Wird das finanzielle Erfolgsmaß des zu bepreisenden Unternehmens bzw. -anteils, das als besonders wertrelevant gilt, multipliziert mit dem aus der Peer-Group abgeleiteten und als wertrelevant geltenden Multi-

---

397 EBITDA ≡ earnings before interest, taxes, depreciation and amortization.
398 Vgl. Moxter, A. (1983), S. 121.

plikator, erhält man eine Marktpreisschätzung. Deren Treffsicherheit hängt ab von der Zahl der Unternehmen in der Peer-Group, von den Fragen, wie gut diese die Vergleichbarkeitsanforderungen erfüllen, ob die Menge der wertrelevanten Merkmale eines Unternehmens sich gemäß Handlungsanweisung ohne preiserheblichen Informationsverlust auf eine zentrale Kennzahl reduzieren läßt und ob die unterstellte Proportionalität zwischen Marktpreis und Performance-Indikator wirklich besteht.

Vor dem Hintergrund der in den Kapiteln 5–9 besprochenen Details der Unternehmensbewertung mutet dieses Bepreisungsverfahren auf den ersten Blick als grobkörnig an. Bevor sich ein negativer Eindruck verfestigt, ist dreierlei zu beachten: Die Mehrzahl der Anwender der Multiplikator-Methode und der Autoren in der Literatur verweisen darauf, daß Multiplikatoren in aller Regel ergänzend zu anderen Bewertungsverfahren wie z. B. DCF-Kalkülen zum Einsatz kommen sollen. Insoweit kommt Multiplikator-Ansätzen die Funktion zu, Bewertungsergebnisse, die auf DCF-Kalkülen basieren, zu hinterfragen oder zu plausibilisieren. Zweitens wird angeführt, daß es insbesondere im Rahmen der Bewertung von Unternehmen, deren Anteile nicht notiert sind, sinnvoll sei, Transaktionspreise bzw. (mit Einschränkungen) Börsenkapitalisierungen von Unternehmen zu beachten, auch wenn Vergleichbarkeit in einem anspruchsvollen Sinn nicht vorliege.[399] Drittens wird angemerkt, daß eine intensive Analyse der potentiellen Unternehmen, die zu einer Peer-Group zählen könnten und das Vergleichbarkeitspostulat erfüllen sollen, auch eine Durchforstung des zu bepreisenden Unternehmens voraussetzten, die einem DCF-Kalkül kaum nachstehe.[400]

Das letztgenannte Argument läuft auf die Aussage hinaus, daß es auf die Qualität des Gewinnungsprozesses von Multiplikatoren ankommt, von der der Nutzen des Ansatzes abhängt. Ein Beispiel soll das Argument erläutern:[401] Die Unternehmen A und B weisen für den expliziten Planungszeitraum von fünf Perioden identische EBIT-Größen auf. Beide Unternehmen seien ausschließlich mit Eigenkapital finanziert, um Folgewirkungen unterschiedlicher Kapitalstrukturen auszuschließen. Der Unternehmensteuersatz sei $s_K = 0{,}36$. Die Einkommensteuer bleibt – das ist unangefochtener Brauch bei Multiplikator-gestützten Rechnungen – unbeachtet. Die Tabelle 11-1 weist in Zeile (3) die Erfolge nach Unternehmensteuern, die „Earnings“, aus. Ergänzt man, daß die Geschäftsrisiken beider Unternehmen gleich sind, könnte man die Unternehmen als gleichwertig ansehen. Benutzte man einen auf das Performancemaß Earnings gestützten Multiplikator (M), der hier mit dem Wert 10 angenommen werden soll, resultierten gleiche Ergebnisse für den Wert beider Unternehmen:

$$V_0^E = EBIT \cdot (1 - s_K) \cdot M = 100 \cdot 10 = 1.000$$

---

399 Vgl. z. B. Hitchner, J. R. (2003), S. 184-186; Pratt, S. P./Reilly, R. F./Schweihs, R. P. (1996), S. 204.

400 Vgl. Koller, T./Goedhart, M./Wessels, D. (2005), S. 67.

401 Vgl. auch Koller, T./Goedhart, M./Wessels, D. (2005), S. 57-68.

		1	2	3	4	5ff.
(1)	EBIT von Unternehmen A und B	156,25	164,06	172,27	180,88	189,92
(2)	Steuern ($s_K = 0{,}36$)	56,25	59,06	62,02	65,12	68,37
(3)	Erfolg nach Steuern (Earnings)	100,00	105,00	110,25	115,76	121,55

Tabelle 11-1: Daten der Unternehmen A und B

Nun sollte man fragen, wie das Wachstum von EBIT bzw. des Erfolgs nach Steuern zustande kommt. Das Wachstum (g) beträgt im Beispiel 5 % und ist Folge der Reinvestition von Teilen der Earnings und der Höhe der erzielbaren Reinvestitionsrenditen. Die Reinvestitionsrendite wird mit r_I, der Anteil an nicht ausgeschütteten, reinvestierten Earnings wird mit b bezeichnet. Die Wachstumsrate von EBIT bzw. des Erfolgs nach Steuern ist somit definiert durch:

$$g = b \cdot r_I \qquad (11\text{-}1)$$

Beide Unternehmen realisieren eine Wachstumsrate von g = 0,05. Das bedeutet indessen nicht, daß die reinvestierten Beträge pro Periode und die hierauf erzielbare Rendite vor Unternehmensteuer identisch sein müssen. Ob und welche Unterschiede ggf. bestehen, erkennt man, wenn man die die Abschreibungsverrechnung übersteigenden Nettoinvestitionen und die bewertungsrelevanten Überschüsse ausweist. Die folgende Tabelle stellt die Unterschiede zwischen Unternehmen A und B heraus.

		1	2	3	4	5ff.
Unternehmen A						
(1)	Erfolg nach Steuern (Earnings)	100,00	105,00	110,25	115,76	121,55
(2)	Nettoinvestition[402]	40,00	42,00	44,10	46,31	48,62
(3)	Bewertungsrelevante Überschüsse	60,00	63,00	66,15	69,46	72,93
Unternehmen B						
(1)	Erfolg nach Steuern (Earnings)	100,00	105,00	110,25	115,76	121,55
(2)	Nettoinvestition	25,00	26,25	27,56	28,94	30,39
(3)	Bewertungsrelevante Überschüsse	75,00	78,75	82,69	86,82	91,16

Tabelle 11-2: Nettoinvestitionen der Unternehmen A und B

[402] Die Nettoinvestition bezeichnet das Investitionsvolumen der Periode t, soweit es das Abschreibungsvolumen der Periode t, das im Erfolg nach Steuern berücksichtigt ist, übersteigt.

Unternehmen A muß, um ein Wachstum von $g = 0{,}05$ des Erfolgs nach Steuern bzw. der entziehbaren Überschüsse zu erzielen, eine Thesaurierungsquote $b = 0{,}4$ realisieren. Für Unternehmen B ist eine Quote von $b = 0{,}25$ ausreichend. Die Reinvestitionsrenditen, die B erzielt, sind folglich höher. Für B gilt

$$r_I = \frac{g}{b} = \frac{0{,}05}{0{,}25} = 0{,}20.$$

Unternehmen A erzielt nur

$$r_I = \frac{0{,}05}{0{,}40} = 0{,}125.$$

Damit ist klar, daß die Unternehmenswerte von A und B nicht gleich sein können, wenn wie oben unterstellt das Geschäftsrisiko gleich ist. Angenommen die geforderte Rendite der Eigentümer sei $k = 0{,}10$, dann folgt gemäß einem einfachen DCF-Kalkül für Unternehmen A:

$$V_A^E = \frac{CF_1}{k-g} = \frac{60}{0{,}10-0{,}05} = 1.200$$

Für Unternehmen B folgt

$$V_B^E = \frac{CF_1}{k-g} = \frac{75}{0{,}10-0{,}05} = 1.500,$$

wenn stark vereinfachend angenommen wird, daß die Wachstumsrate g konstant ist und zeitlich unbeschränkt realisiert wird. Die Formel für den Wert des Unternehmens (Eigenkapitals) ist also

$$V^E = \frac{EBIT_1\left(1-s_K\right)\left(1-b\right)}{k-g}. \tag{11-2}$$

Wegen $g = b \cdot r_I$ und $b = \frac{g}{r_I}$ folgt (11-3):

$$V^E = \frac{EBIT_1\left(1-s_K\right)\left(1-\frac{g}{r_I}\right)}{k-g} \tag{11-3}$$

(11-3) bringt uns ein besseres Verständnis für die Bedingungen, die hinter dem Vergleichbarkeitspostulat stehen: Transaktionspreise von Unternehmen oder (mit Einschränkungen) Börsenkapitalisierungen können auf zu bepreisende Unternehmen dann übertragen werden, wenn Strukturähnlichkeit in Bezug auf die steuerlichen Rahmenbedingungen (s_K), das

Investitions-(Geschäfts)risiko (k), die Thesaurierungsquote (b) im Zeitablauf und die im Zeitablauf erzielbare Reinvestitionsrendite r_I besteht. Wenn der Investor bzw. Berater dies im Detail für die Peer-Unternehmen und das zu bepreisende Unternehmen prüft, bleibt von der oft gepriesenen Einfachheit des Multiplikator-Ansatzes nichts übrig: Würde der Berater in obigem Beispiel einen EBIT-Multiplikator benutzen wollen, der zu einem verteidigbaren Ergebnis führt, wäre der Multiplikator im Fall der unterstellten Eigenfinanzierung zu definieren durch

$$\frac{\text{Wert des Unternehmens}}{\text{EBIT}_1} = \frac{(1 - s_K)\left(1 - \frac{g}{r_I}\right)}{k - g} = M_{EBIT} \tag{11-4}$$

und hätte somit alle die Parameter einzufangen, die auch in einem DCF-Kalkül Wertrelevanz hätten. Wir unterstellen damit, daß auch ein DCF-Kalkül für eine Marktpreis-Schätzung generell einsetzbar ist, und daß daher die DCF-Bewertungsformeln als Bezugspunkt für die Einschätzung von Multiplikatoren taugen. Ein treffsicherer EBIT-Multiplikator beträgt auch nicht 6,4[403], wie oben zunächst unterstellt und ist auch nicht für beide Unternehmen gleich groß, sondern beträgt 7,68 für Unternehmen A bzw. 9,6 für Unternehmen B. Ein Earnings-Multiplikator wäre nicht 10, sondern 12 für A und 15 für B. Auf Multiplikatoren aufbauende Preisschätzungen sind somit „shortcut(s) to discounted cashflow valuations“.[404] Der erforderliche Annahmenkranz, unter denen die Ergebnisse solcher „shortcuts“ zu verteidigbaren Ergebnissen führen, kann sich von dem, auf dem DCF-Kalküle aufbauen, prinzipiell nicht unterscheiden.

II. Multiplikatoren als verkürzte DCF-Kalküle

Es ist nicht beabsichtigt, einen Überblick über die Vielzahl der in Literatur und praktischer Handhabung anzutreffenden Multiplikatoren zu geben.[405] Wir greifen drei sehr häufig benutzte Multiplikatoren heraus: Das Kurs/Gewinn-Verhältnis (Price-Earnings-Ratio, PE-Ratio), die Relation Unternehmensgesamtwert zu EBIT (Enterprise Value-EBIT-Ratio) und das Marktwert/Buchwert-Verhältnis (Market-Book-Ratio).

Tabelle 11-3 stellt diese Multiplikatoren vor und liefert Definitionen, die unter vereinfachenden, unten erläuterten Bedingungen die Faktoren aufzeigen, von denen der Wert des jeweiligen Multiplikators abhängt.[406]

---

403 1.000/156,25 = 6,4.

404 Soffer, L. C./Soffer R. J. (2003), S. 391.

405 Informative Darstellungen liefern etwa Damodaran, A. (2002), S. 468-574; Hermann, V. (2002); Schwetzler, B. (2003); Soffer, L. C./Soffer, R. J. (2003), S. 384-439; Richter, F. (2005), S. 65-90; Ernst, D./Schneider, S./Thielen, B. (2006), S. 160-237.

406 Annahmen für die Definition der Zählergröße: konstantes unbegrenztes Wachstum mit Rate g; konstantes Investitionsrisiko; konstante Thesaurierungsquote b; konstante Kapitalstruktur; konstante Reinvestitionsrenditen (r_I).

Wir beginnen mit dem Enterprise Value/EBIT-Multiplikator. Im Zähler steht der Unternehmensgesamtwert, also die Summe aus Marktwert des Eigenkapitals i. S. v. Börsenkapitalisierung und Marktwert des Fremdkapitals. Letzteres wird regelmäßig mit dem Buchwert des Fremdkapitals gleichgesetzt und um nicht operative Bestände an verzinslichen Wertpapieren und nicht betriebsnotwendige Liquiditätsreserven (Net Debt) verkürzt. Im Nenner steht EBIT; wir entscheiden hier zugunsten der Forward-Interpretation und benutzen folglich die erwartete EBIT-Größe am Ende der Periode 1, also $EBIT_1$.

$$M_{EBIT} = \frac{E^F + F}{EBIT_1} \tag{11-5}$$

Setzen wir die Unternehmensteuern auf Null, unterstellen wir den Fall der unendlichen Rente und eine in Marktwerten gemessene konstante Kapitalstruktur im Zeitablauf sowie eine Nettoinvestition von Null,[407] ergibt sich der Unternehmensgesamtwert (bzw. Enterprise Value) aus

$$V_0 = \frac{EBIT}{WACC^*} = \frac{EBIT}{k}. \tag{11-6}$$

$WACC^*$ entspricht dem durchschnittlichen gewogenen Kapitalkostensatz bei Ausschluß von Steuern und ist identisch mit k. M_{EBIT} entspricht unter diesen Bedingungen dem Kehrwert von $WACC^*$ bzw. dem Diskontierungssatz k.

Berücksichtigen wir Unternehmensteuern (s_K) und positive Nettoinvestitionen, die durch eine Thesaurierungsquote b gekennzeichnet werden, die an $EBIT_1$ $(1-s_K)$ ansetzt, ist das durch die Nettoinvestitionen generierte Wachstum von EBIT zu berücksichtigen. Das prozentuale Wachstum von $EBIT_1$ betrage g_{EBIT} pro Periode. V_0 ist unter Beachtung der sonstigen Bedingungen definiert durch

$$V_0 = \frac{EBIT_1(1-s_K)(1-b)}{WACC - g_{EBIT}}, \tag{11-7}$$

wobei die Definition von WACC davon abhängt, welche Form der Fremdfinanzierungsstrategie verfolgt wird. Die von M_{EBIT} zu übernehmende Bepreisungsleistung ist jedenfalls komplexer als im zuerst betrachteten Fall:

$$M_{EBIT} = \frac{\dfrac{EBIT_1(1-s_K)(1-b)}{WACC - g_{EBIT}}}{EBIT_1} = \frac{(1-s_K)(1-b)}{WACC - g_{EBIT}} \tag{11-8}$$

---

407 Die Auszahlungen für Reinvestitionen entsprechen den verrechneten Abschreibungen und ggf. Rückstellungsdotierungen, haben somit die Größe EBIT bereits verkürzt.

		EV/EBIT	Aktienkurs/Jahresüberschuß pro Aktie	Börsenkapitalisierung/Buchwert-Relation
(1)	Bezeichnung	Enterprise Value/EBIT-Multiple	Price-Earnings-Ratio Kurs-Gewinn-Verhältnis Börsenkapitalisierung/Jahresüberschuß	P-B-Ratio Marktwert-Buchwert-Verhältnis
(2)	Vereinfachte Definition der Zählergröße	$V_0 = \frac{EBIT_1(1-s_K)(1-b)}{WACC - g_{EBIT}}$ mit $b = \frac{g_{EBIT}}{r_I}$	$E_0 = \frac{EBT_1(1-s_K)(1-b)}{k^F - g_{Eq}} = \frac{JÜ_1(1-b)}{k^F - g_{Eq}}$ mit $b = \frac{g_{Eq}}{r_{Eq}}$	$E_0 = \frac{EBT_1(1-s_K)(1-b)}{k^F - g_{Eq}}$ mit $b = \frac{g_{Eq}}{r_{Eq}}$ und $r_{Eq} = \frac{EBT_1(1-s_K)}{EK_0}$
(3)	DCF-analoge Definition des Multiplikators	$M_{EBIT} = \frac{(1-s_K)\left(1-\frac{g_{EBIT}}{r_I}\right)}{WACC - g_{EBIT}}$	$M_{Eq} = \frac{\left(1-\frac{g_{Eq}}{r_{Eq}}\right)}{k^F - g_{Eq}}$	$M_{MB} = \frac{E_0}{EK_0} = \frac{\frac{EBT_1(1-s_K)}{EK_0}\left(1-\frac{g_{Eq}}{r_{Eq}}\right)}{k^F - g_{Eq}}$ $M_{MB} = \frac{r_{Eq} - g_{Eq}}{k^F - g_{Eq}}$
(4)	Abhängigkeit des Multiplikators von	s_K; r_I; WACC und Kapitalstruktur; g_{EBIT}.	s_K; k^F und Kapitalstruktur; r_{Eq}; g_{Eq}.	s_K; r_{Eq}; k^F und Kapitalstruktur; g_{Eq}.

Tabelle 11-3: In der Praxis eingesetzte Multiplikatoren (Auswahl)

Die Wachstumsrate g_{EBIT} hängt ab von der Rendite, die die Nettoinvestitionen vor Unternehmensteuern erzielen und den Mittelbeträgen, die in Nettoinvestitionen gesteckt werden. Es gilt

$g_{EBIT} = r_I \cdot b$, womit folgt

$$M_{EBIT} = \frac{(1-s_K)\left(1-\frac{g_{EBIT}}{r_I}\right)}{WACC - g_{EBIT}}. \tag{11-9}$$

Der Multiplikator hängt somit ab von den steuerlichen Rahmenbedingungen, unter denen Unternehmen der Peer-Group und das zu bepreisende Unternehmen operieren, dem Investitionsrisiko, der verfolgten Fremdfinanzierungsstrategie und dem Volumen an verzinslichem Fremdkapital, der Thesaurierungsquote b und der auf Nettoinvestitionen erzielbaren Reinvestitionsrendite vor Unternehmensteuern. Formel (11-9) unterstellt zudem die Konstanz aller Parameter im Zeitablauf. Als realitätsnah kann man diese Annahme nicht bezeichnen.

Besonders weit entfernt von empirischen Abläufen ist die Annahme einer konstanten Thesaurierungsquote b im Zeitablauf, die über die konstante Reinvestitionsrendite r_I die konstante Wachstumsrate g_{EBIT} bewirken soll. Die sog. „competitive advantage period“, während der Unternehmen in der Lage sind, Mehrwert zu generieren, indem sie Reinvestitionsrenditen erzielen, die die geforderten Renditen der Kapitalgeber übersteigen, ist begrenzt, weshalb b, r_I und damit g_{EBIT} nicht konstant im Zeitablauf sein werden. Diesem Aspekt kann durch „fading rates“[408] oder gestufte Wachstumsannahmen Rechnung getragen werden. V_0 könnte z. B. wie folgt definiert werden:

$$V_0 = \underbrace{\sum_{t=1}^{T} EBIT_1(1-s_K)\left(1+g_{EBIT}^{(1)}\right)^{t-1}\left(1-b^{(1)}\right)(1+WACC)^{-t}}_{\substack{\text{Barwert der Ausschüttungen in der Phase} \\ \text{überdurchschnittlichen Wachstums } g_{EBIT}^{(1)}}} + \underbrace{\frac{EBIT_{T+1}(1-s_K)\left(1-b^{(2)}\right)}{WACC - g_{EBIT}^{(2)}}(1+WACC)^{-T}}_{\substack{\text{Endwert bei "normaler" Wachstumsrate } g_{EBIT}^{(2)} \\ \text{zum Zeitpunkt T, diskontiert auf } t=0}} \tag{11-10}$$

$b^{(1)}$ bzw. $b^{(2)}$ bezeichnen die Thesaurierungsquoten in Phase 1 bzw. 2, $g_{EBIT}^{(1)}$ bzw. $g_{EBIT}^{(2)}$ stehen für die erzielbaren Wachstumsraten von EBIT in den beiden Phasen.

---

[408] Vgl. z. B. Schwetzler, B. (2003), S. 80-81.

Formt man (11-10) leicht um und ersetzt $EBIT_{T+1}$ im zweiten Term durch

$$EBIT_1\left(1+g_{EBIT}^{(1)}\right)^{T-1}\left(1+g_{EBIT}^{(2)}\right),$$

erhält man:

$$V_0 = \frac{EBIT_1\left(1-s_K\right)\left(1-b^{(1)}\right)\left[1-\frac{\left(1+g_{EBIT}^{(1)}\right)^T}{\left(1+WACC\right)^T}\right]}{WACC-g_{EBIT}^{(1)}} + \frac{EBIT_1\left(1+g_{EBIT}^{(1)}\right)^{T-1}\left(1+g_{EBIT}^{(2)}\right)\left(1-s_K\right)\left(1-b^{(2)}\right)}{WACC-g_{EBIT}^{(2)}}\cdot\left(1+WACC\right)^{-T} \quad (11\text{-}11)$$

Setzt man

$$g_{EBIT}^{(1)}=0{,}10,\ b^{(1)}=0{,}60,\ g_{EBIT}^{(2)}=0{,}05,\ b^{(2)}=0{,}40,\ s_K=0{,}375,$$
$$WACC=0{,}14,\ EBIT_1=32,$$

und beziffert man die Länge der ersten Phase intensiven Wachstums mit 5 Jahren, folgt V_0 = 32,71 + 106,46 = 139,17. Der Multiplikator M_{EBIT}, der auf die Vorsteuergröße $EBIT_1$ anzuwenden ist, beträgt 4,35. Dividiert man (11-11) durch $EBIT_1$, wird deutlich, welche Informationsmenge ein Multiplikator prinzipiell enthalten müßte, um ein einem DCF-Kalkül, das hier als rationaler Bezugspunkt genutzt wird, nahe kommendes Ergebnis zu produzieren. Kleine Variationen der Wachstumsparameter, der Thesaurierungsquoten, der Kapitalkosten oder der Länge der Periode des übernormalen Wachstums produzieren deutliche Veränderungen von M_{EBIT}. Wird $g_{EBIT}^{(1)}$ z. B. auf 0,08 gesetzt, sinkt die implizite Reinvestitionsrendite von 16,67 % auf 13,33 % und M_{EBIT} sinkt auf 4,08. Reduziert man WACC von 0,14 auf 0,12, steigt M_{EBIT} von 4,35 auf 5,75, also um ca. 32 %. Diese prägnanten Einflüsse der Parameter, die als die zentralen Werttreiber in Bewertungskalkülen gelten, also b, g_{EBIT} und damit r_I sowie die Kapitalkosten (und deren Bestimmungsfaktoren) auf M_{EBIT} machen deutlich, daß die Fehlerquellen, die in einem Multiplikator-Ansatz lauern, eher größer sind als diejenigen, mit denen man sich in einem DCF-Kalkül auseinanderzusetzen hat.

Betrachten wir das Kurs-Gewinn-Verhältnis (KGV) bzw. die PE-Ratio. Setzt man anstelle der Relation Börsenkurs zu Gewinn/Aktie die Börsenkapitalisierung in Bezug zum um nicht operative Erfolgs- und Aufwandsgrößen bereinigten Jahresüberschuß, ist der Multiplikator M_{Eq}

definiert[409] durch den Quotienten aus Marktwert des Eigenkapitals i. S. d. Börsenkapitalisierung und $JÜ_1$. Unterstellen wir einen Teilausschütter, der Nettoinvestitionen anteilig durch Thesaurierung von erzielten Überschüssen finanziert und dadurch mit der Rate g_{Eq} steigende Ausschüttungen für alle Zukunft generiert, könnte der Wert des Eigenkapitals vorläufig so definiert werden:

$$E_0^F = \sum_{t=1}^{\infty} JÜ_1(1-b)\left(1+g_{Eq}\right)^{t-1}\left(1+k^F\right)^{-t} = \frac{JÜ_1(1-b)}{k^F - g_{Eq}} \quad (11\text{-}12)$$

b bezeichnet die Thesaurierungsquote, k^F die geforderte Rendite der Eigentümer, g_{Eq} die Wachstumsrate der Jahresüberschüsse. Diese hängt neben der Thesaurierungsquote b von der Reinvestitionsrendite nach Abzug der anteiligen Kosten der Fremdfinanzierung ab. Die Rendite wird hier mit r_{Eq} bezeichnet; sie unterscheidet sich von r_I, weil sie definiert ist als Erfolg der Nettoinvestition nach Zinsen und Steuern.

Tabelle 11-4 erläutert die Problemstruktur. Wir vereinfachen das Beispiel, indem wir den Verschuldungsumfang F_t an den Wert des Eigenkapitals binden. Es gelte:

$$\frac{F}{E^F} = 0{,}2,\ k^F = 0{,}12,\ r_{Eq} = 0{,}2 \text{ und } g_{Eq} = 0{,}10$$

Die Thesaurierungsquote ist dann b = 0,5. Der Zinssatz für Fremdkapital ist i = 0,05. Der Steuersatz sei s_K = 0,375. Der Jahresüberschuß der Periode t = 1 betrage 100.[410]

t	g_{Eq}	$JÜ_t$	$JÜ_t(1-b)$	E_t^F	$F_t = 0{,}2 \cdot E_t^F$	I_t	r_I	r_{Eq}
0	-	-	-	2.500,0	500	-		
1	0,10	100	50	2.750,0	550	100	0,1850	0,20
2	0,10	110	55	3.025,0	605	110	0,1850	0,20
3	0,10	121	60,5	3.327,5	665,5	121,1	0,1850	0,20
4	0,10	133,1	66,55	3.660,3	732,1	133,1	0,1850	0,20

Tabelle 11-4: Nettoinvestition, erwartete Bruttorendite und erwartete Eigenkapitalrendite

Durch die Vorgabe des konstanten Verschuldungsgrades wachsen auch das Fremdkapital und der Zinsaufwand i. H. v. g_{Eq}.

409 Der Multiplikator wird mit M_{Eq} bezeichnet, weil die Absicht der Benutzer ist, den Marktpreis des Eigenkapitals (Equity) eines zu bepreisenden Unternehmens abzuschätzen, indem sie den Jahresüberschuß der Periode 1 dieses Unternehmens mit M_{Eq} multiplizieren.

410 Auch hier schlummert eine Vereinfachung.

Die Nettoinvestition I_t ist definiert durch

$$I_t = b\,JÜ_t + \frac{F}{E^F}\left(E_t^F - E_{t-1}^F\right).$$

Die Bruttorendite sorgt dafür, daß der Überschuß nach zurechenbarem Kapitaldienst und nach Steuern das angenommene Wachstum der Jahresüberschüsse generieren kann.

Es muß folglich gelten:

$$\left(r_I \cdot I_{t-1} - \frac{F}{E^F} \cdot \underbrace{g_{Eq} \cdot E_{t-2}^F}_{\Delta E_{t-1}^F} \cdot i\right)(1 - s_K) = JÜ_t - JÜ_{t-1}$$

Mit $e = \dfrac{F}{E^F}$ erhalten wir:

$$\left(r_I \cdot I_{t-1} - \underbrace{e \cdot g_{Eq} \cdot E_{t-2}^F}_{\Delta F_{t-1}} \cdot i\right)(1 - s_K) = g_{Eq} \cdot JÜ_{t-1}$$

$$r_I \cdot I_{t-1}(1 - s_K) = g_{Eq}\, JÜ_{t-1} + \Delta\, F_{t-1} \cdot i(1 - s_K)$$

Im Beispiel beträgt r_I = 0,1850 vor Steuern. Für Periode 3 etwa folgt: $0{,}1850 \cdot 110(1 - 0{,}375) = 0{,}10 \cdot 110 + 0{,}1 \cdot 550 \cdot 0{,}05(1 - 0{,}375) = 12{,}72$. Der Erfolg der Reinvestition wird nur um die zusätzliche Zinslast verkürzt, die durch das Andocken von F_{t-1} an den mit der Rate g_{Eq} steigenden Wert des Eigenkapitals entsteht.[411]

Der Multiplikator M_{Eq} hängt ab von der Kapitalstruktur, die sowohl $JÜ_1$, die Diskontierungsrate k^F, die Wachstumsrate g_{Eq} und, weil die Finanzierungsstrategie auf die Thesaurierungsquote zurückwirkt, auch die Größe b beeinflußt. Es gibt Stimmen in der Literatur, die für den Einsatz von M_{EBIT} plädieren,[412] weil der Einfluß der Kapitalstruktur dort transparenter sei und weil sie nur die Zählergröße der Multiplikatordefinition in Form des Unternehmensgesamtwertes berühre, der den Barwert der steuerlichen Vorteile aus dem Einsatz verzinslichen Fremdkapitals und von Rückstellungen enthält, nicht aber die Erfolgsgröße EBIT.

---

411 Das bedeutet, daß die Zinslast aus der im Zeitpunkt t = 0 bereits bestehenden Verschuldung aus den Erfolgen des in t = 0 ebenfalls bereits investierten Kapitals bestritten werden muß.

412 Vgl. z. B. Koller, T./Goedhardt, M./Wessels, D. (2005), S. 365-366.

Betrachtet man den Fall gestuften Wachstums, steigen die Anforderungen an die Bepreisungsleistung des Multiplikators M_{Eq}. Der Wert des Eigenkapitals ist definiert durch (11-13):

$$E_0^F = \underbrace{\frac{JÜ_1\left(1-b^{(1)}\right)\left[1-\frac{\left(1+g_{Eq}^{(1)}\right)^T}{\left(1+k^F\right)^T}\right]}{k^F-g_{Eq}^{(1)}}}_{\substack{\text{Barwert der erwarteten Ausschüttungen}\\\text{in Wachstumsphase 1}}} + \qquad (11\text{-}13)$$

$$\underbrace{\frac{JÜ_1\left(1+g_{Eq}^{(1)}\right)^{T-1}\left(1+g_{Eq}^{(2)}\right)\left(1-b^{(2)}\right)}{k^F-g_{Eq}^{(2)}}\left(1+k^F\right)^{-T}}_{\substack{\text{Barwert der erwarteten, mit Rate } g_{Eq}^{(2)} \text{ unbegrenzt}\\\text{wachsenden Ausschüttungen im Zeitpunkt T, diskontiert}\\\text{auf den Zeitpunkt 0}}}$$

Die Formel unterstellt konstantes Investitionsrisiko im Zeitablauf und eine konstante in Marktwerten gemessene Kapitalstruktur. Dividiert man (11-13) durch $JÜ_1$, erhält man eine Definition von M_{Eq} für den Fall gestuften Wachstums und zugleich den klaren Hinweis, auf welche Parameter bei der Suche nach vergleichbaren Unternehmen besonders zu achten ist.[413]

Betrachten wir schließlich das Marktwert-Buchwert-Verhältnis (Price-Book-Ratio). Dieses Verhältnis wird i. d. R. für das Eigenkapital (also nicht Eigen- und Fremdkapital) definiert. Der Buchwert des Eigenkapitals wird mit EK bezeichnet. Der Multiplikator M_{MB} läßt sich zerlegen in das Produkt aus Börsenkapitalisierung/Jahresüberschuß-Verhältnis (KGV) und den Quotienten $JÜ_1/EK_0$, der der Buchrendite des Eigenkapitals r_{Eq} entspricht.[414]

$$M_{MB} = \frac{\text{Marktpreis Eigenkapital}}{\text{Buchwert Eigenkapital}} = \frac{E_0^F}{EK_0} = \frac{E_0^F}{JÜ_1} \cdot \frac{JÜ_1}{EK_0}. \qquad (11\text{-}14)$$

Definiert man E_0^F gemäß (11-12) und ersetzt $JÜ_1$ durch $r_{Eq}\, EK_0$, sieht die Definition für M_{MB} so aus:

$$M_{MB} = \frac{r_{Eq} \cdot EK_0(1-b)}{k^F - g_{Eq}} \cdot \frac{1}{EK_0} = \frac{r_{Eq}(1-b)}{k^F - g_{Eq}} = \frac{r_{Eq} - g_{Eq}}{k^F - g_{Eq}}$$ [415]

413 Vgl. etwa Hermann, V. (2002), S. 162-184; S. 234-240.
414 Vgl. Soffer, L. C./Soffer, R. J. (2003), S. 434.
415 Vgl. z. B. Schwetzler, B. (2003), S. 87.

Liegen die einfachen Bedingungen, die die Anwendung von (11-12) erlauben, nicht vor, gelten alle Argumente, die bei der Darstellung des KGV vorgebracht wurden, auch hier.

III. Zur Treffgenauigkeit des Multiplikator-Ansatzes

Die Frage nach der relativen Treffgenauigkeit kann beantwortet werden, wenn man die Preisschätzungen, die sich mittels Multiplikatoren ergeben, mit denjenigen vergleichen könnte, die mittels DCF-Kalkülen ableitbar sind. Die einzige so konzipierte uns bekannte Untersuchung legen Kaplan/Ruback 1995 vor.[416] „Surprisingly, there is remarkably little empirical evidence on whether the discounted cashflow method or the comparable method provide reliable estimates of market value, let alone which of the two methods provide better estimates".[417] Den Hintergrund der Untersuchung bilden 51 Fälle von Management Buyouts, also Fälle, in denen die Vertragspartner detaillierte Cashflow-Projektionen entwickeln und präsentieren müssen. Die Autoren benutzen diese Prognosedaten, um Marktpreise für die Eigentumsrechte via DCF-Kalkül bzw. Multiplikatoren zu schätzen. Die zustandegekommenen Transaktionspreise werden als Marktpreise interpretiert. Anhand dieses Bezugspunktes kann die Bepreisungsgüte von DCF-Kalkülen einerseits und Multiplikatoransätzen andererseits beurteilt werden. Als DCF-Kalkül kommt der von den Autoren als „compressed adjusted present value technique" bezeichnete Ansatz zum Einsatz. Es handelt sich um einen APV-Ansatz, in dem die erwarteten Cashflows nach Unternehmensteuern bei Eigenfinanzierung und die steuerlichen Vorteile aus dem Einsatz verzinslichen Fremdkapitals mit der geforderten Rendite der Eigentümer bei Eigenfinanzierung diskontiert werden. Der Ansatz entspricht dem Vorgehen gemäß Harris/Pringle; es wird unterstellt, daß Cashflow und steuerlicher Vorteil das gleiche Risiko haben. Bei MBO-Transaktionen entspricht die Struktur der Fremdfinanzierung aber einer autonomen Strategie mit vorgegebenen, in Verträgen festgeschriebenen Zins- und Tilgungszahlungen. Als Multiplikator nutzen die Autoren einen Enterprise Value-EBITDA-Multiplikator, der von mindestens fünf vergleichbaren Unternehmen abgeleitet wird. Diese Unternehmen gehören alternativ der gleichen Branche an oder hatten eine vergleichbare Transaktion bzw. Restrukturierung abgeschlossen bzw. gehörten der gleichen Branche an und hatten eine ähnliche Restrukturierung hinter sich. Im Ergebnis schneidet der Compressed APV-Ansatz besser ab als die Multiplikatoren-Ansätze; unter letzteren schneiden die Multiplikatoren, die aus Unternehmen der gleichen Branche abgeleitet wurden, am schlechtesten ab. Die Autoren folgern, daß sie für Marktpreis-Schätzungen den Compressed APV-

[416] Vgl. Kaplan, St. N./Ruback, R. S. (1995), (1996).
[417] Kaplan, St. N./Ruback, R. S. (1996), S. 45.

Ansatz vorziehen und, daß sie aber empfehlen würden, den Multiplikator-Ansatz ergänzend zu nutzen. Beide Möglichkeiten der Schätzung von Markt- bzw. Transaktionspreisen seien verbesserungsfähig; das deutlich größere Verbesserungspotential habe jedoch der DCF-Kalkül.

IV. Ergebnisse

Eine Zusammenfassung könnte so ausfallen: Wären die Ausprägungen der Werttreiber der Unternehmen, die als vergleichbar präsentiert werden, exakt so wie die des zu bepreisenden Unternehmens und wäre der benutzte Performance-Indikator (JÜ, Earnings, EBIT, EBITDA, Nettoumsatzerlöse, Buchwert des Eigenkapitals) linear mit dem Preis des Anteils (des Unternehmens) verknüpft, wäre der Multiplikator-Ansatz nicht schlagbar, weil er obendrein „contemporaneous market expectations of future cashflows and discount rates“[418] im Multiplikator verarbeitete. In der Realität weisen die sog. vergleichbaren Unternehmen aber nicht identische Wachstumsraten, Reinvestitionsrenditen, Risikoeigenschaften etc. mit dem zu bepreisenden Unternehmen auf, und die Frage, wie die Verknüpfung zwischen Multiplikator und Marktpreis aussieht, ist nicht klar beantwortet. Für den Bewerter folgt, daß er Multiplikator-Ansätze zur Kenntnis nehmen und mit Hilfe der DCF-Kalküle, die ihm zur Verfügung stehen, rekonstruieren bzw. überprüfen muß. Die theoretische Mutter der Bewertungs- und Bepreisungskalküle ist der DCF-Kalkül. Und es sind die fundamentalen Parameter, die den Wert eines Unternehmens und damit auch den Preis ausmachen.

V. Literaturhinweise

Achleitner, P./Dresig, Th. (2002): Unternehmensbewertung, marktorientierte. In: Ballwieser, W./Coenenberg, Adolf G./von Wysocki, K. (Hrsg.), Handwörterbuch der Rechnungslegung und Prüfung, 3. A., Stuttgart, S. 2432-2445.

Ballwieser, W. (1991): Unternehmensbewertung mit Hilfe von Multiplikatoren. In: Rückle, D. (Hrsg.), Aktuelle Fragen der Finanzwirtschaft und der Unternehmensbesteuerung, Festschrift für Prof. Erich Loitlsberger, Wien, S. 47-66.

Ballwieser, W. (2003): Unternehmensbewertung durch Rückgriff auf Marktdaten. In: Heintzen, M./Kruschwitz, L. (Hrsg.), Unternehmen bewerten, Berlin, S. 13-30.

Bausch, A. (2000): Die Multiplikator-Methode. In: FinanzBetrieb, 2. Jg., S. 448-459.

Benninga, S. Z./Sarig, O. H. (2001): Corporate Finance: A Valuation Approach, Kap. 10: Valuation by Multiples, New York, NY, S. 305-331.

Coenenberg, A. G./Schultze, W. (2002): Das Multiplikator-Verfahren in der Unternehmensbewertung: Konzeption und Kritik. In: FinanzBetrieb, 4. Jg., S. 697-703.

Cheridito, Y./Hadwicz, T. (2001): Marktorientierte Unternehmensbewertung. In: Der Schweizer Treuhänder, S. 321-330.

Damodaran, A. (2000): The Dark Side of Valuation, Working Paper, New York.

[418] Kaplan, St. N./Ruback, R. S. (1995), S. 1067.

Damodaran, A. (2002): Investment Valuation, Tools and Techniques for Determining the Value of Any Asset, 2. ed., Boston, New York.

Ernst, D./Schneider, S./Thielen, B. (2006): Unternehmensbewertungen erstellen und verstehen, 2. A., München.

Harris, R. S. /Pringle, J. J. (1985): Risk-Adjusted Discount Rates – Extensions from the Average Case. In: Journal of Financial Research, Vol. 8, S. 237-244.

Hermann, V. (2002): Marktpreisschätzung mit kontrollierten Multiplikatoren, Köln.

Hermann, V./Richter, F. (2003): Pricing with Performance-controlled Multiples. In: Schmalenbach Business Review, Vol. 55, S. 194-219.

Hitchner, J. R. (2003): Financial Valuation, Applications and Models, Hoboken.

Kaplan, St. N./Ruback, R. S. (1995): The Valuation for Cash Flow Forecasts: An Empirical Analysis. In: Journal of Finance, Vol. 50, S. 1059-1093.

Kaplan, St. N./Ruback, R. S. (1996): The Market Pricing of Cash Flow Forecasts: Discounted Cash Flow vs. the Method of "Comparables". In: Journal of Applied Corporate Finance, Vol. 8, S. 45-60.

Kim, M./Ritter, J. R. (1999): Valuing IPO's. In: Journal of Financial Economics, Vol. 53, S. 409-437.

Koller, T./Goedhart, M./Wessels, D. (2005): Valuation: Measuring and Managing the Value of Companies, 4. A., New York, NY.

Küting, K./Eidel, U. (1999): Marktwertansatz contra Ertragswert- und Discounted Cash Flow-Verfahren. In: FinanzBetrieb, 1. Jg., S. 225-231.

Liu, J./Nissim, D./Thomas, J. (2002): Equity Valuation using Multiples. In: Journal of Accounting Research, Vol. 40, S. 135-172.

Moxter, A. (1983): Grundsätze ordnungsmäßiger Unternehmensbewertung, 2. A., Wiesbaden.

Peemöller, V. H./Meister, J. M./Beckmann, Ch. (2002): Der Multiplikator als eigenständiges Verfahren in der Unternehmensbewertung. In: FinanzBetrieb, 4. Jg., S. 197-209.

Pratt, S. P. (2005): The Market Approach to Valuing Businesses, 2. ed., New York, NY.

Pratt, S. P./Reilly, R. F./Schweihs, R. P. (1996): Valuing a Business, the Analysis and Appraisal of Closely Held Companies, 3. ed., Chicago, London.

Reilly, R. F./Schweihs, R. P. (2004): The Handbook of Business Valuation and Intellectual Property Analysis, New York, Chicago.

Richter, F. (2005): Mergers & Acquisitions, Investmentanalyse, Finanzierung und Prozeßmanagement, München.

Schwetzler, B. (2002): Multiples. In: Hommel, U./Knecht, Th. C. (Hrsg.), Wertorientiertes Start-up Management, München, S. 580-609.

Schwetzler, B. (2003): Probleme der Multiple-Bewertung. In: FinanzBetrieb, 5. Jg., S. 79-90.

Seppelfricke, P. (1999): Moderne Multiplikatorverfahren bei der Aktien- und Unternehmensbewertung. In: FinanzBetrieb, 1. Jg., S. 300-307.

Soffer, L. C./Soffer, R. J. (2003): Financial Statement Analysis – A Valuation Approach, Upper Saddle River, NJ.

Spremann, K. (2002): Finanzanalyse und Unternehmensbewertung, München, Wien.

12. Kapitel: Übungsaufgaben und Lösungen

I. Übungsaufgaben

1. Aufgaben zu Kapitel 2

Aufgabe 1

Sie haben die Möglichkeit, am Kapitalmarkt zum Zinssatz i = 0,10 beliebig Mittel anzulegen und bis zur Höhe Ihres Vermögens auch Kredite aufzunehmen. Zugleich wird Ihnen ein Unternehmen angeboten, das in den kommenden fünf Jahren mit Sicherheit folgende Nettoeinzahlungen erwirtschaftet:

1	2	3	4	5
300	100	100	60	50

Nach Periode 5 sind keine weiteren Zahlungen zu erwarten.

1. Welchen maximalen Kaufpreis sind Sie im Zeitpunkt 0 zu zahlen bereit?
2. Welchen Kaufpreis wird der Verkäufer mindestens fordern, wenn die getroffenen Aussagen über die Kapitalmarktsituation auch für ihn gelten?

Aufgabe 2

Gegeben seien zwei sich technisch ausschließende Investitionsprojekte mit ihren zugehörigen Zahlungsreihen:

	0	1	2	3	4
Projekt A	-100	60	40	20	10
Projekt B	-200	0	40	80	140

Nur ein Projekt, A *oder* B, soll realisiert werden.

1. Welches ist das vorteilhaftere Projekt, wenn ein vollkommener Kapitalmarkt besteht, auf dem ein Marktzinssatz i in Höhe von 10 % gilt?
2. Warum können Veränderungen des auf dem vollkommenen Kapitalmarkt herrschenden Zinssatzes die Rangordnung unter den Projekten verändern?

Aufgabe 3

M. betreibt eine Druckerei. Er geht davon aus, künftig folgende entnahmefähige Überschüsse zu erzielen:

1	2	3	4	5	6	...	∞
200	200	200	200	500	500	...	500

M. überlegt, ob er eine zusätzliche Offset-Anlage beschaffen soll, die folgende Zahlungen auslöst:

0	1	2	3	4
-200	100	100	100	100

M. könnte einen Kredit aufnehmen, will sich aber nicht in Abhängigkeit von Kreditinstituten begeben. Er plant vielmehr, befristet einen stillen Gesellschafter aufzunehmen. Er stößt auf E. und schlägt diesem vor, er solle eine Einlage in Höhe von 200 leisten – damit wäre die Finanzierung der Offset-Anlage gesichert –, und einer Dauer der stillen Gesellschaft von 4 Jahren zustimmen.

Uneinigkeit besteht über die Ausgestaltung der Gewinnbeteiligung. Zur Diskussion stehen zwei Regelungen:

I. E. erhält während der Vertragslaufzeit 5 % der entnahmefähigen Überschüsse. Am Ende der Vertragslaufzeit erhält er die geleistete Einlage zurück.

II. E. erhält 5 % der entnahmefähigen Überschüsse. Am Ende der Vertragslaufzeit erhält E. eine Zahlung in Höhe von 5 % des Unternehmenswertes, der zum Ende der Periode 4 erwartet wird.

1. Welche Variante bevorzugt E., wenn seine Alternativrendite 10 % beträgt?
2. Welche Variante bevorzugt M., wenn seine Alternativrendite 10 % beträgt?
3. Kommt es zwischen M. und E. zu einer Einigung, wenn M. alternative Finanzierungsmöglichkeiten nicht zur Verfügung stehen?

Aufgabe 4

Die A-GmbH ist ein Unternehmen der Automobil-Zulieferbranche. Sie stellt Fahrzeugsitze für den Automobilkonzern V-AG her; die V-AG ist der einzige Abnehmer. Die V-AG unterbreitet folgendes Angebot: Das neue Modell „ISCHIA" gehe am Beginn von Jahr 2 in Serienfertigung; man suche noch einen Partner für die Fertigung der Sitze. Die V-AG garantiere in Jahr 2 einen Absatz von 40.000 Sitzen zu einem

Preis von 200 €/Stück; bis zum Auslaufen der Produktion am Ende des Jahres 7 ist ein jährliches Wachstum des Absatzes von 10 % vorgesehen.

Die Gesellschafter der A-GmbH diskutieren die Vorteilhaftigkeit des Angebots. Falls man die Fertigung der Sitze für das neue Modell übernimmt, ist eine Betriebserweiterung notwendig. Der für die Produktion zuständige Geschäftsführer erläutert seine Überlegungen:

- In t = 0 ist der Kauf eines Grundstücks für die Produktionsanlagen notwendig. Der Kaufpreis beträgt 2,8 Mio. €. Auf dem Grundstück wird eine neue Fertigungshalle errichtet. Die Errichtungskosten von 1,5 Mio. € sind zu 50 % bei Baubeginn in t = 0 und zu 50 % bei Fertigstellung in t = 1 zu bezahlen.
- Am Ende des Jahres 7 wird die Fertigung eingestellt. Die Fertigungshalle wird abgerissen; das Grundstück wird verkauft. Man rechnet nach Abzug der Abbruchkosten mit einem Nettoverkaufserlös von 2 Mio. €.
- Für die Fertigung der Sitze ist der Erwerb von vier Spezialmaschinen zum Stückpreis von 80.000 € erforderlich. Die Maschinen werden am Ende des Jahres 1 gekauft und in der Fertigungshalle installiert. Die Fertigung beginnt am Anfang des Jahres 2. Die laufenden Auszahlungen für die Produktion betragen voraussichtlich:

  Materialkosten/Stück: 60 €;

  Lizenzkosten der Fertigung pro Periode: 300.000 €;

  Lohnkosten/Stück (Akkordlohn): 110 €.

1. Ermitteln Sie die der Erweiterungsinvestition zurechenbaren Nettoeinzahlungen für den Planungszeitraum t = 0 bis t = 7. Alle Daten können dabei als völlig zuverlässig angenommen werden. Steuerzahlungen sind nicht zu beachten.
2. Kurz vor der Entscheidung erfährt die A-GmbH, daß für den Bereich „Logistik, Beschaffung" der V-AG ein neuer Vorstand verantwortlich ist. In einem Schreiben an die A-GmbH teilt das neue Vorstandsmitglied mit, daß man zur Erhaltung der eigenen Wettbewerbsfähigkeit gezwungen sei, von den Lieferanten längere Zahlungsziele zu verlangen. Die V-AG schlage deshalb vor, daß die von der A-GmbH bezogenen Sitze erst ein Jahr nach Lieferung der Ware bezahlt werden. Wegen ihrer extremen Abhängigkeit von der V-AG ist die A-GmbH nicht in der Lage, andere Vertragsbedingungen durchzusetzen.

   Ermitteln Sie die Nettoeinzahlungen der Erweiterungsinvestition für den Fall, daß sich die V-AG mit ihren Vorstellungen durchsetzt!

Aufgabe 5

Die Manager der A-GmbH beraten über die finanzielle Vorteilhaftigkeit der in Aufgabe 4 beschriebenen Erweiterungsinvestition. Die zurechenbaren Nettoeinzahlungen wurden bereits ermittelt.

1. Prüfen Sie für beide oben genannten Zahlungsziele die Vorteilhaftigkeit der Erweiterungsinvestition mit Hilfe des NKW-Kriteriums! Unterstellen Sie dabei, daß die Investition in vollem Umfang eigenfinanziert wird. Die Nettoeinzahlungen seien sicher. Die A-GmbH kann auf dem Kapitalmarkt finanzielle Mittel in relevanter Höhe zu einem Zinssatz von 8 % anlegen und aufnehmen. Welche Empfehlung geben Sie der A-GmbH?
2. Nach langen, zähen Verhandlungen erklärt sich die V-AG bereit, die gefertigten Sitze sofort bei Lieferung zu bezahlen. Die Manager der A-GmbH entscheiden, die Erweiterungsinvestition durchzuführen und das Investitionsprojekt vollständig mit Eigenkapital zu finanzieren.
   a) Die Gesellschafter der A-GmbH legen Wert auf stetiges, uniformes Einkommen im Planungszeitraum. Ihre Rechnungen haben ergeben, daß Sie im Zeitraum von t = 1 bis t = 7 jedes Jahr einen Betrag in Höhe von 1.029,10 € entnehmen können, wenn Sie auf die Erhaltung des eingesetzten Eigenkapitals keinen Wert legen. Anlage und Aufnahme von finanziellen Mitteln ist in jeder Periode zu 8 % möglich.

      Zeigen Sie mit Hilfe eines vollständigen Finanzplans, welche Transaktionen (Kreditaufnahme, Kapitalanlage) auf dem Kapitalmarkt durchgeführt werden müssen, damit der oben berechnete Betrag pro Jahr entnommen werden kann.
   b) Berechnen Sie den Barwert der von den Gesellschaftern berechneten Entnahme pro Periode zum Zeitpunkt 0! Interpretieren Sie Ihr Ergebnis!

2. Aufgaben zu Kapitel 3

Aufgabe 1

Ihnen wird ein Investitionsprojekt angeboten, das die folgenden Nettoeinzahlungen abzuwerfen verspricht und eine Anschaffungsauszahlung von 1.500 erfordert:

	0	1	2	3	4
I_0; NE_t	-1.500	500	600	300	500

Die Nutzungsdauer beträgt 4 Jahre. Sie können finanzielle Mittel alternativ zu einem Zinssatz von 10 % anlegen. Der Steuersatz s_K beträgt 40 %. Die Anschaffungskosten sind linear abzuschreiben. Sofortiger Verlustausgleich kann unterstellt werden.

1. Gehen Sie zunächst davon aus, daß das Projekt vollständig eigenfinanziert wird.

   a) Ermitteln Sie die Nettoeinzahlungen nach Steuern und berechnen Sie den Nettokapitalwert! Wie hoch ist der finanzielle Vorteil, der aus der Abschreibungsfähigkeit des Projektes folgt?

   Nehmen Sie nun an, neben der linearen sei auch die degressive Abschreibung mit einem maximalen Abschreibungssatz von 30 % auf den jeweiligen Restbuchwert zulässig! Ein Wechsel von der degressiven zur linearen Abschreibung ist dann möglich, wenn die lineare Abschreibung erstmals höher ist als die degressive.

   b) Ermitteln Sie die Abschreibungsbeträge für den Fall, daß die schnellstmögliche zulässige Abschreibung des Projektes angestrebt wird! Wie hoch ist der finanzielle Vorteil aus der Abschreibungsfähigkeit des Projektes jetzt? Wie hoch ist der Nettokapitalwert des Projektes?

   c) Was folgern Sie aus dem Vergleich der Ergebnisse aus a) und b)?

2. Sie erwägen nun eine vollständige Fremdfinanzierung des Investitionsprojektes. Ihre Bank erklärt sich bereit, einen Kredit in Höhe der Anschaffungsauszahlung zu einem Zinssatz von 10 % zu gewähren. Die Tilgung soll in vier gleichen Raten erfolgen. Zinszahlungen kürzen die steuerliche Bemessungsgrundlage. Unterstellen Sie, daß die degressive Abschreibung genutzt wird!

   a) Ermitteln Sie die Nettoeinzahlungen des Projektes und den Nettokapitalwert bei vollständiger Fremdfinanzierung!

   b) Welchen Einfluß hat die Form der Finanzierung unter den gesetzten Annahmen auf die Vorteilhaftigkeit des Investitionsprojektes?

Aufgabe 2

Die X-GmbH plant ein Investitionsprojekt. Folgende Nettoeinzahlungen werden erwartet (in €):

	1	2	3	4	5	6
NE_t	200	200	180	180	180	180

Die Anschaffungsauszahlung von 300 Tsd. € ist sofort zu leisten ($t = 0$). Sie ist über die Nutzungsdauer von 6 Jahren abzuschreiben. Zulässig sei die lineare und die degressive Abschreibung (max. 30 % des Restbuchwertes am Ende der Vorperiode). Ein Übergang zur linearen Abschreibungsmethode ist zulässig.

Es gilt ein Steuersystem mit folgenden Bemessungsgrundlagen und Steuersätzen:

	Bemessungsgrundlage	Steuersatz
Gewerbeertragsteuer	Gewerbeertrag = Gewinn aus dem Gewerbebetrieb + 50 % der Zinsen auf Dauerschulden	16,67 %
Körperschaftsteuer	Gewinn aus dem Gewerbebetrieb nach Gewerbeertragsteuer	25 %
Einkommensteuer	Ausschüttung	35 %

1. Unterstellen Sie, daß die X-GmbH das Investitionsprojekt mit Eigenkapital finanziert! Ermitteln Sie unter Berücksichtigung aller Steuerwirkungen die Nettoeinzahlungen des Projektes! Dabei ist die für das Unternehmen günstigste Abschreibungsmethode anzuwenden. Gehen Sie davon aus, daß die Überschüsse nach Steuern von der X-GmbH einbehalten werden!
2. Die X-GmbH hat einen Kredit zu einem Zinssatz von 13 % in Anspruch genommen. Es wird deshalb erwogen, die Überschüsse aus dem Investitionsprojekt zur Tilgung dieses Kredites zu verwenden.
   a) Welcher Kreditbetrag kann bis zum Laufzeitende des Projektes insgesamt zurückgeführt werden, wenn die Nettoeinzahlungen nach Steuern in der Periode, in der sie anfallen, zur Tilgung verwendet werden und die Zinsersparnisse bzw. Steuermehrzahlungen, die die Tilgungen auslösen, die Tilgungen in den Folgeperioden beeinflussen?
   b) Belegen Sie Ihre Rechnung durch einen vollständigen Finanzplan!
   c) Ist das Projekt vorteilhaft?

Aufgabe 3

Zu beurteilen ist weiterhin das Investitionsprojekt aus Aufgabe 2. Es gelten die gleichen steuerlichen Gegebenheiten mit Ausnahme des Einkommensteuersatzes der Gesellschafter, der 40 % betrage. Unterstellen Sie nun, daß die Überschüsse in vollem Umfang an die Gesellschafter der X-GmbH ausgeschüttet werden und dort – falls sie in Form von Dividenden ausgeschüttet werden – hälftig der Einkommensteuer unterliegen!

1. Ermitteln Sie die an die Gesellschafter fließenden Ausschüttungen! Unterstellen Sie dabei, daß eine Umgehung der bilanziellen Ausschüttungssperre durch eine steuerneutrale Kapitalherabsetzung möglich ist und deshalb die gesamten Nettoeinzahlungen nach Steuern ausgeschüttet werden können.
2. Nehmen Sie an, die Gesellschafter verwenden die Ausschüttungen, um private Kredite (Zinssatz 13 %) zu tilgen. Welcher Kreditbetrag kann auf Gesellschafterebene bis zum Ende der Projektlebensdauer in

Periode 6 zurückgeführt werden? Vergleichen Sie das Ergebnis mit dem aus Aufgabe 2 und erläutern Sie die Unterschiede!

3. Unterstellen Sie, die Ausschüttungen entsprächen genau den Einkommenszielen der Gesellschafter der X-GmbH! Welchen Betrag müßten die Gesellschafter im Zeitpunkt 0 anlegen, um identische Vorteile zu erzielen, wenn der private Anlagezinssatz vor Steuern 10 % beträgt?

Aufgabe 4

Als langfristig orientierter Investor sind Sie an einer Aktiengesellschaft beteiligt. Der Vorstand versucht Sie von einem Investitionsprojekt zu überzeugen. Sie können von folgenden sicheren Nettoeinzahlungen vor Steuern ausgehen:

	1	2	3	4	5	6
NE_t	38.000	38.000	38.000	38.000	38.000	38.000

Der Vorstand argumentiert so: „Werden die Nettoeinzahlungen mit der Alternativrendite $i_A = 10$ % diskontiert, ergibt sich ein Bruttokapitalwert von 165.500. Bei einer Anschaffungsauszahlung von 100.000 ist das Projekt rentabel.“

Sie wissen, daß Steuern berücksichtigt werden, kennen sich mit den Plänen aber nicht so gut aus, und bitten daher ihren Steuerberater die Vorteilhaftigkeit der Idee zu prüfen.

Der Steuerberater unterstellt das Halbeinkünfteverfahren. Er nimmt an, daß die Überschüsse nach Steuern inklusive Abschreibungen voll ausgeschüttet werden, und daß das Investitionsprojekt eigenfinanziert wird.

Er verwendet folgende Steuersätze:

$s_{GE} = 0{,}1667$ (Gewerbeertragsteuer)

$s_K = 0{,}25$ (Körperschaftsteuer)

$s_I = 0{,}45$ (Einkommensteuer)

Weiterhin geht er davon aus, daß der Satz der geometrisch-degressiven Abschreibung von 30 % auf 20 % gesenkt wird. Ein Wechsel auf die lineare Abschreibung ist unter der bekannten Nebenbedingung weiterhin möglich.

1. Welche Nettoeinzahlungen nach Steuern wird Ihnen Ihr Steuerberater präsentieren? Runden Sie auf ganze Zahlen!

2. Wie hoch ist der Nettokapitalwert dieses Investitionsprojektes unter Berücksichtigung des geplanten Steuersystems bei unterstellter Eigenfinanzierung?

3. Wenn Sie für das Projekt durchgehend einen niedrigeren Einkommensteuersatz annähmen, wie wirkte sich dies auf die Vorteilhaftigkeit aus? Eine verbale Begründung reicht aus!

Aufgabe 5

An die Stelle des Anrechnungsverfahrens ist das sog. Halbeinkünfteverfahren getreten.

Sie sind Initiator einen geschlossenen Immobilienfonds. Es wird geplant, ein Einkaufszentrum zu bauen. Die Marktforschung hat gezeigt, daß zwei Standorte sehr interessant sind, nämlich Ort A in Deutschland und Ort B, gelegen in einem kleineren Nachbarland Deutschlands. Da das Fondsvolumen nur für einen Standort ausreicht, müssen Sie sich für ein Projekt entscheiden. Die abschreibungsfähigen Anschaffungs- bzw. Herstellungskosten (AHK) betragen jeweils 50 Mio. €, die vollständig eigenfinanziert werden.

Bei einer Entscheidung für Standort A greift nun das Halbeinkünfteverfahren mit folgenden Daten: $s_{GE} = 0{,}20$; $s_K = 0{,}25$; lineare Abschreibung der AHK über 50 Jahre. Überschüsse werden thesauriert und in Finanzanlagen, die der deutschen Besteuerung unterliegen, reinvestiert. Die Bruttorendite für Finanzanlagen beträgt $i_A^A = 0{,}10$.

Das Nachbarland (Standort B) wirbt mit einem Unternehmensteuersatz von s = 0,20. Gewerbeertrag- und Körperschaftsteuer gibt es nicht. Die AHK des Objektes können über 25 Jahre linear abgeschrieben werden. Sie erhalten jedoch die Auflage, daß Sie für 50 Jahre potentielle Überschüsse im Nachbarland, die der dortigen Besteuerung unterliegen, reinvestieren müssen. Die Bruttorendite für Finanzanlagen beträgt $i_A^B = 0{,}08$.

Bei der Beurteilung beider Projekte können Einkommensteuern unbeachtet bleiben, weil Ausschüttungen während des Planungszeitraums nicht stattfinden – alle Überschüsse werden thesauriert – und weil am Ende der Laufzeit der Veräußerungserlös keiner Einkommensteuerbelastung unterliege.

1. Welche Endwerte (bezogen auf t = 50) haben die Steuervorteile der unterschiedlichen Abschreibungsmodi der Projekte A bzw. B?
2. Was macht den Unterschied der Vermögensendwerte aus? Gehen Sie der Abweichung analytisch auf den Grund!

3. Aufgaben zu Kapitel 4

Aufgabe 1

Sie sind ein risikoaverser Investor mit einem Vermögen von 100. Man bietet Ihnen ein Investitionsprojekt (Projekt A) an, das die folgende Verteilung der Nettoeinzahlungen im Zeitpunkt 1 verspricht:

Umweltzustand	z_1	z_2	z_3
Wahrscheinlichkeit	0,3	0,5	0,2
Nettoeinzahlung	80	120	140

Eine Methode zur Bewertung von Investitionsprojekten unter Unsicherheit ist das Konzept des *Risikonutzens:* Der Nettoeinzahlung eines jeden Umweltzustandes wird mit Hilfe einer Risikonutzenfunktion ein Nutzenindex als Maßstab für die Vorziehenswürdigkeit zugeordnet. Unter Berücksichtigung der Eintrittswahrscheinlichkeiten wird anschließend der Erwartungswert des Risikonutzens (Erwartungsnutzen) ermittelt. Es wird die Anlagealternative gewählt, die bei gleichem Mitteleinsatz den höchsten erwarteten Nutzen der Nettoeinzahlungen aufweist.

Angenommen, Ihre Risikonutzenfunktion ließe sich beschreiben durch

$$u\left(\widetilde{NE}_{jt}\right) = 20\widetilde{NE}_{jt} - 0{,}02\left(\widetilde{NE}_{jt}\right)^2$$

Der sichere Anlagezinssatz beträgt 8 %.

1. Lohnt die Durchführung von Projekt A für Sie, wenn der erforderliche Kapitaleinsatz (I_0) 100 beträgt?
2. Ermitteln Sie den Preis, den Sie für das Projekt A bei Eigenfinanzierung maximal entrichten könnten, ohne daß es zu einer Verschlechterung Ihrer Vermögensposition kommt (Grenzpreis)!
3. Als Alternative wird Ihnen folgendes Projekt B angeboten:

Umweltzustand	z_1	z_2	z_3
Wahrscheinlichkeit	0,3	0,5	0,2
Nettoeinzahlung	60	90	150

Projekt B erfordert einen Kapitaleinsatz von 75. A und B sind technische Alternativen, d. h. sie schließen sich aus technischen Gründen aus. Welches der beiden Projekte sollten Sie realisieren, wenn die oben angegebene Risikonutzenfunktion unverändert gilt?

Aufgabe 2

Nach intensiver Forschung ist es der Proton GmbH gelungen, ein neues Verfahren zur Herstellung von Langlauf-Skiern zu entwickeln. Der Kern des Skis wird mit einem neuartigen Schaumstoff ausgefüllt, der das Gewicht gegenüber herkömmlichen Modellen erheblich verringert und die Elastizität des Skis erhöht. Die Geschäftsleitung der Proton GmbH glaubt, daß die Konkurrenten den technischen Vorsprung innerhalb von drei Jahren einholen werden und daß wegen deren erheblich größeren

Kapazitäten eine weitere Fertigung des Skis durch die Proton GmbH dann nicht mehr lohnen wird. Für die Serienfertigung des Skis sind Spezialmaschinen zu beschaffen; sie kosten 3.000 Tsd. € und sind über eine Nutzungsdauer von drei Jahren linear abzuschreiben.

Die Produktion des neuen Skis wird in den Sommermonaten stattfinden, weil der Handel seine Lager zu Beginn der Wintersaison gefüllt haben möchte. Es ist geplant, in jedem Jahr 10.000 Paar der neuartigen Skier zu produzieren und in der folgenden Wintersaison die gesamte Produktion zu verkaufen. Die Auszahlungen für die laufende Produktion (Material, Löhne etc.) in Höhe von 1.500 Tsd. € fallen damit in jedem Produktionsjahr mit Sicherheit an. Die erzielbaren Umsatzerlöse hängen dagegen stark von der Witterung ab: Im Fall einer schneereichen Wintersaison werden Umsatzerlöse von 3.600 Tsd. € erwartet. Ist der Winter dagegen schneearm, liegen die Absatzzahlen erheblich niedriger. Hinzu kommt, daß die Händler die noch nicht verkauften Skier zu Dumping-Preisen losschlagen. Aus diesem Grund nimmt man die erzielbaren Umsatzerlöse bei einer schneearmen Saison in den ersten beiden Jahren mit jeweils 510 Tsd. € und im dritten Jahr mit 600 Tsd. € an. Die Geschäftsleitung geht mit einer Wahrscheinlichkeit von 90 % von einem schneereichen und mit einer Wahrscheinlichkeit von 10 % von einem schneearmen Winter aus. Man nimmt weiterhin an, daß die Witterungsverläufe der einzelnen Jahre voneinander unabhängig sind. Das bedeutet, daß die Wahrscheinlichkeit für einen schneearmen oder schneereichen Winter unabhängig von der Schneemenge des vorhergehenden Winters ist.

Der Gewinnsteuersatz der Proton GmbH beträgt 50 %. Der sichere Anlagezinssatz ist 10 %. Die Geschäftsleitung ist risikoneutral. Es kann sofortiger Verlustausgleich unterstellt werden.

1. Soll die Proton GmbH die Serienfertigung des Langlauf-Skis aufnehmen?
2. Die Geschäftsleitung ist besorgt wegen des hohen Risikos der Serienfertigung. Man sucht deshalb nach Möglichkeiten, das Risiko zu verringern. Der Assistent des Geschäftsführers macht folgenden Vorschlag: „Wir sollten die Serienfertigung einstellen und die Spezialmaschinen verkaufen, sobald erstmals ein schneearmer Winter eingetreten ist. Dadurch können wir das Risiko senken und die Vorteilhaftigkeit des Projektes erhöhen. Wegen des schnellen technischen Fortschritts beträgt der Verkaufserlös der Maschine lediglich 50 % des jeweiligen Restbuchwertes."
   a) Stellen Sie diese Strategie mit Hilfe eines Zustandsbaumes dar!
   b) Ermitteln Sie diese Nettoeinzahlungen für die einzelnen Perioden und den Bruttokapitalwert der Strategie!
   c) Vergleichen Sie das Ergebnis zu b) mit dem Ergebnis aus 1! Erhöht die vorgeschlagene Strategie die Vorteilhaftigkeit des Projektes?

Aufgabe 3

Es gelten die Angaben von Aufgabe 2 des Kapitels 4. Um die Planungsunsicherheit zu verringern, hat die Geschäftsleitung der Proton GmbH ein Gutachten bei einem meteorologischen Institut in Auftrag gegeben. Die Wetterforscher kommen zu dem Ergebnis, daß der Schneereichtum aufeinanderfolgender Jahre stark voneinander abhängig ist: Sie verkünden, daß auf einen schneearmen Winter mit Sicherheit weitere schneearme und auf einen schneereichen Winter mit Sicherheit weitere schneereiche Winter folgen werden. Lediglich für die erste Wintersaison (Zeitpunkt 1) könne man nur eine Schätzung abgeben: Das Institut schätzt die Wahrscheinlichkeit für einen schneereichen Winter auf 90 % und diejenige für einen schneearmen Winter auf 10 %.

1. Die Geschäftsleitung will zunächst die Frage prüfen, ob unter der neuen Konstellation die Serienfertigung des Skis über drei Jahre vorteilhaft ist.
   a) Stellen Sie das Investitionsprojekt mit Hilfe eines Zustandsbaumes dar! Die Ausstiegsoption soll hier noch nicht beachtet werden!
   b) Ermitteln Sie die zustandsabhängigen Nettoeinzahlungen und den Bruttokapitalwert des Investitionsprojektes!
   c) Hat sich die Vorteilhaftigkeit des Projektes im Vergleich zur vorhergehenden Aufgabe, Teil 1 geändert? Begründen Sie Ihre Antwort!
2. Jetzt soll der Vorschlag des Assistenten aus der vorangehenden Aufgabe, Teil 2 diskutiert werden.
   a) Stellen Sie den Strategievorschlag mit Hilfe eines Zustandsbaumes dar!
   b) Ermitteln Sie die zustandsabhängigen Nettoeinzahlungen und den Bruttokapitalwert der Strategie!
   c) Führt diese Strategie gegenüber einer Serienfertigung über drei Perioden zu einer Erhöhung der Vorteilhaftigkeit?

Aufgabe 4

Sie erhalten ein Angebot: Für die Dauer von zwei Jahren können Sie ein Ferienlokal an der Nordseeküste pachten. Der bisherige Pächter ist bereit, gegen eine Abstandszahlung aus dem geltenden Vertrag auszusteigen. Die aus dem Betrieb des Lokals erzielbaren Nettoeinzahlungen werden stark durch nicht beeinflußbare Faktoren wie dem Verlauf der Feriensaison an der Nordsee (Algenpest, Robbensterben, Wetterlage) beeinflußt. Der folgende Zustandsbaum zeigt die künftig möglichen Umweltzustände mit den erzielbaren Nettoeinzahlungen und den Eintrittswahrscheinlichkeiten:

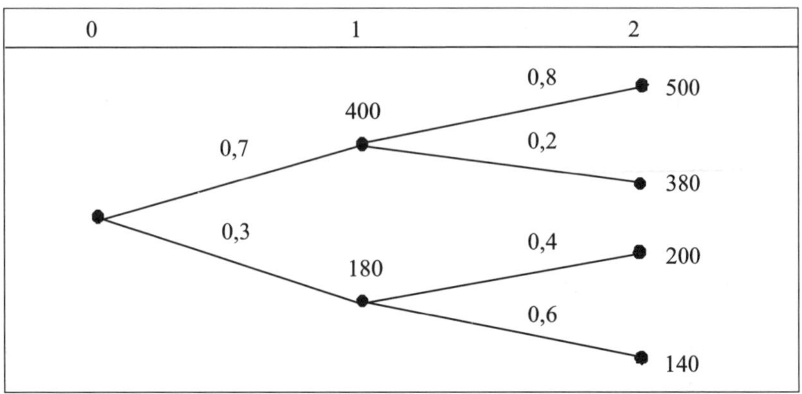

Nach dem Zeitpunkt 2 fallen keine weiteren Zahlungen an. Sie sind risikoavers und ermitteln das Sicherheitsäquivalent einer unsicheren Zahlungsverteilung nach der Formel.

$$S_t = E\left[\widetilde{NE}\right] - 0{,}3\left[E\left[\widetilde{NE}\right] - NE_{min,t}\right]$$

$E\left[\widetilde{NE}_t\right]$ bezeichnet den Erwartungswert und $NE_{min,t}$ die minimale Nettoeinzahlung der Zahlungsverteilung. Sie können zum sicheren Zinssatz von 10 % Mittel anlegen und aufnehmen.

1. Ermitteln Sie den maximalen Preis für die zu leistende Abstandszahlung, bei der Sie Ihre Reichtumsposition nicht verschlechtern!
2. Wie hoch sind die impliziten Risikozuschläge zum sicheren Zinssatz für die einzelnen Zahlungsverteilungen?
3. Der jetzige Pächter möchte aus dem laufenden Pachtvertrag aussteigen, weil er, wie er meint, eine sehr attraktive Geldanlagemöglichkeit hat: Er kann beliebig hohe Beträge zum risikolosen Zinssatz von 12 % anlegen. Er schätzt die aus dem Betrieb des Lokals erzielbaren Nettoeinzahlungen genauso ein wie Sie. Kommt eine Einigung über die Höhe der Abstandszahlung zustande, wenn der jetzige Pächter das Sicherheitsäquivalent einer unsicheren Zahlungsverteilung nach der Formel

$$S_t = E\left[\widetilde{NE}\right] - 0{,}2\left[E\left[\widetilde{NE}\right] - NE_{min,t}\right]$$

berechnet? Begründen und interpretieren Sie Ihr Ergebnis!

4. Aufgaben zu Kapitel 5

Aufgabe 1

Gegeben sind die Daten in der folgenden Tabelle. Es gelten folgende Steuersätze:

$s_{GE} = 0,1667$ (Gewerbeertragsteuer)

$s_K = 0,25$ (Körperschaftsteuer)

$s_I = 0,35$ (Einkommensteuer)

Bilanz/GuV	0	1	2	3	4	5	6	7	8ff.
Sachanlagen	10.000	10.200,0	10.710,0	11.459,7	11.688,9	11.922,7	12.161,1	12.769,2	12.769,2
Netto-Umlaufvermögen	9.900	9.960,0	10.159,2	10.057,6	10.359,3	10.773,7	11.096,9	11.318,8	11.318,8
Bilanzsumme	19.900	20.160,0	20.869,2	21.517,3	22.048,2	22.696,4	23.258,0	24.088,0	24.088,0
Eigenkapital	11.000	11.707,4	12.457,6	13.145,8	13.854,4	14.644,9	15.493,2	16.379,6	16.379,6
Pensionsrückst.	3.000	3.024,0	3.048,5	3.073,6	3.099,2	3.125,4	3.152,0	3.179,5	3.179,5
Fremdkapital	5.900	5.428,6	5.363,1	5.297,9	5.094,6	4.926,1	4.612,8	4.528,9	4.528,9
Bilanzsumme	19.900	20.160,0	20.869,2	21.517,3	22.048,2	22.696,4	23.258,0	24.088,0	24.088,0
Umsatzerlöse		12.000,0	12.240,0	12.117,6	12.481,1	12.980,4	13.369,8	13.637,2	13.637,2
Betriebl. Aufwendungen		6.840,0	6.976,8	6.907,0	7.114,2	7.398,8	7.620,8	7.773,2	7.773,2
Abschreibungen		1.250,0	1.275,0	1.338,8	1.432,5	1.461,1	1.490,3	1.520,1	1.596,1
Zuführung zu Pensionsrückstellungen		480,0	490,4	501,2	512,2	523,6	535,3	547,3	559,7
Zinsaufwand		413,0	380,0	375,4	370,9	356,6	344,8	322,9	317,0
Gewinn vor Steuern		3.017,0	3.117,8	2.995,2	3.051,3	3.240,2	3.378,5	3.473,6	3.391,1
Rücklagenzuführungen		707,4	750,2	688,2	708,6	790,5	848,2	886,5	0,0

1. Berechnen Sie die entziehbaren Überschüsse für die ersten zwei Perioden, wenn eine Jahresüberschuß-bezogene Vollausschüttung stattfinden soll! Gehen Sie dabei auch auf die Thesaurierungshöhe ein.
2. Prüfen Sie die Finanzierbarkeit und die Ausschüttungsfähigkeit der Ausschüttung. Setzen Sie ggf. eine plausible Annahme über die Deckung von möglichen Finanzdefiziten bzw. die Anlage von Überschüssen!

Anmerkungen:

- Umsatzerlöse und betriebliche Aufwendungen sind zahlungsgleich!
- Runden Sie alle Zahlen; Stellen nach dem Komma sind zu vernachlässigen!
- Der Zinssatz für Fremdkapital ist 7 %. Es handelt sich um Dauerschulden

Aufgabe 2

Franz Oberhuber will eine Aktiengesellschaft gründen, um in das Handy-Geschäft einzusteigen. Die Investitionsauszahlungen werden auf 10.000.000 € beziffert. Oberhuber rechnet zur Vereinfachung damit, daß er unendlich lang jährliche Erfolge vor Zinsen und Steuern ($\overline{X}$) von 1.000.000 € erzielen kann. Er hat bereits einige finanzstarke Personen von der Gewinnträchtigkeit seines Unternehmens überzeugt. Diese haben erklärt, entweder Schuldverschreibungen seines Unternehmens (der AG) zeichnen zu wollen oder ihm privat Mittel in Form von Darlehen zur Verfügung zu stellen. Oberhuber hat die Finanzierungspläne A und B aufgestellt, zwischen denen er entscheiden muß:

Plan A: Privatdarlehen in Höhe von 2,5 Mio. € zu 6 %;

Gründung der Aktiengesellschaft mit 25.000 Aktien zum Nominalwert von 100 € pro Aktie;

Verkauf der Schuldverschreibungen in Höhe von 7,5 Mio. € an seine Financiers zum Zinssatz von 6 %.

Plan B: Privatdarlehen in Höhe von 5 Mio. € zu 6 %;

Gründung der Aktiengesellschaft mit 50.000 Aktien zum Nominalwert von 100 € pro Aktie;

Verkauf von Schuldverschreibungen in Höhe von 5 Mio. € an seine Financiers zum Zinssatz von 6 %.

Tilgungen sind nicht zu beachten; Illiquiditätsrisiken sind ausgeschaltet.

1. Unterstellen Sie eine Welt ohne Steuern! Erfolge nach Zinsen werden voll ausgeschüttet. Dem Geschäftsrisiko der neuen Aktiengesellschaft entsprechend fordern Investoren eine Rendite $k = 0{,}08$, wenn die Gesellschaft eigenfinanziert ist.
   a) Wie hoch sind die Eigenkapitalkosten der von Oberhuber gegründeten AG gemäß Plan A bzw. Plan B?
   b) Wie hoch sind die Eigenkapitalkosten von Oberhubers Gesamtposition gemäß Plan A bzw. Plan B?
   c) Welchen Plan sollte Oberhuber realisieren?

2. Wie hoch ist der Gesamtwert der Aktiengesellschaft bei Plan A bzw. Plan B, wenn Unternehmensgewinne mit $s_K = 0,5$ besteuert werden? k sei unverändert 0,08!
   a) Wie hoch sind die durchschnittlichen Kapitalkosten (WACC) der AG, wenn Plan A bzw. Plan B realisiert würde?
   b) Wie hoch sind die Kosten des Eigenkapitals der AG, wenn Plan A bzw. Plan B realisiert würde?
3. Nehmen Sie an, daß Unternehmensgewinne mit $s_K = 0,5$ und Einkommen der Investoren mit $s_I = 0,4$ besteuert wird. Zinsen seien auf Unternehmens- und Investorenebene steuerlich abzugsfähig! Welchen Plan sollte Oberhuber realisieren?

Aufgabe 3

In der Berliner Malzwerke AG (BMW) wird in der Planungsabteilung heftig über die Relevanz des durchschnittlichen Kapitalkostensatzes (WACC) für die Beurteilung neuer Investitionsprojekte diskutiert. Der bereits ergraute Chef der Abteilung, Herr Kons, verficht seit eh und je die Auffassung, als Diskontierungssatz sei die langfristige am Kapitalmarkt bei sicherer Anlage erzielbare Rendite zu verwenden. Er werde in fortgeschrittenem Alter seine Auffassung nicht mehr ändern. Schließlich sei BMW auch ein diversifiziertes Unternehmen und im übrigen könnten die Anteilseigner von BMW auch selbst Risiko abbauen, indem sie Aktien mehrerer Unternehmen hielten.

Jüngere Mitarbeiter, vorwiegend Absolventen von Universitäten, halten ihm entgegen, die Vorzüge der Verwendung eines durchschnittlichen Kapitalkostensatzes (WACC) lägen darin, daß

- dem Investitionsrisiko und dem Finanzierungsrisiko eines Investitionsobjektes Rechnung getragen werde und
- die Zahlungs- bzw. Renditeansprüche von Anteilseignern und Gläubigern bei der Beurteilung der Vorteilhaftigkeit von neuen Projekten beachtet würden.

In der amerikanischen Literatur würden diese Vorzüge dargestellt und empirische Untersuchungen zeigten, daß dieses Konzept in US-amerikanischen Aktiengesellschaften auch verbreitet Einsatz fände. Herr Kons hat dafür nur eine abwertende Handbewegung übrig. Mitarbeiter 1 (M_1) entwickelt darauf eine Rechnung:

„Der gesamte Marktwert unseres Unternehmens beträgt unter Berücksichtigung der Börsenkursentwicklung, der Zahl der ausgegebenen Aktien und unserer Fremdmittel etwa 960 Mio. €. Der Marktwert des Fremdkapitals, den wir wegen unserer eher bescheidenen Verschuldungsquote mit dem Nominalwert gleichsetzen können, beträgt etwa 320 Mio. €, Wir können unsere Fremdmittelkosten mit $i_V = 8\ \%$ (vor Steuern) ansetzen und wissen, daß die Rendite, die Anteilseiger als Entgelt für unser Investitionsrisiko fordern, zwischen 13 % und 15 % liegt (= k). Der Einfachheit halber setzen wir 14 % an. Daraus folgt, daß die Anteilseigner für Investitions- und Finanzierungsrisiko eine Rendite gemäß (1) fordern:

$$\begin{aligned} k^F &= k + (k - i)(1 - s_K)\frac{F}{E^F} \\ &= 0{,}14 + (0{,}14 - 0{,}08) \cdot (1 - 0{,}5)\frac{320}{640} \qquad (1) \\ &= 0{,}155. \end{aligned}$$

Wenn wir die Vereinfachung, daß nur Unternehmensgewinne mit dem Satz s_K besteuert werden, beibehalten, ergibt sich ein durchschnittlicher gewichteter Kapitalkostensatz (WACC) nach Auffassung amerikanischer Autoren aus (2) bzw. (3):

$$WACC = i(1 - s_K)\frac{F}{V^F} + k^F\frac{E^F}{V^F} \qquad (2)$$

$$WACC = k_s\left(1 - s_K\frac{F}{V^F}\right) \qquad (3)$$

Nach beiden Formulierungen beträgt WACC 11,67 %. Dies ist der Zinssatz, mit dem wir neue Investitionsprojekte beurteilen sollten."

Mitarbeiter 2 (M_2) ergänzt: „Wenn wir das Konzept auf die neue Aufbereitungsanlage, die in der Planung ist, anwenden, sieht die Sachanlage etwa so aus: Die Überschüsse nach Steuern und Zinsen werden, wie Sie wissen, auf 750.000 € pro Jahr für die 25-jährige Lebenszeit berechnet. Bewertet man diese mit 11,67 %, erhält man einen Barwert von 6.019.751 €.[419] Das ist verglichen mit dem Anschaffungspreis von 6 Mio. € ein sehr knappes Ergebnis. Ihre Rechnung, Herr Kons, scheint für die Investition zu sprechen. Sie setzen den Überschuß nach Zinsen, aber vor Steuern an, also 1,5 Mio. €, und diskontieren mit 8 %. Der Barwert beträgt dann rund 16 Mio. €[420] und der Nettokapitalwert ist klar positiv. Aber Ihre Rechnung ist nicht überzeugend wegen der oben genannten Gründe!"

Mitarbeiter 2 argumentiert weiter: „Wir könnten die Vorteilhaftigkeit des Projektes steigern, indem wir die Kapitalstruktur der AG ändern; wir sollten mehr Fremdkapital aufnehmen! Wenn wir bei gegebenem Investitionsprogramm den Fremdkapitalanteil zum Beispiel auf 480 Mio. € anheben, sinkt WACC von 11,67 % auf 10,5 %[421] und der Barwert des

419 $750.000 \cdot 8{,}02633 = 6.019.751.$

420 $1.500.000 \cdot 10{,}67478 = 16.012.164.$

421 $WACC = 0{,}14\left(1 - 0{,}5\frac{480}{960}\right) = 0{,}105$

Projektes steigt auf 6.554.264 €.[422] Das ist ein deutlicher Überschuß über den Anschaffungspreis von 6 Mio. €. Dann sollten wir das Projekt auch durchführen. Auch wenn unser Fremdkapitalanteil auf 480 Mio. € stiege, könnten wir noch immer mit Sicherheit Zinsen und Tilgungen leisten.“

1. Welche Fehler macht Kons?
2. Ist die Argumentation von M_1 unter den von ihm gesetzten Annahmen akzeptabel?
3. Sind die Argumente von M_2 richtig? Wenn nein, welche Fehler werden gemacht?
4. Bestimmen Sie unter akzeptablen Annahmen den Marktwert-Beitrag der Aufbereitungsanlage!

Aufgabe 4

Der Finanzvorstand der SV-AG kommt aus der USA zurück. Er war auf einem von Rappaport geleiteten Seminar „Business Performance and Shareholder Value“. Er ist überzeugt, daß er etwas Sinnvolles gelernt hat. Er ist entschlossen, mit den üblichen Meßgrößen ROI, ROA, GKR, Jahresüberschuß/Aktie etc. aufzuräumen. „Shareholder Value“ muß geschaffen werden. Schließlich stehen ja auch seine Verhandlungen mit dem Aufsichtsratvorsitzenden über seine Vertragsverlängerung bevor. Er ruft seinen Stab zusammen und erläutert wie nach Rappaport Marktwert geschaffen wird. Er redet über WACC, Unternehmensgesamtwerte, Steuern, Transaktionskosten, bis seinen Mitarbeitern die Köpfe rauchen.

Schließlich greift der Finanzvorstand zu einem Beispiel:

„Der gesamte Marktwert unseres Unternehmens beträgt 1,2 Mrd. Der Marktwert des Fremdkapitals beträgt 0,8 Mrd. Wir haben folglich eine in Marktwerten gemessene Verschuldungsquote F/V^F von 2/3. Wir können die Kosten unserer Fremdmittel vor Steuern mit $i = 9\ \%$ ansetzen. Die Rendite, die unsere Eigentümer forderten, wenn wir vollständig eigenfinanziert wären, beträgt ca. 13 %. Wenn wir ein ganz simples Steuersystem unterstellen, in dem nur auf Unternehmensebene Überschüsse mit $s_K = 0{,}5$ besteuert werden, kommen wir auf einen durchschnittlichen Kapitalkostensatz (WACC) von 8,67 %.

Diesen Diskontierungssatz sollten wir zur Bewertung neuer Projekte verwenden. Wenn wir diese Methode auf die neue Anlage anwenden, die gerade in Planung ist, erhalten wir folgendes Ergebnis:

Daten:

- Errichtungskosten (I_0) 3,6 Mio.
- erwartete Überschüsse vor Steuern und Zinsen $(\overline{X_t})$ 1,5 Mio. für $t = 1,...,10$

[422] 750.000 · 8,73902 = 6.554.264.

- Restverkaufserlös am Ende der Nutzungsdauer 0
- Zinszahlungen 216.000 für t = 1,.....,10
- Tilgung Fremdkapital am Ende der Nutzungsdauer der Anlage
- Körperschaftsteuer $s_K = 0{,}50$

Rechnung:[423]

$$V^F(\text{Projekt}) = \sum_{t=1}^{10}(1.500.000 - 216.000)(1-0{,}50)(1{,}0867)^{-t}$$
$$= 642.000 \cdot 6{,}51194 = 4.180.665$$

$$\text{WACC} = k\left(1 - s_K \frac{F}{V^F}\right)$$
$$= 0{,}13\left(1 - 0{,}50 \ \frac{2}{3}\right) = 0{,}08667$$

Die Anlage lohnt also. Wir erhöhen mit der Durchführung des Projektes unseren Unternehmensgesamtwert!“

1. Ist die Rechnung, die der Finanzvorstand aufmacht, richtig? Die steuerlichen Annahmen (nur Beachtung der Körperschaftsteuer, Ausblendung der Wirkung von Abschreibungen) sind nicht zu kritisieren!
2. Wie sieht die korrigierte Rechnung aus? Begründen Sie Ihren Ansatz!
3. Mitarbeiter M wendet ein, daß man doch auch beachten müsse, daß Eigentümer ebenfalls besteuert würden. Man könne für Eigentümer des Unternehmens einen durchschnittlichen Einkommensteuersatz von $s_I = 0{,}30$ unterstellen. Der Finanzvorstand ist verdutzt. Das Problem hatte Rappaport nicht diskutiert. Aber er schaltet schnell. Er sagt, das hätte keinen Einfluß auf WACC. Er begründet dies so: Auch wenn wir beide Steuerwirkungen berücksichtigen, steigen die Eigenkapitalkosten:

   $$k_S^F = k_S + \left[k_S(1-s_K) - i(1-s_K)(1-s_I)\right]\frac{F}{E^F}.$$ [424]

   Setzt man dies in die WACC-Formel ein

   $$\text{WACC} = i(1-s_K)(1-s_I)\frac{F}{V^F} + k_s^F \frac{E^F}{V^F},$$ [425]

   folgt WACC = 0,0867.

---

[423] Abschreibungen sind nicht zu beachten.

[424] Die Formel stimmt in einem Doppelbesteuerungssystem, das hier unterstellt werden darf, und risikolosen steuerlichen Vorteilen!

[425] Dies ist die WACC-Formel für ein Doppelbesteuerungssystem.

„Sie sehen, sagt er zu seinem Mitarbeiter, das Modell ist ziemlich robust und unsere Anlage lohnt sich unverändert."

Hat der Finanzvorstand recht? Sie können vereinfachend annehmen, k_S betrage unverändert 13 %.

4. Wie hoch ist der Wert des Eigenkapitals unter Beachtung der von der X GmbH realisierten Kapitalstruktur? Sie können davon ausgehen, daß Einkommensteuereffekte nicht auftreten!

5. Aufgaben zu Kapitel 6

Aufgabe 1

Sie sind Assistent(in) der Geschäftsführung einer Unternehmensbeteiligungsgesellschaft und werden beauftragt, eine mögliche Beteiligung an der X GmbH zu bewerten. Die Höhe der Beteiligung ist noch offen, wird aber nach oben durch gesetzliche Normierung auf 49 % des Eigenkapitals begrenzt.

Nach einer gründlichen Analyse ermitteln Sie erwartete entziehbare Überschüsse nach Zinsen, und nach Reinvestition, aber vor Steuern für die GmbH in folgender Höhe (alle Angaben in Tsd. €):

1	2	3	4	...	∞
100	100	120	130	130	130

Gehen Sie davon aus, daß die X GmbH mit 700 Tsd. € verschuldet ist. Dieser Bestand an Fremdkapital bleibt für die gesamte Lebensdauer unverändert bestehen. Illiquiditätsrisiken bestehen nicht. Der risikolose Zinssatz i ist 0,08.

1. Nehmen Sie an, es bestünde ein einfaches Steuersystem, in dem Überschüsse auf Unternehmensebene mit einem Gewinnsteuersatz $s_K = 0{,}50$ besteuert werden. Anleger fordern nach Steuern für riskante, aber eigenfinanzierte Anlagen, wie die hier zu beurteilende, eine Rendite von $k = 0{,}10$. In jeder Periode rechnen Sie mit steuerlichen Abschreibungen in Höhe von 50 Tsd. €. Die (oben bereits abgesetzten) Auszahlungen für Reinvestitionen belaufen sich ebenfalls auf 50 Tsd. € pro Periode.

   Welchen Höchstpreis empfehlen Sie dem Management der Unternehmensbeteiligungsgesellschaft zu zahlen, wenn der Erwerb einer 49 %-igen Beteiligung erwogen wird?

2. Mit welchem Diskontierungssatz bewerten Sie die entziehbaren Überschüsse der X GmbH, wenn Sie den Equity-Ansatz benutzen?

3. Jetzt gilt das Halbeinkünfteverfahren mit folgenden Steuersätzen:

   $s_K = 0{,}25$, $s_{GE} = 0{,}1667$, $s_I = 0{,}40$.

Die Verbindlichkeiten der X-GmbH stellen unter steuerlichen Aspekten Dauerschulden dar. Sie können unterstellen, daß der Wert des Unternehmens bei ausschließlicher Eigenfinanzierung und Jahresüberschußbezogener Vollausschüttung 950 Tsd. € beträgt.

a) Wie hoch ist der Wert des Eigenkapitals unter Beachtung der von der X-GmbH realisierten Kapitalstruktur? Sie können unterstellen, daß Einkommensteuereffekte nicht auftreten!

b) Wie ändert sich das Ergebnis, wenn das Fremdkapital am Ende der Periode 4 zur Hälfte getilgt wird und die Alteigentümer die hierfür erforderlichen 350 Tsd. € in Form von Eigenkapital in die GmbH einbringen? Alle sonstigen Angaben gelten unverändert!

Aufgabe 2

Die Deutsche Papierwerke AG (DP AG) ist eine börsennotierte Aktiengesellschaft mit breit gestreutem Anteilseignerkreis. Die Geschäftsfelder des Unternehmens wurden in den letzten Jahren durch eine Diversifikationsstrategie um die Produktion von chemischen Erzeugnissen erweitert. Die Bilanz der DP AG für das Jahr 0 hat vereinfacht folgendes Aussehen (in Mio. €):

Sachanlagen	6.375	Eigenkapital	7.350
festverzinsliche Wertpapiere	4.250	Fremdkapital	3.275
Aktiva	10.625	Passiva	10.625

Das Grundkapital der DP AG besteht aus 50 Mio. Stammaktien mit einem Nominalwert von 50 €/Stück. Der Börsenkurs der Aktie liegt derzeit bei 210 €. Der Beta-Wert der Aktie ist 1,3. Unterstellen Sie eine Risikoprämie $\left(\overline{r}_M - i\right)$ in Höhe von 4 %! Der risikolose Zinssatz ist 8,5 %. Aus diesen Daten berechnen sich Eigenkapitalkosten (k^F) in Höhe von 13,7 %.

Unterstellen Sie ein System mit einer einfachen Gewinnbesteuerung. Der Steuersatz ist $s_K = 0{,}50$. Für die DP AG bestehen keine Illiquiditätsrisiken.

1. Berechnen Sie den durchschnittlichen Kapitalkostensatz WACC der DP AG unter den Annahmen sicherer steuerlicher Vorteile bzw. unsicherer steuerlicher Vorteile!

2. Das Management diskutiert über die eventuelle Übernahme der Druck AG, eines kleineren Herstellers, der auf die Produktion von Tapeten spezialisiert ist. Eine Analyse läßt Cashflows vor Zinsen und Steuern von 2,25 Mio. € pro Jahr erwarten (Rentenfall). Die Druck AG weist Fremdmittel von 6 Mio. € auf, die zu 8,5 % zu verzinsen sind. Illiqui-

ditätsrisiken bestehen nicht. Das Management der Druck AG verfolgt eine Zielkapitalstruktur von $F/V^F = 0{,}6$.

In der Finanzabteilung wird zunächst über den bei der Bewertung anzuwendenden Kapitalkostensatz diskutiert.

Ein Kollege meldet sich zu Wort: „Es ist doch klar, daß wir die Kapitalkosten der DP AG bei der Bewertung der Druck AG verwenden. Schließlich wollen wir doch die Eigentumsrechte erwerben."

Ein zweiter Kollege meint: „Nach meiner Ansicht ist das Risiko des Projektes bei der Ermittlung der Kapitalkosten zu beachten. Wegen unserer Diversifikationsanstrengungen sind unsere Risiken geringer als die der Druck AG, die über nur ein Geschäftsfeld verfügt. Deren durchschnittliche Kapitalkosten müssen somit über unseren Kapitalkosten liegen."

Beurteilen Sie diese Argumente!

3. Eine genauere Analyse des Risikos der Druck AG zeigt, daß das Investitionsrisiko des Unternehmens ungefähr dem Investitionsrisiko der operativen Geschäftsfelder der DP AG entspricht. Sie können davon ausgehen, daß sich der β^E-Wert der Aktie der DP AG als gewogenes arithmetisches Mittel der Geschäftsfelder der DP AG und der Finanzanlagen interpretieren läßt. Die Erfolge der Finanzanlagen sind risikolos. Die Druck AG hält keine erwähnenswerten Bestände an Finanzanlagen!

   Berechnen Sie den durchschnittlichen Kapitalkostensatz der Druck AG!

4. Berechnen Sie den Unternehmensgesamtwert und den Wert des Eigenkapitals der Druck AG!

   Gehen Sie davon aus, daß der oben angegebene erwartete Cashflow vor Zinsen und Steuern von 2,25 Mio. € pro Periode unendlich lang erzielt werden kann.

Aufgabe 3

Der Gesellschafter der Druck GmbH erwägt, sich ins Privatleben zurückzuziehen und sein Unternehmen zu verkaufen. Die Planung für die nächsten 6 Jahre ist der folgenden Tabelle zu entnehmen. Ab Periode 6 unterstellt er den Fall der unendlichen Rente. Die Gesellschaft geht zur Vollausschüttung über; Pensionsrückstellungen und Fremdkapitalbestand bleiben ab dann unverändert, die Reinvestition entspricht der Abschreibung.

Periode	0	1	2	3	4	5	6ff.
Sachanlagen	6.200,0	6.304,0	7.300,0	7.700,0	13.000,0	14.000,0	14.000,0
Netto-Umlaufvermögen	1.400,0	1.600,0	608,0	7.013,0	1.818,0	1.473,0	1.473,0
Bilanzsumme	7.600,0	7.904,0	7.908,0	14.713,0	14.818,0	15.473,0	15.473,0
Eigenkapital	5.800,0	6.500,0	6.700	9.800	10.050	10.500	10.500
Pensionsrückstellungen	500,0	504,0	508,0	513,0	518,0	523,0	523,0
Fremdkapital	1.300,0	900,0	700,0	4.400,0	4.250,0	4.450,0	4.450,0
Bilanzsumme	7.600,0	7.904,0	7.908,0	14.713,0	14.818,0	15.473,0	15.473,0
Umsatzerlöse		20.000,0	24.000,0	27.000,0	23.500,0	28.800,0	28.800,0
betriebliche Aufwendungen		13.000,0	15.500,0	17.000,0	13.500,0	17.900,0	17.900,0
Abschreibungen		1.000,0	1.150,0	1.300,0	1.500,0	2.100,0	2.200,0
Zuführung zur Pensionsrückstellung		80,0	81,7	83,5	85,3	87,2	89,0
Zinsaufwand		110,5	76,5	59,5	374,0	361,3	378,3
Gewinn vor Steuern		5.809,5	7.191,8	8,557,0	8.040,7	8.351,5	8.232,7
Gewerbeertragsteuer		968,4	1.198,9	1.426,5	1.340,4	1.392,2	1.372,4
Körperschaftsteuer		1.210,3	1.498,2	1.782,6	1.675,1	1.739,8	1.715,1
Summe Steuern		2.178,7	2.697,1	3.209,1	3.015,5	3.132,0	3.087,5
Jahresüberschuß		3.630,8	4.494,7	5.347,9	5.025,2	5.219,5	5.145,2
Ausschüttung		2.930,8	4.294,7	2.247,9	4.775,2	4.769,5	5.145,2
Zuführung zu Gewinnrücklagen		700,0	200,0	3.100,0	250,0	450,0	0

Tabelle 12-1: Plan-Bilanzen und Plan-GuV der Druck GmbH

Es gelten folgende Daten:

$$s_{GE} = 0{,}1667,\ s_K = 0{,}25,\ s_I = 0{,}48,\ i = 0{,}085,\ k_S = 0{,}10.$$

Der Gesellschafter will wissen

- wie hoch der Unternehmensgesamtwert ist,
- wie hoch der Wert des Eigenkapitals ist.

Anmerkung: Zinszahlungen sind steuerlich voll abzugsfähig.

1. Berechnen Sie den Wert der Gesellschaft bei ausschließlicher Eigenfinanzierung! Unterstellen Sie eine residuale Ausschüttungspolitik!

2. Berechnen Sie die sich aus der realisierten Kapitalstruktur ergebenden Vorteile (Unternehmensteuereffekt)!
3. Gibt es Anlaß, Einkommensteuereffekte zu vermuten? Eine Rechnung ist nicht erforderlich!
4. Wie hoch ist der Wert des Eigenkapitals? Die wertmäßigen Auswirkungen des Einkommensteuereffektes können unbeachtet bleiben!
5. Berechnen Sie den Unternehmensteuereffekt des Fremdkapitals vor dem Hintergrund des Risikoniveaus I!

Aufgabe 4

Ein Autor entwickelte 1990 in einer viel gelesenen Zeitschrift für Studierende der Betriebswirtschaftslehre folgendes Beispiel, um den praktischen Einsatz der Botschaften des CAPM zu demonstrieren. B. Schimmerlos brütet über den Ausführungen und Rechnungen des Autors.

Der Text lautet wie folgt:

Die Siemens AG plant, die Produktion von 1-Megabit-Halbleiterspeichern aufzunehmen. Die Anschaffungsauszahlungen für Betriebsstätte und Anlagen werden auf 1 Mrd. DM geschätzt. Die Nettoeinzahlungen vor Steuern während der 10-jährigen Nutzungsdauer werden auf 150 Mio. DM jährlich geschätzt. Die Errichtungskosten der Anlage werden mit 30 % degressiv abgeschrieben. Auf die lineare Abschreibung wird übergewechselt, wenn dies zu höheren Abschreibungsbeträgen führt. Der Steuersatz kann vereinfachend mit $s_K = 60\%$ angenommen werden. Der Verschuldungsgrad der Siemens AG, definiert als das Verhältnis von Fremdkapital[426] zu Eigenkapital (zu Buchwerten), betrug 1989 2,47 bei einem Eigenkapital von 18,554 Mrd. DM und einem Gesamtkapital von 64,396 Mrd. DM. Der β-Wert der Siemens AG beträgt 0,9467. Die risikolose Rendite liegt bei 8,75 %. Die Marktrendite liegt bei 16,43 %. Daraus berechnet sich eine geforderte Rendite der Eigentümer von

$$\begin{aligned} k^F &= i + \left(\overline{r_M} - i\right)\beta^F_{SAG} \\ &= 0{,}0875 + \left(0{,}1643 - 0{,}0875\right) \cdot 0{,}9467 = 0{,}1602. \end{aligned}$$

Um die Verschuldungswirkungen auf den β^F-Wert der Siemens AG zu eliminieren, wenden wir die Formel

$$\beta^E = \frac{\beta^F}{1 + \left(1 - s_K\right)\dfrac{F}{E^F}}$$

[426] Der Autor zählt Pensionsrückstellungen und sonstige Rückstellungen zum Fremdkapital.

an und erhalten

$$\beta^E = \frac{0{,}9467}{1+(1-0{,}6)\frac{45{,}84}{18{,}55}} = 0{,}476.$$

Weil das Projekt eigenfinanziert werden soll – die Mittel werden durch eine ordentliche Kapitalerhöhung aufgebracht – beträgt die geforderte Rendite

$$\begin{aligned} k &= 0{,}0875 + (0{,}1643 - 0{,}0875) \cdot 0{,}476 \\ &= 0{,}12406. \end{aligned}$$

Die Berechnung des Wertes der Anlage erfolgt etwa so:

t	Ab_t – Satz	Ab_t	RBW_t
1	30 %	300,0	700,00
2	30 %	210,0	490,00
3	30 %	147,0	343,00
4	30 %	102,9	240,10
5	30 %	72,03	168,07

Der Übergang zur linearen Abschreibung erfolgt ab Periode 5, weil der lineare Abschreibungsbetrag (100) ab hier höher ist als der degressive Abschreibungsbetrag (72,03).

Die Berechnung der Einzahlungsüberschüsse erfolgt gemäß $\overline{X_t} - s_K (\overline{X_t} - Ab_t)$. Sofortiger Verlustausgleich wird unterstellt. Die erwarteten Einzahlungsüberschüsse nach Steuern betragen für die einzelnen Perioden:

t	Überschuß nach Steuern	
1	150 – 0,6·(150 – 300)	= 240,00
2	150 – 0,6·(150 – 210)	= 186,00
3	⋮	= 148,20
4	⋮	= 121,74
5 - 10	150 – 0,6·(150 – 100)	= 120,00

Die geforderte Rendite vor Steuern von 16,02 % muß in eine Nach-Steuer-Rendite umgerechnet werden. Wir unterstellen, daß die durchschnittliche Besteuerung der Anteilseigner 35 % beträgt und daß 40 % der Marktrendite in Form von zu besteuernden Dividenden erzielt wird.

Der Rest wird in Form von nicht zu versteuernden Kapitalgewinnen erzielt. Die Nach-Steuer-Rendite des Marktportefeuilles ist somit $r_{M,S} = 0{,}4 \cdot 16{,}43 \cdot (1-0{,}35) + 0{,}6 \cdot 16{,}43 = 14{,}13\%$ und die geforderte Rendite der Eigentümer nach Steuern ist

$$k_S^F = 0{,}0875 \cdot (1-0{,}35) + \left[0{,}1413 - 0{,}0875 \cdot (1-0{,}35)\right] \cdot 0{,}9467$$
$$= 0{,}13681.$$

Der Barwert der Nettoeinzahlungen nach Steuern beträgt dann 810,67 Mio. DM. Da die Errichtungskosten 1 Mrd. DM betragen, lohnt sich das Projekt nicht!

Helfen Sie B. Schimmerlos und prüfen Sie die Ausführungen des Autors! Sie sollten einige Fehler finden!

Anmerkung:

Akzeptieren Sie die Umrechnung der Marktrendite in eine Nach-Steuer-Marktrendite, und die hohe Marktrisikoprämie von fast 8 % vor Einkommensteuer!

Aufgabe 5

Zu bewerten sind die Eigentumsrechte der Grüntal GmbH. Die Plan-Gewinn- und Verlustrechnungen des Unternehmens für die künftigen Jahre haben folgendes Aussehen (in Mio €):

	1	2	3	4	...	8
Umsatzerlöse*	680	720	760	760	...	760
sonst. betriebl. Erträge	30	30	30	30	...	30
Personalaufwand*	-230	-250	-270	-270	...	-270
Materialaufwand*	-160	-180	-180	-180	...	-180
sonst. betriebl. Aufwendungen*	-40	-45	-45	-40	.....	-40
Abschreibungen	-90	-110	-110	-110		-110
Bilanzieller Überschuß	190	165	185	190	190	190

Anmerkung:

- Die mit * gekennzeichneten Positionen der GuV sind zahlungsgleich. Es handelt sich um eine Rechnung bei Unsicherheit. Die Angaben müssen somit als Erwartungswerte interpretiert werden.
- Steuerliche Normen sind zu vernachlässigen. Die Auszahlungen für Investitionen im Anlage- und Umlaufvermögen entsprechen in jeder Periode den Abschreibungen. Der risikoäquivalente Kalkulationszinsfuß für die Bewertung der Überschüsse betrage 10 %.

1. Ermitteln Sie den Grenzpreis des betrachteten Unternehmens! Welche Überschußgröße legen Sie der Rechnung zugrunde?

2. Der potentielle Käufer der Grüntal GmbH plant im Jahr 1 eine zusätzliche Investition: Das Unternehmen will sich mit einer Einlage in Höhe von 150 Mio. € als stiller Gesellschafter an einem Gewerbepark-Projekt beteiligen. Man schätzt die jährliche Gewinnausschüttung aus diesem Projekt auf 18 Mio. €. Sie soll im Jahr 2 zum ersten Mal und anschließend für eine unendliche Dauer erzielt werden. Das Risiko des zusätzlichen Projektes entspricht demjenigen der restlichen Aktivitäten der Grüntal GmbH. Der investierte Betrag ist nicht abzuschreiben.[427] Der für die Einlage erforderliche Betrag soll nach den Plänen des Käufers im Wege der offenen Selbstfinanzierung durch Thesaurierung eines Teils des im gleichen Jahr erzielten Überschusses aufgebracht werden.

   a) Ist das skizzierte Projekt finanziell vorteilhaft? Welchen Einfluß hat seine Durchführung auf den Grenzpreis des Interessenten?

   b) Ermitteln Sie die künftigen Gewinn- und Verlustrechnungen der Grüntal GmbH bei Realisierung des Projektes![428] Wie hoch ist der Ertragswert des Unternehmens im Zeitpunkt 0, wenn Sie die erzielten bilanziellen Überschüsse als zu bewertende Überschußgrößen diskontieren?

   c) Erstellen Sie den Finanzplan für die Grüntal GmbH bei Realisierung des Projektes! Welcher Ertragswert (Grenzpreis) errechnet sich, wenn Sie entziehbare Überschüsse i. S. v. Nettoeinzahlungen interpretieren?

   d) Vergleichen Sie die beiden soeben ermittelten Ertragswerte bzw. Grenzpreise und erläutern Sie die Differenz!

3. Die theoretisch richtige Nichtberücksichtigung von thesaurierten bilanziellen Überschüssen bei der Ertragswertermittlung ist umstritten. Praktiker argumentieren, daß ein Unternehmen, das seine erzielten Gewinne in voller Höhe ausschüttet, nicht doppelt so viel wert sein könne, wie ein Unternehmen, das die Hälfte seiner erzielten Gewinne thesauriere.

   a) Beurteilen Sie diese Argumentation!

   b) Nehmen Sie nun an, die Laufzeit der stillen Beteiligung der Grüntal GmbH ende im Jahr 4. Der eingelegte Betrag wird dann in voller Höhe zurückgezahlt. In diesem Jahr enden auch die Überschüsse aus dem Gewerbepark-Projekt. Erstellen Sie die künftigen Gewinn- und Verlustrechnungen und den Finanzplan der Grüntal

[427] Da Steuerzahlungen ausgeblendet sind, hat diese Annahme keine Zahlungswirkungen.

[428] Die erzielten Gewinnausschüttungen aus dem Gewerbepark-Projekt werden unter den „sonstigen betrieblichen Erträgen“ ausgewiesen.

GmbH! Berechnen Sie den Ertragswert des Unternehmens auf der Basis der erzielten bilanziellen Überschüsse und auf der Basis der erzielten Nettoeinzahlungen!

c) Erläutern Sie die Ursachen für die Differenz zwischen den in 3b) ermittelten Ertragswerten!

4. Nehmen Sie an, daß der Ertragswert der Grüntal GmbH unter Berücksichtigung des vom Institut der Wirtschaftsprüfer vorgeschlagenen Prinzips der Vollausschüttung erzielter bilanzieller Ertragsüberschüsse ermittelt wird?

   a) Welche Probleme ergeben sich? Welche Lösungsmöglichkeiten sehen Sie?

   b) Unterstellen Sie, daß die Mittel zur Finanzierung der Einlage von 150 Mio. € durch einen Kredit gleicher Höhe mit einem Zinssatz von 8 % aufgebracht werden. Sowohl die Überschüsse aus der stillen Beteiligung als auch der aufgenommene Kredit weisen eine unendliche Laufzeit auf. Ermitteln Sie die aus dem Unternehmen entziehbaren Ertragsüberschüsse! Berechnen Sie den Ertragswert des Unternehmens auf der Basis der so ermittelten modifizierten Ertragsüberschüsse![429]

   c) Ermitteln Sie nun die entziehbaren Einzahlungsüberschüsse!

Aufgabe 6

Nehmen Sie an, für ein zu bewertendes Unternehmen werde die folgende Verteilung zukünftig entziehbarer Überschüsse prognostiziert:

Eintrittswahrscheinlichkeit	entziehbarer Überschuß $\left(\widetilde{NE}_j\right)$
0,3	450
0,5	600
0,2	800

Der risikolose Zinssatz beträgt 8 %. Die Überschußverteilung gilt für jede Periode eines unendlich langen Zeitraums. Die Überschussverteilungen sind unabhängig. Der betrachtete Investor habe eine Risikonutzenfunktion der Form

$$u\left(\widetilde{NE}_j\right) = \ln\left(\widetilde{NE}_j\right)$$

[429] Sie dürfen annehmen, daß der risikoäquivalente Kalkulationszinsfuß unverändert 10% ist. Der aufmerksame Leser weiß natürlich nach Lektüre des 5. und 6. Kapitels, daß diese Annahme grundfalsch ist.

1. Ein Bewerter ermittelt den Grenzpreis des Unternehmens mit Hilfe eines Risikozuschlags zum Diskontierungssatz. Er benutzt einen Zuschlag in Höhe von 50 % des risikolosen Basiszinsfußes.
   a) Welchen Ertragswert errechnet der Bewerter?
   b) Ist der benutzte Risikozuschlag (die Risikoprämie) logisch begründbar?
2. Ermitteln Sie den Grenzpreis des Unternehmens für den Investor über die Methode der Sicherheitsäquivalente! Wie hoch ist der implizierte Risikozuschlag?
3. Ermitteln Sie den Grenzpreis des Unternehmens unter Anwendung des pragmatischen Risikozuschlages i. S. v. Ballwieser! Vergleichen Sie Ihr Ergebnis mit dem aus Teilaufgabe 2! Was ist die Ursache für die Abweichung?
4. Jetzt wird ein endlicher Zeitraum für die entziehbaren Überschüsse unterstellt: Die dargestellte Wahrscheinlichkeitsverteilung gilt für 3 Perioden. Die Risikonutzenfunktion des Investors bleibt unverändert. Ebenso gilt die Annahme der Unabhängigkeit der Überschußverteilungen.
   a) Leiten Sie den Risikozuschlag des Investors für die Bewertung der Überschußverteilung der ersten Periode ab!
   b) Ermitteln Sie den Grenzpreis des Unternehmens zum einen mit Hilfe von Sicherheitsäquivalenten und zum anderen nach der Risikozuschlagsmethode!
   c) Nehmen Sie nun an, daß sich das Risiko der Überschußverteilungen gleichmäßig im Zeitablauf auflöst und ermitteln Sie den Grenzpreis mit Hilfe der Risikozuschlagsmethode, unter der Annahme, z^* sei ein geeigneter Risikozuschlag, um erwartete Überschüsse auf den Zeitpunkt 0 zu diskontieren.

Aufgabe 7

Im Jahr 1993 wurde die Friedrich Deckel AG mit der Maho AG verschmolzen. Ziel der Verschmelzung war es, zwei traditionsreiche und innovative Hersteller von Werkzeugmaschinen in einem schwierigen Markt zusammenzuführen, um den Erfordernissen des Marktes mit einer schlagkräftigen Einheit zu begegnen und das langfristige Überleben des zusammengeführten Unternehmens sicherzustellen.

Durch die Verschmelzung sollte die Deckel AG ihr Vermögen als Ganzes auf die Maho AG übertragen. Im Gegenzug erhalten die Aktionäre der Deckel AG Aktien der Maho AG. Zu diesem Zweck erhöht die Maho AG ihr Grundkapital um 49,2 Mio DM. Zu bestimmen ist das Umtauschverhältnis der Aktien der Deckel AG gegen Aktien der Maho AG gleichen Nennwerts. Zu diesem Zweck sind gemäß Aktiengesetz die

Werte des Eigenkapitals der beiden Gesellschaften zu ermitteln unter der Prämisse der Eigenständigkeit beider Unternehmen (Stand-Alone-Basis). Das bedeutet, daß alle Konsequenzen aus der geplanten Verschmelzung (Synergieeffekte, steuerliche Nachteile bzw. Vorteile) unbeachtlich sind.

Im folgenden ist die Bewertung des Eigenkapitals der Deckel AG zu beurteilen. Tabelle 12-2 gibt die der Bewertung zugrundeliegende Ergebnisplanung ab dem Jahr 1993 wieder.[430] Der Verschmelzungsbericht enthält folgende Erläuterungen:[431]

- Der Wert der Deckel AG bestimmt sich als Barwert der erwarteten Nettoausschüttungen einschließlich des gesondert zu bewertenden nicht betriebsnotwendigen Vermögens.
- Bei der Ermittlung des Ertragswertes wird im allgemeinen davon ausgegangen, daß die einzelnen Jahresüberschüsse vollständig ausgeschüttet werden und die zur Ertragserzielung notwendige Substanz erhalten bleibt. Die erwarteten Nettoausschüttungen stellen dabei die bei Erhaltung der Ertragskraft möglichen Maximalausschüttungen dar. Da die Ertragswertrechnung gleichzeitig – soweit keine gegenteiligen Informationen vorliegen – von der unbegrenzten Unternehmensfortführung ausgeht, wird für die laufende Erneuerung des ertragbringenden Vermögens eine kontinuierliche Reinvestition nötig.
- Für die Ermittlung des Ertragswertes sind die erwarteten Zahlungsvorgänge zwischen Unternehmen und Unternehmensinhabern maßgebend. Es ist deshalb theoretisch exakt, von den Einzahlungsüberschüssen des Unternehmens auszugehen. Soweit für die Schätzung der künftigen Nettoausschüttungen von Ertragsüberschüssen ausgegangen wird, ist der Unterschied zwischen Zahlungs- und Erfolgswirksamkeit der einzelnen Geschäftsvorfälle durch eine Finanzbedarfsrechnung auszugleichen.
- Bei der Ertragswertermittlung wird nach allgemeiner Auffassung die Einkommensteuer- oder Körperschaftsteuerbelastung der Gesellschafter außer acht gelassen. Aufgrund des Anrechnungsverfahrens ist die Körperschaftsteuer als vorausbezahlte Einkommensteuer oder Körperschaftsteuer der Gesellschafter zu betrachten und dementsprechend als Einkommensbestandteil der Anteilseigner anzusehen, wogegen die Gewerbe-, die Vermögen- sowie die auf letztere entfallende definitive Körperschaftsteuer bei der Ertragswertermittlung als Abzugsposten zu behandeln sind.
- Die erwarteten Nettoausschüttungen müssen mit einem geeigneten Kalkulationszinsfuß auf den Bewertungsstichtag bezogen werden. Dieser Kapitalisierungszinsfuß wird durch die günstigste alternative Kapitalanlagemöglichkeit der Unternehmenseigner oder potentieller

[430] Verschmelzungsbericht (1993), S. 64f.
[431] Verschmelzungsbericht (1993), S. 48-57.

Unternehmenserwerber bestimmt. Die Bewerter nehmen einen risikolosen (Basis)Zinsfuß von 7 % an, erhöhen ihn um einen Risikozuschlag von 5 % und reduzieren ihn um einen Geldentwertungsabschlag von 1 %. Im Ergebnis wird somit ein Diskontierungssatz von 11 % angesetzt.

- Um die vorhandene Ertragskraft der Gesellschaft beurteilen zu können, wurden die Aufwendungen und Erträge der Geschäftsjahre 1989 bis 1992 analysiert und um außerordentliche Aufwendungen und Erträge bereinigt. Außerdem wurden die Aufwendungen und Erträge der gesondert bewerteten Vermögensteile eliminiert.
- Die Ergebnisse wurden vor Abschreibungen, Zinsen, Beteiligungsergebnis und Ertragsteuern (= bereinigte Bruttoergebnisse) ermittelt.
- Ertragsteuern wurden nur insoweit berücksichtigt, als sie Kostencharakter haben. Hierzu zählen insbesondere die Gewerbeertragsteuer und die Körperschaftsteuer auf nicht abzugsfähige Ausgaben. Die prozentuale Gewerbesteuerbelastung beträgt bei der Friedrich Deckel AG 18,4 % (H = 450). Die Körperschaftsteuerbelastung auf nicht abzugsfähige Ausgaben (Vermögensteuer, Hälfte der Bezüge eines Aufsichtsrates) ist mit den ertragsteuerlichen Verlustvorträgen verrechnet worden. Wegen der bei Unternehmensbewertungen grundsätzlich zu unterstellenden Vollausschüttung der Gewinne und des Anrechnungsverfahrens wurde eine ergebnisabhängige Körperschaftsteuer nicht angesetzt.
- Die Berechnungen der künftigen Erträge stützen sich auf Planungsrechnungen für die Jahre 1993 bis 1998. Ab 1999 bzw. 1998/1999 wurde ein nachhaltiges Bruttoergebnis veranschlagt, das grundsätzlich dem des letzten Planjahres entspricht.
- Grundlage für die Schätzung zukünftiger Abschreibungen/ Reinvestitionen waren die Planungsrechnungen der Gesellschaften. Die Unterschiede zwischen den handelsrechtlichen Abschreibungen und den veranschlagten Reinvestitionsraten wurden in Zeile (13) getrennt erfaßt.
- Das Zinsergebnis in Zeile (9) berücksichtigt die vorhandenen Fremdmittel in 1993, die zusätzlichen Kreditaufnahmen der nächsten Jahre und die finanzwirtschaftlichen Auswirkungen der Abschreibungs- und Reinvestitionsdifferenzen.
- Auf der Basis der in der letzten Zeile ausgewiesenen Ergebnisse berechnen die Bewerter einen Ertragswert (ohne betriebsnotwendiges Vermögen) in Höhe von 32,934 Mio. DM zum Bewertungsstichtag 1.1.1993. Der Wert des gewerbesteuerlichen Verlustvortrages, der etwa ein Volumen von 90 Mio. DM erreichen dürfte, wird getrennt berechnet und mit ca. 12 Mio. DM veranschlagt. Aus diesem Grund enthält Tabelle 12-2 ab 1997 Gewerbesteuerzahlungen in Zeile (11).

1. Interpretieren Sie die Herleitung der zu kapitalisierenden Ergebnisse! Die Eintragungen in den Zeilen (1) bis (7) sind nicht zu hinterfragen![432]

2. Berechnen Sie den Eigenkapitalbestand und den Bestand an Verbindlichkeiten der Deckel AG zum 31.12.1998 unter den gesetzten Prämissen! Welche Folgerungen ziehen Sie?

Die Bilanz der Deckel AG ist zum 31.12.1992 nach Durchführung einer Kapitalerhöhung zum Ausgleich von Verlusten in Tabelle 12-3 dargestellt.[433]

3. Nehmen Sie an, die Deckel AG führte in den Jahren 1994, 1995 und 1996 Eigenkapital in Höhe von 30, 24 bzw. 11 Mio. DM zu!

   Wie schätzen Sie jetzt die Annahme des Gutachters ein, ab 1999 dem Prinzip der Vollausschüttung zu folgen? Sie sollten drei Gründe nennen, warum Vollausschüttung ab 1999 eine unrealistische und für die Aktionäre der Deckel AG obendrein nachteilige Annahme ist!

---

432 Die in der Tabelle ausgewiesenen Abschläge vom Bruttoergebnis I von 10% bzw. 20% können als Berichtigung zu optimistischer Erwartungen des Managements interpretiert werden. Auf jeden Fall bewirken diese Abschläge nicht die Umwandlung erwarteter Überschüsse in Sicherheitsäquivalente.

433 Die Position Rückstellungen kann zur Vereinfachung für die Folgejahre als konstant angenommen werden.

	1993		1994		1995		1996		1997		1998		nachhaltig
	TDM	%	TDM	%	TDM	%	TDM	%	TDM	%	TDM	%	TDM
(1) Gesamtleistung	193.200	100,0	210.700	100,0	244.000	100,0	292.000	100,0	340.300	100,0	381.000	100,0	
(2) Materialeinsatz	99.500	51,5	111.300	52,8	128.900	52,8	156.200	53,5	181.300	53,3	202.800	53,2	
(3) Rohertrag	93.700	48,5	99.400	47,2	115.100	47,2	135.800	46,5	159.000	46,7	178.200	46,8	
(4) Personalaufwand	65.000	33,6	57.900	27,5	55.900	22,9	59.000	20,2	63.100	18,5	67.200	17,6	
(5) Saldo übrige Aufwend./Erträge	48.300	25,0	58.000	27,5	58.600	24,0	61.400	21,0	64.500	19,0	70.100	18,4	
(6) Bereinigtes Bruttoergebnis I	-19.600	-10,1	-16.500	-7,8	600	0,2	15.400	5,3	31.400	9,2	40.900	10,7	40.900
Abschlag (10%, nachhaltig 20%)					60		1.540		3.140		4.090		8.180
(7) Bereinigtes Bruttoergebnis II	-19.600		-16.500		540		13.860		28.260		36.810		32.720
(8) Abschreibungen/Reinvestitionen	8.000		6.600		4.300		3.100		3.100		3.100		3.100
(9) Zinsergebnis (Aufwand)	14.332		18.203		20.610		21.704		21.473		20.462		20.462
(10) Ergebnis vor Ertragsteuern	-41.932		-41.303		-24.370		-10.944		3.687		13.248		9.158
(11) Gewerbeertragsteuer	0		0		0		0		1.376		3.135		2.382
(12) Über-/Unterdeckung (bilanziell)	-41.932		-41.303		-24.370		-10.944		2.311		10.113		6.776
+ nicht zahlungswirksame Aufwendungen													
(13) Differenz Abschreibungen /Investitionen	5.500		2.600		300		0		0		0		0
(14) Über-/Unterdeckung (Liquiditätsebene)	-36.432		-38.703		-24.070		-10.944		2.311		10.113		6.776
(15) Neuverschuldung/ Schuldentilgung (-)	36.432		38.703		24.070		10.944		-2.311		-10.113		0
(16) zu kapitalisierende Ergebnisse	0		0		0		0		0		0		6.776

Tabelle 12-2: Ergebnisplanung für die Jahre 1993 bis 1998 und Ableitung der zu kapitalisierenden Ergebnisse der Deckel AG

Aktiva	1992	Passiva	1992
A. Anlagevermögen:	48.363	A. Eigenkapital	53.660
I. Immaterielle Vermögensgegenstände	589	I. Gezeichnetes Kapital	42.180
1. Konzessionen, gewerbliche Schutzrechte	589	II. Kapitalrücklage	11.480
II. Sachanlagen	35.647	III. Gewinnrücklagen	
1. Grundstücke und Bauten	19.285	1. Gesetzliche Rücklagen	
2. Technische Anlagen und Maschinen	5.219	2. Rücklage für eigene Anteile	
		3. Satzungsmäßige Rücklagen	
3. Andere Anlagen und BGA	10.711	4. Andere Gewinnrücklagen	
4. Geleistete Anzahlungen und Anlagen im Bau	432	IV. Bilanzgewinn	
III. Finanzanlagen	12.127		
5. Wertpapiere des AV			
6. Sonstige Ausleihungen			
		B. Sonderposten mit Rücklageanteil	
B. Umlaufvermögen	229.795		
I. Vorräte	113.133	C. Rückstellungen	44.097
abzgl. erhaltene Anzahlungen		1. Rückstellungen für Pensionen	17.591
1. RHB-Stoffe	29.168	2. Steuerrückstellungen	310
2. Unfertige Erzeugnisse und Leistungen	40.707	3. Sonstige Rückstellungen	26.196
3. Fertige Erzeugnisse und Waren	43.209	D. Verbindlichkeiten	180.718
4. Geleistete Anzahlungen	49	1. Anleihen	
		2. Verb. ggü. Kreditinstituten,	134.408
II. Forderungen und sonstige Vermögensgegenstände	61.460	davon fällig vor Ablauf eines Jahres	109.033
1. Forderungen aus Lief. und Leistungen	56.181	3. erhaltene Anzahlungen auf Bestellungen	1.986
2. Forderungen gegen verbundene Unternehmen	1.700	4. Verb. aus Lieferungen und Leistungen	14.477
3. Forderungen gegen beteiligte Unternehmen		5. Verb. aus Wechseln,	8.968
4. Sonstige Vermögensgegenstände	3.579	davon fällig vor Ablauf eines Jahres	8.968
		6. Verb. ggü. verb. Unternehmen,	2.738
		davon fällig vor Ablauf eines Jahres	2.738
III. Wertpapiere	0	7. Verb. ggü. beteil. Unternehmen	
1. Anteile an verbundenen Unternehmen		8. Sonst. Verbindlichkeiten	18.141
		davon aus Steuern	3.119
2. Eigene Anteile		davon im Rahmen der sozialen Sicherheit	2.082
3. Sonstige Wertpapiere		9. erhaltene Anzahlungen auf Bestellungen (Vorräte)	
IV. Flüssige Mittel	55.202		
C. Rechnungsabgrenzungsposten,	317	E. Rechnungsabgrenzungsposten	
davon Disagio	227		
Bilanzsumme	278.475	**Bilanzsumme**	278.475

Tabelle 12-3: Bilanz der Deckel AG zum 31.12.1992

Aufgabe 8

Die in Aufgabe 7 des Kapitels 6 angedeutete Rechnung soll jetzt präzisiert werden. Nehmen Sie an:

- Die in Zeile (15) der Tabelle 12-2 ausgewiesenen Kreditaufnahmen unterbleiben. Statt dessen führen die Eigentümer Eigenkapitalbeträge in einer Höhe zu, die Liquiditätsdefizite genau ausgleichen! Damit soll die Ausschüttungsfähigkeit bilanzieller Überschüsse gewährleistet sein, soweit letztere finanzierbar sind. Kosten der Kapitalerhöhungen bleiben unbeachtet.

- Die in Zeile (15) vorgesehenen Tilgungszahlungen in 1997 und 1998 finden statt.
- Die zusätzlichen Fremdkapitalaufnahmen sind mit 9 % zu verzinsen.
- Die Einkommensbesteuerung der Eigentümer bleibt weiterhin unbeachtet.

1. Berechnen Sie die zu kapitalisierenden Ergebnisse unter diesen Annahmen!
2. Wie entwickelt sich der Bestand an bilanziellem Eigenkapital und die Verbindlichkeiten gegenüber Kreditinstituten bis zum 31.12. 1998?
3. Berechnen Sie den Ertragswert für die Deckel AG auf Basis der von Ihnen ermittelten Daten zu 1. und 2. bezogen auf den Beginn des Jahres 1993! Der im Bewertungsgutachten verwendete Diskontierungssatz von 11 % soll weiterhin verwendet werden.
4. Erläutern Sie den Unterschied Ihres Ergebnisses zu 3. zu dem von den Gutachtern ermittelten Ergebnis! Der Ertragswert wird im Gutachten mit 32,93 Mio DM angesetzt!

Aufgabe 9

Zu bewerten ist die Flachstahl GmbH. Die folgende Tabelle zeigt die Plan-Gewinn- und Verlustrechnungen des Unternehmens und die erwarteten bilanziellen Überschüsse für den Prognosezeitraum (in Tsd. €):

	1	2	3	4	5	6ff.
Umsatzerlöse	9.600	9.800	10.000	10.000	10.300	10.300
Materialaufwand	1.800	1.800	2.000	2.000	2.000	2.000
Personalaufwand						
Löhne, Gehälter	2.800	2.900	2.900	3.100	3.100	3.100
Zuführung zu PR	430	460	460	540	540	540
sonst. betrieblicher Aufwand	700	760	760	830	830	830
Abschreibungen	1.500	1.500	1.500	1.700	1.700	1.700
Zinsaufwand	220	220	220	220	160	160
Überschuß vor Steuern	2.150	2.160	2.160	1.610	1.970	1.970

Es gelten die folgenden Steuersätze: $s_{GE} = 0{,}1667$; $s_K = 0{,}25$; $s_I = 0{,}35$.

1. Ermitteln Sie die bei Jahresüberschuß-bezogener Vollausschüttung ausschüttbaren Beträge bzw. die der Ertragswert-Berechnung zugrundezulegenden Zahlungen! Die zinspflichtigen Verbindlichkeiten stellen Dauerschulden dar.

2. Der potentielle Unternehmenskäufer ist im gleichen Geschäftsfeld wie die Flachstahl GmbH tätig und erwartet beim Kauf des Unternehmens Synergieeffekte. Er plant in den ersten drei Jahren des Prognosezeitraumes bedeutende Erweiterungsinvestitionen. Die Auswirkungen dieser Investitionen auf die relevanten Aufwands- und Ertragsgrößen sind in den obigen Plan-GuV-Rechnungen bereits berücksichtigt.
   Im Jahr 4 ist ein Kredit des Unternehmens in Höhe von 750 zur Rückzahlung fällig. Die dadurch ausgelöste Verringerung des Zinsaufwandes wurde in den obigen Plan-GuV-Rechnungen ebenfalls beachtet.
   Das Unternehmen muß Pensionszahlungen leisten. Die folgende Tabelle zeigt die aus den GuV-Rechnungen nicht erkennbaren Zahlungsbelastungen.

	1	2	3	4	5	6ff.
Investitionsauszahlungen	2.200	2.200	1.800	1.700	1.700	1.700
Pensionszahlungen	450	460	480	520	540	540
Kreditrückzahlung				750		

Stellen Sie unter Berücksichtigung dieser Informationen einen Finanzplan auf und ermitteln Sie den notwendigen Mittelbedarf bzw. Mittelüberschuß für jede Periode des Prognosezeitraumes unter der Annahme, daß die Jahresüberschuß-bezogene Vollausschüttung beibehalten wird. Umsatzerlöse, Materialaufwand, Aufwand für Löhne und Gehälter, sonstige betriebliche Aufwendungen und Zinsaufwand sind zahlungsgleiche Größen.

3. Der potentielle Erwerber plant den in Abschnitt 2. berechneten Finanzbedarf über die Aufnahme weiterer Kredite zu einem Zinssatz von 8 % zu decken.
   a) Ermitteln Sie unter Berücksichtigung der dadurch ausgelösten Zins- und Steuerwirkungen die Jahresüberschüsse der Flachstahl GmbH bei unterstellter Vollausschüttung!
   b) Prüfen Sie mit Hilfe eines Finanzplanes, ob die in a) berechneten Jahresüberschüsse auch finanzierbar sind!
   c) Der Gutachter schlägt einen Diskontierungssatz in Höhe von 10 % zur Bewertung der Überschüsse vor. Welcher Überschuß ist zu bewerten? Welchen Ertragswert (Grenzpreis) berechnen Sie für das Unternehmen bei Anwendung dieses Diskontierungssatzes?

4. Unterstellen Sie nun, der Käufer halte die in 3. unterstellte Erhöhung der Unternehmensverschuldung nicht für sinnvoll. Der in Abschnitt 2 ermittelte Finanzbedarf soll deshalb über die Thesaurierung von bilanziellen Überschüssen, also in Form von Eigenkapital gedeckt werden.
   Welche Überschüsse kann das Unternehmen unter dieser Annahme an die Eigentümer ausschütten (Bardividende)? Warum ist ein Diskontierungssatz von 10 %, der in 3. als brauchbar unterstellt wurde, jetzt nicht auf die den Eigentümern nach Einkommensteuern zufließenden Überschüsse anwendbar?

Aufgabe 10

Eine auf Leveraged Buy Outs (LBO) spezialisierte Investorengruppe plant ein Unternehmen für 1,1 Mrd. € zu übernehmen. Die Investorengruppe erwartet Überschüsse vor Zinsen und Steuern gemäß den Angaben in der folgenden Tabelle. Diese wachsen mit 5 % pro Jahr. Die Investitionen im Umlaufvermögen betragen im Jahr 1 10 Mio. €; auch dieser Betrag wächst mit 5 % pro Jahr. Die Investoren sind zuversichtlich, 900 Mio. € Fremdmittel zu $i_V = 0{,}07$ aufnehmen zu können; der risikolose Zinssatz beträgt 4 %. In den ersten 5 Jahren nach Übernahme wird das Unternehmen den verfügbaren Cashflow nutzen, um Fremdkapital mit Zinsen zu bedienen und zu tilgen, um so rasch in den Bereich eines langfristig akzeptablen Verschuldungsgrades zu kommen. Wenn die Planungen der Investorengruppe in etwa eintreffen, wird das Unternehmen am Ende der Periode einen Fremdkapitalbestand von 795,5 Mio. € ausweisen. Alle Zahlungen an Eigentümer im Zeitraum von Periode 1 bis 5 einschließlich sind Null. Die Frage ist, ob es sich lohnt, 200 Mio. € Eigenkapital in dieses Projekt zu stecken.

Bekannt sind folgende Daten: $i = 0{,}04$; die von den Eigentümern bei Eigenfinanzierung geforderte Rendite k ist 0,10; $i_V = 0{,}07$; die Wachstumsrate g beträgt 5 %; die Marktrisikoprämie $\left(\overline{r_M} - i\right)$ ist 8 %. Es gilt ein einfaches Gewinnsteuersystem mit $s_K = 0{,}36$.

Der Verschuldungsgrad, der am Ende der Periode 5 erreicht ist, soll in allen künftigen Perioden beibehalten werden.

Die Problemlösung beginnt folglich mit der Ermittlung von V_5^F.

1. Berechnen Sie V_5^F mit dem WACC-Ansatz![434] Beachten Sie, daß der erwartete Cashflow (bei fingierter Eigenfinanzierung) mit $g = 0{,}05$ wächst.
2. Berechnen Sie V_5^F mit dem APV-Ansatz!
3. Gesucht ist E_0^F. Berechnen Sie E_0^F mit einem Ihnen problemangemessen erscheinenden Kalkül!

[434] Beachten Sie, daß der Verschuldungsgrad ab Periode 5 konstant bleibt.

4. Ihr Partner meint: „Der Equity-Ansatz ist der angemessene. Wir sollten den anderen Investoren das Equity-Ergebnis präsentieren." Was denken Sie?

		0	1	2	3	4	5ff.
(1)	Überschuß vor Zinsen und Steuern		100,0	105,0	110,3	115,8	121,6
(2)	Zinszahlungen		- 63,0	- 62,0	- 60,9	- 59,4	- 57,7
(3)	Steuerzahlungen ($s_K = 0{,}36$)		- 13,3	- 15,5	- 17,8	- 20,3	- 23,0
(4)	Jahresüberschuß		23,7	27,5	31,6	36,1	40,9
(5)	Abschreibungen		20,0	21,0	22,1	23,2	24,3
(6)	Investitionen im AV		- 20,0	- 21,0	- 22,1	- 23,2	- 24,3
(7)	Investitionen im UV		- 10,0	- 10,5	- 11,0	- 11,6	- 12,2
(8)	verfügbarer Cashflow nach Zinsen, Steuern und Investitionen		13,7	173,0	20,6	24,5	28,7
(9)	Tilgungen		- 13,7	- 17,0	- 20,6	- 24,5	-28,7
(10)	Ausschüttungen		0	0	0	0	0
(11)	Fremdkapital	900	886,3	869,3	848,7	824,2	795,5

6. Aufgaben zu Kapitel 7

Aufgabe 1

Die Milku-AG stellt Süßwaren her und benötigt für den Ausbau der Produktionsanlagen eine neue Verpackungsmaschine. Der Kaufpreis der Maschine beträgt 540 Tsd. €, die betriebsgewöhnliche Nutzungsdauer sechs Jahre. Die Abschreibung erfolgt linear. Im Fall eines Kaufs wird die Maschine nach vier Jahren veräußert, der Restverkaufserlös beträgt 200 Tsd. €. Der Kreditzinssatz der Hausbank der Milku-AG beträgt $i_V = 0{,}06$.

Das Management prüft, ob die benötigte Verpackungsmaschine durch den Abschluß eines Finanzierungsleasingvertrags finanziert oder aber gekauft und fremdfinanziert werden soll.

Es gelte ein einfaches Gewinnsteuersystem 1 mit $s_K = 0{,}25$.

Der Milku-AG liegt ein Leasingangebot vor, das wie folgt aussieht:

- Grundmietzeit 4 Jahre;
- Jährliche Leasingraten 115 Tsd. €.

1. Wie gehen Sie bei der Prüfung vor? Zeigen Sie genau, wie der Bewertungskalkül formuliert sein muß, damit er zu einem theoretisch verteidigbaren Ergebnis führt!
2. Bewerten Sie das Leasingangebot und berechnen Sie dazu das belastungsäquivalente Fremdkapitalvolumen. Wird die Milku-AG das Leasingangebot annehmen?

Das Management der Milku-AG steckt noch in den Verhandlungen mit dem Leasinggeber und berät über die Höhe der jährlichen uniformen Leasingrate.

3. Wie hoch darf die jährliche uniforme Leasingrate vor Steuern maximal sein, damit sich der Finanzierungsleasingvertrag für die Milku-AG noch lohnt? Berechnen Sie die belastungsäquivalente Leasingrate LR*!

Aufgabe 2

Sie sind neuer Mitarbeiter in der Corporate Finance-Abteilung der Walnuß AG, eines Konsumgüterherstellers. Die Tochter der Walnuß AG auf Mallorca steht vor der Wahl, ihre neue EDV-Ausstattung zu kaufen oder zu leasen. Das Leasingangebot sieht eine Grundmietzeit von vier Jahren vor. Die Leasingrate vor Steuern beträgt 10 Tsd. € pro Jahr. Es fällt lediglich eine einfache Gewinnsteuer $s_K = 0{,}4$ an. Die Einkommensteuer existiert nicht. Weiterhin gilt:

- Der Kaufpreis der EDV-Einrichtung beträgt 30 Tsd. €. Die betriebsgewöhnliche Nutzungsdauer beträgt vier Jahre, die Abschreibung erfolgt linear.
- Im Falle eines Kaufs erzielten die Geräte nach 4 Jahren keinen Restverkaufserlös mehr. Statt dessen müßten Entsorgungskosten i. H. v. 5 Tsd. € getragen werden.
- Der Tochter liegt ein Kreditangebot ihrer Hausbank mit einem Verschuldungszinssatz $i_V = 10$ % vor. Die Tilgung ist beliebig.

1. Ist der Abschluß des Leasingvertrages vorteilhaft? Berechnen Sie das belastungsäquivalente Fremdkapitalvolumen F*!
2. Zeigen Sie anhand eines Zahlungsplanes für jede Periode, wie die entstandene potentielle Fremdkapitalbelastung i. H. v. F* den Belastungen aus dem Leasingvertrag entspricht.
3. Ihr Chef erkennt zwar das Ergebnis Ihrer Berechnungen an, meint jedoch: „Wir lösen Investitionsentscheidungen gerne mit dem APV-Ansatz. Warum sollten wir bei Leasing-Verträgen eine Ausnahme machen? Bewerten Sie das Angebot mit dem APV-Ansatz!“
   a) Bestimmen Sie im ersten Schritt die Vorteilhaftigkeit des Leasing-Angebots im Vergleich zum Kauf bei reiner Eigenfinanzierung. Im zweiten Schritt berücksichtigen Sie die entgangenen Steuervorteile aus dem potentiellen Fremdkapitalvolumen F*.

b) Wie beurteilen Sie die Rechnung in 3a) im Vergleich zu Ihrem Vorgehen in 1.?

7. Aufgaben zu Kapitel 8

Aufgabe 1

Die Schaumermal AG ist seit kurzem an der Börse notiert. Der Finanzvorstand hat das IPO der Gesellschaft tatkräftig unterstützt und ist bereits auf dem Absprung. Demzufolge hält er nicht viel von bilanzieller Vorsorge für zukünftige Auszahlungen in Gestalt von Rückstellungen. So denkt man auch nicht daran, für in drei Jahren drohende Garantiezahlungen in Höhe von 100 am Ende des Jahres 0 entsprechende Rückstellungen zu bilden. Gehen Sie davon aus, daß der Jahresüberschuß vor Steuern und Zuführung zur Rückstellung und der Free Cashflow vor Steuern des Unternehmens die steuerlich abzugsfähige Zuführung zur Rückstellung und die Zahlung bei Inanspruchnahme übersteigen. Die Garantiezahlung falle zur Vereinfachung sicher an.

Es gilt das Halbeinkünfteverfahren: Die Körperschaftsteuer beträgt 25 % und die Gewerbeertragsteuer beträgt 16,67 %. Gehen Sie von einem Einkommensteuersatz i. H. v. 35 % aus. Der Anlage- und Verschuldungszinssatz beträgt 7 %.

1. Beurteilen Sie den Effekt der Rückstellungsbildung vor dem Hintergrund einer alternativen Investition in Finanzanlagen auf Anteilseignerebene und unter der Annahme der Vollausschüttung für folgende Verwendungsalternativen:
   a) Investition in Finanzanlagen auf Unternehmensebene
   b) Ablöse von Fremdkapital (Nicht-Dauerschulden)
   c) Ablöse von Eigenkapital: Gehen Sie hierbei von einem Jahresüberschuß vor Steuern und Rückstellungszuführung i. H. v. 200 aus. Der Free Cash Flow vor Steuern betrage ebenfalls 200. Zeigen Sie den Effekt der Eigenkapitalablöse vor dem Hintergrund
      i. eines steuerneutralen Zuflusses an den Eigentümer
      ii. einer Auflösung von Gewinnrücklagen
2. Erklären Sie dem Finanzvorstand möglichst griffig den Effekt der Rückstellungsbildung. Gehen Sie dabei von einer Reinvestition in Finanzanlagen aus!
3. Gibt es Einkommensteuersätze für die die durch Rückstellungen finanzierte Reinvestition in Finanzanlagen nicht lohnt?

Aufgabe 2

Die Luckey Stike AG produziert seit einiger Zeit rauchärmere Zigaretten. Dieses Jahr erschien in einer wissenschaftlichen Zeitschrift ein Artikel, der den neuen Zigaretten ein erhöhtes Krebsrisiko zuschreibt, woraufhin ein findiger Rechtsanwalt eine Klage gegen die Luckey Stike AG eingereicht hat. Man ist der Meinung, der Richter wird der AG Schadenszahlungen in Höhe von 10 Mio. € aufbürden und es müssen daher Rückstellungen in Höhe von 10 Mio. € gebildet werden. Mitarbeiter der Finanzabteilung schlagen dem Vorstand nun vor, die Rückstellung großzügig zu bemessen und anstelle der 10 Mio. € eine Rückstellung in Höhe von 15 Mio. € zu bilden. Dies sei durchaus noch vertretbar, da es sich um ein komplexes Rechtsgebiet handle. Das Urteil wird in 2 Jahren erwartet.

1. Berechnen Sie den Vorteil für die Anteilseigner, wenn die AG eine Kapitalherabsetzung in $t = 0$ in Höhe der Rückstellungen (vorerst 10 Mio. €) durchführt (nehmen Sie an, daß die Kapitalherabsetzung keine Transaktionskosten und keine Einkommenssteuer auslöst) und in $t = 2$ der entsprechende Betrag (10 Mio. € bei Inanspruchnahme der Rückstellung) wieder eingelegt wird. Gehen Sie davon aus, die AG habe einen Jahresüberschuß vor Steuern und Rückstellungszuführung in Höhe von 100 Mio. €, wobei der Free Cashflow vor Steuern ebenfalls 100 ist. Gehen Sie weiter davon aus, daß am Ende von Jahr 2 die Zahlung der 10 Mio. € sicher stattfindet. Es gelte das Halbeinkünfteverfahren mit $s_{GE} = 16{,}67$ %, $s_K = 25$ % und $s_I = 35$ %. Die Alternativrendite der Anteilseigner vor Einkommensteuer ist 8 %.
2. Stellen Sie die finanziellen Auswirkungen der überhöhten Rückstellungsbildung (15 Mio. €) auf die Vermögensposition der Anteilseigner dar. Gehen Sie wieder davon aus, daß am Ende von Jahr 2 die Zahlung der 10 Mio. € sicher stattfindet. Die zur Zahlung benötigten Rückstellungen i. H. v. 10 Mio. € werden in Jahr 2 von den Eigentümern wieder eingezahlt und es findet eine Auflösung der Rückstellungen statt.
3. Welche Verwendungsalternativen für durch Rückstellungen gebundene Cashflows gibt es außerdem? Skizzieren Sie deren Wirkung auf den Unternehmenswert.

Aufgabe 3

Die Deutsche Wireless AG (DW) ist ein börsennotiertes Unternehmen mit breitem Aktionärskreis und Spezialist für drahtlose Netzwerke. Die DW AG hat einem europäischen Flugzeughersteller die Entwicklung und Lieferung eines vollständig auf Funk basierenden Kommunikationssystems zugesagt. Da bislang sämtliche Probeläufe zu schwerwiegenden Funktionsstörungen geführt haben, geht das Management nicht davon aus, wie vereinbart in zwei Jahren liefern zu können. Die DW AG hätte dann mit Sicherheit im Jahr 2008 eine Konventionalstrafe in Höhe von 50 Mio. € zu zahlen. Das Management erwägt daher, in 2006 eine Rückstellung in entsprechender Höhe zu bilden. Die Gewinne des Jahres 2006 und der Folgejahre (Rentenfall) nach Unternehmensteuern vor Zahlung der Konventionalstrafe werden auf 250 Mio. € geschätzt und werden voll ausgeschüttet. Die Rendite risikoloser Finanzanlagen beträgt 6 %, der Verschuldungszinssatz auf Anteilseigner- und Unternehmensebene ist 8 %.

Die Deutsche Wireless AG und dessen Aktionäre unterliegen dem deutschen Steuersystem (HEV):

- Gewerbeertragsteuer: $s_{GE} = 0{,}1667$;
- Körperschaftsteuer: $s_K = 0{,}25$;
- Einkommensteuer: $s_I = 0{,}40$.

1. Da sich das Management der DW AG dem Shareholder Value-Ansatz verpflichtet fühlt, ist es an den finanziellen Konsequenzen einer Rückstellungsbildung interessiert.

   a) Bestimmen Sie zunächst die Ausschüttungen an die Anteilseigner für die Jahre 2006 bis 2008, falls die Rückstellungsbildung unterbleibt!

   b) Die durch die Rückstellungszuführung gebundenen Mittel verwendet das Management zum Abbau von Fremdkapital (Dauerschulden). Wie sehen die resultierenden Ausschüttungen der Jahre 2006 bis 2008 aus?

   c) Welche Ausschüttungsdifferenzen ergeben sich in den Jahren 2006 bis 2008 bei Vergleich der Fälle mit und ohne Rückstellungsbildung? Zeigen Sie, woher die Differenzen in den einzelnen Jahren kommen!

   d) Ist die Rückstellungsbildung im Interesse der Anteilseigner? Begründen Sie den bei Ihrer Rechnung verwendeten Diskontierungssatz!

2. Alternativ erwägt das Management, das durch die Rückstellungsbildung entstandene Innenfinanzierungsvolumen einkommensteuerfrei an die Anteilseigner auszuschütten.

   a) Ist diese Verwendungsalternative im Interesse der Eigentümer? Berechnung erforderlich!

   b) Wie beurteilen Sie diese Alternative im Vergleich zu der unter 1. unterstellten Ablöse von Fremdkapital? Begründen Sie etwaige Unterschiede, indem Sie zwischen Volumen- und Renditeeffekt differenzieren!

3. Angenommen, das Management besitze Spielraum bei der Dotierung weiterer Rückstellungen, die z. B. im Zusammenhang mit erwarteten Schadensersatzforderungen stehen.

a) Auf welche Weise sollte das Management die Bewertungsspielräume ausnutzen, wenn es die Interessen der Anteilseigner verfolgt?

b) Vor welchem Informationsproblem dürfte das Management gegenüber Unternehmensexternen (z. B. Aktionäre, Gläubiger, etc.) stehen, wenn es die unter 3a) beschriebene Strategie verfolgte?

8. Aufgabe zu Kapitel 10

Die Errichtung eines Projekts erfordert eine Investition von 600, die bis zur Liquidation nach vier Jahren linear abgeschrieben wird. Das Projekt ist eigenfinanziert. Die Ertragsüberschüsse unterliegen einem Unternehmensteuersatz (s_K) von 40 %. Ausgeschüttet wird der operative Cash Flow nach Steuern. Der Zufluß an die Anteilseigner setzt sich aus Dividende und Kapitalherabsetzung zusammen. Ausschüttungsrestriktionen bestehen also nicht. Die Anteilseigner fordern in jeder Periode eine Rendite (k) von 0,09. Einkommensteuer existiert nicht. Das Projekt weist folgende operative Cashflows vor Steuern auf:

	1	2	3	4
Cashflow	210	240	220	280

1. Gehen Sie zunächst davon aus, daß das Projekt vollständig eigenfinanziert wird.

   a) Sollte das Projekt durchgeführt werden? Berechnen Sie für jede Periode den Nettokapitalwert sowie dessen Veränderung!

   b) Zeigen Sie, wie sich diese Aussagen auch durch buchwertbasierte Residualgewinne treffen lassen.

2. Das Projekt wird realisiert und die erste Periode ist abgelaufen. In Periode 1 konnte ein operativer Cashflow vor Steuern von 215 erzielt werden. Daraufhin ändert das Management seine Erwartungen für die Perioden 2 und 3; es erwartet nun um jeweils 10 höhere operative Cashflows vor Steuern.

   a) Bestimmen Sie auf der Basis von Cashflows die Veränderung des Nettokapitalwerts nach Zeiteffekt. Welcher Teil davon ist bereits realisiert und welcher wird noch erwartet?

   b) Zeigen Sie, wie sich diese Ergebnisse auch über buchwertbasierte Residualgewinne erhalten lassen.

3. Die Gründungsinvestition wird i. H. v. 300 fremdfinanziert. Das Fremdkapital wird in den Folgeperioden gleichmäßig und vollständig zurückgeführt. Die Position der Gläubiger ist daher nicht ausfallbedroht; das Fremdkapital kostet den risikolosen Zins ($i = 0{,}05$).

a) Berechnen Sie für Periode 1 die Veränderung des Nettokapitalwerts nach Zeiteffekt bei anteiliger Fremdfinanzierung. Verwenden Sie den APV-Ansatz auf der Basis von Cashflows!

b) Bestimmen Sie die die Veränderung des Nettokapitalwerts nach Zeiteffekt bei anteiliger Fremdfinanzierung auf Basis buchwertbasierter Residualgewinne sowohl im WACC- als auch im Equity-Ansatz!

9. Aufgaben zu Kapitel 11

Aufgabe 1

Die Mobitech AG, ein Automobil-Konzern, erwägt im Januar des Jahres 1 den Verkauf einer Tochtergesellschaft, der Turbo GmbH, da diese als Hersteller von Flugzeugturbinen nicht mehr zum Kerngeschäft gezählt wird. Das Management der Mobitech AG beauftragt daher die M&A-Abteilung einer Investmentbank mit der Veräußerung der Turbo GmbH. Im Rahmen der Unternehmensbewertung soll das Ergebnis der DCF-Analyse mit Hilfe von Enterprise-Value-Multiplikatoren plausibilisiert werden.

Zur Turbo GmbH stehen folgende Daten zur Verfügung:

Turbo GmbH	Jahr 0	Jahr 1e
Umsatz (Mio. €)	400,0	432,6
Wachstum (%)	k.a.	3,0
EBITDA (Mio. €; unbereinigt)	48,4	46,3
Marge (%)	12,1	10,7
EBIT (Mio. €; unbereinigt)	39,6	37,2
Marge (%)	9,9	8,6
Verzinsliches Fremdkapital (Mio. €)	90	
Pensionsrückstellungen (Mio. €)	30	
Cash (Mio. €)	5	

Der den Pensionsrückstellungen zurechenbare Zinsaufwand beträgt in t = 0 1,5 Mio. €, in t = 1 1,8 Mio. €.

Die sonstigen betrieblichen Erträgen des Jahres 0 enthalten Erlöse aus dem Verkauf von Wertpapieren des Anlagevermögens i. H. v. 5 Mio. € und 8 Mio. € aus der Auflösung einer Rückstellung, deren Bildung auf ein inzwischen gewonnenes Patentverfahren zurückgeht. Die sonstigen betrieblichen Aufwendungen des Jahres 0 enthalten 4 Mio. € aus der Stillegung einer Produktionsanlage.

Enterprise-Value-Multiplikatoren vergleichbarer börsennotierter Unternehmen sind:

	Jahr 0			Jahr 1e		
Vergleichsunternehmen	Umsatz	EBITDA	EBIT	Umsatz	EBITDA	EBIT
Düse AG	1,47	10,50	14,39	1,37	9,03	11,87
JetLag AG	1,16	7,88	13,65	1,05	5,88	8,82
HighFly AG	1,79	8,09	10,29	1,68	8,93	12,08
JetSet AG	1,37	10,82	15,02	1,26	8,51	11,13
TakeOff AG	2,42	11,76	14,70	2,31	11,13	13,97
Durchschnitt	1,64	9,81	13,61	1,53	8,69	11,57

Der Durchschnitt der hier einbezogenen Enterprise-Value-Multiplikatoren auf Basis branchenrelevanter Transaktionen beträgt für EV/Sales 1,80, für EV/EBITDA 11,77 und für EV/EBIT 17,01.

	Jahr 0	Jahr 1e
Umsatz (Mio. €)	400,0	432,6
Wachstum (%)	k.a.	3,0
EBITDA (Mio. €; bereinigt)		
Marge (%)		
EBIT (Mio. €; bereinigt)		
Marge (%)		

1. Die Pensionsrückstellungen werden als Finanzierungsinstrument betrachtet. Wie ist mit der entsprechenden Zinskomponente zu verfahren? Bereinigen Sie des Weiteren die Finanzdaten der Turbo-AG so, daß die Gewinngrößen sich der vermuteten nachhaltigen Ertragskraft des Unternehmens annähern.
2. Berechnen Sie den Unternehmensgesamt- und den Eigenkapitalwert mit Hilfe der drei Enterprise-Value-Multiplikatoren sowohl auf Basis vergleichbarer Unternehmen als auch auf Basis branchenrelevanter Transaktionen unter Verwendung der Mittelwerte.
3. Wie sind die unterschiedlichen Bewertungsergebnisse zu erklären, die sich einerseits aus der Verwendung von Sales- bzw. EBITDA-/EBIT-Multiples, andererseits aus dem Heranziehen von Multiples auf Basis der „Similar Public Company-" bzw. der „Recent-Acquisitions-Methode" ergeben?
4. Wie beurteilen Sie die in der Literatur häufig anzutreffende Aussage, der Vorteil von Enterprise-Value- gegenüber Equity-Value-Multiplikatoren bestehe in deren Unabhängigkeit vom Verschuldungsgrad der Unternehmen? Falls diese Aussage nicht haltbar ist, welche Annahmen wären zu treffen, damit diese Behauptung Gültigkeit erlangt?

Aufgabe 2

In der Wirtschaftspresse war folgender Artikel zu BASF zu finden:

„BASF ist ziemlich ausgereizt.

Was ist das Ziel? Den Stoxx Chemie schlagen? Den besten Vergleichswert übertreffen? Absolute Rendite? Wenn es um relative Stärke zum Stoxx Chemie geht, ist man mit BASF nun vermutlich gut bedient. Nach den Zahlen von Credit Suisse kostet die Firma den 4,2 fachen 2006er EBITDA, der Sektor den 7,4 fachen EBITDA. ... Ein guter Vergleichswert, Dow Chemical, kostet indes den 8,6 fachen 2006er Konsensgewinn und damit zwei KGV-Punkte weniger als die Ludwigshafener BASF. Da fällt die Entscheidung zugunsten von BASF schon schwerer.

Wie sieht es mit absoluter Rendite aus? Die Margen standen auch im vierten Quartal unter Druck, wie der Rückgang des bereinigten operativen Gewinns (EBIT) um zwei Prozent zeigt. In der Chemie ist der EBIT um 10 Prozent gefallen, bei Kunststoffen und Veredelungsprodukten um 7, im Pflanzenschutz um 33 Prozent. Während der Pflanzenschutz saisonal dennoch gut lief, bleibt die Feinchemie chronisch schwach.

An den kurzfristigen Indikationen gemessen, scheinen sich die Chemiemargen jüngst etwas zu erholen. Dazu kommen nun Ergebnisbeiträge aus China. Nur wird BASF im ersten Halbjahr einige Chemieanlagen vorübergehend abstellen, womöglich zu einer Zeit, in der die Nachfrage noch hoch ist. Im Laufe des zweiten Halbjahrs und 2007 kommen aber zunehmend neue Kapazitäten auf den Markt. Die Gewinnschätzungen für 2006 sehen daher wackelig aus – wobei BASF insofern von einer Iran-Krise profitieren könnte, als die dortigen neuen Kapazitäten im Falle einer Eskalation nicht auf den Markt gelangen würden.

Dazu kommen indes die Risiken hinsichtlich der geplanten Übernahmen von Engelhard und der Bauchemiesparte von Degussa, wobei BASF selbst danach noch Spielraum für Zukäufe hätte. Längerfristig hätten beide Akquisitionen ihre Meriten. Zunächst könnten sie aber zumindest die Rendite auf das eingesetzte Kapital schmälern.

Wie sieht es längerfristig aus? Bei einem Diskontsatz von acht Prozent und einem ewigen Wachstum von drei Prozent müßte die Firma die Dividende je Aktie – wie 2005 – noch bis 2009 um knapp 18 Prozent erhöhen, damit sich noch ein Kurspotential von zehn Prozent ergäbe. Die Dividende läge 2009 dann bei 3,83 €. Das entspricht 105 Prozent des 2004er Gewinns und 67 Prozent des 2005er Gewinns. Hört sich machbar an. Allerdings lag die operative Marge 2005 um zwei Drittel höher als im Schnitt der vorangegangenen zehn Jahre. Die Investitionsplanung spricht derweil nicht gerade für übermäßiges Wachstum. Und die Ölsparte, die 2005 zwei Fünftel des operativen Gewinns gebracht hat, ist trotz der Kooperation mit Gasprom kaum mit Reserven gesegnet. Die Aktie ist, kurzum, vermutlich bereits ein Stück über das Ziel hinausgeschossen.“

1. Skizzieren und diskutieren Sie den Ablauf einer Multiplikatorbewertung.
2. Der Zeitungsartikel spricht vom „bereinigtem operativem Gewinn". Was ist damit gemeint? Warum ist der operative Gewinn zu bereinigen und welche Positionen könnten dies z. B. sein?
3. Nehmen Sie an, der erwartete bereinigte EBITDA von BASF für 2006 beträgt 9.604 Mio. €. Berechnen Sie den Unternehmensgesamtwert auf Basis des von Credit Suisse ermittelten Multiples und auf Basis des Sektor-Multiples. Wie kann man den Unterschied erklären?
   a) Nehmen Sie an, die Dividende von BASF beträgt in 2006 pro Aktie 2,36 €. Sie steigt bis 2009 jährlich um 17,56 % auf 3,83 € an. Ab 2009 wird die Dividende nicht mehr erhöht. Nehmen Sie ab diesem Zeitpunkt ein jährliches Wachstum in Höhe von 3 % an. Berechnen Sie den Wert einer Aktie zu Beginn des Jahres 2006.
   b) Gehen Sie davon aus, daß der von Ihnen berechnete Aktienpreis dem Börsenkurs von BASF entspricht. Welchen Gewinn pro Aktie implizieren dann die im Text genannten KGV?

II. Lösungshinweise zu den Übungsaufgaben

1. Lösungshinweise zu den Aufgaben zu Kapitel 2

Lösungshinweis Aufgabe 1

1. Maximaler Kaufpreis = BKW_0 = 502,53.
2. Mindestverkaufspreis Verkäufer = Maximaler Kaufpreis Käufer.

Lösungshinweis Aufgabe 2

1. NKW_0 (A) = 9,46; NKW_0 (B) = –11,22.
2. Bedeutung der Struktur der Nettoeinzahlungen; Projekt B ist „zinsreagibler".

Lösungshinweis Aufgabe 3

1. E. zieht Vertragsgestaltung II vor: $NKW_{II} = 18{,}30$; NKW_I ist negativ!
2. M. zieht Vertragsgestaltung I vor, kann diese Lösung aber nicht durchsetzen.
3. Die Durchführung des Projektes erhöht den Unternehmenswert um 116,99. Folglich könnte M. den mit Vertragsgestaltung II einhergehenden Vorteil für E. in Höhe von 18,30 auch in Kauf nehmen.

Lösungshinweis Aufgabe 4

1. Nettoeinzahlungen für den Zeitraum t = 0 bis t = 10: –3.550; –1.070; 900; 1.020; 1.152; 1.297,2; 1.457; 3.632,6.
2. Nettoeinzahlungen für den Zeitraum t = 0 bis t = 11:

   –3.550; –1.070; –7.100; 220; 272; 329,2; 392,2; 2.461,4; 12.884.

Lösungshinweis Aufgabe 5

1. $NKW_0 = 1.807{,}9$;
2. $NKW_0 = -1.385{,}1$.
   a) Die Kreditaufnahme zu Beginn der Periode 1994 beträgt 2.099,10.
   b) Der Barwert der Entnahmen beträgt 5.357,88. Dieser Betrag ist gleich dem BKW des Projektes.

2. Lösungshinweise zu den Aufgaben zu Kapitel 3

Lösungshinweis Aufgabe 1

1. a) $NKW_0 = 11{,}94$.
   Barwert der Steuerersparnisse aus der Abschreibung = 519,77.

   b) $NKW_0 = 15{,}03$.
   Barwert der Steuerersparnisse aus der Abschreibung = 522,85.

   c) Schnellere Abschreibung lohnt.

2. a) $NKW_0 = 15{,}03$.

   b) Finanzierung hat keinen Einfluß.

Lösungshinweis Aufgabe 2

1. Nettoeinzahlungen nach Steuern:

   130,97; 122,61; 106,45; 103,42; 103,42; 103,42.

2. a) Kreditkosten nach Steuern sind 7,373 %. Maximaler Tilgungsbetrag am Ende der Laufzeit: 532,08.

   b) Finanzplan

	0	1	2	3	4	5	6
Fremdmittel	532,08	440,35	350,20	269,57	186,02	96,32	0,00
Zinszahlungen nach Steuern		39,23	32,47	25,82	19,88	13,72	7,10
Tilgungen		91,73	90,14	80,63	83,54	89,70	96,32

   c) Projekt ist vorteilhaft, da das auf den Zeitpunkt 0 bezogene Tilgungsvolumen die Anschaffungsauszahlung deutlich übersteigt.

Lösungshinweis Aufgabe 3

1. Ausschüttungen an Gesellschafter nach Steuern:

   127,00; 118,90; 103,23; 100,29; 100,29; 100,29.

2. Kosten der privaten Kredite nach Steuern sind 7,8 %. Das maximal tilgbare Kreditvolumen beträgt 509,58.

   Die Unterschiede zur Lösung in Aufgabe 2 des Kapitels 3 ergeben sich, weil die Zinsbelastung auf Gesellschafterebene (7,8 %) höher ist als auf Unternehmensebene (7,373 %).

3. 537,37.

Lösungshinweis Aufgabe 4

1. 31.249,55; 29.749,45; 29.749,45; 29.749,45; 29.749,45; 29.749,45
2. $NKW_0 = 16.278$.
3. Mit fallendem Einkommensteuersatz fällt der Nettokapitalwert des Projektes 2.

Lösungshinweis Aufgabe 5

1. Endwert Standort A: 116,14 Mio. €.

   Endwert Standort B: 109,51 Mio. €.

2. Höhe der AfA und Länge des AfA-Zeitraumes; B besser als A. Höhe der für die Steuerersparnis relevanten Steuersätze; in A höher als in B. Alternativrenditen nach Steuern; in B höher als in A.

3. Lösungshinweise zu den Aufgaben zu Kapitel 4

Lösungshinweis Aufgabe 1

1. $\bar{u}(A) = 1.979,2 > \bar{u}(B) = 1.926,7$.
2. GP (A) = 103,70.
3. Projekt B ist besser.

Lösungshinweis Aufgabe 2

1. $NKW_0 = 804,2$.
2. a) Die Verkaufserlöse bei Ausstieg nach Steuern sind 1.500 in Periode 1 und 750 in Periode 2.

   b) $BKW_0 = 3.651,90$.

   c) Projekt lohnt auch jetzt noch; aber Vorteilhaftigkeit sinkt.

Lösungshinweis Aufgabe 3

1. a) Nettoeinzahlungen bei schneearmen Wintern: 5; 5; 50.

   Nettoeinzahlungen bei schneereichen Wintern: 1.550; 1.550; 1.550.

   b) $BKW_0 = 3.804{,}2$.

   c) Wegen der gewählten Form der Abhängigkeit folgt ein unverändertes Ergebnis.

2. a) Nettoeinzahlungen bei schneearmen Wintern: 1.505; 0; 0.

   Nettoeinzahlungen bei schneereichen Wintern: 1.550; 1.550; 1.550.

   b) $BKW_0 = 3.942{,}3$.

   c) Vorschlag des Assistenten ist jetzt werterhöhend.

Lösungshinweis Aufgabe 4

1. $BKW_0 = \text{Grenzpreis} = 508{,}8$.
2. Risikozuschläge: $z_{11}: 0{,}07084$; $z_{21}: 0{,}05051$; in $t = 0$: 0,19975.
3. Der Mindestverkaufspreis des Pächters beträgt 530,48. Daher besteht kein Einigungsbereich.

4. Lösungshinweise zu den Aufgaben zu Kapitel 5

Lösungshinweis Aufgabe 1

1. Entziehbare Überschüsse: 827; 838.
2. Deckung der Finanzierungsdefizite durch Kreditaufnahmen: 707; 751.

Lösungshinweis Aufgabe 2

1. a) Plan A: $k^F = 0{,}11$; Plan B: $k^F = 0{,}0933$.

   b) Plan A und B: $k^F = 0{,}16$.

   c) Er ist indifferent; Illiquiditätsrisiken bestehen nicht.

2. a) Plan A: $V^F = 10.000.000$; WACC = 0,05.

   Plan B: $V^F = 8.750.000$. Plan B: WACC = 0,05714.

   b) Plan A: $k^F = 0{,}11$; Plan B: $k^F = 0{,}0950$.

3. Cashflow Eigentümer:

   Plan A: 75.000;

   Plan B: 30.000.

Lösungshinweis Aufgabe 3

1. Auch intensive Diversifikationsanstrengungen auf Unternehmensebene bewirken keine risikolosen Erfolge. Diversifikation auf Anteilseignerebene beseitigt nur das unsystematische Risiko. Kons rechnet zudem vor Steuern.
2. M_1 benutzt korrekte Formeln, prüft aber nicht die Anwendungsbedingungen für WACC.
3. M_2 macht mehrere Fehler: Die Erhöhung von F führt zu einem veränderten V^F. WACC ist dann 10,77 %. Er definiert die zu diskontierende Erfolgsgröße falsch. Zu diskontieren sind Erfolge in Höhe von 830.000. Er will den Verschuldungsgrad der AG anheben. Das ist nicht erforderlich; nur die Projekt-Kapitalstruktur ist zu verändern. Die Anwendung von WACC beachtet nicht den im Zeitablauf steigenden Verschuldungsgrad des Projektes.
4. APV-Methode (bei unterstellter Endtilgung): $V_0^E = 5.704.532$; $F_0 = 2.000.000$; $V_0^{USt} = 853.982$.

Lösungshinweis Aufgabe 4

1. WACC = 0,08667. Aber die Anwendungsbedingungen sind zu prüfen. Der Verschuldungsgrad des Projektes in Höhe von ⅔ ist nur auf den Buchwert in t = 0 bezogen eingehalten. Die Konstanz von F/V^F für das Projekt ist allenfalls zufällig gegeben. Finanzvorstand diskontiert falsche Erfolgsgröße. Ergebnis ist somit falsch; Equity-Ansatz wird mit WACC verknüpft.
2. Eine korrekte Rechnung setzt eine Annahme über die Tilgungsstruktur des Fremdkapitals, das zur Projektfinanzierung eingesetzt wird, voraus. Dann APV-Methode nutzen! Bei Einsatz des WACC-Ansatzes ist $F/V^F = 0,667$ einzuhalten! Die Tilgung von F_0 ist entsprechend zu gestalten.
3. WACC ist unverändert 0,08667 unter den gesetzten Annahmen. Aber Projekt lohnt sich nicht mehr wegen der jetzt doppelten Besteuerung der Projekterfolge.

5. Lösungshinweise zu den Aufgaben zu Kapitel 6

Lösungshinweis Aufgabe 1

1. $V^E = 900,21$; $V^{USt} = 350$; $V^F = 1.250,21$.

   Für einen 49 %-Anteil beträgt der Maximalpreis 269,6; $0,49 \cdot (1.250,2 - 700) = 269,6$.
2. Die Antwort ist nicht eindeutig, da die Kapitalstruktur im Zeitablauf Veränderungen unterliegt. Im Zeitpunkt 0 gilt $F/E = 700/550,2 =$

1,272; im Zeitpunkt 4 gilt $700/580 = 1,207$. k_t^F sinkt somit im Zeitablauf. Der kleinere Fehler entsteht, wenn man sich für k_4^F entscheidet (0,11207).

3. a) $V^E = 950$ gemäß Annahme;

   $V^{USt} = 58,35$; $E^F = 308,35$.

   b) $V^{USt} = 66,11$; $E^F = 316,11$.

Lösungshinweis Aufgabe 2

1. $WACC_{DP-AG} = 0,11453$.
2. Relevant sind die Kapitalkosten des zu erwerbenden Projekts. Die Höhe der Kapitalkosten hängt ab von i, $(\overline{r_M} - i)$, dem Investitionsrisiko und der Kapitalstruktur des Projekts (Unternehmens). Das Gewicht des Arguments ist somit offen.
3. $\beta^F_{DP-AG} = 1,3$;

   $\beta^E_{DP-AG} = 1,12461$;

   β^G = Beta-Wert der operativen Geschäfte;

   $\beta^G = 1,6264 = \beta_{D-AG}$;

   $WACC_{D-AG} = 0,10504$.
4. $V^F = 10,71$ Mio. €;

   $E^F = 4,28$ Mio. €

Lösungshinweis Aufgabe 3

1. Cashflows nach Einkommensteuer bei Eigenfinanzierung:

   2.236,4; 3.181,4;–2.455,2; 3.592,2; 3.245,5; 3.769,8.

   $V^E = 30.693,9$.
2. Der Unternehmensteuereffekt V^{USt} beträgt 842,4.

   Diskontierungssatz ist $0,085 \cdot (1 - 0,48) = 0,442$.

   $V^F = 30.693,9 + 842,4 = 31.536,3$.
3. Einkommensteuereffekte entstehen, weil die Ausschüttungen der eigenfinanzierten Druck GmbH von den geplanten Ausschüttungen erheblich abweichen. Ursache für die Abweichungen sind a) die Relation ZPR_t zu R_t und b) die Änderungen der Fremdkapitalbestände im Zeitablauf.
4. $V_0^F = 31.536,3$;

   $F_0 = 1.300,0$;

$P_0 = 1.023,7;$

$E_0^F = 31.321,1 - 1.300,0 - 1.023,7 = 29.212,6.$

5. $V^{St} = 345,8.$

Lösungshinweis Aufgabe 4

- Die benutzte Formel für die Beta-Zerlegung gilt nur in einem einfachen Gewinnsteuersystem, paßt also nicht auf das Problem.
- Es fehlt eine Begründung, warum der Beta-Wert der Siemens AG bei der Bewertung des Projektes hilfreich sein könnte.
- Die Berechnung der Abschreibungsbeträge ist falsch.
- Die Nettoeinzahlungen nach Steuern sind infolge der fehlerhaften Abschreibungsbeträge korrekturbedürftig.
- Ohne Begründung wird der Verschuldungsgrad F/E^F über Buchwerte definiert.
- Ohne Begründung werden die Bilanzansätze von Pensionsrückstellungen und sonstigen Rückstellungen dem Fremdkapital gleichgesetzt.

Lösungshinweis Aufgabe 5

1. Bilanzieller Überschuß ist hier identisch mit entziehbarem Überschuß;

   $GP_0 = 1.875,58$ Mio €.

2. a) Projekt lohnt. Grenzpreis steigt um den NKW_0 des Projektes. $NKW_0 = 30 \cdot 1,1^{-1} = 27,27.$

   b) Bilanzielle Überschüsse:
   190; 183; 203; 208; . . .; 208.
   $GP_0^{bil} = 2.039,22$ Mio. €.

   c) Nettoeinzahlungen:
   40; 183; 203; 208; . . .; 208.
   $GP_0^{NE} = 1.902,85$ Mio. €.

   d) Differenz $GP_0^{bil} - GP_0^{NE} = 136,37$. Die Ursache ist, daß neben den aus der Investition resultierenden Nettoeinzahlungen (18) auch der Investitionsbetrag im Zeitpunkt 1 (150) als werterhöhend bei der Berechnung von GP_0^{bil} angesetzt wird: $150(1,1)^{-1} = 136,37$.

3. a) Argument übersieht die den Reinvestitionen zurechenbaren zusätzlichen Überschüsse.

   b) Bilanzielle Überschüsse:
   190; 183; 203; 208; 190; . . . ; 190.
   $GP_0^{bil} = 1.916,28$ Mio. €.

Nettoeinzahlungen:
40; 183; 203; 358; 190; . . . ; 190.
$GP_0^{NE} = 1.882,36$ Mio. €.

c) Differenz $GP_0^{bil} - GP_0^{NE} = 33,91$ Mio. €.
$33,91 = 150 \cdot 1,1^{-1} - 150 \cdot 1,1^{-4}$.

4. a) Wie werden vorteilhafte Investitionen finanziert, wenn die notwendigen Auszahlungen das bei Jahresüberschuß-bezogener Vollausschüttung mögliche Volumen an Innenfinanzierung übersteigen?

Lösungen: Wiedereinlage von Mitteln, Kreditfinanzierung, Aufnahme neuer Eigentümer.

Würden die vorteilhaften Investitionsprojekte im Kalkül unberücksichtigt bleiben, folgten zu niedrige Grenzpreise.

b) Bilanzielle Überschüsse:
190; 171; 191; 196; . . . ; . . . . 196.
$GP_0 = 1.930,13$ Mio. €.

c) Entziehbare Einzahlungsüberschüsse:
190; 171; 191; 196; . . . ; . . . 196.

Lösungshinweis Aufgabe 6

1. a) $i + z = 0,12$;
$GP_0^{NE} = 1.882,36$ Mio. €.

b) Nein; $z_{max} = 0,0195$.
$GP_0 = 7.287,31$;

2. $z = 0,00165$.

3. $z_{prag} = 0,0195$; $GP_0 = 5.979,9$.

Die Abweichung zwischen den beiden Grenzpreisen ist erheblich. Ursache ist, daß der pragmatische Ansatz von Ballwieser eine deutlich größere Risikoaversion des Bewerters impliziert als die angenommene Risikonutzenfunktion: z_{prag} ist 11,8 mal so groß wie der implizierte Risikozuschlag.

4. a) $z^* = 0,02226$;

b) $GP_0^S = 1.502,41$;

$$GP_0^{RZ} = \sum_{t=1}^{3} E\left(\widetilde{NE}_t\right)\left(1 + i + z^*\right)^{-1}\left(1+i\right)^{-t+1}$$
$$= 1.502,41;$$

$z^* = 0,02226$.

c) $GP_0 = 1.473,81$.

Lösungshinweis Aufgabe 7

1. Die verrechneten Abschreibungen (8.000) übersteigen die geplante Reinvestition um 5.500. Sonstige Differenzen zwischen einer Aufwands- und Ertragsrechnung bzw. Ein- und Auszahlungsrechnung bestehen nicht. Liquiditätsdefizite werden annahmegemäß durch Kredite gedeckt. Tilgungen von Krediten nur in 1997 und 1998. Ab 1999 ist eine Vollausschüttungspolitik geplant.

2. Eigenkapitalbestand: -52.46 Mio. DM.
   Fremdkapitalbestand: 278,44 Mio. DM.

   Finanzierungsstrategie ist weder zulässig noch möglich, da die Deckel AG vermutlich überschuldet ist. Die Rechnung ist zudem überschlägig, weil sie unbeachtet läßt, daß durch die Zuführungen von Eigenkapital Zinsaufwendungen sinken, Steuerzahlungen reagieren und Fehlbeträge schrumpfen.

3. Gläubiger werden Vollausschüttung ab 1999 nie zulassen. Ausschüttungen sind zudem unzulässig, da das satzungsmäßige gezeichnete Kapital nicht wiederhergestellt ist (Eigenkapitalzuführungen gleichen die kumulierten Fehlbeträge nicht aus). Vollausschüttung ist wertvernichtend, da die hohen körperschaftsteuerlichen Verlustvorträge dann auf Jahrzehnte ungenutzt bleiben.

Lösungshinweis Aufgabe 8

1. Zu kapitalisierende Ergebnisse

1993	1994	1995	1996	1997	1998	1999ff.
-36.432	-35.424	-17.308	-2.016	7.793	7.729	13.662

2. Verbindlichkeiten gegenüber Kreditinstituten am 31.12.1998: 121,08 Mio. DM;

   Eigenkapitalbestand am 31.12.1998: 45,26 Mio. DM.

3. Ertragswert = – 396,6 Mio. DM.

4. Ursachen für Differenzen:

   Die von den Bewertern angenommene Finanzierungsstrategie ist nicht durchführbar. Damit sind die Ausschüttungen gemäß Tabelle 45 nicht realisierbar.

   Die Gutachter lassen das sehr hohe Insolvenzrisiko unbeachtet.

   Wird die in dieser Aufgabe unterstellte Finanzierungsstrategie verfolgt, sinkt das Finanzierungsrisiko und damit der anzuwendende Diskontierungssatz. Angenommen, er fiele auf 8,5 %, wäre der Ertragswert 36,77 Mio. DM.

Lösungshinweis Aufgabe 9

1. Mittelzufluß der Eigentümern nach Einkommensteuer:

   1.024; 1.029; 1.029; 764; 940; . . . ; 940 €

2. Mitteldefizite: -720; -700; -320; -730; 0; . . . ; 0.

3. a) Jahresüberschüsse: 1.241; 1.210; 1.174; 837; 1.013; . . . ; 1.013.

   b) Die Ausschüttungen sind finanzierbar.

   c) Zu bewerten sind die dem Käufer zufließenden Überschüsse nach Einkommensteuer $(s_I = 0{,}35)$.

   $GP_0 = 10{,}44$ Mio. €.

4. Ausschüttung: 521; 547; 927; 196; 1.140; 1.140; . . . ; 1.140.

   In Periode 4 ist eine Wiedereinlage von Mitteln notwendig, um das Investitionsprogramm vollständig finanzieren zu können.

   Der Diskontierungssatz muß wegen des reduzierten Verschuldungsgrades niedriger angesetzt werden.

Lösungshinweis Aufgabe 10

1. Ermittlung des Free Cashflow ab Periode 6 ff. bei Eigenfinanzierung.

   - Zinszahlungen in Periode 6: $795{,}5 \cdot 1{,}05 - 55{,}685$
   - $FCF_6 = 121{,}6 \cdot 1{,}05 - 55{,}685 - 25{,}5$[435] $- 12{,}81$[436] $= 33{,}69$
   - $FCF^E_{6,s} = 121{,}6 \cdot 1{,}05 - 0{,}36 \cdot 121{,}6 \cdot 1{,}05 - 12{,}81$[437] $= 68{,}91$
   - $V^F_5 = 68{,}91 \cdot (WACC - 0{,}05)^{-1}$

2. Ermittlung von WACC

   $i = 0{,}04$

   $\overline{r_M} = 0{,}12; \overline{r_M} - i = 0{,}08; k = 0{,}04 + (0{,}12 - 0{,}04) \cdot 0{,}75 = 0{,}10$

   $\beta^E = 0{,}75$

   $$\beta^F = \beta^E \left(1 + \frac{F}{E}\right)$$ [438]

   $$k^F = i + \left(\overline{r_M} - i\right)\beta^F$$

[435] Investitionszahlung Periode 5 ist 24,3; für Periode 6 gilt 24,3 ·1,05=25,5.

[436] 12,81 = 12,2·1,05.

[437] Investition in NWC.

[438] Atmende Finanzierungspolitik.

$$WACC = k - i_V s_K \frac{F}{V^F}; \quad k = 0{,}10; \quad s_K = 0{,}36; \quad F = 795{,}5; \quad i_V = 0{,}07.$$

V^F geschätzt	WACC	V^F gerechnet
1.700	0,08821	1.803,8
1.720	0,08834	1.797,4
1.740	0,08848	1.791,1
1.760	0,08861	1.785,0
1.779	0,08873	1.779,4

$$V_5^E = 1.779{,}4; \quad E_5^F = 1.779{,}4 - 795{,}5 = 983{,}9.$$

3. Berechnung von V_5^E

$$V_5^E = \frac{FCF_{6,s}^E}{k - g}; \quad k = 0{,}10; \quad g = 0{,}05.$$

$$FCF_{6,s}^E = 127{,}63\,(1 - 0{,}36) - 12{,}75^{439} = 68{,}91.$$

$$V_5^E = \frac{68{,}91}{0{,}10 - 0{,}05} = 1.378{,}4 \quad \Rightarrow V_5^{St} = 1.779{,}4 - 1.378{,}4 = 401.$$

$$V_0^E = \sum_{t=1}^{5} FCF_s^E (1+k)^{-t} + V_5^E (1+k)^{-5}$$

	0	1	2	3	4	5
(1) Steuervorteil in 5						401
(2) Steuervorteil in t		22,7	22,3	21,9	21,4	20,8
(3) Barwert aus (1)	249					
(4) Barwert aus (2)	83,1					
(5) Summe (3) + (4)	332,1					
(6) FCF_S^E		54,0	56,7	59,5	62,5	65,6

$$V_0^E = 224{,}1 + 855{,}9 = 1.080$$

$$V_0^F = V_0^E + V_0^{USt} = 1.080 + 332{,}1 = 1.412{,}1$$

439 Investitionsauszahlung für SAV ist bereits in EBIT berücksichtigt.

$E_0^F = 1.412{,}1 - 900 = 512{,}1$

4. Zirkularitätsproblem

6. Lösungshinweise zu den Aufgaben zu Kapitel 7

Aufgabe 1

1. Vergleich FLV mit der Alternative "Kauf und vollständige Fremdfinanzierung".
2. $F_0^* = 553{,}66.$
3. $LR_t^* = 109{,}92.$

Aufgabe 2

1. $F_0^* = 28{,}81.$
2. Summe aus Zinsen nach Steuern und Tilgung muß der Netto-Belastung aus Leasingvertrag entsprechen.
3. Vergleich zur reinen Eigenfinanzierung: $NKW_0 = 3{,}52$;
   Barwert der entgangenen Steuervorteile = 2,33.

7. Lösungshinweise zu den Aufgaben zu Kapitel 8

Aufgabe 1

1. a) Volumenvorteil überwiegt Renditenachteil. NKW = 3,47.

   b) Der Vorteil beträgt wie in a) 3,47.

   c) Alternative i: Steuerneutraler Zufluß

   Wert der Ausschüttungen im Fall ohne Rückstellung: 148,24.
   Wert der Ausschüttungen bei Rückstellung und steuerneutraler Eigenkapitalsubstitution: 154,29.

   Alternative ii: Auflösung von Gewinnrücklagen

   Wert der Ausschüttungen: 136,8.
2. Vorverlagerung des Aufwands entspricht einem zinslosen Steuerkredit. Die Anlage der Mittel auf Unternehmensebene führt insgesamt zu einer höheren Besteuerung der Erträge als auf Ebene der Anteilseigner (Renditenachteil). Dafür steht auf Unternehmensebene ein größerer Betrag zur Anlage zur Verfügung (Volumenvorteil).
3. Nur bei unrealistischen Einkommensteuersätzen würde sich eine Rückstellungsbildung nicht mehr lohnen.

Aufgabe 2

1. Vgl. Position des Anteilseigners bei Rückstellungsbildung mit der Situation ohne Rückstellungsbildung.
   - Mittelzufluß ohne Rückstellungsbildung.
     51,56 in t = 0 und 46,40 in t = 2.
   - Mittelzufluß im Fall der Kapitalherabsetzung.
     51,40 in t = 0 und 41,56 in t = 2.
   - Vorteil Anteilseigner = 0,467
2. Wertbeitrag der Rückstellungsbildung = 1,49.
3. Weitere Verwendungsalternativen
   - Ablösung von Fremdkapital
   - Investition in Finanzanlagen.
   - Auflösung von Gewinnrücklagen.

Aufgabe 3

1. a) Ohne Rückstellungsbildung (nach ESt): 200; 200; 175.
   b) Mit Rückstellungsbildung (nach ESt): 175,00; 202,20; 202,20.
   c) Ausschüttungsdifferenzen:-25,00; 2,20; 27,20.
   d) Aufnahme von privatem Fremdkapital:
   Diskontsatz $i_V(1-0{,}5s_I)$; Barwert = 1,09

   Ablösung von privaten Finanzanlagen:
   Diskontsatz $i_A(1-s_I)$; Barwert = 2,47
2. a) Barwert (Aufnahme privates Fremdkapital): 1,71

   Barwert (Ablösung von privaten Finanzanlagen): 2,92

   b) Ablösung von Fremdkapital: periodischer Volumenvorteil: 1,10 periodischer Renditevorteil: 0,20.

   Ablösung von Eigenkapital: periodischer Volumenvorteil: 0,90; kein Renditeeffekt.
3. a) Maximaler Ansatz der steuerlich zulässigen Rückstellungsbildung. Beachte: Volumeneffekt, Renditeeffekt!

   b) Management müßte Unternehmensexternen erklären, warum die maximale Rückstellungshöhe gewählt wird und warum dies im Interesse der Anteilseigner ist.

8. Lösungshinweise zu der Aufgabe zu Kapitel 10

1. a) $NKW_0 = 9{,}62$.

b) Z. B. in Periode 2:

$$NKW_2 = \sum_{\tau=3}^{4} RG_\tau (1+k)^{2-\tau} + \sum_{\vartheta=1}^{2} RG_\vartheta (1+k)^{2-\vartheta} = 17{,}55 + (-6{,}12) = 11{,}43$$

2. a) ΔNKW nach Zeiteffekt in Periode 1 = $3 + 10{,}55 = 13{,}55$.

   b) ΔNKW nach Zeiteffekt in Periode 1 auf der Basis von Residualgewinnen = $-15 + 39{,}04 - 9{,}62 \cdot (1 + 0{,}09) = 13{,}55$.

3. a) ΔNKW nach Zeiteffekt bei Eigenfinanzierung in t = 1 = 13,55; ΔNKW nach Zeiteffekt aus Kapitalstruktur in t = 1 = 0.

   b) WACC-Ansatz: $-8{,}70 + 47{,}34 - 23{,}24 \cdot (1 + 0{,}0795) = 13{,}55$;
   Equity-Ansatz: $-7{,}63 + 47{,}34 - 23{,}24 \cdot (1 + 0{,}1254) = 13{,}55$.

9. Lösungshinweise zu den Aufgaben zu Kapitel 11

Aufgabe 1

1. EBITDA (bereinigt): 39,6 ; 37,2
   EBIT (bereinigt): 32,1 ; 39,0.

2. Auf Basis vergleichbarer Unternehmen (in Mio. €):

	0			1e		
	Umsatz	EBITDA	EBIT	Umsatz	EBITDA	EBIT
Unternehmens-gesamtwert	655,2	401,1	436,8	663,2	418,1	451,3
Eigenkapitalwert	540,2	286,1	321,8	548,2	303,1	336,3

Auf Basis vergleichbarer Unternehmenstransaktionen (in Mio. €)

	0		
	Umsatz	EBITDA	EBIT
Unternehmensgesamtwert	720,7	481,3	546,0
Eigenkapitalwert	605,7	366,3	431,0

3. EBIT/EBITDA und Sales Multiples.
   Die Vergleichsunternehmen, (sowie die erworbenen Gesellschaften bei der Transaction-Method) besitzen höhere operative Margen als die Mobitech AG.

   „Similar Public Company-“ vs. „Recent Acquisitions-Methode“
   Kontrollprämie; und Synergieeffekte (Erwerber kann eventuell Synergien heben – höherer Wert des Eigenkapitals).

4. Aussage kritisch. Voraussetzungen sind u. a. die gleiche Risikostruktur der Steuervorteile bei den zu vergleichenden Unternehmen und eine vergleichbare Entwicklung des Fremdkapitalbestandes.

Aufgabe 2

1. Ablauf Multiplikatorbewertung:

   Wahl des Referenzpunkts, Multiplikatorauswahl, Unternehmensanalyse, Multiplikatorberechnung, Wertermittlung.

2. Gewinngröße EBIT ist um außergewöhnliche Ereignisse zu bereinigen. Mögliche Bereinigungspunkte sind:

   - Pensionsrückstellungen
   - Kosten der Stilllegungen von Produktionsanlagen
   - Erträge/Verluste aus dem Verkauf von Anteilen

3. Bewertung mit EBITDA Multiple

Mio. €	2006	Unternehmenswert
EBITDA	9.604	
Multiple Credit Suisse	4,20	40.337
Sektor	7,40	71.070

   Operativen Margen von BASF stark abweichend von Firmen des gleichen Sektors.

4. Theoretischer Wert der Aktie: 66,27 €.

5. Gewinn je Aktie (bei KGV 10,6 bzw. 8,6): 6,25; 7,71.

Stichwortverzeichnis

U

V

W

Z